国家级一流本科专业建设成果教材

教育部高等学校材料类专业教学指导委员会规划教材

高分子材料与工程系列 Polymer Materials and Engineering

高分子物理

第二版

Polymer Physics

符若文　李　谷　杨立群　冯开才　编

化学工业出版社

·北京·

内容简介

高分子物理是高分子科学的重要组成部分，是研究高分子结构与性能关系的学科。本书作为高分子及相关专业的核心课程教材，从“高分子结构—分子运动—性能”的基本框架出发，详细介绍高分子物理的基本概念及经典理论，既为读者打下扎实的理论基础，也适当讲述高分子学科的发展前沿，使读者开拓视野。

《高分子物理（第二版）》是国家级一流本科专业建设成果教材、教育部高等学校材料类专业教学指导委员会规划教材，可作为高等院校高分子材料与工程专业及相关专业学生学习高分子物理的基础教材，对从事高分子教学的教师以及从事高分子生产和加工的研发人员也是一本有参考价值的专业书籍。

图书在版编目（CIP）数据

高分子物理 / 符若文等编. --2 版. -- 北京：化学工业出版社，2025. 7. --（教育部高等学校材料类专业教学指导委员会规划教材）（国家级一流本科专业建设成果教材）. --ISBN 978-7-122-48288-4

Ⅰ. O631. 2

中国国家版本馆 CIP 数据核字第 2025CP3234 号

责任编辑：王 婧　　装帧设计：张 辉
责任校对：王鹏飞

出版发行：化学工业出版社
（北京市东城区青年湖南街 13 号 邮政编码 100011）
印　　装：北京科印技术咨询服务有限公司数码印刷分部
787mm×1092mm 1/16 印张 24 字数 630 千字
2026 年 1 月北京第 2 版第 1 次印刷

购书咨询：010-64518888　　售后服务：010-64518899
网　　址：http://www.cip.com.cn
凡购买本书，如有缺损质量问题，本社销售中心负责调换。

定　　价：69.00 元

第二版前言

为了更好地满足综合性大学本科、大中专学生和高分子生产及加工企业技术人员学习高分子物理相关知识的需要，本版结合高分子学科研究的发展，总结多年的教学经验和读者的反馈意见，对第一版教材进行了修订和增补。

本书作为高分子材料与工程专业的核心课程教材，在修订过程中秉承第一版编写的指导思想，保留特色，注重学科的基本知识和逻辑联系，内容尽可能系统和全面。从高分子结构—分子运动—性能的基本框架出发，详细介绍高分子物理的基本概念、基础问题及经典理论，使读者打下扎实的理论基础。同时适当阐述高分子学科的发展前沿，使读者开拓视野。

本书第二版主要在以下几个方面进行了修订和补充。

（1）在章节编排上进行了调整和补充。将第一版中的第 5 章高聚物的分子量及分子量分布调整到第 2 章高分子链的结构与形态之后，使它们在内容上逻辑更加清楚，衔接更为顺畅，有助于读者按“近程结构—远程结构—聚集态结构”的顺序系统学习高分子知识；将高分子的机械强度、黏弹性和高弹性整合为一章（第 8 章），集中介绍高分子的力学性质，思路更加集中；新增第 9 章（高聚物的其他性质），在第一版介绍高分子电性质的基础上，对高聚物的导电机理等进行了更新，同时增加了高分子的光学性质、高分子的生物响应特性和应用的内容，使本书的内容更加全面，并能更好反映高分子研究和应用的新进展；第 11 章高分子研究的现代物理技术也进行了重新编排和凝练，并增加了原子力显微镜的内容。

（2）对第一版中部分章节的内容进行了补充和凝练。如：在高分子浓溶液部分增加了水凝胶的介绍；在高分子的分子运动章节中，补充了物理老化对 T_g 影响的内容，并介绍 MDSC 方法在 T_g 测定中的应用，同时还增加了构型、结晶及高聚物超薄膜等因素对聚合物 T_g 的影响分析；在高聚物熔体的流变性章节中，增加了无管虹吸及侧壁虹吸的相关原理介绍，解释了不稳定流动的管壁滑移现象；在高聚物的力学性质中增加了对负泊松比材料的介绍，以及冲击应力波发展的相关知识等。此外，将第一版的“高分子合金的结构与性能”和“高分子复合材料”两章进行凝练精简合为一章，突出重点，着重介绍高分子合金及复合材料的织态结构，以及材料的增强、增韧机理及性能。

（3）对第一版使用过程中发现的错漏进行了修正。

全书由符若文统稿，第 1、2、3、4、5 章由符若文编写，第 6、7、8 章由李谷编写，第 9 章由李谷、符若文和杨立群编写，第 10 章由李谷和冯开才编写，第 11 章由杨立群和冯开才编写。

感谢各位同行在教材编写及教学过程中给予的大力支持和帮助！

由于作者水平和经验局限，教材难免存在不足及错漏之处，敬请读者批评指正。

符若文　李　谷　杨立群　冯开才

2025 年 6 月于中山大学

第一版前言

随着高分子科学和应用技术的发展，高分子材料已经深入工业、农业、医疗卫生、航天航空、国防军工乃至人们日常生活的各个领域，高分子无处不在，对人类文明的发展起着重要作用。从事高分子学习、研究和应用的队伍也日益壮大。

高分子物理是高分子科学的重要组成部分，它是研究高聚物结构与性能关系的科学。通过高分子物理的学习和研究，可加深对高聚物结构与物理性质关系的正确理解，指导人们优选高聚物材料和控制加工成型条件，或通过各种途径优化和改造高聚物的结构以致有效地改进材料的性能，以及设计加工期望性能的新型高分子材料。

本书是为了满足综合性大学本科生、教师、大中专师生、高分子生产和加工企业技术人员学习高分子物理的基础和关键知识，了解高聚物结构与性能及其主要表征方法而编写的教材。也是高分子科学研究工作者的一本好参考书。为了达到本教材的编写目的，作者努力继承国内大量高分子物理著作的精华，吸取国外高分子学科相关著作的编写特色，认真学习高分子物理研究的新成果，在本书的科学思路、内容编排以及文字写作方面努力保持以下特色：①内容尽可能系统和全面。作为基础性教材，本书力图囊括高分子物理的基本概念、基础问题和经典理论，使读者获得扎实的高分子物理基础知识。②紧跟学科发展的前沿。对高分子物理的最新研究成果进行扼要的介绍，开拓读者的视野。③体现科学思路。本书在内容的编排、理论的介绍以及观点的论述等方面力图做到思路清晰、观点明确、分析科学和结论合理。从而使学生通过高分子物理的学习，逐步培养发现问题、分析问题和解决问题的能力，实现素质培养的目标。④通俗易读。本书在保持高分子科学的严谨准确的基础上，尽可能用通俗和科普的语言来描绘高分子的结构、解释高聚物的性能和论述高分子物理的理论，使教师容易教，学生容易学。

本书作为我校编写的高分子科学与工程系列教材之一，凝聚了我校高分子专业教师数十年教学实践的精华。我校自 1958 年设置高分子化学与物理专业以来，积极培养从事高分子科研、教学与生产的专门人才，在教材建设上也进行了不懈的努力。早在 1981 年，我校潘鉴元教授、席世平教授和黄少慧教授就出版了《高分子物理》一书（广东科技出版社，1981 年第一版）。1982 年，我校林尚安院士、陆耘教授和梁兆熙教授编写了《高分子化学》一书（科学出版社，1982 年第一版）。这些都为本书的编写打下了坚实的基础。本书的编写得到了本校高分子研究所和材料科学研究所同事们的大力支持和帮助，得到国内高分子界同仁的关心。在此我们表示衷心的谢意。

由于本书编写时间仓促，作者水平和经验局限，难免存在错漏之处，敬请读者不吝指正。

符若文　李　谷　冯开才

2004 年 10 月于中山大学

目录

第1章 绪论

1.1 高分子学科的建立与发展

一般人们把分子量在 10^4 以上的分子称为高分子（macromolecule），又称高分子化合物、大分子或者大分子化合物。大家还时常用的一个名词叫聚合物（polymer），它是由单体经聚合反应而形成的由许多重复单元以共价键相连接形成的较大分子量的化合物。当分子量不太大时叫低聚物，分子量接近 10^4 时称准聚物，分子量大于 10^4 时称为高聚物。在不很严格的时候，也将聚合物和高分子化合物两词等同起来。

现在，高分子或高聚物的名字已经广为人知。塑料、橡胶、纤维以及形形色色的高分子材料已经应用于社会中的各个领域。在人类生产和生活活动中，高分子材料的身影无处不在。如果没有高分子材料，当今的世界会变得难以想象。

然而，从人们不自觉地使用高分子材料到高分子科学的建立，经历了几十年的争论。纵观高分子材料的发展历史，可将其分为几个阶段。

第一阶段为19世纪30年代至20世纪20年代（在Staudinger提出“大分子线链形结构”概念之前），这个阶段是高分子科学的萌芽时期。虽然当时人们并没有高分子的概念，但木材、棉、麻、丝、漆、橡胶、皮革和各种树脂等天然高分子材料已经在人们的生活和生产中得到了广泛应用。人们还采用各种化学反应对天然高分子进行改性。例如，1839年，Goodyear发明了天然橡胶的硫化；1855年，Parkes由硝化纤维素和樟脑制得赛璐珞塑料；1883年，de Chardonnet把天然纤维制成人造丝；1910年，Backeland对酚醛树脂进行了系统而广泛的研究之后提出了关于酚醛树脂“加压、加热”固化的专利，开始将合成高分子化合物作为工业原料进行工业化生产。这些前期的应用和研究为高分子科学的萌芽创造了良好的环境。但是，当时人们对这些高分子的认识受到当时学术界权威的“胶体”概念的影响。

在20世纪20年代，胶体化学研究甚为活跃，当时学术界胶体概念盛行。纤维素、淀粉、蛋白质、橡胶等这些没有明确熔点、不能蒸馏或重结晶纯化的材料，通常都被看作是具有“胶体行为”的小分子的缔合体，当时许多著名的科学家都认同这种观点。

第二阶段是20世纪20年代至40年代。这是高分子学说兴起和建立的重要时期。在高分子学说的创立过程中，德国科学家Staudinger作出了杰出的贡献。Staudinger关于“高分子化合物由以共价键连接的长链分子所组成”的猜想最早是在1917年瑞士化学会的一次有关橡胶的演讲中提到的。初步研究论文于1919年在瑞士发表。1920年Staudinger在《论聚合》中详细阐述了这个观点。他在论文中提出：“人们可以假定，反应初期不饱和分子（以甲醛、溴乙烯、苯乙烯的聚合为例）的结合方式类似于四元或六元环的生成方式，但由于某种原因，可能是由于位阻而未能成环，从而大量分子，可能是成百个分子结合，直到建立起大分子间的平衡，此平衡依赖于温度、浓度和溶剂”。虽然从Staudinger提出高分子线链结构的概念后，高分子的研究和这类材料的发展有了新的变化，但高分子学说并未得到学术界的广泛认可。之后，经过大量科学家的不懈努力，通过大量的实验事实，例如分子量的测定等结果证明了高分子的存在，终于使Staudinger的高分子学说在1932年法拉第学会上得到公认，在此基础上建立起“高分子科学”。这一新兴的学科有力地推动了高分子工业的生产发展，聚苯乙烯、聚氯乙烯、聚酰胺（尼龙）、丁苯橡胶、氯丁橡胶以及高压法聚乙烯等合成高分子材料新品种不断投入工业化生产，合成材料迅速进入人类的生活之中。这一时期，高分子化学、高分子物理、高分子物理化学等学科迅速成长。1946 年，H. Mark 在纽约创建了第一所高分子专业研究所。1947 年，在比利时利日市由国际纯粹与应用化学联合会（IUPAC）召开第一次国际高分子学术报告会。至此，高分子科学已成为独立的具有国际影响的科学技术分支。由于 Staudinger 在高分子研究方面的巨大贡献，他荣获了 1953 年的 Nobel 化学奖。

人们曾用高分子凝聚态中的物理转变与化学变化动力学模式，即“点→链→片→体”模式，来比拟高分子科学技术的历史进展模式。从 Staudinger 提出高分子的观点开始到第一次国际高分子学术报告会的召开，高分子学科完成了从点到链的发展。20 世纪 50 到 60 年代，高分子发展进入第三个阶段，由“链”到“片”的发展。在这个时期，Flory 出版了《高分子化学原理》一书。Flory 在高分子溶液的热力学性质和聚合反应动力学的统计学研究方面做了大量工作，他的科学成果包括导致工业化的高聚物（聚酰胺和合成橡胶）的研究和开发工作，以及对于高聚物形成过程及其本体和在溶液中的性质研究。Ziegler-Natta 配位聚合催化剂的发明，M. Szwarc 对正负离子聚合及活性高分子的深入研究和以聚碳酸酯为代表的多种工程塑料不断问世，使高分子科学技术发展到了更高的水平，高分子各学科链扩展、延伸成片，建立起完整的高分子科学技术体系。与此同时，伴随着石油化学工业的迅速发展，以塑料、合成橡胶、合成纤维为主的合成材料工业形成了一个新兴的工业体系，在整个社会生产和生活中发挥越来越大的作用。1963 年，Ziegler 和 Natta 由于发明了新型催化剂进行聚合而获得 Nobel 化学奖。Flory 由于在高分子化学理论和实验两方面基础研究的贡献，于 1974 年获 Nobel 化学奖。

20 世纪 70 年代以后，高分子进入三维立体式发展的阶段。人类发展进入了“高分子时代”，高分子的迅猛发展和对人类文明的影响已经为世界所瞩目。以高分子工程学和高分子材料学为基础的各类合成材料的生产和应用取得了令人震惊的进展。到 80 年代初，全世界三大合成材料总产量超过 1 亿吨，按体积计已超过包括黑色金属和有色金属在内的所有金属材料的总体积，高分子工业体系在整个经济中占有举足轻重的地位。在高分子材料的开发上，人们已开始利用高分子设计的方法研制高性能高分子材料和具有特殊功能的高分子材料，高分子科学与生物科学融合而成的高分子生物学使人们对生命奥秘的认识进入了新的阶段。R. B. Merrifield 以交联高分子为载体合成聚肽的辉煌成果为“高分子时代”增添了新的光彩，1984 年，他也因此工作而获得 Nobel 化学奖。在我国，最突出的成就之一就是 1965 年人工合成结晶牛胰岛素，这是世界上第一个人工合成的蛋白质，对于揭开生命奥秘有着重大意义。从 Staudinger 开始到 Merrifield，高分子科学领域几乎每十年出现一个 Nobel 化学奖。

现在的高分子学科已经进入成熟时期。高分子科学经过几十年的发展，虽然学科内涵已初具规模，然而，其研究内容、研究领域仍在随着人类社会的发展而迅速扩展。在这种发展中，越来越多的学术问题等待高分子科学家去发现、去研究、去掌握，为高分子科学今后的发展提供了无限的空间。在科学的整体发展中，高分子科学处于各学科的交汇点上，与其他学科如物理学、数学、生命科学、电子学、各种工程学以及化学学科内部的其他分支学科有密切的联系、交叉和渗透，出现了许多新的学科交叉亮点，这为高分子科学发展提供了很好的学科环境。当今社会文明和经济的迅速发展，也为高分子科学的发展提供了需求和市场。今后高分子科学的发展必将利用上述有利因素，从学科交叉求开拓，从联系国民经济的实践中求发展。例如，导电高分子的研究工作取得重大突破，传统上被认为是绝缘体的高分子材料可设计加工成为半导体甚至导体，它们在电子、电气、能源等高科技领域有重要的应用。美国的艾伦·黑格尔（Alan J. Heeger）、艾伦·马克迪尔米德（Alan G. MacDiarmid）和日本的白川英树（Hideki Shirakawa）由于在导电高聚物领域的开创性贡献荣获 2000 年 Nobel 化学奖。

1.2　高分子物理的研究内容

高分子科学在国内外比较一致的名称是“高分子科学与工程”学科。根据目前国际高分子科学发展的格局，通常划分为“高分子化学”“高分子物理”及“高分子工程”（含高分子加工成型和聚合反应工程）三个基础性分支学科，以及“功能高分子”和“高分子新材料”两个综合性研究领域。高分子化学、高分子物理、高分子工程三个分支学科各有其相对独立的基础性学科内涵。

高分子物理是研究高聚物的结构、分子运动与性能之间相互关系的学科。高分子物理的学科研究范围包括：研究高分子的多层次运动（链段运动、分子链运动），多层次相互作用，多层次结构（高分子链节结构、序列结构、各种凝聚态结构），各种结构因素对高聚物材料性能及功能的影响，以及进行上述工作的手段（新仪器）研究和新方法研究。

本书介绍的内容包括：①高分子的结构：高分子链的化学结构、高分子的尺寸与形态、高分子的分子量与分子量分布，即第 2 章和第 3 章的内容；②高分子的凝聚态结构、织态结构等更高层次的结构，即第 4 章的内容；③高分子溶液的性质：分子间的相互作用与高分子溶液热力学特性，稀溶液、亚浓溶液、浓溶液、凝胶和冻胶的性质，高分子溶液的黏度及聚电解质溶液特征，即第 5 章的内容；④高分子的分子运动和热转变：高分子的分子运动特征，玻璃化转变和相转变，高分子的黏性流动等，即第 6 章和第 7 章的内容；⑤高分子的物理性能：如力学性质、电学性质、光学性质、生物响应特性等，即第 8 章和第 9 章的内容；⑥高分子合金及高分子复合材料的结构与性质，即第 10 章的内容；⑦高分子结构和性能的现代测试技术，即第 11 章的内容。

1.3　高分子结构的特点

高分子的结构复杂，它具有与小分子物质非常不同的特点。

① 分子量很大。高分子是由很大数目的单体（小分子）以共价键连接（聚合）起来的，这是高分子的基本特点。例如氯乙烯（单体）聚合成聚氯乙烯（高聚物）：

$$n\,CH_2{=}\underset{\displaystyle Cl}{\underset{|}{CH}} \longrightarrow \text{+}CH_2{-}\underset{\displaystyle Cl}{\underset{|}{CH}}\text{+}_n$$

聚合的单体（结构单元）可以是一种（均聚物），也可以是几种（共聚物）。通常，从结构对性质的影响或加工成型技术来说，高聚物的结构分为两类：线形（包括支链形等）及体形（包括网形）。前者是热塑性的，表现为可溶解和熔融；后者呈热固性，不能溶解和熔融。高分子分子量大到什么程度呢？一般认为在 10000 以上，但用作塑料、橡胶或纤维的多数高聚物，其分子量在 $10^4 \sim 10^6$ 之间。

有时，人们也用聚合度来描述高分子的大小。一般认为聚合度约一百以上的聚合物为高分子。聚合度是高分子链中重复结构单元（链节）的数目（n），$n=M/M_0$，M 为高聚物分子量，M_0 为重复结构单元（链节）的分子量。

② 分子量的多分散性和结构的不均一性。由高分子聚合机理所决定，同一高聚物中的各个分子有不同的分子量（或分子链长度，或聚合度）。这种特性称为多分散性。或者说，高聚物通常为一系列分子量不同的大分子同系物的混合物，这种性质称为多分散性，也有人

称为多分子性。因此，高聚物无论用分子量、聚合度或分子链的长度来描述，都只能表示为平均数值，称为平均分子量 $\overline{M}$、平均聚合度或平均分子链长度。这和一般低分子有机物不同，低分子有机物有明确的分子量，而且，同一有机物其各个分子的分子量都是一样的。这称为分子量的单分散性。高聚物中只有很少数天然蛋白质的分子量是单分散的，大多数天然和合成的高聚物都是多分散的，虽然采用阴离子催化聚合方法可以合成接近单分散的高聚物，多分散指数很接近 1，但仍然不是等于 1，各个分子的分子量还不是一样的。

除了分子量的多分散性外，即使在相同条件下聚合的产物，各个分子单体单元的键合顺序、空间构型的规整性、支化度、交联度以及共聚物的组成及序列结构等都存在着或多或少的差异。

高分子的以上两个结构特点（分子量大和分子量多分散）导致它在宏观性质上与小分子有巨大的差别。例如，高分子没有气态，高分子没有唯一的分子量，这也是在高分子发展的初期引发那么多争论的原因，人们对这些不能蒸馏，分子量总是测不准的物质感到迷惑。一旦人们弄清了高分子的这两个主要特点，一切迷惑也就云开雾散了。

高分子的多分散性还导致许多与小分子不同的性质和概念，例如，纯的小分子物质与纯的高聚物的概念就有不同。小分子是单分散的，所以纯的小分子物质除了元素组成及化学结构相同之外，分子量也是相同的、唯一的，因而与分子量有关的性质（如熔点和溶解度等）是单一的。而一般纯的高聚物中，各分子的元素组成及链节化学结构除端基外也是相同的，可是分子量的大小却彼此不一致，因此，性质上就可能相差很大。例如，一种纯的高聚物可以用分级方法分为许多不同溶解度的级分，纯的高聚物没有准确的熔点，只有一定的熔限。其他方面，如高聚物具有高弹性和机械强度等，都与分子量大及多分散性有密切关系。

③ 高分子结构的多层次性。主要包括分子链结构和凝聚态结构，前者包括化学结构和分子链的形态等，后者包括晶态和非晶态等。

由于高分子链很长，在分子运动方面也体现出不同于小分子的多重性。高分子的热运动包括整链运动、链段运动、链节运动和侧基运动等。

④ 一般高分子的主链都有一定的内旋转自由度，可以使主链弯曲而且有柔性，并由于分子的热运动，柔性链的形状可以不断改变，产生不同的构象。如果化学键不能作内旋转，或结构单元有强烈的相互作用，则形成刚性链而具有一定的形状。

⑤ 由于一条高分子链包含很多结构单元，因此，结构单元间的相互作用对其凝聚态结构和物理性能有重要影响，如高聚物分子间的次价键力（范德华力和氢键等）叠加可远大于分子主链的共价键力，从而使高分子材料显示出优异的力学性能。

⑥ 高分子的长链是由结构单元通过化学键连接而成的，所以沿着主链方向的有序度高于垂直于主链方向的有序度，尤其是经过受力变形后的高分子材料更是如此。所以高分子的晶态比小分子晶态的有序程度差很多，即使是高结晶性高聚物，也总是存在部分非晶区，存在很多缺陷。但高聚物的非晶态（玻璃态）却比小分子液态的有序程度高。

⑦ 高聚物在加工过程中往往需要加入填料、助剂和色料等，有时是用两种或多种高聚物共混，这些添加物与高聚物之间以及不同高聚物之间还存在织态结构。高聚物的织构（texture）又称微细结构，一般指高聚物内部构造中属光学显微镜观察尺度的形态结构。高聚物织构的内容包括晶区、非晶区、空洞和添加剂等各种组成区域的形状、大小、取向度和结晶度等，其含义如同高聚物的超分子结构，即比高分子链本身结构要大的分子凝聚态结构。它们对高分子材料的性能也有重要的影响。

1.4 高分子材料的分类与应用

高分子材料中使用最多的有塑料、纤维和橡胶三类，俗称三大合成材料。

塑料有热塑性塑料和热固性塑料两种。经过注射或压制成型可制得各种模制品，从日常用品如桶、盆、盒等，到工程制件如齿轮、轴承和机壳等，以及航空航天等高科技领域的各种设备部件。也可先制成标准形状制件，如板、棒及管材等，再经机械加工成为各种成品。

纤维是细而长的丝状材料，细是指直径在几微米至几十微米，长是指长径比在 1000：1 或更大的比值。高聚物纤维可通过熔融或溶液纺丝制得，通常是连续的长丝。常用的线、布、毡及鱼丝等是高聚物纤维制品。

橡胶是在常温下处于高弹态的高分子材料，它具有优异的弹性，可作为轮胎、密封圈、鞋底及胶垫等。

除了以上三大合成材料外，高分子材料的种类还有胶黏剂、涂料等。

高分子材料除了应用其力学性能作为结构材料使用外，近年来作为功能材料使用的高分子材料得到迅速发展。所谓功能高分子，指的是利用其某些特殊功能的材料，例如离子交换、吸附、渗透、导电、发光、对环境因素（光、电、磁、声、热、pH 值）的敏感性、催化活性以及生物响应特性等。它们在生物、医学、电子、通信、环境保护和国防军工等领域发挥越来越重要的作用。由于功能高分子往往具有较复杂的结构，需要经过繁琐的合成工艺才能制备出来，而且应用批量较小，因此高分子学科中常将这类材料归为精细高分子。

参考文献

[1] Seymour R B. History of Polymer Science and Technology [M]. New York: Marcel Dekker Inc, 1982.

[2] 钱保功，王洛礼，王霞瑜．高分子科学技术发展简史 [M]. 北京：科学出版社，1994.

[3] Treloar L R G. Introduction to Polymer Science [M]. London: Wykeham Publications, 1970.

[4] Young R J, Lovell P A. Introduction to Polymers [M]. 2nd ed. London: Chapman & Hall, 1991.

[5] Sperling L H. Introduction to Physical Polymer Science [M]. 3rd ed. New York: John Wiley & Sons Inc, 2001.

[6] Harper C A. Handbook of Plastics, Elastomers, and Composites [M]. 3rd ed. New York: McGraw-Hill Book Co, 1996.

[7] Rudin A. The Elements of Polymer Science and Engineering [M]. 2nd ed. New York: Academic Press, 1999.

[8] Carraher C E, Carraher Jr S. Polymer Chemistry [M]. 5th ed. New York: Marcel Dekker Inc, 2000.

[9] 林尚安，陆耘，梁兆熙．高分子化学 [M]. 北京：科学出版社，1982.

[10] 杨玉良，胡汉杰．高分子物理 [M]. 北京：化学工业出版社，2001.

第 2 章　高分子链的结构与形态

2.1　高分子结构的层次

高分子物理研究的内容之一是高分子结构与性质的关系。要理解这一关系，首先需明确高分子的结构。通常，高分子的结构分为链结构与凝聚态结构两个组成部分。本书将分三章（第 2～4 章）详细论述这两种结构。

高分子结构的层次如图 2-1。

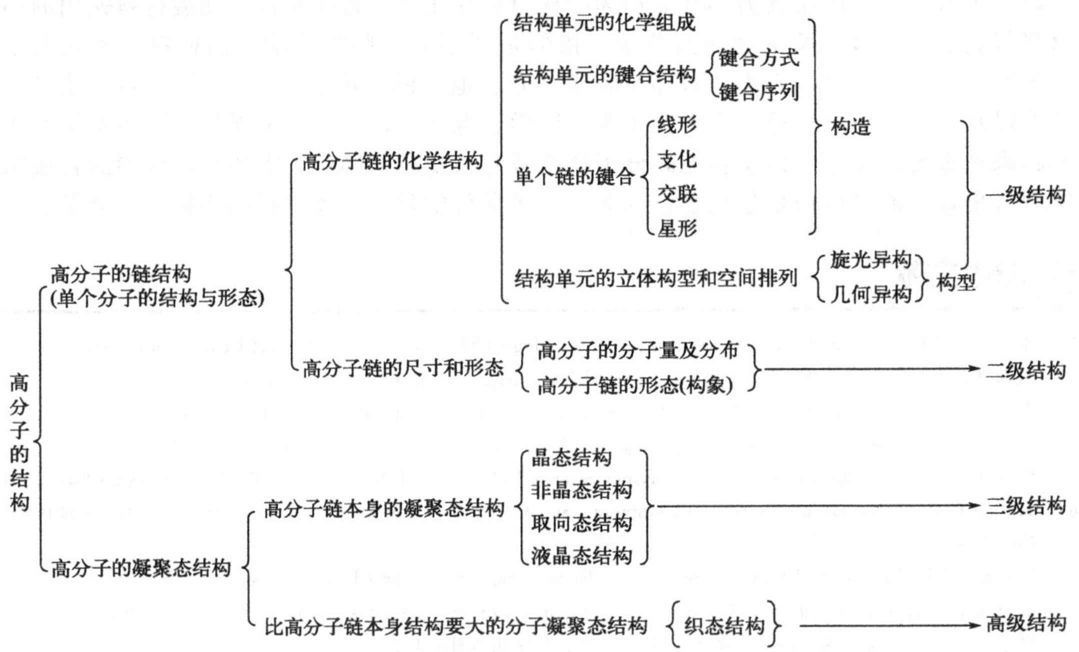

图 2-1　高分子结构层次

所谓构造，是指分子链中原子的种类和排列，包括结构单元的排列顺序、取代基和端基的种类、支链的类型和长度等。

所谓构型，是指某一原子的取代基在空间的排列。高分子链上有许多单体单元，各单体单元取代基的空间排列不同，故有不同的构型。从一种构型转变为另一种构型时，必须破坏和重新形成化学键。

所谓构象，是指分子中的取代原子（取代基）绕 C—C 等单键旋转时所形成的任何可能的立体的图形。构象改变不破坏也不形成化学键。分子中取代原子或取代基的相互排斥，会限制单键旋转，故给定的分子中存在一个能量最低的优势构象。

文献也把高分子链的化学结构（构造、构型）称为近程结构，而相应的高分子链的尺寸（分子量及分布）和形态（构象）称为远程结构。

2.2　高分子链的化学结构

2.2.1　结构单元的化学组成

一般合成高分子是由单体通过聚合反应连接而成的链状分子，称为高分子链。高分子链中重复结构单元的数目称为聚合度，重复的基本结构单元称为链节。按高分子链化学组成的不同，高聚物可分为：

① 碳链高分子　分子主链全部由碳原子以共价键相连接而成。许多加聚反应所制高聚物如聚乙烯、聚丙烯、聚苯乙烯、聚氯乙烯、聚丙烯腈、聚甲基丙烯酸甲酯属于这类高分子，它们只是侧基不同，侧基上可含有杂原子，主链则完全由碳构成。

② 杂链高分子　分子主链由两种或两种以上的原子，包括碳、氧、氮、硫等以共价键相连接而成。它们主要由缩聚反应和开环聚合而制得。常见的有聚酯、聚酰胺、酚醛树脂、聚甲醛、聚砜和聚醚等。

③ 元素高分子　分子主链中由硅、磷、锗、铝、钛、砷、锑等元素以共价键结合而成的高分子，主链中不含碳元素。侧基含有机基团时称为有机元素高分子，如有机硅橡胶和有机钛高聚物等。

④ 其他高分子　有些高分子的主键不是一条单链，而是像“梯子”和“双股螺线”那样的高分子链。例如聚丙烯腈纤维受热时，在升温过程中会发生环化芳构化而形成梯形结构，继续在惰性气氛中高温处理则成为碳纤维。

选择适当的单体进行聚合，如均苯四甲酸二酐和四氨基苯聚合可得全梯形结构高聚物。

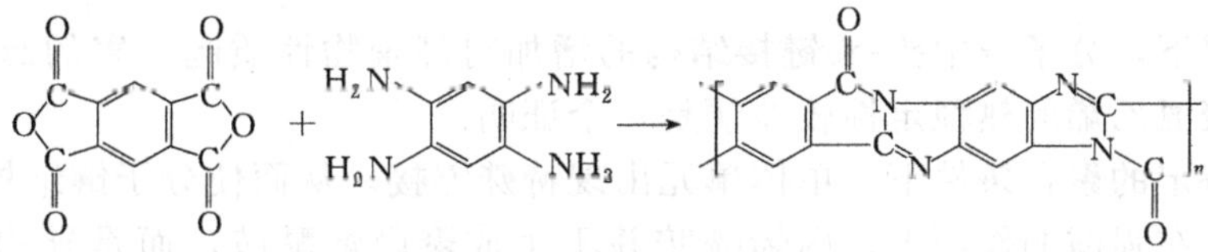

此外还有片形、带形、遥爪形等特殊结构的高分子链。

高分子链的化学组成不同将赋予高分子不同的化学与物理性能，适用于不同的应用要求。碳链高分子一般有优良可塑性，主链不易水解。杂链高分子带有极性，较易水解、醇解或酸解。元素高分子常常有一些特殊性质，如耐寒性和耐热性，还有较好的弹性和塑性。梯形高分子一般都有较高的热稳定性，但加工性能较差。

侧基的极性和大小对高分子的性能有影响。如聚氯乙烯、聚苯乙烯和聚乙烯，它们的主链均是碳链，但由于侧基氯的 C—Cl 键有永久偶极，因此聚氯乙烯是极性高分子。而聚苯乙烯和聚乙烯为非极性高分子。由于苯基体积较大，高分子链较刚硬，宏观性能显得硬而脆，而聚乙烯较柔软。

高分子链的两端存在端基，它也是高聚物结构的一部分，它来自单体、引发剂、溶剂或分子量调节剂，其化学性质与主链可能有很大差别。虽然端基含量较小，但有时端基的性质对高分子的性能会带来影响。例如，聚甲醛的端基热稳定性差，它会引发高分子链从端基开始断裂。如果聚甲醛的羟端基被酯化变成酯端基后（俗称封头），材料的热稳定性显著提高。聚碳酸酯的羟端基和酰氯端基也会促使聚碳酸酯在高温下降解，所以聚合过程中需要加入单官能团的化合物（如苯酚类）封头，以提高耐热性。

有些高聚物端基可用于分析测定分子量和支化度，可以利用端基反应进行高聚物改性，也可以通过端基研究获得聚合机理的信息。

2.2.2 键接结构

键接结构是指结构单元在高分子链中的连接方式，它也是影响性能的重要因素之一。在缩聚反应和开环聚合中，结构单元连接的方式一般都是确定的。但在加聚反应中，所得的高分子链却会出现不同的键接方式。

对于单烯类单体来说（如 $CH_2=CHR$），如果把有取代基（R）的一端称为“头”，另一端为“尾”，则聚合时会出现头-尾键接：

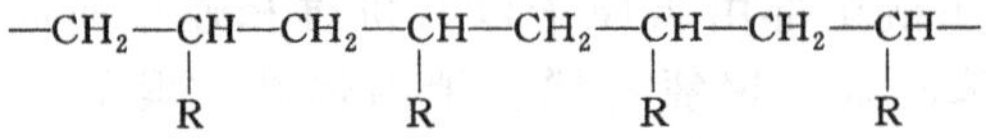

取代基 R 是相间排列的。

还会出现头-头（尾-尾）键接：

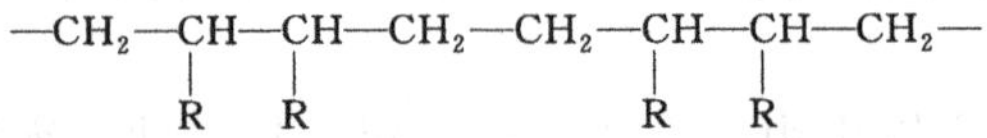

取代基 R 为邻接排列的。有时也出现两种键接方式同时出现的无规键接。

这种由结构单元间的连接方式不同所产生的异构体称为顺序异构体。

由于能量与位阻效应，高聚物分子链主要是头-尾键接的。但合成工艺条件改变，会影响头-尾键接结构的形成。通常，当位阻效应很小以及链生长端（自由基、阳离子或阴离子）的共振稳定性很低时，会得到较大比例的头-头（或尾-尾）结构。例如，聚醋酸乙烯酯中就含有少量头-头键接；聚偏氯乙烯中头-头键接含量达 8%～12%；聚氟乙烯中头-头键接含量可达 16%。

在许多情况下，分子链中头-头键接结构的增加对高聚物性质起有害的影响。例如，头-头键接结构的聚氯乙烯的热稳定性较差便是一个证明。

此外，在特定的聚合条件下，单体单元出现特殊键接，从而使分子链结构发生某些异常的变化。例如，在强碱的作用下，丙烯酰胺并不生成聚丙烯酰胺，而是异构化并生成聚 β-丙酰胺［尼龙-3，重复单元为 $\text{-}\!\!\left(CH_2-CH_2-CONH\right)\!\!\text{-}_n$］。在阴离子聚合中，也会出现异构化，例如 4,4-二甲基-1-戊烯的聚合：

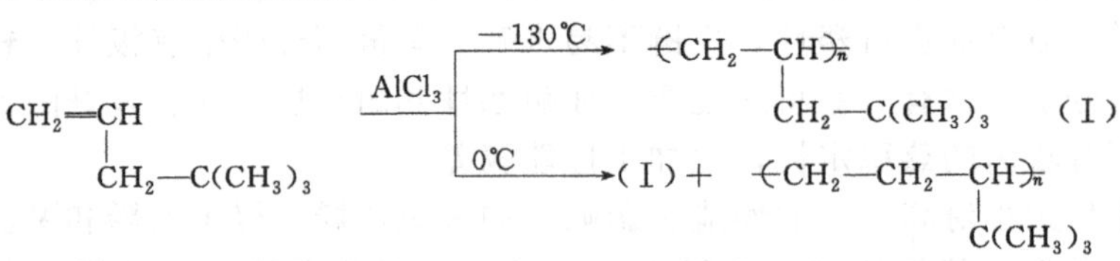

甚至在丙烯聚合中，使用某种催化剂会生成聚乙烯。这种结构单元和单体不相似的高聚物称为“变幻高聚物”或“奇异高聚物”。

对于双烯类单体来说，（如 $\overset{1}{C}H_2=\overset{2}{C}(CH_3)-\overset{3}{C}H=\overset{4}{C}H_2$），由于可生成 1,2-加聚，3,4-加聚和 1,4-加聚产物，因此，除了可能出现头-尾，头-头（尾-尾）键接之外，在 1,4-加聚产物中，还有顺式和反式等各种构型。

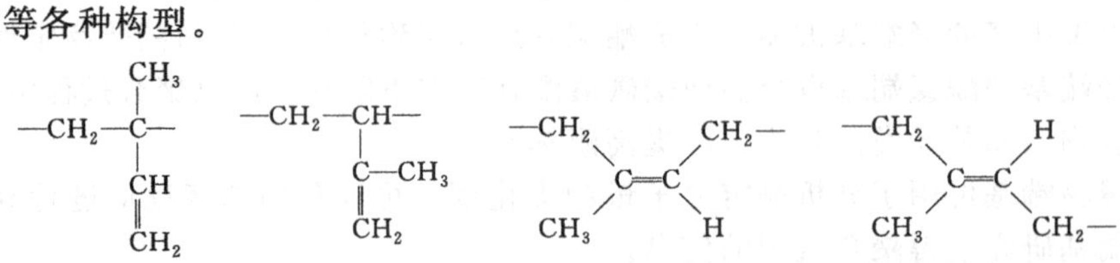

1,2-加聚　　3,4-加聚　　顺式 1,4-加聚　　反式 1,4-加聚

分子链中结构单元的连接方式对高聚物的性能有比较明显的影响。作为纤维用的高聚物一般要求分子链结构单元排列规整，从而使高聚物结晶性能较好、强度高、便于抽丝和拉伸。用聚乙烯醇制造维纶时，只有头-尾键接才能使之与甲醛缩合生成聚乙烯醇缩甲醛；如果是头-头键接，这部分羟基不易缩醛化，使产物中保留部分羟基，维纶纤维容易缩水；羟基数量太多时，纤维强度下降。

2.2.3　支化与交联

许多高聚物的分子链是线状的，称为线形高聚物，将其分子链拉直时近似一条直线（当然存在键角的限制）。高分子还有支链形和网形。支链形高聚物有长支链和短支链，其中又可分为梳形、星形和无规支化形。网形交联键较多且向三维空间发展则成为体形高聚物。它们的结构如图 2-2 所示。

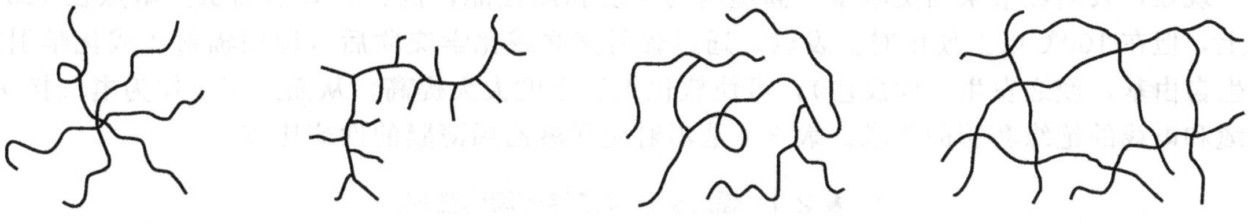

图 2-2　高分子链的支化与交联

支化，是指线形分子链上延伸出或短或长的分支（支链）结构。通常，以支化点密度或两相邻支化点之间的链段平均分子量来表示支化的程度，称为支化度。

支化高分子的化学性质与线形相似，但支化对力学性能的影响有时相当显著。例如，高压（低密度）聚乙烯，由于支化分子较多，破坏了分子的规整性，使其结晶度大大降低。低压（高密度）聚乙烯是线形分子，易于结晶，故其密度、熔点、结晶度和硬度等方面都比前者高。

支化程度越高，支链结构越复杂，对使用性能的影响越大，例如，无规支化往往降低高聚物薄膜的拉伸强度。以无规支化高分子制成的橡胶，其抗张强度及伸长率均不及线形分子制成的橡胶。

长支链的存在对高聚物的力学性能影响不大，但对其溶液的性质和熔体的流动性影响大，通常支化高聚物比同类线形高聚物熔体的流动性差。

当然，支化高聚物也有其特色，如当苯乙烯与异戊二烯或丁二烯共聚时，用适当方法进行支化而制成具有星形结构的共聚物，这是一种不需硫化且加工容易的橡胶材料。

交联与支化有质的区别。交联是通过化学反应把高分子链用共价键相互连接起来，产生网状或体形结构。交联度大小通常用相邻两个交联点之间的链的平均分子量 $\overline{M}_C$ 来表示。$\overline{M}_C$ 越小，交联度越大。也可用交联点密度表示，它定义为交联的结构单元占总结构单元的比例，即每一结构单元的交联概率。

支化的高分子能够溶解，而交联的高分子是不溶不熔的，只有交联度不太大时能在溶剂中溶胀。所以也可通过测量溶胀度来估计高分子的交联度。

热固性塑料（酚醛树脂、环氧树脂、不饱和聚酯等）和硫化橡胶都是交联的高分子。

未经硫化交联的橡胶，分子之间容易滑动，受力后会产生永久变形，因此没有使用价值。橡胶的硫化是使分子链之间产生硫桥。

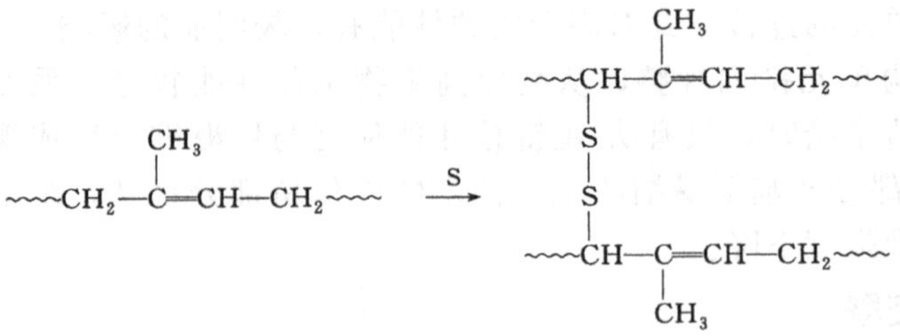

硫化交联后，分子之间不能滑动，因此能产生很大的弹性变形。所以，硫化交联是橡胶加工的重要手段。交联度不同，性能也不同。适当的交联度（含硫5%以下），弹性较好；较大的交联度（含硫量20%～30%），弹性变差；过度交联，反而使橡胶硬度增加而失去弹性，变为脆性材料。

现在，人们经常采用交联来提高塑料的强度和热性能，例如，聚乙烯虽然熔点在125℃以上，但在100℃以上使用时会发软。通过辐射交联或化学交联后（即用辐射线或化学引发产生自由基，使之发生交联反应），可使软化点和强度大大提高，从而适用于作为电气接头、电缆和电线的绝缘套管的要求。表2-1是辐射交联聚乙烯薄膜的性能比较。

表2-1 辐射交联聚乙烯薄膜的性能

性能	交联聚乙烯	高压聚乙烯	低压聚乙烯
拉伸强度/MPa	50～100	10～20	20～70
断裂伸长率/%	60～90	50～600	5～400
热封温度范围/℃	150～250	125～175	140～175

除了共价键交联，还有一种交联是以离子键实现的。例如，乙烯与丙烯酸的共聚物，链上带有羧基，它可与金属离子Me^{++}形成离子键使分子链交联：

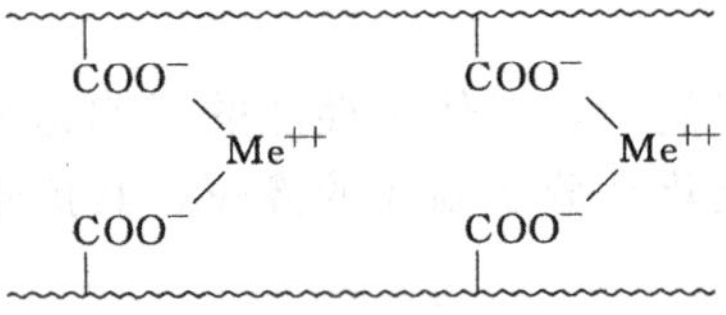

这种离子键具有常温下起交联作用而高温时不起作用的特点，这样，在高温加工时它具有线形高聚物一样可热塑加工的特性，但在冷却后，发挥离子交联作用，强度和硬度等增大。

2.2.4 共聚物的结构

以上主要论述了均聚物的构造问题。对于共聚物来说，除了存在与均聚物相同的构造因素之外，还增加了共聚单体单元之间的连接问题。所谓共聚物，是指两种或两种以上单体通过共聚反应所形成的高聚物。例如A和B两种单体可生成二元共聚物，由于各单体的均聚或共聚活性不同，当合成条件改变时，可能形成以下几种共聚物。

① 无规共聚物：…AABABBAAABBAB…，即两种单体的键接顺序没有一定规律。

② 交替共聚物：…ABABABABAB…，即两种单体有规律的交替键接，这种键接的共聚物可以看作是由链节—AB—所形成的均聚物。

③ 嵌段共聚物：…AAAABBBB…（两段嵌段）…SSSSS—BBBBB—SSSSS…（三段嵌段），它们是由两种或两种以上重复单元各自组成长序列链段而彼此经共价键连接的共聚物。

④ 接枝共聚物：是A主链上接枝B分子链而成的。

```
…AAAAAAAAAA…
  |    |    |
  B    B    B
  B    B    B
  B    B    B
```

无规共聚物的结构中还存在序列问题。因此，共聚物的结构表征除了确定各类链节的相对含量外，还应确定它们的序列分布。为了描述序列结构，常用的参数有各单体单元的平均序列长度和嵌段数 R。以 A 和 B 两种单体单元所组成的共聚物分子为例：A B AA BBB A BB AA BBBB AAA B。下短划线表示序列。所谓序列，就是由同类单体直接相连的嵌段。对于单体 A 和 B 来说，其平均序列长度分别为：

$$\overline{\langle L_A \rangle_n}=\frac{9}{5} \quad 和 \quad \overline{\langle L_B \rangle_n}=\frac{11}{5}$$

嵌段数 R 的含义是指在 100 个单体单元中出现的各种嵌段的总和（A 和 B 序列的总和）。对于上述例子，$R=50$（A+B 的总和为 20，序列有 10 段）。可以证明，R 与平均序列长度之间存在下列关系：

$$R=200/(\overline{\langle L_A \rangle_n}+\overline{\langle L_B \rangle_n}) \tag{2-1}$$

当 R 为 100 时，表明是交替共聚。对于嵌段共聚物，分子链为无限长时，R 的极限为零。而无规共聚物的 R 值介于 0～100 之间。因此 R 值可表征共聚物的类型，R 愈大，愈富有交替性，R 愈小，愈富有嵌段性。

序列长度可以用某些化学或物理方法来测定。通常，这些方法都与高聚物的构造密切相关，因此，某些方法只适用于某些特定的共聚物。化学方法是基于链的断裂或相邻侧基的反应。在物理方法中，核磁共振、紫外和红外光谱可用于处理较短的序列，X 射线衍射分析（XRD）和差热分析（DTA）可用于处理较长的序列。

四种类型共聚物的分子链的微观结构不同，性能也有很大差别。无规共聚物的分子链中，两种单体无规则排列，造成分子链的不均一性；交替共聚物的分子链节是均匀的；而嵌段和接枝共聚物，则由 A 组分包围 B 组分，或相反由 B 包围 A，造成凝聚态上的不均一性。由于结构不同，影响分子内及分子间的相互作用而呈现出不同的力学性能。例如，聚乙烯、聚丙烯均为塑料，而丙烯含量较高的乙烯-丙烯无规共聚的产物则为橡胶，乙烯-丙烯嵌段共聚物由于还保留各组分的结晶能力，呈塑料性质。又如，聚四氟乙烯是不能熔融加工的塑料，但四氟乙烯与六氟丙烯的共聚产物则为热塑性塑料（聚四氟乙烯熔融时熔体的黏度极高，这与分子链的螺旋结构有关，因此多采用类似粉末冶金的方法加工）。

共聚物的结构十分复杂，可变因素很多。正是这种复杂性，为共聚物的结构设计提供了更多的思路。人们可以从多方面调节共聚物的结构，以满足不同材料的性能要求。

ABS 是众所周知的共聚改性的实例。ABS 树脂是由丙烯腈、丁二烯和苯乙烯组成的三元共聚物，其中丙烯腈有—CN 基，使高聚物耐化学腐蚀，提高材料的抗张强度和硬度；丁二烯使高聚物呈橡胶状韧性，这是材料抗冲强度增高的主要因素；苯乙烯高温流动性能好，便于加工成型，且可改善制品的表面光洁度（纯 PS 很脆）。因此，ABS 是一类性能优良的热塑性工程塑料。ABS 的共聚方式是无规共聚与接枝共聚相结合，不同的工艺路线，结构有很大的不同，性能也有所区别。例如，可以丁苯橡胶为主链，将苯乙烯和丙烯腈接在支链上；也可以丁腈橡胶为主链，将苯乙烯接在支链上；还可以以苯乙烯-丙烯腈共聚物为主链，将丁二烯和丙烯腈接在支链上等，它们都是 ABS，但性能各有特点。

采用嵌段共聚物、接枝共聚物或含离子共聚物等的分子设计，是制备热塑弹性体（thermoplastic elastomers，TPE）的重要方法。热塑弹性体，又称热塑性橡胶，是一类常温下显示橡胶弹性、高温下又能塑化成型，兼有橡胶和热塑性塑料特性的强韧合成高分子材

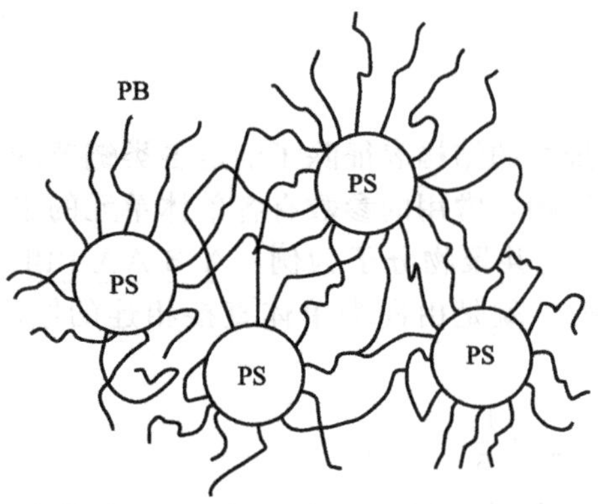

图 2-3 SBS 结构示意图

料。例如，用阴离子聚合法制得的苯乙烯与丁二烯的嵌段共聚物称为 SBS 树脂，它是一种可用注射方法进行加工而不需硫化的橡胶（普通橡胶加工采用模压法生产，效率低）。由于在常温下聚丁二烯是一种橡胶，而聚苯乙烯是硬质塑料，二者不相容，因此形成两相结构。聚丁二烯段形成连续橡胶相，而聚苯乙烯段形成分散微区，起着交联作用，它的结构如图 2-3 所示。

类似于高分子的共聚改性，20 世纪 80 年代，人们还发展起另一种共混高聚物——互穿网络高聚物（IPN），它是由两种或两种以上高分子形成的网络互相贯穿。另外，当一线形高聚物在另一高聚物网络形成时均匀分散于其中，宏观上成为一整体者称为半互穿高聚物（semi-IPN）。在这些材料中，两种高聚物组分靠物理纠缠连在一起，而不是像共聚物一样由化学键连接。这种技术也设计制备出多种综合性能优异的改性材料。

2.2.5 旋光异构和几何异构

高分子链上有许多单体单元，故有各种不同的构型。由于构型是由化学键所固定的，要改变构型，必须经过化学键的断裂和重组。与小分子有机化合物一样，高分子的构型也有旋光异构和几何异构两种。

2.2.5.1 旋光异构

对于不对称的碳原子（以 C^* 表示）构成的化合物，它能构成互为镜像的两种异构体，表现出不同的旋光性，称为旋光异构体。

对于一元取代的烯类高聚物，因为链节上有一个不对称碳原子（$—CH_2—C^*HR—$），每个链节就可能有两种构型（D 型及 L 型），整条分子链各链节的构型排列存在三种可能：

① 全同立构（等规立构） 取代基 R 在分子链平面的同一侧（如将分子链拉成锯齿状放在一个平面上，R 和 H 分别处于平面的上下两侧），即整条分子链全由同一旋光异构的单元（D 型或 L 型）键接而成。

② 间同立构（间规立构） 链节由 D 型和 L 型交替地键接而成。

③ 无规立构 D 型和 L 型两种旋光异构单元完全无规键接。

图 2-4 为高分子链的立体构型。

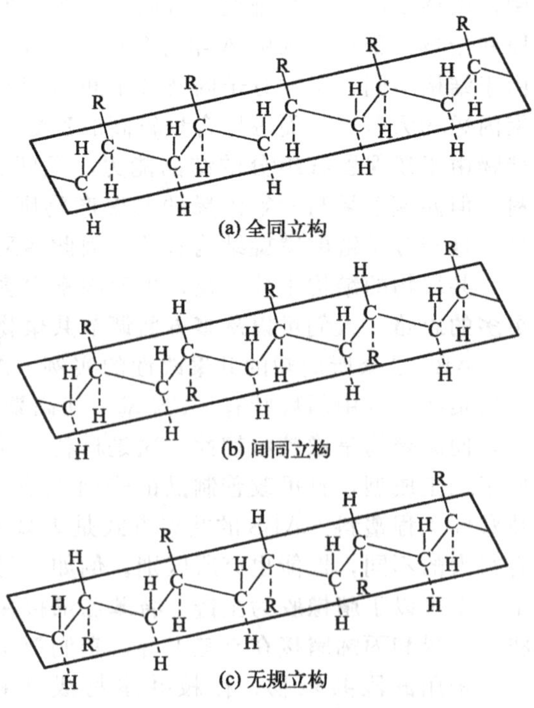

图 2-4 高分子链的立体构型

全同立构和间同立构的高聚物有时通称为“等规高聚物”。等规度是指高分子链中具有立构规整的重复单元（通常是全同立构）占总重复单元的百分比。

以上三种空间异构体构成的高聚物，在性

质上有很大的差别。例如，无规立构的聚苯乙烯结构不规整，加上侧基苯环很大，排入晶格困难，所以是非晶态高聚物，软化温度 80℃，只能在 80℃以下使用。而全同立构聚苯乙烯结构比较规整，能结晶，熔点为 240℃，把使用温度提高了 100℃以上。

又如，全同或间同（等规）的聚丙烯结构比较规整，容易结晶，可以用于纺织制造纤维，而无规聚丙烯却是一种橡胶状弹性体。

通常自由基聚合的高聚物大多是无规的，定向聚合所得的为有规立构的高聚物。

对于小分子物质来说，不同的空间构型常有不同的旋光性。高分子链虽然含有许多不对称碳原子，但由于内消旋和外消旋作用，即使空间规整性很好的高聚物，也可以没有旋光性（很多天然产物或与生命有关的大分子如蛋白质和多糖等有旋光性）。

2.2.5.2 几何异构（顺反异构）

在 1,4-加聚的双烯类高聚物中，由于主链双键的碳原子上的取代基不能绕双键旋转，双键上的基团在双键两侧的排列方式存在顺式构型和反式构型之分，这种异构体称为几何异构体（顺式指链上的次甲基—CH_2—在双键的同一边。而反式指链上的次甲基—CH_2—在双键的相反方向）。

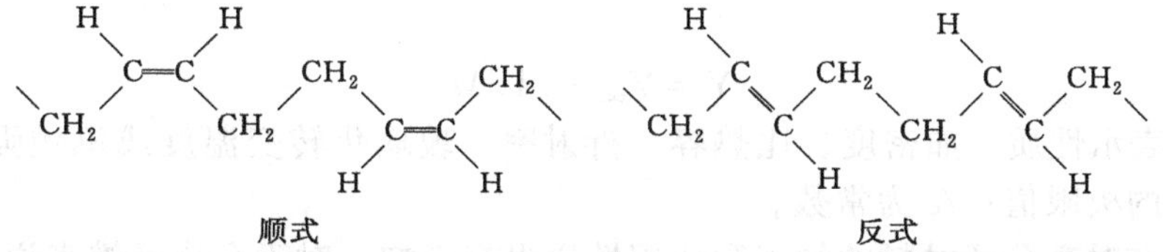

用钴、镍或钛催化剂可制得顺式构型含量大于 94%的聚丁二烯，称作顺丁橡胶。它的分子链与分子链之间的距离较大，不易结晶，在室温下是一种弹性很好的橡胶。而用钒或醇烯体系催化剂所制得的聚丁二烯橡胶主要为反式构型，反式 1,4-聚丁二烯分子链的结构比较规整，容易结晶，在室温下是弹性很差的塑料。

1,4-聚异戊二烯的构型与性能关系也有类似情况。自然界中天然橡胶含 98%以上的顺式 1,4-聚异戊二烯，T_m=28℃，T_g=−73℃，柔软而有弹性，是主要的弹性材料；而杜仲胶为反式 1,4-聚异戊二烯，有两种结晶，熔点分别为 65℃和 56℃，T_g=−53℃，是一种塑料。

2.2.6 高分子链构型的测定

高分子构型的测定方法可分为直接法和间接法两类。间接法实际上是测定与高分子构型有关的某些性能。

常用的直接测试方法有 X 射线衍射、核磁共振、红外光谱法等。使用 X 射线衍射法，从衍射峰的位置和强度可以测出晶区中原子间的距离，并进而得到构型。核磁共振是测定^{13}C 的化学位移信号，当主链上的 C 处于不同的构型时，它的化学环境发生变化，出现不同的化学位移。核磁共振法可用于晶态和非晶态高聚物的测定。红外光谱法根据化学键和基团的特征吸收频率不同，可对高分子的结构进行分析，这些特征吸收频率随分子所处的状态以及分子间的相互作用而有所变动，依据这种变动规律，便可对高分子的构型进行深入研究。

2.3 高分子链的尺寸和形态

2.3.1 高分子的大小

衡量化合物分子大小最常用的参数是分子量。由于高聚物的分子量存在多分散性，因此其分子量只有统计的意义，只能用一个统计平均值来表示。统计的方法不同，所得的平均分子量不同，常用的有数均摩尔质量 $\overline{M}_n$，重均摩尔质量 $\overline{M}_W$，黏均摩尔质量 $\overline{M}_\eta$ 和 Z 均摩尔质量 $\overline{M}_Z$（俗称为数均分子量、重均分子量、黏均分子量和 Z 均分子量）。

平均分子量只是描述高分子大小的一个参数，要全面细致地描述高分子，必须知道分子量分布。分子量分布是描述高聚物同系物中各个组分的相对含量与分子量之间的对应关系。通过分子量分布曲线，我们不仅可以知道高分子的平均大小（即各种平均分子量），还能知道分子量分散程度，即所谓分子量分布宽度。分子量分布越宽，表明高分子链大小越不均一；相反，分布越窄，高分子链大小越均一。有关平均分子量及其分布在本书第 3 章还将详细讨论。

高聚物的分子量对其使用性能和加工性能有很大的影响。从材料使用性能和加工性能综合考虑，高聚物的平均分子量应在一定范围内才比较合适。例如，常见的聚苯乙烯塑料其分子量为十几万，如果平均分子量太低，材料的机械性质很差，平均分子量低至几千时甚至不能成型，但如果分子量达几百万以上，高温流动性差，难于加工。

高聚物的分子量或聚合度一定要达到一定数值后，才能显示出适用的机械强度，这一数值称为临界聚合度。对于强极性高聚物来说，其临界聚合度约为 40，而非极性高聚物的临界聚合度约为 80。在临界聚合度以上，许多高聚物的物理和力学性质与其平均分子量有以下关系。

$$Y = Y_\infty - A/\overline{M} \tag{2-2}$$

式中，Y 表示性质，如密度、比热容、折射率、玻璃化转变温度或机械强度等；Y_∞ 为分子量极高时的极限值；A 为常数。

分子量分布对高分子材料的加工和使用性质也有影响。对于合成纤维来说，如果分子量分布较宽，可纺性就差，纺丝工艺难以控制，而且纤维的性能不好。对于塑料，分子量分布窄一些，一般有利于加工条件的控制和提高产品的使用性能。对于橡胶而言，情况有些不同，通常橡胶的平均分子量很大，加工困难，因此加工时常经过塑炼来降低分子量，同时使其分布加宽，这样，低分子量部分不仅本身黏度小，而且起增塑剂的作用，便于加工。

2.3.2 高分子链的内旋转和构象

从有机化学的基础知识知道，C 原子可以 sp^3、sp^2、sp 杂化轨道成键，它可以生成单键、双键和三键。单键由 σ 电子组成，它具有电子云分布轴性对称、可以绕键轴旋转的特点。高分子链中含有大量的单键，它也能像有机小分子一样旋转。我们将高分子链中 C—C 单键绕键轴旋转称为内旋转。

先以小分子甲基丁二酸为例：

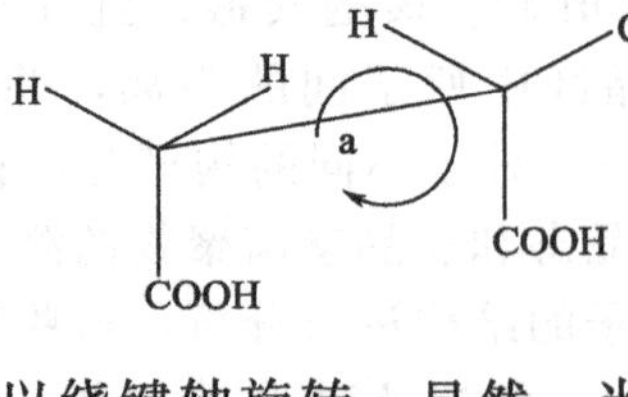

我们考察 C—C 键 a，它可以绕键轴旋转。显然，当 a 键转动到不同角度时，基团—COOH 和—CH_3 的空间位置是不同的，这种由于单键内旋转而产生的分子在空间的不同形态称为构象。可见构象是单键旋转产生的。a 键旋转到任何位置，它的构象都不同。从这点看，分子的构象是无限多的，但实际上由于侧基的相互作用，分子的空间形态更多地停留于能量较低的构象，例如，甲基丁二酸中的 a 键旋转时的势能与旋转角 ψ 有如图 2-5 所示的关系，图中表示出分子势能峰值和谷值所对应的空间形态（构象）。

势能曲线表明，一次完全的旋转有三个峰值和三个谷值。这六种特定的构象中三个是重

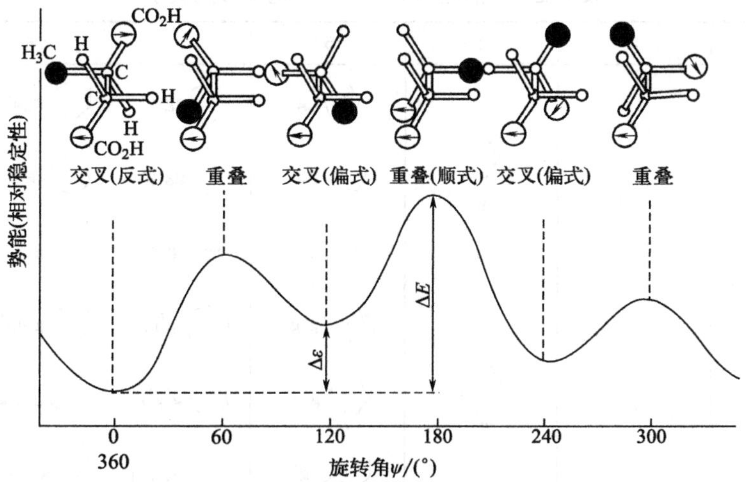

图 2-5　甲基丁二酸 a 键旋转时的势能与旋转角 ψ 关系示意图

叠式，其原子间或基团间的距离较近，且相互排斥，所以比较不稳定；相反，另外三个交叉式构象则比较稳定，其中反式中两个极性基团（—COOH）处于最远的位置，势能最低，所以最稳定。图中的 ΔE 是最大峰值和最小谷值势能的差，称为内旋转势垒（活化能）；$\Delta\varepsilon$ 是不同谷值构象的势能差。其实，图中的势能曲线是综合了影响分子链刚硬性的各种内在因素，特别是空间位置及偶极作用。

以上我们只考虑了一个单键的内旋转情况，而事实上，分子中的每一个单键都会旋转。如果我们考察丁烷小分子的旋转，它的内旋转情况如图 2-6 所示，σ_1 键（C_1—C_2 键）的旋转带动 σ_2 键跟着旋转，σ_2 键的轨迹将形成一个圆锥面。而 σ_2 键的自转又会带动 σ_3 键旋转，形成另一个圆锥，使 C_4 出现在另一个圆周的任何位置上。由于内旋转阻力的影响，C_3 和 C_4 并不能停留于圆周上的任意位置，而是像图 2-5 分析的，主要是停留在势能最低的反式交叉构象（用符号 t 表示），或停留在势能较低的两个旁式交叉构象（用符号 g 和 g′表示）。当分子的 C—C 单键数目增大时，它的稳定构象数变化如表 2-2 所示。

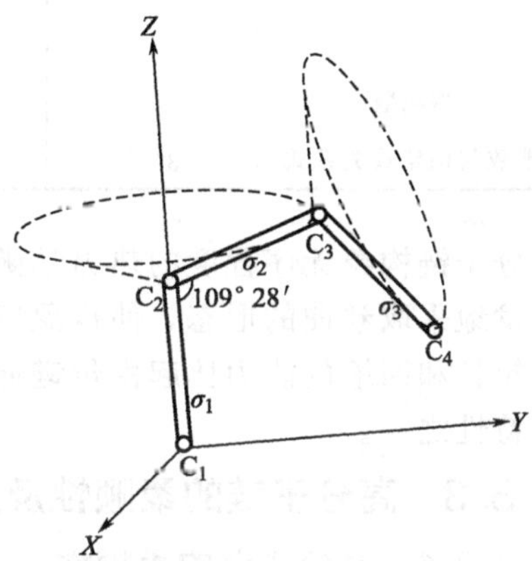

图 2-6　高分子链的内旋转

当 C 原子数为 3 时，构象数为 1；C 原子数为 4 时，可取的构象数为 3；C 原子数为 5 时，可取的构象数为 9；而 C 原子数为 6 时，构象数为 27。可以证明，对于一条饱和碳链，它的碳原子数为 n 时，构象数有 3^{n-3} 个。

如果考察一条没有支链的聚乙烯分子链，当它的聚合度为 100 时，它有 200 个碳原子，那么有相对稳定的分子构象 $3^{200-3}=10^{94}$ 个，这是一个非常大的数目。这个结果告诉我们高分子链构象的多样性和可变的潜在性，在一定范围内，分子链越长，碳原子数越多，分子构象越多，链卷曲成各种形状的可能性越大。在多种构象中，分子链完全拉直的（全部是 t t t…式）及卷曲得十分紧密的（全部是 g g g …式）状态只有一个，多数是居间的，即既不是完全拉直也不是十分卷曲的。从热力学的观点，构象就是分子链的各种微观状态，可用热力学概率 W 表示，它和熵的关系服从玻尔兹曼公式（$S=k\ln W$）。这里的熵称为构象熵，它是度

表 2-2 正烷烃含碳原子数与构象数的关系

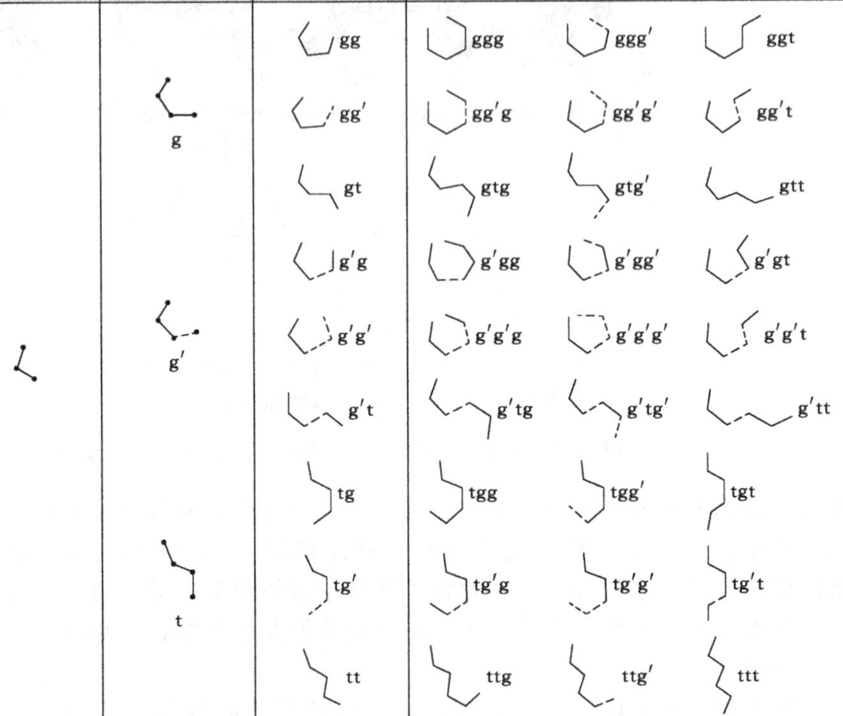

含C数 n	3	4	5	6		
构象			gg	ggg	ggg'	ggt
		g	gg'	gg'g	gg'g'	gg't
			gt	gtg	gtg'	gtt
			g'g	g'gg	g'gg'	g'gt
		g'	g'g'	g'g'g	g'g'g'	g'g't
			g't	g'tg	g'tg'	g'tt
			tg	tgg	tgg'	tgt
		t	tg'	tg'g	tg'g'	tg't
			tt	ttg	ttg'	ttt
构象数	1	3	9	27		
碳数与构象数关系式	3^{3-3}	3^{4-3}	3^{5-3}	3^{6-3}		

量分子链构象无序程度的热力学函数。由熵增加原理，孤立高分子链在没有外力作用下总是自发地采取卷曲的形态，使构象熵趋于最大，这就是高分子长链柔顺性的实质。因为高分子链拉长和回缩的能力比起由价键伸缩所导致的谱弹性大得多，所以称为高弹性，这是高分子的特性之一。

2.3.3 高分子链的柔顺性及影响因素

2.3.3.1 高分子链的柔顺性

我们把高分子链能够改变其构象的性质称为柔顺性。这是高聚物许多性能不同于小分子物质的主要原因。内旋转的单键数目越多，内旋转受阻越小，构象越多，柔顺性越好。

必须知道，实际高分子链的构象数目比自由旋转时少，这一方面是由于单键上非键合原子或基团之间存在着排斥力，使内旋转不能完全自由，不能任意取某种构象，也不能任意从一种构象过渡到另一种构象；另一方面是在实际材料中有许多高分子链，它们之间的相互作用也限制了构象的自由变换。对于高分子链的柔顺性，我们可以从静态和动态两个方面理解。

（1）静态柔顺性

静态柔顺性（又称平衡态柔顺性）指的是高分子链处于较稳定状态时的卷曲程度。在一个高分子长链中，每一个键都可能取反式、左旁式或右旁式三种较稳定的状态。静态柔顺性决定于热力学平衡条件下三种状态的相对含量和序列。这三种旋转状态分配得越均匀、序列分布越混乱，即链中反式和旁式构象越接近于无规排列，则链越是趋于卷曲。如果分子链全部取位能最低的反式构象，则分子链排列成锯齿形，链变刚硬。从热力学平衡来说，旋转状态的分配与各构象之间的势能差 $\Delta\varepsilon$ 相关，即键的旋转异构态或旋转角是按能量分配的，频率为 $e^{-\frac{\Delta\varepsilon}{kT}}$。三种构象的势能越接近，$\Delta\varepsilon$ 越小，则分配越均匀，链的平衡柔顺性也就越好。$\Delta\varepsilon=0$，链柔顺性最好。反之，$\Delta\varepsilon$ 很大，则势能较低的反式构象占优势，链柔顺性变差。$\Delta\varepsilon$ 增加到足够大，使所有键都只能以反式构象存在，则分子链只有一种锯齿形构象，是刚性的棒状分子。

(2) 动态柔顺性

动态柔顺性（又称动力学柔顺性）指的是分子链从一种平衡态构象转变成另一种平衡态构象的难易程度。构象转变越容易，转变速度越快，则分子链的动态柔顺性越好。一个键从反式构象转变到旁式构象要克服一定的势垒 ΔE，所以，转变的难易与 ΔE 相关，ΔE 越小，转变越容易，所需时间（称为持续时间 τ_P）越短，分子的动态柔顺性越好。

$$\tau_P=\tau_0\exp\left(\frac{\Delta E}{kT}\right) \tag{2-3}$$

静态柔顺性和动态柔顺性是两种概念，有时一致，有时不一致。

2.3.3.2　高分子链柔顺性的影响因素

分子的结构对链的柔顺性有很大的影响。主要影响因素如下。

(1) 主链结构

① 单键　若主链全部由单键组成，一般来说链的柔顺性较好，例如聚乙烯、聚丙烯、乙丙橡胶柔顺性好。不同的单键柔顺性顺序为：—Si—O—>—C—N—>—C—O—>—C—C—，所以，聚酰胺-66、聚己二酸己二醇酯等柔顺性好。单键的键长也影响内旋转，如 Si—O，Si—C 键的键长较长，柔顺性高。而且，Si—O—Si 键角也比 C—O—C 键角大，内旋转更容易。所以，聚二甲基硅氧烷的柔顺性更好，是很好的合成橡胶，它的结构式为：

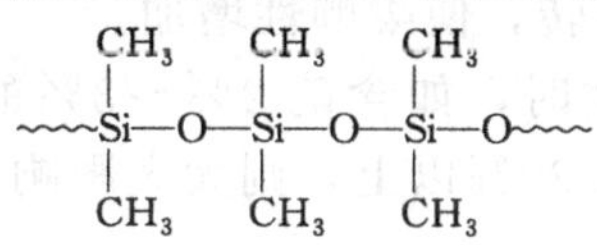

表 2-3 列出部分共价键的键长和键能。

表 2-3　部分共价键的键长和键能

键	键长/nm	键能/(kJ/mol)	键	键长/nm	键能/(kJ/mol)
C—C	0.154	347	C—N	0.147	293
C═C	0.134	615	C—Si	0.187	289
C≡C	0.120	812	Si—O	0.164	368
C—H	0.109	414	C—S	0.181	259
C—O	0.143	351	N—H	0.101	389
C═O	0.123	715	C—Cl	0.177	331

② 双键　双键本身不能旋转，但孤立双键旁的单键内旋转容易，链的柔顺性好，如顺式 1,4-聚丁二烯。主链如为共轭双键，则分子显刚性，如聚乙炔及聚苯等。

—CH═CH—CH═CH—CH═CH—　聚乙炔

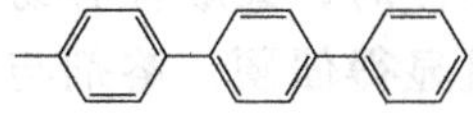

聚苯

③ 芳杂环结构　主链上芳杂环不能内旋转，所以，这样的分子链柔顺性差。如芳香聚

酰胺纤维的分子结构为：

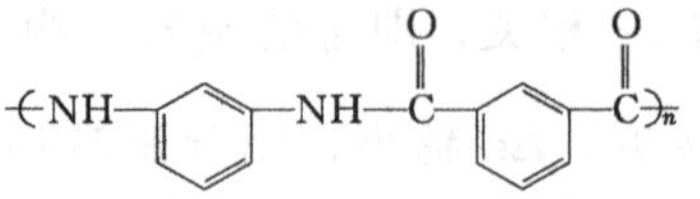

分子链的刚性大。而全梯形吡龙不仅有芳环，而且环的张力大，环间无单键，分子刚性更大。

④ 氢键　例如，纤维素可生成分子内和分子间氢键，蛋白质分子采取螺旋构象，螺旋之间以氢键相连，所以它们的刚性强。

（2）侧基

① 侧基的极性　极性大时，相互作用大，分子内旋转受阻，柔顺性变差。例如，下列分子链的柔顺性顺序为：聚丙烯腈＜聚氯乙烯＜聚丙烯。极性侧基比例越大，分子链内旋转越困难，柔顺性越差。如，聚氯丁二烯的柔顺性大于聚氯乙烯，后者又大于1,2-聚二氯乙烯。

② 侧基的体积　基团体积越大，空间位阻越大，内旋转越困难。如聚苯乙烯分子链的柔顺性比聚丙烯小，后者又比聚乙烯小。

③ 侧基的对称性　聚异丁烯的每个链节上有两个对称的甲基，这使主链间的距离增大，分子链柔顺性比聚乙烯还要好，可以做橡胶。又如，聚偏二氯乙烯的柔顺性大于聚氯乙烯，这是因为前者侧基对称排列，使分子偶极矩减小。

（3）分子链的长短

一般来说，分子链越长，构象数目越多，链的柔顺性越好。

（4）支链和交联

若支链较长，阻碍链的内旋转起主导作用时，柔顺性下降。但某些短支链阻碍分子链之间的接近，有助于各分子链的内旋转，使柔顺性增加。

对于交联结构，交联程度不大时，如含硫2%～3%的橡胶，对链的柔顺性影响不大；当交联程度达一定程度时，如含硫30%以上，则大大影响链的柔顺性。

（5）分子间作用力

分子间作用力愈小，链的柔顺性愈大，因此通常非极性链比极性链柔顺性大。如果分子内（和分子间）存在氢键，则分子链的柔顺性大大减弱。如聚己二酸己二醇酯要比聚己二酸己二胺柔顺得多，就是由于后者存在着氢键的缘故。如果在高聚物中加入低分子增塑剂，降低了分子间作用力，会使分子链的柔顺性增大。

（6）分子链的规整性

分子结构越规整，结晶能力越强，高分子一旦结晶，分子链的运动受到晶格力的限制，链的柔顺性就表现不出来，高聚物呈现刚性。例如，聚乙烯的分子链是柔顺的，但由于结构规整，很容易结晶，所以高聚物具有塑料的性质。

应该注意，高分子链的柔顺性与实际材料的刚柔性不能混为一谈，两者有时是一致的，有时却不一致，判断材料的刚柔性，必须同时考虑分子内的相互作用以及分子间的相互作用和凝聚状态。

除了分子链本身的结构因素影响柔顺性之外，外界条件如温度、外力及溶剂等对链的柔顺性也有影响。例如，温度升高，分子热运动能量增加，内旋转容易，柔顺性增加，反之，柔顺性下降。又如，当外力作用速度缓慢时，柔顺性容易显示，而外力作用速度（频率）很高时，高分子链来不及内旋转，分子链显得僵硬。溶剂与高分子链的相互作用也会改变链的旋转难易，因而使高分子表现出不同的柔顺性，在此不一一详述。

2

2.4　高分子链的构象统计

2.4.1　均方末端距

高分子链的构象就是高分子链在空间的状态。当一条高分子链愈刚硬时，分子链越趋伸直，分子链两末端的距离越大，对应可能出现的构象数愈少。反之，分子链越柔顺，分子链越卷曲，链两末端的距离可越小，对应的构象数愈多。因此，可以用分子链两末端的距离——末端距来表征高分子链构象变化引起的卷曲程度。

末端距定义为一条分子链的两个末端之间的直线距离，是矢量，用 $\vec{h}$ 表示。由于这个矢量的方向是任意的，故其统计平均值 $\overline{h}$ 趋于 0。而末端距的平方的平均 $\overline{h^2}$ 则是一个标量，用以表示高分子链的尺寸更为合适。所以，均方末端距是用来表示线形高聚物分子尺寸的最常用参数。

均方末端距的定义为：

$$\overline{h^2} \equiv \frac{1}{Q}\sum_{j=1}^{Q} h_j^2 \tag{2-4}$$

式中，h_j 为分子 j 的末端距；Q 为所研究的分子数；“—”表示平均值。$\sqrt{\overline{h^2}}$ 称为根均方末端距。由于热运动，分子的构象时刻改变着，所以高分子的构象数及其相关联的末端距是统计性的。

在计算均方末端距 $\overline{h^2}$ 时，可以采用两种方法。一种是在同一时间内观察大量单分散的分子 Q 的各种 $\vec{h}$，在同一时间把所有分子的 h_j^2 进行平均。另一种是选择某一个分子链，观察在一段时间内各种 $\vec{h}$，然后对各 $\vec{h}$ 的平方进行平均。两种方法的统计的结果是一样的。以下用第二种方法进行均方末端距 $\overline{h^2}$ 及其概率分布的计算。

2.4.2　均方末端距的几何计算

几何计算方法使用自由连接链模型（或称无规线团模型）进行计算。模型假设高分子链中任一单键是完全自由的，其中单键可自由旋转，无键角限制，连接是自由的。

自由连接的无规线团链的末端距是各键长矢量矩的和（见图 2-7）。

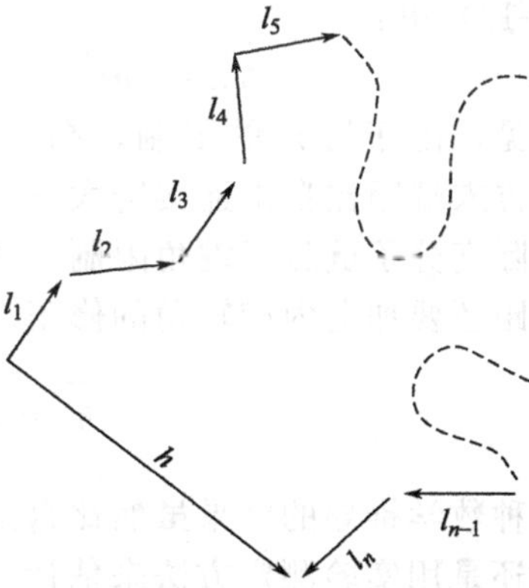

图 2-7　高分子链的末端距

$$\vec{h} = \sum_{i=1}^{n} \vec{l}_i \tag{2-5}$$

$$h^2 = \vec{h}\cdot\vec{h} = \left(\sum_{i=1}^{n} \vec{l}_i\right)^2 \tag{2-6}$$

均方末端距

$$\begin{aligned}\overline{h^2} &= \overline{\left(\sum_{i=1}^{n} \vec{l}_i\right)^2}\\ &= \overline{(\vec{l}_1+\vec{l}_2+\vec{l}_3+\cdots+\vec{l}_n)(\vec{l}_1+\vec{l}_2+\vec{l}_3+\cdots+\vec{l}_n)}\\ &= l_1^2+l_2^2+l_3^2+\cdots\cdots l_n^2+\overline{\vec{l}_1\cdot\vec{l}_2+\vec{l}_2\cdot\vec{l}_3+\cdots\cdots\vec{l}_{n-1}\cdot\vec{l}_n}\end{aligned} \tag{2-7}$$

因为　$\vec{l}_i^2 = l_i^2$（l_i^2 为标量）。

而

$$\vec{l}_m\cdot\vec{l}_n = l_m\cdot l_n\cos\phi(m,\ n) \tag{2-8}$$

其中，m 或 $n=1$，2，3……，n，但 $n \neq m$。式(2-8) 表示的是 n 键在 m 键方向上的投影，ϕ 为键 $\vec{l}_m$ 和 $\vec{l}_n$ 的夹角（是键角 θ 的补角）。

如果研究的是碳链高分子，由于各个 C—C 键的键长相等（0.154nm），所以有：

$$l_1^2+l_2^2+l_3^2\cdots\cdots+l_n^2=nl^2 \tag{2-9}$$

因此，

$$\overline{h^2}=nl^2+l^2\overline{\sum\cos\phi(m,n)} \tag{2-10}$$

由于我们假设分子链是自由连接的，各个键在各方向出现的概率相等，所以，各键的总平均投影值为零。

即：

$$\sum_{m\neq n}\vec{l}_m\cdot\vec{l}_n=l^2\overline{\sum_{m\neq n}\cos\phi(m,n)}=0 \tag{2-11}$$

于是得：

$$\overline{h_{\mathrm{fj}}^2}=nl^2 \tag{2-12}$$

这就是自由连接链（或无规链）的均方末端距。为了区别于其他链，通常加一个下标 fj（freely jointed chain），记为 $\overline{h_{\mathrm{fj}}^2}$。

事实上，分子链存在着键角的限制。即 $l^2\overline{\sum\limits_{m\neq n}\cos\phi(m,n)}\neq 0$。如果进一步考虑到键角限制的因素，但不考虑空间位阻对键旋转的影响，仍假设单键可自由旋转，这种链称为自由旋转链（freely rotating chain）。设键角为 θ（见图 2-8），经过数学推导和省略高次项，可得自由旋转链的均方末端距为：

$$\overline{h_{\mathrm{fr}}^2}=nl^2\frac{1-\cos\theta}{1+\cos\theta} \tag{2-13}$$

如果用键角的补角 ϕ 表示，则 $\overline{h_{\mathrm{fr}}^2}=nl^2\dfrac{1+\overline{\cos\phi}}{1-\overline{\cos\phi}}$。

如果将通常 sp^3 杂化的 C—C 键的键角 109°28′代进式(2-13) 得：

$$\overline{h_{\mathrm{fr}}^2}=2nl^2 \tag{2-14}$$

可见，由于键角的限制，高分子链的刚性增大，它的均方末端距比自由连接链大一倍。

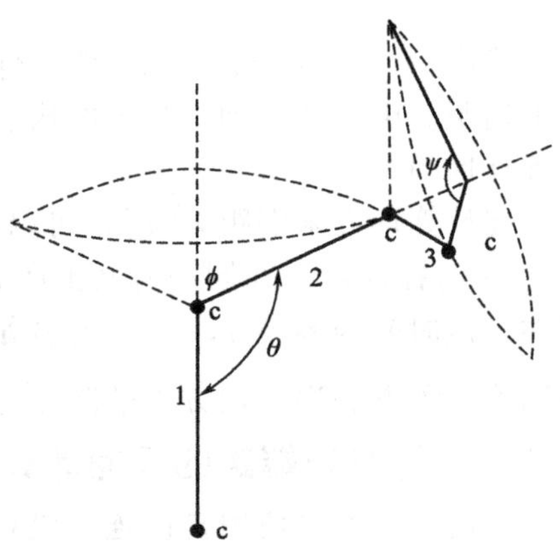

图 2-8 键角、键夹角和内旋转角

实际高分子链除了键角限制，还存在内旋转角（ψ）的限制，因此，实际高分子链的均方末端距还要加上内旋转角的修正。经过复杂的数学处理，得到其均方末端距为：

$$\overline{h^2}=nl^2\left(\frac{1-\cos\theta}{1+\cos\theta}\right)\left(\frac{1+\overline{\cos\psi}}{1-\overline{\cos\psi}}\right) \tag{2-15}$$

这种数学推导的结果虽然比自由连接链及自由旋转链模型更加接近实际，但是，不论是用理论还是用实验测定方法来估计 $\overline{\cos\psi}$ 都有困难，因此，式(2-15) 的实际应用受到限制。

从以上推导看到，式(2-12)、式(2-13) 和式(2-15) 都有共同的地方 nl^2，因此可将高分子链柔顺性的通式写成：

$$\overline{h^2}=Knl^2 \tag{2-16}$$

K 的物理意义表示分子的刚硬性，通常在 1～10 之间。

2.4.3 均方末端距的统计计算

统计计算方法不仅可以得出末端距，而且可以得到末端距的分布。该方法也是从“自由连接链”的模型入手，同样假设高分子链的每个键均可自由旋转，且不受键角限制。

设键长为 l，键数为 n 的自由连接链的一端固定在坐标原点，则另一端在空间的位置随时间而变化，末端距 $\vec{h}$ 是一个变量，均方末端距 $\overline{h^2}$ 可用下式表示：

$$\overline{h^2}=\int_0^{\infty} W(h)h^2\mathrm{d}h \tag{2-17}$$

式中，$W(h)$ 为末端距的概率密度。一旦有了 $W(h)$，就可计算 $\overline{h^2}$。

为了求概率密度 $W(h)$，人们套用了数学课题中的“三维空间无规行走”的结果。所谓三维空间无规行走，就是说，一个盲人若能在三维空间任意行走，他由坐标原点出发，每跨一步的距离是 l，走了 n 步之后 $(n\gg1)$，问他出现在离原点距离为 h 处的小体积元 $\mathrm{d}x\mathrm{d}y\mathrm{d}z$ 中的概率是多少（见图 2-9）。经过数学推导，得到相关的概率密度如下。

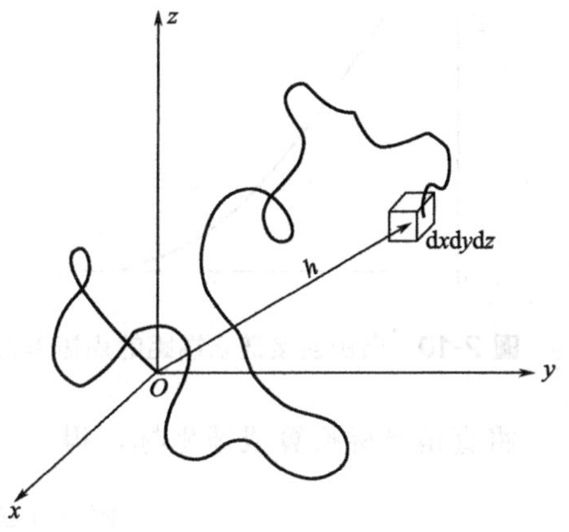

图 2-9　三维空间无规链

对于在 x 轴的一维空间无规行走，其概率密度（就 h 在 x 轴投影的概率密度）为：

$$W(x)\mathrm{d}x=\frac{\beta}{\sqrt{\pi}}\mathrm{e}^{-\beta^2x^2}\mathrm{d}x \tag{2-18}$$

$$\beta^2=\frac{3}{2nl^2} \tag{2-19}$$

$$W(x)=\frac{\beta}{\sqrt{\pi}}\mathrm{e}^{-\beta^2x^2} \tag{2-20}$$

这个函数是对称的，它是一种高斯型分布函数。

同样可得到 h 在 y 和 z 轴投影的概率密度，它们与式(2-18) 形式完全相同。

$$W(y)\mathrm{d}y=\frac{\beta}{\sqrt{\pi}}\mathrm{e}^{-\beta^2y^2}\mathrm{d}y \tag{2-21}$$

$$W(z)\mathrm{d}z=\frac{\beta}{\sqrt{\pi}}\mathrm{e}^{-\beta^2z^2}\mathrm{d}z \tag{2-22}$$

而对于三维空间的无规行走，其概率密度为：

$$\begin{aligned}W(x,y,z)\mathrm{d}x\mathrm{d}y\mathrm{d}z&=W(x)\mathrm{d}x\cdot W(y)\mathrm{d}y\cdot W(z)\mathrm{d}z\\&=\left(\frac{\beta}{\sqrt{\pi}}\right)^3\mathrm{e}^{-\beta^2(x^2+y^2+z^2)}\mathrm{d}x\mathrm{d}y\mathrm{d}z\end{aligned} \tag{2-23}$$

由于是无规行走，向量 $\vec{h}$ 在三个坐标轴上的投影的平均值是一样的，而且：$x^2=y^2=z^2=\frac{h^2}{3}$。将它代入式(2-23)，得：

$$W(x,y,z)\mathrm{d}x\mathrm{d}y\mathrm{d}z=\left(\frac{\beta}{\sqrt{\pi}}\right)^3\mathrm{e}^{-\beta^2h^2}\mathrm{d}x\mathrm{d}y\mathrm{d}z \tag{2-24}$$

那么，

$$W(x,y,z)=\left(\frac{\beta}{\sqrt{\pi}}\right)^3\mathrm{e}^{-\beta^2h^2} \tag{2-25}$$

这就是高分子链末端距在三维空间的点概率分布函数，它仍然是一个高斯分布函数，称为高斯密度分布函数。高分子链末端距在三维空间各点的分布图形如图 2-10 所示。这种末端距的分布符合高斯分布函数的高分子链称为“高斯链”。

如果我们只考虑末端距的长度，而忽略它的方向，那么可采用球面坐标，求高分子链终点出现在离原点为 h 到 $h+\mathrm{d}h$ 的球壳 $4\pi h^2\mathrm{d}h$ 中的概率（见图 2-11），即 $W(h)\mathrm{d}h$。

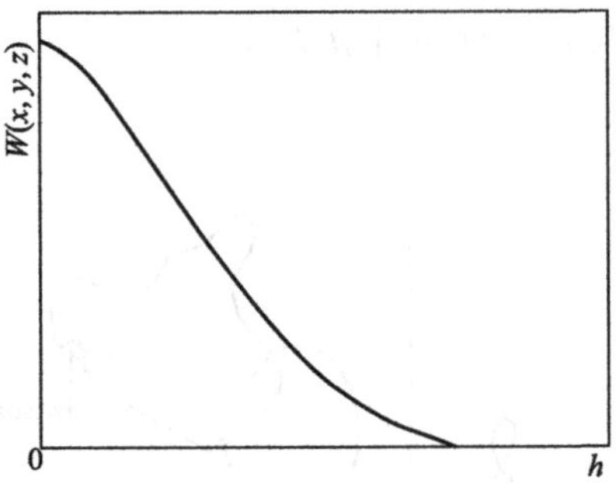

图 2-10　自由连接链末端距的点概率分布

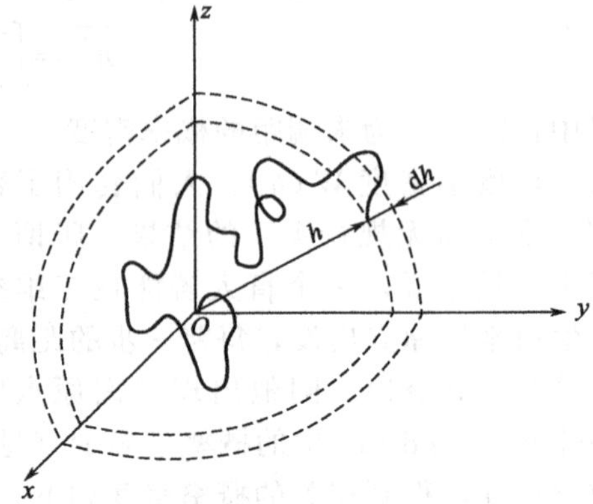

图 2-11　球形坐标图

将直角坐标换算成球坐标，得

$$W(h)\mathrm{d}h=\left(\frac{\beta}{\sqrt{\pi}}\right)^3\mathrm{e}^{-\beta^2h^2}4\pi h^2\mathrm{d}h \tag{2-26}$$

这里，

$$W(h)=\left(\frac{\beta}{\sqrt{\pi}}\right)^3\mathrm{e}^{-\beta^2h^2}4\pi h^2 \tag{2-27}$$

这就是高分子链末端距在三维空间的壳层概率分布函数，称为径向分布函数，但它不是对称函数。高分子链末端距在三维空间各壳层的分布图形如图 2-12 所示。这个函数在 $h=0$ 和 $h=\infty$ 处有极小值，而在 $\mathrm{d}W/\mathrm{d}h=0$ 处有最大值 h^*。

$$h^*=\frac{1}{\beta}=l\sqrt{\frac{2n}{3}} \tag{2-28}$$

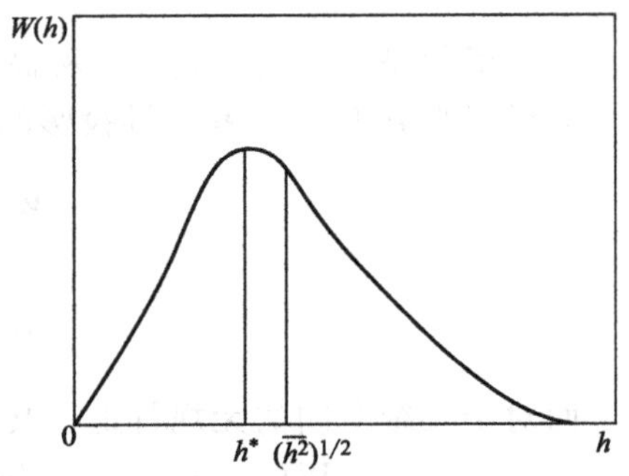

图 2-12　自由连接链末端距的径向分布

就是说，末端距为 h^* 时的概率最大，所以 h^* 被称为最可几末端距。h^* 小于 $\sqrt{\overline{h^2}}$，见图 2-12。

把式(2-27) 代入式(2-17)，得到自由连接链的均方末端距为：

$$\overline{h^2_{\mathrm{fj}}}=\int_0^\infty h^2\left(\frac{\beta}{\sqrt{\pi}}\right)^3\mathrm{e}^{-\beta^2h^2}\cdot 4\pi h^2\mathrm{d}h \tag{2-29}$$

利用 Γ 函数积分法，得

$$\overline{h^2_{\mathrm{fj}}}=\frac{3}{2\beta^2} \tag{2-30}$$

由于 $\beta^2=\dfrac{3}{2nl^2}$，则

$$\overline{h^2_{\mathrm{fj}}}=nl^2 \tag{2-31}$$

这与几何计算法的结果完全相同。

通过径向分布函数式(2-27) 也可求出高分子链的平均末端距 $h_{平均}$ 为：

$$h_{平均}=\int_0^\infty hW(h)\mathrm{d}h=\frac{2}{\sqrt{\pi}\beta} \tag{2-32}$$

不论是几何计算法还是统计法的均方末端距公式，虽然理论上有重要的价值，但用以估计分子的尺寸，只能作定性比较，远远不能做到定量计算。事实上，任何真实高分子的均方末端距都是通过实验测定出来的，而不是计算得到的。

2.4.4　均方回转半径

表征高分子链的卷曲程度及尺寸大小除了用均方末端距 $\overline{h^2}$ 之外，还可用均方回转半径（$\overline{S^2}$）。特别是对于支化的高分子，它可能有许多端点，均方末端距的含意就不明确了，而采用均方回转半径更合适。均方回转半径的定义为（参见图 2-13）：

$$\overline{S^2} = \frac{1}{Q}\sum_{i=1}^{Q}\overline{S_i^2} \tag{2-33}$$

S_i 就是第 i 个质量单元到分子链质心 O 的距离。均方回转半径可以通过对高聚物稀溶液进行光散射及黏度测定，或对高聚物在高弹态时的应力及双折射测定得出。

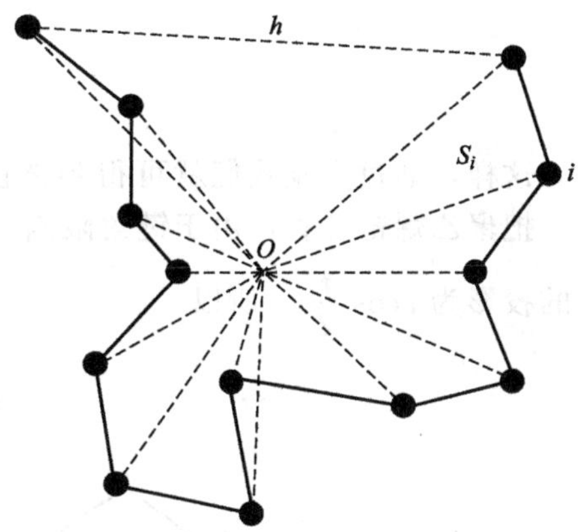

图 2-13　高分子链的末端距与回转半径

h—末端距；O—分子链的质量中心；S_i—质量单元 i 与 O 间的距离

对于自由连接链、自由旋转链及“等效自由连接链”，当分子量无限大时，其均方末端距与均方回转半径存在下列关系：

$$\overline{h^2} = 6\overline{S^2} \tag{2-34}$$

2.4.5　等效自由连接链

为了采用几何计算法或统计法推导的均方末端距公式来对真实高分子链进行处理，人们引进“链段”的概念。所谓链段，定义为高分子链中能够独立运动的最小单元。通常由几个到几十个单体单元组成。一条真实高分子链的每个键不能独立运动，一个键转动时会带动附近一段链一起运动，而“链段”被认为是能够独立运动的，链段与链段自由连接，且无规取向。链段长 l_e 是一个统计平均值，因此，这种链段也称“统计链段”，相应，这种链称为“等效自由连接链”。图 2-14 是等效自由连接链和链段 l_e。我们可以用几何计算法或统计法来计算等效自由连接链的末端距，只不过，这时，我们所考察的单元不是单键，而是链段，链段数为 n_e，链段长为 l_e（n_e 要比 n 小若干倍，而 l_e 要比 l 大若干倍）。因为它等效于自由连接，所以它的均方末端距公式形式与自由连接链的公式(2-12）是一致的：

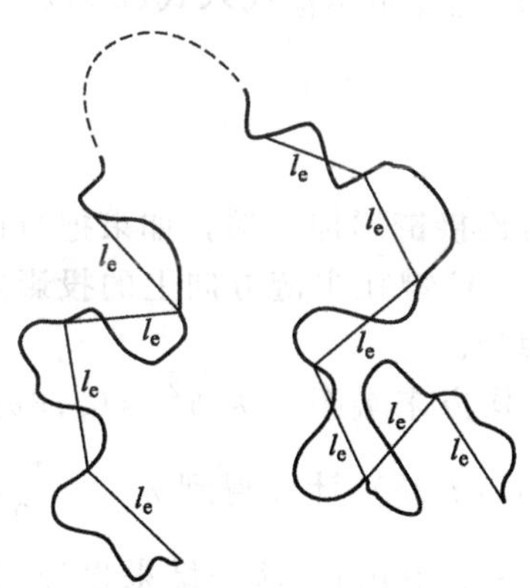

图 2-14　等效自由连接链及链段

$$\overline{h^2} = n_e l_e^2 \tag{2-35}$$

对于柔性高分子链，$n_e \to n$，而 $l_e \to l$ 时，这种链为无规链。如果高分子很硬，甚至一个链段就是一条分子链，则 $\overline{h^2} = l_e^2$，$n_e \to 1$，而 $l_e \to nl$，此时，整个高分子链像一根细长棒子。

l_e 值越大，链段所包含的结构单元数目就越多，分子链就越硬。当然，这种比较只适用于主链相同的高聚物。

如何求得 n_e 和 l_e 呢？其方法是：通过实验测定无扰均方末端距 $\overline{h_0^2}$ 和分子量。根据分子结构和分子量求出主链的总键数 n，进而计算出链的伸直长度 L_{max}（假定维持各键的键长和键角不变，把主链拉到最大限度，形成锯齿形，这种锯齿形长链在主链方向上的投影就是L_{max})。根据式(2-36)、式(2-37)和式(2-38)可计算出n_e和l_e。

$$L_{max}=n_e l_e \tag{2-36}$$

$$n_e=\frac{L_{max}^2}{\overline{h_0^2}} \tag{2-37}$$

$$l_e=\frac{\overline{h_0^2}}{L_{max}} \tag{2-38}$$

这样，通过实验我们就可得到链段长度l_e，从理论计算是不能得到的。以聚乙烯链为例。把聚乙烯链拉直，由于键角限制，聚乙烯链成为锯齿形（见图 2-15）。每个键在主链方向的投影为$l\cos\frac{\phi}{2}$，所以

$$L_{max}=nl\cos\frac{\phi}{2}$$

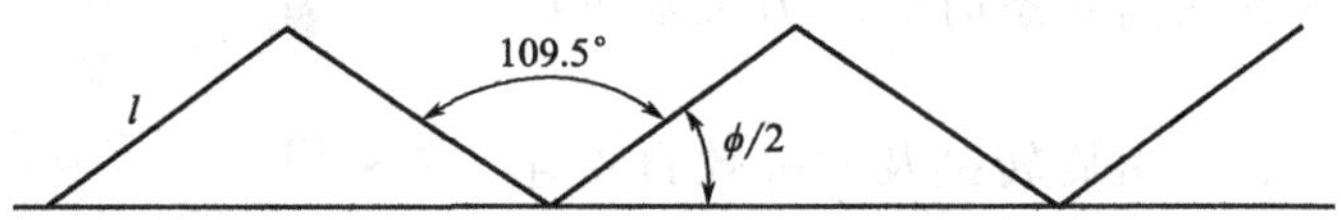

图 2-15 聚乙烯锯齿形链

由于$\cos^2\frac{\phi}{2}=\frac{1+\cos\phi}{2}$和$\cos\phi\approx\frac{1}{3}$，得

$$L_{max}=\sqrt{\frac{2}{3}}nl$$

若假定聚乙烯是自由旋转链，根据式(2-14)得$\overline{h_{fr}^2}=2nl^2$，将$L_{max}$和$\overline{h_{fr}^2}$代入式(2-36)和式(2-37)，即得

$$n_e=\frac{n}{3};\quad l_e=2.45l$$

由此可见，由于键角的限制，聚乙烯的均方末端距比自由连接链增加一倍，如果把自由旋转的聚乙烯当作等效自由连接链，其链段长度相当于 3 个 C—C 键在主链方向上的投影之和。换句话说，自由旋转的聚乙烯与这样的等效自由连接链相当。

事实上，实验测得聚乙烯的无扰均方末端距（θ 状态下的均方末端距）为$\overline{h_0^2}=6.76nl^2$（$\theta$ 状态将在文后的章节中详细讨论），将之代入式(2-37)和式(2-38)计算得到$n_e\approx\frac{n}{10}$，即每个链段包含 10 个键；$l_e=8.28l$，设$l=0.154$nm，则$l_e=1.28$nm。这一结果也证明，实际聚乙烯链的内旋转的确不是完全自由的，而是受阻的。

等效自由连接链的末端距分布符合高斯分布，故称为“高斯链”，但它的统计单元是链段。自由连接链是不存在的，但高斯链是确确实实存在的，它体现了大量柔性高分子的共性，当高斯链中的链段长度相当于一个键长时，此链将极柔顺，为真正的自由连接链，所以说它是高斯链中的一个特例。高斯链可以包括自由连接链。

2.4.6 末端距与分子量的关系

首先讨论自由连接链的均方末端距与分子量的关系。设高聚物的链节长为l_m，按无规链拉直时为链的最大末端距

$$h_{最大} = l_m \overline{p} = nl \tag{2-39}$$

式中，$\overline{p}$ 为平均聚合度。

$$\overline{h^2} = nl^2 = h_{最大}\, l = l_m \overline{p} l \tag{2-40}$$

因为

$$\overline{p} = \frac{\overline{M}}{M_0} \tag{2-41}$$

所以

$$(\overline{h^2})^{\frac{1}{2}} = (l_m \overline{p} l)^{\frac{1}{2}} = \left(l_m \frac{\overline{M}}{M_0} l\right)^{\frac{1}{2}} \tag{2-42}$$

$$(\overline{h^2})^{\frac{1}{2}} = K_1 M^{\frac{1}{2}} \tag{2-43}$$

$$(\overline{S^2})^{\frac{1}{2}} = K_2 M^{\frac{1}{2}} \tag{2-44}$$

式(2-43) 和式(2-44) 称为孔恩平方根定律，K_1、K_2 为比例常数。它表明高分子无规（链）线团的末端距与实心球体的直径不同。前者是分子量平方根的函数，而后者是球体质量立方根的函数。

对真实高分子链，

$$\overline{h^2_{真}} = K\overline{h^2_{fj}} \tag{2-45}$$

则：

$$(\overline{h^2_{真}})^{\frac{1}{2}} = K^{\frac{1}{2}} K_1 M^{\frac{1}{2}} = K'_1 M^{\frac{1}{2}} \tag{2-46}$$

同理：

$$(\overline{S^2_{真}})^{\frac{1}{2}} = K^{\frac{1}{2}} K_2 M^{\frac{1}{2}} = K'_2 M^{\frac{1}{2}} \tag{2-47}$$

2.4.7 蠕虫状链

前述讨论的主要是柔性高分子的分子尺寸。对于刚性链（刚性为主），随着键角的固定和旋转受阻，它的无扰尺寸 A 和极限特征比 C_∞ 将不再趋于某个极限值，而是随着分子量的增加而一直增加。

对于刚性较大的高分子链，一旦第一个键方向确定之后，其后面的各个键在空间的取向就要受到约束，这种约束的程度可用 Porod 和 Kratky 提出的蠕虫状链模型来描述，对应的刚性线团称作蠕虫状链（wormlike chain)，它是自由旋转链的一种极限情况。

蠕虫状链模型假定，高分子为自由旋转链，有 n 个长度为 l 的键，键角为 $\pi-\phi$（ϕ 为键角的补角)，将键角不变（如 109°28′）的链在全反式构象时的链长称为最大链长 L_{max}，其值为 $nl\cos\frac{\phi}{2}$。键角为 180°（$\phi=0°$）时，伸直链的长度称为链总长（或称轮廓长）L_c，$L_c = nl$。

把高分子链的第一个键固定在 Z 轴方向，求链在 Z 轴上的投影平均值 $\overline{Z}$。

$$\overline{Z} = l + l\cos\phi + l\cos^2\phi + \cdots + l\cos^{n-1}\phi \tag{2-48}$$

因为 $\cos\phi < 1$，故

$$\overline{Z} = \left(\frac{1-\cos^n\phi}{1-\cos\phi}\right) l \tag{2-49}$$

当链无限长时，$n \to \infty$，而 $\cos^n\phi \to 0$，则

$$\lim_{n\to\infty} \overline{Z} = \frac{l}{1-\cos\phi} \tag{2-50}$$

人们把链无限长时在 Z 轴上（第一个键方向上）投影的平均值 $\lim\limits_{n\to\infty}\overline{Z}$ 定义为 a，称为持续长度，意义如图 2-16 所示。

$$a \equiv \lim_{n\to\infty} \overline{Z} = \frac{l}{1-\cos\phi} \tag{2-51}$$

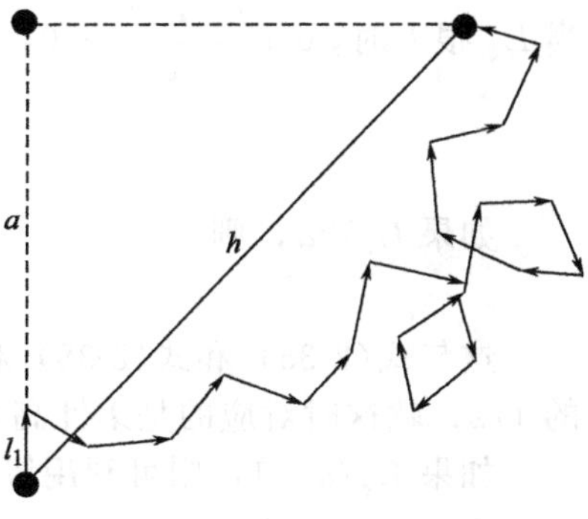

图 2-16 持续长度 a 的意义

a 的含义可以看作是链保持在某个给定方向的倾向，是高分子链刚性的尺度。a 值与链的单元结构有关，它随键长与键角的增大而增大。

现假定高分子链的总长 L_c 和持续长度 a 保持不变，而把键长 l 无限分割。而且 ϕ 也无限缩小，直至 $\phi \to 0$，使高分子链的形状从棱角清晰的无规线变成方向逐渐改变的蠕虫状线条。分割后，l 减小而 n 增大。

由于 $\phi \to 0$ 时，$\cos\phi \to 1$，$1-\cos\phi \ll 1$，根据级数展开式

$$e^{-x} = 1 - x + \frac{x^2}{2!} - \frac{x^2}{3!} + \cdots\cdots \tag{2-52}$$

有
$$e^{-(1-\cos\phi)} = 1 - (1-\cos\phi) + \frac{(1-\cos\phi)^2}{2!} - \frac{(1-\cos\phi)^2}{3!} + \cdots\cdots \tag{2-53}$$

略去高次项得
$$e^{-(1-\cos\phi)} = \cos\phi \tag{2-54}$$

$$\cos^n\phi = e^{-n(1-\cos\phi)} = \exp\left(-\frac{L_c}{a}\right) \tag{2-55}$$

将式(2-51) 和式(2-55) 代入式(2-49)，得

$$\overline{Z} = a\left[1 - \exp\left(-\frac{L_c}{a}\right)\right] \tag{2-56}$$

这个式子表达了高分子链在第一个键方向上的平均投影 $\overline{Z}$ 与链总长 L_c 及持续长度 a 的关系。当链总长无限长时，即 $L_c \to \infty$，而 $\exp\left(-\frac{L_c}{a}\right) \to 0$，从式(2-56) 得 $\overline{Z} \to a$，这与持续长度 a 的定义是一致的。

根据式(2-56)，我们计算刚性高分子链的均方末端距。设想，高分子链端点由第 1 个键的方向延伸一无穷小段 $|dh| = dL_c$，近似地有：

$$h\,dh = \overline{Z}\,dL_c \tag{2-57}$$

则，
$$d\overline{h^2} = 2h\,dh = 2\overline{Z}\,dL_c \tag{2-58}$$

将式(2-56) 代入式(2-58) 得：

$$d\overline{h^2} = 2a\left[1 - \exp\left(-\frac{L_c}{a}\right)\right]dL_c \tag{2-59}$$

对式(2-59) 积分，得

$$\begin{aligned}\overline{h^2} &= 2a\int_0^{L_c}\left[1 - \exp\left(-\frac{L_c}{a}\right)\right]dL_c \\ &= 2aL_c\left\{1 - \frac{a}{L_c}\left[1 - \exp\left(-\frac{L_c}{a}\right)\right]\right\}\end{aligned} \tag{2-60}$$

当 L_c 很大时，$\exp\left(-\frac{L_c}{a}\right) \to 0$，则

$$\overline{h^2} = 2aL_c\left(1 - \frac{a}{L_c}\right) \tag{2-61}$$

如果 $L_c \gg a$，则

$$\overline{h^2} = 2aL_c \tag{2-62}$$

这与式(2-35) 和式(2-38) 相比较，可见 L_c 相当于高斯链的 L_{max}，而 a 相当于链段 l_e 的 1/2，就这时对应的是柔性高分子链的情形。

如果 $L_c/a \ll 1$，则可利用级数展开式把式(2-60) 展开，得

$$\overline{h^2} = L_c^2\left[1 - \frac{1}{3}\left(\frac{L_c}{a}\right) + \frac{1}{12}\left(\frac{L_c}{a}\right)^2 - \cdots\cdots\right] \tag{2-63}$$

由于 $L_c/a \to 0$，式(2-63) 可简化为

$$\overline{h^2} = L_c^2 \tag{2-64}$$

即链的均方末端距与其轮廓长度相等，这时正好对应于刚性棒状分子链的情形。

同样，蠕虫状链模型可导出均方回转半径为：

$$\overline{S^2} = a^2 \left\{ \frac{2a^2}{L_c^2} \left[\frac{L_c}{a} - 1 + \exp\left(-\frac{L_c}{a}\right) \right] - 1 + \frac{L_c}{3a} \right\} \tag{2-65}$$

对于柔性高分子链，

$$\overline{S^2} = \frac{aL_c}{3} \left(1 - \frac{3a}{L_c} + \frac{6a^2}{L_c^2} - \frac{6a^3}{L_c^3} \right) \tag{2-66}$$

略去高次项，并代入式 (2-62) 得

$$\overline{S^2} = \frac{aL_c}{3} = \frac{\overline{h^2}}{6} \tag{2-67}$$

对于刚性高分子链，

$$\overline{S^2} = \frac{L_c^2}{12} \left[1 - \frac{L_c/a}{5} + \frac{(L_c/a)^2}{30} - \cdots\cdots \right] \tag{2-68}$$

由于 $L_c/a \to 0$，并代入式(2-64) 得

$$\overline{S^2} = \frac{L_c^2}{12} = \frac{\overline{h^2}}{12} \tag{2-69}$$

从式(2-62)、式(2-64)、式(2 67) 和式(2-69) 可见，蠕虫状链模型可以描述从完全伸直的棒状高分子到非常柔顺的无规链的所有情形。但它更适合于描述刚性分子链。

2.5　表征高分子链柔顺性的参数

多个参数可用于表征高分子链的柔顺性。

① 空间位阻参数 $\sigma \equiv \left(\frac{\overline{h_0^2}}{\overline{h_{fr}^2}} \right)^{\frac{1}{2}}$，度量由于链的内旋转受阻而导致的分子尺寸增大的程度。σ 越小，分子越柔顺。

② 高分子无扰尺寸 $A \equiv \left(\frac{\overline{h_0^2}}{M} \right)^{\frac{1}{2}}$，单位分子量的无扰均方末端距。$A$ 值越小，分子越柔顺。

③ 特征比 $C \equiv \frac{\overline{h_0^2}}{nl^2}$，即无扰均方末端距 $\overline{h_0^2}$ 与自由连接链均方末端距比值。特征比的大小同分子链的化学结构有关。在一定范围内特征比随主链长度（或 n）增加而增大，最后趋于定值，这一极限值称为极限特征比，也称为 Flory 特性比，用 C_∞ 表示。$C_\infty = \lim\limits_{n\to\infty} \frac{\overline{h_0^2}}{nl^2}$。

从原理上，可以用静态光散射法测定高分子链的柔性参数，但实际上，不论是通过在 θ 条件下直接测定 $\overline{h_0^2}$ 和 $\overline{M}_W$，还是通过在良溶剂中测定 $\overline{h^2}$ 和 $\overline{M}_W$，然后外推 $\overline{h_0^2}$，之后按定义计算 A 和 C_∞ 等链柔顺性参数，这些方法都因实验精度的限制和麻烦费时等很少应用。

测定链柔顺性参数最简便、最常用的是稀溶液黏度法。

根据高分子在 θ 状态下的 Mark-Houwink 方程：

$$[\eta]_\theta = K_\theta M^{1/2} \tag{2-70}$$

和 Flory 的特性黏度理论：

$$[\eta]_\theta = \Phi_0 (\overline{h_0^2})^{3/2}/M \tag{2-71}$$

式(2-70) 和式(2-71) 结合得：

$$K_\theta = \Phi_0 [\overline{h_0^2}/M]^{3/2} \tag{2-72}$$

按照高分子无扰尺寸 A 的定义得：

$$A \equiv (\overline{h_0^2}/M)^{1/2} = (K_\theta/\Phi_0)^{1/3} \tag{2-73}$$

式中，Φ_0 为常数。通常对窄分布样品，$\Phi_0 = 2.7\times10^{23}\,\mathrm{mol}^{-1}$；对于多分散系数在1.3～1.75 的一般样品，$\Phi_0 = 2.5\times10^{23}$；对分子量分布较宽的样品，$\Phi_0 = 2.1\times10^{23}$。只要从实验测得式(2-70) 中的 K_θ，就可从式(2-73) 计算高分子无扰尺寸 A。

极限特征比 C_∞ 和空间位阻参数 σ 也可改写成 K_θ 和 Φ_0 的关系式：

$$C_\infty = (K_\theta/\Phi_0)^{2/3}(M_0/l^2) \tag{2-74}$$

$$\sigma = (K_\theta/\Phi_0)^{1/3}\sqrt{(M_0/l^2)(1+\cos\theta)/(1-\cos\theta)} \tag{2-75}$$

式中，M_0 为高分子主链上每个价键平均分担的分子量；l 为键长；θ 为键角。对于已知结构的高分子，它们都是已知的。原则上，只要在 θ 条件下测定一个已知分子量试样的特性黏度 $[\eta]_\theta$，就可从式(2-70) 计算出 K_θ，从而从式(2-73)、式(2-74) 和式(2-75) 得出高分子链柔顺性的参数。

参考文献

[1] Bower D I. An Introduction to Polymer Physics [M]. Cambridge：Cambridge University Press，2002.

[2] Sun S F. Physical Chemistry of Macromolecules：Basic Principles and Issues [M]. New York：John Wiley & Sons Inc，1994.

[3] 何曼君，陈维孝，董西侠. 高分子物理 [M]. 上海：复旦大学出版社，1990.

[4] 梁伯润. 高分子物理学 [M]. 2 版. 北京：中国纺织出版社，2000.

[5] 杨玉良，胡汉杰. 高分子物理 [M]. 北京：化学工业出版社，2001.

[6] Flory P J. Principles of Polymer Chemistry [M]. New York：Cornell University Press，1953.

[7] Flory P J. Statistical Mechanics of Chain Molecules [M]. New York：Interscience Publishers，1969.

[8] Flory P J. Statistical mechanics of chain molecules [J]. Science，1975，188 (2)：1268-1275.

[9] 应琦琮. 高分子溶液的统计热力学研究 [J]. 化学通报，1978，2 (1)：52.

[10] 吴大诚. 高分子构象统计理论导引 [M]. 成都：四川教育出版社，1985.

[11] [法] 德热纳 P G. 高分子物理学中的标度概念 [M]. 吴大诚，刘杰，朱谱新，等译. 北京：化学工业出版社，2002.

[12] [日] 高分子学会. 高分子科学基础 [M]. 北京：化学工业出版社，1978.

第 3 章　高聚物的分子量和分子量分布

高分子是小分子单体聚合而成的，虽然两者的化学结构相似，其力学性能却有很大差异。例如，烃类化合物，乙烷是气体，随着分子量增大，庚烷变为液体，分子量更大的烃类化合物如石蜡已经是一种蜡状固体，同样是饱和碳氢结构的聚乙烯，它是具有相当高强度的固体。其他种类的化合物也具有相似的从量变到质变的过程，成为力学性能优良高聚物的情况。

高聚物的分子量及分子量分布是高分子材料最基本的结构参数，它们直接影响材料的物理机械性能，如机械强度、伸长率、软化温度和密度等，还明显影响材料的加工性能。不同的加工工艺对高聚物的分子量和分子量分布要求不同，例如，塑料的注射成型要求的分子量一般比吹塑成型低，而吹塑要求的分子量又比挤出低。于是，在高聚物的合成中必须根据性能和加工工艺的要求控制分子量和分子量分布。因此，不论是从合成的控制还是加工和使用性能要求，还是作为理论研究都需要确定分子量和分子量分布。

3.1　高聚物分子量的统计意义

3.1.1　高聚物分子量的多分散性

高聚物的分子量有两个特点：一是它的分子量比小分子大得多，一般在 $10^3 \sim 10^7$ 之间；二是除了非常少的几种蛋白质之外，无论是天然的高分子，还是合成高聚物，它们的分子量都是不均一的，具有多分散性。就是说，一种高聚物是由分子量不相等的一系列同系物构成的。因此，高聚物不像有机和无机小分子一样有唯一确定的分子量值，高聚物的分子量只有统计的意义，通过各种实验方法测定出来的分子量只是某种统计的平均值。所以，我们要了解一个高聚物的分子量，除了给出分子量的统计平均值之外，还应该知道它的分子量分布。

3.1.2　常用的统计平均分子量

假若有一种高聚物试样，总物质的量为 n mol，其总质量为 w，其中分子量大小不等的各组分的分子量（M_i）、物质的量（mol）（n_i）和质量（w_i）分别为：

分子量$=M_1, M_2, M_3, \cdots, M_i$

物质的量（mol）$=n_1, n_2, n_3, \cdots, n_i$

质量$=w_1, w_2, w_3, \cdots, w_i$

那么，我们怎样确定它的平均分子量呢？从统计的角度来说有：平均分子量＝（统计单元的权重×该单元的分子量）的总和。

要求分子量的统计平均值，首先要确定用什么作为统计的单元，用不同的统计单元得出来的平均分子量就不一样。以下介绍几种常用的统计平均分子量。

（1）数均分子量 $\overline{M}_n$

数均分子量就是以分子的数量 n_i 为统计单元，统计的权重就是该组分的分子所占的数量分数 N_i，所以有：

$$\overline{M}_{\mathrm{n}}=\frac{n_1}{n_1+n_2+\cdots+n_i}M_1+\frac{n_2}{n_1+n_2+\cdots+n_i}M_2+\cdots+\frac{n_i}{n_1+n_2+\cdots+n_i}M_i$$
$$=\frac{\sum_i n_iM_i}{\sum_i n_i}=\sum_i N_iM_i \tag{3-1}$$

或
$$\overline{M}_{\mathrm{n}}=\frac{\sum_i w_i}{\sum_i n_i}=\frac{1}{\sum_i\left(\frac{W_i}{M_i}\right)} \tag{3-2}$$

式中，$N_i=n_i/\sum n_i$；n_i 是第 i 组分的物质的量，mol；w_i 和 W_i 分别是第 i 组分的质量和质量分数。

(2) 重均分子量 $\overline{M}_{\mathrm{W}}$

如果仅从数均分子量考虑，显然分子量高的组分权重较低，因为同样质量的组分，分子量高者所含分子数目小。在高聚物平均分子量计算时，如果以分子的质量 w_i 作为统计单元，统计的权重就是该组分的分子的质量分数 W_i，结果得：

$$\overline{M}_{\mathrm{W}}=\frac{w_1}{w_1+w_2+\cdots+w_i}M_1+\frac{w_2}{w_1+w_2+\cdots+w_i}M_2+\cdots+\frac{w_i}{w_1+w_2+\cdots+w_i}M_i$$
$$=\frac{\sum_i w_iM_i}{\sum_i w_i}=\sum_i W_iM_i \tag{3-3}$$

式中，$W_i=w_i/\sum w_i$；w_i 是第 i 组分的质量。由于 $w_i=n_iM_i$，所以，$\overline{M}_{\mathrm{W}}$ 也可写成：

$$\overline{M}_{\mathrm{W}}=\frac{\sum_i n_iM_i^2}{\sum_i n_iM_i} \tag{3-4}$$

(3) Z 均分子量 $\overline{M}_{\mathrm{Z}}$

如果以 $n_iM_i^2$（w_iM_i）作为统计单元，这种统计单元称为“Z 量”，相应的统计平均分子量称为 Z 均分子量，根据定义有：

$$\overline{M}_{\mathrm{Z}}=\frac{n_1M_1^2}{n_1M_1^2+n_2M_2^2+\cdots+n_iM_i^2}M_1+\frac{n_2M_2^2}{n_1M_1^2+n_2M_2^2+\cdots+n_iM_i^2}M_2$$
$$+\cdots+\frac{n_iM_i^2}{n_1M_1^2+n_2M_2^2+\cdots+n_iM_i^2}M_i \tag{3-5}$$
$$=\frac{\sum_i n_iM_i^3}{\sum_i n_iM_i^2}$$

或写为：
$$\overline{M}_{\mathrm{Z}}=\frac{\sum_i w_iM_i^2}{\sum_i w_iM_i}=\frac{\sum_i W_iM_i^2}{\sum_i W_iM_i} \tag{3-6}$$

从数均、重均和 Z 均分子量的公式可见，这些平均分子量的公式可写成一个通式：

$$\overline{M}_\beta=\frac{\sum_i n_i M_i^{\beta+1}}{\sum_i n_i M_i^\beta} \tag{3-7}$$

当 $\beta=0$，$\overline{M}_0=\overline{M}_n$；$\beta=1$，$\overline{M}_1=\overline{M}_W$；$\beta=2$，$\overline{M}_2=\overline{M}_Z$。

(4) 黏均分子量 $\overline{M}_\eta$

还有一个常用到的统计平均分子量，叫作黏均分子量，其定义为：

$$\overline{M}_\eta=\left(\frac{\sum_i n_i M_i^{\alpha+1}}{\sum_i n_i M_i}\right)^{\frac{1}{\alpha}}=\left(\sum_i W_i M_i^\alpha\right)^{\frac{1}{\alpha}} \tag{3-8}$$

这里的 α 指的是 Mark-Houwink 方程 $[\eta]=KM^\alpha$ 中的 α。所以，$\overline{M}_\eta$ 被称为黏均分子量。当 $\alpha=-1$，$\overline{M}_\eta=\overline{M}_n$；$\alpha=1$，$\overline{M}_\eta=\overline{M}_W$；α 通常在 0.5～1 之间，所以，通常有：$\overline{M}_n<\overline{M}_\eta\leqslant\overline{M}_W<\overline{M}_Z$，$\overline{M}_\eta$ 总是比较接近 $\overline{M}_W$。

3.1.3 分子量分布函数

由于聚合反应是一个随机过程，几乎所有化学合成高聚物和很多生物高分子都是多分散的，分子量分布反映高聚物的多分散性。

一个高分子的分子量比起相应链节单元分子量要大几个数量级，因此，一个多分散高聚物中，各同系物分子量的最小差值（链节单元分子量）相对于一个高分子的分子量可看作无穷小，分子量分布可看作是连续分布的，可用连续分布函数来表达。人们用 $N(M)$ 表示分子量的数量微分分布函数，用 $W(M)$ 表示分子量的质量微分分布函数，它们描述数量分数 N 或质量分数 W 随分子量变化的规律。函数的曲线形状如图 3-1 所示。从数学上讲有：

$$\int_0^\infty N(M)\mathrm{d}M=1 \tag{3-9}$$

$$\int_0^\infty n(M)\mathrm{d}M=n \tag{3-10}$$

$$\int_0^\infty W(M)\mathrm{d}M=1 \tag{3-11}$$

$$\int_0^\infty w(M)\mathrm{d}M=w \tag{3-12}$$

式中，N 代表摩尔分数；n 代表物质的量，mol；W 代表质量分数；w 代表质量。

高聚物分子量分布也可用积分分布函数表达。例如，用 $I(M)$ 表示质量积分分布函数，分布曲线的形状如图 3-2 所示。它与质量微分分布函数有以下关系：

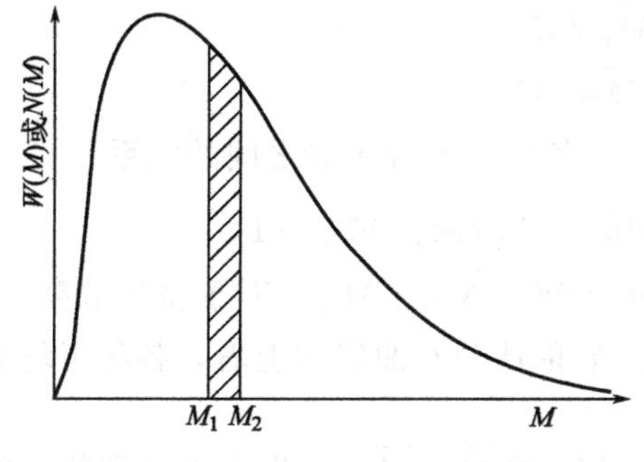

图 3-1　分子量微分分布函数

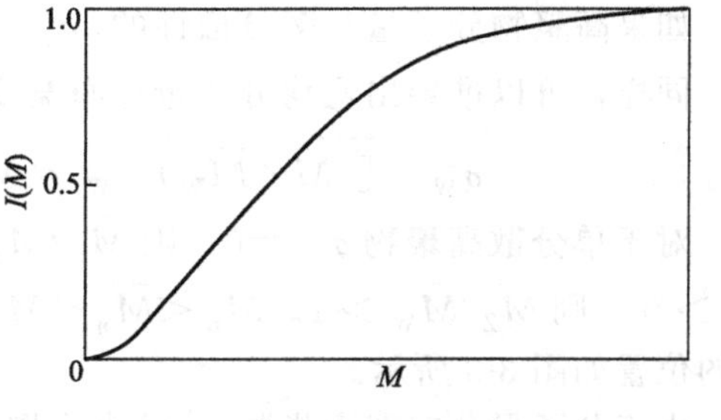

图 3-2　分子量积分分布函数

$$I(M)=\int_0^M W(M)\mathrm{d}M \tag{3-13}$$

$$I(\infty)=\int_0^\infty W(M)\mathrm{d}M=1 \tag{3-14}$$

各种平均分子量与分子量分布函数有以下关系：

$$\overline{M}_\mathrm{n}=\frac{\int_0^\infty n(M)M\mathrm{d}M}{\int_0^\infty n(M)\mathrm{d}M}=\int_0^\infty N(M)M\mathrm{d}M=\frac{1}{\int_0^\infty \frac{W(M)}{M}\mathrm{d}M} \tag{3-15}$$

$$\overline{M}_\mathrm{W}=\frac{\int_0^\infty w(M)M\mathrm{d}M}{\int_0^\infty w(M)\mathrm{d}M}=\int_0^\infty W(M)M\mathrm{d}M=\frac{\int_0^\infty W(M)M\mathrm{d}M}{\int_0^\infty W(M)\mathrm{d}M} \tag{3-16}$$

$$\overline{M}_\mathrm{Z}=\frac{\int_0^\infty w(M)M^2\mathrm{d}M}{\int_0^\infty w(M)M\mathrm{d}M}=\frac{\int_0^\infty W(M)M^2\mathrm{d}M}{\int_0^\infty W(M)M\mathrm{d}M} \tag{3-17}$$

$$\overline{M}_\eta=\left[\int_0^\infty W(M)M^\alpha\mathrm{d}M\right]^{\frac{1}{\alpha}} \tag{3-18}$$

3.1.4 分子量分布宽度

仅用分子量的平均值不足以描绘一个多分散的高聚物，平均分子量相同的高聚物分子量分布可能不同，最理想的是能知道该试样的分子量分布曲线。但为了简单起见，还常用分布宽度指数 σ^2 来表示试样的多分散程度。分布宽度指数定义为：高聚物中各组分分子量与平均分子量之间的差值的平方平均值。分子量可使用数均或重均，所以有数均分布宽度指数 σ_n^2 和重均分布宽度指数 σ_w^2。根据 σ_n^2 的定义可推导出它与各种平均分子量之间的关系。

$$\sigma_\mathrm{n}^2\equiv[\overline{(M-\overline{M}_\mathrm{n})^2}]_\mathrm{n}=\int_0^\infty (M-\overline{M}_\mathrm{n})^2N(M)\mathrm{d}M=(\overline{M}^2)_\mathrm{n}-\overline{M}_\mathrm{n}^2 \tag{3-19}$$

式中，$(\overline{M}^2)_\mathrm{n}$ 为各分子量平方的平均值；$\overline{M}_\mathrm{n}^2$ 为平均分子量的平方。

因为 $$\overline{M}_\mathrm{W}=\frac{\sum w_iM_i}{\sum w_i}=\frac{\sum w_iM_i/\sum n_i}{\sum w_i/\sum n_i}=\frac{\sum n_iM_i^2/\sum n_i}{\sum n_iM_i/\sum n_i}=\frac{(\overline{M}^2)_\mathrm{n}}{\overline{M}_\mathrm{n}} \tag{3-20}$$

改写式(3-20) 得： $$(\overline{M}^2)_\mathrm{n}=\overline{M}_\mathrm{n}\overline{M}_\mathrm{W} \tag{3-21}$$

将上式代入式(3-19) 得：

$$\sigma_\mathrm{n}^2=\overline{M}_\mathrm{n}\overline{M}_\mathrm{W}-\overline{M}_\mathrm{n}^2=\overline{M}_\mathrm{n}^2(\overline{M}_\mathrm{W}/\overline{M}_\mathrm{n}-1) \tag{3-22}$$

如果高聚物分子量是单分散性的，$\sigma_\mathrm{n}^2=0$，则 $\overline{M}_\mathrm{W}/\overline{M}_\mathrm{n}=1$。

如果高聚物分子量是多分散性的，$\sigma_\mathrm{n}^2>0$，则 $\overline{M}_\mathrm{W}/\overline{M}_\mathrm{n}>1$。

同样，可以推导出重均分子量分布宽度指数 σ_W^2 与各种平均分子量之间的关系。

$$\sigma_\mathrm{W}^2\equiv[\overline{(M-\overline{M}_\mathrm{W})^2}]_\mathrm{W}=(\overline{M}^2)_\mathrm{W}-\overline{M}_\mathrm{W}^2=\overline{M}_\mathrm{W}^2(\overline{M}_\mathrm{Z}/\overline{M}_\mathrm{W}-1) \tag{3-23}$$

对于单分散高聚物 $\sigma_\mathrm{W}^2=0$，则 $\overline{M}_\mathrm{Z}/\overline{M}_\mathrm{W}=1$，$\overline{M}_\mathrm{n}=\overline{M}_\eta=\overline{M}_\mathrm{W}=\overline{M}_\mathrm{Z}$。对于多分散高聚物，$\sigma_\mathrm{W}^2>0$，则 $\overline{M}_\mathrm{Z}/\overline{M}_\mathrm{W}>1$。$\overline{M}_\mathrm{n}<\overline{M}_\eta<\overline{M}_\mathrm{W}<\overline{M}_\mathrm{Z}$。如果从分布曲线图上看，各种平均分子量的位置如图 3-3 所示。

由于分子量分布宽度指数 σ^2 的大小取决于 $\overline{M}_\mathrm{W}/\overline{M}_\mathrm{n}$ 或 $\overline{M}_\mathrm{Z}/\overline{M}_\mathrm{W}$，为了表示和使用的方便，人们往往直接用 $\overline{M}_\mathrm{W}/\overline{M}_\mathrm{n}$ 或 $\overline{M}_\mathrm{Z}/\overline{M}_\mathrm{W}$ 来表征高聚物分子量分布的宽窄。它们被称为多分

散系数（或多分散指数），用 d 表示。

$$d = \overline{M}_W / \overline{M}_n \quad (3\text{-}24)$$

或

$$d = \overline{M}_Z / \overline{M}_W \quad (3\text{-}25)$$

d 值越大，分子量分布越宽。应该注意的是，同一个高聚物，用式(3-24)计算的 d 值和用式(3-25) 计算的 d 值是不一样的。但对单分散高聚物，d 总是等于 1。

有时，也有文献采用更简单而实用的方法来比较分子量分布的宽窄。如以质量积分曲线中质量分数在 0.1 和 0.9 处的分子量的比值 $M_{(I=0.9)}/M_{(I=0.1)}$ 作为多分散指数，用于分子量分布宽窄的比较。

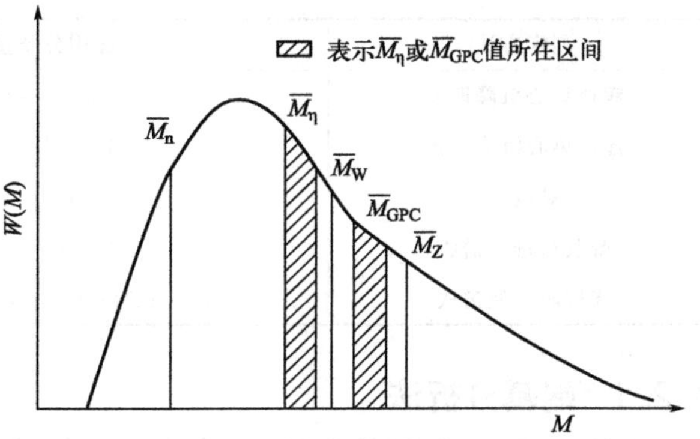

图 3-3　各种平均分子量

GPC—凝胶渗透色谱法

高聚物的分子量分布宽窄与聚合方法和条件有密切的关系，人们总结了一些高聚物的多分散系数 $\overline{M}_W/\overline{M}_n$，见表 3-1。

表 3-1　合成高聚物的 $\overline{M}_W/\overline{M}_n$ 值

高聚物和聚合方式	$\overline{M}_W/\overline{M}_n$
假想的单分散高聚物	1.00
“活性”聚合的“单分散”高聚物	1.01～1.05
加成高聚物，双基偶合终止	1.5
加成高聚物，双基歧化终止，或缩聚物	2.0
高转化率烯类高聚物	2～5
自动加速生成的高聚物	5～10
配位高聚物	8～30
支化高聚物	20～50

3.2　测定高聚物分子量的方法

测定高聚物分子量的方法很多，有端基分析法、沸点升高法、冰点降低法、气相渗透压法、膜渗透压法、光散射法、超速离心沉降法、黏度法、凝胶渗透色谱法以及飞行时间质谱法等。各种方法各有优缺点和适用的范围。表 3-2 列出各种方法所测的分子量和适用范围。

表 3-2　不同分子量测定方法及其适用范围

测定方法	适用分子量范围	平均分子量
端基分析	3×10^4 以下	数均
沸点升高	3×10^4 以下	数均
冰点降低	3×10^4 以下	数均
气相渗透压	3×10^4 以下	数均
膜渗透压	2×10^4～1.5×10^6	数均
光散射	1×10^4～1×10^7	重均

续表

测定方法	适用分子量范围	平均分子量
超速离心沉降速度	$1\times10^4\sim1\times10^7$	各种平均分子量
超速离心沉降平衡	$1\times10^4\sim1\times10^6$	重均、Z均
黏度法	$1\times10^4\sim1\times10^7$	黏均
凝胶渗透色谱法	$1\times10^3\sim5\times10^6$	各种平均分子量
飞行时间质谱法	1.5×10^6（1996年文献报道的上限）	各种平均分子量

3.2.1 端基分析法

端基分析法的原理简单明了。假如我们知道高聚物的化学结构，而且高分子链末端所带基团可以用化学或物理方法定量测定，那么，通过测定一定质量试样中所含端基的数目，得到分子链的物质的量（mol），用质量 w 除以 n 就可得到平均分子量。

$$M=w/n \tag{3-26}$$

当每个分子链上所含可分析的端基数为 X 时，则平均分子量为：

$$M=Xw/n_t \tag{3-27}$$

式中，n_t 是分析所得试样的端基物质的量。

这种分子量测定方法常可用于缩聚物的平均分子量测定，因为缩聚物常含有可分析的端基。例如，聚己内酰胺（尼龙-6）的化学结构为：

$$H_2N\leftarrow CH_2 \rightarrow_5 CO \left[NH \leftarrow CH_2 \rightarrow_5 CO \right]_n NH \leftarrow CH_2 \rightarrow_5 COOH$$

它的端基一边是氨基，另一边是羧基，可通过化学分析测定氨基或羧基数，就可知道分子链数目，从而计算高聚物的平均分子量。又如聚酯，当聚合时所用二元酸和二元醇当量相等时，结构是：$HOOC—R—COO—R'—O\leftarrow OC—R—COO—R' \rightarrow_n OH$，末端一边为羧基，一边为羟基。当酸过量时结构是：$HOOC\leftarrow OC—R—COO—R' \rightarrow_n OOC—R—COOH$，两个末端基均为羧基。当醇过量时，结构是：$HO—R'—O\leftarrow OC—R—COO—R' \rightarrow_n OH$，两个末端基均为羟基。通过分析羧基或羟基含量就可计算平均分子量。

端基分析法所得的是数均分子量，这从式(3-28)的推导可得到证明。

$$M=w/n=\frac{\sum_i w_i}{\sum_i n_i}=\frac{\sum_i n_i M_i}{\sum_i n_i} \tag{3-28}$$

可见，这里分子量的统计单元为 n_i，统计权重为 N_i，所以所得的 M 是数均分子量。

利用端基分析法测量高聚物分子量时存在一些限制。①不能测定较高分子量的样品，因为试样分子量越大，单位质量高聚物所含的端基数量就越小，测量的实验误差就越大。所以，如果采用化学法（如化学滴定）测定端基，通常只能测数均分子量（2～3）$\times10^4$ 以下的样品，如果采用光谱法或示踪原子等方法测定端基，可测分子量的范围可稍高一些，但相对于光散射、黏度、GPC等方法仍是较小。②许多烯类单体的加聚物没有可测定的端基，而且它们的分子量都很高，一般在 $10^5\sim10^6$，所以端基分析法在这类高聚物分子量的测定方面受很大限制。③假如高分子有支化或交联，或者在聚合过程中由于各种条件（如催化剂、温度、环化作用等）的影响使分子链的结构不确定，每个高分子链的端基数 X 就不确定，这样分析的结果就得不到真正的分子量。

如果将端基分析法和其他绝对方法相结合，可研究高聚物的支化情况。例如，利用渗透压法测得样品的分子量，再用端基分析测得端基总含量，就可计算每一条高分子链上的端基数目，了解支化情况。图 3-4 是通过端基分析和渗透压法测定分子量而研究聚甲醛支化情况的结果。这里假设聚甲醛分子链端基数为 2，通过端基分析所得分子量与渗透压法结果一致，这就证明聚甲醛基本上不含支链。

3.2.2　沸点升高和冰点降低法

本节介绍的沸点升高和冰点降低法，以及后续的气相渗透压法和膜渗透压法，均是利用高聚物稀溶液的依数性原理测定高聚物分子量的方法。所谓依数性，就是指稀溶液的某些热力学性质与溶液中溶质质点数目有关的特性。当溶液是非挥发性的非电解质稀溶液时，依数性表现更为明显，以下所要介绍的沸点升高、冰点降低、气相渗透压及膜渗透压变化等都与稀溶液中高聚物的物质的量有关，而与高聚物本身的性质无关。

如图 3-5 所示，溶液中由于含不挥发性的溶质，溶液的蒸气压下降，导致溶液的沸点比纯溶剂的高，而冰点比纯溶剂的低。溶液的沸点升高 ΔT_b 和冰点降低 ΔT_f 与溶液浓度 C 成正比，与高聚物的分子量 M 成反比。

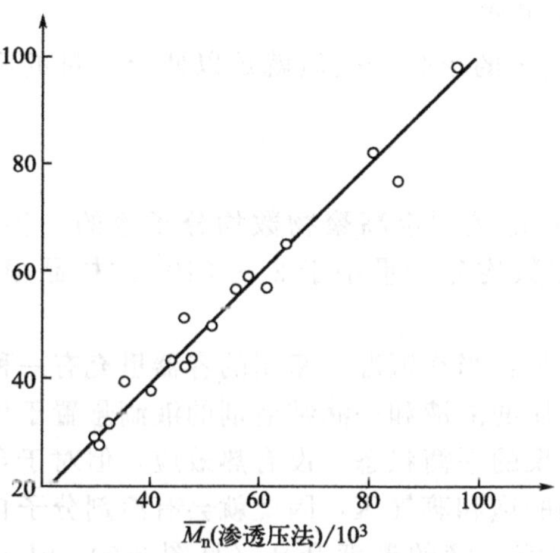

图 3-4　端基分析和渗透压法所测定聚甲醛的分子量

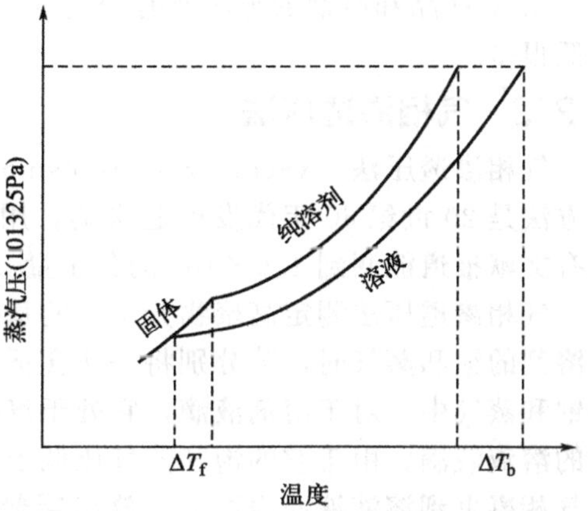

图 3-5　纯溶剂和溶液的蒸气压

$$\Delta T_b = K_b \cdot C/M \tag{3-29}$$

$$\Delta T_f = K_f \cdot C/M \tag{3-30}$$

式中，K_b 和 K_f 为溶剂的特征常数。K_b 和 K_f 可以通过测定已知分子量化合物的 ΔT_b 或 ΔT_f 来得到。也可以用以下热力学关系进行计算。

$$K_b = \frac{RT_b^2}{1000\Delta H_v} \tag{3-31}$$

$$K_f = \frac{RT_f^2}{1000\Delta H_f} \tag{3-32}$$

式中，ΔH_v 和 ΔH_f 分别为每克溶剂的蒸发热和熔融热。

对于小分子的稀溶液来说，有了 K_b 和 K_f，通过测定 ΔT_b 或 ΔT_f 就可从式(3-29) 或式(3-30) 计算分子量 M。但是，高分子溶液的热力学性质与理想溶液的偏差很大，使得 $\Delta T/C$ 具有浓度依赖性，因此，必须测量一系列浓度下的沸点升高或冰点降低数据，然后用 $\Delta T/C$ 对 C 作图，外推到浓度 C 为零时的 $(\Delta T/C)_{C\to 0}$ 值计算分子量。

$$(\Delta T/C)_{C\to 0} = K/\overline{M}_n \tag{3-33}$$

由于高聚物的分子量很大，浓度又很小，所以不论沸点升高还是冰点降低，其 ΔT 值都很小，测量需要使用热电堆或热敏电阻，把温差变为电信号，以提高温差测量精度。由于温差测量精度的限制，沸点升高和冰点降低法测量的高聚物分子量一般在 3×10^4 以下，使用高精度测温技术，可能使分子量测量范围提高到 1×10^5 左右。

沸点升高和冰点降低所测的分子量为数均分子量，这可以从下式的推导得到证明。

$$\left(\frac{\Delta T}{C}\right)_{C\to0}=K\frac{\sum_i \frac{C_i}{M_i}}{C}=K\frac{\sum_i n_i}{\sum_i n_i M_i}=\frac{K}{\overline{M}_n} \tag{3-34}$$

用沸点升高和冰点降低法测定分子量时需注意：

① 采用沸点升高法时，要求溶剂要有较大的 K_b 值，从而提高测定灵敏度，但溶剂沸点不能太高，以防止高聚物降解。采用冰点降低法时，也要求溶剂有较高的 K_f 值，但高聚物不能在溶剂的凝固温度以上先行析出。

② 应用沸点升高法时，整个测定过程对大气压的稳定要有较高要求。

③ 测量必须保持足够的时间，以达到热力学平衡。

④ 对样品和溶剂的纯度要有较高的要求，微量的小分子杂质就足以使分子量的测定值降低很多。

3.2.3 气相渗透压法

气相渗透压法（vapor-pressure osmometry）也是测定高聚物数均分子量的一种方法，该方法是20世纪60年代发展起来的，用于测定数均分子量小于 2.5×10^4 的样品很方便，也有文献报道能测到 1.6×10^5 的分子量。

气相渗透压法测定高聚物分子量的基本原理是：当在恒温、密闭的容器里充有一种挥发性溶剂的饱和蒸气时，若分别将一滴含不挥发溶质的溶液和一滴纯溶剂的液滴悬置于该溶剂的饱和蒸气中。对于溶剂液滴，它处于汽化和凝聚的平衡状态，没有热效应，但对于含高聚物的溶液液滴，由于它的饱和蒸气压低于纯溶剂的饱和蒸气压，因此就会有溶剂分子自饱和蒸气相凝聚到溶液液滴表面上，放出凝聚热，使溶液滴的温度升高（见图3-6）。达到平衡时，溶液滴和溶剂滴之间的温差 ΔT 与溶液中高分子的摩尔分数 X_2 成正比：

$$\Delta T=AX_2 \tag{3-35}$$

由于

$$X_2=\frac{n_2}{n_1+n_2}\approx\frac{n_2}{n_1}=\frac{w_2M_1}{w_1M_2}=C\frac{M_1}{M_2} \tag{3-36}$$

因而有：

$$\Delta T=AC\frac{M_1}{M_2}=A'C\frac{1}{M_2} \tag{3-37}$$

式中，C 为高聚物的浓度，g/kg；M_1 和 M_2 分别为溶剂和高聚物的分子量；w_1 和 w_2 分别为溶剂和高聚物的质量；A 和 A' 均是常数。

虽然不同气相渗透计有不同设计，但基本上都包含汽化室、热敏元件和电测量系统。图3-7是气相渗透计的结构。汽化室中安装有两只匹配很好的热敏电阻，构成直流惠斯登电桥的两个相邻的桥臂，另有两个桥臂由两只固定电阻组成。当两只热敏电阻上各置一滴溶剂时，两只热敏电阻的温度相同，此时电桥处于平衡状态。当在其中一只热敏电阻上改加一滴高分子溶液时，由于蒸气压差造成两个液滴之间的温差，溶液液滴的温度升高，使该热敏电阻阻值减小，导致了电桥不平衡，这个不平衡信号 ΔG 与两只热敏电阻之间的温差成正比。因此，根据式(3-37)得：

$$\Delta G=KC/M_2 \tag{3-38}$$

或

$$\Delta G/C=K/M_2 \tag{3-39}$$

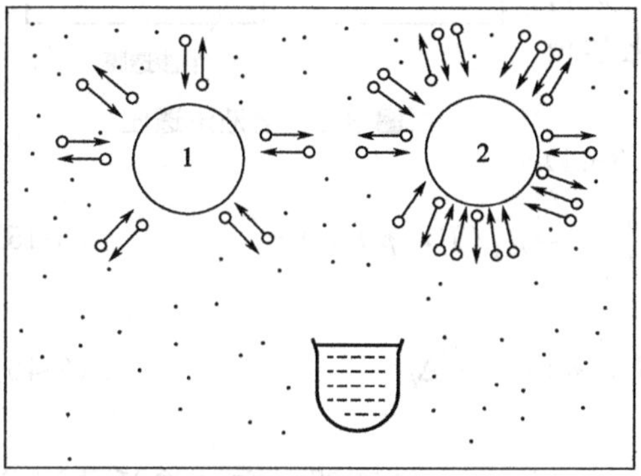

图 3-6　气相渗透计原理

1—溶剂；2—溶液

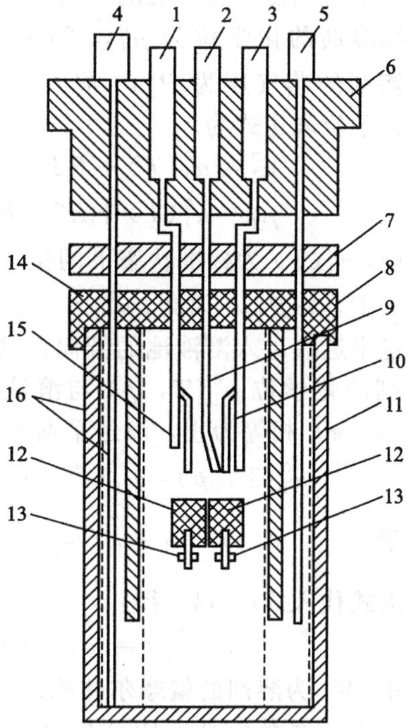

图 3-7　气相渗透计的结构示意图

1，2—溶剂预热孔；3—溶液预热孔；4—吸液管；5—注液管；6—保温盖；7—支撑板；8—密封盖；9—溶剂滴管；10—溶液滴管；11—密封缸；12—金属网；13—热敏电阻；14—汽化缸；15—溶剂滴管；16—滤纸筒

仪器常数 K 与溶剂的种类、测试温度、电桥电压、热敏电阻材料的温度系数以及仪器结构等有关，与溶质的种类、分子量大小等无关，故可以通过已知分子量的标准样品（如甘油三硬脂酸酯 $M=891$）来标定仪器常数 K。

由于高聚物溶液与理想溶液有偏差，热效应存在浓度的依赖性，因此，测定时必须像沸点升高或冰点降低等方法那样，测定几个不同浓度的 ΔG 值，然后由 $\Delta G/C$ 对浓度 C 作图，外推到 $C=0$ 时，由截距求得数均分子量。

$$\Delta G/C=K\left(\frac{1}{\overline{M}_n}+A_2C+\cdots\right) \tag{3-40}$$

$$(\Delta G/C)_{c\to 0}=K/\overline{M}_n \tag{3-41}$$

气相渗透压测定方法的优点是：样品用量少，测试速度快，可连续测试，测试温度选择余地大。主要的不足之处是：热效应小，仪器常数低，所以可测分子量上限不够高；检测器所反映的效应与时间有关，不是热力学平衡；另外还有学者认为仪器常数 K 有分子量依赖性等。

3.2.4　膜渗透压法

当溶剂池和溶液池中间用半透膜隔开，半透膜只允许溶剂分子透过，而不允许溶质分子透过（图 3-8），由于溶液内溶剂的化学位小于纯溶剂的化学位，使得纯溶剂可以透过半透膜渗入溶液池，致使溶液池的液面升高，两边产生液柱高差（压力差），当两边的液柱高差达到某一定值时，溶剂不能再渗入到溶液中，达到平衡状态，这个压力差便称为溶液的渗透压，用 π 表示。

设纯溶剂的化学位为 μ_1^0，溶液中溶剂的化学位为 μ_1，纯溶剂的蒸气压为 P_1^0，溶液中溶剂的蒸气压 P_1。它们的化学位表达式为：

$$\mu_1^0=\mu_1^0(T)+RT\ln P_1^0 \tag{3-42}$$

$$\mu_1=\mu_1^0(T)+RT\ln P_1 \tag{3-43}$$

式中，$\mu_1^0(T)$ 为标准状态下的化学位。

由于 $P_1^0>P_1$，因此，$\mu_1^0>\mu_1$，溶剂分子就有从溶剂池透过半透膜进入溶液池的倾向，这种渗透过程将进行到纯溶剂的化学位 $\mu_1^0(T,\ p)$ 与溶液池中溶剂的化学位 $\mu_1(T,\ p+\pi)$ 相等为止，渗透平衡时有：

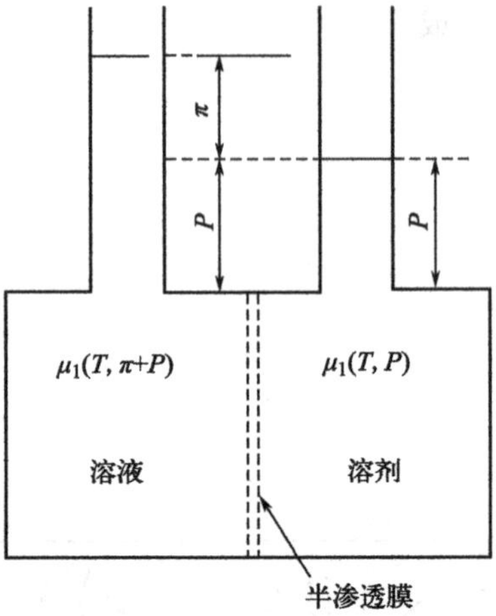

图 3-8 溶液渗透压

$$\mu_1^0(T,\ p)=\mu_1(T,\ p+\pi) \tag{3-44}$$

由于
$$\mu_1(T,\ p+\pi)=\mu_1(T,\ p)+\left(\frac{\partial\mu_1}{\partial p}\right)_T\pi=\mu_1(T,\ p)+\widetilde{V}\pi \tag{3-45}$$

将上式代入式(3-44) 得：

$$\widetilde{V}_1\pi=-[\mu_1(T,\ p)-\mu_1^0(T,\ p)]=-\Delta\mu_1 \tag{3-46}$$

式中，$\widetilde{V}_1$ 为溶剂的偏摩尔体积。

对于小分子稀溶液，溶液服从 Raoult 定律 $P_1=P_1^0X_1$，经证明，它的渗透压可用 Van't Hoff 方程表达：

$$\pi=RT\frac{C}{M} \tag{3-47}$$

式中，R 为气体常数；T 为溶液温度；C 为溶液浓度；M 为溶质分子量。

对于高分子溶液，它不服从 Raoult 定律，但从 Flory-Huggins 高分子稀溶液理论中得到［见第 5 章式(5-40)］，高聚物稀溶液中的 $\Delta\mu_1$ 为：

$$\Delta\mu_1=RT\left[-\frac{1}{x}\phi_2+\left(\chi_1-\frac{1}{2}\right)\phi_2^2\right] \tag{3-48}$$

将此式代入式(3-46) 得：

$$\pi=-\left(\frac{RT}{\widetilde{V}_1}\right)\left[-\frac{1}{x}\phi_2+\left(\chi_1-\frac{1}{2}\right)\phi_2^2\right] \tag{3-49}$$

由于 $\phi_2=C/\rho_2$，$\rho_2=M/x\widetilde{V}_1$（$\rho_2$ 是高聚物的密度）。故式(3-49) 可整理成：

$$\frac{\pi}{C}=RT\left[\frac{1}{M}+\left(\frac{1}{2}-\chi_1\right)\frac{C}{\widetilde{V}_1\rho_2^2}\right] \tag{3-50}$$

由此，测定高聚物分子量时，可利用比浓渗透压（π/C）对浓度 C 的维利展开式：

$$\frac{\pi}{C}=RT\left(\frac{1}{M}+A_2C+A_3C^2+\cdots\right) \tag{3-51}$$

比较式(3-51) 和式(3-50)，得第二维利系数 A_2 等于：

$$A_2=\left(\frac{1}{2}-\chi_1\right)\frac{1}{\widetilde{V}_1\rho_2^2} \tag{3-52}$$

依据公式(3-50)，通过测定不同浓度下的 π/C 值，外推到 $C\to 0$，这时得截距 $(\pi/C)_{C\to 0}=$

RT/M，从而可计算出高聚物的分子量。

实验发现，对于高分子-不良溶剂体系，如聚苯乙烯-环己烷体系，第三维利系数几乎为零，用二项的维利展开式就可得到很好的直线，所以，用 π/C 对 C 作图，外推得到 $(\pi/C)_{C\to 0}$，就可计算分子量。但对大多数高分子-良溶剂体系（$\chi_1 \ll 0.5$）（例如聚异丁烯-环己烷体系），第三维利系数有一定值，π/C 对 C 作图不是一条很好的直线，而有明显的弯曲（见图 3-9 曲线 3），特别是浓度 C 高时更明显。这时，外推到 $C\to 0$ 所得 $(\pi/C)_{C\to 0}$ 较不可靠。为解决这个问题，人们提出渗透压的另一个展开式：

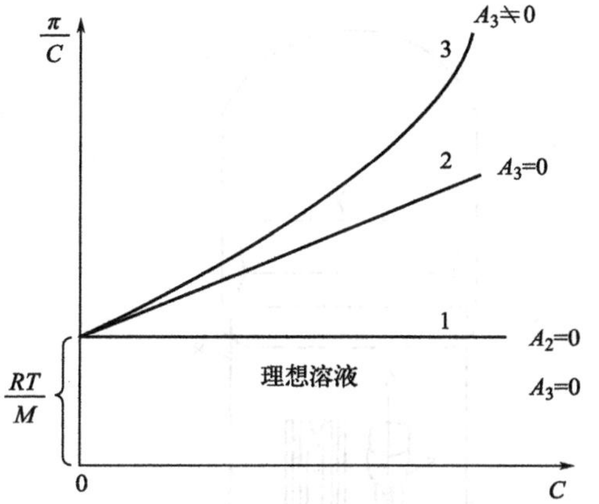

图 3-9　π/C～C 关系图

1—理想溶液；2，3—高分子溶液

$$\frac{\pi}{C}=\frac{RT}{M}(1+\Gamma_2 C+\Gamma_3 C^2+\cdots) \tag{3-53}$$

式中，$\Gamma_2=A_2M$；$\Gamma_3=A_3M$。在大多数高分子-良溶剂中，$\Gamma_3=\frac{1}{4}\Gamma_2^2$，所以，有：

$$\left(\frac{\pi}{C}\right)^{\frac{1}{2}}=\left(\frac{RT}{M}\right)^{\frac{1}{2}}\left(1+\frac{1}{2}\Gamma_2 C\right) \tag{3-54}$$

这样，用 $(\pi/C)^{1/2}$ 对 C 作图就可得到一条直线，截距为 $(RT/M)^{1/2}$，由此可计算高聚物的分子量。

用于测渗透压的实验设备有多种。经常使用的有改良式 Zimm-Meyerson 型渗透计、改良的 D. B. Bruss 型渗透计和 Knauer 型快速膜渗透计等。

改良式 Zimm-Meyerson 型渗透计如图 3-10 所示。这种渗透计的渗透池由内径约 2cm 的厚壁玻璃制成，池上接有内径约 0.5mm、长约 10cm 的测量毛细管，旁边固定有参比毛细管，池底部接内径约 1～2mm 的 U 型粗毛细管（注入样品用），在此毛细管中配置一根与其内径匹配的镍铬丝，用于调节溶液液面高度。渗透池中填充空心鼓或玻璃块，以减少溶液的用量。池的两侧加半透膜，并用多孔黄铜板夹紧。样品溶液从粗毛细管注入后，插入镍铬丝，用水银封住毛细管口，放入套管中，注入溶剂至合适高度，就可以进行渗透压测定实验。溶液的渗透压为：

$$\pi=\rho\Delta h \tag{3-55}$$

改良式 D. B. Bruss 型渗透计见图 3-11 所示。这种渗透计的渗透池腔体和盖板用不锈钢制成，膜的两边均衬垫与池体沟槽同样大小的聚四氟乙烯同心环垫片，以保证密封和支撑保护半透膜。池上用螺栓连接注液用粗毛细管和测量毛细管，旁边固定有参比毛细管，粗毛细管中配有镍铬丝。渗透计的使用方法与改良式 Zimm-Meyerson 型渗透计相似。

用改良式 Zimm-Meyerson 型渗透计或改良式 D. B. Bruss 型渗透计测定溶液渗透压时，可选用静态法或动态法得到渗透压值 π。

静态法也称渗透平衡法，是让渗透计在恒温下静置，用测高仪每隔一定时间测量渗透池毛细管和参比毛细管两液柱高差，直至达到恒定不变的数值为止。静态法等待平衡十分费时，一般需半天至数天时间。如果试样中有部分低分子量溶质能透过半透膜，则渗透平衡时间将更长，甚至由于低分子量部分的渗透而使柱差不断下降，得不到正确的渗透压。

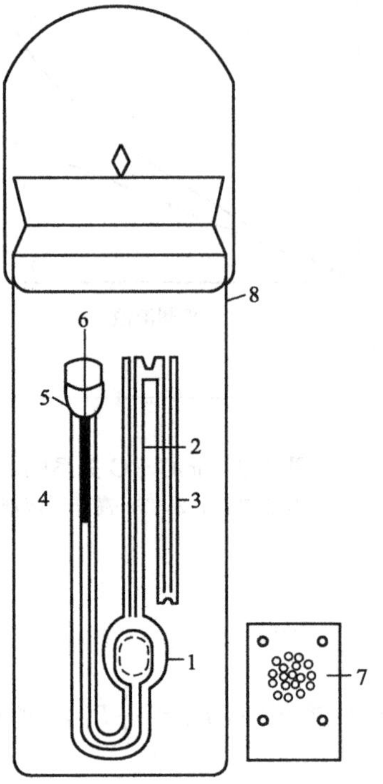

图 3-10 改良式 Zimm-Meyerson 型渗透计

1—渗透池；2—测量毛细管；3—参比毛细管；4—注入溶液用毛细管；5—水银封口；6—调节液面高度用镍铬丝；7—黄铜板；8—套管

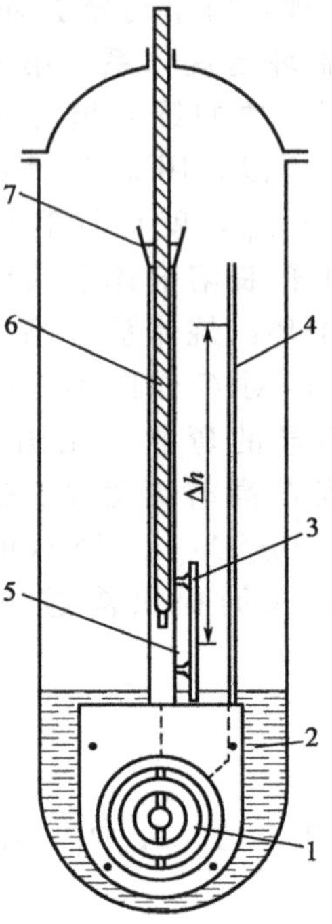

图 3-11 改良式 D. B. Bruss 型渗透计

1—渗透池；2—容器；3—参比毛细管；4—测量毛细管；5—注入溶液用毛细管；6—调节液面高度用镍铬丝；7—水银封口

动态法有升降中点法和速度终点法。升降中点法是调节渗透计的起始液柱高差，使尽可能接近平衡值，定时观察和记录高差随时间的变化，作高差对时间的对数图，得到一条渐近线。再在平衡点的另一侧等距离测一条渐近线。这样分别得一条液柱上升曲线和一条液柱下降曲线。然后将这两条线同一时间的点连接起来，求出其中点，这些中点的连线外推到时间为零，就是平衡高差，从而计算渗透压。

速度终点法是测量溶液池毛细管液面在低于或高于渗透平衡点时，溶液池毛细管液面上升或下降的速度，然后以液面高度对流速作图，外推到流速为零时，得到动态平衡点。例如，先测量液柱上升速率：调节镍铬丝使渗透池毛细管（测量毛细管）液面至毛细管底部，测量液面高度 h 和液面从 h 处上升 1mm 的时间 t(s)，得到一个较远离平衡点的流速数据；然后再调节液面上升约 0.8cm，再测 h 和 t；如此重复测得几个 h 点的 t 值。之后，测定液柱下降速率：调节镍铬丝使渗透池毛细管液面升高 3～5cm，测量液面高度 h 和液面从 h 处下降 1mm 的时间 t(s)，然后继续将液面升高 0.8cm 左右，再测一个实验点；重复测定几个数据点。用各次测量的 h 对 $\mathrm{d}h/\mathrm{d}t$ 作图得上升速度曲线和下降曲线，两条直线在纵坐标（$\mathrm{d}h/\mathrm{d}t=0$ 处）上的交点，就是相应浓度溶液的渗透动态平衡点 h_i。

动态法的优点是测定耗时较少，并且可截留或部分截留用静态法测定时透过半透膜的溶质，使测得的分子量更接近试样的真实分子量。

现在有一些商品型快速自动平衡渗透计，如 Knauer、Gonotec 膜渗透仪等，它们是利用非常灵敏的流动检测器，检测溶剂透过半透膜的流动状态。一旦检测器检出有溶剂透过膜向溶液流动，马上通过伺服马达带动调节器升降溶剂的压力，使溶剂不再向溶液的方向渗透，从而迅速达到平衡。仪器的工作原理见图 3-12。由于流动检测器很灵敏，因此平衡较快，大大缩短测试时间，而且提高了测量精度。

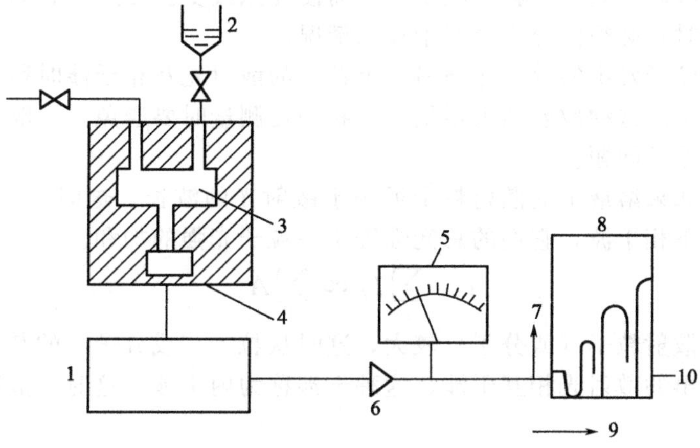

图 3-12　快速自动平衡渗透计工作原理

1—电磁感应式偏位检测器；2—溶液入口；3—半透膜；4—感压膜；5—仪表；6—放大器；7—响应；8—记录仪；9—时间；10—零点标线

膜渗透压测定分子量是一种绝对方法，不需仪器常数，没有特殊的假定，理论清楚，适应的分子量较宽，一般在 $2\times10^4\sim1.5\times10^6$，测定的范围受半透膜性能的影响（下限决定于半透膜的渗透性，上限决定于渗透压很小时测量的精确度）。由于低聚体分子容易漏过半透膜，致使渗透压测得的分子量大于实际的分子量，这是渗透压法的缺点之一。

膜渗透压法测得的分子量是数均分子量，这可以从各分子渗透压的加和性来证明。因为，溶液的总渗透压为各分子渗透压的和，所以有：

$$\pi_{C\to0}=\sum_i \pi_{iC\to0}=RT\sum_i \frac{C_i}{M_i}=RTC\frac{\sum_i n_i}{\sum_i n_iM_i}=RTC\frac{1}{\overline{M}_n} \tag{3-56}$$

3.2.5　光散射法

利用高聚物溶液对光的散射性质来测定高聚物分子量以及分子尺寸的方法就称为光散射法。这是测量高聚物重均分子量的重要方法之一，是一种绝对方法。

所谓光散射，就是当光束通过透明介质时，在入射方向以外的各个方向也能观察到光强的现象。如图 3-13 所示，当一束入射光照射到介质时，一部分光沿原有方向继续传播，这为透射光。而还有部分光作用于介质的粒子上，使粒子的电子发生偶极振荡，成为二次光源，在入射光以外的各个方向散射传播，这些光就称为散射光，θ 为散射角。

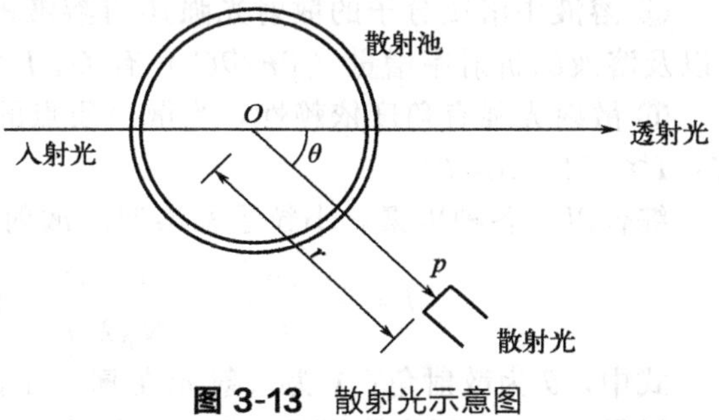

图 3-13　散射光示意图

由于散射光波的强度、频率偏移、偏振度以及光强的角分布等均与分子在溶液中的大小、形状和分子间的相互作用有关，从而可以用于研究高分子在溶液中分子量、分子形态、高分子与溶剂的相互作用以及扩散系数等。

按照光散射的原理，散射光的强度 I 除了与入射光的强度、频率、波长有关外，还与它是否产生干涉有关。因为光的强度 I 与光的波幅 A 的平方成正比，而波幅 A 是可以叠加的。当两束散射光相干涉时，其波幅就会改变，从而使光强改变。因此，我们通过测定散射光的光强来研究高分子时，必须区分有没有干涉的情况。

当溶液中某一粒子发出的散射光与另一个粒子的散射光互相干涉时称为外干涉，这种情况在浓溶液中会发生。这种散射结果很复杂，我们在测量时要避免，一般是采用稀溶液，所以我们不考虑外干涉的问题。

在稀溶液中，如果溶液中的散射粒子远小于散射光的波长，这时，它们不会产生干涉，这样的散射光称为不相干波，它们的总光强等于各粒子光强的加和。

$$I=\sum_i I_i \propto \sum_i A_i^2 \tag{3-57}$$

如果溶液中的散射粒子（或分子）较大，这时从粒子（或分子）的某一部分发出的散射光与从另一部分发出的散射光相互干涉，这种干涉称为内干涉。这时，散射光的光强正比于波幅和的平方。

$$I \propto \left(\sum_i A_i\right)^2 \tag{3-58}$$

所以，用光散射法研究高分子溶液时必须按小粒子稀溶液和大粒子稀溶液分别进行讨论。

(1) 小粒子稀溶液

这里讲的“小粒子”是指尺寸小于光波波长 1/20 的分子，例如蛋白质、糖、分子量小于 10^5 的高聚物，粒子各向同性，在溶液中无规分布。对于这样的小粒子稀溶液，溶质的散射光强 I 等于溶液散射光强 $I_液$ 减去溶剂的散射光强 $I_剂$。

$$I=I_液-I_剂 \tag{3-59}$$

根据光散射原理，小粒子稀溶液中高分子的散射光强与下列因素有关：

① 散射光强决定于浓度局部涨落的大小，而渗透压的作用抑制了浓度的涨落，因此，散射光强 $I \propto \dfrac{1}{\partial\pi/\partial C}$，而 $\partial\pi/\partial C=RT(1/M+2A_2C)$。

② 浓度涨落的产生与分子的热运动性质有关，温度升高分子热运动加剧，散射光强增加，所以有 $I\propto RT$。

③ 散射光强与散射质点数目有关，浓度 C 越大，散射光越强，所以 $I\propto C$。

④ 散射光强与入射光波长的四次方成反比，波长越短，散射光强越强，$I\propto 1/\lambda^4$。

⑤ 溶液中溶质分子的散射光强还与溶液的光学性质有关，具体表现为与溶剂的折射率 n 以及溶液的折射率增量（$\partial n/\partial C$）有关，$I \propto n^2(\partial n/\partial C)^2$。

⑥ 散射光强有角度依赖性，当散射质点的尺寸比入射光的波长小很多（小于 $\lambda/20$）时，有：$I\propto$（$1+\cos^2\theta$）。

综合以上各种因素，小粒子稀溶液的散射光强 I 与入射光强 I_0 的关系可写为：

$$I=\frac{1+\cos^2\theta}{2}\cdot\frac{4\pi^2n^2}{N_A\lambda^4r^2}\cdot\left(\frac{\partial n}{\partial C}\right)^2 CI_0\Big/\left(\frac{1}{M}+2A_2C\right) \tag{3-60}$$

式中，θ 为散射角；λ 为入射光在真空中的波长；n 为溶剂折射率；$\partial n/\partial C$ 为溶液的折射率增量；N_A 为阿伏伽德罗常数；r 为测试距离；C 为溶液浓度；M 为分子量；A_2 是第二维利系数。

定义单位散射体积所产生的散射光强 I 与入射光强 I_0 之比乘以测量距离的平方为瑞利比（或称瑞利因子）：

$$R_\theta=r^2I/I_0 \tag{3-61}$$

用常数 K（称为光学常数）概括一些与溶液浓度、散射角及溶质分子量无关的量：

$$K=\frac{4\pi^2 n^2}{N_A\lambda^4}\cdot\left(\frac{\partial n}{\partial C}\right)^2 \tag{3-62}$$

将式(3-61) 和式(3-62) 代入式(3-60)，并整理得：

$$\frac{1+\cos^2\theta}{2}\cdot\frac{KC}{R_\theta}=\frac{1}{M}+2A_2C \tag{3-63}$$

对于小粒子的散射，散射光的强度对入射方向成轴性对称，且对称于 90°散射角（见图 3-14 曲线Ⅱ），所以通常测定 90°的瑞利比 R_{90} 来计算分子量。在 90°时，$\cos^2\theta=0$，所以得：

$$\frac{KC}{2R_{90}}=\frac{1}{M}+2A_2C \tag{3-64}$$

预先测定光学常数 K，再测定一系列不同浓度溶液的 R_{90}，以 $KC/2R_{90}$ 对 C 作图，可从截距得到分子量，从斜率计算 A_2。

由于散射光强是各种大小不同分子散射的加和，所以有：

$$(R_{90})_{C\to 0}=\left(\frac{K}{2}\right)\sum_i C_iM_i=\left(\frac{K}{2}\right)C\frac{\sum_i w_iM_i}{\sum_i w_i} \tag{3-65}$$

可见，这里分子量的统计单元是质量，所以光散射所测的是重均分子量。

（2）大粒子稀溶液

当溶质质点尺寸大于 $\lambda/20$，散射光会出现内干涉效应。这时散射光光强总体减弱，并且随散射角不同而不同，前后方向不对称，见图 3-14 曲线Ⅲ，前向（$\theta<90°$）的散射光强大于后向（$\theta>90°$）的光强。由于这种原因，我们必须对干涉引起的效应进行校正。

一般，分子量 $10^5\sim10^7$ 的高分子在良溶剂中的尺寸约为 20～300nm，而常用光散射仪的光源（高压汞灯）波长 λ 为 435.8nm 或 546.1nm。因此，同一高分子链的两个散射中心所发出的散射光存在光程差，如图 3-15 所示，这时，必须考虑内干涉效应。通常，采用在散射强度公式中引入不对称散射函数 $P(\theta)$ 来校正内干涉效应。$P(\theta)$ 是粒子尺寸和散射角的函数：

$$P(\theta)=1-\frac{16\pi^2}{3(\lambda')^2}\overline{S^2}\sin^2\left(\frac{\theta}{2}\right)+\cdots \tag{3-66}$$

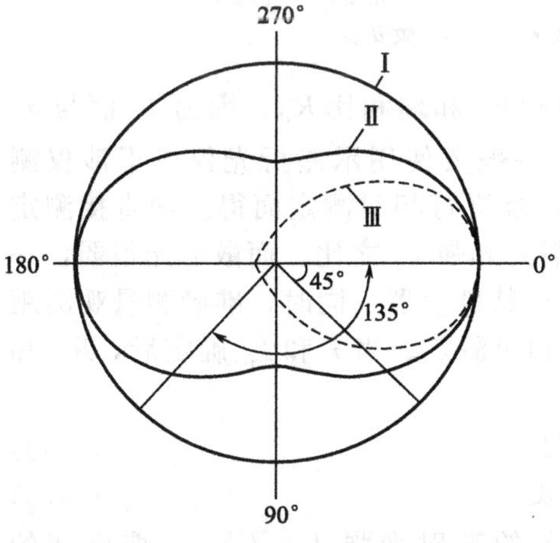

图 3-14　稀溶液的散射光强与散射角的关系

Ⅰ—垂直偏振入射光，小粒子；Ⅱ—非偏振入射光，小粒子；Ⅲ—非偏振入射光，大粒子

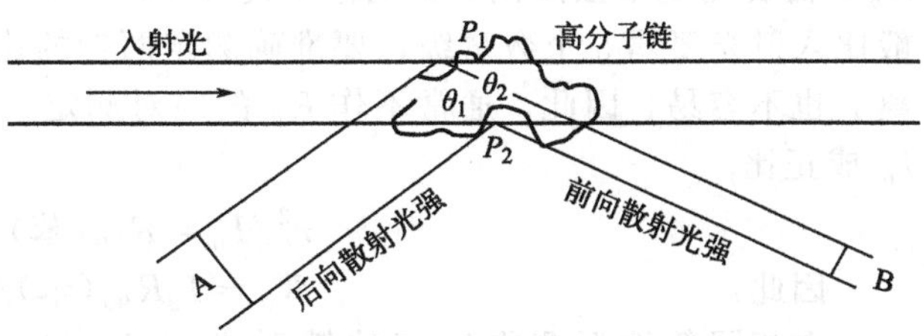

图 3-15　高分子溶液散射光内干涉示意图

式中，λ'是入射光在溶液中的波长；$\lambda'=\lambda/n$；n 为折射率；$\overline{S^2}$ 是高分子链在溶液中的均方回转半径。对于高斯无规线团的高分子溶液，$\overline{S^2}=\dfrac{\overline{h^2}}{6}$。用式(3-66) 对式(3-63) 进行修正，得：

$$\frac{1+\cos^2\theta}{2}\cdot\frac{KC}{R_\theta}=\frac{1}{MP(\theta)}+2A_2C \tag{3-67}$$

在散射光测定中，由于散射角的改变会引起散射体积的改变，而散射体积与 $\sin\theta$ 成反比，因此，把 $P(\theta)$ 代入并对散射体积进行校正后得高分子无规线团的光散射公式：

$$\frac{1+\cos^2\theta}{2\sin\theta}\cdot\frac{KC}{R_\theta}=\frac{1}{M}\left[1+\frac{8\pi^2}{9(\lambda')^2}\overline{h^2}\cdot\sin^2\left(\frac{\theta}{2}\right)+\cdots\right]+2A_2C \tag{3-68}$$

利用这个公式，就可测定高聚物的重均分子量 M，均方回转半径 $\overline{S^2}$（或均方末端距 $\overline{h^2}$）和第二维利系数 A_2。

光散射法的测试工作采用光散射仪（或称散射光度计）进行，仪器的基本构造如图 3-16 所示，主要包括四个组成部分：①光源；②入射光的准直系统；③散射池；④散射光强的测量系统。

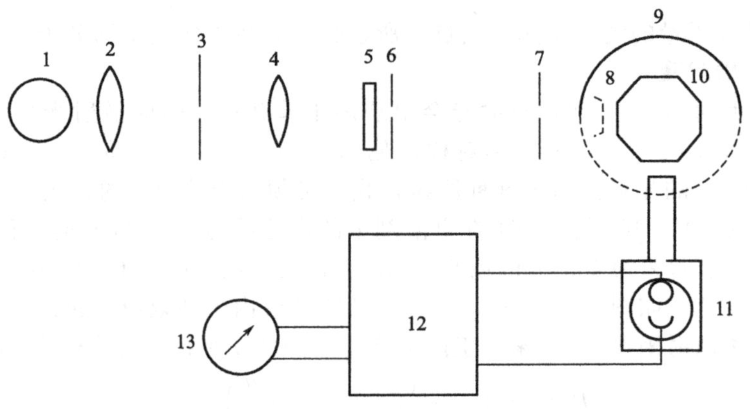

图 3-16 光散射仪结构示意图

1—汞弧灯；2—聚光镜；3—狭缝；4—准直镜；5—滤色片；6，7，8—光栅；9—恒温浴；10—散射池；11—光电倍增管；12—直流放大器；13—微安表

在测试实验中，主要是测折射率 n、折射率增量 $\partial n/\partial C$ 和瑞利比 R_θ。因为 K 值与 n^2 和 $(\partial n/\partial C)^2$ 成正比，所以，它们的准确测定很重要，一般要使用示差折光仪或干涉仪测定。R_θ 的测定实际上是采用纯液体（如苯）作为参比标准进行相对测定而得。如直接测定 R_θ，需要测定单位体积介质的散射光强 $I(\theta,C)$ 与入射光光强 I_0 之比，而散射光很弱，一般比入射光要弱 5 个数量级，要准确测定两者的比值需要特殊仪器，同时，准确测量观测距离 r 也不容易，因此，通常不作 R_θ 的绝对测定，而做相对测定。当 r 和 I_0 确定后，R_θ 和 I_θ 成正比。

$$r^2/I_0=R_{90}(\text{苯})/I_{90}(\text{苯}) \tag{3-69}$$

因此：

$$R_\theta=I_\theta R_{90}(\text{苯})/I_{90}(\text{苯}) \tag{3-70}$$

在相同条件下测得溶液的散射光强 I_θ 和 90°时苯的散射光强 I_{90}（苯），取已知的 R_{90}（苯）$=4.84\times10^{-5}\text{cm}^{-1}$（波长 435.8nm 的非偏振光）或 R_{90}（苯）$=1.63\times10^{-5}\text{cm}^{-1}$（波长 546.1nm 的非偏振光），就可计算出溶液的瑞利比 R_θ。

在测定中，散射光经过散射池与空气的界面时会有折射现象，因此还需进行如下折射率修正。

$$R_\theta = I_\theta \frac{R_{90(苯)}}{I_{90(苯)}}\left(\frac{n}{n_{(苯)}}\right)^2 \tag{3-71}$$

式中，n 和 n(苯) 分别为溶液和苯的折射率。

实验测得不同浓度溶液在不同散射角的瑞利比 R_θ 和 K 值后，可用式(3-68) 进行数据处理。通常是令

$$Y = \frac{1+\cos^2\theta}{2\sin\theta} \cdot \frac{KC}{R_\theta} \tag{3-72}$$

简化式(3-68)，得：

$$Y = \frac{1}{M} + \frac{8\pi^2}{9M(\lambda')^2} \cdot \overline{h^2}\sin^2\left(\frac{\theta}{2}\right) + 2A_2C \tag{3-73}$$

当 $\theta \to 0$ 时有：

$$(Y)_{\theta\to 0} = 1/M + 2A_2C \tag{3-74}$$

当 $C \to 0$ 时有：

$$(Y)_{C\to 0} = \frac{1}{M} + \frac{8\pi^2}{9M(\lambda')^2}\overline{h^2}\sin^2\left(\frac{\theta}{2}\right) + \cdots \tag{3-75}$$

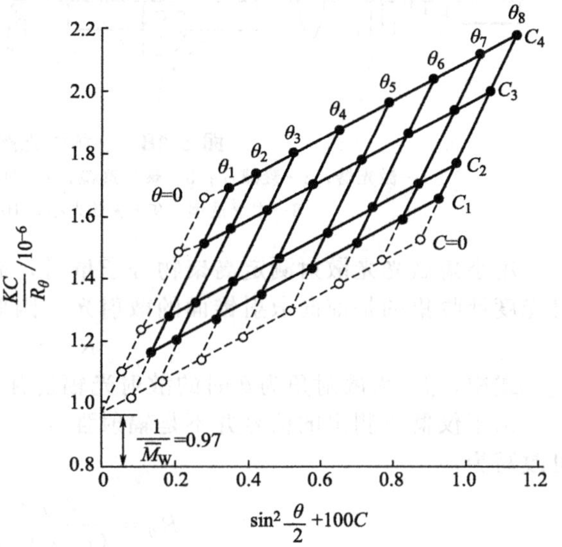

图 3-17　聚苯乙烯（$M=9.4\times10^5$）丁酮溶液的光散射 Zimm 图

因此，通过实验得到 Y 值，对 $\sin^2(\theta/2)+qC$ 作图（即 Zimm 作图法），其中 q 是一个可以任意取值的参数，一般取 100 或 1000。把 θ 相同和 C 相同的点分别连成直线，可得图 3-17 所示的结果。从 $\theta\to 0$ 和 $C\to 0$ 两条外推线的共同截距 $1/\overline{M}_W$ 可求出重均分子量 $\overline{M}_W$。从 $\theta\to 0$ 外推线的斜率可求出第二维利系数 A_2，从 $C\to 0$ 外推线的斜率可计算高聚物的均方末端距 $\overline{h^2}$。

光散射法可测定的分子量范围为 $10^4\sim10^7$。当分子量较低时，由于灰尘和杂质干扰，测量的准确性较差；当分子量较高时，作图误差大，测量精确度降低。

3.2.6　小角激光光散射法

小角激光光散射（low angle laser light scattering）是光散射法的重要发展。虽然从基本原理上讲，小角激光光散射与经典的光散射是一样的，但由于小角激光光散射使用的是激光光源，其特点是：①光源强，谱带的频宽窄，是理想的单色光。②准直性好，非常接近于一束平行光，容易测量小角度，最小散射角可达 2°，所测数据同常规光散射法外推到 $\theta\to 0$ 的数据基本一致。由于 $\theta\to 0$，内干涉可以忽略，散射函数 $P(\theta)=1$，因此，只需从一组浓度不同的稀溶液的光散射数据，简单外推到 $C=0$ 即可求得高聚物的重均分子量和第二维利系数。③激光光束可以汇聚得很细，散射体积仅是常规光散射体积的万分之一左右，所以，散射池可以很小，所需样品量很少。特别是，由于光束小，溶液里的少量灰尘可能不容易正好挡住光束，对测量的影响减少。如灰尘正好会在光束里面，这时会使散射光强产生脉冲信号，数据会突然跳跃，这样，在实验中就能判断出除尘的效果。极大地降低了灰尘的影响。④小角激光光散射在散射光的收集检测方面也有改进，如采用环形光栏，收集的是前向散射角锥体中的全部散射光，信号强度提高，测量的灵敏度和精度大大提高，数据偏差减少，实验和数据处理也更加简便。图 3-18 是小角激光散射光度计的光路简图。

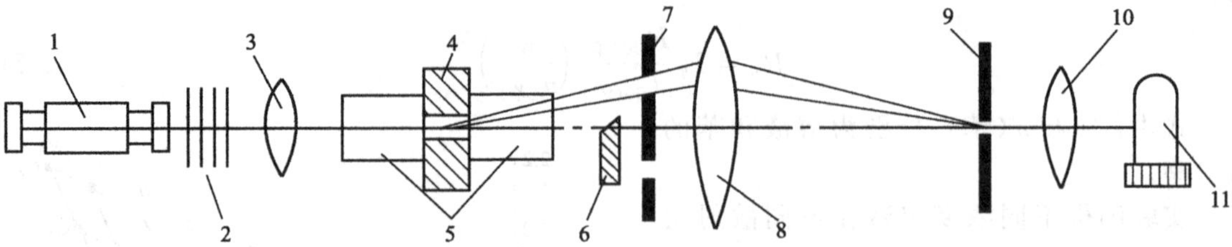

图 3-18 小角激光散射光度计光路简图

1—激光器；2—衰减片；3—聚焦透镜；4—池芯；5—石英窗；6—光陷阱；7—环形光栏；8—中继透镜；9—视场光栏；10—后聚光镜；11—光电倍增管

用小角激光光散射测定高聚物分子量时，需测定溶液和溶剂的瑞利比。由于小角激光散射光度计收集的是前向散射锥面的散射光，因此，对瑞利比 R_θ 的定义作相应的改变：

$$R_\theta = J_\theta / I_0 V \tag{3-76}$$

式中，J_θ 为散射角为 θ 时的散射光辐射强度；I_0 为入射光辐射强度；V 为散射体积。

由于仪器所测定的信号并不是辐射强度，而是光电倍增管所接受的功率，所以式(3-76)可改写为：

$$R_\theta = \frac{E_\theta/\sigma}{(E_0/A_0)V} = \frac{E_\theta}{E_0\sigma \cdot l} \tag{3-77}$$

式中，E_θ 和 E_0 分别为入射光和散射光的辐射功率；σ 为散射立体角，它与 θ 的关系为 $\sigma = 2\pi$（$1-\cos\theta$）；A_0 为散射体积的横截面积；l 为散射体积在入射光方向上的长度；$V = A_0 l$。

设 G_0 和 G_θ 分别为静电计上与入射光和散射光相对应的读数，$G_0 \propto E_0$，$G_\theta \propto E_\theta$，$D_0$ 为衰减片的透光倍数，则式(3-77) 可写成：

$$R_\theta = \frac{1}{\sigma l D_0} \cdot \frac{G_\theta}{G_0} \tag{3-78}$$

$\sigma l D_0$ 为仪器常数。为了测得 R_θ，必须先测定仪器常数。而在标定仪器常数时，还必须测出仪器的背景值。由于仪器背景主要与池体的散射有关，所以引进一个与背景有关的参数 δ，式(3-78) 又可写成：

$$R_\theta = \frac{1}{\sigma l D_0} \cdot \left(\frac{G_\theta}{G_0} - \delta\right) \tag{3-79}$$

可以证明，$\sigma = \sigma_0/n^2$，$l = n l_0$。σ_0 为在空气中（空池）的散射立体角；l_0 为相应的散射体积在入射光方向上的长度；n 为待测介质的折射率。

令 $\phi = \dfrac{1}{\sigma l_0 D_0}$，得：

$$R_\theta / n = \phi\left(\frac{G_\theta}{G_0} - \delta\right) \tag{3-80}$$

用一组 R_θ 和 n 已知的溶剂，测定其 G_θ/G_0 值，用 R_θ/n 对 G_θ/G_0 作图，得一直线，从斜率和截距求得 ϕ 和 δ。有了 ϕ 和 δ，测定待测介质的 G_θ/G_0，就可算出 R_θ 值。

已知高分子的瑞利比 ΔR_θ 和分子量的关系为：

$$K'C/\Delta R_\theta = 1/M + 2A_2 C \tag{3-81}$$

$$\Delta R_\theta = R_\theta(\text{溶液}) - R_\theta(\text{溶剂}) \tag{3-82}$$

$$K' = \frac{2\pi^2 n^2 (\partial n/\partial C)^2}{\lambda^4 N_A}(1+\cos^2\theta) \tag{3-83}$$

当 θ 很小时，$\cos\theta$ 值对角度的依赖性很小，因此，数据处理不必作散射角外推，只需在不同浓度下测定 ΔR_θ，以 $K'C/\Delta R_\theta$ 对浓度 C 作图，截距即为 $1/M$，斜率即第二维利系数 A_2 的二倍。

3.2.7 超速离心沉降法

超速离心沉降是测定高聚物分子量较复杂的方法。

在分散体系中，由于布朗运动，分散质点总是力求从浓度高的地方向浓度低的地方移动，这就是扩散现象。质点越大，扩散速度越慢。扩散是使体系浓度差别减小的过程。与扩散过程相反，分散体系中存在着一个沉降过程，即在力场（重力场或离心力场）的作用下，分散体系中的分散质点会逐渐沉降，使体系中浓度差增加。质点越大，沉降速度越快。当扩散速度与沉降速度相等时，便达到了沉降平衡，这时，体系形成某种恒定的浓度梯度。由于沉降和扩散都与质点的大小和质量有关，在给定的条件下，沉降和扩散平衡的体系中的浓度分布与溶质的分子量及分子量分布有关，因此，可利用溶液沉降平衡的原理测定高分子溶液的分子量和分子量分布。

在高分子溶液中，由于分散质点-高分子的质量很小，所以，需要使用超速离心机，在很大的力场作用下才能观察到它们的沉降。高速离心机转速可达到 1000r/s 以上，得到几十万倍于重力的离心力。

超速离心沉降法测定高聚物分子量可分为两种具体方法：一种是沉降平衡法，另一种是沉降速度法。

3.2.7.1 沉降平衡法

当离心机的转速为约 300r/s 时，所产生的离心力场约一万倍于地球引力，这时，溶液中的高分子受到离心力的作用逐渐沉降下来。高分子质点所受到的离心力为：

$$f_{离} = M(1-\overline{v}\rho)\omega^2 r \tag{3-84}$$

式中，M 为高聚物分子量；$\overline{v}$ 为高分子的偏摩尔比容；ρ 为溶液的密度；ω 为旋转角速度；r 为离转轴的距离。

随着沉降过程的进行，溶液产生了浓度梯度，因此扩散作用随之发生，从而使高分子的沉降受到阻力，阻力为：

$$f_{摩擦} = \xi \mathrm{d}r/\mathrm{d}t \tag{3-85}$$

$$\xi = RT/D \tag{3-86}$$

式中，ξ 为摩擦系数；D 为扩散系数。

当沉降的离心力和扩散的阻力相等时，$f_{离} = f_{摩擦}$，这时沉降速度恒定为：

$$\frac{\mathrm{d}r}{\mathrm{d}t} = \frac{M(1-\overline{v}\rho)\omega^2 r}{RT/D} \tag{3-87}$$

此时，由于沉降，单位时间通过单位面积的物质的量为：

$$\frac{\mathrm{d}r}{\mathrm{d}t} C_r = \frac{M(1-\overline{v}\rho)\omega^2 r}{RT/D} C_r \tag{3-88}$$

式中，C_r 为离转轴距离 r 处的浓度。

单位时间内通过单位面积向低浓度方向扩散的物质的量为：$-D\dfrac{\mathrm{d}C_r}{\mathrm{d}r}$。沉降平衡时，离心池中每一点的浓度不再随时间而变化。通过单位面积沉降物质的量与扩散物质的量相等，有：

$$\frac{\mathrm{d}r}{\mathrm{d}t} C_r = D\frac{\mathrm{d}C_r}{\mathrm{d}r} \tag{3-89}$$

这样，可得到高分子溶液在离心池中的浓度梯度为：

$$\frac{\mathrm{d}C_r}{\mathrm{d}r}=\frac{M(1-\overline{v}\rho)\omega^2 r}{RT}C_r \tag{3-90}$$

对式(3-90) 积分，得

$$M=\frac{2RT\ln\left(\frac{C_2}{C_1}\right)}{(1-\overline{v}\rho)\omega^2(r_2^2-r_1^2)} \tag{3-91}$$

测定离转轴 r_1 和 r_2 处的浓度 C_1 和 C_2，按式(3-91) 即可计算高聚物的分子量。这样测得的分子量为重均分子量。

如果测定的是 r_1 和 r_2 处的浓度梯度 $(\mathrm{d}C/\mathrm{d}r)_{r_1}$ 和 $(\mathrm{d}C/\mathrm{d}r)_{r_2}$（或者用折光仪测出的折射率增量 $(\mathrm{d}\widetilde{n}/\mathrm{d}r)_{r_1}$ 和 $(\mathrm{d}\widetilde{n}/\mathrm{d}r)_{r_2}$，则所得到的分子量为 Z 均分子量，计算公式为：

$$\overline{M}_Z=\frac{2RT\ln\left[r_1\left(\frac{\mathrm{d}C}{\mathrm{d}r}\right)_{r_2}\Big/r_2\left(\frac{\mathrm{d}C}{\mathrm{d}r}\right)_{r_1}\right]}{(1-\overline{v}\rho)\omega^2(r_2^2-r_1^2)} \tag{3-92}$$

或

$$\overline{M}_Z=\frac{RT\left[\left(\frac{1}{r}\frac{\mathrm{d}\widetilde{n}}{\mathrm{d}r}\right)_2-\left(\frac{1}{r}\frac{\mathrm{d}\widetilde{n}}{\mathrm{d}r}\right)_1\right]}{(1-\overline{v}\rho)\omega^2(\widetilde{n}_2-\widetilde{n}_1)} \tag{3-93}$$

式中，$\widetilde{n}$ 为溶液和溶剂的折射率之差。

高分子溶液并非理想溶液，按式(3-91)、式(3-92) 和式(3-93) 计算的分子量有浓度依赖性，是表观分子量。若温度接近 θ 温度，表观分子量同浓度有线性关系，可以通过测定系列浓度高分子溶液的表观分子量，外推到 $C=0$，得真正的分子量。

沉降平衡法是测量分子量的绝对方法，所测的分子量范围为 $10^4\sim10^6$。缺点是平衡时间长，一般需要 1～2 星期，所需实验设备较为复杂和昂贵。

3.2.7.2 沉降速度法

当离心机的角速度选择很高时，如达每分钟约 7 万转，此时溶质在溶液中的扩散作用远小于沉降作用。可以利用沉降速度来测定溶质的分子量和分子量分布。

高分子在离心沉降时，受到离心力和溶剂摩擦阻力的双重作用。当两种力达到平衡时，高分子以 $\mathrm{d}r/\mathrm{d}t$ 等速沉降，沉降速度满足：

$$M(1-\overline{v}\rho)\omega^2 r=f\frac{\mathrm{d}r}{\mathrm{d}t} \tag{3-94}$$

式中，t 是沉降时间；f 是摩擦系数。对于高分子无规线团，f 值与高分子的形状、大小、溶剂的黏度以及高分子与溶剂的相互作用能等有关。当溶液浓度无限稀时，沉降和扩散中的摩擦系数相等，则 f 与扩散系数 D 有以下关系：

$$f=RT/D \tag{3-95}$$

定义沉降速度和离心力场之比为 S，称为沉降常数：

$$S=\frac{1}{\omega^2 r}\frac{\mathrm{d}r}{\mathrm{d}t} \tag{3-96}$$

合并式(3-94)、式(3-95) 和式(3-96)，得：

$$M=\frac{SRT}{D(1-\overline{v}\rho)} \tag{3-97}$$

通过测定沉降速度计算出 S，再结合扩散系数 D 即可计算高分子的分子量。由于 S 和 D 都有明显的浓度依赖性，因此应采用无限稀释时的外推值。此法得到的分子量是一种更复杂的平均分子量，分子量测定范围在 $10^4\sim10^7$。它还能测定高分子的分子量分布，并能获得高分子形状的信息。

3.2.8 黏度法

前面所述的数种测定高聚物平均分子量的方法都是直接法，或称为绝对方法，因为那些方法本身不依赖于其他测定方法便可以给出平均分子量。还有另一些测定分子量的方法，但需要其他方法给予订定，称为间接法。黏度法和凝胶色谱法便属于间接法。

溶液的黏度一方面与高聚物的分子量有关，却也同时决定于高聚物分子的结构形态和在溶剂中的扩张程度，因此，黏度法用于测定分子量只是一种相对方法。必须在确定的条件下，事先确定黏度与分子量的关系，才能根据这种关系由溶液的黏度计算高聚物的分子量。虽然这样，它并不比前述方法不便，一经定出黏度公式，测定操作比较简便而且快速，仪器简单便宜，是目前最常用的测定高聚物分子量的方法之一。尤其是用一点法测定黏度比较高的聚合物分子量，已被许多生产部门广泛应用。黏度法除了测定分子量外，还可得到链柔顺性、扩张因子、支化因子等参数。

液体流动时，由于分子间的相互作用，产生了阻碍运动的内摩擦力，黏度就是这种摩擦力的表现。关于高分子溶液的黏度在本书第 5 章还有详细介绍。

黏度有几种表示方法：绝对黏度（或称动态黏度，简称黏度），定义为：$\eta=\sigma/\dot{\gamma}$（σ 为剪切应力，$\dot{\gamma}$ 为剪切速率）。相对黏度，定义为：$\eta_r=\eta/\eta_0$（η 为溶液黏度，η_0 为溶剂的黏度）。增比黏度，定义为：$\eta_{sp}=(\eta-\eta_0)/\eta_0=\eta_r-1$。比浓黏度，定义为：$\eta_{sp}/C=(\eta_r-1)/C$。比浓对数黏度，定义为：$\eta_{inh}=\ln\eta_r/C$。特性黏度（或称极限黏度），定义为：$[\eta]=(\eta_{sp}/C)_{C\to 0}=(\ln\eta_r/C)_{C\to 0}$。

黏度法测定高聚物分子量的理论依据是 Mark-Houwink 方程：$[\eta]=KM^\alpha$。只要确定了 K 和 α 值，测定高分子溶液的 $[\eta]$，即可根据 Mark-Houwink 方程计算高聚物的平均分子量。

以下简要介绍黏度法测定高聚物分子量的主要步骤及一些影响因素。

3.2.8.1 黏度的测定

液体黏度的测定通常有三种方法：①测定液体在毛细管里的流出速度，所用仪器为毛细管黏度计。②测定圆球在液体中落下的速度，所用仪器为落球式黏度计。③测定液体在同轴圆柱间对转动的阻碍，所用仪器为旋转式黏度计。

这里主要介绍毛细管黏度计测定黏度的方法。常用的毛细管黏度计有乌氏（Ubbelohde）黏度计（见图 3-19）。乌氏黏度计有下列优点：①倾斜误差小；②能在黏度计内加入溶剂进行稀释，因而允许移取一次溶液后，即能进行几个浓度下的黏度测定；③操作简单方便。测定时封闭 C 管，把溶液抽上 B 管中，然后开放 C 管，使毛细管下端小泡中液体先行下降，毛细管内液体为空气所支撑，既可使驱使液体下降的 B 管内液柱高度每次相同，又能避免毛细管出口处的湍流。

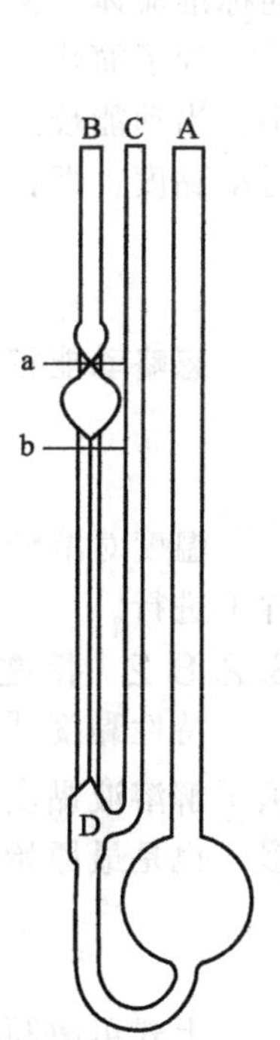

图 3-19　乌氏毛细管黏度计

在黏度计中，毛细管的内径 R、长度 l 和上端小球的体积 V 均为常数，驱使液体流动的力为液压 P。

$$P=hg\rho \tag{3-98}$$

式中，h 为液柱平均高度；g 为重力加速度；ρ 为液体密度。把式(3-98)代入泊肃叶（Poiseuille）方程，得：

$$\eta=\frac{\pi PR^4t}{8lV}=\frac{\pi hg\rho R^4t}{8lV} \tag{3-99}$$

式中，t 为液体从刻度 a 流到刻度 b 所需的时间。

在实际测定中，毛细管采取竖立的形式，液压除驱使液体流过毛细管外，并使液体产生一定速度，液体的位能（$hg\rho$）除了克服内摩擦做功外，还使液体得到动能，因而当流速快时，必须作动能校正。动能校正与 ρ 及 t 有关，动能校正后 η 的表达式为：

$$\eta=\frac{\pi hg\rho R^4 t}{8lV}-m\frac{\rho V}{8\pi lt} \tag{3-100}$$

式中第二项为动能校正项。引进 A 和 B 两个常数。

$$A=\frac{\pi hgR^4}{8lV}，B=\frac{mV}{8\pi l} \tag{3-101}$$

简化式(3-100) 得：

$$\eta=A\rho t-B\rho/t \tag{3-102}$$

或

$$\eta/\rho=At-B/t \tag{3-103}$$

η/ρ 称为运动黏度，或比密黏度。

乌氏黏度计测定高分子溶液黏度的实验方法是：在恒温条件下，用同一支黏度计测定不同浓度高分子溶液和纯溶剂的流出时间。假定 t 和 t_0 分别为溶液和溶剂的流出时间。ρ 和 ρ_0 分别为二者的密度。溶液的相对黏度 η_r 为：

$$\eta_r=\frac{\rho(At-B/t)}{\rho_0(At_0-B/t_0)} \tag{3-104}$$

当溶液极稀时，可以认为溶液的密度 ρ 和纯溶剂密度 ρ_0 相等，所以得：

$$\eta_r=\frac{At-B/t}{At_0-B/t_0} \tag{3-105}$$

A 和 B 是与黏度计有关的仪器常数。在恒温条件下，用两种或两种以上黏度相差较大的标准流体（例如正丁醇和丙酮），分别测出时间 t，即可算出 A 和 B 值。

为了简化，在设计黏度计时，通常调节黏度计的几何形状，使动能校正项 B/t 尽可能小。当动能校正系数 $X\leqslant 2\%$时，就可以不作校正。动能校正系数 X 定义为动能校正项除以运动黏度，即：

$$X=\frac{\pi\rho^2 ghR^4}{64l^2\eta^2} \tag{3-106}$$

忽略动能校正项后，溶液黏度的测定可简化为：

$$\eta_r=t/t_0 \tag{3-107}$$

$$\eta_{sp}=\eta_r-1=(t-t_0)/t_0 \tag{3-108}$$

温度对溶液的黏度影响甚大，为了保证测量准确，测定工作必须在恒温（±0.02℃）条件下进行。

3.2.8.2 特性黏度的推算

特性黏度 $[\eta]$ 定义为（η_{sp}/C）或（$\ln\eta_r/C$）在 $C\to 0$ 时的外推值。为了合理外推，必须了解溶液黏度与浓度的关系。表观黏度与浓度依赖性的方程都是从经验得出的，用得最多，也是最原始的公式是：

$$\eta_{sp/C}=\frac{[\eta]}{1-\kappa[\eta]C} \tag{3-109}$$

上式可改写为：

$$\eta_{sp/C}=[\eta]+\kappa[\eta]\eta_{sp} \tag{3-110}$$

此式称为 Schulz-Blaschke 方程。式中 κ 为与浓度无关的常数。当 $\kappa[\eta]C\ll 1$ 时，对式(3-

109）右边的分母用级数展开，得：

$$(1-\kappa[\eta]C)^{-1}=1+\kappa[\eta]C+\cdots \tag{3-111}$$

略去高次项，代入式(3-109) 得到 Huggins 方程［见第 5 章式(5-95)］：

$$\eta_{sp}/C=[\eta]+\kappa[\eta]^2C \tag{3-112}$$

大多数高分子溶液在较稀的浓度范围内都符合 Huggins 方程。当 $\eta_{sp}<1$，$\ln\eta_r$ 可用 Taylor 级数展开，得：

$$\ln\eta_r=\ln(1+\eta_{sp})=\eta_{sp}-\eta_{sp}^2/2+\eta_{sp}^3/3\cdots \tag{3-113}$$

将式(3-112) 代入上式得：

$$\ln\eta_r/C=[\eta]+(\kappa-1/2)[\eta]^2C+(1/3-\kappa)[\eta]^3C^2+\cdots \tag{3-114}$$

令 $\beta=-(\kappa-1/2)$，当 $\kappa=1/3$ 时，三次项等可忽略，则得到 Kraemer 方程：

$$\ln\eta_r/C=[\eta]-\beta[\eta]^2C \tag{3-115}$$

这也是一个线性方程。$\ln\eta_r$ 对 C 作图的斜率为负值。

Huggins 方程和 Kraemer 方程是外推［η］值常用的两个公式，分别用 η_{sp}/C-C 和 $\ln\eta_r/C$-C 作图，从它们的共同截距可得较正确的［η］。如图 3-20 所示。

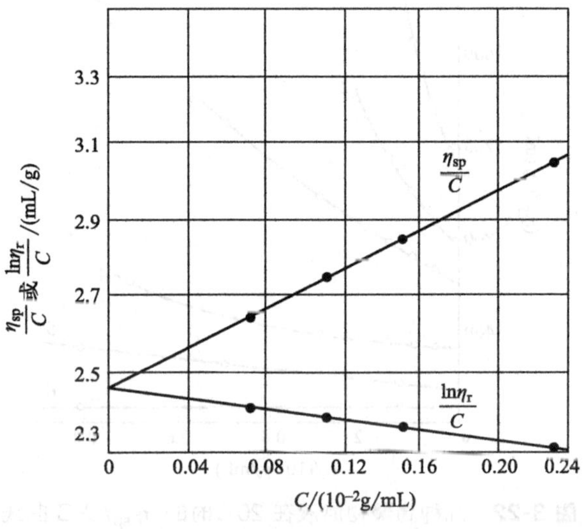

图 3-20　聚苯乙烯-苯溶液的 η_{sp}/C-C 和 $\ln\eta_r/C$-C 图

$\kappa+\beta=1/2$ 没有具体的物理意义。对于线形柔性链高聚物良溶剂体系，一般有 $\kappa+\beta=1/2$，在不良溶剂中不成立。若分子链有支化，往往是 $\kappa+\beta>1/2$，且随支化度的增加而增大。因此，对于同一体系，可用 $\kappa+\beta$ 的值来判断支化度的大小。

κ 和 β 与高聚物溶液的性质有关。在良溶剂中，κ 小于 0.5，一般在 0.25～0.35 之间。在 θ 溶剂中，κ 大约为 0.5～0.7。

当 $\kappa\neq1/3$ 时，$\ln\eta_r/C$-C 图在溶液浓度较高时不呈线性。若 $\kappa>1/3$，$\ln\eta_r/C$-C 曲线在较高浓度下向下弯曲，见图 3-21 (a)；若 $\kappa<1/3$，$\ln\eta_r/C$-C 曲线在较高浓度下向上弯曲，见图 3-21 (b)。在这些情况下，取 η_{sp}/C-C 曲线的截距作为［η］更合适一些，因为后者在推导时只用了一次近似处理，而前者用了两次近似处理。

在实际测定时，相对黏度 η_r 宜控制在 1.2～2.0 之间，这样得到的 η_{sp}/C-C 及 $\ln\eta_r/C$-C 曲线线性关系较好，因而可得到较准确的［η］。为此，在配制溶液时要注意控制适当的浓度。图 3-22 为几种高聚物溶液的 η_{sp}/C-C 曲线。可见，溶液 5 和 6 在很宽的浓度范围内呈线性，而溶液 1，2，3 和 4 在浓度比较高时，η_{sp}/C-C 曲线向上弯曲。

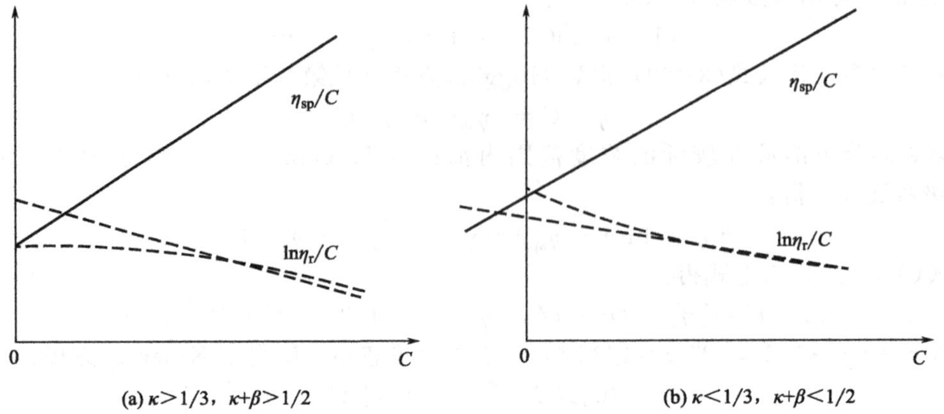

图 3-21 不同 κ 值的 η_{sp}/C 和 $\ln\eta_r/C$ 对浓度的依赖性

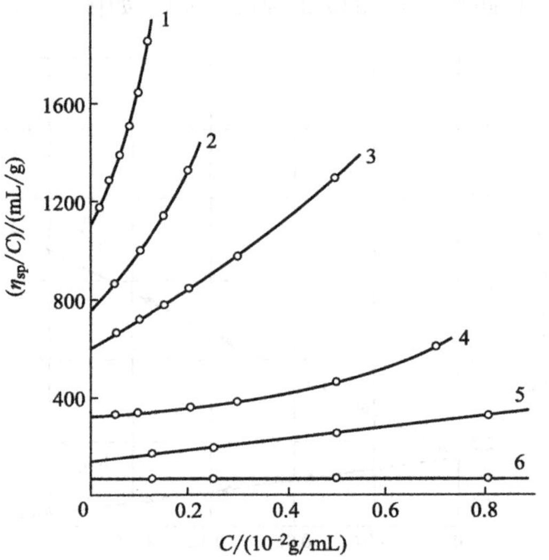

图 3-22 几种高聚物溶液在 20℃时的 η_{sp}/C-C 曲线

1—纤维素（$M=1.25\times10^6$）铜胺溶液；2—聚异丁烯（$M=9.5\times10^6$）甲苯溶液；3—聚异丁烯（$M=1.71\times10^6$）环己烷溶液；4—聚异丁烯（$M=2.46\times10^6$）甲苯溶液；5—聚苯乙烯（$M=0.56\times10^6$）甲苯溶液；6—聚苯乙烯（$M=3.12\times10^6$）丁酮溶液

3.2.8.3 $[\eta]$-$\overline{M}$ 关系式的订定和分子量计算

使用 Mark-Hauwink 方程 $[\eta]=KM^{\alpha}$ 可计算高聚物的分子量。但式中的常数 K 和 α 必须通过实验进行订定。由于 K 和 α 与高分子的结构、形态、高分子与溶剂的相互作用以及温度等有关，因此，要订定 K 和 α 值，必须首先确定高聚物、溶剂和温度这三个因素，其中任何一个因素改变都会引 K 和 α 值的改变。

实验订定 K 和 α 值的方法是：首先，把高聚物尽可能地按分子量分成较窄的级分。之后，用黏度法测定推算出 $[\eta]$。再用其他绝对方法（如渗透压法或光散射法等）测定其平均分子量 $\overline{M}$。如果在测试的分子量的范围内符合

$$\lg[\eta]=\lg K+\alpha\lg\overline{M} \tag{3-116}$$

则用 $\lg[\eta]$ 对 $\lg\overline{M}$ 作图得直线，从直线的斜率得出 α，由截距得出 K。如果在测试的高聚物分子量范围内 α 不是常数，则 $\lg[\eta]$-$\lg\overline{M}$ 将是一条曲线，这样，只能截取各近似直线部

分，求出适用于该分子量区间的 K 和 α 值。由此可见，用黏度法测定高聚物分子量不是绝对方法，它必须依赖于其他方法求得 K 和 α 值。但是，一旦有了 K 和 α 值，就可以很方便地用黏度计测定平均分子量。

用黏度法测定出来的分子量是属于哪种平均分子量呢？从上述的订定 K 和 α 的过程来看，$\overline{M}$ 应该与订定 K 和 α 所采用的绝对方法有关。但从理论上讲，由黏度法测出来的平均分子量应该是黏均分子量 $\overline{M}_\eta$。这可以通过以下的推导来证明。

$$(\eta_{sp}/C)_{C\to0}=[\eta]=KM^\alpha \tag{3-117}$$

$$(\eta_{sp}/C)_{C\to0}=KM^\alpha=K\sum W_iM_i^\alpha \tag{3-118}$$

$$(\eta_{sp}/C)_{C\to0}=K\sum W_iM_i^\alpha=K\left[\left(\sum W_iM_i^\alpha\right)^{\frac{1}{\alpha}}\right]^\alpha \tag{3-119}$$

比较式(3-117) 和式(3-119)，得：

$$M=\left(\sum W_iM_i^\alpha\right)^{\frac{1}{\alpha}}=\overline{M}_\eta \tag{3-120}$$

如果我们用于订定 K 和 α 的样品是单分散性的，那么，各种平均分子量都是相等的，所以，用任何方法测定 $\overline{M}$ 来订定 K 和 α 都是一样的。但事实上，我们所用的试样不可能是单分散的，所以需注意 $\overline{M}$ 的测定方法。在一般情况下，α 的最常见值是在 0.5～0.8 之间，这样，$\overline{M}_\eta$ 还是比较接近 $\overline{M}_W$，所以，在实际工作中，用测定重均分子量 $\overline{M}_W$ 的方法来订定 K 和 α 较好。

3.2.8.4　切变速度对溶液黏度的影响

以上关于黏度法的讨论是以牛顿流体的性质为根据的。但是，许多高聚物溶液是非牛顿液体，其流动不服从牛顿流体流动定律，黏度不是常数。这种非理想溶液的黏度称为表观黏度，它与高分子链结构、分子量大小及实验条件（剪切速率等）有关。高聚物稀溶液的流动性质只在一定条件下近似于理想液体，因此，只有在这样的条件下，用黏度法测定出的平均分子量才不致有大的错误。

高分子在稀溶液中是卷曲成线团的，但一般不是成圆球而是椭球状，于是溶液流过毛细管时，发生程度不同的取向、变形及解纠缠。图 3-23 为高分子线团的不同程度取向。很明显，同一高聚物溶液在不同取向的情况下，其内部摩擦力不同，即黏度不同，它与流动情况即剪切应力和剪切速率有关。流速不大而管径小时，流动形态是层流，流速高而管径大时，流动形态则变成湍流。

在一般情况下，对于柔性链高聚物来说，分子量较低或为中等时，其稀溶液的黏度与剪切速率无关，属牛顿流体。但当分子量高（$>10^6$）时，剪切速率的影响就较明显，这可能是由于分子量较低的线团更接近于球形的缘故。对于刚性链高聚物来说（如纤维素和它的衍生物），即使在较低分子量时，也有明显的剪切速率的依赖性。也可以说，当高分子链在溶液中的有效体积越大，或分子形状的不对称性越大时，剪切速率的影响就越大。因此，有人建议测定 $[\eta]$ 时，剪切速率也要外推到零，即：$[\eta]=(\eta_{sp}/C)_{C\to0,D\to0}$。但从图 3-24 中硝化纤维素的醋酸丁酯溶液的特性黏度对剪切速率的依赖性可看出，剪切速率低时，特性黏度对剪切速率的依赖性更大，而剪切速率大时，溶液的黏度较小。所以，这样外推也是困难的。

用毛细管黏度计测定高聚物溶液的黏度时，特别是当分子量较大和浓度较高时，所得黏度数据要在规定的剪切应力或剪切速率下才能进行比较。钱人元等曾建议用 $\sigma=2.5\text{N/m}^2$，或用 $\dot{\gamma}=3000/\text{s}$，作为黏度法测定平均分子量的规定。也有人建议用规定黏度计的流过时间的方法来达到同样目的，即黏度计中小泡体积为 1～2mL，其流过时间规定为 100～200s。

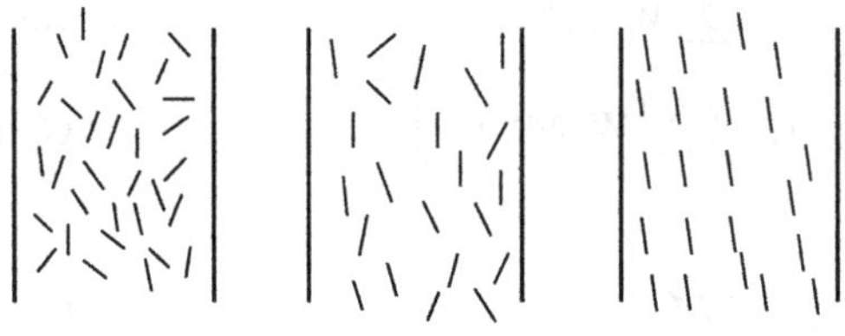

图 3-23 高分子线团取向示意图

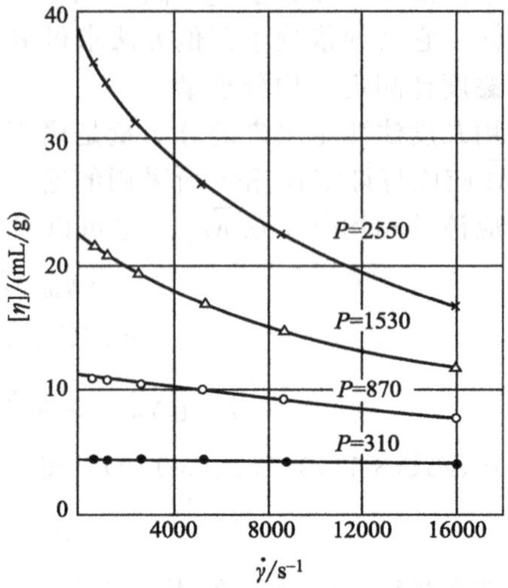

图 3-24 硝化纤维素的醋酸丁酯溶液的特性黏度

3.2.8.5 一点法测定高聚物分子量

为了简化操作，迅速估计高聚物的分子量，可在一个浓度下测定 η_{sp}，之后直接计算出［η］值，此法俗称“一点法”。比较常用的公式有两个，各自都有一定的前提假设。

第一个经验公式为：

$$[\eta]=[2(\eta_{sp}-\ln\eta_r)]^{1/2}/C \tag{3-121}$$

此式要求溶液的浓度很稀（0.2%），以 η_r 等于 1.5 左右为佳。此外，还要求溶液符合 $\kappa=1/3$，$\kappa+\beta=1/2$。此式对支链多的高聚物是不合适的，因为它的 $\kappa+\beta$ 往往大于 1/2。

第二个经验公式是：

$$[\eta]=(\eta_{sp}+\gamma\ln\eta_r)/(1+\gamma)C \tag{3-122}$$

其中，$\gamma=\kappa/\beta$，γ 是与分子量无关的常数。

此外，还可以用两个浓度测定两个相对黏度 η_r，然后用 $\ln\eta_r/C=[\eta]+\beta[\eta]^2C$ 来计算［η］。或者更简单一些，只测定一个比较稀溶液的相对黏度，取它的 $\ln\eta_r/C$ 值来求出［η］的近似值，因为 $\ln\eta_r/C$-C 曲线的斜率很小。

3.2.8.6 高分子浓溶液和熔体的黏度

高分子浓溶液（如纺丝液等）及高聚物熔体的黏度测定不能采用以上所述的毛细管黏度计，它们可使用落球式黏度计或旋转式黏度计测定。

落球式黏度计如图 3-25 所示。测定方法是：将已知质量和体积的小钢球投入试液中，测定钢球通过一定液柱高度所需的时间，然后与一种已知黏度的液体，在相同条件下所测的时间相比较，即可得到被测液体的黏度值。计算公式为：

$$\eta=[2gr^2(D-d)t]/9h \tag{3-123}$$

式中，η 为液体的黏度，Pa·s；g 为重力加速度，m/s^2；r 为小钢球直径，cm；D 为小钢球的密度，g/cm^3；d 为液体的密度，g/cm^3；t 为小钢球经过 h cm 的时间，s；h 为小钢球在 t 秒内下落的距离，cm。

对于熔融纺丝用的线形聚酯和聚酰胺，可通过测定熔体的黏度得出分子量。熔体黏度和重均分子量的经验关系式为：

$$\lg\eta_m=A+B\overline{M}_W^{\frac{1}{2}}+C/T \tag{3-124}$$

式中，A，B，C 为常数；T 为绝对温度。测定若干个分子量已知的熔体，可求出 A，B，C 常数。

旋转式黏度计以同心圆筒型最常用，它的基本结构原理如图 3-26 所示。将待测溶液或熔融高聚物放入两个同轴筒之间，利用一个圆筒的旋转以测定内摩擦。液体的黏度 η 可由测定的转动力矩 M_r 和旋转角速度 ω 求得：

$$\eta = KM_r/\omega \tag{3-125}$$

式中，K 为常数。

使用旋转式黏度计所测的结果，可直接以绝对黏度的单位从仪器中读出，重复性好。

此外，工业上还可用熔融指数仪来表征高聚物的分子量。

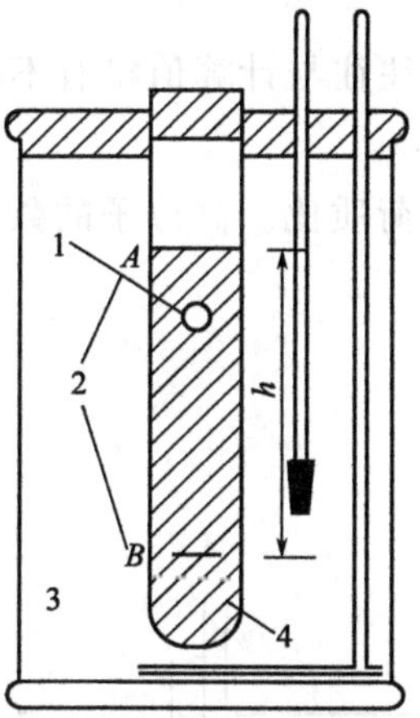

图 3-25　落球式黏度计

1—钢球；2—刻度线；3—恒温槽；4—被测液体

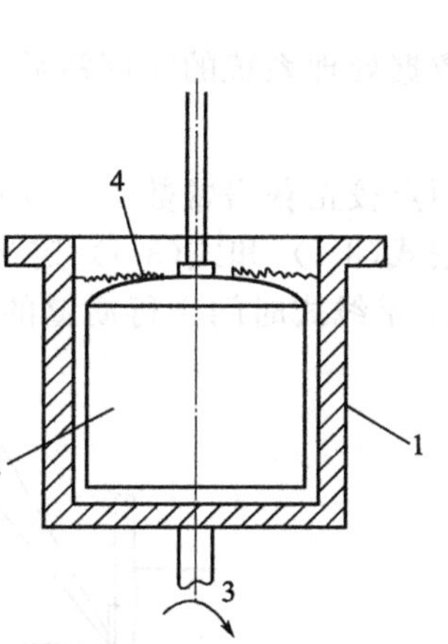

图 3-26　旋转式黏度计基本结构原理

1—外圆筒；2—内圆筒；3—旋转轴；4—被测液体

3.2.9　凝胶色谱法

凝胶色谱法（gel permeation chromatography，GPC）是一种简便、快速测定高聚物分子量的相对方法。可以同时得到各种平均分子量以及分子量分布，我们将在下节分子量分布中对其进行详细介绍。

3.2.10　飞行时间质谱法

早在 20 世纪 60 年代，质谱就已广泛地应用于有机物的分子量测定，但传统的质谱方法只能测定一些分子量较小（<1000）的化合物。针对生物大分子和合成高聚物不能气化的问题，近年发展起来一种新的质谱技术-基质辅助激光解吸电离飞行时间质谱（matrix-assisted laser desorption/ionization time-of-flight mass spectrometry，MALDI-TOF-MS)，为生物大分子和合成高聚物的分子量和分子量分布研究提供了良好的工具。1988 年，Tanaka 等人率先报道了含有金属微粒的甘油为基质测定聚乙烯醇的分子量分布（分子量达 2200)。1992 年，MALDI 技术的发明人 M. Karas 和 F. Hillenkamp 用 MALDI-TOF-MS 测定聚苯乙烯（分子量达 7×10^4）和聚乙二醇（分子量达 4×10^4）的分子量，其结果与 GPC 方法基本一致。至 1996 年，文献报道对聚苯乙烯的分子量测定上限已达到 1.5×10^6，测量精确度达 0.01%。

在 MALDI-TOF-MS 技术中，首先需要选择合适的基质、离子化试剂和高聚物样品进行混合（通常基质和待测高聚物的摩尔比控制在 100∶1 至 50000∶1 之间)。基质的加入使得高分子的分子间相互作用减少，降低其解吸能，解决了高分子的气化问题。当基质和样品的混合物置于样品探头上，在合适波长的激光照射下，基质对激光有较强的吸收，而待测高聚物对激光只有很弱的吸收（因此避免了分解），被激发的基质分子的热释放使其他基质蒸发，并同时把非挥发性的高分子带入气相。高分子在离子源离子化后，在电场的作用下加速，飞过自由漂移区后到达检测器而被检测。不同质量的分子到达检测器的时间不同，从而可以被一一区分。设待测高分子的分子量为 M，所带电荷为 Z；加速场电压为 U，长度为 d；自由漂移区的长度为 L。则待测离子的飞行时间 t 为在加速场中的飞行时间（t_{acc}）和在漂移场中的飞行时间（t_{drift}）之和，即：

$$t = t_{\mathrm{acc}} + t_{\mathrm{drift}} = d\sqrt{\frac{2M}{ZUe}} + L\sqrt{\frac{M}{2ZUe}} \tag{3-126}$$

因此，

$$t \propto \sqrt{M/Z} \tag{3-127}$$

由于数据处理系统的时间滞后，离子实际飞行的时间往往与计算值略有不同，所以：

$$\sqrt{M/Z} = at + b \tag{3-128}$$

通过两点校正获得常数 a 和 b 值后，即可得出离子的荷质比。高分子的数均和重均分子量可分别按式(3-1) 和式(3-4) 定义式计算。

图 3-27 是线式时间飞行质谱的原理图。

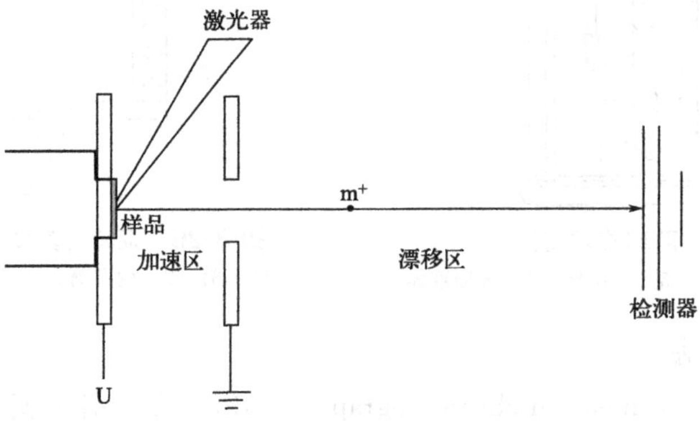

图 3-27 线式时间飞行质谱原理图

在实际应用中，线式时间飞行质谱的分辨率较低，为了改善 TOF-MS 的性能，人们还发展了反射式 TOF-MS 的检测方式，增加了测试的分辨率和分子量测定的精度。

采用 TOF-MS 法测定高聚物分子量的优点是：①它可以给出绝对的分子量，而不是相对值；②它是对高聚物全部分子量分布的测定；③对于分子量较小的聚合物，还可以得到单元结构及其端基基团等更多的信息。但目前它还存在着一些不完善的地方，例如，它只有对窄分布高聚物（多分散系数小于 1.2）的分子量测定才可与传统方法测定结果一致，而对于分子量分布较宽的样品，其平均分子量测试误差很大，分子量分布结果不可靠。将 GPC 与 TOF-MS 结合，GPC 的分级可满足 TOF-MS 对样品窄分布的要求，而 TOF-MS 可作为 GPC 的分子量直接检测器，这些技术引起了人们的重视。

3.3 高聚物的分子量分布

分子量分散性是高聚物的基本特征之一。单用一个平均分子量不足以描绘高聚物分子量的特征，也不能充分了解试样的聚合情况以及分子量与使用性能的关系。因此，精确测定高聚物的分子量分布对理论研究和实际应用都是十分重要的。

3.3.1　分子量分布的表示方法

分子量分布是指高聚物试样各个级分的含量和分子量的关系。表示的方法可用图表来表示，也可用分布函数表示。

(1) 分子量分布的图表法

若将高聚物试样进行分级处理，即能得到按分子量大小不同的若干个级分。把所得的各个级分的分子量和物质的量（mol）、摩尔分数、累积摩尔分数、质量数、质量分数及累积质量分数等数据列成表格来表示高分子物的分子量分布，就称之为数据列表法。采用列表方法虽然直观，但表格太长，数字之间又不连续。列表的数据也可画成图 3-28 的分布图。这种图表达的是一种离散型分布，只能粗略地描述各级分的含量和分子量的关系。

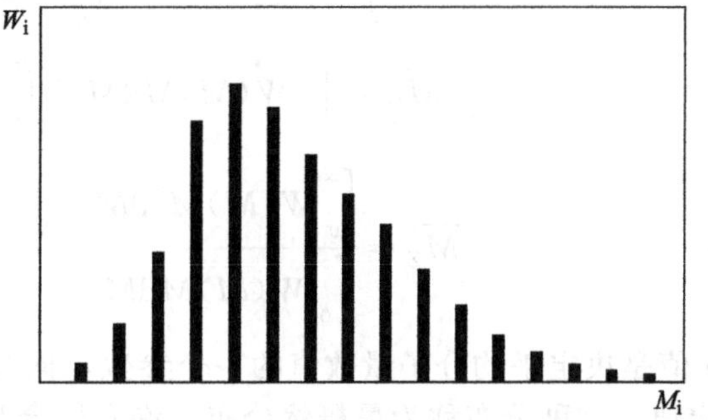

图 3-28　离散型的分子量分布图

(2) 分子量分布曲线与分布函数

真实的高聚物的分子量变化增量是很小的，最小的增量是一个重复结构单元的分子量，因此，理论上不同分子量的级分数目可多至几千至几万。因此，高聚物的分子量分布可以看作是连续的，可以用一条连续的曲线来表示其分布的情况。这就是我们在前面讲过的分子量分布曲线。

分子量分布曲线分为微分分布曲线和积分分布曲线两种，其中又有数均和重均的区别（参见 3.1.3 节），如微分分布函数：

$$N(M)=\mathrm{d}I_{\mathrm{n}}(M)/\mathrm{d}M \tag{3-129}$$

$$W(M)=\mathrm{d}I_{\mathrm{W}}(M)/\mathrm{d}M \tag{3-130}$$

它是积分分布曲线的导数（变化率）对分子量作图，见图 3-1。

积分分布函数：

$$I_{\mathrm{n}}(M)=\int_0^{\infty}N(M)\mathrm{d}M \tag{3-131}$$

$$I_{\mathrm{W}}(M)=\int_0^{\infty}W(M)\mathrm{d}M \tag{3-132}$$

它表示了累积数量分数或累积质量分数和分子量之间的关系，见图 3-2。

有了分子量分布函数，就可按分子量的定义公式计算各种分子量。这些公式见 3.1.3 节。以下将主要介绍如何建立各种分子量分布函数。

3.3.2　常用的分子量分布函数

3.3.2.1　模型分布函数

所谓模型分布函数，是不管高聚物是如何聚合出来的，只从数学上考虑其结果分布如何，若结果分布与某一函数接近，就用该函数来拟合描述，这样的分布就叫作模型分布，其分布函数即称为模型分布函数。但真实试样的分子量分布与模型分布函数往往有一定的差异。常用的模型分布函数有：指数分布函数、Schulz（舒尔茨）分布函数、正态分布函数、对数正态分布函数、董履和（Tung）分布函数等。

(1) 指数分布函数

指数分布的函数形式为：

$$W(M)=b^2 M\mathrm{e}^{-bM} \tag{3-133}$$

它是 Schulz 函数的一个特例。它只有一个参数 b，因此又称为单参数分布。有了指数分布函数，样品的分子量及分子量分布可计算如下：

$$\overline{M}_\mathrm{n}=\frac{1}{\int_0^\infty \frac{W(M)}{M}\mathrm{d}M}=\frac{1}{\int_0^\infty \frac{b^2M\mathrm{e}^{-bM}}{M}\mathrm{d}M}=\frac{1}{b^2}\frac{1}{\int_0^\infty \mathrm{e}^{-bM}\mathrm{d}M}=\frac{1}{b} \tag{3-134}$$

$$\overline{M}_\mathrm{W}=\int_0^\infty W(M)M\mathrm{d}M=\int_0^\infty b^2M^2\mathrm{e}^{-bM}\mathrm{d}M=b^2\times\frac{2}{b^3}=\frac{2}{b} \tag{3-135}$$

$$\overline{M}_\mathrm{Z}=\frac{\int_0^\infty W(M)M^2\mathrm{d}M}{\int_0^\infty W(M)M\mathrm{d}M}=\frac{\int_0^\infty b^2M^3\mathrm{e}^{-bM}\mathrm{d}M}{\frac{2}{b}}=\frac{b^2\times\frac{3!}{b^4}}{\frac{2}{b}}=\frac{3}{b} \tag{3-136}$$

b 值是决定平均分子量数值的一个参数，同分布无关。而多分散系数 $\overline{M}_\mathrm{W}/\overline{M}_\mathrm{n}=2$，是一个定值。这种分布称为最概然分布，许多聚合和降解过程多分散系数都等于 2。分布函数的峰值为 $1/b$，即为 $\overline{M}_\mathrm{n}$。

（2）Schulz（舒尔茨）分布函数

分布函数形式为：

$$W(M)=\frac{\alpha^{b+2}}{\Gamma(b+2)}\cdot M^{b+1}\cdot\mathrm{e}^{-\alpha M} \tag{3-137}$$

α 和 b 是两个可调节的参数。将函数代入分子量定义式，有：

$$\overline{M}_\mathrm{n}=\frac{b+1}{\alpha} \tag{3-138}$$

$$\overline{M}_\mathrm{W}=\frac{b+2}{\alpha} \tag{3-139}$$

$$\overline{M}_\mathrm{Z}=\frac{b+3}{\alpha} \tag{3-140}$$

多分散系数为：

$$d=\frac{\overline{M}_\mathrm{W}}{\overline{M}_\mathrm{n}}=\frac{b+2}{b+1} \tag{3-141}$$

Schulz 函数原是作为模型分布函数提出来的，后来同高聚物反应机理联系了起来，函数中的两个参数都有明确物理意义。α 是反映链增长概率与链终止概率比值的参数。b 的值是决定分布宽度的一个参数，b 愈小，分布愈宽。双基歧化终止，$b=0$，$\overline{M}_\mathrm{W}/\overline{M}_\mathrm{n}=2$；双基偶合终止，$b=1$，$\overline{M}_\mathrm{W}/\overline{M}_\mathrm{n}=1.5$。

（3）正态（Gaussian）分布和对数正态分布函数

正态分布也叫高斯分布或正规分布。在概率论中起到非常重要的作用。它的函数形式为：

$$y(x)=\frac{1}{\sqrt{2\pi}\sigma}\exp\left[-\frac{(x-a)^2}{2\sigma^2}\right] \tag{3-142}$$

这是一个对称函数，轴线在 $x=a$ 处。曲线的宽度由 σ 值决定，σ 称为标准偏差，σ^2 称为方差。

如果以 $W(M)$ 代替 $y(x)$，以 M 代替 x，函数就可写成：

$$W(M)=\frac{1}{\sqrt{2\pi}\sigma}\exp\left[-\frac{(M-M_0)^2}{2\sigma^2}\right] \tag{3-143}$$

如果以分子量的对数（$\ln M$）作为函数的变量，所构成的函数就称为对数正态分布函数，形式为：

$$W(M)=\frac{1}{M\beta\sqrt{2\pi}}\exp\left[-\frac{(\ln M-\ln M_0)^2}{2\beta^2}\right] \tag{3-144}$$

式中，$1/M$ 是使横坐标以 M 进行归一化。

应注意，按对数正态分布函数的 $W(M)$ 对 $\ln M$ 作图得到一条对称的钟形曲线，但以 $W(M)$ 对 M 作图则失去对称性。这一分布函数在 GPC 等方法中作平均分子量计算、谱峰扩宽效应修正或分峰时经常会使用。

根据函数定义，各种分子量可计算如下：

$$\overline{M}_n=M_0\exp\left(\frac{\beta^2}{2}\right) \tag{3-145}$$

$$\overline{M}_W=M_0\exp\left(\frac{3\beta^2}{2}\right) \tag{3-146}$$

$$\overline{M}_Z=M_0\exp\left(\frac{5\beta^2}{2}\right) \tag{3-147}$$

$$\overline{M}_\eta=M_0\exp\left[\frac{\beta^2}{2}(\alpha+1)\right] \tag{3-148}$$

多分散系数为：

$$d=\frac{\overline{M}_W}{\overline{M}_n}=\exp(\beta^2) \tag{3-149}$$

M_0 和 β 两个参数决定平均分子量大小。β 值决定分子量分布宽度，β 越大分布越宽。

(4) 董履和（Tung）分布函数

董履和分布函数的积分式为：

$$I(M)=\int W(M)\mathrm{d}M=1-\exp(-aM^b) \tag{3-150}$$

微分式为：

$$W(M)=abM^{b-1}\mathrm{e}^{-aM^b} \tag{3-151}$$

董履和首先将此经验分布函数应用于高聚物的分子量分布上，故称为董履和分布函数。

函数中 a 和 b 是两个可调节的参数。a 可表征分子量绝对值的位置，是峰位置的参数。b 是决定分子量分布宽度的参量，b 的数值与分布宽度成反比。依据定义推导出的各种平均分子量为：

$$\overline{M}_n=\frac{a^{-1/b}}{\Gamma(1-1/b)} \tag{3-152}$$

$$\overline{M}_W=a^{-1/b}\Gamma\left(1+\frac{1}{b}\right) \tag{3-153}$$

$$\overline{M}_Z=a^{-1/b}\Gamma\left(1+\frac{2}{b}\right)\Big/\Gamma\left(1+\frac{1}{b}\right) \tag{3-154}$$

$$\overline{M}_\eta=a^{-1/b}\left[\Gamma\left(1+\frac{\alpha}{b}\right)\right]^{1/\alpha} \tag{3-155}$$

多分散系数为：

$$d=\overline{M}_W/\overline{M}_n=\Gamma\left(1+\frac{1}{b}\right)\Gamma\left(1-\frac{1}{b}\right)=\frac{\pi b}{\sin\left(\frac{\pi}{b}\right)} \tag{3-156}$$

3.3.2.2 理论分布函数

理论分布也称为机理分布，它们是从聚合反应的机理出发而推导出来的分子量分布函数。

高聚物的多分散性是由聚合反应机理决定的。因为聚合反应的速度有快有慢，链终止有快有慢，从而产品将有不同的分子量分布。通常什么样的聚合反应机理，便可得到什么样的分布。研究时往往是先假设一个反应机理，继而推导出分布，然后再做实验，验证理论推导结果。下面简单介绍 Flory 分布和 Poisson 分布。

(1) Flory 分布函数

Flory 分布函数是针对双官能团单体的线性缩聚反应，采用统计方法推导出来的。推导过程以 a-R-b 型单体（如 HO—R—COOH）缩聚为例：假定，①官能团等活性，即任何一个官能团的活性与分子的大小无关，因而各种大小不同的分子其官能团的反应能力都是相等的。②反应速度常数与分子大小无关，各级反应速度常数相等，$K_1=K_2=K_3\cdots K_n$。③反应系统中羟基和羧基两种官能团的数目始终保持相等。各个键的成键概率均等。④缩聚反应中无成环反应。

当反应时间为 t 时，反应程度为 P，它就是形成酯键的百分数，即成键概率：

$$P=\text{已参加反应的羧基数}/\text{初始的羧基数}=(N_0-N)/N_0 \tag{3-157}$$

而不生成酯键的概率就为：

$$1-P=\text{未反应的羧基数}/\text{初始的羧基数}=N/N_0 \tag{3-158}$$

生成一个聚合度为 x 的聚合体需要连续构成 $x-1$ 个酯键，其概率应为各个单独成键概率的乘积，即 $P^{(x-1)}$；同时，聚合体中还有一个没有反应的羧基，不成键概率为（$1-P$），所以生成聚合度为 x 的聚合体（简称 x-聚合体）的总概率等于 $P^{(x-1)}$（$1-P$）。

设体系中大小分子（包括反应单体）的总数为 n，而 x-聚合体的分子数为 n_x，那么 x-聚合体生成的概率为：

$$N_x=n_x/n=P^{(x-1)}(1-P) \tag{3-159}$$

此式就是 Flory 数量分数分布函数。

Flory 数均分布函数的特点是：反应程度愈大时，分子量分布愈大；N_x 随 x 的增加而单调下降，但在任何反应程度，单体的数目都多于其他高聚物数目。虽然单体分子数目随反应程度增加而减小，但它总是数量最多的级分。见图 3-29。

经过推导，Flory 质量分数分布函数为：

$$W_x=xP^{x-1}(1-P)^2 \tag{3-160}$$

函数的特点是：反应程度愈大时，分子量分布愈大；低分子量的质量分数很小；当 $x=-(1/\ln P)$ 时 $W(M)$ 有最大值。见图 3-30。

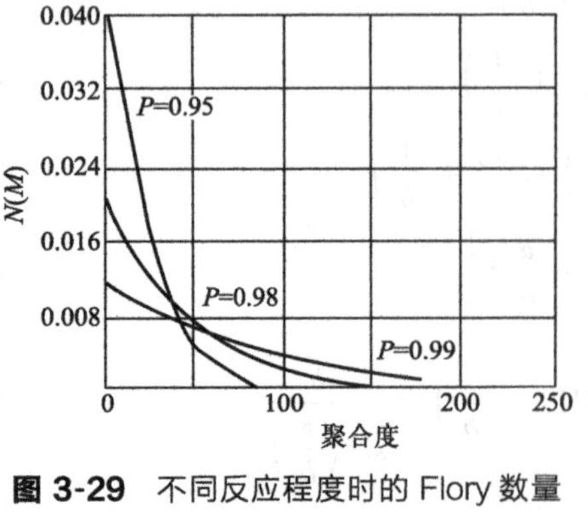

图 3-29 不同反应程度时的 Flory 数量分数分布曲线

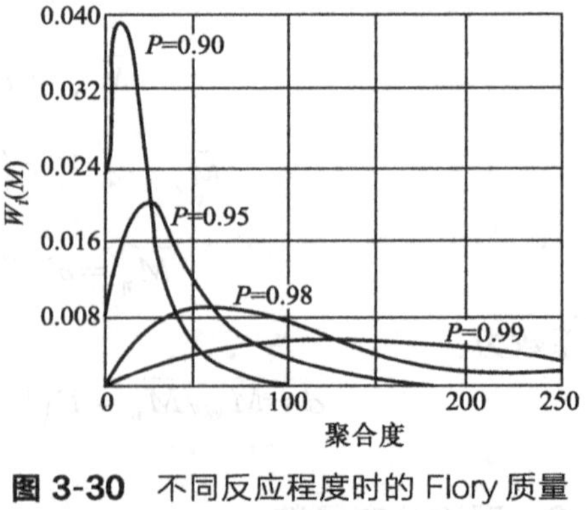

图 3-30 不同反应程度时的 Flory 质量分数分布曲线

按照 Flory 分布函数，可推导得出各种平均分子量为：

$$\overline{M}_n = M_0/(1-P) \tag{3-161}$$

$$\overline{M}_W = M_0(1+P)/(1-P) \tag{3-162}$$

式中，M_0 为链节分子量。

$$d = \overline{M}_W/\overline{M}_n = 1+P \tag{3-163}$$

当反应程度越大时，分散系数越大，$P\to 1$ 时，$d\to 2$。

与 Flory 统计理论相似，Schulz 也采用统计方法推导出烯类单体自由基加聚反应生成线形分子的分子量分布。分布函数的形式与 Flory 分布函数一样。

但当活性链仅通过偶合终止（无链转移）时，数均分子量为：

$$\overline{M}_n = 2M_0/(1-P) \tag{3-164}$$

这是单纯歧化终止时的 2 倍。

$$\overline{M}_W = 3M_0/(1-P) \tag{3-165}$$

$$\overline{M}_W/\overline{M}_n = 3/2 \tag{3-166}$$

而歧化终止时，多分布系数为 2。所以说偶合终止比歧化终止分子量分布窄。

(2) Poisson 分布函数

Poisson 分布主要应用于阴离子聚合的聚苯乙烯，还用于环氧乙烷、ε-己内酰胺的开环聚合。根据阴离子聚合的特点：引发速度大，增长速度相对慢，外加添加剂才能终止（活性聚合），推导出数量分数分布函数为：

$$N_x = [(mP)^x e^{-mP}]/x! \tag{3-167}$$

式中，m 为单体总数；P 为成键概率。活性高分子的成键概率为 $P=1/n$，n 为活性高分子链数；$mP=m/n=\gamma$，γ 为数均聚合度，代入式(3-167) 得：

$$N_x = (\gamma^x e^{-\gamma})/x! \tag{3-168}$$

质量分数分布函数为：

$$W_x = \frac{x r^x e^{-r}/x!}{\int_0^\infty [x r^x e^{-r}/x!]dx} = (\gamma^{x-1} e^{-\gamma})/(x-1)! \tag{3-169}$$

数均和重均聚合度分别为：

$$\overline{X}_n = \gamma = m/n \tag{3-170}$$

$$\overline{X}_W = \gamma + 1 \tag{3-171}$$

多分散系数为：

$$\overline{X}_W/\overline{X}_n = 1 + 1/\gamma = 1 + 1/\overline{X}_n \tag{3-172}$$

可见，当阴离子聚合反应产物的分子量越高时（$\overline{X}_n$ 越大），$1/\overline{X}_n \to 0$，多分散系数越接近于 1，分子量分布越窄。

Poisson 分布是一种窄分布曲线，Flory 分布是较宽的分布曲线，图 3-31 可比较出 $\overline{X}_n=100$ 时两种分布曲线的区别。

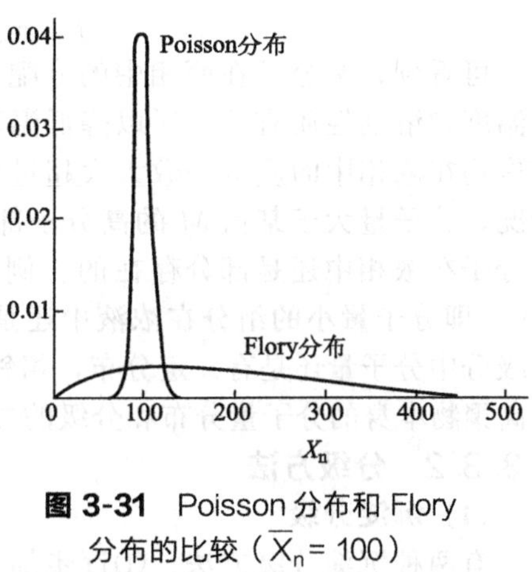

图 3-31　Poisson 分布和 Flory 分布的比较（$\overline{X}_n$= 100）

应该注意的是，分布宽窄不能仅从图形上看。例如，分子量大的试样的分布曲线峰看起来较宽（半峰宽较大），但多分散系数（$\overline{M}_W/\overline{M}_n$）实际可能较小，即分布可能较窄。同样的 $\overline{M}_W/\overline{M}_n$ 值，但分布可能不同。

3.3.3 高聚物的相分离分级

3.3.3.1 相分离分级原理

高聚物是具有不同分子量的同系物的混合物，将高聚物试样中分子量相同或很相近的部分从混合物中分离出来的过程，称为分级。研究分子量分布的核心工作是将高聚物按分子量大小分离成若干个级分，随后测定各级分的含量。目前，分子量分布的研究方法大致可分为三类：①利用高分子溶解度的分子量依赖性进行分离，例如逐步沉淀法、柱上溶解法和梯度淋洗法等。②根据高分子在溶液中的体积不同进行分离，例如凝胶色谱法和电子显微镜观察法等。③利用高分子在溶液中的运动性质，得到分子量分布。例如超速离心沉降法和动态光散射法等。另外，新发展起来的 TOF-MS 技术也是一种有前途的研究窄分布高聚物分子量分布的方法。本书主要介绍溶解度法和凝胶色谱法。

有两种情况会引起高聚物溶液的相分离。

① 一种高聚物-溶剂体系逐渐冷却，当温度降至临界溶解温度以下时，在一定的浓度范围，就会出现相分离。并且，对于同一高聚物-溶剂体系来说，它的临界溶解温度是随着高聚物的分子量增大而升高的，因此，当体系处于不同的温度间隔时，就会有不同分子量的级分被分离出来。这是第一种相分离情况。

② 在温度恒定的高聚物-良溶剂体系中，加入沉淀剂，当沉淀剂的加入量到达沉淀点 γ^* 时，也会出现相分离。高聚物的分子量愈大，沉淀点 γ^* 值就愈小。

利用同一种高聚物的不同分子量级分的溶解度对温度和溶剂性质的依赖关系，能够在不同分子量同系物的混合物中将其中分子量相同或相近的部分依次分离出来。这就是高聚物溶解度分级的基本原理。

通常在分级的过程中，从溶液相中分离析出的相称为凝液相或浓相。它的外观可能是絮状，也可能是凝胶。另一相为很稀的溶液相，称为稀相。

当高分子溶液处于两相平衡时，根据 Flory-Huggins 溶液理论，可推导出高分子在两相中的分配服从如下关系。

对于 x 组分高聚物，在稀相中分配的质量分数为：

$$f_x = 1/(1 + R\mathrm{e}^{\sigma x}) \tag{3-173}$$

在浓相中分配的质量分数为：

$$f'_x = R\mathrm{e}^{\sigma x}/(1 + R\mathrm{e}^{\sigma x}) \tag{3-174}$$

式中，$R=V'/V$，V'和 V 分别代表平衡时浓相和稀相的体积；x 为高分子与溶剂分子的体积比；σ 是与高分子与溶剂作用参数 χ_1 有关的参数。

$$f_x + f'_x = 1;\ f'_x/f_x = R\mathrm{e}^{\sigma x} \tag{3-175}$$

可看到，高分子在两相中的分配比决定于 R 值和 χ_1 值（因为 σ 中包含 χ_1），而 χ_1 值又与温度和溶剂性质有关，所以降低温度或改变溶剂性质（加入沉淀剂），可使高分子 x 组分高聚物在浓相中的质量分数大大超过稀相中的质量分数，达到分级分离效果。按理想分级的情况，分子量大于某值 M 的高分子都在浓相，小于 M 的都在稀相，但实际上分子量小于 M 的分子在浓相中还是部分存在的。例如，当分子量很小时，即 $x \to 0$，仍然有 $f'_x = R/(1+R)$，即分子量小的组分在浓液中还是有一定比例。因此，分级不能得到单分散的级分，每个级分中分子量还是有一定分布，相邻级分分子量实际上都有相互交叠，至于交叠的程度决定于高聚物本身的分子量分布和分级的方法。如果把每个级分再次分级，分子量分布会变窄。

3.3.3.2 分级方法

(1) 沉淀分级

有两种沉淀分级方法。①逐步加入沉淀剂。在恒温条件下，往高分子稀溶液中滴加沉淀剂，使其分相，平衡后，分出浓相。如此重复可得分子量不同的级分。②逐步降温。将高聚物溶解于不良溶剂中，下降一定温度，使其分相，恒温平衡后，分出浓相。如此重复，依次得到不同分子量的级分。

（2）溶解分级

它是沉淀分级的逆过程。可以通过两种方法达到相分离分级目的：①逐步提高溶剂的溶解能力，如在恒温下逐渐加不同比例混合溶剂，使其溶解性能从劣到良；②逐步提高温度。

（3）梯度淋洗分级

这种方法把沉淀分级和溶解分级、温度效应和溶剂效应综合起来，是高效率的分级方法。分离装置的原理如图 3-32 所示。淋洗柱内充满空白玻璃砂，控制柱温形成由上到下逐渐降低的温度梯度。将高聚物样品均匀分布在玻璃砂上，并置于淋洗柱的顶部。开始用比较不良的混合溶剂从柱顶至底淋洗，使高聚物部分溶解。连续不断地加入良溶剂，使混合溶剂的溶解能力不断增加。这样，原先被比较不良的溶剂溶解的部分高分子，在流到下端温度较低的位置时被沉淀出来，之后又被后续比较良的溶剂溶解，继续向下流动。如此不断重复溶解→沉淀→溶解的过程，最后到达虹吸管分级器分级。这样分级的结果是低分子量级分先分离出来。

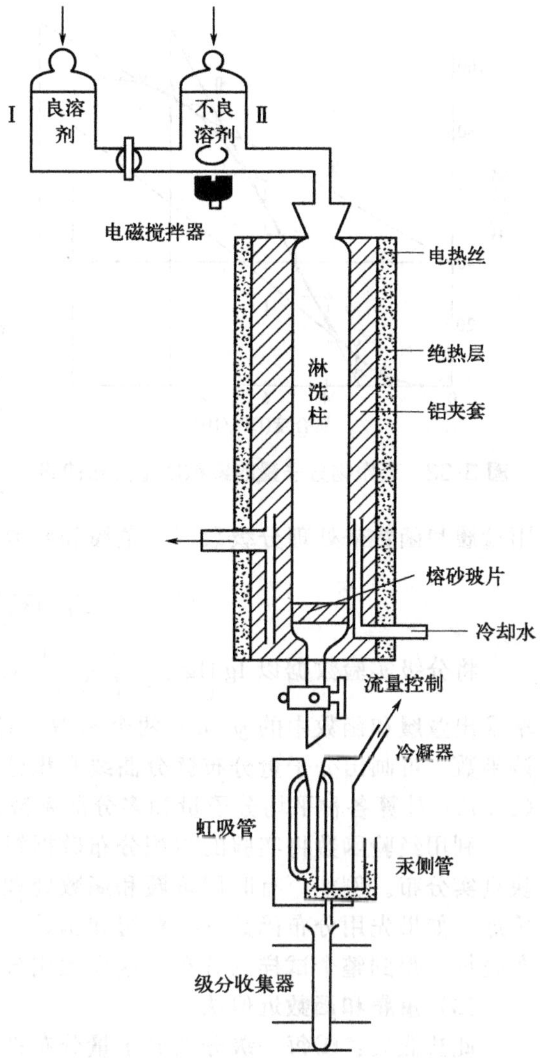

图 3-32　梯度淋洗分离装置示意图

高聚物分成系列级分后，可用 3.2 节介绍的方法测定其分子量。各级分的质量测定可把级分烘干称重，或用示差折光仪、紫外分光光度计等测定溶液的浓度和质量。

3.3.3.3　分级实验的数据处理

（1）习惯法

此方法有两个假定：①每一级分的分子量分布对称于它的平均分子量，符合高斯分布；②每各级分的分子量分布范围不超过其相邻两个级分的平均分子量。

根据这两个假定，通过阶梯形分级曲线各个梯级高度的中点，连成一光滑曲线，即得高聚物分子量的累积质量分布曲线，见图 3-33。累积质量分数为：

$$I_j = \frac{1}{2}W_j + \sum_{i=1}^{j-1} W_i \tag{3-176}$$

从累积曲线各点作切线，如图 3-33 中Ⅰ、Ⅱ和Ⅲ切线，可计算各点的斜率。用斜率对分子量作图，即可得到微分布曲线。

从分布曲线可计算出平均分子量。通常可用十点法。即从 $I(M)$ 曲线上读取 $I=0.05$，0.15，0.25，…，0.95 等十个点的 $\overline{M}_i$ 值（即把试样分成假想的十个等质量级分），根据平

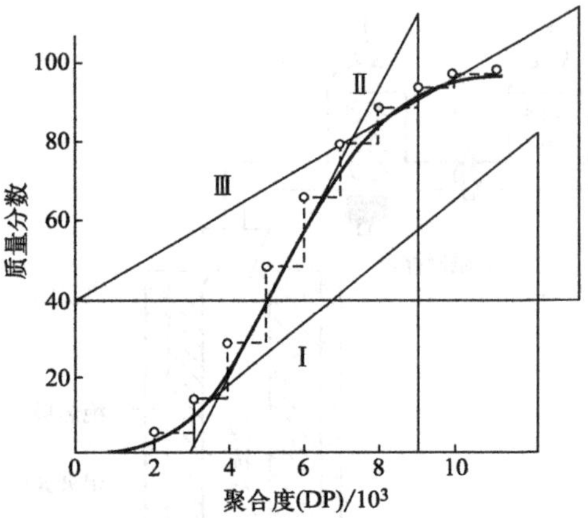

图 3-33 高聚物分子量的累积质量分布曲线

均分子量定义式得：

$$\overline{M}_{W}=\sum_{i=1}^{10}W_{i}\overline{M}_{i}=0.1\sum_{i=1}^{10}\overline{M}_{i} \tag{3-177}$$

$$\overline{M}_{n}=\frac{1}{\sum\limits_{i=1}^{10}\frac{W_{i}}{\overline{\overline{M}}_{i}}}=\frac{10}{\sum\limits_{i=1}^{10}\frac{1}{\overline{\overline{M}}_{i}}} \tag{3-178}$$

(2) 函数适应法

假设高聚物的分子量分布符合某一种分布函数，可以用该函数来处理分级数据，算出函数中的相关参数，就可得到分子量分布和计算出平均分子量。

董履和函数是目前对各种高聚物样品及其级分的分子量分布符合相当好的函数，因此，常常用董履和函数来处理分级数据。董履和函数的积分式取两次对数可得一直线方程：

$$\lg\left[\lg\frac{1}{1-I(M)}\right]=\lg\frac{y}{2.303}+z\lg M \tag{3-179}$$

将分级实验数据以 $\lg\left[\lg\frac{1}{1-I(M)}\right]$ 对 $\lg M$ 作图，可得一直线，通过直线的截距和斜率求出董履和函数中的 y 和 z 两个参数，这样，就得出了高聚物的分子量分布函数，根据该函数，可画出分子量分布微分曲线和积分曲线。根据 y 和 z 两个参数可按式(3-152) 至式(3-156) 计算各种平均分子量和多分散系数。

利用经验函数将实验的累积分布数据线性化，只能看作是一种方便的措施，并不一定反映真实分布。例如，有时用董履和函数处理得到两段直线，这并不代表试样中两种分子量的叠加。如果先用分布函数（如董履和函数）处理各级分的分子量分布，然后再将各级分的分布叠加，得到整个试样的分布，这样比用分布函数直接处理整个试样的分子量分布更合理。

(3) 董履和函数近似法

此法假设：①每一级分的分子量分布都能用董履和函数来表示。②每个级分在累积分数为 $I(M_i)=0.5$ 处的分子量为此级分的重均或黏均分子量。

由于从董履和函数计算的每一级分的累积分布曲线接近于该级分平均分子量对应的一条直线，因此，近似地把该级分 $\frac{1}{2}M_i$ 处与级分的累积质量分数 $I(M_i)=0.5$ 处（中点）的连线，作为该级分的分子量累积质量分布曲线，然后把各级分的面积（分布直线下部的面积）叠加起来，得到高聚物试样的分子量分布曲线。见图 3-34。

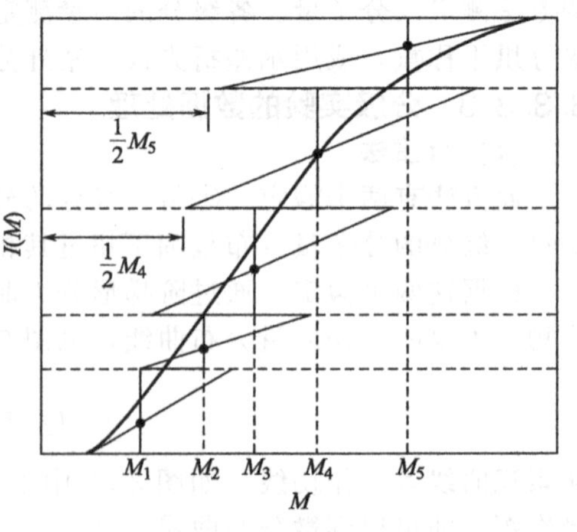

图 3-34 用级分分布的直线近似法所得的分子量累积质量分布曲线

3.3.4 凝胶色谱法

尽管高聚物分子量分布的测定可运用前面介绍的超速离心沉降法、沉淀-溶解分级法等进行，但这些方法或者是仪器设备复杂（如超速离心机），或者是操作繁琐耗时（如分级），远远不能满足高分子的研究和生产的需要。1964 年，J. C. Moore

在前人研究的基础上发表了第一篇有关凝胶渗透色谱法（gel permeation chromatography，GPC）测定高聚物分子量分布的重要文章，从而使高聚物分子量分布的测试技术取得重大突破。此后不久，以示差折光仪为浓度检测器、以体积指示器为分子量间接检测器而制成的商品型凝胶色谱仪问世，使 GPC 技术得到飞速的发展和广泛的应用。

GPC 法的主要优点是：操作简便、测定周期短、数据可靠、重现性好、能连续测定、易于自动化。GPC 作为一种快速的分子量分布测定方法已广泛地应用于高分子、生物、有机等科学领域。

3.3.4.1 基本原理

凝胶色谱机理比较复杂，人们曾提出空间体积排斥分离（体积排除）理论、限制扩散分离理论、流动分离理论以及构象熵理论等。其中体积排除理论比较普遍被人们接受，因此，GPC 技术又被赋予另一个名字——体积排除色谱（size exclusion chromatography，SEC）。

体积排除理论认为，GPC 的分离作用首先是由于大小不同的分子在多孔性填料中可以占据的空间体积不同而造成。在色谱柱中装填的多孔填料，其表面和内部有着各种大小不同的孔洞和通道。试样加入 GPC 柱的入口端，由于浓度的差别，溶质分子会扩散进入到凝胶微孔中，产生渗透现象。同时，在溶剂的淋洗作用下，溶质分子又被洗脱出来而随着流动相向柱的出口移动。这样渗透入凝胶孔和被洗脱出来的过程在整个柱长内反复地进行着。由于较小的分子除了能渗透进入大的孔外，还能进入较小的孔，较大的分子则只能进入较大的孔，而比填料上最大的孔还要大的分子就只能留在填料颗粒之间的空隙中。换句话说，在柱内，小分子流过的路径比大分子的长。因此，随着溶剂洗提过程的进行，大小不同的分子就得到分离，最大的分子首先被洗提出来，最小的分子最后被洗提出来。见图 3-35。

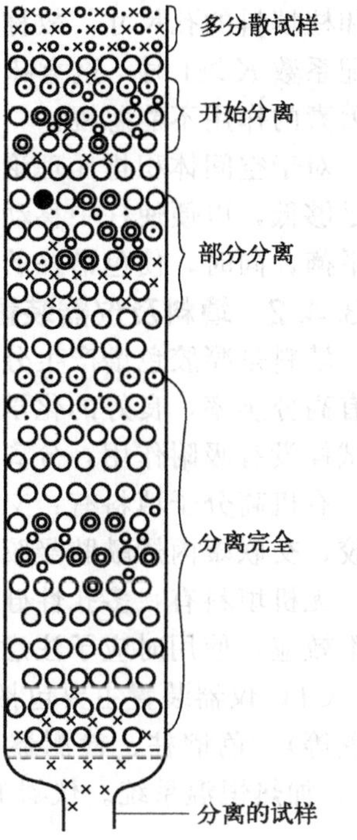

图 3-35 GPC 分离过程示意图

×—比填料最大孔还大的分子；
○—能进入填料较中等孔的分子；
●—能进入填料较小孔的分子

根据上述理论，GPC 柱的总体积由三部分组成：凝胶骨架体积 V_s，凝胶中孔洞的总体积 V_i，凝胶小球之间的空隙体积 V_0。

$$V=V_0+V_i+V_s \tag{3-180}$$

V_0 和 V_i 构成柱内的空间。V_0 中的溶剂称为流动相，而 V_i 中的溶剂称为固定相。

如果有一个试样组分，它所能进入的凝胶孔洞的体积为 V_i'，它的分配比（或称分配系数）定义为：

$$K=V_i'/V_i \tag{3-181}$$

那么，它的淋出体积 V_e 为：

$$V_e=V_0+V_i'=V_0+KV_i \tag{3-182}$$

$$K=(V_e-V_0)/V_i \tag{3-183}$$

对于特别大的溶质分子，它不能进入凝胶颗粒上的任何孔，体积完全被排除，$V_e=V_0$，$K=0$；对于特别小的溶质分子，它完全渗透进凝胶的所有孔，$V_e=V_0+V_i$，$K=1$；对于中等大小的溶质分子，V_e 在 V_0 和 V_0+V_i 之间，$0<K<1$，溶质分子的体积越小，淋出体积越大。

如果用溶质分子的尺寸（高聚物的分子尺寸常用等效球体半径表示，它与分子量有关）对淋洗体积作图，将得到图 3-36 的曲线。图中 $V_e=V_0$ 处所对应的分子量是该色谱柱的渗透极限（PL），当高聚物的分子量超过 PL 值时，淋出体积恒为 V_0，无法分离。

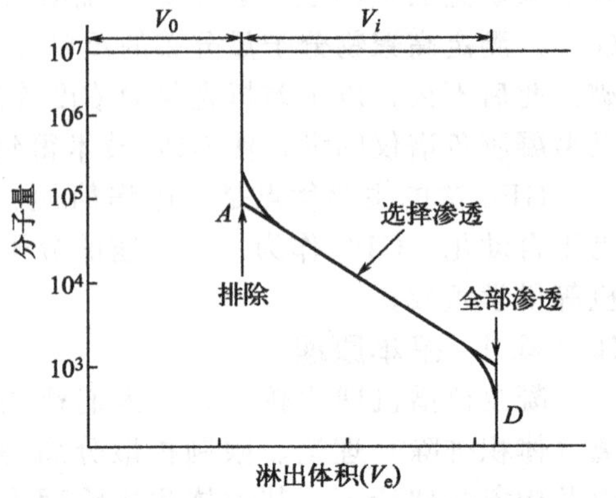

图 3-36 分子尺寸和淋出体积的关系

上述理论计算淋出体积时仅仅考虑溶质分子尺寸和柱填料的孔尺寸，故称为体积排除机理。如果分配系数 $K>1$ 时，这意味着在淋洗过程中，吸附等因素的作用不能忽视。

对于空间体积排斥理论，一般要求移动相的流速足够低，以便使柱中移动相和固定相之间能够建立平衡，同时，使色谱柱的保留体积与流速无关。

3.3.4.2 填料及仪器装置

填料是凝胶色谱产生分离作用的关键，它的结构是影响仪器性能的主要因素。填料要求具有高分辨率，良好的化学稳定性和热稳定性，一定的机械强度，不易变形，流动阻力小，对试样没有吸附作用，分离范围愈大愈好。现有填料分为有机高分子填料和无机填料。

有机高分子填料有：交联聚苯乙烯凝胶，交联聚乙酸乙烯酯凝胶，交联聚甲基丙烯酸酯凝胶，交联聚丙烯酰胺凝胶，交联葡聚糖凝胶及交联琼脂糖凝胶等。这类填料是溶胀型的。

无机填料有：多孔性硅胶，多孔性玻璃珠等。这类填料不会溶胀或收缩，但可能会出现吸附效应，使用时应予注意。

GPC 仪器装置主要包括：注入系统（溶剂贮槽、除气器、精密微量泵、过滤器、进样装置等）、色谱柱、检测器和自动记录系统（检测器、自动级分收集器、放大器、记录仪等）、加热恒温系统。仪器的主要结构单元和工作流程见图 3-37。

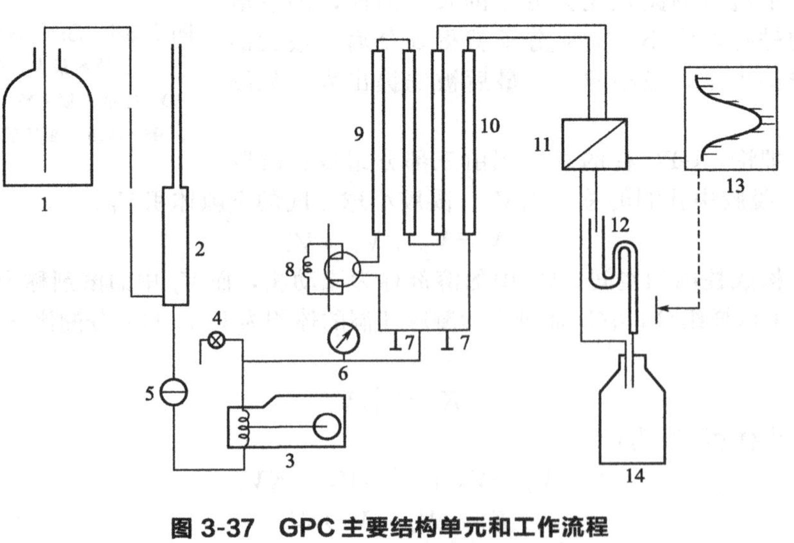

图 3-37 GPC 主要结构单元和工作流程

1—贮液瓶；2—除气瓶；3—输液瓶；4—放液阀；5—过滤器；6—压力指示器；7—调节阀；8—六通进样阀；9—样品柱；10—参比柱；11—示差折光检测器；12—体积标记器；13—记录仪；14—废液瓶

3.3.4.3 凝胶色谱图和标准曲线

根据 GPC 分离原理，高聚物试样经色谱柱分离后将按分子量从大到小从柱出口淋洗出来，采用合适的技术测定各级分的含量和相应的分子量，就可得到分子量分布数据。通常，采用示差折光仪作为浓度检测器，测出溶液和纯溶剂的折射率之差 Δn。Δn 正比于溶液浓度，所以，Δn 值反映了淋出液的浓度，即反映了级分的含量。图 3-38 是用示差折光仪作为检测器，从自动记录仪上得到的一组不同分子量标样的 GPC 谱图。

图 3-38 中的横坐标为 V_e，要真正得到分子量分布，还应该把 V_e 转换为分子量 M。有两种办法可以得到分子量：第一种是直接法，即将不同淋出体积的级分用前述介绍的分子量测定方法直接测定。例如用小角激光光散射和 GPC 联用，实时测定高聚物的分子量。但直接法设备和技术比较复杂，目前很少使用。第二种方法是间接法，是目前 GPC 广泛使用的方法。它是用一系列已知分子量的窄分布标准样品测定淋出体积，通常是用聚苯乙烯标准试样作出一系列图 3-38 所示的 GPC 色谱峰，然后用分子量的对数 $\lg M$ 对淋出体积 V_e 作图，见图 3-39，得到一条淋出体积校准曲线（或称 GPC 校准曲线）。实验证明，淋出体积与分子量的关系可表示为：

$$V_e = f(\lg M) \tag{3-184}$$

这一函数关系通常可展开为一个多项式：

$$\lg M = a_0 + a_1 V_e + a_2 V_e^2 + \cdots \tag{3-185}$$

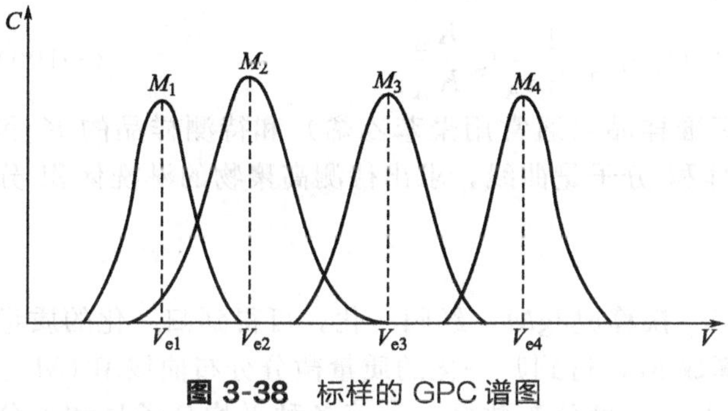

图 3-38 标样的 GPC 谱图

$M_1 > M_2 > M_3 > M_4$

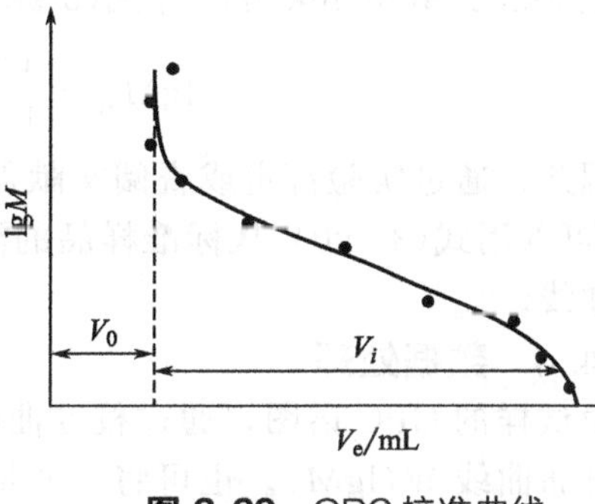

图 3-39 GPC 校准曲线

为了数据处理的方便，常常把高次项略去，用一个线性方程来表示色谱柱可分离的线性部分：

$$\lg M = A + BV_e \tag{3-186}$$

从实验数据求出常数 A 和 B，就得到 GPC 的校准方程。通过校准曲线，很容易将测得的 V_e 换算成高聚物的分子量 M。

由于现在计算机技术的进步，商品 GPC 仪的数据处理能力都很强，校准曲线一般是直接用式(3-185) 的多项式进行拟合，如 Waters Breeze 凝胶色谱仪可以按需要选择 1 次项至 5 次项多项式拟合出校准方程，这样得到的校准方程准确性和测定范围都可明显提高。

事实上，仅有一般的“校准曲线”还是不够的。因为使用聚苯乙烯标准样品所得的校准曲线只适用于聚苯乙烯试样的测定，而对其他高聚物通常并不适用，实际应用中总不能对每一种结构的高聚物都制备标准样品来做校准曲线，而且有些高聚物制备窄分布标准样品十分困难。因此，人们努力探索建立所谓的“普适校准曲线”，把聚苯乙烯标样的校准曲线用到其他高聚物的测定中。

从 GPC 的原理来说，分离的机理是按照分子尺寸的大小差别来分级，而分子量仅仅是一个间接关系。对于不同类型高聚物，或者是同一类支化程度不同的高聚物，虽然其分子量相同，分子尺寸也不一定相同。但流体力学体积相同的高分子应具有相同的淋出体积。

根据 Einstein 黏度公式：

$$[\eta]=2.5N_AV_h/M \tag{3-187}$$

式中，V_h 为溶质的流体力学体积；M 为分子量；N_A 为阿伏伽德罗常数。式(3-187) 可改写为：

$$V_h=[\eta]M/2.5N_A \tag{3-188}$$

可见，$[\eta]M$ 表征了高分子的流体力学体积，可以用作分子尺寸大小的量度。实验证明，用 lg $[\eta]$ M 对 V_e 作图，发现，不同高聚物试样所得的校准曲线是重合的（见图 3-40），所以，lg $[\eta]$ M-V_e 曲线称为"普适校准曲线"。

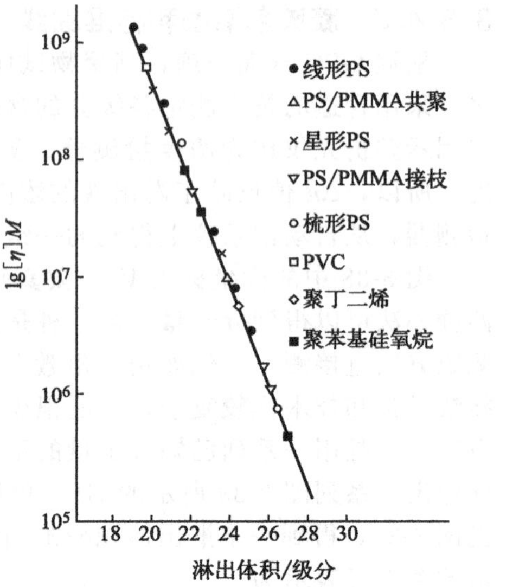

图 3-40 普适校准曲线

若高聚物 A 和高聚物 B 符合普适关系，在相同的淋洗体积 V_e 时，有：

$$[\eta]_AM_A=[\eta]_BM_B \tag{3-189}$$

把 Mark-Houwink 方程［式(5-98)］代入式(3-189)，整理得：

$$\lg M_A=\frac{1+\alpha_B}{1+\alpha_A}\lg M_B+\frac{1}{1+\alpha_A}\lg\frac{K_B}{K_A} \tag{3-190}$$

因此，通过实验订定或查阅文献得出标准样品（通常用聚苯乙烯）和待测样品的 K 和 α，就可以用式(3-190) 从标准样品的淋洗体积-分子量曲线，求出待测高聚物的淋洗体积-分子量曲线。

3.3.4.4 数据处理

由试样的 GPC 谱图，通过校准曲线将 V_e 换算成 lg$M$，经归一化，可得到归一化的质量微分分布曲线 $W(\lg M)$。也可将自变量换算成 M，得到归一化的质量微分分布曲线 $W(M)$。

用 GPC 不仅可得到分子量分布，也可由分子量分布数据，计算各种平均分子量和多分散系数。主要方法如下：

（1）函数适应法

函数适应法是将 GPC 谱线看成某种分布函数的曲线，由实验数据求出与其相适应的分布函数的参数，就可用这些参数计算各种平均分子量和多分散系数（参见 3.3.2 节）。

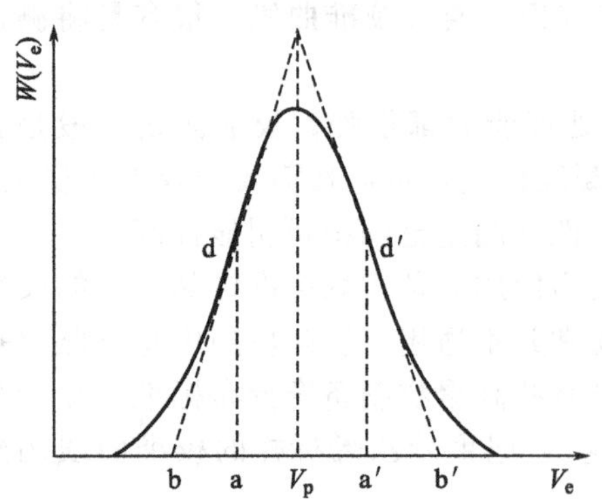

图 3-41 高斯分布函数

许多高聚物的 GPC 谱图，特别是级分的谱图一般接近高斯分布，可用高斯分布函数来表达。以淋出体积 V_e 表示的高斯分布函数为：

$$W(V_e)=\frac{1}{\sqrt{2\pi}\sigma}\exp[-(V_e-V_p)^2/2\sigma^2] \tag{3-191}$$

式中，V_e 为级分的淋出体积；V_p 为峰值位置的淋出体积；σ 为标准偏差，它等于峰底宽 ω 的四分之一（$\sigma=bb'/4$）。峰底宽由图 3-41 所示的曲线的拐点 dd′的切线同横坐标的交点 bb′确定。

为了求平均分子量，必须把分布函数的变量 V_e

换成 M。根据式(3-186) 可知：

$$V_e=(A-\ln M)/B \tag{3-192}$$

将上式代入式(3-190)，得：

$$W(M)=\frac{1}{\sqrt{2\pi}\sigma BM}\exp[-(\ln M-\ln M_p)^2/2\sigma^2B^2] \tag{3-193}$$

式中，M_p 为色谱峰峰值对应的分子量。

各种平均分子量和多分散系数可按下列公式计算：

$$\overline{M}_n=M_p\exp(-B^2\sigma^2/2) \tag{3-194}$$

$$\overline{M}_W=M_p\exp(B^2\sigma^2/2) \tag{3-195}$$

$$\overline{M}_Z=M_p\exp(3B^2\sigma^2/2) \tag{3-196}$$

$$M_p=(\overline{M}_W\overline{M}_n)^{1/2} \tag{3-197}$$

$$d=\exp(B^2\sigma^2) \tag{3-198}$$

因此，知道了峰值位置的分子量 M_p、峰底宽 ω 以及校准曲线斜率 B，就可简单地计算各种平均分子量和多分散系数。

(2) 定义法

当 GPC 谱图不对称，或者出现多峰时，不能用函数法进行数据处理。这时，可根据平均分子量的定义直接进行平均分子量的计算。

许多商品 GPC 凝胶色谱仪，如 Waters Breeze 凝胶色谱仪是将 GPC 谱图进行积分，作出归一化积分曲线，计算出累积百分含量从 1%，2%，…，100%的 100 个等质量分数点和相对应的级分分子量 M_i。然后，按式(3-2)、式(3-3) 和式(3-6) 的平均分子量定义式计算平均分子量。计算的原理虽与 3.3.3 节中介绍的十点法相同，但现在的商品 GPC 凝胶色谱仪计算机功能较强，可以大大增加采样点，提高数据的准确性。这种方法有广泛的适用性。

另一种方法是把 GPC 谱图分为若干相等淋出体积的间隔（相当于分成若干个体积相等的级分），读取每个级分谱线的高度 H_i（扣除基线后），H_i 和高聚物的浓度成正比。因此，第 i 级分高聚物的质量分数为：

$$W_i=H_i/\sum_i H_i \tag{3-199}$$

从校准曲线读取第 i 级分对应的分子量 M_i。根据平均分子量的定义可计算各种平均分子量。

$$\overline{M}_n=\frac{\sum_i H_i}{\sum_i H_i/M_i} \tag{3-200}$$

$$\overline{M}_W=\frac{\sum_i M_iH_i}{\sum_i H_i} \tag{3-201}$$

$$\overline{M}_\eta=\left(\sum_i M_i^\alpha H_i/\sum_i H_i\right)^{1/\alpha} \tag{3-202}$$

(3) 色谱柱加宽效应的校正

GPC 法得到的高聚物分子量分布是以实验测定的色谱峰为基础的，然而，实验所得的谱峰不可避免地存在峰加宽效应或称扩展效应，使本来不宽的峰变得比较宽。因此必须将这种仪器系统本身带来的加宽加以修正，称为色谱峰的加宽校正。

3

对于宽分布的高聚物样品（多分散系数大于2），或分离效率较高的色谱柱，可忽略宽度校正。但如果测量窄分布的样品，或色谱柱分离效率低时应进行校正。校正的方法有：已知多分散系数的样品的校正法，特大分子量样品的校正法，小分子有机化合物的校正法等。现在的商品GPC凝胶色谱仪都配置有高效色谱柱，对于一般的高聚物测试可以省去宽度校正。

参考文献

[1] Carraher C E，Carraher Jr S. Polymer Chemistry [M]. 5th ed. New York：Marcel Dekker，Inc，2000.

[2] Rudin A. The Elements of Polymer Science and Engineering [M]. 2nd ed. New York：Academic Press，1999.

[3] Sun S F. Physical Chemistry of Macromolecules：Basic Principles and Issues [M]. New York：John Wiley & Sons，Inc，1994.

[4] Slade P E Jr. Polymer Molecular Weight [M]. New York：Marcel Dekker，1975.

[5] Pecbles L H Jr. Molecular Weight Distribution in Polymers [M]. New York：Interscience Publishers，a division of John Wiley & Sons，1971.

[6] 潘鉴元，席世平，黄少慧. 高分子物理 [M]. 广州：广东科技出版社，1981.

[7] 冯开才，李谷，符若文. 高分子物理实验 [M]. 北京：化学工业出版社，2004.

[8] 何曼君，陈维孝，董西侠. 高分子物理 [M]. 上海：复旦大学出版社，1990.

[9] 钱人元. 高聚物的分子量测定 [M]. 北京：科学出版社，1958.

[10] 郑昌仁. 高聚物分子量及其分布 [M]. 北京：化学工业出版社，1986.

[11] Tung L H. Fractionation of Synthetic Polymers [M]. New York：Marcel Dekker，1997.

[12] [乌克兰] 涅斯捷罗夫 A E. 聚合物溶液与混合物的性质 [M] //聚合物物理化学手册. 第一卷. 阎家宾，张玉崐，译. 北京：中国石化出版社，1995.

[13] 施良和. 凝胶色谱法 [M]. 北京：科学出版社，1980.

[14] 殷敬华，莫志深. 现代高分子物理学：上册 [M]. 北京：科学出版社，2001.

[15] 何美玉，何江涛. 基质辅助激光解吸电离飞行时间质谱法研究蛋白质组学 [J]. 质谱学报，2002，23 (1)：44-50.

[16] 袁湘林，邹汉法，张玉奎. 毛细管电泳-质谱联用技术在复杂体系分析中的应用 [J]. 分析化学，1998，26 (2)：234-238.

[17] Tanaka K，Waki H，Ido Y，et al. Protein and DNA chips：The creation of new functionalities and their applications [J]. Rapid Communications in Mass Spectrometry，1988，2 (12)：151-153.

[18] Bahr U，Deppe A，Karas M，et al. Matrix effects in laser desorption/ionization mass spectrometry [J]. Analytical Chemistry，1992，64 (18)：2886-2892.

[19] Schriemer D C，Li L，et al. High-resolution mass spectrometry for proteomics：From peptide mapping to protein complex analysis [J]. Analytical Chemistry，1996，68 (12)：2721-2727.

[20] 朱诚身. 聚合物结构分析 [M]. 北京：科学出版社，2004.

第 4 章　高分子的凝聚态结构

凝聚态结构涉及的是高分子链之间如何排列和堆砌的问题，所以凝聚态结构称为三级结构（或超分子结构），它是直接影响材料本体性能的关键因素。凝聚态结构对性能影响非常典型的例子有聚氨酯，根据不同的凝聚态，它可以是弹性体、塑料、纤维或黏合剂。

与小分子相比，高分子的凝聚态有相同的地方，例如有晶态、非晶态、玻璃态及液态，也有特殊的地方，如无气态，有高弹态（即橡胶态），有取向态，还有过冷液态等。高分子不仅有多链凝聚态，还有单链凝聚态。

由于分子间存在着相互作用，才使相同的或不相同的高分子链聚集在一起，成为有用的材料。因此在讨论高分子的各种凝聚态之前，先讨论高分子间的相互作用力。

4.1 高分子间的作用力

4.1.1 范德华力与氢键

高分子间的作用力也称次价键力，包括范德华力与氢键。范德华力包括静电力、诱导力和色散力。

(1) 静电力

静电力是偶极作用，是极性分子之间的引力。静电力（E_k）与偶极矩（μ）、绝对温度（T）及偶极的距离（R）之间有如下关系：

$$E_k = -\frac{2\mu^4}{3R^6 kT} \tag{4-1}$$

式中，k 为玻尔兹曼常数。静电力作用能一般在 13～21kJ/mol。

在高分子中，除了链节结构中的偶极外，还有整条分子链或部分分子链的偶极。整条分子链或部分分子链的偶极除受链节化学结构的影响外，还与分子链的构象有关。

(2) 诱导力

诱导力是极性分子的永久偶极与它在其他分子上引起的诱导偶极之间的相互作用力。

对同类分子，诱导力（E_D）与偶极矩（μ）、极化率（α）及距离（R）之间有如下关系

$$E_D = -\frac{2\alpha\mu^2}{R^6} \tag{4-2}$$

诱导力能量一般在 6～13kJ/mol。

(3) 色散力

色散力是分子瞬时偶极之间的相互作用力。在所有分子中，原子的电子密度是时刻变化的，会产生瞬时的电子和原子核间构型的变化，因而成为瞬时偶极。它是一切分子间普遍存在的一种作用力。色散力作用能（E_L）与分子电离能（I）、分子极化率（α）及距离（R）有关。对同类分子有：

$$E_L = -\frac{3I\alpha^2}{4R^6} \tag{4-3}$$

色散力能量一般在 0.8～8kJ/mol。

范德华力没有方向性和饱和性，它与 R^6 成反比，距离大时，作用力快速下降，一般作用范围小于 1nm，作用能比化学键能小 1～2 个数量级。表 4-1 列出部分原子和基团的范德华半径。

表 4-1 部分原子和基团的范德华半径

原子或基团	H	N	O	F	Cl	S	CH_3	C_6H_6
范德华半径/nm	0.120	0.150	0.140	0.135	0.180	0.185	0.200	0.185

(4) 氢键

氢键是强极性的 X—H 上的氢原子与另外一个键上电负性很大的原子 Y 上的孤对电子相互吸引而形成的一种键（X—H…Y）。氢键有方向性和饱和性，键能在几千焦/摩尔至几十千焦/摩尔，通常小于 40kJ/mol。氢键可以在分子间形成，也可以在分子内形成。表 4-2 列出部分氢键的键能。

表 4-2 部分氢键的键能

氢键类型	O—H…N	O—H…O	N—H…N	N—H…O	F—H…F
键长/nm	0.30	0.27	0.31	0.29	0.24
键能/(kJ/mol)	12.6	12.6～34.3	5.44～21	16.7	28.0

在高分子中，以上分子间作用力可以按照链段或链节作为分子间作用单元进行加和，所以分子间作用力随分子量的增加（或分子链增长）而增大。高分子的分子量千百倍于小分子，其分子间作用的总能量可以超过主价键的键能，所以，当拉力达到主价键断裂所需的能量时，也不足以使高分子链分离。

4.1.2 内聚能密度

由于分子间作用力的大小是各种吸引力与排斥力所作贡献总和的反映，而且，高分子的分子量很大，又存在分散性，所以，高分子链间的相互作用不能简单地用某种作用力来表示。通常，人们用内聚能和内聚能密度来衡量高分子间作用力的大小。

所谓内聚能，其定义为：克服分子间作用力，把一摩尔液体或固体分子移到其分子间的引力范围之外所需要的能量。根据热力学定律，有

$$\Delta E = \Delta H_V - RT \tag{4-4}$$

式中，ΔE 为内聚能；ΔH_V 为摩尔蒸发热；RT 为气化时所做的膨胀功。内聚能密度（cohesive energy density，CED）是单位体积的内聚能。

$$CED = \frac{\Delta E}{\widetilde{V}} \tag{4-5}$$

式中，$\widetilde{V}$ 为摩尔体积。

分子间作用力的大小，对于高分子的强度、耐热性和凝聚态结构等有很大影响，因而也决定着材料的各种性质和使用性能。表 4-3 列出一些线形高分子的内聚能密度。它们按内聚能从低到高排列。那些内聚能密度小于 290J/cm³ 的高分子都是非极性高分子，除了聚乙烯外，其他都是橡胶；内聚能密度在 290～420J/cm³ 的高分子均为塑料；420J/cm³ 以上的材料分子链上都有强极性基团，或者分子间能形成氢键，分子间作用力大，加上它们结构较规整，容易结晶，是优良的纤维材料。

表 4-3 线形高分子的内聚能密度

高分子	内聚能密度/(J/cm^3)	高分子	内聚能密度/(J/cm^3)
聚乙烯	259	聚甲基丙烯酸甲酯	347
聚异丁烯	272	聚醋酸乙烯酯	368
天然橡胶	280	聚氯乙烯	381
聚丁二烯	276	聚对苯二甲酸乙二酯	477
丁苯橡胶	276	聚酰胺-66	774
聚苯乙烯	305	聚丙烯腈	992

小分子的内聚能近似等于恒容蒸发热或升华热，可由热力学数据计算。但高分子不能气化，故无法直接从热力学数据计算内聚能密度。高分子的内聚能密度可用最大溶胀比法或最大黏度法测定其溶解能力估算出来。

4.2 高分子的晶体结构及结晶形态

4.2.1 高分子的晶体结构

高分子晶体有三维长程有序，是一级相转变，所以是典型的晶体。与小分子结晶一样，高分子的晶体结构也用晶系来描述。

根据晶胞的类型，小分子晶体划分为立方、六方、四方、三方（菱形）、斜方（正交）、单斜和三斜 7 个晶系。表 4-4 列出 7 个晶系的晶胞参数。

表 4-4 7 个晶系的晶胞参数

晶系	晶胞参数	晶系	晶胞参数
立方	$a=b=c;\alpha=\beta=\gamma=90°$	斜方(正交)	$a\neq b\neq c;\alpha=\beta=\gamma=90°$
六方	$a=b\neq c;\alpha=\beta=90°;\gamma=120°$	单斜	$a\neq b\neq c;\alpha=\gamma=90°;\beta\neq 90°$
四方	$a=b\neq c;\alpha=\beta=\gamma=90°$	三斜	$a\neq b\neq c;\alpha\neq\beta\neq\gamma\neq 90°$
三方(菱形)	$a=b=c;\alpha=\beta=\gamma\neq 90°$		

其中立方和六方属于高级晶系，四方、三方和斜方为中级晶系，而三斜和单斜为低级晶系。在高分子结晶中，由于高分子只能采取主链中心轴平行的方向排列，其他两维只是分子间作用力，次价键力作用范围距离在 0.25～0.5nm 之间。这种高分子链的各向异性造成高分子结晶没有立方晶系。而且，属于高级晶系的也很少，大多数是较低级的晶系。

高分子晶体与小分子晶体一样，分子中原子排列的空间周期性可以用晶胞大小来描述。但一般合成高分子结晶的一个晶胞中肯定不会包含着整条高分子链，而是几个结构单元（极少数天然蛋白分子量均一，能够堆砌成大范围有序的分子晶体，因而一个晶胞中可含有多个分子）。

同一种结晶性高分子可以形成多种不同晶体结构的现象，称为同质多晶现象，这种现象在小分子晶体中也存在。表 4-5 列出全同聚丙烯和全同聚 1-丁烯的同质多晶数据。

高分子的结晶结构在一定条件下会相互转变，例如聚乙烯的稳定晶型是斜方晶型（正交晶系），在拉伸或高压条件下，可转变为单斜晶型。

高分子结晶的晶胞参数有时会随支链而稍变大，温度升高也会使晶胞参数稍变大。

表 4-5 全同聚丙烯和全同聚 1-丁烯的同质多晶数据

高分子		链节数/晶胞	晶胞尺寸($a \times b \times c$)/nm	链构象	晶系
全同聚丙烯	(α 型)	12	0.665×2.096×0.650	$H3_1$	单斜
	(β 型)	27	1.908×1.908×0.649	$H3_1$	六方
	(γ 型)	3	0.638×0.638×0.633	$H3_1$	三方
全同聚 1-丁烯	(1 型)	18	1.769×1.769×0.650	$H3_1$	三方
	(2 型)	44	1.485×1.485×2.060	$H11_3$	四方
	(3 型)		1.249×0.896×0.740		正交

4.2.2 高分子链在晶体中的构象

构成小分子晶体的基本质点是原子、分子和离子，它们在晶胞中的排列是相互分离的。而高分子晶体中，在 C 轴方向上的基本结构单元是分子链的“构象重复单元，即化学重复单元在链轴方向的投影周期。晶胞尺寸与 C 轴上化学结构重复单元的构象密切相关，这是高分子晶体的特点。

结晶高分子的构象取决于分子内和分子间两方面的作用力。当分子间作用力较大时，如含分子间氢键的聚酰胺等，分子间力是重要的，它会影响分子链的构象和链与链之间的堆砌密度。但是，对大多数高分子来说，分子间作用力对链构象的影响是有限的，高分子链在晶体中的构象主要取决于分子内的相互作用能，如果只考虑分子内的因素，也能对链构象进行成功的计算。

在晶态高分子中，分子链多采用分子内能量最低（最稳定）的构象。一般都是采取比较伸展的构象，分子链之间相互平行排列，使位能最低，有利于紧密堆积。

平面锯齿形和螺旋形是结晶高分子链的两种典型构象。

4.2.2.1 平面锯齿形

聚乙烯分子链在结晶中为完全伸展的平面锯齿形全反式构象（见图 4-1）。实测得到聚乙烯的晶胞中分子链方向的重复周期尺寸为 $C=0.253$nm。根据图 4-1 的结构，按 C—C 键长为 0.154nm，键角为 109.5°，计算聚乙烯链节（重复单元）在链轴上的投影，结果为重复单元长度为 0.252nm，这与实测值非常接近，说明了聚乙烯分子链在晶体中正是采取了这种锯齿形构象。

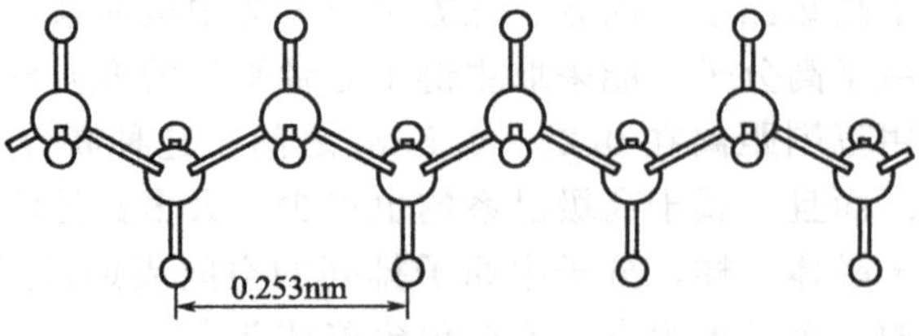

图 4-1 聚乙烯的锯齿形全反式构象

此外，脂肪族聚酯、聚酰胺、聚乙烯醇等分子链在结晶中也采取锯齿形构象（见图 4-2 和图 4-3）。

4.2.2.2 螺旋形

对于带有较大侧基的高分子，为了减小空间阻碍，以降低势能，则要采取旁式构象而形成螺旋状。

用 X 射线衍射法测定等规聚丙烯的结晶参数，发现其 C 轴的等同周期为 0.65nm，每个

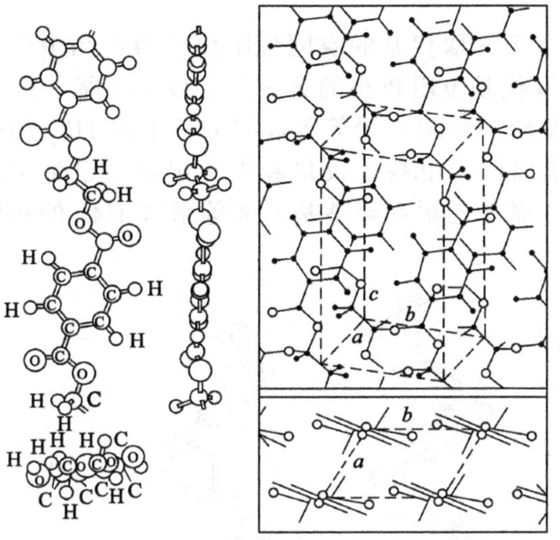

图 4-2　聚对苯二甲酸乙二酯的分子结构和晶体结构

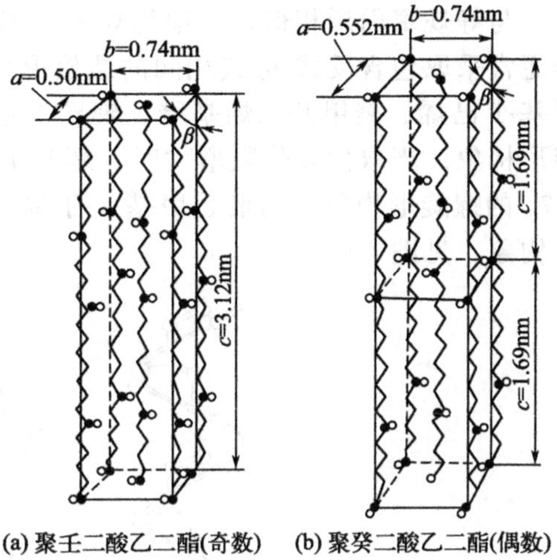

图 4-3　脂肪族聚酯的晶体结构

等同周期中含三个链节。这说明聚丙烯分子链不可能是锯齿形排在晶格中。由于聚丙烯上甲基间的范德华距离为 0.4～0.43nm，为了避免侧基的空间位阻，分子链宜采取反式-旁式相间（…tgtgtg…）的构象，形成螺旋形构象排入晶格，这种构象的等同周期与实测的晶胞参数很一致。图 4-4 为等规聚丙烯的分子链构象和晶体结构。

另外，聚丙烯分子链上有不对称碳原子，单体链节的排列有 D 和 L 之分，因此在 $H3_1$ 形螺旋中又有左旋和右旋的区别，出现四种可能的螺旋结构，如图 4-5 所示。图中 1 和 4 互为镜像，2 和 3 互为镜像。随着结晶条件不同，等规聚丙烯可形成 α、β、γ 和 δ 四种结晶变体，最常见的是 α 晶（属单斜晶系）和 β 晶（属六方晶系）。

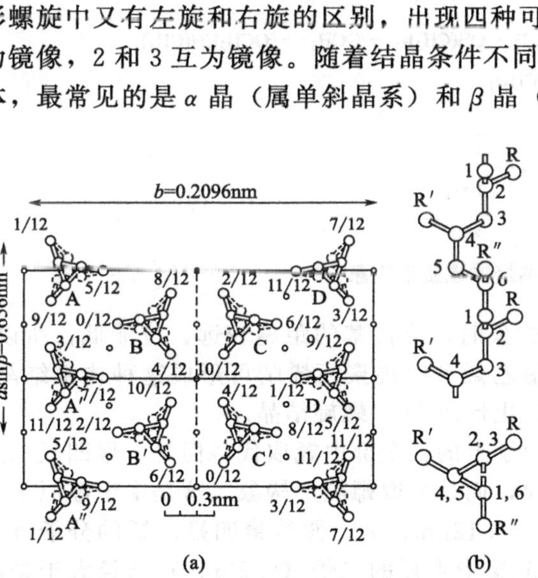

图 4-4　等规聚丙烯的分子链构象和晶体结构

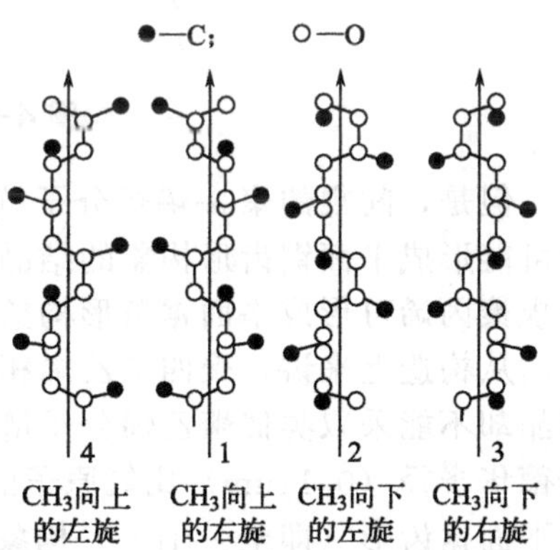

图 4-5　等规聚丙烯的四种螺旋结构

在螺旋形分子链形成的结晶中，人们常用 Hm_n 描述螺旋结构，H 表示螺旋，m 为一个周期中的重复单元数（不一定是链节数），用阿拉伯数字表示；下标 n 为一个周期中的螺旋圈数，用阿拉伯数字表示。例如：聚丙烯为 $H3_1$，含义为一个重复周期有 3 个重复单元 $\text{+}CH_2—CH(CH_3)\text{+}$，1 个螺旋。聚四氟乙烯为 $H13_6$，含义为一个重复周期有 13 个重复单元 $\text{+}CF_2\text{+}$，6 个螺旋。聚甲醛为 $H9_5$，含义为一个重复周期有 9 个重复单元 $\text{+}CH_2—O\text{+}$，

5 个螺旋。

与等规聚丙烯相似，其他等规聚 α-烯烃也由于 α 取代基的空间位阻而使得结晶中分子链通常采取包含反式-旁式相间的螺旋形构象。取代基位阻较小的聚丙烯、聚 1-丁烯、聚 5-甲基-1-己烯、聚甲基乙烯基醚、聚异丁基乙烯基醚和聚苯乙烯等等规高分子采取 $H3_1$ 的螺旋形构象。当取代基位阻增大时，螺旋扩张，所以聚 4-甲基-1-戊烯和聚 4-甲基-1-己烯采取 $H7_2$ 的螺旋形构象，而聚 3-甲基-1-丁烯、聚邻甲基苯乙烯和聚萘基乙烯等采取 $H4_1$ 的螺旋形构象。见图 4-6。

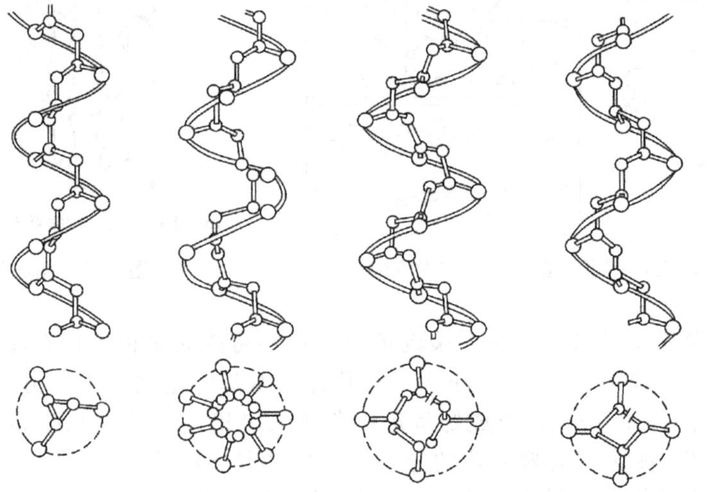

(a)　(b)　(c)　(d)

(a) $H3_1$，R=—CH_3，—C_2H_5，—CH═CH_2，—CH_3—CH$(CH_3)_2$，—OCH_3，—$OCH_2CH(CH_3)_2$

(b) $H7_2$，R=—$CH_2CH(CH_3)CH_2CH_3$，—$CH_2CH(CH_3)_2$

(c) $H4_1$，R=—CH$(CH_3)_2$，—C_2H_5

(d) $H4_1$，R=

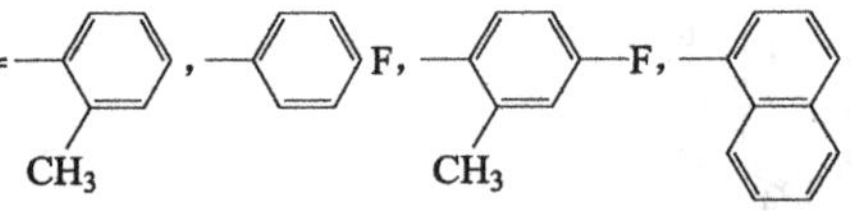

图 4-6 等规聚 α-烯烃的螺旋形构象

但是，间规的聚 α-烯烃分子链采取全反式构象时，取代基的距离较远，位能低，所以，也可能形成平面锯齿形构象的结晶。如间规聚氯乙烯和间规聚丙烯腈可形成这种构象结晶。间规聚丙烯可形成平面锯齿形构象的结晶，有时也形成 $H4_2$ 螺旋结晶。

从构造上来讲，聚四氟乙烯相当于聚乙烯分子上的氢全部由氟取代，但是，聚四氟乙烯结晶却不能采取类似聚乙烯分子链的锯齿形构象，而是采取螺旋形构象。这是由于氟原子的范德华半径（0.14nm）比氢原子的范德华半径（0.12nm）大，假若聚四氟乙烯的分子链采取平面锯齿形（即全…ttt…）构象时，氟原子范德华半径的二倍（0.28nm）已经大于锯齿形构象中 C—C 链的等同周期 0.252nm，两个氟原子的排斥力大，故而不能取全反式构象，而要扭转一定角度。实验证明，聚四氟乙烯分子链偏离全反式平面构象，呈现扭转构象，旋转角为 14°，整个分子链呈 $H13_6$ 螺旋，一个等同周期（1.69nm）中含有 13 个重复单元 $\leftarrow CF_2 \rightarrow$，转了 6 圈，整个分子链像一根圆柱，圆柱的外面包围着氟原子（见图 4-7）。这种结构是聚四氟乙烯有优良自润滑性能的原因之一。

与全碳链高分子不同，聚甲醛分子链为 C—O 键旁式构象能量比反式更低，结晶时采取…gg…（旁式—旁式）构象，形成 $H9_5$ 螺旋结构，等同周期为 1.73nm。与聚甲醛类似，聚氧化乙烯结晶时分子链采取…ttgttg…式，形成 $H7_2$ 螺旋形构象，等同周期为 1.93nm。如图 4-8 所示。

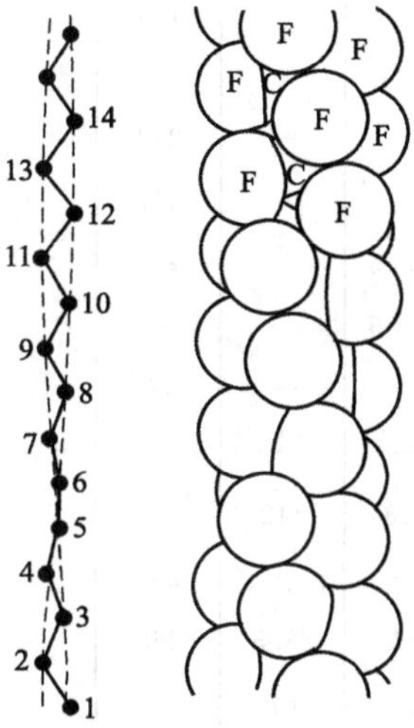

图 4-7　聚四氟乙烯的链构象

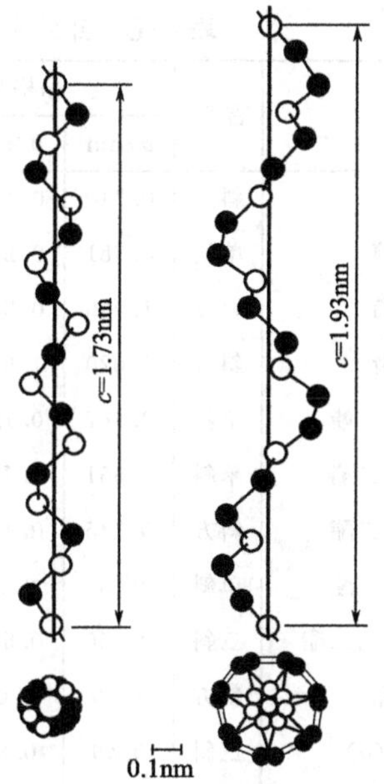

(a) 聚甲醛　　(b) 聚氧化乙烯

图 4-8　聚甲醛和聚氧化乙烯的链构象

聚丁二烯有四种规整的异构体，都可结晶。其中，反式 1,4-聚丁二烯、顺式 1,4-聚丁二烯和间规 1,2-聚丁二烯都采取接近平面锯齿形的全反式构象，而等规 1,2-聚丁二烯为 $H3_1$ 螺旋形构象。见图 4-9。

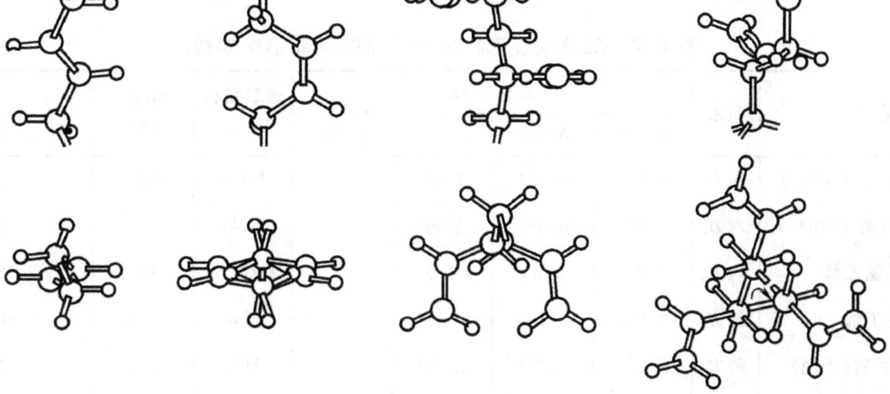

(a) 反式1,4　　(b) 顺式1,4　　(c) 间规1,2　　(d) 等规1,2

图 4-9　聚丁二烯四种异构体在结晶中的链构象

表 4-6 和表 4-7 分别列出部分平面锯齿形构象高分子和螺旋形构象高分子的结晶结构参数。

表 4-6　部分平面锯齿形构象高分子的结晶结构参数

高分子	晶系	晶格常数			α/度	β/度	γ/度	熔点/℃	密度/(g/cm³)
		a/nm	b/nm	c/nm					
聚乙烯	斜方	0.740	0.493	0.253	—	—	—	110	1.00
聚乙烯醇	单斜	0.781	0.252	0.551	—	91.7	—	—	1.35
聚氯乙烯	斜方	1.060	0.540	0.510	—	—	—	212	1.44
聚丙烯腈	斜方	1.020	1.610	0.510	—	—	—	317	1.11
聚己二酸乙二酯	单斜	0.547	0.723	1.172	—	113.5	—	—	1.274
聚辛二酸乙二酯	单斜	0.551	0.725	1.428	—	114.5	—	—	—
聚壬二酸乙二酯	斜方	0.745	0.495	3.15	—	—	—	76	1.220
聚癸二酸乙二酯	单斜	0.50	0.74	1.683	—	—	—	—	1.187
聚对苯二甲酸乙二酯	三斜	0.456	0.594	1.075	98.5	118	112	265	—
聚碳酸酯	斜方	1.19	1.01	2.15	—	—	—	267	1.30
聚酰胺-66(α)	三斜	0.49	0.54	1.72	48.5	77	63.5	265	1.24
聚酰胺-66(β)	三斜	0.49	0.80	1.72	90	77	67	—	1.248
聚酰胺-610(α)	三斜	0.495	0.54	2.24	49	76.5	63.5	228	1.157
聚酰胺-610(β)	三斜	0.49	0.80	2.24	90	77	67	—	1.196
聚酰胺-6	单斜	0.956	1.72	0.801	—	67.5	—	215	1.23
聚酰胺-7	三斜	0.49	0.54	0.985	49	77	68	225	1.211
纤维素-Ⅰ(天然)	单斜	0.820	1.03	0.79	—	83.3	—	—	1.625
三醋酸纤维素	单斜	2.45	1.16	1.043	—	—	—	306	1.30
顺 1,4-聚丁二烯	单斜	0.460	0.95	0.86	—	109	—	—	1.01
顺 1,4-聚异戊二烯	单斜	1.246	0.889	0.810	—	92	—	36	1.00
聚对苯二甲酰对苯二胺	单斜	0.78	0.52	1.29	—	—	90	—	1.50
聚对苯酰胺	斜方	0.771	0.514	1.28	—	—	—	—	1.54
聚间苯二甲酰对苯二胺	三斜	0.527	0.525	1.13	111.5	111.4	88	—	1.45

表 4-7　部分螺旋形构象高分子的结晶结构参数

高分子	晶系	晶格常数				螺旋结构 Hm_n	熔点/℃	密度/(g/cm³)
		a/nm	b/nm	c/nm	β/度			
聚四氟乙烯(20℃以上)	六方	0.554	0.554	1.68	119.5	$H13_6$	327	2.4
聚四氟乙烯(高于 20℃)	六方	0.561	0.561	1.95	—	$H15_7$	—	2.36
聚三氟氯乙烯	六方	0.65	0.65	3.5	—	$H16.8_1$	220	2.10
聚异丁烯	斜方	0.694	1.196	1.863	—	$H8_5$	128	0.937
聚丙烯酸甲酯(等规)	斜方	2.108	1.217	1.055	—	$H5_2$	160	1.23
聚苯乙烯(等规)	三方	2.190	2.190	0.663	—	$H3_1$	240	1.12

续表

高分子	晶系	晶格常数				螺旋结构 Hm_n	熔点 /℃	密度 /(g/cm³)
		a/nm	b/nm	c/nm	β/度			
聚 1-丁烯	三方	1.77	1.77	0.650	—	$H3_1$	126	0.95
聚乙烯基异丁基醚	斜方	1.68	0.970	0.650	—	$H3_1$	115	0.940
聚乙二醇	单斜	0.95	1.20	1.95	101	$H7_2$	—	—
聚邻甲基苯乙烯	正方	1.901	1.901	0.810	—	$H4_1$	360	1.071
聚乙醛	正方	1.463	1.463	0.479	—	$H4_1$	—	1.141
聚乙烯基环己烷	正方	2.176	2.176	0.650	—	$H4_1$	305	0.95
等规聚丙烯(α)	单斜	0.665	2.096	0.650	—	$H3_1$	170	0.936

4.2.3　高分子的结晶形态

随着结晶条件不同，高分子晶体呈现不同的结晶形态。结晶形态是微小晶体堆砌而成的晶体外形，尺寸在几微米至几十微米，采用光学显微镜和电子显微镜可研究高分子的结晶形态，而采用 X 射线衍射可研究高分子晶体的结构。结晶高分子主要的结晶形态有：单晶、球晶、树枝状晶、纤维状晶、串晶、伸直链片晶等。下文就各种结晶形态的形成条件、特征及影响因素等分别做简单介绍。

4.2.3.1　单晶

凡是能结晶的高分子，在适当的条件下都可以形成单晶。但单晶的形成条件是比较苛刻的，通常要极稀的溶液，含量在 0.01%～0.1%（使大分子链充分分开，减少分子链纠缠引起结晶的复杂化）；同时，需要非常缓慢地结晶，通常是将结晶高分子加热到熔点以上，然后十分缓慢地降温结晶。

单晶有规则的外形，如聚乙烯单晶（见图 4-10）和聚甲醛单晶（见图 4-11），前者是菱形，后者是六边形，电子衍射得到非常清晰而规则的衍射图案。

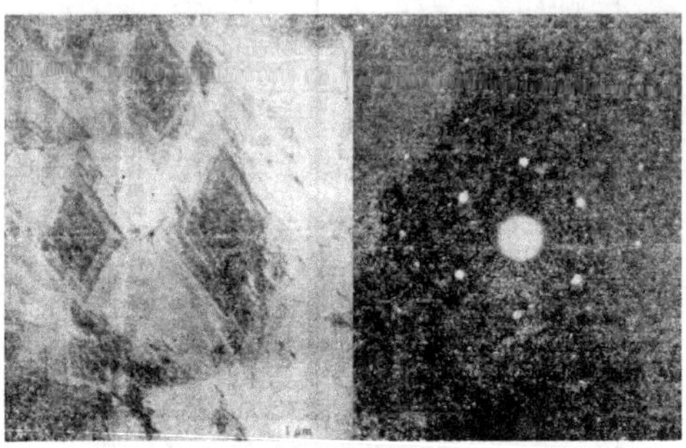

图 4-10　聚乙烯单晶的电镜照片和电子衍射图案

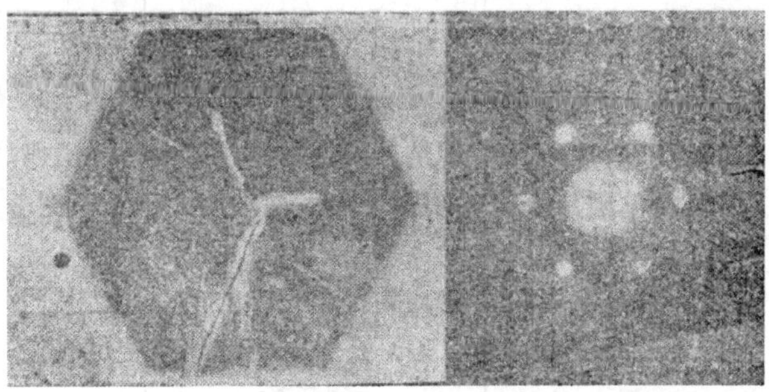

图 4-11　聚甲醛单晶的电镜照片和电子衍射图案

高分子单晶是薄片状晶体，片晶厚度约 10nm。而且，片晶厚度与分子量无关，只取决于结晶时的温度和热处理条件。在常压下，片晶的厚度最大不超过 50nm，而高分子链长度通常达数百纳米，研究表明，晶体中分子链是垂直于晶面方向的，因此，高分子链在单晶中是折叠排列的。分子链折叠排列方式如图 4-12 所示意。

将高分子单晶放在正交偏光显微镜上观察，当样品随载物台旋转一周时，在正交偏光下会发现有四明四暗的现象。

单晶的生长除了横向延伸外，还常常沿单晶螺旋位错中心盘旋生长，从而发展成多层结构。例如，聚甲醛单晶的电子显微镜照片可清楚地看到盘旋生长的现象（见图 4-13）。

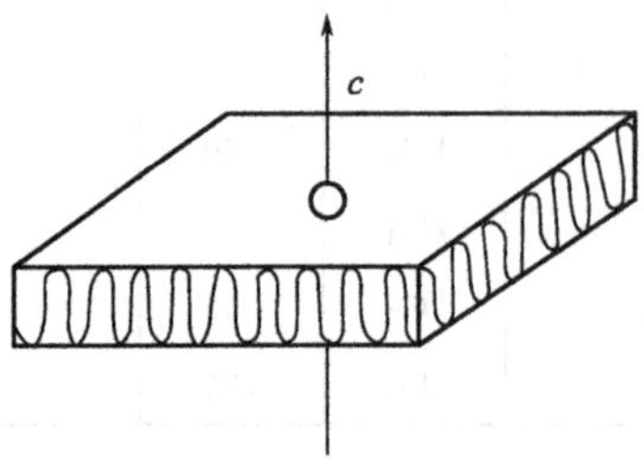

图 4-12 高分子单片晶链的折叠示意图

图 4-13 聚甲醛单晶的电镜照片

影响单晶形态和尺寸的主要因素有溶液浓度和结晶温度等。

通常，培养单晶的溶液浓度必须足够低。含量约 0.01%时可得单层片晶，含量约 0.1%时将发展多层片晶，含量大于 1%时则形成球晶。但也有研究表明，在个别合适条件（如高压等）下，高分子单晶可以在熔体中形成。

结晶温度与结晶速率直接相关。结晶温度越接近熔点，过冷度（结晶熔点与结晶温度之差）越小，结晶速率越慢。为了得到完善单晶，一般要使结晶速率足够慢，以使分子链有时间折叠排入晶格。随着结晶温度增高，所形成的单晶片晶厚度增加。过冷度大时，也会引发形成相互重叠的多层晶体。

此外，溶剂的性质和高聚物分子量大小对结晶的形态也有影响。

表 4-8 列出一些高分子单晶形成的条件和外形。

表 4-8 部分高分子单晶形成的条件和外形

高分子	溶剂	溶解温度/℃	结晶温度/℃	几何形状
聚乙烯	二甲苯	沸点	50～95	菱形
聚丙烯	α-氯代萘	沸点	90～115	长方形
聚丁二烯	醋酸戊酯	～130	30～50	
聚 4-甲基-1-戊烯	二甲苯	～130	30～70	正方形
聚乙烯醇	三乙基乙二醇	—	80～170	平行四边形
聚丙烯腈	碳酸丙烯酯	—	～95	平行四边形
聚偏氟乙烯	一氯代苯-二甲基甲酰胺(9：1)	～150	～90	
聚甲醛	环己醇	沸点	～137	正六边形
聚氧化乙烯	乙二醇-丁醚	～100	～30	
聚酰胺-6	甘油	～230	120～160	菱形
聚酰胺-66	甘油	～230	120～160	菱形
聚酰胺-610	甘油	～230	120～160	菱形
醋酸纤维素	硝基甲烷-正丁醇		～50	

4.2.3.2 球晶

球晶是高分子结晶的一种最常见的结晶形态。在通常的条件下，高分子从浓溶液或熔融体冷却结晶时，往往生成圆球形的多晶聚集体，称为球晶。高分子球晶尺寸从几微米到几毫米，有些甚至可生长至厘米数量级，可以用光学显微镜甚至肉眼观察。

高分子球晶在正交偏光显微镜下观察可看到非常特征的黑十字消光图形［也称为马耳他黑十字（Maltese cross）］，图 4-14 和图 4-15 为两张典型的高分子球晶的正交偏光显微镜照片，可以清楚地看到黑十字消光图形。

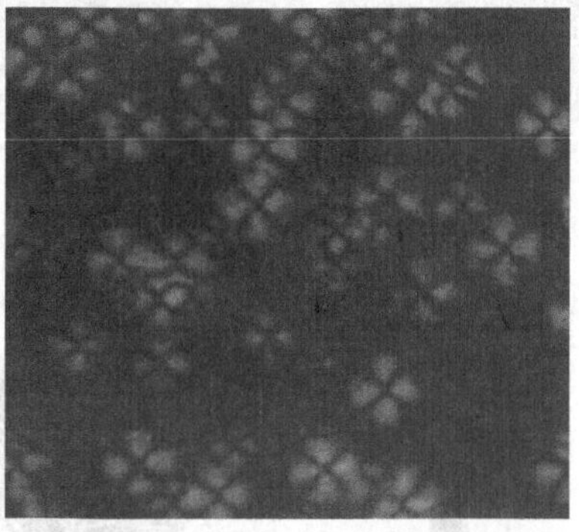

图 4-14 高分子球晶的正交偏光显微镜照片Ⅰ

图 4-15 高分子球晶的正交偏光显微镜照片Ⅱ

黑十字消光图形是因为球晶中片晶的双折射性质和对称性所引起。球晶实际上是由许多径向发射的长条扭曲片晶组成的多晶体，在球晶中，分子链通常总是沿垂直于球晶半径的方向（垂直于片晶方向）排列的。当一束自然光通过起偏器后，变成平面偏振光，其振动（电矢量）方向都在单一方向上。当偏振光通过高分子球晶时，发生双折射，分成两束振动方向相互垂直的偏振光，它们的振动方向分别平行和垂直于球晶的半径方向，由于这两个方向上折射率不同，这两束光通过样品的速度不相等，因而会产生相位差，进而产生干涉现象，结果使通过球晶的一部分区域的光可以通过与起偏器正交的检偏器，而另一部分区域不能，这样就形成球晶照片上的亮暗相间的黑十字区域。

还应该指出的是，在用正交偏光显微镜观察时，如保持起偏和检偏器的位置不变，而将样品沿其平面方向转动，可发现球晶的黑十字消光图案不变。这是因为高分子球晶的所有半径单元在结晶学上是等价的。

典型的球晶有放射状球晶和螺旋状球晶两种。放射状球晶中链带或片晶呈放射状排列，所以，在正交偏光显微镜下可看到径向辐射的条纹，如图 4-16 所示。

螺旋状球晶除了看到黑十字之外，还有许多明暗相间的消光同心圆环，见图 4-17 所示。这是由于径向发射的片晶缎带状地协同扭转所致，因为这些链带以相同周期和相位向同方向扭转，因而对光线产生相应的同心圆消光花纹。图 4-18 定性描述了螺旋状球晶的消光花纹产生的原理。

对于球晶的生成，人们已进行了很多研究。球晶生成的初期也是以折叠链片晶开始。这些小片晶由于熔体迅速冷却或其他条件限制，来不及规整地堆砌成单晶。为了减小表面能它们经常以某些晶核为中心（多层片晶），逐渐向外张开生长，并由于连续发生非结晶学上的小角度分叉现象，不断分叉生长，经历捆束状阶段［图 4-19(b) 和 (c)］，之后同时向四面八方扭曲生长，形成填满空间的球状外形，最后生长成较大的尺寸［图 4-19(e)］。球晶生长过程可用图 4-19 示意。

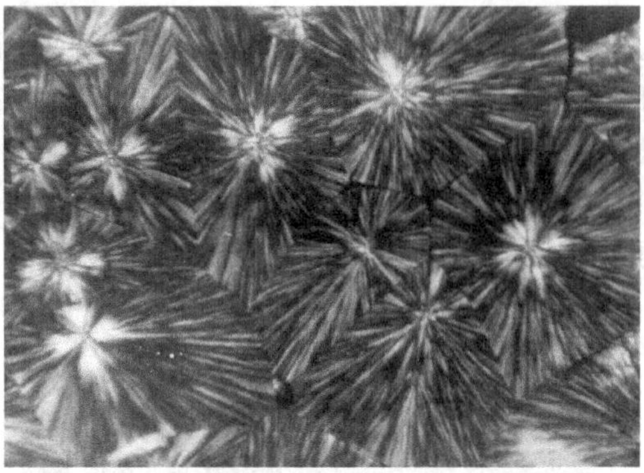

图 4-16 聚丙烯放射状球晶的偏光显微镜照片

图 4-17 聚癸二酸乙二酯螺旋状球晶的偏光显微镜照片

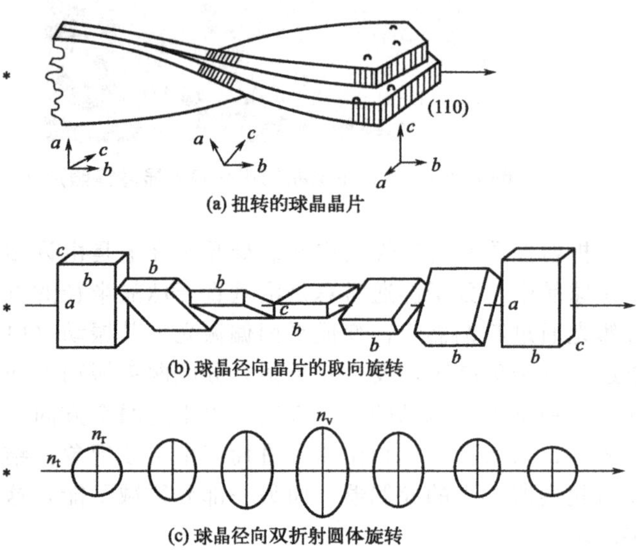

图 4-18 螺旋状球晶的消光环形成原理图

* —球晶中心；→—半径方向，生长方向

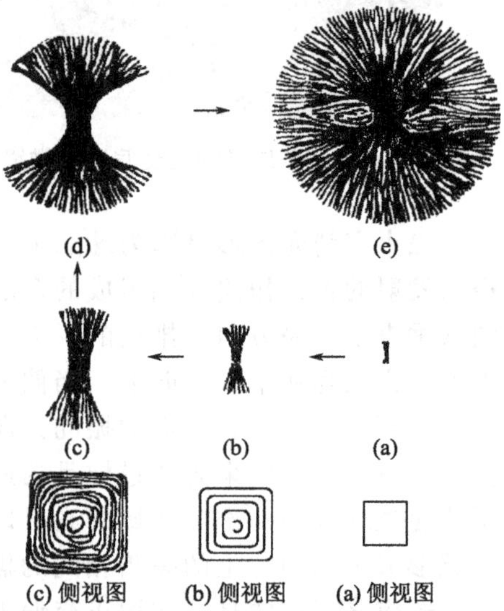

图 4-19 球晶生长过程示意图

在很多情况下，特别是在晶核密度较大时，偏光显微镜下观察到的球晶轮廓并不是球形的。这是因为各个球晶生长到一定程度时会与相邻球晶互相碰撞，阻碍了球晶外缘的正常生长，从而互相挤压成为不规则的多面体。

根据球晶双折射性质的差异，可以把球晶分为正光性球晶（$n_r > n_t$，n_r 是球晶的径向折射率，n_t 是球晶的切向折射率），负光性球晶（$n_r < n_t$）和混合性球晶。同一种高分子依据结晶条件不同可以得到不同形态及不同光性的球晶，如等规聚丙烯可生成四种不同形态的球晶，聚对苯二甲酸乙二酯（PET）、聚酰胺-1010 等可以生成多种正常球晶和异常球晶，各类球晶可以互相转化。

球晶的结构与形态受高分子结构及其结晶条件的影响。高分子链的规整性被破坏，生成的球晶变小，如乙烯和少量丙烯共聚，链规整性下降，生成的球晶变小，丙烯含量较大时甚至不能结晶。少量弹性体与塑料共混，也会限制塑料中大球晶的形成。高分子结晶时加入成核剂，可有效地降低球晶尺寸，甚至只生成微晶。控制熔体冷却速度，可控制生成球晶的大小，迅速冷却，通常生成的球晶较小，缓慢冷却，生成的球晶较大。

球晶的尺寸对性能有明显影响。例如，球晶越大，材料的冲击强度变小，容易破裂；球晶尺寸越大，材料透明性变差（如果材料的结晶相和非晶相密度非常接近，则材料可以是透明的），而当球晶的尺寸小于可见光波长（400～760nm）时，球晶与非晶区的折射率差异引起的光散射强度显著降低，光线可顺利透过材料，故材料透明。在聚丙烯的实际应用中，就是通过添加成核剂降低球晶尺寸，获得高透明度的产品。

4.2.3.3　树枝状晶

树枝状晶的基本结构单元也是折叠链片晶，但与球晶不同的是，球晶是在所有径向方向上以相同的速率生长，而树枝状晶则在特定方向上优先发展，球晶中只能看到片层状结构，而在树枝状晶中片晶具有规则的外形，见图4-20所示。

树枝状晶在生长过程中择优取向生长也是由于分叉支化的结果。但这里的分叉支化与球晶中不同，树枝状晶的分叉支化是结晶学上的分叉，因而导致规则的形状；而球晶中出现的是非结晶学上的小角度分叉（由于杂质作用导致两相邻生长片晶的小角度分叉），导致片晶在所有地方均匀地生长，充满球状空间。

树枝状晶生成的条件通常是：从溶液中析出，结晶温度低或溶液浓度较高，或分子量过大，这时高分子不能形成单晶，导致了像树枝状晶等复杂的结晶形式。

4.2.3.4　纤维状晶和串晶

高分子溶液流动时或在搅拌情况下结晶，或高分子熔体在挤出、吹塑成型中受到一定剪切应力，以及纤维和薄膜的成型中受到拉伸应力，这些力场的作用可促使高分子形成纤维状晶体。顾名思义，纤维状晶在显微镜下观察具有纤维细长的形状，如图4-21所示。分析表明，纤维晶的分子链伸展方向（C轴）同纤维轴平行，整个分子链在纤维晶中呈伸展状态。纤维晶的长度可大大超过分子链的实际长度，说明纤维晶是不同分子链连续排列起来的。

图4-20　聚乙烯树枝状晶

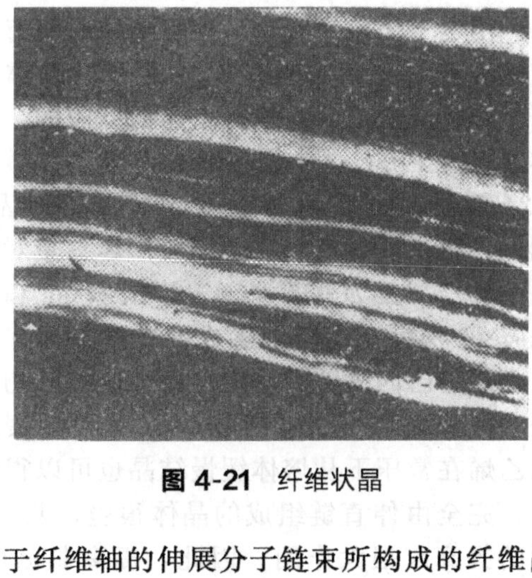

图4-21　纤维状晶

当结晶温度较低时，有时得到的晶体除了平行于纤维轴的伸展分子链束所构成的纤维晶状外，纤维晶微纤还会成为许多结晶中心，从而在纤维状晶的周围生长出许多折叠链晶片，形成串状结构，称之为串晶。所以说，串晶是纤维晶和片晶的复合体。它以伸直链结构的纤维晶为中心，在周围附生着片状晶体，其结构可用图 4-22 示意。图 4-23 为聚乙烯甲苯溶液在 120℃搅拌状态下形成的串晶照片。

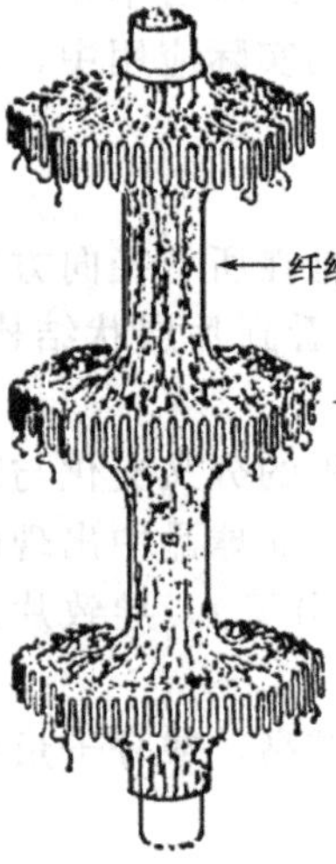

图 4-22 串晶结构

图 4-23 聚乙烯串晶的电镜照片

随着应力增大和伸直链的增多，这种纤维状晶材料可具有高强度和高模量等优良的力学性能。而且这种结晶结构的制品，由于没有球晶的光散射现象而呈透明状，应用上更有优势。

4.2.3.5 伸直链晶片

高分子在极高压力下慢慢结晶，可以得到完全由伸直链所组成的片晶，称为伸直链晶片。其片晶的厚度大于或等于伸直的分子链长。例如，聚乙烯在低于 203.7MPa（约 2000 大气压）下结晶，只能得到片晶厚度为 40～60nm 的晶体，研究证明，这些结晶是折叠链结构。但在近 506.6MPa（5000 大气压）、227℃结晶 200h，则得到片晶厚度与分子链长度（几百至几千纳米）相当的晶体，这种片晶的密度超过 0.99g/cm^3，接近理想晶体的数据。用电子显微镜观察，发现晶体断面有一带状结构，与由伸直链组成的石蜡晶体类似，而且大分子链是平行于晶面方向的。晶体熔点为 140℃，非常接近热力学熔点。图 4-24 是聚乙烯在高压下得到的伸直链晶。此外，聚三氟氯乙烯、聚偏氟乙烯、聚对苯二甲酸乙二酯及聚酰胺-6、聚酰胺-11 和聚酰胺-12 都可在高压下生成伸直链晶体。也有人对 ε-己内酰胺采用逐步聚合后结晶的方法获得聚酰胺-6 的伸直链晶。有报道聚四氟乙烯在常压下从熔体缓慢结晶也可以得到伸直链晶。

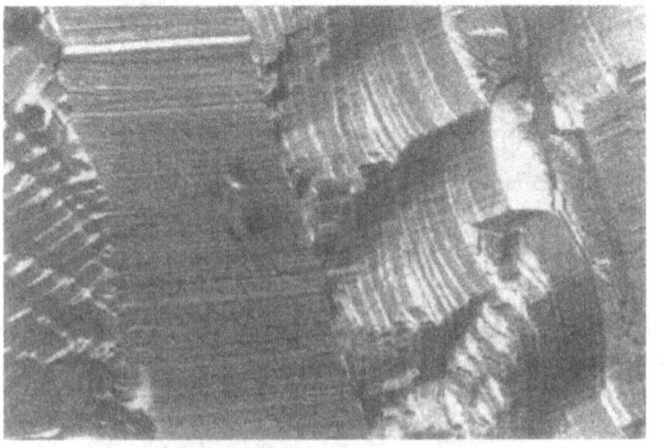

图 4-24 聚乙烯伸直链晶

完全由伸直链组成的晶体很脆，甚至可以用研钵研碎。但由于伸直链的存在对机械强度的提高起很大作用，因此，提高制品中伸直链的含量，是提高高分子机械强度的方向之一。

4.3　晶态高分子的结构模型

为了阐述高分子链在结晶中的排列问题，人们提出了各种不同的结构模型，这些模型各自能解释高分子结晶的部分现象，但它们各自也存在一定的局限性。在这些结晶模型中，有些观点至今还在争论中。以下介绍几个较流行的结晶模型。

4.3.1　缨状胶束模型

缨状胶束模型（the fringed-micelle model）又称为两相结构模型。它是杰尔格斯-赫尔曼（Gerngress-Herrmann）在 1930 年提出的。这一模型提出的实验根据是晶态高分子的 X 射线衍射图除了有许多衍射环之外，还常常有一两个弥散的衍射环，这种现象与 X 射线对液体的衍射效应相似。缨状胶束模型有几个主要观点：①结晶高分子中晶相及非晶相同时并存；②结晶区就是由许多相互平行排列的分子链组成的胶束，这些胶束的取向是随机的，也就是说结晶是可任意取向的；③在胶束之间的区域是非晶区，非晶区中分子链是卷曲的，排列完全无序，互相缠结；④结晶区的尺寸很小，一条高分子链可以贯穿几个晶区和非晶区，于是没有明确的晶体相界面。图 4-25 是缨状胶束模型。

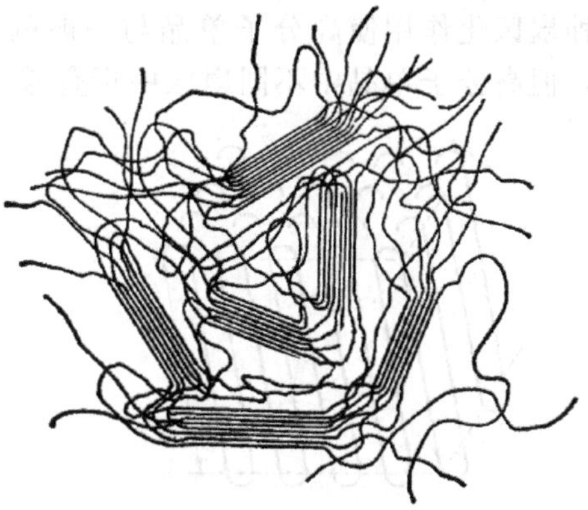

图 4-25　结晶高分子的缨状胶束模型

平行线表示结晶区；弯曲线表示非晶区

缨状胶束模型能解释结晶高分子的许多实验结果。例如，模型认为不是整条分子链结晶，可以解释晶区尺寸大大小于高分子链的链长，而且与分子量无关。模型中结晶和非结晶两相共存的观点，可说明高分子的宏观密度小于晶胞的理论计算密度的结果，并且也可以解释为什么结晶高分子的 X 射线衍射图中除了有晶态的许多衍射环之处，还有相应于非晶态结构的一两个弥散环。此外，结晶高分子拉伸时，X 射线衍射图中出现的圆环变为圆弧的现象，可用晶束拉伸取向解释，而结晶高分子熔限较宽也可用微晶大小不一的观点阐释。因此，缨状胶束模型提出后在很长时间内被广泛接受和采纳。

但是，这一模型也存在不少问题，例如，人们用苯蒸气蚀刻的方法研究聚癸二酸乙二醇酯球晶时发现，球晶中的非晶部分可以被蚀刻掉而仅保留结晶部分，这证明这种结晶不像模型所描述的晶区与非晶区不可分开，而是可以分开的。此外，对于单晶的结构，用缨状胶束模型更是不能解释。所以，20 世纪 50 年代以后，随电子显微镜技术的发展，人们提出了更多的结构模型。

4.3.2　折叠链模型

随着研究的深入，人们发现，高分子单晶有清晰的相界面，它的电子衍射图有很清晰、很细的衍射点，表明高分子单晶只存在于晶相中，这与缨状胶束模型中分子链通过晶区和非晶区而无相界面的观点矛盾。研究发现单晶的特点为：它一般是由厚约 10nm 的薄片晶组成；电子衍射法研究证明单晶中分子链的取向不是沿着晶体的最长方向，而是沿着晶体的最短方向，即垂直于晶体薄片的平面，而高分子一般都长达数百至数千纳米。根据这些实验事实，凯勒（A. Keller）于 20 世纪 50 年代提出折叠链的理论模型。

这种模型认为，在片晶中高分子链是以反复折叠的形式排列的，当分子链长出片晶后，立即折叠，在邻近长出的位置返回片晶，如此规则地排列下去，即近邻折叠。在折叠中，链的键长、键角不改变。关于折叠有两种情况，一种是链折叠直接由单根分子链（而不是链束）进行。另一种是，伸展的分子链倾向于相互聚集在一起形成链束，链束比分子链长得多（注意：在缨状胶束模型中说的是胶束或微束，这里讲的是链束），它由许多分子链组成。分子链规整排列的链束构成高分子结晶的基本结构单元，自然，这种规整的结晶链束细而长，表面能很大，不稳定。为了减少表面能，链束会自发地折叠成带状结构，进而在已形成的晶核表面折叠成长成片晶，这样的折叠使相连的链段在片晶中的空间排列是相邻的，故称为近邻规整折叠。图 4-26 是折叠链模型。

按照折叠链模型，分子链在单晶生长面上规整折叠使晶体被分成若干扇区（图 4-27），这种扇区化作用使高分子单晶与一般的单晶不同，在一般的单晶中，各部分的结构是一样的，但高分子单晶中不同扇区中折叠链的堆叠排列方向（晶面生长方向）是不同的。

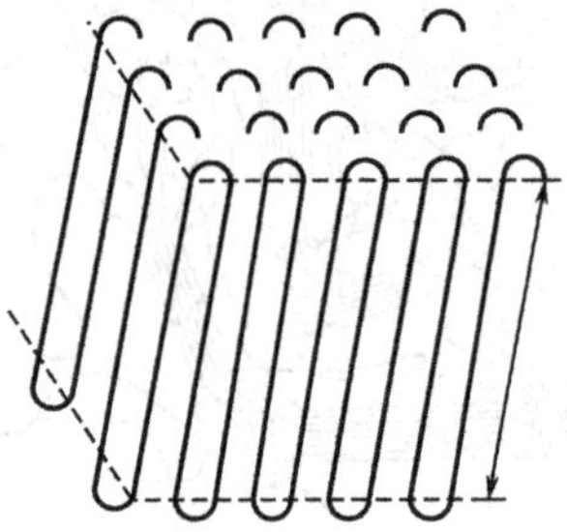

图 4-26 结晶高分子的折叠链模型

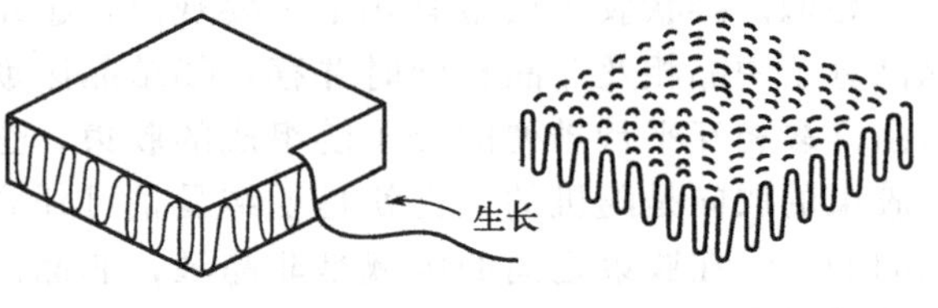

(a) 折叠链片晶的生长　(b) 折叠链片晶的扇区化作用

图 4-27 折叠链片晶扇区化

按照折叠链模型，球晶也是以折叠链结构的小片晶为单元形成的球状多晶聚集体。由于高分子熔体的迅速冷却或其他条件的限制，小片晶不能进一步规整地堆叠成单晶，只好以某些晶核为中心同时向所有的空间发展，最终成为球状外形。在球晶生长中，片晶总是沿着球晶径向向外延长，因此，分子链沿着片晶端部的生长面发生折叠，结果，不管这些长条片晶是不是发生扭曲，分子链总是处在与径向相垂直的方向上的。这正是我们在球晶的形态中介绍的，球晶在正交偏光显微镜下看到黑十字的原因。

按照凯勒早期的折叠链模型，高分子链的曲折部分所占比例很小，非晶区部分是以不规则链段形式夹在片层之间。但实际片晶中，高分子链往往并不全部都填充到规整的结晶结构中，即使在高分子单晶中，仍有可观的晶体缺陷，有些单片晶表面结构很松散，单晶密度远小于理想晶体的密度值。因此，后来费希尔（Fischer）又对上述模型加以修正，提出了松散折叠链模型。

4.3.3 松散折叠链模型

这一修正的模型认为：在结晶高分子的片晶中，仍以折叠链为基本结构单元，但在转折部分不是短小和规则的，而可能是一个环圈，既松散又不规则。在片晶中，分子链的相连链段仍然是相邻排列的。图 4-28 为近邻松散折叠链模型。与图 4-26 相比较，可以看出近邻规整折叠和近邻松散折叠之间的差别主要是在弯曲头部分。

有人认为，规整折叠与松散折叠两种模型只是代表了折叠链结构的两种基本模式。实际晶体中可能两种折叠模式都存在。而且，一条分子链并非只在一个片晶中折叠排列，而可能贯穿几个片晶中，即在一个片晶中折叠一部分后，又伸出晶面，到另一个片晶中参加折叠。使片晶之间形成连接链。实验表明，将聚乙烯与石蜡一起结晶，然后用溶剂将石蜡萃取掉，再将剩余的部分用电子显微镜观察，结果如图 4-29 所示。从照片上来看，这些片晶与片晶之间不是孤立的，而是由许多丝状链束连起来，这些微丝状分子束不是规整折叠的，可能是由伸直链段组成的。这些丝状连接链的数目随着聚乙烯的分子量增加而增加，也随着结晶温度的降低而增加。可以想象，当分子量大时，链长增长，它贯穿多个片晶的倾向增强。结晶温度低，结晶速率快，许多长条的分子链束来不及充分移动和规则折叠就排入到其他片晶的晶格中的概率增加。

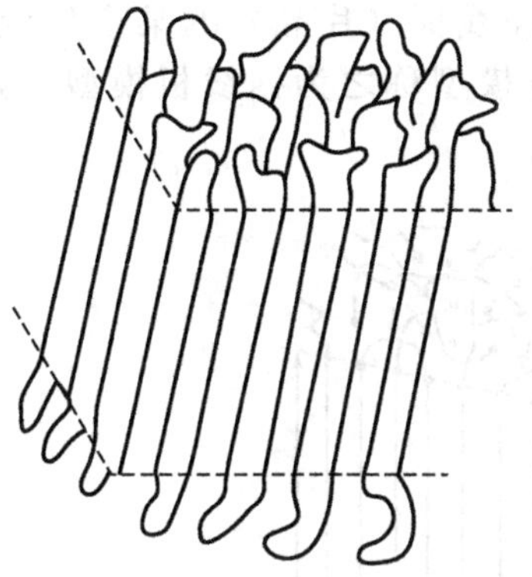

图 4-28　近邻松散折叠链模型

图 4-29　石蜡被萃取后的聚乙烯电镜照片

4.3.4　隧道-折叠链模型

高分子结晶的结构与形态具有多样性的特点，许多情况都是晶相与非晶相同时存在于高聚物中，为了综合描述结晶高聚物这种结构特点，R. Hosemann 提出了一个折中的模型，称为隧道-折叠链模型。这个模型概括了各种结晶结构中所可能存在的各种形态，有一定普适性，而且特别适用于描述半结晶高聚物中复杂的结构形态，如图 4-30。从图中看到，模型中有折叠链、链末端、空穴、伸直链，以及晶区和非晶区。

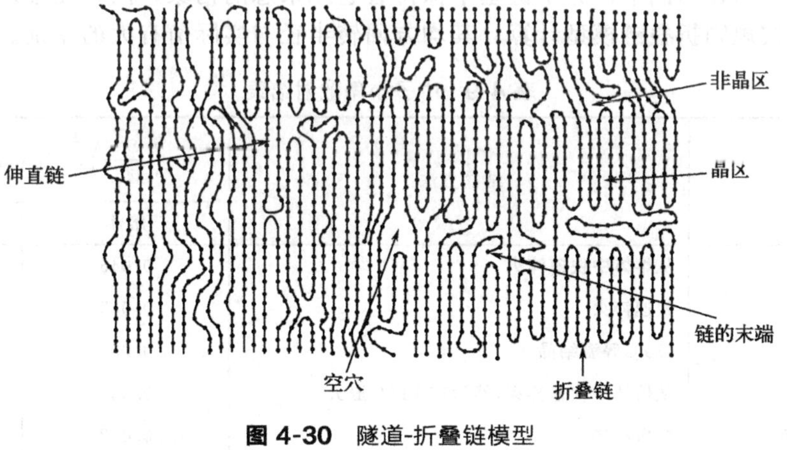

图 4-30　隧道-折叠链模型

4.3.5　Flory 插线板模型

Flory 的插线板模型（Switchboard model）实质为一种非折叠链模型。Flory 认为，高分子链是一种无规线团，当高聚物结晶时，分子链做近邻规整折叠的可能性是很小的。例如，当聚乙烯熔体结晶时，按半定量计算，聚乙烯分子线团在熔体中的松弛时间很长（相对于结晶速率来讲），但聚乙烯的结晶速率却很快，因此，分子链在结晶时根本来不及作规整的折叠，而只能是对局部链段做必要的调整之后进入晶格。这样，总体上高分子链是完全无规则地进入片晶的。这样的结晶过程中，相邻排列的两段分子链并不像折叠链模型那样属于同一分子的相连接链段，而是非邻接的链段和属于不同分子的链段。在形成多晶时，一条分子链可先在一个片晶中排入晶格，之后穿越非晶区，进入另一个片晶排列。如果它还可以折回到原来的片晶中排入晶格的话，这时它排列的位置也不是在原链段的相邻位置。依据这样的分析，如果我们描述一层片晶的结构，其中分子链的排列就像老式电话交换台的插线板，而片晶表面上的分子链段就像插头线路那样，随机地插接在插线板（片晶）的某个位置，排列没有规则，结构疏松，构成非晶区。所以，通常把 Flory 模型称之为插线板模型，如图 4-31。

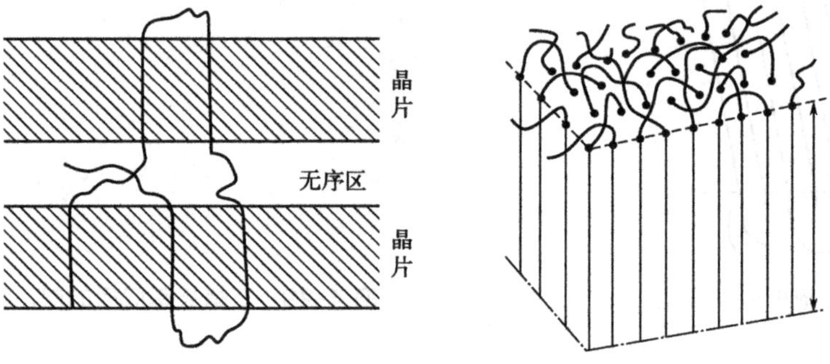

图 4-31 插线板模型

许多中子小角散射实验结果支持 Flory 的插线板模型。例如，用中子散射法研究聚乙烯、聚丙烯、聚氧乙烯和等规聚苯乙烯等熔体结晶的均方回转半径，发现它们的值与熔体中相同（见表 4-9），晶体和熔体中的结果都服从 θ 溶液中的回转半径与分子量的关系：

$$(\overline{S^2})^{\frac{1}{2}}=KM^{\frac{1}{2}} \tag{4-6}$$

这些结果说明在结晶中，分子链基本保持着它原来总的构象，而只在排入晶格时作局部的调整。如果按规则折叠链模型计算，其均方回转半径与实际值有大的差别。

表 4-9 中子小角散射结果

高聚物	结晶方法	$\left(\frac{\overline{S^2}}{\overline{M}_W}\right)^{\frac{1}{2}}$/[nm/(g/mol)$^{1/2}$]	
		熔体	结晶
聚乙烯	从熔体中快速淬火	0.046	0.046
	快速淬火	0.035	0.034
聚丙烯	139℃等温结晶	0.035	0.038
	从熔体中快速淬火，然后在 137℃退火	0.035	0.036
聚氧乙烯	缓慢冷却	0.042	0.052
	140℃结晶 5h	0.026～0.028	0.024～0.027
等规聚苯乙烯	140℃结晶 5h 后，180℃结晶 50min	0.026～0.028	0.026
	200℃结晶 1h	0.022	0.024～0.029

综合各种实验结果，折叠链模型和插线板模型可能分别适用于不同的结晶场合。在单层片晶的情况下，折叠链模型可能是适用的，而在多层片晶和熔体结晶的情况下，Flory 的插线板模型更适用一些。

4.4　高分子的结晶度及其与工艺和性能的关系

4.4.1　结晶度

取决于结晶条件，一种结晶性高分子可以呈结晶态或无定形（非结晶）态，在绝大多数情况下是结晶区和非结晶区共存。随着条件的改变，结晶部分与非结晶部分的比例或大或小。为了从总体上定量描述结晶部分的多少，人们引入一个概念——结晶度。顾名思义，结晶度即结晶程度的量度，可以用结晶部分所占的质量百分数 f_c^m 或体积百分数 f_c^V 来表示。

$$f_c^m = \frac{m_c}{m_c + m_a} \times 100\% \tag{4-7}$$

$$f_c^V = \frac{V_c}{V_c + V_a} \times 100\% \tag{4-8}$$

式中，m 表示质量；V 表示体积；下标 c 表示结晶部分；下标 a 表示非晶部分。

从定义上说，高分子结晶度的物理意义是非常明确的。但是，从结晶高分子的实际情况来说，结晶度的表征存在一定的问题，根源在于高分子的晶区和非晶区的界限并不清楚。在同一结晶高分子中存在着不同程度的有序状态，这给准确断定哪部分属于结晶，哪部分属于非晶带来困难。在用不同的测试方法测定结晶度时，所认可的有序状态不同，或者说，不同方法对晶区和非晶区的认定不同，这样就使结晶度的测定因方法的不同而出现很大的差别。例如，表 4-10 给出了一些高分子用不同方法测定的结晶度。可以看到，测试值之间的差值远远大于测试的误差，这也证明了这种差值不是测试技术引起的，而是测试的原理不同所致。因此，在论文或著作中述及高分子结晶度时，一般要标明其测试方法。

表 4-10　不同方法测定的结晶度比较

方法	结晶度/%				
	棉花纤维素	未拉伸涤纶	拉伸的涤纶	低压聚乙烯	高压聚乙烯
密度法	60	20	20	77	55
X 射线分析	80	29	2	78	57
红外光谱法	—	61	59	76	53
水解法	93	—	—	—	—
甲酰化法	87	—	—	—	—
氘交换法	56	—	—	—	—

常用的结晶度测定方法有：密度法、X 射线衍射法、DSC 法、红外光谱法等。下面作简要的介绍。

4.4.2　结晶度的主要测定方法

4.4.2.1　密度法

密度法也称比容积法，是最常用和最简单的测定高聚物结晶度的方法。测定的原理是依据结晶的分子链是有序密堆积，纯结晶高聚物的密度 ρ_c 高于纯非晶高聚物的密度 ρ_a，或晶区的比容 υ_c 小于非晶区的比容 υ_a。

再假设高聚物样品中的结晶部分与非晶部分的质量或体积有加和性，那么，通过密度或比容积的测定，即可计算结晶度。

以比容积的加和性出发，有：

$$\upsilon = f_c^m \upsilon_c + (1 - f_c^m)\upsilon_a \tag{4-9}$$

解得：
$$f_c^m=\frac{v_a-v}{v_a-v_c}=\frac{\dfrac{1}{\rho_a}-\dfrac{1}{\rho}}{\dfrac{1}{\rho_a}-\dfrac{1}{\rho_c}}=\frac{\rho_c(\rho-\rho_a)}{\rho(\rho_c-\rho_a)} \tag{4-10}$$

而从密度的加和性出发，有：
$$\rho=f_c^V\rho_c+(1-f_c^V)\rho_a \tag{4-11}$$

解得：
$$f_c^V=\frac{\rho-\rho_a}{\rho_c-\rho_a} \tag{4-12}$$

质量法结晶度和体积法结晶度有如下关系：
$$f_c^m=f_c^V\frac{\rho_c}{\rho} \tag{4-13}$$

式中，v 和 ρ 为高聚物试样的比容积和密度。它们可用密度梯度管测定。

通常高聚物晶区密度和非晶区密度的比值约为 1.13，即 $\frac{\rho_c}{\rho_a}=1.13$，这样，只要测出样品的密度，就可利用下式粗略计算结晶度：
$$f_c^V=\frac{\dfrac{\rho}{\rho_a}-1}{0.13} \tag{4-14}$$

高聚物的 ρ_a 可通过淬火方法制备出完全无定形的样品进行测定；或者用熔体的密度-温度曲线外推到测试温度的密度值来代替。ρ_c 则可通过晶体的晶胞体积和晶胞质量计算。设每个晶胞中含有 N_i 个原子质量为 A_i 的原子，ρ_c 的计算式为：
$$\rho_c=\frac{1}{v_c}=\frac{\left(\sum_i N_iA_i\right)/N_A}{V_{cryst}} \tag{4-15}$$

式中，N_A 为阿伏伽德罗常数；V_{cryst} 为晶胞体积。

许多高聚物的 ρ_a 和 ρ_c 数据前人已经测出或计算出来，可在相关手册中查到。表 4-11 列出了部分高聚物的 ρ_a 和 ρ_c 数据。

表 4-11 部分高聚物的 ρ_a 和 ρ_c 数据

高聚物	$\rho_c/(g/cm^3)$	$\rho_a/(g/cm^3)$	ρ_c/ρ_a	高聚物	$\rho_c/(g/cm^3)$	$\rho_a/(g/cm^3)$	ρ_c/ρ_a
聚乙烯	1.00	0.85	1.18	聚三氟氯乙烯	2.19	1.92	1.14
聚丙烯	0.95	0.85	1.12	聚四氟乙烯	2.35	2.00	1.17
聚丁烯	0.95	0.86	1.10	聚酰胺-6	1.23	1.08	1.14
聚异丁烯	0.94	0.86	1.09	聚酰胺-66	1.24	1.07	1.16
聚戊烯	0.92	0.85	1.08	聚酰胺-610	1.19	1.04	1.14
聚丁二烯	1.01	0.89	1.14	聚甲醛	1.54	1.25	1.25
顺-聚异戊二烯	1.00	0.91	1.10	聚氧化乙烯	1.33	1.12	1.19
反-聚异戊二烯	1.05	0.90	1.16	聚氧化丙烯	1.15	1.00	1.15
聚乙炔	1.15	1.00	1.15	聚对苯二甲酸乙二酯	1.46	1.33	1.10
聚苯乙烯	1.13	1.05	1.08	聚碳酸酯	1.31	1.20	1.09
聚氯乙烯	1.52	1.39	1.10	聚乙烯醇	1.35	1.26	1.07
聚偏氟乙烯	2.00	1.74	1.15	聚甲基丙烯酸甲酯	1.23	1.17	1.05
聚偏氯乙烯	1.95	1.66	1.17				

4.4.2.2 X射线衍射法（WAXD）

假定试样结晶部分的含量正比于结晶的X射线衍射强度，非晶部分的含量正比于非晶的衍射强度。把结晶高聚物的X射线衍射谱分为结晶和非晶两部分，结晶度可表示为：

$$f_c^x = \frac{I_c}{I_c + K_x I_a} \tag{4-16}$$

式中，I_c 和 I_a 分别为在适当角度范围内的晶相及非晶相衍射积分强度；K_x 为校正系数。若样品存在各向异性，样品必须适当解取向，求取平均倒易空间的衍射强度，详细方法参见有关文献。

4.4.2.3 量热法（DSC）

量热法也是一种较简便测定结晶度的方法。这种方法的结晶度表示为：

$$f_c^h = \frac{\Delta H}{\Delta H_c} \tag{4-17}$$

式中，ΔH 和 ΔH_c 分别是在相同温度范围内测得的样品的熔融热和完全结晶样品的熔融热。

从定义可知，DSC法只是依据样品晶区熔融吸热量与完全结晶样品熔融吸热量的差异，就只是考虑了晶区的贡献，测得的结晶度数值往往比其他方法测得的结果低。

实际测定中，ΔH_c 可查阅文献得到，也可以通过测定一系列不同结晶度的试样，作图外推到结晶度为100%而求得。

4.4.2.4 红外光谱法

高聚物的红外光谱中某些吸收带同结晶现象有关，随结晶的增多而增强，随结晶的熔化而减弱乃至消失，这种吸收带称为晶带。有些样品还出现非晶部分对应的吸收带，称为非晶带。从文献中可以查到某些高聚物的晶带和非晶带（见表4-12）。因为谱带的吸收强度与对应的结构含量成正比，所以，通过实验测定晶带或非晶带的相对吸收强度，就可计算高聚物的结晶度。

表4-12 某些高聚物的晶带和非晶带

高聚物	晶带/cm^{-1}	非晶带/cm^{-1}
聚乙烯	1894，731	1368，1353，1303
全同聚丙烯	1304，1167，998，841，322，250	
间同聚丙烯	1005，977，867	
间同1,3-聚戊二烯	1340，1178，1140，1014，988，934，910	
全同聚苯乙烯	1365，1312，1297，1261，1194，1185，1080，1055，985，920，898	
聚氯乙烯	638，603	690，615
聚偏氯乙烯	1070，1045，885，752	
聚四氟乙烯		770，638
聚三氟氯乙烯	1290，490，440	657
聚偏氟乙烯	975，794，763，614	
全同聚乙酸乙烯酯	1141	
聚乙烯醇	1144	1040，916，825
聚对苯二甲酸乙二酯	1340，972，848	1370，1145，1045，898

续表

高聚物	晶带/cm^{-1}	非晶带/cm^{-1}
α 型聚酰胺-6	959，928	1130
聚酰胺-66	935	1140
聚酰胺-7	940	
聚酰胺-9	940	
聚酰胺-610	850	1125
聚氯丁二烯	953，780	
反 1,4-聚丁二烯	1340，1235，1120，1053，773	1345，1310
反 1,4-聚异戊二烯	1025，920，865，780	

例如，聚氯丁二烯的红外光谱中，953cm^{-1} 谱带为结晶带，其吸收强度正比于结晶度，为消除试样厚度的影响，以 2940cm^{-1} 的 C—H 伸缩振动谱带作为内标，结晶度的计算如下：

$$f_c=\frac{A_{953}}{A_{2940}}\times K_{2940} \tag{4-18}$$

式中，A_{953} 和 A_{2940} 分别为该样品的 953cm^{-1} 和 2940cm^{-1} 谱带的吸收强度；K_{2940} 是比例系数，可由已知结晶度的样品来确定，如可用密度法标定。

4.4.3 结晶度与高分子性能的关系

对于化学构造相同的高分子，由于构型不同或加工工艺改变而处于不同构象，导致高分子结晶度变化，从而会导致材料的物理力学性质有很大的变化。例如，无规聚丙烯不能结晶，在常温下是黏稠液体或橡胶状物，而等规聚丙烯有较高结晶度，熔点为 176℃，有良好的韧性和硬度，是很好的塑料，甚至可纺成纤维。不同的高分子，不同的用途，对结晶度的要求不同。通常塑料和纤维要求有合适的结晶度，对于橡胶一般不希望它有太高结晶度，因为结晶后会使橡胶弹性下降而硬化，下面总结讨论结晶度与高分子力学性能的关系。

4.4.3.1 力学性能

结晶度的大小事实上密切关系着非晶部分的多少和运动，结晶度对力学性能的影响效果与非晶部分所处的状态有关。例如，对于弹性模量而言，如果高聚物的非晶部分是处于玻璃态，这时，当结晶度增高时，虽然非晶部分减少，但由于这时高聚物结晶态的模量与非晶态部分并没有大的差别，因此，结晶度的改变对这种材料模量的影响不明显。但如果高聚物非晶部分处于橡胶态，结晶度的增加，使原弹性很好的橡胶链被比它模量大几个数量级的结晶所代替，必然导致材料整体模量的明显提高。结晶度对硬度的影响与模量相似。

对于冲击强度来讲，如果高聚物处于玻璃化转变温度以下，由于结晶使分子链排列紧密，材料受冲击时分子链没有活动余地，冲击强度下降，所以，结晶度提高使材料脆性增大。

对于拉伸强度，如果高聚物处于玻璃化转变温度以上，结晶度增加使分子间的作用力增加，因而拉伸强度提高，但断裂伸长减小。

对于蠕变和应力松弛，当高聚物处于玻璃化转变温度以上时，微晶体可起到物理交联作用，减小高分子链的滑移，因此结晶度上升使材料的蠕变和应力松弛减小。

表 4-13 列出了结晶度对高弹态或玻璃态材料力学性能的影响。

表 4-13 结晶度增加时高聚物力学性能的变化趋势

状态	温度	弹性模量	硬度	冲击强度	拉伸强度	伸长率
皮革态	$T_m \sim T_g$	上升	上升	稍有下降	上升	下降
硬结晶态	$< T_g$	变化不大	变化不大	下降	下降	变化不大

还应注意的是，尽管结晶度相同，但结晶的形态（如球晶形态及大小等）不同时，高聚物的力学性能也有很大不同。

4.4.3.2 密度与光学性质

高聚物结晶区和非晶区由于密度不同而有不同的折射率，当光线通过结晶高聚物时，光线在晶区界面上发生折射和反射而不能直接透过，因此，结晶高聚物通常是乳白色，不透明。例如，聚乙烯和聚酰胺等。当结晶度减小时，透明度增加，非晶（无定形）高聚物通常是透明的，例如常见的有机玻璃（聚甲基丙烯酸甲酯）和聚苯乙烯等。

但是，如果晶区（晶粒）的尺寸小到光波波长的量级，这时光的折射和反射作用很小，结晶高聚物的透明度大大增加。在实际生产中，例如等规聚丙烯，为了增加制品透明度，最流行的方法就是在加工时加入成核剂，使等规聚丙烯的球晶颗粒变小，从而使透明度增加，而同时其他性能也得到改善。

如果晶区和非晶区的密度差别很小，尽管高聚物有结晶，也不一定影响透明性。例如，聚(4-甲基-1-戊烯)，结晶时分子链排列不太紧密，晶相密度和非晶相密度相近，呈现光学透明的特性。

4.4.3.3 热性能

对塑料来讲，非晶或结晶度低的材料，最高使用温度是玻璃化转变温度。当结晶度较高时（如40%以上），晶区相互连接，尽管温度高于 T_g，非晶区链段有运动，但晶区连接而成的连续相骨架不变，材料不会软化变形，它的使用温度可提高到熔点温度。聚乙烯和聚丙烯是很好的例子，聚乙烯的 T_g 约−80℃，但结晶度达55%～60%时（低密度聚乙烯），软化点达90～100℃，结晶度达80%～90%时（高密度聚乙烯），软化点可达125～135℃；等规聚丙烯的 T_g 约5℃，但由于高结晶性（结晶度达95%），所以软化点可达140℃以上，连续使用温度可达110～120℃，在无负荷情况下，使用温度可达150℃，是塑料中能在水中煮沸，并能在130℃消毒的高分子材料。

4.4.3.4 其他性能

晶区分子链排列密集，所以，结晶度增加时，通常气体、蒸气或液体的渗透性下降，化学反应活性低，耐溶剂性提高等。

4.4.4 结晶度与高分子加工工艺及分子量的关系

高分子的加工工艺，如淬火和冷却速度等对结晶度有影响，从而影响材料的性能。

例如，聚三氟氯乙烯在熔融后缓慢冷却，结晶度可达85%～90%，如果熔融后淬火，结晶度仅为35%～40%。由于结晶度不同，产品的性能也有很大差别。结晶度高时，材料的硬度、弹性模量和拉伸强度上升，而伸长率和冲击强度下降。为了提高韧性，可采用淬火的工艺降低结晶度。但要注意的是，如果淬火样品在较高的温度下使用时，高聚物会重结晶使材料变脆，这是材料使用过程中要注意的问题。所以，淬火处理的聚三氟氯乙烯低结晶度涂层的使用温度不宜高于120℃，原因就是预防高温重结晶。

在不同的结晶温度下，聚乙烯可以得到不同的结晶度，通常结晶温度低时结晶度高。作为薄膜使用时，为了保持较好的透明性和韧性，通常适当使结晶度低一些，而作为塑料使用，结晶度高可提高拉伸强度和刚性。

在纤维的生产过程中，结晶度的控制对纤维性能有很大影响。当熔融喷丝的纤维均匀地迅速冷却结晶时，结晶度较低，有利于拉伸取向，纤维性能比较均匀，所以，生产中要严格控制喷丝吹风口的温度。

分子量对高聚物的结晶有影响，进而影响性能。例如，线形聚乙烯在不同温度下等温结晶或用淬火剂快速冷却结晶时，分子量大于某一数值的高聚物，其结晶度随分子量增加而下降，最后趋于某一极限值。还应该注意的是，分子量除了影响结晶度外，还会影响结晶的完善性。例如，随着分子量的增大，高聚物晶体依次从完善的球晶变为退化的球晶、细棒状或棒状堆积结构、直到短棒状或片状或无规取向的片晶等结构。

4.5 高分子的结晶过程及动力学

高分子的结晶能力大小各有不同，有些高分子在适当的条件下可以结晶，有些高分子完全不能结晶，这种结晶能力与高分子链的结构（包括构造、构型和构象）有密切关系。人们把结构上具备结晶能力的高分子称为结晶（性）高分子。以下讨论结构因素与高分子结晶能力的关系。

4.5.1 高分子结构对结晶能力的影响

4.5.1.1 链的对称性和规整性

从结构上讲，高分子链链节的对称性和规整性是高聚物能否结晶的重要条件。一般有利于对称性和立体规整性的因素有利于结晶，而任何破坏分子链对称性和立体规整性的结构因素均使高分子的结晶能力下降，甚至完全不结晶。

聚乙烯和聚四氟乙烯分子链具有高的对称性，最容易结晶，它们的结晶能力之强以致人们无法得到完全非晶态的样品。聚乙烯的最高结晶度可达到95%，而一般高分子结晶度只有50%左右。聚乙烯氯化会破坏链的对称性，使其结晶能力大大下降，甚至失去结晶能力。但聚偏二氯乙烯由于两个取代基的对称排列而具有较好的结晶性。

主链含有杂原子的高聚物，如聚甲醛、脂肪族或芳香族聚酯、聚醚、聚酰胺和聚砜等虽然对称性不同程度地降低，但仍属于对称结构，仍有不同程度的结晶能力。

如果链节结构不对称，主链上含有不对称的碳原子，如α-烯烃，其结晶特性取决于立体构型的规整性。例如，全同或间同的聚丙烯、全同或间同的聚苯乙烯，它们具备了必要的规整性，所以可以结晶。等规度越高，结晶能力越大，结晶速率愈快。图4-32为等规聚苯乙烯和无规聚苯乙烯混合物的结晶速率，可以看出，当等规聚苯乙烯的含量增大时，结晶能力增强，结晶速率加快。

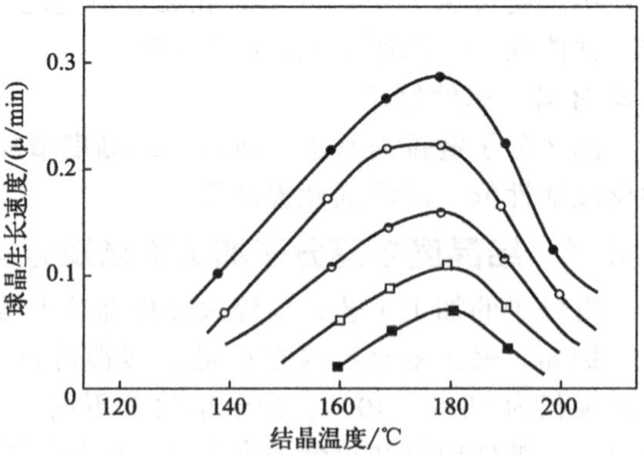

图 4-32 等规度对聚苯乙烯结晶速率的影响

等规聚苯乙烯/无规聚苯乙烯：●—100/0；○—80/20；◦—60/40；□—40/60；■—20/80

对于无规高聚物，由于分子链的对称性和规整性都受到破坏，它不可能排入规则的晶格中，一般都不能结晶，它们的凝聚态结构主要是无定形的。这类高聚物典型的例子有：自由基聚合产物聚甲基丙烯酸甲酯、聚苯乙烯和聚醋酸乙烯酯等。

值得注意的是，如果 α-烯烃上的 R 取代基团体积较小，或相对变化不大，例如，聚乙烯醇中的 OH，聚氟乙烯中的 F，它们体积较小，相对于 H 变化不大，它们均可结晶；又如聚三氟氯乙烯，氟和氯的体积相差不大，不妨碍分子链作规整的堆积，加上它们极性较强，增加了分子间作用力，故它们有相当强的结晶能力。

一般自由基聚合的无规聚氯乙烯主要是非晶态的，结晶度很低，但它并不是完全没有结晶能力，因为氯原子本身比较小，而且电负性较大，相邻的氯原子相互排斥而彼此错开排列，类似于间同立构的规整性，所以它也有微弱的结晶能力，在较低的温度（30℃以下）可有 10%～12%的结晶度。

对于双烯类高聚物，分子链中含有双键，存在顺反异构（几何异构）。反式异构体的对称性好，容易结晶，而顺式异构体分子链对称性差，不易结晶。例如，天然的杜仲胶（反式聚异戊二烯）、合成的反式聚丁二烯及聚氯丁二烯等均较易结晶，不能作为橡胶使用。而天然橡胶（顺式聚异戊二烯）及合成的顺式聚丁二烯等结晶能力差，在常温下是非晶态，是优良的弹性体材料，只在拉伸时才可结晶。

4.5.1.2 共聚结构对结晶的影响

如前所述，共聚物结构有无规、交替、嵌段、接枝共聚几种情形。通常无规共聚将破坏链结构的规整性，导致结晶能力下降或者完全不能结晶。但也有一些特殊的情况，就是两种共聚单元的均聚物有相同的结晶结构。如果两种共聚单元的均聚物结晶结构不同，但它们本身各自可以结晶，这时，无规共聚物的结晶性与两组分的相对含量有关，当某一组分占优势时，共聚物可结晶，含量少的共聚单元作为缺陷存在于共聚物中。例如乙烯和丙烯共聚物，若共聚物含丙烯 40%～65%，其结晶度可降为 10%～20%，用适当的催化剂可得到完全非晶的乙丙橡胶。

嵌段共聚物的结晶能力决定于各嵌段本身的对称性和规整性，能结晶的嵌段自己结晶成为微区。例如，聚酯-聚丁二烯-聚酯嵌段共聚物，聚酯链段可结晶，形成性能优良的热塑弹性体。

4.5.1.3 分子链柔顺性对结晶的影响

高分子链必须具有一定的柔顺性，使其具有适当的构象，才能排入晶格中形成一定的晶体结构。链柔顺性好的高聚物结晶能力强。聚乙烯就是一个柔顺性好、结晶能力强的典型例子。聚对苯二甲酸乙二酯是链柔顺性下降影响结晶性的实例，分子链中的芳香环结构使分子链运动受阻，有时来不及运动排入晶格。主链上芳香环更密的聚碳酸酯（双酚 A 型，

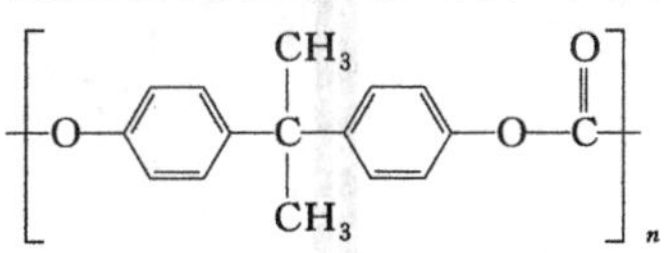

），柔顺性更差，虽然分子链有一定对称性，但结晶能力很弱，通常无明显熔点（结晶很少）。

4.5.1.4 其他影响因素

支化和交联既破坏链的对称性和规整性，又影响链的活动性，因此降低高聚物的结晶能力。例如，高压聚乙烯支化度大，它的结晶能力明显低于低压法线形聚乙烯，前者结晶度为 55%～60%时，后者可达 80%～90%。交联度增加到一定程度可能使高聚物完全失去结晶性。

分子链间作用力有降低链柔顺而不利于结晶生成的一面，但也存在有利于结晶结构稳定而促进结晶的一面。如聚酰胺类高聚物可形成分子间氢键而促进结晶形成。

4.5.2 高分子的结晶动力学

通常，结晶高分子从熔融状态逐渐冷却，或经淬火处理的结晶性高分子升温至玻璃化转变温度（T_g）以上，就可以逐渐结晶而形成晶态高分子，就是说高分子在玻璃化转变温度

（T_g）至熔点温度（T_m）范围结晶。

高分子的结晶过程同小分子结晶一样分为成核和晶体生长两个阶段。成核又分为均相成核和异相成核两种情况。

均相成核是由本身的高分子链形成链束或折叠排列生成一个足够大的热力学稳定晶核。晶核在整个结晶过程中是不断生成的，晶体就在晶核的基础上逐渐生长起来，因此生成的晶体也就大小不等。

异相成核是异物作为成核剂（如外来杂质、分散的小颗粒或未完全熔融的结晶高聚物等）。一般异相成核是所有的晶核同时生成，由此生成的结晶大小较均匀，但也存在异相成核在结晶过程中不断生成的情况。

不论如何，高聚物的结晶速率包括了晶核生成速率和结晶生长速率两者的总效应。所以，在讨论高聚物结晶动力学时有三个速率，即：晶核生成速率、结晶生长速率和结晶总速率。这三个速率可分别用不同的测试方法来测定和描述。

晶核生成速率的表征可用偏光显微镜及电镜直接观察单位时间内形成晶核的数目。

结晶生长速率的表征可用偏光显微镜及小角激光散射法测定球晶半径随时间的增大速率，即球晶的径向生成速率。

结晶总速率的表征可用膨胀计法、光学解偏振法和动态 X 射线衍射法等测定半结晶时间 $t_{1/2}$。半结晶时间 $t_{1/2}$ 的倒数 $1/t_{1/2}$ 作为结晶总速率的表征参数。

凡是能测定伴随结晶过程所发生的热力学、物理或动力学性质变化的方法均可用于高聚物结晶速率的测定。以下介绍几种常用测定结晶速率的方法。

(1) 偏光显微镜法

当高聚物从熔体冷却结晶时，它从无规各向同性的状态变成各向异性而有双折射性的状态，很容易在偏光显微镜下观察到。通过控温装置将样品恒温在预定温度，用目测或摄像来观察晶体的生长，从单位时间内单位体积中生成的球晶数目计算晶核生成速率，从球晶半径随时间的变化计算球晶的径向生长速率。

晶体生成速率与温度有关，恒温条件下球晶的径向生长速率为常数，球晶半径和时间为线性关系。

(2) 膨胀计法

膨胀计法是通过跟踪测定高聚物结晶过程中的比容积变化来计算结晶速率，设备简单，结果较可靠。其缺点是测量系统的热容量大，从熔融温度降低到结晶温度需要较长的热平衡时间，而且难于区别降温引起的体积收缩和结晶作用引起的体积收缩，因此难于测定结晶速率较大的结晶过程。

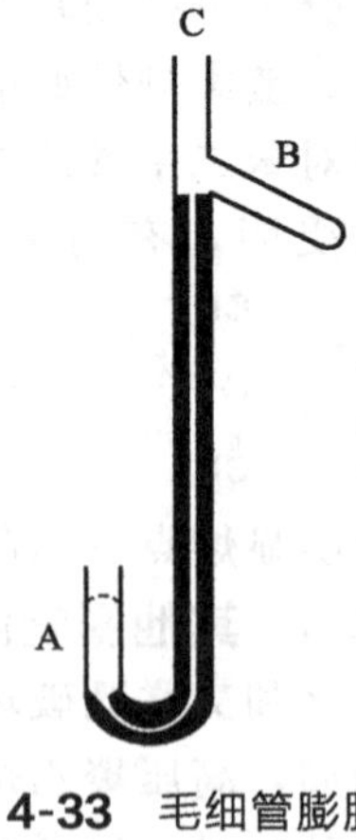

图 4-33 毛细管膨胀计

通常采用玻璃毛细管膨胀计，其结构如图 4-33。样品装填于膨胀计 A 中，密封（火焰封口），在毛细管上装入水银。将样品加热至熔点以上，使高聚物充分熔融，然后将膨胀计移到恒温槽中等温结晶，测量膨胀计中水银（测量介质）的高度随时间的变化，从而得到高聚物的等温结晶曲线。通常用膨胀计中水银柱高度变化来表征体积收缩的情况，定义为：

$$\theta=\frac{h_t-h_\infty}{h_0-h_\infty}=\mathrm{e}^{-Kt^n} \tag{4-19}$$

式中，θ 是未结晶体积分数；h_0，h_t，h_∞ 分别为结晶开始、居间和终了时的水银柱高度；n 是 Avrami 指数。

θ 对 t 是一条反 S 形曲线，如图 4-34 所示。这表明，高聚物初期结晶速率很慢，在开始一段时间内体积收缩很小，然后体积收缩逐渐明显，并有一般急剧收缩阶段。结晶程度较大之后，体积收缩又比较慢，要达到结晶平衡需要很长时间，而且平衡时间难确定。因此实际上往往测量半结晶时间（$t_{1/2}$），$t_{1/2}$ 大则结晶速率小。

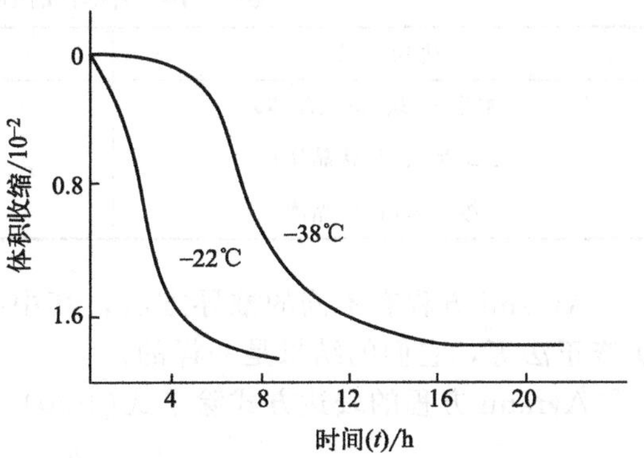

图 4-34 天然橡胶的等温结晶曲线

由于 $\lg(-\ln\theta)=\lg K+n\lg t$ 为直线关系，所以，用膨胀计还可测得结晶速率常数 K 和 Avrami 指数 n（关于 Avrami 方程下节还将详述）。

(3) 光学解偏振法

该方法的原理是根据高聚物的光学双折射性质来跟踪结晶过程。当完全非晶的高聚物放在两个正交偏振片之间时，光不透过，随着样品结晶，样品发生双折射，使透过的光强增大。并且，解偏振光强度与结晶度成正比。通过光电器件把光强转化成电信号记录下来，以 I_0、I_t 和 I_∞ 分别表示结晶开始、t 时间和终了时的解偏振光强度，那么，以 $(I_\infty-I_t)/(I_\infty-I_0)$ 对 t 作图，得到同膨胀计法的测试结果类似的等温结晶曲线。曲线上 $(I_\infty-I_0)/2$ 对应的时间即为 $t_{1/2}$。此法所需试样小、热容小、平衡时间短。

(4) 动态 X 射线衍射法

通常的 X 射线衍射强度较弱，测定样品的衍射所需时间较长。近来发展起来的同步辐射装置可产生高强度 X 射线（源的强度高），使测试可以在极短时间内完成，这样就可跟踪高聚物的结晶或熔融过程，从 X 射线衍射强度可以计算结晶度，从结晶度随时间的变化可以研究其结晶速率。

(5) 小角激光散射法

方法是拍摄球晶的 H_v 图（垂直方向的偏振光通过高聚物结晶样品后，在水平方向偏振的散射光的图像），分析所得图形，可以计算出观察范围内众多球晶的平均尺寸，因此，定时跟踪拍摄高聚物结晶过程中的 H_v 图，可测出球晶径向生长速率。

4.5.3 Avrami 方程——高分子结晶动力学方程

高分子在等温结晶时，结晶度随时间而不断增加，最后趋于一个极限结晶度，这个结晶过程与小分子结晶相似，可用 Avrami 方程来描述。

$$f_t^V=f_\infty^V(1-e^{-Kt^n}) \tag{4-20}$$

式中，f_t^V 为时间 t 时的体积结晶度；f_∞^V 为平衡体积结晶度；K 是结晶速率常数，与结晶方式有关；n 值称为 Avrami 指数，依赖于晶核生成机理和结晶生成方式，等于成核过程的时间维数和结晶生长的空间维数之和。

表 4-14 列出不同成核和生长类型的 Avrami 指数，可以看出，均相成核时，晶核由高分子链规整排列而成，n 值等于晶粒生长维数加 1；异相成核时，晶核是由体系中的杂质形成，结晶的自由度减小，n 值就等于晶粒生长的维数。因此，在实验中测定 Avrami 指数 n 后，就能大致认识成核过程的性质和晶体生长过程的定性概念。有文献报道，通常实验上测得的 Avrami 指数在 2～6 之间，有时 n 值并不是整数，而大于 4 或非整数的 n 值在 Avrami 模型中是没有意义的。这说明，高聚物结晶的真正过程比 Avrami 理论要复杂得多。

表 4-14 不同成核和生长类型的 Avrami 指数

生长方式	均相成核	异相成核
三维生长(块、球状晶体)	$n=3+1=4$	$n=3+0=3$
二维生长(片状晶体)	$n=2+1=3$	$n=2+0=2$
一维生长(针状晶体)	$n=1+1=2$	$n=1+0=1$

Avrami 方程有不同的推导方法，其中有 Poisson 概率法、固态反应统计动力学法以及 Q-修正法等，它们的结果是一样的。

Avrami 方程的表达方式除了式(4-20) 之外，还可以表达为：

$$\frac{\upsilon_t-\upsilon_\infty}{\upsilon_0-\upsilon_\infty}=\mathrm{e}^{-kt^n} \tag{4-21}$$

式中，υ_0、υ_t 和 υ_∞ 分别是结晶开始、某时刻和结晶终了时高聚物的比容积 ($\upsilon=1/\rho$)；($\upsilon_t-\upsilon_\infty$) 为任一时间 t 未收缩的体积；($\upsilon_0-\upsilon_\infty$) 为结晶完全时最大的体积收缩。($\upsilon_0-\upsilon_t$) 则为时间 t 时由结晶而引起的体积收缩。假设高聚物 100%结晶后的比容积为 υ_c，100%结晶时的体积收缩为 ($\upsilon_0-\upsilon_c$)，则：

$$f_t^V=\frac{\upsilon_0-\upsilon_t}{\upsilon_0-\upsilon_c} \tag{4-22}$$

$$f_\infty^V=\frac{\upsilon_0-\upsilon_\infty}{\upsilon_0-\upsilon_c} \tag{4-23}$$

由式(4-20) 得：

$$1-\frac{f_t^V}{f_\infty^V}=\frac{f_\infty^V-f_t^V}{f_\infty^V}=\mathrm{e}^{-kt^n} \tag{4-24}$$

将式(4-22) 和式(4-23) 代入得：

$$\frac{\dfrac{\upsilon_0-\upsilon_\infty}{\upsilon_0-\upsilon_c}-\dfrac{\upsilon_0-\upsilon_t}{\upsilon_0-\upsilon_c}}{\dfrac{\upsilon_0-\upsilon_\infty}{\upsilon_0-\upsilon_c}}=\frac{\upsilon_t-\upsilon_\infty}{\upsilon_0-\upsilon_\infty}=\mathrm{e}^{-kt^n} \tag{4-25}$$

可见，式(4-20) 和式(4-21) 是同等的。在实际工作中，通常用膨胀计法来测定高聚物本体的等温结晶速率，所以 Avrami 方程一般也写成以下的形式：

$$-\ln\left(\frac{h_t-h_\infty}{h_0-h_\infty}\right)=Kt^n \tag{4-26}$$

或 $$\lg\left[-\ln\left(\frac{h_t-h_\infty}{h_0-h_\infty}\right)\right]=\lg K+n\lg t \tag{4-27}$$

图 4-35 为聚酰胺-1010 等温结晶的 Avrami 曲线图。

当 $(h_t-h_\infty)/(h_0-h_\infty)$ 或 $(\upsilon_t-\upsilon_\infty)/(\upsilon_0-\upsilon_\infty)$ 等于 1/2 时，所对应的时间 t 就是半结晶时间 $t_{1/2}$（称为半结晶期）。

在实际实验中，Avrami 方程在结晶后期与实验数据有偏离，人们把符合 Avrami 方程

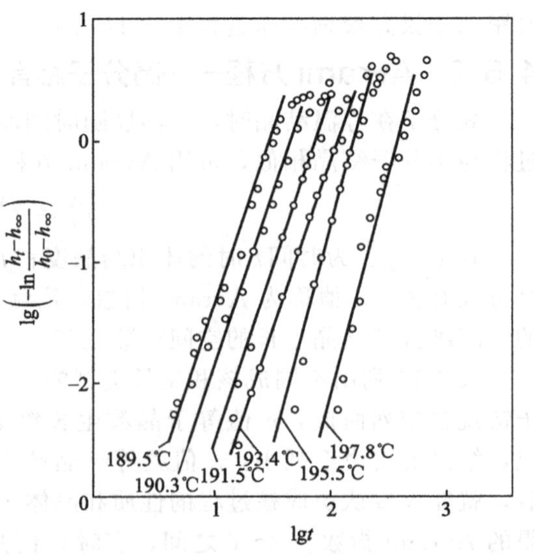

图 4-35 聚酰胺-1010 等温结晶的 Avrami 曲线

的直线部分称作主期结晶（也叫结晶前期阶段），而偏离之后的部分称为次期结晶（或二次结晶，或后期结晶阶段）。在次期结晶过程中，结晶来自晶面未接触部分的继续生长，但球晶相遇的晶面生长已受到影响。同时，球晶内部结构也可能发生调整，使不完善部分进一步完善，其具体的结晶机理还有待于深入研究。

为了处理更复杂的结晶情况，人们对 Avrami 方程进行了修正，提出修正方程：

$$Q(V_c)=K_q t^n \tag{4-28}$$

$$Q(V_c)=\ln[1-\ln(1-V_c)]+\sum_{i=1}^{\infty}\frac{[1-\ln(1-V_c)]\cdot i}{i\cdot i!}-1.3179 \tag{4-29}$$

式中，V_c 为 t 时刻球晶的球面所包容的体积分数。因为球晶内部仍含有非晶部分，所以它不是严格意义上的结晶度，但正比于结晶度 $1-V_c$ 相当于 $(h_t-h_\infty)/(h_0-h_\infty)$。

改进后的方程适用的结晶范围比原 Avrami 方程更宽。

4.5.4 影响结晶速率的因素

4.5.4.1 温度的影响

通常，高聚物的结晶速率随结晶温度的变化出现一个峰值。用膨胀计法测定 $1/t_{1/2}$ 和温度 T 的关系，或用偏光显微镜直接观察一系列温度下球晶的生长速率，都发现类似于图 4-36 的曲线。即尽管高聚物结晶速率与温度的关系曲线各有区别，但曲线的形状是相似的，都呈单峰形，而且结晶温度范围都在其相应的玻璃化转变温度 T_g 和熔点 T_m 之间，在某一适当的温度下，结晶速率出现最大值 T_{max}。大量实验结果表明，T_{max} 可由玻璃化转变温度 T_g 和熔点 T_m 用以下经验公式估算：

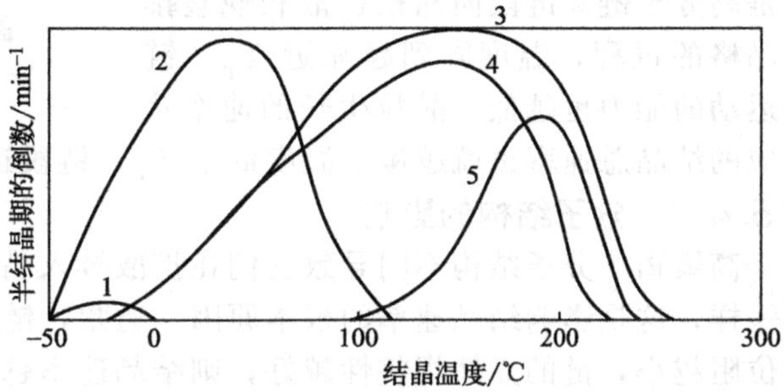

图 4-36 几种高聚物的结晶速率和温度的关系曲线

1—橡胶；2—聚乙烯；3—聚酰胺-66；4—共聚酰胺；5—聚对苯二甲酸乙二酯

$$T_{max}=0.63T_m+0.37T_g-18.5 \tag{4-30}$$

式中温度单位为 K。有时，也可仅用 T_m 按以下经验式估算 T_{max}：

$$T_{max}=(0.80\sim0.85)T_m \tag{4-31}$$

表 4-15 列出几种高聚物的结晶速率最大的温度和相应的 T_m 和 T_g，K。可见式(4-30) 和式(4-31) 两个经验公式还是很适用的。

表 4-15 几种高聚物的 T_{max} 和相应的 T_m 和 T_g（K）

高聚物	等规聚丙烯	等规聚苯乙烯	聚酰胺-6	聚酰胺-66	聚对苯二甲酸乙二酯
T_m	459	513	505	540	543
T_g	278	378	323	323	342
T_{max}(实验值)	363	443	414	420	459
T_{max}[式(4-30)计算值]	374	445	419	441	450
T_{max}/T_m	0.79	0.86	0.82	0.78	0.85

结晶温度对结晶历程和结晶方式有影响。从结晶速率和结晶温度的关系曲线，通常把结晶温度分为几个区间（如图 4-37 所示）。这些区间中的结晶速率受成核速率和结晶速率两方面的影响。

在Ⅰ区（熔点以下 10～30℃），是熔体由高温液体冷却为过冷亚稳区域。成核速率极小，所以结晶速率近乎为零。

在Ⅱ区，随着温度降低，结晶速率迅速增大。在这个区间，结晶生长速率是比较快的，但由于高聚物分子及链段运动激烈，从热力学上讲，生成的晶核不稳定，即成核数目少，成核过程控制结晶速率。

在Ⅲ区，成核的速率和晶核的稳定性都较高，同时，结晶生长速率也比较高，两者的共同作用使结晶速率达最大值。这个区域是结晶的主要区域。

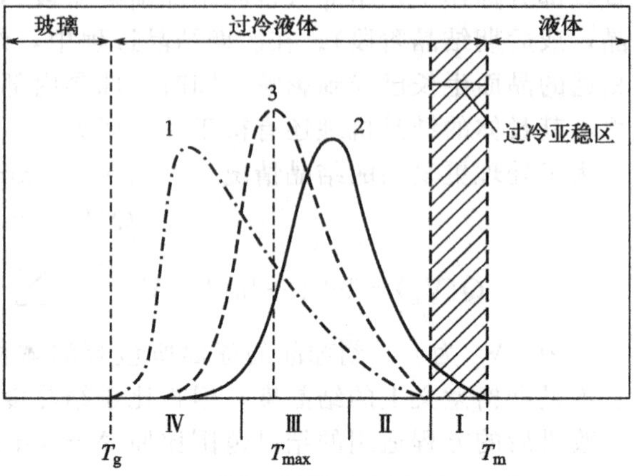

图 4-37 高聚物结晶速率对温度的关系

1—成核速率；2—晶体生长速率；3—结晶总速率

在Ⅳ区，结晶速率主要受晶体生长速率控制，因为从动力学上讲，结晶生长过程是高分子链和链段向晶核扩散和规整排入晶格的过程，温度降到越靠近 T_g，链段运动的能力也越低，晶粒生长的速率及相应的结晶总速率也就越慢。温度低于 T_g，链段运动被冻结，结晶速率也就趋于零。

4.5.4.2 分子结构的影响

高聚物的分子结构不同导致它们在扩散排入晶格时所需活化能不同，所以结晶速率也就不一样，这是影响结晶速率的根本原因。通常，链的结构越简单，对称性越高，取代基的空间位阻越小，链的立体规整性越好，则结晶速率越大。

表 4-16 列出一些高聚物的最大球晶生长速率。可以看到，聚乙烯结晶速率最高。随着主链对称性下降，柔顺性变差，取代基团体积增大，结晶速率趋于下降。

表 4-16 一些高聚物的最大球晶生长速率

高聚物	最大球晶生长速率/(μm/s)	高聚物	最大球晶生长速率/(μm/s)
聚乙烯	8.3×10^4	聚四氟乙烯	5×10^2
聚酰胺-66	2.0×10^4	等规聚丙烯	3.3×10^2
聚甲醛	6.7×10^3	聚对苯二甲酸乙二酯	1.7×10^2
聚酰胺-6	2.5×10^3	等规聚苯乙烯	3.3

4.5.4.3 分子量的影响

由于分子量增大时，熔体的黏度增大，高分子链的运动能力下降，限制了链段向晶核的扩散和排列，所以，一般来说，同一种高聚物在相同的结晶条件下，随着分子量的增大，结晶速率下降。图 4-38 为高聚物分子量对结晶速率的影响。Magill 根据一些高聚物的结晶数据，总结出分子量和结晶速率有如下关系：

$$\lg\upsilon = K\overline{M}_{W}^{-\frac{1}{2}} \tag{4-32}$$

式中，υ 为结晶速率；$\overline{M}_W$ 为重均分子量；K 为与高聚物结构相关的常数。

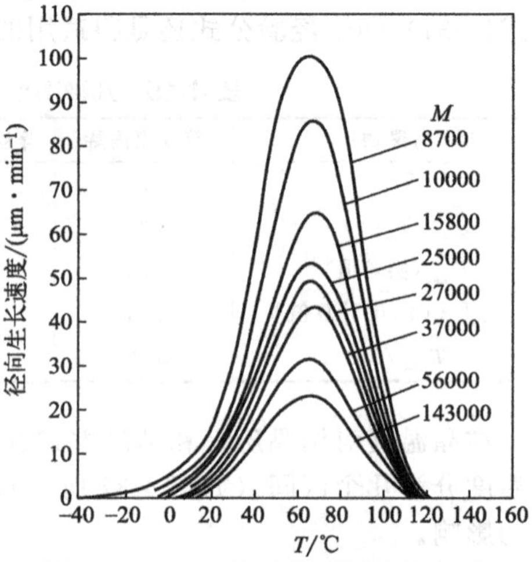

图 4-38 聚甲基硅苯硅氧烷分子量对球晶生长速率的影响

4.5.4.4 杂质的影响

取决于杂质本身的性质，它对结晶速率可以

是起加速的作用或减缓的作用。能促进结晶的杂质在结晶过程中起到晶核的作用，所以也称为“成核剂”。成核剂的加入一方面使结晶速率增加，同时使晶粒变小。因此，工业上也往往采用加入成核剂的方法来改善高聚物的结晶形态，从而改善产品的性能。

有些杂质在熔体中是可溶解的，它不能起成核剂的作用，反而起到稀释剂的作用，降低结晶分子的浓度，结晶速率下降。

4.5.4.5　溶剂的影响

一些结晶速率很慢的结晶性高聚物，如聚对苯二甲酸乙二酯、聚碳酸酯等，过冷度稍大时它们就来不及结晶而变成无定形态。如果将这类透明的无定形薄膜浸入适当的溶剂中，薄膜被溶剂溶胀，相当于在高分子链之间加入了一些“润滑剂”，高分子的链段可以运动，促进高聚物结晶，原先透明的高聚物薄膜变得不透明。这种溶剂作用导致的结晶过程称为溶剂诱导结晶。

4.5.4.6　压力的影响

一般结晶性高聚物在熔点附近是很难发生结晶的，但是，如果将熔体置于压力下，可能会引起结晶，而且高压下结晶的密度比常压下的结晶产物密度高，因为在高压条件下可能生成伸直链晶体，这种结晶结构的材料有较高的强度。

4.5.4.7　应力的影响

应力可以加速高聚物的结晶。聚异丁烯用熔体冷却的方法不能结晶，但拉伸可使其结晶。天然橡胶常温下结晶需几十年，但拉伸条件下只要几秒钟便能结晶，但应力除去，生成的结晶立即熔融。

4.6　高分子的结晶热力学

4.6.1　结晶高分子的熔融与熔点

结晶高分子的熔融与小分子晶体有共同点，也有不同点。其共同点是它们属于一级相转变，熔融时结晶格子解体，从长程有序转变为短程有序，这时的热力学函数如焓、熵和体积等发生不连续变化。从热力学上讲，结晶高聚物在熔点 T_m 平衡时有：

$$\Delta F = \Delta H - T_m \Delta S = 0 \tag{4-33}$$

$$T_m = \frac{\Delta H}{\Delta S} = \frac{n\Delta H_u}{n\Delta S_u} = \frac{\Delta H_u}{\Delta S_u} \tag{4-34}$$

式中，ΔH 是高分子的熔融热；ΔS 是相应的熔融熵；n 为聚合度；ΔH_u 和 ΔS_u 分别为高分子的链节摩尔熔融热和摩尔熔融熵。

如果一种高分子的结晶非常完善，在恒压下加热到某一温度时，它与非晶相达到热力学平衡，这一温度就是平衡熔点，它满足式(4-34) 的关系。

但与小分子非常不同的是，真正完善的高分子结晶相极少，高分子中晶区的完善程度可以相差很大，因此，实际结晶高分子不像小分子晶体那样具有明确的熔点，它的熔融总是有一个较宽的温度范围。这个温度范围通常称为熔限。

小分子晶体的熔融过程发生在 0.1～0.2℃的范围，如果测量时发现其熔融温度范围大，说明结晶不纯，可进行重结晶纯化。而高分子不能用重结晶消除其熔限。高分子之所以存在熔限，是与其凝聚态结构密切相关的。结晶高分子中常有一定比例的非晶体部分，这部分没有熔点。即使是晶区，其中有的停留在初级阶段，如晶带、片晶，有的是球晶，而且大小不一样，完善程度不同。所以，高分子在加热时会出现边熔融边升温的现象。比较不完善的晶体在较低的温度下熔融，而结晶较完善的晶体在较高的温度熔融。

实际上，通常把结晶高分子开始熔融到完全熔融的温度范围记为熔限。高分子晶体完全熔化时的温度称为熔点，记为 T_m，实际测量的熔点往往低于平衡熔点。

图 4-39 为结晶高分子熔融过程体积（或比热容）-温度曲线［图 4-39(a)］和小分子［图 4-39(b)］的比较。从图中我们可看到两者在熔融过程中的同异以及结晶高分子熔限、熔点的概念。通常作曲线的切线，从交叉点处读取熔限和熔点。

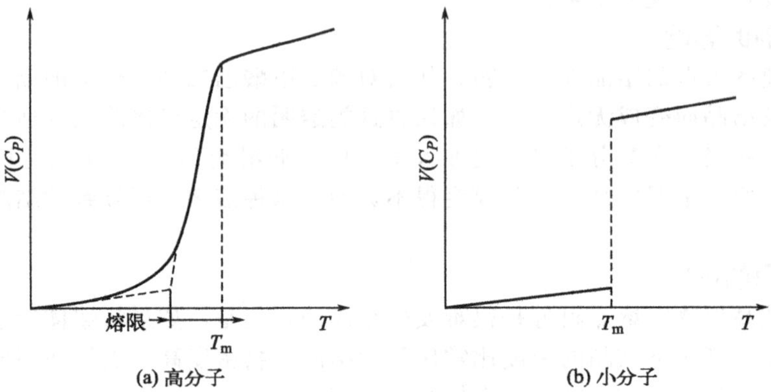

图 4-39 结晶高分子熔融过程体积（或比热容）-温度曲线和小分子的比较

4.6.2 熔点的测定

晶体熔融时发生不连续变化的各种物理性质，如密度、折射率、热容和透明性等均可利用来测定结晶高聚物的熔点。例如，观察熔融过程中比容积变化的膨胀法，测量熔融过程中热效应的差热分析法（DTA）和差动扫描量热法（DSC），观察结晶熔融时双折射消失的偏光显微镜法，利用结晶熔融时 X 射线衍射图上晶区衍射消失的 X 射线衍射法，红外光谱及核磁共振谱上结晶熔融引起的相应谱带消失等的红外光谱法及核磁共振法。

4.6.3 结晶条件对熔点的影响

4.6.3.1 结晶温度

结晶温度的高低影响高分子链的运动能力，从而影响它们排入晶格时的状态。结晶温度低时，分子链活动受阻，形成的晶体不完善，不同晶粒之间的完善程度差别也大，所以熔点下降，熔限增宽。反之结晶较完善和均匀，熔点提高和熔限变窄。

淬火工艺通常使结晶高聚物的熔点下降和熔限增大，而退火处理则相反。

图 4-40 为晶态橡胶的结晶温度对熔点和熔限的影响。

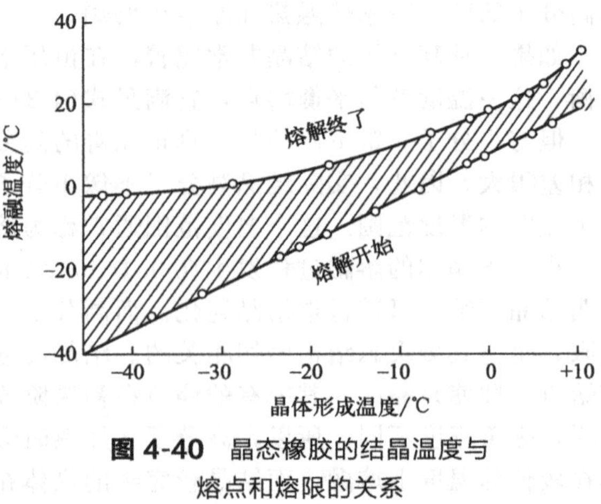

图 4-40 晶态橡胶的结晶温度与熔点和熔限的关系

4.6.3.2 压力

压力下结晶可以增加伸直链结构，使晶体的完善性提高，有利于提高熔点。

4.6.3.3 拉伸

为了提高纤维强度，纤维的生产过程中通常要拉伸。拉伸一方面提高了结晶度，另一方面提高了熔点。这一结果可以用热力学观点进行解释，因为自动结晶时 $\Delta F<0$。而

$$\Delta F=\Delta H-T\Delta S$$

通常的结晶是放热过程，ΔH 为负

值。结晶使分子链从无序排列变为有序排列，有序度增大，熵减小，ΔS 也为负值，这不利于结晶的自发进行。通过拉伸，使分子链在结晶之前已经取向排列，微观状态数比未拉伸小很多，这样拉伸后的分子链结晶时熵减的绝对值小很多。因为 $T_m = \Delta H/\Delta S$，ΔS 的减小意味着有利于熔点的提高。

4.6.3.4　片晶厚度与熔点的关系

结晶条件不同将形成片晶厚度不同的晶体，从结晶完善的角度讲，厚度增加意味着结晶更完善，从而熔点也上升。

一般认为，片晶厚度对熔点的影响与结晶的表面能有关。Lauritzen 和 Hoffman 从单晶出发，导出了熔点 T_m 与晶片厚度 l 的关系。

$$T_m = T_m^0\left(1-\frac{2\sigma_e}{l\Delta h}\right) \qquad (4\text{-}35)$$

式中，T_m 和 T_m^0 分别为片晶厚度为 l 和∞时的结晶熔点，T_m^0 常称为平衡熔点；Δh 是单位体积的熔融热；σ_e 是表面能。l 越小，结晶越不完善，T_m 越低。$l\rightarrow\infty$ 时，晶体趋于非常完善，$T_m \rightarrow T_m^0$。

从式(4-35) 可知，如果用 $1/l$ 对 T_m 作图，可得到如图 4-41 的一条直线，通过直线外推，从截距可求出高聚物的平衡熔点。

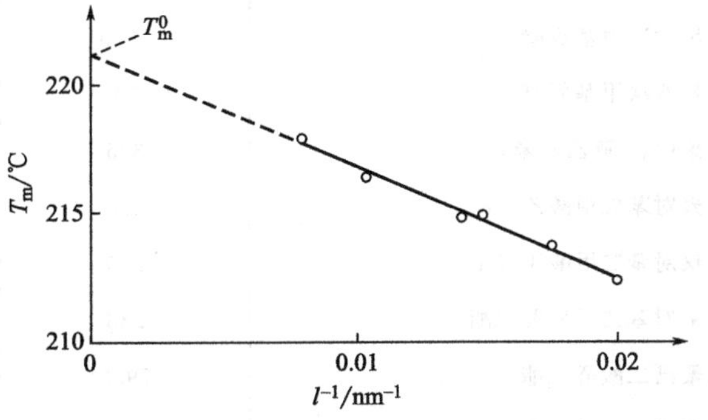

图 4-41　聚三氟氯乙烯结晶的 $1/l$-T_m 图

4.6.4　高分子链结构对熔点的影响

由于热力学上有 $T_m = \Delta H/\Delta S$，可预计，有利于增加熔融热 ΔH 或减小熔融熵 ΔS 的结构因素有利于熔点的提高。表 4-17 列出了一些结晶高聚物的熔融数据。

表 4-17　一些结晶高聚物的熔融数据

高聚物	平衡熔点/℃	重复单元熔融热 ΔH_u/(kJ/mol)	重复单元熔融熵 ΔS_u/(J/K · mol)
聚乙烯	146	4.02	9.6
聚丙烯(等规)	200	5.80	12.1
聚 1-丁烯(等规)	138	7.01	17.0
聚 1-戊烯(等规)	130	6.31	15.6
聚 4-甲基-1-戊烯	250	9.93	19.0
1,4-聚异戊二烯(顺式)	23	4.40	14.5
1,4-聚异戊二烯(反式)	74	12.7	36.6
1,4-聚丁二烯(顺式)	11.5	9.20	32
1,4-聚丁二烯(反式)	142	3.61	8.7
1,4-聚氯丁二烯(反式)	80	8.37	23.8
聚异丁烯	128	12.0	29.9
聚苯乙烯(等规)	243	8.37	16.3
聚氯乙烯(等规)	212	12.7	26.2
聚偏氯乙烯	198	15.8	33.6

续表

高聚物	平衡熔点/℃	重复单元熔融热 ΔH_u/(kJ/mol)	重复单元熔融熵 ΔS_u/(J/K·mol)
聚偏氟乙烯	210	6.69	13.8
聚三氟氯乙烯	220	5.02	10.2
聚四氟乙烯	327	2.87	4.78
聚甲醛	180	6.66	14.7
聚氧化乙烯	80	8.29	22.4
聚四氢呋喃	57	1.44	43.7
聚六次甲基氧醚	73.5	23.2	67.3
聚八次甲基氧醚	74	29.4	84.4
聚(1,4-亚乙基苯)	375	30.1	46.5
聚对苯二甲酸乙二酯	280	26.9	48.6
聚对苯二甲酸丁二酯	230	31.8	63.2
聚对苯二甲酸癸二酯	138	46.1	113
聚己二酸癸二酯	79.5	42.7	121
聚癸二酸乙二酯	76	29.1	83.3
聚癸二酸癸二酯	80	50.2	142
聚乙内酯	233	11.1	22
聚 β-丙内酯	84	9.10	25.5
聚 ϵ-己内酯	64	16.2	48.1
聚酰胺-6	270	26.0	48.8
聚酰胺-66	280	67.9	123
聚酰胺-8	218	17.8	36
聚酰胺-109	214	36.8	113
聚酰胺-1010	216	34.7	71.2
聚双酚 A 碳酸酯	295	33.6	59
三丁酸纤维素	207	12.6	33.9

4.6.4.1 分子间作用力

主链上含有极性基团或形成氢键，可使 ΔH 增大，熔点提高。例如，主链含有酰胺$\leftarrow$CONH$\rightarrow$、酰亚胺$\leftarrow$CONCO$\rightarrow$、氨基甲酸酯$\leftarrow$NHCOO$\rightarrow$和脲$\leftarrow$NH—CO—NH$\rightarrow$的高聚物，分子间可生成氢键，分子间力增大，熔点明显提高。

而且，形成氢键的密度与熔点也有密切关系。典型的实例有聚酰胺（尼龙）的熔点随主链中相邻两个酰胺基之间碳原子数目的奇偶出现锯齿状的变化。聚酯的熔点也有类似情况（图 4-42）。对于 ω-氨基酸，偶数碳原子的熔点比奇数的低，因为后者可形成全部的氢键。对于二元酸和二元胺缩聚物，两者均为偶数则能全部形成氢键，两者均为奇数或偶酸奇胺则只能形成部分氢键，故后者熔点低。

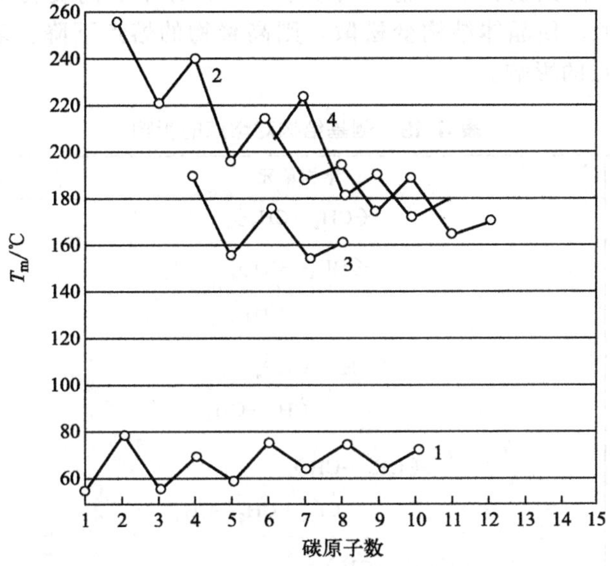

图 4-42　极性基团间碳原子数与结晶熔点的关系

1—与癸二醇形成聚酯的二元酸的碳原子数；2—与癸二酸形成聚酰胺的二元胺的碳原子数；
3—与丁二醇形成聚氨酯的二异氰酸的碳原子数；4—与聚 ω-氨基酸中 ω-氨基酸的碳原子数

4.6.4.2　分子链的柔顺性

分子链的柔顺性增加有利于改变构象，ΔS 增大，熔点下降。相反，分子链刚性增大的因素使熔点增高。一般，在主链上引入环状结构、共轭双链或在侧链上引入庞大的刚性取代基均能达到提高熔点的目的。例如，聚酯类高聚物中，脂肪族聚酯的分子链柔顺性大，ΔS 大，熔点甚至低于聚乙烯的熔点；而芳香族聚酯如聚对苯二甲酸乙二酯由于苯环的存在，分子链刚硬，ΔS 小，熔点高很多。分子链非常刚硬的聚对二甲苯，其熔点高达 375℃。表 4-18 为分子主链的柔顺性对熔点的影响。

表 4-18　分子主链的柔顺性对熔点的影响

高聚物	结构单元	熔点/℃
聚乙烯	$\left[CH_2-CH_2\right]_n$	137
聚对二甲苯	$\left[CH_2-C_6H_4-CH_2\right]_n$	375
聚辛二酸乙二酯	$\left[(CH_2)_2-O-\overset{O}{\overset{\Vert}{C}}-(CH_2)_6-\overset{O}{\overset{\Vert}{C}}-O\right]_n$	45
聚对苯二甲酸乙二酯	$\left[(CH_2)_2-O-\overset{O}{\overset{\Vert}{C}}-C_6H_4-\overset{O}{\overset{\Vert}{C}}-O\right]_n$	265
聚酰胺-66	$\left[NH(CH_2)_6NHCO(CH_2)_4CO\right]_n$	265
芳香聚酰胺	$\left[NH-C_6H_4-NHCO-C_6H_4-CO\right]_n$	430

对于有侧基取代的高聚物，如果侧基大或极性强，分子链内旋转受限制，ΔS 减小，熔点上升；如果侧基柔顺，使晶体结构变松散，则高聚物的熔点下降。表 4-19 列出全同立构聚 α-烯烃的侧基对熔点的影响。

表 4-19 侧基结构对熔点的影响

高聚物	结构单元	平衡熔点/℃
聚乙烯	$-[CH_2-CH_2]_n-$	146
等规聚丙烯	$-[CH_2-CH(CH_3)]_n-$	200
等规聚 1-丁烯	$-[CH_2-CH(CH_2-CH_3)]_n-$	138
等规聚 1-戊烯	$-[CH_2-CH(CH_2-CH_2-CH_3)]_n-$	130
等规聚 1-己烯	$-[CH_2-CH(CH_2-CH_2-CH_2-CH_3)]_n-$	−55
等规聚苯乙烯	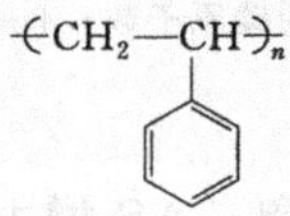	243

4.6.4.3 分子链的对称性和规整性

分子链对称性和规整性较好的高聚物，熔融过程中所发生的 ΔS 变化相对较小，所以其熔点较高。例如，聚对苯二甲酸乙二酯（PET）的 T_m 为 265℃，而聚间苯二甲酸乙二酯的 T_m 仅为 240℃，前者结构为 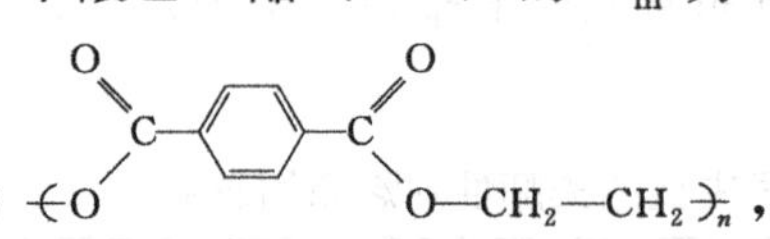，后者为 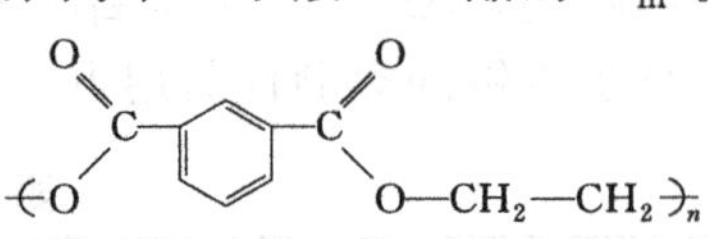，可见前者的对称性和规整性比后者高，前者以高分子链为轴旋转构象几乎不变，ΔS 改变较小。类似结构的结晶高聚物还有，聚对苯二甲酰对苯二胺（Kevlar）在常压下无明显熔点，加热至 500℃以上发生分解，其熔点需在高压下测量，相应的聚间苯二甲酰间苯二胺的熔点只有 430℃。反式高聚物熔点［如反式聚异戊二烯（杜仲胶）T_m 为 74℃］比顺式高聚物（如顺式聚异戊二烯的 T_m 为 28℃）高。

等规聚丙烯不论是在结晶中还是熔融状态都是保持呈旋状构象，所以熔融过程 ΔS 小，熔点较高。

4.6.4.4 分子量

当高聚物分子量较小时，随分子量上升熔点增加，直到临界分子量，然后熔点逐步趋向平衡，如图 4-43 所示。它可用下式表示：

$$\frac{1}{T_m}=\frac{1}{T_m^0}+\frac{R}{\Delta H_u}\cdot\frac{2}{p} \tag{4-36}$$

式中，R 为气体常数；p 为聚合度；ΔH_u 为每摩尔重复单元熔融焓。用 $1/P$ 或 $1/M$ 对 $1/T_m$ 作图得一直线（图 4-44），截距为 $1/T_m$。就是说，可以利用分子量与熔点的关系外推平衡熔点。

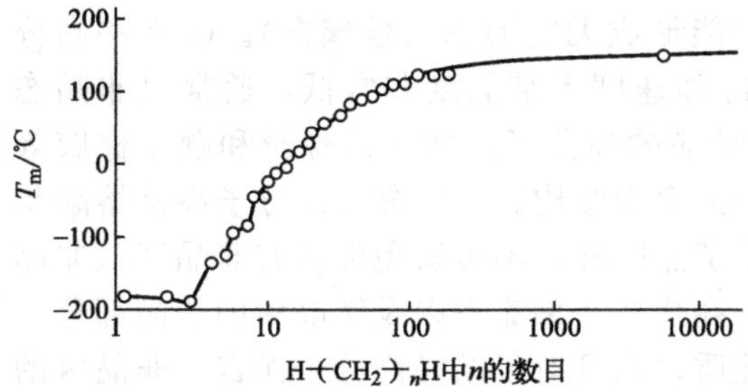

图 4-43　H⟮CH_2⟯$_n$H 的分子量和熔点的关系

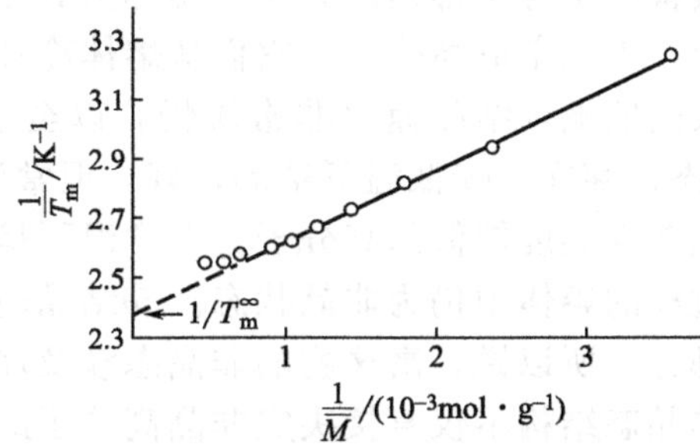

图 4-44　H⟮CH_2⟯$_n$H 的分子量和熔点的关系

4.6.4.5　共聚结构

通常，如果是交替共聚物，熔点将急剧降低。对于嵌段或接枝共聚，如果各自的链段足够长，可出现代表各自链段晶体的两个结晶熔点，但它们比各自纯高聚物晶体熔点低。当 A 和 B 两组分无规共聚，若 B 不能结晶或不与 A 形成共晶，则生成的共聚物熔点为：

$$\frac{1}{T_m}=\frac{1}{T_m^0}-\frac{R}{\Delta H_u}\ln X_A \tag{4-37}$$

式中，X_A 为 A 组成的摩尔分数。但实际的实验结果比式(4-37) 复杂得多。无规共聚物的熔限比相应均聚物或嵌段共聚物宽。

4.6.5　其他因素对熔点的影响

高分子的结晶对杂质非常敏感，少量杂质可降低熔点。各种小分子稀释剂（如增塑剂、未聚合单体及其他可溶性添加剂等）造成熔点的降低符合以下规律：

$$\frac{1}{T_m}-\frac{1}{T_m^0}=\frac{R}{\Delta H_u}\frac{V_u}{V_1}(\phi_1-\chi_1\phi_1^2) \tag{4-38}$$

式中，V_u 和 V_1 分别是高分子重复单元和小分子稀释剂的摩尔体积；χ_1 是高分子和稀释剂的相互作用参数；ϕ_1 为小分子稀释剂的体积分数。当溶剂溶解能力强时，χ_1 小，甚至为负值，熔点更低。就是说良溶剂使高聚物熔点下降比不良溶剂更大。以上方程常可用来计算 ΔH_u。并且，加上 T_m^0 的数据，就可用 $T_m^0=\frac{\Delta H_u}{\Delta S_u}$计算 ΔS_u。

分子量对熔点的影响有时也可以看作是杂质（端基）的影响，当分子量小时，端基浓度大，T_m 低，在临界分子量以上，端基的含量很小，对 T_m 的影响减小，T_m 趋于平衡值。

4.7　非晶态高分子的结构

4.7.1　非晶态高分子

非晶（态）高分子也称无定形高分子，它是和结晶性高分子相对而言的一类高分子。自由基聚合得到的聚苯乙烯和聚甲基丙烯酸甲酯等是典型的例子。一般来说，分子具有支化、交联、无规立构、无规共聚和带有较大侧基等结构时往往得到无定形高分子。它们可显示明显的玻璃化转变（T_g 链段运动温度），使用温度受 T_g 的限制，但有非常好的光学透明性。

严格来说，无定形高分子指在常规加工冷却速率下无法结晶的高分子，但实际上也常把结晶性很低的高分子算入其中。虽然非晶性高分子总是非晶态的，然而，结晶性高分子却并不是总是结晶的，有时它也可能处于非晶态或者部分属于非晶态。通常，人们把高聚物分子链不具备三维有序排列的凝聚状态称为非晶态。依据这样的定义，高分子非晶态包括几方面的内容：①无定形高分子，它们从熔体冷却时，只能形成无定形态（玻璃态）。②有些高分子如聚碳酸酯等结晶速率非常缓慢，以至于通常冷却速度下结晶度非常低，通常以非晶态（玻璃态）存在。③低温下结晶较好，但常温下难结晶的高分子，如天然橡胶和顺丁橡胶等玻璃化转变温度较低的高分子，在常温下呈高弹态无定形结构。④结晶性高分子在其熔融状态及过冷的熔体中仍为非晶状态。⑤结晶高分子除了晶区外，不可避免地含有非晶区（非晶态）部分。所以说，高聚物的非晶态涉及玻璃态、高弹态、黏流态以及结晶中的非晶部分。

非晶态结构不仅直接决定非晶高分子的本体性质，而且对于结晶高分子而言，非晶区的结构对其本体性质也有重要影响，因此，对非晶态结构的研究是高分子物理的一个重要课题。科学家曾经提出不同的非晶态结构模型，主要分为两种流派。一派认为非晶态是完全无序的；另一派认为非晶态结构是局部有序的。以下简要介绍有关非晶态结构模型。

4.7.2 无规线团模型

1949 年，Flory 从统计热力学理论出发推导出“无规线团模型”，如图 4-45。Flory 认为，非晶态高聚物的本体中，每一条分子链都取无规线团的构象，分子链之间可以相互贯穿，可以相互缠结，但并不存在局部有序的结构，因此，非晶态高聚物在凝聚态结构上是均匀的。

在这种模型中，分子链间存在着额外的空隙，即所谓自由体积。自由体积越大，分子排列越疏松，密度越小。

在这种模型的本体中，每一条高分子链都处在许多相同的高分子链的包围之中，分子内及分子间的相互作用是相同的，这样的高分子链应该是无干扰的，分子链应取无规构象，并符合高斯分布，其均方末端距$\overline{h^2_{本}}$应为：$\overline{h^2_{本}}=N'\beta^2$，其数值应与在 θ 溶剂中测得的 $\overline{h^2_\theta}$ 值一样。

图 4-45 无规线团模型

Flory 的无规线团模型符合很多实验事实。

① 这个模型中分子排列疏松且无序，运动较容易，能很好地解释橡胶的弹性问题。而且实验证明，橡胶的弹性模量与应力-温度系数的关系并不随稀释剂的加入而有反常的变化，说明非晶态的分子链凝聚体中并不含可被分散剂破坏的有序结构。

② 用辐射交联的技术分别使非晶高聚物的本体和相应的溶液交联，发现两者的分子内交联倾向没有区别。这说明非晶分子链结构在本体中和在溶液中一样，并不存在紧缩线团或折叠链等有序结构。

③ 用小角 X 射线散射方法测定含银盐标记的聚苯乙烯在聚苯乙烯本体中的均方末端距，其结果同 θ 溶液中聚苯乙烯的均方末端距相近，表明聚苯乙烯在本体和溶液中有相同的构象。

④ 20 世纪 70 年代以来的中子小角散射研究结果有力地支持了 Flory 的无规线团模型。例如，聚苯乙烯或聚甲基丙烯酸甲酯中的氢（H）用氘（D）取代，将少量 D 取代的样品与未取代的高聚物混合，这样就得到一个 D 取代高聚物在未取代高聚物中的稀溶液，由于 H 和 D 的中子散射强度有差异，可以很方便地对氘代高聚物在本体中进行中子散射实验，测试结果表明本体中聚苯乙烯和聚甲基丙烯酸甲酯的根均方回转半径$\sqrt{\overline{S^2_{本}}}$与在 θ 溶剂中测得的一致（见表 4-20）。

表 4-20 几种非晶高聚物本体的根均方回转半径

高聚物	本体 $\sqrt{\overline{S^2_{本}}}$（中子散射）/nm	θ 溶剂中 $\sqrt{\overline{S^2_\theta}}$ /nm
无规聚苯乙烯	8.0～8.7	8.4～8.7(环己烷 36℃)
	12.6	11(环己烷 36℃)
	28.0	24～26(环己烷 36℃)
无规聚甲基丙烯酸甲酯	12.6	11.0

而且根均方回转半径与分子量有下列关系：

$$\sqrt{\overline{S^2_{本}}} \approx \sqrt{\overline{S^2_\theta}} = K\overline{M}_W^{\frac{1}{2}} \tag{4-39}$$

这些非晶高聚物本体中分子链的形态与 θ 溶剂中一样，都是无扰尺寸。

4.7.3 局部有序模型

完全无规线团很难理解聚丙烯在很短的时间内完全结晶，所以一些科学家提出了与 Flory 的无规线团不同的观点，核心是高聚物在非晶态仍有某种局部有序，高分子链在熔体时就已经有一定有序性。1957 年卡尔金（Каргин）等提出“链束模型”，认为高分子链有两种结构单元，一是链束，一是链球。链束是由多个高分子链大致平行排列而成，它可比原分子链长，并可弯曲成有规则的形状。高聚物结晶时由链束作为结晶起点。链球为单条分子链卷曲而成。1967 年霍士曼（Hosemann）用 X 射线小角散射研究了聚乙烯和聚氧化乙烯，对非晶态高聚物提出“准晶模型”。1967 年，叶叔酉（Yeh）等人用电子显微镜观察一些非晶态硬链高聚物，发现有数纳米的“球粒”。而后，有研究者在软链高聚物如顺丁橡胶中也观察到“球粒”结构，而且，这些“球粒”与分子量无关。当“球粒”被拉伸时，尺寸增大，并可得到晶态的电子衍射图，因而被认为这是非晶态中存在有序结构的表现。在这些工作基础上，1970 年 Yeh 提出了“折叠链缨状胶束粒子模型”(fold-chain fringed micellar grain model)（亦称“两相球粒”模型），如图 4-46，这一理论模型有较大的学术影响。

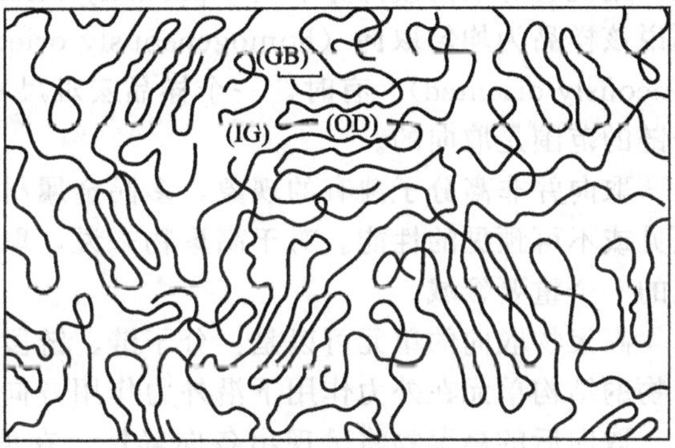

图 4-46 折叠链缨状胶束粒子模型

这种模型的结构可表述为：非晶态高聚物含有两种主要单元——胶粒（G）和粒间区（IG）。

胶粒（G）又可分为有序区（OD）和胶粒边界（GB）。其中有序区（OD）约 2～4nm。分子链排列大致平行（但并非平行），链段间有一定距离。有序的程度与受热历史、化学结构及分子间力等有关。胶粒边界（GB）是围绕胶粒有序区（OD）形成的粒界，其尺寸为 1～2nm，是弯曲折叠部分、链端和由一个有序区（OD）伸展到一个粒间区（IG）的分子链部分链节所组成的。

粒间区（IG）由分子链无规线团、低分子量物质和链末端等组成，它们无规地缠绕在一起，该区的尺寸约 1～5nm。一条高分子链可通过几个胶粒和粒间区。

这个模型能较好解释一些实验结果，例如：

① 粒间区的结构能为橡胶的弹性形变提供必要的构象熵，从而比较合理地解释橡胶的弹性等。

② 实验测得许多高聚物的非晶和结晶的密度比为 $\rho_a/\rho_c \approx 0.85 \sim 0.96$，这个值比无规线团模型推算的密度比高（无规线团模型推算值为 $\rho_a/\rho_c < 0.65$）。这说明非晶高聚物中存在一些有序区，使材料的真实密度较高。

③ 由于在熔体中已经有部分有序性，这就容易解释高聚物从熔体冷却快速结晶时，可形成较规则由折叠片晶组成球晶的事实。

④ 某些非晶态高聚物缓慢冷却或热处理后密度增加，球粒增大，这可以用胶粒有序程度增加和胶粒的扩大来解释。

此外，认为非晶态存在某种有序性的理论模型还有 B. Vollmert 等提出的分子链互不贯穿而各自成塌陷的球状彼此堆积在一起的“塌球模型”，W. Peohhold 等提出的非晶高聚物链束整体曲折的“曲棍状模型”。

上述两类非晶态结构模型各有一定的实验依据，均能从不同的方面说明高聚物的一些结构和性能。但不同观点之间还存在较大的争议，有待于提高和改进实验技术，进行更深入的研究。

4.8 高聚物的取向态结构

4.8.1 高聚物的取向现象和取向单元

如果考察一个比链段、片晶或球晶大但又比整个材料小的区域，当该区中链段或片晶的轴向指向空间各个方向，则说该区在宏观上是各向同性的（isotropic）或随机取向。如果样品中所有的区域是各向同性，那么样品本身是各向同性的。但是，如果某些区域不是各向同性，则说它有取向或部分取向（partially oriented）。当样品中所有微区的取向取相同方向，则说该样品为均匀取向（homogeneously oriented）。样品也可以是非均匀取向的（inhomogeneously oriented）。有时，一个样品宏观尺寸是随机取向的，但在微观的区域如片晶或分子链的范围是取向的。

取向并非高分子独有的现象，多晶金属材料等也有取向的现象。取向为材料带来一些可预见或不可预见的性能。对于高聚物来说，取向对性能的影响非常突出，从而成为高聚物研究的一个重要领域。

高聚物取向的单元可以是：分子链、链段、基团、晶粒、片晶或变形的球晶等。这些高聚物的结构单元在外力作用下沿外力作用方向有序排列所形成的结构，称之为取向态结构。

取向后的高聚物将呈现出各向异性，在取向方向和垂直于取向方向上性能差别特别显著。例如，在力学性能方面，取向方向上高聚物的拉伸强度和弯曲强度显著提高。而在垂直于取向方向上强度可能下降。例如，常用的尼龙绳，拉伸强度较好，但撕裂很容易。取向后，高聚物将出现双折射现象，改变其光学性能。

4.8.2 取向方式及取向过程

在纤维和薄膜生产中常采用取向技术控制和改善产品的结构和性能。按取向方式可把取向高分子分为两类：①单轴取向。取向单元在一维方向上择优排列；②双轴取向。取向单元在二维平面上择优排列。

单轴取向可通过对材料进行单向拉伸等方法来实现，这时在取向方向上主要是以化学链连接，力学性能很好，它特别适用于只要求单方向上有很大强度的纤维纺丝生产中。双轴取向可通过双向拉伸或吹塑等过程实现。双轴取向广泛用于薄膜的生产，取向方向同薄膜平面方向，使薄膜在平面各个方向上的强度均有提高。

高聚物的取向过程是取向单元做适应外力的运动过程。高聚物熔体或溶液流动、固体高聚物的拉伸和挤压等是最常见的实现取向的方法。

对于非晶态高聚物，取向过程主要涉及链段和整条高分子链这两种结构单元的运动。链段运动发生在 T_g 温度以上，因此，链段取向在高弹态即能进行，取向过程由单链的内旋转来完成。整个分子链的取向要求高聚物各链段协同运动才能实现，因此一般在黏流态下进行。在高弹态下整个分子的运动速度极慢，所以一般不发生分子取向，只发生链段取向，如图 4-47。

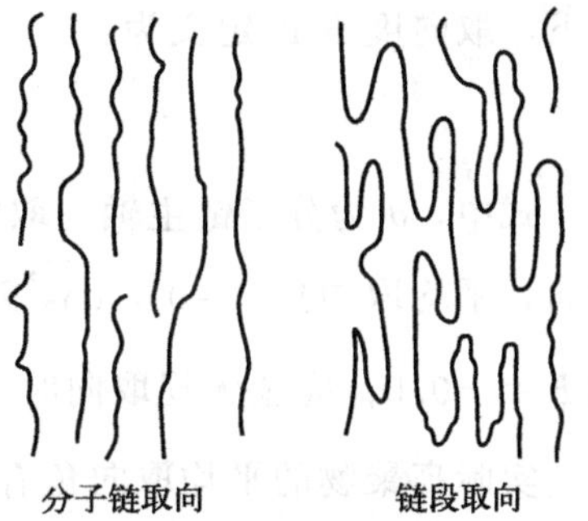

图 4-47 高聚物的分子链取向和链段取向

对于晶态高聚物的取向过程，人们基于不同的结晶结构而提出不同的观点。从折叠链理论出发，认为结晶高聚物受拉伸时，首先是非晶区发生取向，然后结晶发生变形、破坏，之后沿拉伸方向重新排列结晶，形成新的取向晶体。而从 Flory 的无规线团模型出发，人们认为非晶区部分分子链缠结非常厉害，分子运动困难，所以结晶高聚物受拉伸时首先发生晶区结构的破坏。

不论理论观点如何，人们在结晶高聚物拉伸取向时发现以下的实验现象。结晶高聚物在拉伸中不仅发生晶粒取向，晶体的内部也发生变化。拉伸处于弹性形变阶段时，球晶被拉成椭球形，这种外形的变化很容易通过偏光显微镜观察到。继续拉伸，球晶则变成带状结构。球晶形变过程中，组成球晶的片晶平面发生倾斜，晶面滑移和转动，甚至片晶产生裂纹、碎成若干个片段，最终形成新的取向结晶结构。其取向过程如图 4-48。

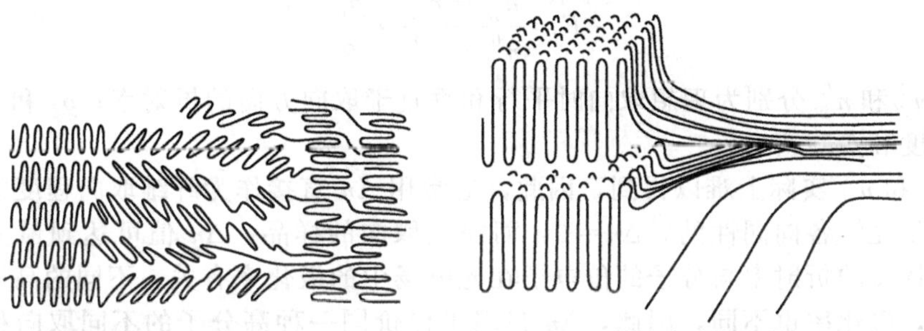

(a) 形成新的取向的折叠链结晶　　(b) 形成完全伸直链结晶

图 4-48 晶态高聚物受拉伸时的取向过程

取向态是一种热力学不平衡的状态，热运动将会使取向态结构自动解取向。人们把取向态向无序态恢复的过程称之为解取向。在外力作用下取向越容易进行的结构单元，除去外力后解取向也越容易。因此，链段总是先于整个分子链解取向。在纤维的实际生产中，就是利用高聚物的取向和解取向作用来控制纤维的力学性能。例如，聚丙烯腈、聚对苯二甲酸乙二酯、聚酰胺等纤维生产时先拉伸，用慢的取向过程使整个高分子链良好地取向，从而使纤维获得高的强度。之后在一定温度下加热，也称“热定型”，使高聚物链段解取向（但整个分子链不解取向），一方面使纤维的弹性提高，另一方面减少纤维使用过程中自动收缩变形。

结晶结构的稳定性带来了结晶高聚物取向态的稳定性，只要晶格不发生破坏，解取向就不能发生。因此，在温度低于熔点的条件下可以长时间保持结晶高聚物的取向态结构。

4.8.3 取向度及其测定方法

为了比较高聚物取向的程度，人们引入取向度的概念，它是表征取向高聚物结构和性能关系的一个重要参数，通常用取向函数 F 来表示高聚物的取向度。在高聚物单轴取向的情况下，取向度 F 的定义为：

$$F=\frac{1}{2}(3\overline{\cos^2\theta}-1) \tag{4-40}$$

式中，θ 为分子链主轴与取向轴（取向方向）的夹角。对于理想的单轴取向，在取向轴方向，平均取向角 $\bar{\theta}=0°$，$\overline{\cos^2\theta}=1$，则 $F=1$；在垂直于取向轴方向上，$\bar{\theta}=90°$，$\overline{\cos^2\theta}=0$，则 $F=-0.5$；完全无规取向时，$F=0$，$\overline{\cos^2\theta}=\frac{1}{3}$，$\bar{\theta}=54°44'$。

实际高聚物的平均取向角有：

$$\bar{\theta}=\arccos\sqrt{\frac{1}{3}(2F+1)} \tag{4-41}$$

可以通过表征高聚物呈现的各向异性来研究高聚物的取向程度。但需要注意的是，高聚物有几种不同的取向单元（分子链、链段、晶粒等），因而用不同方法所得到的取向度可能表征不同单元的取向。

常用测定取向度的方法主要有：双折射法、声速法、X 射线衍射法、红外二色性法、偏振荧光法等。以下简要介绍前三种测试方法的主要原理。

(1) 双折射法测定取向函数 *F*

光波在取向高聚物中传播时，平行于取向方向的折射率（$n_{/\!/}$）和垂直于取向方向的折射率（$n_{\perp}$）不同，从而产生双折射现象。利用液浸法在偏光显微镜下可测定 $n_{/\!/}$ 和 $n_{\perp}$，两者之差 $\Delta n=n_{/\!/}-n_{\perp}$ 随取向度的增加而增大。取向度可用下式计算：

$$F=\frac{n_{/\!/}-n_{\perp}}{n_{/\!/}^{0}-n_{\perp}^{0}}\cdot\frac{\rho_c}{\rho} \tag{4-42}$$

式中，$n_{/\!/}^{0}$ 和 $n_{\perp}^{0}$ 分别为理想取向时平行和垂直于取向方向的折射率；ρ_c 和 ρ 分别为高聚物的晶态密度和实际密度。

由于 $n_{/\!/}^{0}$ 和 $n_{\perp}^{0}$ 实际上难以得到，因此，通常用 Δn 直接作为纤维取向程度的指标。无规取向的样品是光学各向同性的，$\Delta n=0$，而完全取向的样品，Δn 值可达到最大值。但值得注意的是，物质的折射率与分子的价电子在光电场中的极化率有关，不同的高聚物所含的原子基团不同，极化率也不同，因此，Δn 只限于评价同一种高分子的不同取向程度，不同种类高聚物取向度的比较必须通过 Δn 计算出取向函数 F。

利用双折射法还可以判别薄膜材料是属于单轴拉伸还是双轴拉伸。如属单轴拉伸，则平行于薄膜平面的两个方向会出现一个最大的 Δn。而双轴拉伸的薄膜沿平面方向的两个方向之间的 Δn 将很小或为零，只有平行与垂直薄膜平面的方向之间有最大的 Δn。

光学双折射法测得的是晶区取向与非晶区取向的总效果，反映的是小尺寸的链段取向。

(2) 声速法

声波传播速度与传播介质的密度有关。沿着高聚物分子链方向的传播是靠化学键结合的原子振动来完成的，而垂直于主链的方向上，声波传播要通过非键合的分子间原子振动来实现。所以，前者的声波传播速度比后者快得多。利用声波在取向高聚物和未取向高聚物传播速度有差别的原理，通过测试待测试样的声速 C 和无规取向样品的声速 C_u，用下式计算取向程度：

$$F=1-\left(\frac{C_u}{C}\right)^2 \tag{4-43}$$

$$\overline{\cos^2\theta}=1-\frac{2}{3}\left(\frac{C_u}{C}\right)^2 \tag{4-44}$$

未取向高聚物 $C=C_u$，$F=0$。高度取向时，$C \gg C_u$，$(C_u/C) \rightarrow 0$，$F=1$。

声速法测定的是晶区取向和非晶区的平均取向。由于声波的波长较长，这种方法所测的取向参数反映的是整个分子链的取向情况，结果能较好地说明高聚物结构与机械强度的关系。

(3) 广角 X 射线衍射

对于无规取向的晶态高聚物，其 X 射线衍射图是一些封闭的同心环（Debye-Sherrer 环），拉伸取向的晶态高聚物，衍射图上的圆环退化为圆弧。当高聚物取向度增加时，衍射圆弧逐渐缩短，最后成为衍射点。取拉伸方向为参考方向，这时晶粒取向分布正比于圆弧的衍射强度 $I(\theta)$。测定圆弧的衍射强度（或测定底片的黑度），由下式计算 $\overline{\cos^2\theta}$。

$$\overline{\cos^2\theta}=\frac{\int_0^{\frac{\pi}{2}} I(\theta)\cos^2\theta \cdot \sin\theta \mathrm{d}\theta}{\int_0^{\frac{\pi}{2}} I(\theta)\sin\theta \mathrm{d}\theta} \tag{4-45}$$

这种方法可测定晶态高聚物的微晶取向分布。

4.9 高聚物的液晶态结构

早在一百多年前（1888 年）人们已经发现了液晶现象。1937 年，Bawden 等在烟草花叶病毒的悬浮液中首次观察到高分子液晶。美国物理学家 Onsager（1949 年）和高分子科学家 Flory（1956 年）分别对刚棒状液晶高分子作出理论解释。20 世纪 60 年代后，美国杜邦公司先后推出 PBA，Kevlar 等酰胺类液晶高聚物，其中 Kevlar 于 1972 年生产，被称为“梦幻纤维”，具有高强高模等优异力学性能。之后，其他公司还生产了聚酯类液晶高聚物。20 世纪 70 年代之后，人们将小分子液晶显示及存储等特性与高聚物的良好加工特性相结合，使各种功能性侧链液晶高分子材料得到发展。

从科学意义上看，液晶高分子兼有液晶态、晶态、非晶态、稀溶液和浓溶液等各种凝聚态，它的研究成果有助于全面地了解高聚物凝聚态的科学奥秘。

4.9.1 液晶态及其分类

人们常说物质有三态：气态、液态和固态。而液晶态有时也被人们称之为物质的第四态。所谓液晶（liquid crystals，简称 LC），顾名思义是一种液态晶体，某些结晶受热熔融或被溶剂溶解成为液体后，虽然它有液体的流动性，但却保持着晶态物质分子的有序性，体现出晶体的各向异性，形成一类兼有液体和晶体部分性质的过渡状态，这种中间状态称为液晶态，处于这种状态下的物质称为液晶。

4.9.1.1 近晶型、向列型和胆甾型

根据分子排列的形式和有序性的不同，液晶分为三种类型：近晶型、向列型和胆甾型，其结构如图 4-49 所示。

(1) 近晶型（或层列型）

由于它的结构最接近结晶结构，因此被称为近晶型。通常它是一种浑浊黏稠液体，液晶分子是棒状或近似棒状的构象，分子间依靠所含官能团提供的垂直于分子长轴方向的强有力的相互作用，互相平行排列成二维层状结构，分子的长轴垂直于层片平面。层片之间可以相互滑动，但层内分子排列保持着大量二维固体有序性。这些层片并非完全刚性，分子可以在本层内活动，但不能来往于各层之间。这种结构使溶液黏度呈现各向异性的可能，在通常情况下，各层的取向并不完全统一，因此，一般近晶型液晶各方向上都是非常黏滞的。

(2) 向列型

它是一种混浊的可流动的状态。向列型液晶中棒状分子相互间保持着近晶型那样的平

(a) 近晶型　　(b) 向列型　　(c) 胆甾型

图 4-49 三种类型液晶结构示意图

行。但它们的重心位置是无序的，所以它只是一维有序的，这种有序实质上是由取向分子组成。在外力作用下，液晶中的棒状分子很容易沿流动方向取向，并可在流动取向中相互穿越，因此，体现出相当大的流动性，这种液晶的有序度最低，黏度也小。聚芳酰胺（如聚对苯甲酰胺 $\left[CO-C_6H_4-NH \right]_n$ 的二甲基乙酰胺-LiCl 溶液）属于这种液晶。

(3) 胆甾型

它是一种浑浊而流动的介晶状态（介晶态，mesomorphism，介于结晶固态和标准的各向同性的液态之间的状态），其中细长的棒状有机分子内含有偶极基团和可极化基团，但显示出与近晶型和向列型不同的光学特性。它具有彩虹般的颜色和极高的旋光性，这种光学特性与胆甾型分子的特异排列有关，它们像近晶型那样，分层堆积，层间可以相互滑动，每一个平面层扁平的长形分子平行排列，但它的长轴是在层片平面上，在相邻两层之间，由于伸出层面平面外的光学活性基团的作用，每一层的分子长轴的取向相对于下一层都有一定角度的扭转。这样层层累加起来，形成螺旋面结构。这种液晶各层间有规律的面间距作用就像一个光栅一样，使入射的白光偏振旋转，显示出彩虹般的颜色。

许多胆甾醇的衍生物具有这种液晶结构，所以人们命名这种液晶为胆甾型液晶。但其他一些物质也有这种液晶特性，属于这种液晶的高聚物有多肽，例如谷氨酸 γ 苄酯的甲基酚溶液以及脯氨酸蛋白等。

此外，液晶高分子中还有少数分子的形状呈盘状，这些液晶相态归属于盘状液晶。

4.9.1.2 热致性和溶致性

依据液晶形成的条件，液晶高聚物主要分为热致性和溶致液晶两类。

(1) 热致性液晶

通过加热熔融而呈现液晶态的物质称为热致液晶。多数液晶是热致性的。如果用一般的毛细管法测定熔点，到达熔点时，正常的纯有机物会在很窄的温度区间内突然熔化，并得到各向同性的清液，能流动且和毛细管壁形成弯月面。如果样品能生成近晶型液晶，则在熔点时，高聚物晶体会坍塌，变成浑浊而黏稠的熔体，黏附在毛细管壁，温度更高时，这种介晶就变成流动的各向同性清液。如果样品能生成向列型液晶，则在熔点时高聚物结晶也会坍塌，但所生成的是能流动的浑浊液体，并与管壁形成弯月面，只有在更高温度时，浑浊突然消失，得到各向同性的清液。很多情况是既有近晶型，也有向列型，前者常常在较低温度时形成，在升温至较高温度时则近晶型转变为易流动、浑浊的向列型液晶。近晶型、向列型液晶在毛细管中熔融时的状态和转化过程如图 4-50。

在毛细管中加热时，胆甾型液晶的表现与向列型液晶相似。熔融时，胆甾型液晶可单独出现，也可以伴随着近晶型相继出现。

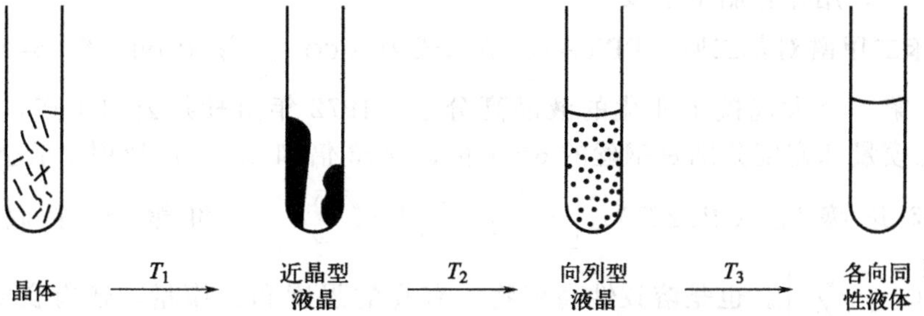

图 4-50　近晶型、向列型液晶在毛细管中熔融时的状态和转化过程

（2）溶致液晶

因加入溶剂（在某一浓度范围内）而呈现液晶态的物质称为溶致液晶。著名的 Kevlar 纤维聚对苯二甲酰对苯二胺（简称 PPTA）是典型的溶致液晶高分子。它的熔点高于分解温度，不能通过加热的方法获得液晶，但可溶解于适当的溶剂中实现液晶性。利用液晶相低黏度和良好的流动性进行溶液纺丝，可制造高强度和高比模量的纤维。

此外，在外场（如压力、流动场、电场、磁场和光场等）作用下形成液晶的物质称为感应液晶。例如，聚乙烯在适当高压下出现液晶态称为压致液晶；聚对苯二甲酰对氨基甲酰肼在施加流动场后呈现典型的流致液晶。这些液晶在高聚物的加工和应用方面很有意义。

4.9.2　液晶高聚物的结构与性质

液晶高分子的最重要结构单元是介晶基元，是导致液晶特性的核心结构单元。当这种介晶基元是位于高聚物主链上时，称这种高聚物为主链型液晶高分子。其结构如图 4-51。当介晶基元位于侧链上（或作为侧基）时，相应高聚物称为侧链液晶高分子。结构如图 4-52。

图 4-51　主链液晶结构示意图

▭ 介晶基元；〜〜 高分子主链

大部分侧链液晶高分子除了高分子主链和介晶基元外还存在一个间隔基。当然，也有一些没有间隔基。有些侧链液晶的介晶基元可以通过尾接与主链或间隔基相连（图 4-52），也有些是采用腰接的方式与主链或间隔基相连（图 4-53）。腰接阻碍了介晶基元绕其长轴的旋转，有利于双轴向列型液晶的生成。研究发现，有些直接腰接大侧基的高分子，虽然侧基本身并没有液晶的特性，但由于空间位阻的作用，基团有序排列，使整个高分子显示出液晶的特性。

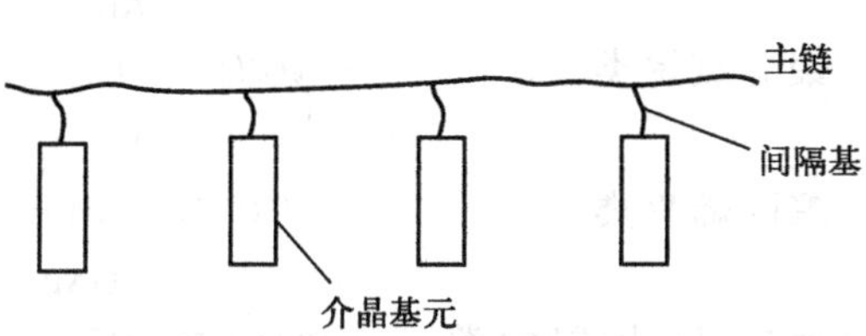

图 4-52　侧链液晶示意图

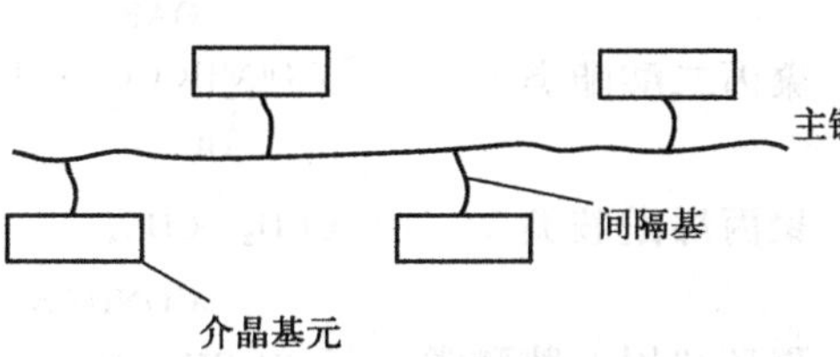

图 4-53　腰接侧链液晶示意图

4.9.2.1　主链型液晶实例

① 聚苯甲酰胺（PBA）。结构式为 ，它是第一个非肽类溶致液晶高分子，20 世纪 60 年代由美国杜邦公司生产，属于向列型液晶，经溶液纺丝得高强纤维，称为

B 纤维或芳纶 14，用作轮胎帘子线。

② 聚对苯二甲酰对苯二胺（PPTA）。结构式为 ，是典型的溶致液晶，第一个大规模工业化的液晶高分子，1972 年由杜邦公司生产，称为 Kevlar。它的强度、比模量和密度分别是钢丝的 6～7 倍、2～3 倍和 1/5，广泛用于航空及宇航材料。

③ 聚苯并噻唑（PBZT）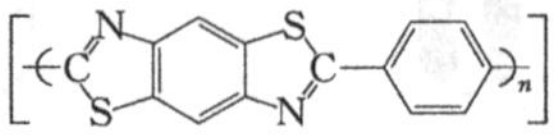，和聚苯并噁唑（PBO）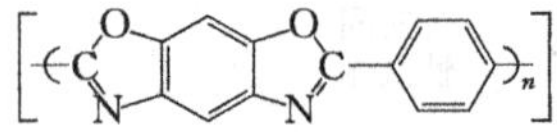。也是溶致性高聚物，有高的强度和比模量，还有良好的环境稳定性，是新一代的航天材料。

④ 聚芳酯。例如美国 Economy 发明的：

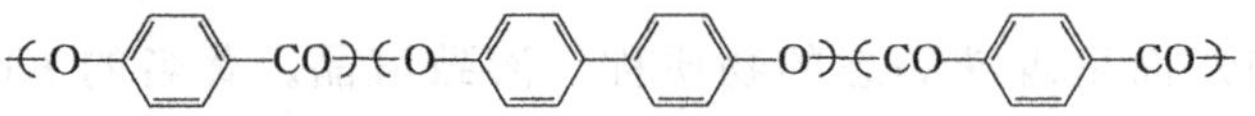 商品名 Xydar，

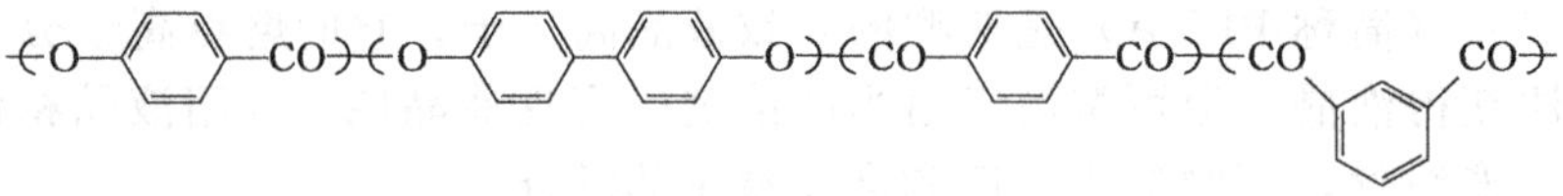 商品名为 Eknol；

Hoechst Celanese 公司发明的：

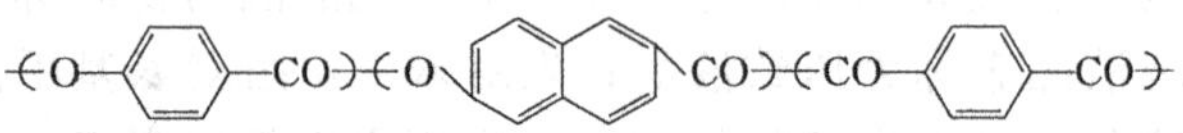 商品名为 Vectra；

Jackson 发明的：

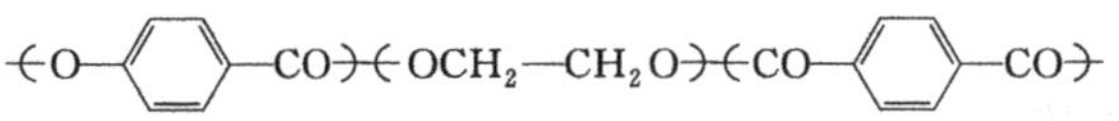 商品名为 Rodrum LC-5000。

这些聚酯是热致性液晶的代表，不仅可以制造纤维和薄膜，而且可作为新一代工程塑料使用。

⑤ 其他。其他溶致性主链液晶高聚物还有天然的多肽、核酸、蛋白质、部分纤维素衍生物和甲壳素等，人工合成的聚芳酰肼、聚芳酰胺-酰肼、某些嵌段共聚酯、聚异氰酸酯及聚炔烃等。其他热致性主链液晶高聚物如含有芳环的聚酯、聚醚、聚酮、聚酰胺、聚酯-酰胺、聚碳酸酯、聚酰亚胺、聚对二甲苯和沥青基高分子等。

4.9.2.2 侧链型液晶实例

聚丙烯酸酯类	$\leftarrow CH_2—CR \rightarrow_n$（CR 上连 COOAB）	聚苯乙烯类	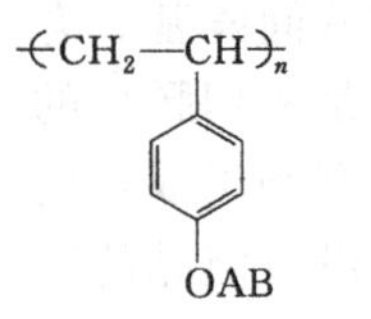
聚乙烯基醚类	$\leftarrow CH_2—CH \rightarrow_n$（CH 上连 OAB）	聚环氧乙烷类	$\leftarrow O—CH_2—CH \rightarrow_n$（CH 上连 AB）
聚丙二酸酯类	$[OOCCHCOO \leftarrow CH_2 \rightarrow_m]_n$（CH 上连 AB）	聚硅氧烷类	$[Si(CH_3)—O]_n$（Si 上连 $(CH_2)_m$OAB）
聚丙烯酰胺类	$\leftarrow CH_2—CH \rightarrow_n$（CH 上连 CONHAB）	聚丙烯醚类	$[CH(CH_3)—CH]_n$（CH 上连 OAB）
聚环状甲亚胺醚类	$[CH_2CH_2—N]_n$（N 上连 O═CAB）	聚(二取代磷腈)类	$[(BAO)_2P═N]_n$

上列分子式中，A 代表间隔基，B 代表介晶基元。

4.9.2.3 液晶高聚物的流动特性

在液晶高聚物的许多特性中，流动特性是与普通高聚物明显不同的。人们正是利用了液晶独特的流动性实现了许多高度取向的高强高模纤维、薄膜及塑料的加工。与一般高聚物不

同，液晶高聚物的黏度随浓度或温度提高将出现极大和极小值。例如，图 4-54 为聚对苯二甲酰对苯二胺（PPTA）在 20℃、98%浓硫酸溶液中的黏度-浓度曲线。从图 4-54 中可看到，高聚物的黏度开始阶段随浓度的增大而急剧上升，出现一黏度极大值；随后黏度反而随浓度增大而降低至一个最低值，但浓度继续提高，黏度又开始上升。这种溶液黏度的反常行为与液晶结构的形成有关。很显然，当体系的黏度开始随浓度增大而下降时，表明分子开始有序排列形成液晶，直到整个体系成为均一的各向异性的液晶相，这时相应的黏度出现谷值，流动性很好。在这样的条件下加工，容易得到高度取向的高聚物材料。

人们把黏度出现峰值的浓度称为液晶生成的临界浓度 C^*。它的值大小与高聚物的分子量和体系的温度有关，一般分子量增大或温度下降，临界浓度下降。

液晶高聚物的黏度随温度的变化也有类似的规律性，结果如图 4-55 所示。

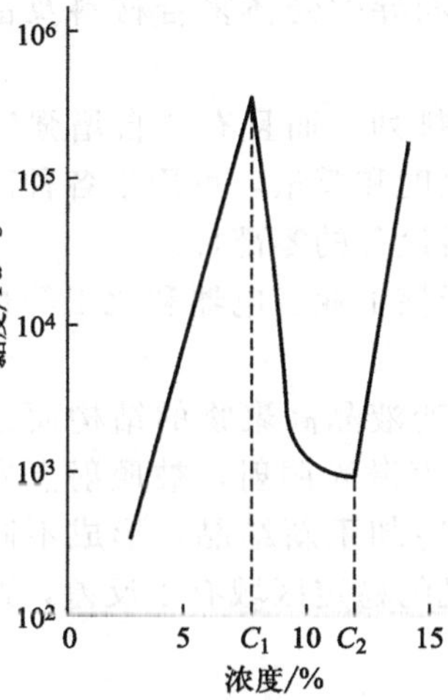

图 4-54　聚对苯二甲酰对苯二胺浓硫酸溶液的黏度-浓度曲线

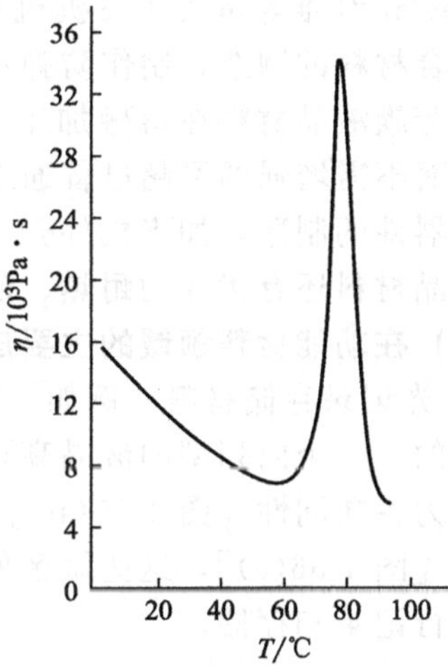

图 4-55　聚对苯二甲酰对苯二胺浓硫溶液的黏度-温度曲线

4.9.3　高聚物液晶的识别和一般表征方法

液晶态是一种有序结构，因此，可用于测量有序结构的方法都可用于表征液晶。常见的方法有：偏光显微镜、差热分析、黏度测定、折射率测定等，此外还有 X 射线衍射和光散射法等。

（1）偏光显微镜

通过偏光显微镜可直接观察高聚物液晶的相转变过程。在正交偏光下观察，不同的液晶有不同的图像。一般向列型液晶的图像表现出丝状纹理；近晶型液晶的图像呈现出焦锥或扇形纹理；胆甾型液晶的图像呈现平行走向的消光条纹。

在偏光显微镜上安装加热台，还可研究相转变过程。

（2）DSC 分析

从熔融状态到介晶态的变化会造成小的热焓变化（约 3J/g），利用 DSC 仪器能够测出这些变化，从而进行相转变过程的研究或测定转变温度。

（3）黏度测定

即使在微弱的剪切力作用下，向列型液晶的主轴也会按流动方向取向，造成体系黏度明显下降，而相同组成的普通高聚物尽管在较高温度下也有较高黏度。向列型液晶的这一特性在液晶的早期研究中曾被用来判断向列型的形成。

(4) 折射率测定

测定样品在相互垂直的两个方向上的折射率，很早就被用来判断液晶相的存在和确定相转变温度等，具体方法是将样品装进一个四面具有透光窗口的样品池，放在折光仪的加热载物台上，测定不同温度下互相垂直的两个方向上的折射率。

4.9.4 液晶高分子的主要应用

(1) 高强高模材料

高强高模材料包括主链型溶致和热致液晶两大类。溶致液晶制造纤维和薄膜，主要是聚芳酰胺［如 PPTA（Kevlar)］和杂环高聚物（如 PBZT 和 PBO)。热致性液晶制造模塑制品、纤维、薄膜、涂料和胶黏剂，以芳香共聚酯为主，此外还有聚碳酸酯、聚酰胺、聚酰亚胺和聚酯酰胺等。

Kevlar 纤维等可用于飞机机身纤维增强复合材料、火箭和导弹壳体复合材料及雷达天线罩复合材料的制造，制作防弹衣和各种高强缆绳。

全芳族液晶材料在熔融加工时由于沿流动方向高度定向排列，而且有“自增强”的特性，因而不需增强即可超过普通工程塑料或纤维增强材料的强度和模量，可用于各种高性能外壳和器件的制造，如飞机外壳、发动机零部件和高精尖仪器设备的零部件。

液晶材料还有优异的耐热、耐辐射、耐腐蚀性能，可用于核工业、电器和化工等行业。

(2) 在功能材料领域的主要应用

① 光记录存储材料　例如，通过激光光束照射发热而改变液晶高聚物的结构而达到记录的目的。一个向列型的液晶高聚物材料［图 4-56(a)］受一束激光照射，被照射点发热使液晶变为各向同性［图 4-56(b)］，移去激光后，被照射位置冷却重新结晶，形成不同取向的结晶［图 4-56(c)］，这些微区使可见光散射，从而与未曝光的稳定区域有了反差，这样就可以进行记录和存储。

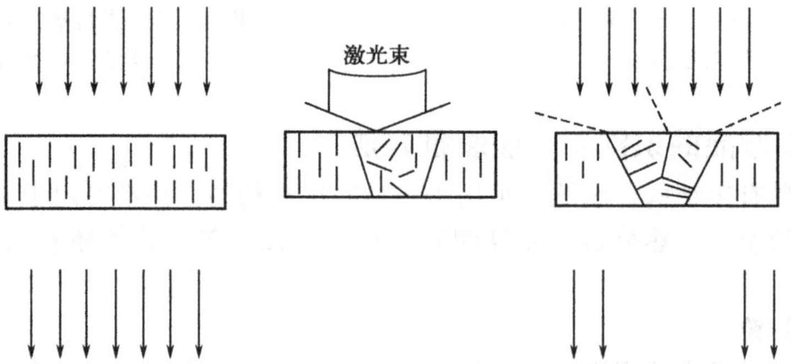

图 4-56 使用液晶高分子的热感记录原理

利用液晶高聚物的光致变色进行信息记录的原理与上述激光记录有些相似。例如，用强偏振激光照射含有偶氮苯基元的液晶材料 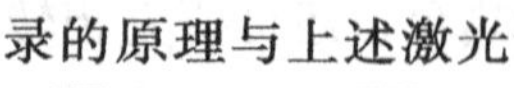，偶氮基元发生反-顺光异构化而由棒状的反式结构转变为弯曲的顺式结构，从而引起体系折射率的变化，光源移走后，所记录的信息便冻结起来，这一技术可应用于全息摄影。

② 功能分离膜　例如，用液晶膜作为富氧膜，可从空气中分离和富集氧气。又如，液晶作为烷烃分子筛膜，可分离正构和异构烷烃。也有报道用于外消旋体拆分膜，以及作为控制药物释放膜和人工肾等。

4.10　高分子单链凝聚态

4.10.1　高分子单链凝聚态和多链凝聚态

前面各节所论述的凝聚态是许多分子凝聚在一起的状态，是“多链凝聚态”。通常，这种多链凝聚的非晶高聚物中，高分子线团相互穿透，在一条链的空间大约有几十条链的质心落在其中，因此，每一条链上的链单元既受到同一条链上相隔较远的链单元的作用力，又受到相邻链上链单元的作用力，使每一条链呈无规线团形态，是高斯链。

一个孤立的小分子不可能形成凝聚态，然而，一条高分子链包含有成千上万个链单元，每个链单元相当于一个小分子，一条孤立的高分子链仍然存在链单元间的相互作用，所以，一个孤立的高分子在一定条件下却能形成凝聚态，即“单链凝聚态”。这是高聚物凝聚态的重要特征之一，也可以说是高分子间相互作用的一个特点。单链凝聚态中，不存在大分子链间的纠缠，只有分子链内单元间的范德华吸引力，线团紧缩成塌缩球粒，分子链的形态不再即高斯链，其结构和物理性能与多链凝聚态有较大的差别。

4

高分子单链凝聚态是我国学者提出的新概念，卜海山等首先得到了聚氧乙烯的单链单晶，钱人元等研究了聚苯乙烯等的单链玻璃态，之后，有关顺丁橡胶、杜仲胶、高反式聚异戊二烯、聚偏氟乙烯和聚 *N*-异丙基丙烯酰胺等单链高聚物和单（寡）链微凝胶相继被研究。到目前为止，人们在单链单晶、单链玻璃态、溶胀的单链高弹态和单链力学性质等方面的研究取得了不少有意义的结果。单链凝聚态研究的重要性在于认识单链与相互贯穿的多链体系在物理性质和动力学行为上的差异，为高分子凝聚态的研究指明了前进的道路。

4.10.2　单链高分子试样的制备

单链高分子试样的制备主要有两类方法。第一是采用极稀的高分了溶液通过喷雾、液面扩展或冷冻干燥等制备。

喷雾法是将含量小于 0.01%的极稀溶液喷到附有聚乙烯醇缩甲醛薄膜的铜网上或蒸碳膜表面，将溶剂快速蒸发，得到单分子链高分子颗粒，可用于透射电镜的观察和原子力显微镜分析等。

液面扩展通常是将极稀的高分子溶液滴到液体（常用水）的表面，让其扩展，形成单分子链颗粒。例如，将极稀的等规聚苯乙烯（i-PS）苯溶液逐滴滴在水面上，溶剂扩散后，在水面形成了单分子粒子。然后，用经过火棉胶浸渍并经喷炭增强的铜网轻轻与水面接触，单分子粒子就转移到铜网上，晾干后，经加热一定时间，即得单链单晶。

如果将极稀的高分子溶液快速冷冻，使溶剂冻结，然后在真空下将溶剂升华，剩下的就是单分子链颗粒。

极稀溶液法只能得到很少量的试样，适用于电镜、电子衍射、原子力显微镜、红外和 DSC 等研究。

第二种制备方法是微乳液聚合法。微乳液主要是由两种不相容的液体组成，其中一种液体借助表面活性剂分散在另一种液体中（通常分散在水中）。与常见的乳液不同，微乳液是一个自发形成的热力学稳定体系，微乳液液滴的直径小于 100nm。将单体在水中充分乳化成为微乳液，控制引发剂的浓度，使每个微乳胶束中只有一个引发剂分子，这样聚合得到的每个微乳高聚物颗粒只有一条高分子链，即单链高分子。如果一个微乳胶束中有很少的几个引发剂分子，聚合得到的每个微乳高聚物颗粒有几条高分子链，称为寡链（pauci-chain）高分子。

这种方法可制得较大量的单分子链纳米微球，可用于物理性质的研究。

4.10.3 高分子的单链单晶

聚氧乙烯（PEO）（分子量 2.2×10^{6}）和等规聚苯乙烯（i-PS）（分子量 1.7×10^{6}）用水面扩展法制得单链单晶。PEO 的结晶条件是：80℃熔化，52℃长时间结晶；i-PS 是在 175℃等温结晶数小时。顺丁橡胶（cPBD）（分子量 2.3×10^{6}）和杜仲胶（GP）（分子量 3.7×10^{6}）用喷雾法得到单链单晶。cPBD 高分子在电镜试样台冷却到 143K 的过程中结晶，而 GP 高分子在溶液挥发过程中就已结晶。

PEO 和 i-PS 的单链颗粒结晶较慢，其单链单晶有规整的外形。图 4-57 是 PEO 单链单晶的电镜图。图 4-58 是 i-PS 单链单晶一些典型的规则形态。i-PS 单链单晶中可看到帐篷状结构，有明显的扇形区和扇形区边界。前人仅在聚乙烯从溶液中结晶时观察到帐篷状结构的形成，但一般聚乙烯的帐篷状结构只能存在于溶液中，当片晶平放于基底上时，晶体将坍塌成片晶状。而 i-PS 单链单晶非常小，这就避免了帐篷状结构的坍塌，使我们可以在透射电镜下直接观察到 i-PS 帐篷状单链单晶。

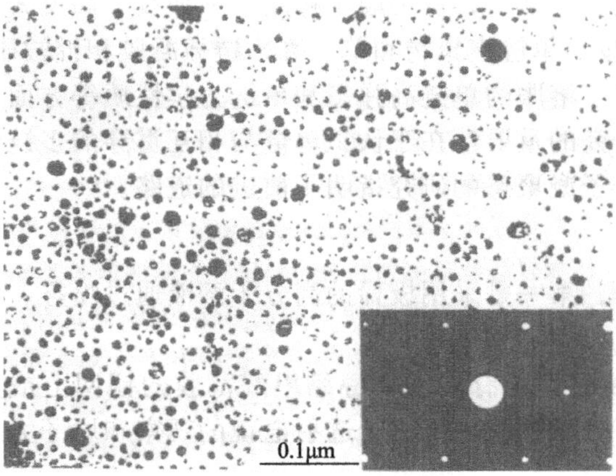

图 4-57 PEO 单链单晶电镜图

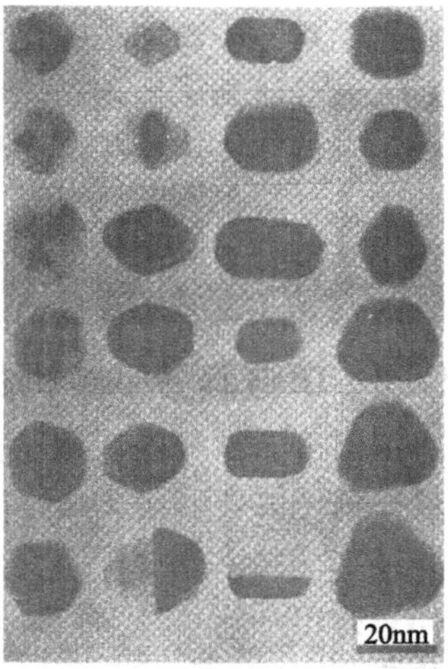

图 4-58 i-PS 单链单晶的一些典型的规则形态

顺丁橡胶和杜仲胶的结晶很快，单链单晶的外形不规则，厚度也不均一，存在极薄的区域，似乎是颗粒中的空洞。系列的电镜和电子衍射图表明，高分子链是从基底膜上竖立起来形成单链单晶的。分子动力学模拟一条打圈的聚乙烯链（聚合度 490）线团在 300K 时接触非晶态炭膜表面后，从一个各向同性的线团变成从炭膜表面竖立起来，形成许多平行取向链段的来回无规折叠的线团（图 4-59），这说明单链单晶形成是一个从基片竖立的过程。

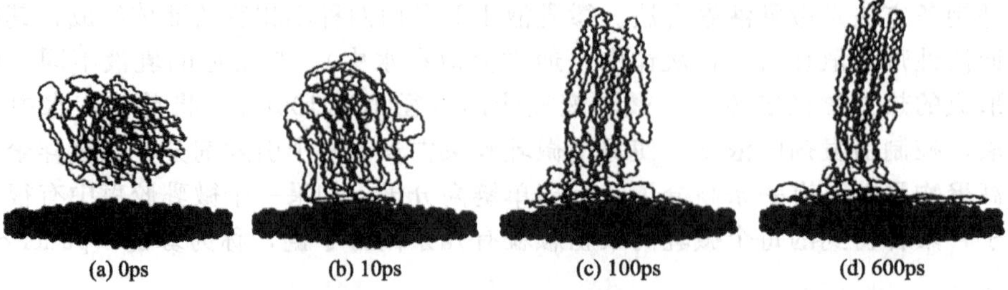

图 4-59 PE 链（聚合度 490）接近和接触炭膜表面（4nm×4nm）的过程（分子动力学模拟）

单链单晶虽是纳米尺寸，但电子衍射点很清晰。似乎衍射相干性特别好。由于单链单晶的尺寸很小，电子辐照所产生的次级电子容易逸出晶体，使辐照损伤大大减小，这样，i-PS单链单晶的耐辐射性是多链 i-PS 单晶的几万倍。此外，i-PS 单链凝聚态的结晶速率也显著高于 i-PS 多链凝聚态结晶。

4.10.4　高分子单链非晶态颗粒

用极稀聚苯乙烯（分子量 1.6×10^5）溶液喷雾到云母片上制备单链聚苯乙烯颗粒（SCPS），用轻敲模式原子力显微镜可观察到 SCPS 具有一定形貌，这种形貌与分子量无关，但与所用溶剂性质有关。使用不良溶剂时，SCPS 接近球形。颗粒形貌在溶剂挥发过程中不断改变，而且溶剂挥发完后在远低于 T_g 的温度下储存时颗粒形貌仍不断变化。在深度冷冻时高分子链内凝聚会使线团收缩，经液氮冷冻-室温解冻 200 次后，单链颗粒的尺寸比冷冻前小约 20%。

单链高分子非晶态颗粒的分子链尺寸远比相同分子量的高斯链尺寸小，但由于没有相邻分子链的穿透，单链颗粒内高分子链段的堆砌比通常的多链非晶态要疏松，因此，它的密度要低一些。例如，单链聚苯乙烯颗粒的密度比多链聚苯乙烯低 0.03g/cm^3。

单链聚苯乙烯与多链聚苯乙烯相比有不同的热性能。图 4-60 是 SCPS 的 DSC 测试结果。可以看到，SCPS 在第一次升温时在 T_g 附近出现一个放热峰，升温到 130℃后冷却到室温，第二次升温时，放热峰不再出现，而只有 T_g 转变的吸热阶跃。这是因为 SCPS 中链段的局部环境比较疏松，颗粒密度低，分子链的凝聚缠结少，当温度升到 T_g 时，链段开始运动并形成凝聚缠结，能量降低，从而出现放热过程，总焓变约 1J/g。

张希等人采用原子力显微镜研究高聚物单链的力学性质，获得了聚丙烯酸、聚乙烯醇、羧甲基化淀粉及黄原胶等合成或天然高分子的单链力学谱。图 4-61 是聚乙烯醇的归一化力曲线。

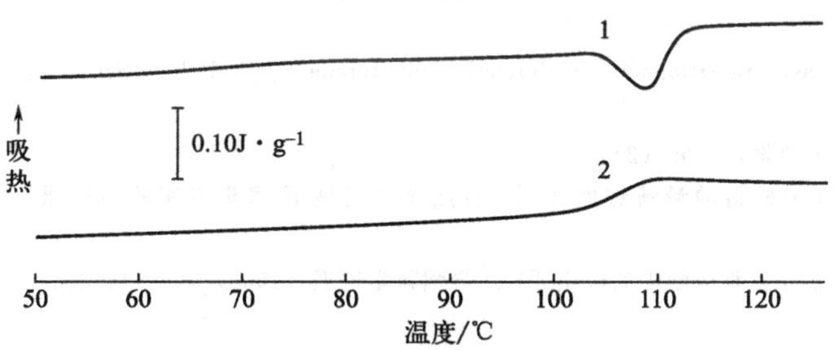

图 4-60　单链聚苯乙烯的 DSC 曲线

1—第一次升温曲线；2—130℃后快冷至室温，然后第二次升温。升温速率：10℃/min

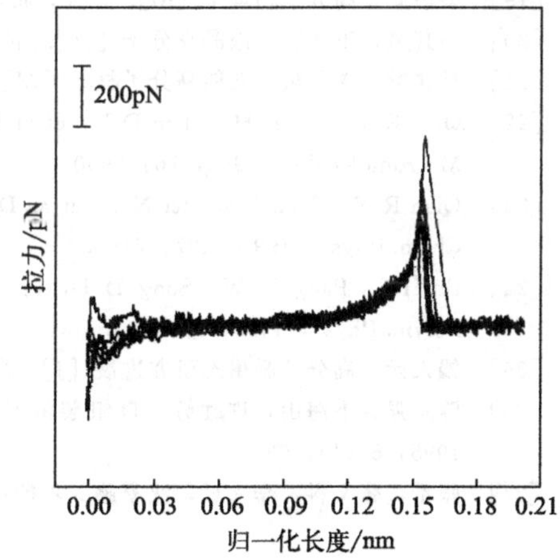

图 4-61　聚乙烯醇在 0.2mol/L NaCl 水溶液中的归一化力曲线

单链凝聚态的研究还处于起步阶段，积累的实验事实还很零星，有待于今后的发展。

参考文献

[1] Bower D I. An Introduction to Polymer Physics [M]. Cambridge：Cambridge University Press，2002.

[2] Ward I M. Structure and Properties of Oriented Polymers [M]. London：Chapman & Hall，1997.

[3] Tadokoro Hiroyuki. Structure of Crystalline Polymers [M]. New York：Wiley，1979.

[4] Mandelkern L. Crystallization of Polymers [M]. New York：McGraw-Hill Book Company，1964.

[5] 何曼君，陈维孝，董西侠．高分子物理 [M]. 上海：复旦大学出版社，1990.

[6] 潘鉴元，席世平，黄少慧．高分子物理 [M]. 广州：广东科技出版社，1981.

[7] 刘凤岐，汤心颐．高分子物理 [M]. 北京：高等教育出版社，1995.

[8] 钱人元．高分子聚集态的几个基本问题 [C] //冯新德等．高分子化学与物理专论．广州：中山大学出版社，1984：139.

[9] 莫志深．聚合物晶态与非晶态结构研究的进展 [C] //施良和，胡汉杰．高分子科学的今天和明天．北京：化学工业出版社，1994：122.

[10] Bunn C W，Howells E R. Molecular ordering in polyethylene [J]. Nature，1954，174：549.

[11] Daubeny R de P，Bunn C W，Brown C J. X-ray diffraction study of polyethylene crystals [J]. Proc. Roy. Soc. A，1954，226：531.

[12] Holmes D R，Bunn C W，Smith D J. Crystallization kinetics of polyethylene [J]. J. Polymer Sci.，1955，17：159.

[13] Holland V F，Lindemeyer P H. Melting behavior of polyethylene [J]. J. Polymer Sci.，1962，57：589.

[14] Miyamoto Y，Nakafiku C，Takemura T. Crystallization of polyethylene from solution [J]. Polymer Journal，1972，3：122.

[15] Pennings A J. Chain folding in semicrystalline polymers [J]. J. Polymer Sci.，1977，59：55.

[16] Pechhold W. Chain conformation in polyethylene melts [J]. J. Polymer Sci.，Polymer Symp.，1971，32：123.

[17] Fischer E W. Standardization of nomenclature for polymer crystallinity [J]. Pure and Applied Chemistry，1978，50：1319.

[18] Plate N A. Liquid-Crystal Polymers [M]. New York：Plenum Press，1993.

[19] 梁伯润．高分子物理学 [M]. 2版．北京：中国纺织出版社，2000.

[20] 周其凤，王久新．液晶高分子 [M]. 北京：科学出版社，1994.

[21] 马建标，李晨曦．功能高分子材料 [M]. 北京：化学工业出版社，2000.

[22] Qian R Y，Wu L H，Shen D Y，et al. Conformational analysis of polyethylene chains in crystalline states [J]. Macromolecules，1993，26：2950.

[23] Qian R Y，Shen J S，Bei N J，et al. Dynamic mechanical behavior of polypropylene crystals [J]. Macromol. Chem. Phys.，1996，197：2165.

[24] Bu H S，Pang Y W，Song D D，et al. Phase transitions in syndiotactic polystyrene [J]. Polym. Sci.，B：Polym. Phys.，1993，29：139.

[25] 钱人元．高分子凝聚态研究进展 [J]. 高分子通报，2000 (2)：1.

[26] 陈尔强，卜海山，许胜勇．自组装液晶高分子材料的最新进展 [J]. 自然科学进展-国家重点实验室通讯，1995，5 (1)：98.

[27] 张希，张文科，李宏斌，沈家骢．功能高分子在生物医学中的应用 [J]. 自然科学进展，2000，10 (5)：385.

第 5 章　高分子溶液

5.1　高分子溶液的类型及应用

通常，把高分子以分子状态分散在溶剂中所形成的均相混合物称为高分子溶液，主要指液态溶液而言，与小分子溶液一样，它属于热力学稳定体系。但与小分子溶液不同的是，高分子溶液的性质随浓度的改变有很大的变化，例如，高分子之间的相互作用会导致溶液的热力学参数、黏度、稳定性发生显著改变。为了研究方便，人们通常把高分子溶液按浓度划分为稀溶液、亚浓溶液、浓溶液。失去流动性的高聚物凝胶和冻胶，以及生产中常用的增塑高聚物材料（以低含量增塑剂作为溶剂）和共混高聚物也被纳入高分子浓溶液研究的范围，这些可以说是有别于小分子的一种广义的溶液。

高分子稀溶液的浓度通常在 1%以下。这时，高分子是以分子水平分散在溶剂中的，溶液的黏度很小而且很稳定，在没有化学变化的条件下其性质不随时间而改变，是一个热力学稳定体系。在稀溶液中，高分子线团之间是互相分离的，溶液中的链段分布不均一。

随着溶液浓度增大到某一程度，高分子各线团之间互相穿插交叠，整个溶液中的链段分布趋于均一，这时称这样的高分子溶液为亚浓溶液。从稀溶液到亚浓溶液的分界浓度是接触浓度 C^*。

如果高分子的浓度上升到更高的范围，如纺丝液含量为 15%以上，油漆等溶液含量高达 60%，这样的溶液属于浓溶液的范畴，这时溶液黏度较大，稳定性较差。从亚浓溶液到浓溶液的分界浓度是 C^+。凝胶、冻胶和增塑高聚物等属于更高浓度的浓溶液。

随着研究的深入，钱人元等人提出，高分子溶液应该划分为四个浓度区间：极稀（extremely dilute）溶液、稀（dilute）溶液、亚浓（semi-dilute）溶液和浓（concentrated）溶液。极稀溶液与稀溶液的分界浓度是动态接触浓度 C_s（$C_s<C^*$），它是高分子线团开始感受到邻近线团的排斥力而开始收缩的浓度。这一浓度可以用激基缔合物荧光、体积排除色谱和动态光散射等研究来准确确定。单链高聚物颗粒的制备中常用到高分子极稀溶液。

高分子溶液的性质包括多个方面，主要有：①热力学性质。主要包括溶解过程中体系的焓、熵和体积变化，溶液渗透压，高分子在溶液中的分子形态与尺寸，高分子与溶剂的相互作用以及高分子溶液的相分离等。②流体力学性质。主要涉及高分子溶液的黏度，高分子在溶液中的扩散和沉降等。③光电性质。主要包括溶液的光散射、折射率、透明性、偶极矩和介电常数等。本章主要介绍高分子溶液的热力学和流体力学性质。

高分子溶液的研究在高分子科学的建立和发展中有重要作用。在对高分子的结构和性能的研究中常常要以高分子溶液作为载体，通过研究高分子溶液的特性，可以了解高分子的结构、形态、热力学参数、动力学参数，从而对聚合机理、结构与性能关系等理论有更深刻的认识，推动高分子理论的发展。

在实际生产和应用中，我们也大量使用到高分子溶液。例如，大家非常熟悉的油漆和涂料等就是高分子溶液。又如，高聚物纤维很多是通过高分子溶液的纺丝而制造出来的，如黏胶纺丝液、腈纶纺丝液。水溶性的高分子如聚氧乙烯、聚氧丙烯、聚丙烯酰胺及线形脲醛树脂等稀水溶液可在生产中用于作为减阻剂，有些可作为絮凝剂、分散剂和增稠剂等等。我们日常所使用的胶水，还有大量胶黏剂都是高分子溶液。因此，对高分子溶液的研究有重要的理论和应用意义。

5.2 高分子的溶解

5.2.1 高分子溶解过程的特点

溶液制备中首先碰到的是高分子的溶解问题。与小分子相比，高分子的溶解存在热力学复杂和动力学缓慢两个特点。从热力学上看，由于高分子结构的多样性，一种高分子是由分子量大小不一样的一类高分子组成，每一条分子链长短不一，支化程度和交联程度都不一样。而且，同一高分子中既有结晶部分，又有非结晶部分。这样，从热力学上每一条分子链的溶解能力都有所差别。从动力学上来看，小分子（如食盐）溶解（在水中）时，可以在很短的时间内溶解并达到均匀，但当我们溶解一个高聚物固体时，尽管采用的是良溶剂，其溶解过程也是很缓慢的，它经常需要数分钟、几小时或更长时间。

当高分子与小分子溶剂混合时，存在三种主要的运动单元：小分子、高分子链段（部分高分子链）和整条高分子链。所以，高分子的溶解过程要经过两个阶段："溶胀"阶段和"高分子分散"阶段。

所谓溶胀，就是溶剂小分子渗入高聚物内部，使高聚物宏观体积发生膨胀。这时不仅可观察到明显的体积变化，对于浅色透明材料还可看到折射率的变化。有时人们把这种现象作为区别高聚物和小分子材料的定性鉴别。高聚物之所以出现溶胀现象，这是由于高分子的平均分子量很大，分子链很长，而且存在链的纠缠，而溶剂小分子分子量相对很小，两者的运动速度差别很大。溶剂小分子能很快地进入到高聚物中，使链段很快发生运动（因为链段的尺寸与溶剂接近），但高分子链要克服彼此纠缠和强的相互作用向溶剂扩散非常慢。所以出现与小分子不同的溶胀现象。

当高聚物被溶胀后，可以有两种发展结果：一种是无限溶胀以至溶解；另一种是有限溶胀。

无限溶胀通过分子链段的协调运动而达到整条高分子链的运动，使高分子间互相分离而与小分子溶剂均匀混合，成为热力学稳定的均匀体系，即真溶液。对于线形非结晶高聚物，在合适的溶解条件下，只要溶剂量足够，最终能达到完全溶解。但由于大分子运动速度很慢，要溶解均匀要有足够长的混合时间，有时需要几天或几星期才能达到热力学平衡。为了缩短溶解时间，可以进行搅拌或加热。

但是，如果待溶解的高聚物不是纯粹的物理缠结（物理交联），而是由化学键所连接的化学交联，分子链形成网状结构，这样的高分子链无法解纠缠，所以，当高聚物溶胀到一定体积后，不论再放置多久，体积不再变化，高聚物只能停留在溶胀阶段而不能进一步溶解成为真溶液，这种情况称为"有限溶胀"。在有限溶胀的情况下，虽然高分子链段运动能够发生，小分子能进入高聚物中产生渗透压，但由于化学交联键的存在，又产生高分子反抗网链张开的张力，当渗透压和张力相等时就达到了溶胀平衡，此时，溶剂分子进入高聚物和出来的数量相等。利用这种原理，可通过测量溶胀度来表征高聚物交联度。

高聚物的溶解度与其分子量有关，分子量大者溶解度小，分子量小者溶解度大。对交联高聚物来说，交联度大溶胀度小，交联度小溶胀度大。

此外，结晶高聚物与非结晶高聚物的溶解情况也不一样。非结晶高聚物分子堆砌比较松散，分子间相互作用力小，溶剂分子比较容易渗入高聚物内部使之溶胀和溶解。而结晶高聚物由于分子排列规整，堆砌紧密，分子间相互作用力很强，溶解比较困难。对于一些结晶度高，分子链又是非极性的高聚物如聚乙烯和聚丙烯，其分子间相互作用非常强，甚至连链段运动都不能进行，溶胀都不能发生。对于这样的结晶态高聚物，要使它溶解，首先得使结晶熔化成为无定形的液相，然后再按上述过程溶解。所以许多加聚型晶态高聚物如聚乙烯和聚丙烯总是在较高的温度下（大约在熔点附近）才能与溶剂相混合而溶解。如低压聚乙烯用良溶剂四氢萘也要在 120℃才能良好溶解。聚丙烯在良溶剂十氢萘中也要 130℃才能很好溶解。

对于一些缩聚反应所得的晶态高聚物，一般它们有较强的极性，虽然分子间相互作用力大，但如果选择了合适的溶剂，溶剂化作用也很强烈，所以也可在常温较好溶解。有些高聚物的非晶态部分在溶解时因溶剂化作用会产生大的放热效应，其热量足以使附近的结晶部分晶粒融化，所以溶解也就能在低温下进行。典型的例子有聚酰胺室温下可溶于甲苯酚、40%硫酸或甲酸和氯化钙混合溶剂；聚对苯二甲酸乙二醇酯可溶于间甲苯酚；聚乙烯醇可以溶于热水等。

当然，晶态高聚物难溶于溶剂，这对于实际应用也是有利的。例如，合成纤维都是一些结晶高聚物，它们都有较强的抗溶剂性。

5

5.2.2 高分子溶解过程的热力学

高分子溶液是真溶液，对于这样的热力学稳定体系，可以用热力学函数来描述体系的溶解行为。

根据热力学定律，一个过程是否能够自发进行，可以从 Gibbs（吉布斯）自由能的变化是否小于零来进行判断。如果说某一种高聚物能溶于某一种溶剂，就是说，这种溶解作用能自发进行时，按照自由能判据，在恒温恒容，又不做其他功的条件下，自发过程进行的必要条件是自由能的变化小于零（$\Delta F<0$）。

$$\Delta F_{\mathrm{m}}=\Delta H_{\mathrm{m}}-T\Delta S_{\mathrm{m}}<0 \tag{5-1}$$

式中，ΔF_{m} 为混合时自由能变化；ΔH_{m} 为混合热；T 是溶解时的温度；ΔS_{m} 为混合熵，即高聚物和溶剂混合前后熵的变化。

我们知道，高聚物从固体溶解变成溶液是分子排列规整的状态变为排列混乱的状态，因此，熵的变化 ΔS_{m} 是增加的，即 $\Delta S_{\mathrm{m}}>0$。因此，ΔF_{m} 的正负便取决于混合热 ΔH_{m} 的正负和大小。

我们分为两种情况来讨论。第一种情况是 $\Delta H_{\mathrm{m}}<0$ 的混合体系。例如，某些极性高分子在极性溶剂中的溶解，由于高分子与溶剂分子的强烈相互作用，溶解时放热，$\Delta H_{\mathrm{m}}<0$，所以，$\Delta F_{\mathrm{m}}<0$，这种情况高分子是能够自发溶解的。

第二种情况是 $\Delta H_{\mathrm{m}}>0$ 的混合体系，溶解过程是一个吸热过程。对于一般的非极性高聚物，溶解过程都是吸热过程，因此，要使高聚物溶解，按 $\Delta F_{\mathrm{m}}<0$，必须使式(5-1) 第二项大于第一项。即 $|\Delta H_{\mathrm{m}}|<T\cdot|\Delta S_{\mathrm{m}}|$。很显然，提高溶解温度 T 或者减小混合热 ΔH_{m} 都有利于降低 ΔF_{m}，使之变为小于 0，溶解就可自发进行。

对于非极性（或弱极性）高聚物与溶剂混合时，其混合热变化可用 Hildebrand 公式表示。

$$\Delta H_{\mathrm{m}}=V\phi_1\phi_2[(\Delta E_1/V_1)^{\frac{1}{2}}-(\Delta E_2/V_2)^{\frac{1}{2}}]^2 \tag{5-2}$$

或

$$\Delta H_{\mathrm{m}}=\frac{n_1V_1\cdot n_2V_2}{n_1V_1+n_2V_2}[(\Delta E_1/V_1)^{\frac{1}{2}}-(\Delta E_2/V_2)^{\frac{1}{2}}]^2 \tag{5-3}$$

式中，V 为溶液的总体积，L；ϕ 是体积分数；n_1，n_2 分别表示组分 1 和 2 的物质的量，mol；V_1 和 V_2 分别为组分 1 和 2 的摩尔体积；$V=n_1V_1+n_2V_2$，$\phi_1=n_1V_1/V$，$\phi_2=n_2V_2/V$；ΔE_1，ΔE_2 分别表示两组分的摩尔汽化能。$\Delta E_1/V_1$ 和 $\Delta E_2/V_2$ 就是组分 1 和 2 在零压力下单位体积的液体变为气体的汽化能，人们称为内聚能密度。为了表达方便，人们定义：

$$\delta \equiv \left(\frac{\Delta E}{V}\right)^{\frac{1}{2}} \tag{5-4}$$

δ 的量纲为 $(J/cm^3)^{1/2}$。这样，就可把 Hildebrand 半经验式写成：

$$\Delta H_m / V\phi_1\phi_2 = (\delta_1 - \delta_2)^2 \tag{5-5}$$

式(5-5) 左边是单位体积溶液的混合热，可见 δ_1 和 δ_2 愈接近，ΔH_m 就越小，这两种液体就越趋于相溶。在实际使用中，人们往往把 δ 作为选择溶剂的参考数据。所以 δ 被称为“溶度参数”。

表 5-1 列出一些常用溶剂的溶度参数。表 5-2 列出一些高聚物的溶度参数。

表 5-1 常用溶剂的溶度参数 δ 和极性分数 P

溶剂	$\delta/(J/cm^3)^{1/2}$	P	溶剂	$\delta/(J/cm^3)^{1/2}$	P
二异丙醚	14.3		1,2-二氯乙烷	20.1	0.043
正戊烷	14.4	0	乙醛	20.1	0.715
异戊烷	14.4	0	萘	20.3	0
正己烷	14.9	0	环己酮	20.3	0.380
二乙醚	15.1	0.033	四氯呋喃	20.3	
正庚烷	15.2	0	二硫化碳	20.5	0
正辛烷	15.4	0	二氧六环	20.5	0.006
环己烷	16.8	0	溴苯	20.5	0.029
甲基丙烯酸丁酯	16.8	0.096	丙酮	20.5	0.695
氯乙烷	17.4	0.319	硝基苯	20.5	0.625
1,1,1-三氯乙烷	17.4	0.069	四氯乙烷	21.3	0.092
乙酸戊酯	17.4	0.70	丙烯腈	21.4	0.802
乙酸丁酯	17.5	0.167	丙腈	21.9	0.753
四氯化碳	17.6	0	吡啶	21.9	0.174
正丙苯	17.7	0	苯胺	22.1	0.063
苯乙烯	17.7	0	二甲基乙酰胺	22.7	0.682
甲基丙烯酸甲酯	17.8	0.149	硝基乙烷	22.7	0.710
乙酸乙烯酯	17.8	0.052	环己醇	23.3	0.075
对二甲苯	17.9	0	正丁醇	23.3	0.096
二乙基酮	18.0	0.286	异丁醇	23.9	0.111
间二甲苯	18.0	0.001	正丙醇	24.3	0.152
乙苯	18.0	0.001	乙腈	24.3	0.852
异丙苯	18.1	0.002	二甲基甲酰胺	24.8	0.772
甲苯	18.2	0.001	乙酸	25.8	0.296
丙烯酸甲酯	18.2		硝基甲烷	25.8	0.780
邻二甲苯	18.4	0.001	乙醇	26.0	0.268
乙酸乙酯	18.6	0.167	二甲基亚砜	27.4	0.813
1,1-二氯乙烷	18.6	0.215	甲酸	27.6	

续表

溶剂	$\delta/(J/cm^3)^{1/2}$	P	溶剂	$\delta/(J/cm^3)^{1/2}$	P
甲基丙烯腈	18.6	0.746	苯酚	29.7	0.057
苯	18.7	0	甲醇	29.7	0.388
三氯甲烷	19.0	0.017	碳酸乙烯酯	29.7	0.924
丁酮	19.0	0.510	二甲基砜	29.9	0.782
四氯乙烯	19.2	0.010	丙二腈	30.9	0.798
甲酸乙酯	19.2	0.131	乙二醇	32.1	0.476
氯苯	19.4	0.058	丙三醇	33.8	0.468
苯甲酸乙酯	19.8	0.057	甲酰胺	36.4	0.88
二氯甲烷	19.8	0.120	水	47.3	0.819
顺式二氯乙烯	19.8	0.165			

表 5-2 一些高聚物的溶度参数

高聚物	$\delta/(J/cm^3)^{1/2}$	高聚物	$\delta/(J/cm^3)^{1/2}$
聚甲基丙烯酸甲酯	18.8～19.4	聚三氟氯乙烯	14.7
聚丙烯酸甲酯	20.1～20.7	聚氯乙烯	19.4～20.5
聚醋酸乙烯酯	19.2	聚偏氯乙烯	25.0
聚乙烯	16.2～16.6	聚氯丁二烯	16.8～19.2
聚苯乙烯	17.8～18.6	聚丙烯腈	26.0～31.5
聚异丁烯	15.8～16.4	聚甲基丙烯腈	21.9
聚异戊二烯	16.2～17.0	硝基纤维素	17.4～23.6
聚对苯二甲酸乙二酯	21.9	聚丁二烯/丙烯腈	
聚己二酸己二胺	25.8	82/18	17.8
聚氨酯	20.5	75/25～70/30	18.9～20.3
环氧树脂	19.8～22.3	61/39	21.1
聚硫橡胶	18.4～19.2	聚乙烯/丙烯橡胶	16.2
聚二甲基硅氧烷	14.9～15.5	聚丁二烯/苯乙烯	
聚苯基甲基硅氧烷	18.4	85/15～87/13	16.6～17.4
聚丁二烯	16.6～17.6	75/25～72/28	16.6～17.6
聚四氟乙烯	12.7	60/40	17.8

对于极性高聚物和极性溶剂体系，人们把分子的极性部分和非极性部分的溶度参数分开考虑，提出修正公式：

$$\Delta H_m/V\phi_1\phi_2=[(\omega_1-\omega_2)^2+(\Omega_1-\Omega_2)^2] \tag{5-6}$$

式中，ω 是指极性部分的溶度参数；Ω 是指非极性部分的溶度参数。它们与总溶度参数（δ）有以下关系：

$$\omega=P\delta^2;\ \Omega=d\delta^2$$

式中，P 是分子的极性分数；d 是非极性分数。表 5-1 中还列出了一些溶剂的 P 值。

从式(5-6) 来讲，在选择极性高聚物和极性溶剂时，不但要求它们的溶度参数中的非极性部分接近，还要求极性部分接近，才能溶解。

Hansen 还提出总的溶度参数（δ）可通过三个分参数来计算：

$$\delta^2=\delta_d^2+\delta_p^2+\delta_h^2 \tag{5-7}$$

式中，δ_d、δ_p 和 δ_h 分别为溶度参数的色散分量、偶极分量和氢键分量。

于是 Hildebrand 式可改写为：

$$\Delta H_m/V\phi_1\phi_2=(\delta_{d1}-\delta_{d2})^2+(\delta_{p1}-\delta_{p2})^2+(\delta_{h1}-\delta_{h2})^2=\Delta\delta^2 \tag{5-8}$$

在判断高聚物与溶剂的溶解性时，要同时考虑 δ_d、δ_p 和 δ_h 三个分量。表 5-3 和表 5-4 分别列出了部分高聚物和溶剂的三维溶度参数。

表 5-3　部分高聚物的三维溶度参数

高聚物	δ_d	δ_p	δ_h
聚酰胺-66	9.06	2.5	6.0
聚丙烯酰胺	7.6	11.4	—
聚丙烯腈	6.6	11.6	—
	8.91	7.8	3.3
聚氯乙烯	7.4	6.1	—
	9.15	4.9	1.5
聚 2,6-二甲基-1,4-苯醚	9.41	1.3	2.4
聚二氯苯乙烯(异构体混合物)	10.4	0.9	—
聚甲基丙烯腈	5.7	9.3	—
聚甲基丙烯酸甲酯	8.68	2.8	3.8
	8.6	2.9	—
聚苯乙烯	9.64	0.42	1
	9.1	0.1	—
聚四氟乙烯	6.84	0	0
聚氯苯乙烯	9.5	1.5	—
聚乙烯	8.61	0	0
对苯二甲酸乙酯	9.54	1.7	4.2

表 5-4　部分溶剂的三维溶度参数

溶剂	δ_d	δ_p	δ_h	溶剂	δ_d	δ_p	δ_h
己烷	7.24	0	0	二氯乙烷	9.20	2.6	2.0
环己烷	8.18	0	0	氯仿	8.65		
甲醇	7.42	6.0	10.9	四氯化碳	8.65	0	0
乙醇	7.73	4.3	9.5	苯	8.95	0.5	1.0
丁醇	7.81	2.8	7.7	甲苯	8.82	0.7	1.0
己醇	7.75	3.8	7.3	二甲苯	8.65	0.5	1.5
乙二醇	8.25	5.4	12.7	苯乙烯	9.07	0.5	2.0
丙二醇	8.24	4.6	11.4	间甲酚	8.82	2.5	6.3
甘油	8.46	5.9	14.3	硝基苯	8.60	6.0	2.0
乙醚	7.05	1.4	2.5	氯苯	9.28	2.1	1.0

续表

溶剂	δ_d	δ_p	δ_h	溶剂	δ_d	δ_p	δ_h
丙酮	7.58	5.1	3.4	吡啶	9.25	4.3	2.9
环己酮	8.65	4.1	2.5	四氢呋喃	8.22	2.8	3.9
甲酸	7.0	5.8	8.1	四氢化萘	9.35	1.0	1.4
乙酸	7.1	3.9	6.6	二甲基亚砜	9.0	8.0	5.0
乙酸乙酯	7.44	2.6	4.5	2-吡咯烷酮	9.5	8.5	5.5
乙酸丁酯	7.67	1.8	3.1	二乙胺	7.30	1.1	3.0
二氯甲烷	8.72	3.1	3.0	水	6.0	15.3	16.7

在选择高聚物的溶剂时，除了使用单一溶剂外，还可使用混合溶剂。混合溶剂的溶度参数大致可以按下式计算：

$$\delta_{混} = \delta_1 \phi_1 + \delta_2 \phi_2 \tag{5-9}$$

式中，δ_1 和 δ_2 为两种纯溶剂的溶度参数；ϕ_1 和 ϕ_2 为两种纯溶剂的体积分数。

有时混合溶剂对高聚物的溶解能力甚至比单独使用任一溶剂时还要好。有些溶剂单独使用时对某些高聚物是非溶剂，但两种非溶剂混合后可成为高聚物的良溶剂。例如，氯乙烯-醋酸乙烯共聚物的 δ 约 21.2。乙醚的 δ 为 15.2，乙腈的 δ 为 24.2，两者单独使用时均为非溶剂。但用 33%乙醚（体积分数）和 67%乙腈（体积分数）混合，其混合溶剂的 $\delta_{混}$ 为 21.2，是氯乙烯-醋酸乙烯共聚物的良溶剂。表 5-5 给出一些可溶解高聚物的混合溶剂。

表 5-5 可溶解高聚物的混合溶剂

高聚物	δ	非溶剂	δ_1	非溶剂	δ_2
无规聚苯乙烯	18.6	丙酮	20.5	环己烷	16.8
无规聚丙烯腈	26.2	硝基甲烷	25.8	水	47.7
聚氯乙烯	19.4	丙酮	20.5	二硫化碳	20.5
聚氯丁二烯	16.8	二乙醚	15.1	乙酸乙酯	18.6
丁苯橡胶	17.0	戊烷	14.4	乙酸乙酯	18.6
丁腈橡胶	19.2	甲苯	18.2	丙二酸二甲酯	21.1
硝化纤维	21.7	乙醇	16.0	二乙醚	15.1

在许多情况下，各种溶度参数数据可以从相关手册和资料上查阅到。但对于一些未知物质的溶度参数，也可以采取以下方法计算或实验测试获得。

① 通过摩尔汽化热 ΔH 计算小分子溶剂的内聚能密度，可得溶度参数 δ。

$$\Delta E = \Delta H - RT \tag{5-10}$$

或

$$\Delta E_{25℃} = \Delta H_{25℃} - 1.987 \times 298 \tag{5-11}$$

如果文献中没有指定温度的 ΔH，可根据 Clausius-Clapeyron 方程或式(5-12) 计算。

$$\Delta H_{25℃} = 23.7T_b + 0.02T_b^2 - 2950 \tag{5-12}$$

式中，T_b 是溶剂的沸点，K。

② 通过 van der Waals 常数 a 或临界压力 P_c 计算。

$$\delta \approx 1.2a^{1/2}/V \tag{5-13}$$

$$\delta \approx 1.25P_c^{1/2} \tag{5-14}$$

③ 对于不能汽化的高聚物，可利用液体的热膨胀系数 α 和压缩系数 β 计算 δ。

$$\delta \approx (\alpha T/\beta)^{1/2} \tag{5-15}$$

④ 高聚物的溶度参数还可通过基团的摩尔引力常数计算。Small 认为，内聚能密度像摩尔折射度一样具有分子中基团或原子的加和性，因此，高聚物溶度参数 δ 可按下式计算：

$$\delta = \frac{\sum F_i}{\widetilde{V}} = \frac{d\sum F_i}{M_0} \tag{5-16}$$

式中，$\sum F_i$ 是原子或基团的摩尔引力常数之和；d 为高聚物的密度；M_0 为高聚物单元分子量。表 5-6 列出了一些基团和原子的摩尔引力常数。利用这些常数，就可以计算出高聚物的溶度参数。溶剂的溶度参数也可这样计算得到。

表 5-6 摩尔引力常数 F [$(J/cm^3)^{1/2}$/mol]

基团	F	基团	F	基团	F	基团	F
$-CH_3$	303.4	—O—醚，乙缩醛	235.3	$-NH_2$	463.6	—Cl 芳香族	329.4
$-CH_2-$	269.0	—O—环氧	360.5	—NH—	368.3	—F	84.5
>CH—	176.0	—COO—	668.2	—N—	125.0	共轭	47.7
>C<	65.5	>C=O	538.1	—C≡N	725.5	顺	−14.5
$CH_2=$	258.8	—CHO	597.4	—NCO	733.9	反	−27.6
—CH=	248.6	$(CO)_2O$	1160.7	—S—	428.4	六元环	−47.9
>C=	172.9	—OH	462.0	Cl_2	701.1	邻位取代	19.8
—CH=芳香族	239.6	—H 芳香族	350.0	Cl 第一	419.6	间位取代	13.5
—C=芳香族	200.7	—H 聚酸	−103.3	Cl 第二	426.2	对位取代	82.5

⑤ 实验测定高聚物的溶度参数可以采用稀溶液黏度法或交联网溶胀法。稀溶液黏度法是使用若干种溶度参数不同的溶剂，测定高聚物在这些溶剂中的特性黏度，从特性黏度和溶剂的溶度参数关系曲线中找出特性黏度最大值所对应的溶度参数，这就是高聚物的溶度参数。溶胀法也是使用系列溶度参数不同的溶剂溶胀高聚物，其最大平衡溶胀度所对应的溶度参数作为高聚物的溶度参数。

5.2.3 溶剂的选择

对高聚物的溶剂选择通常要考虑以下三个原则：“溶度参数相近”原则、“相似相溶”原则和“溶剂化”原则。

①“溶度参数相近”原则　在 5.2.2 节已详细讨论，它是定量性的原则，是选择高聚物的溶剂时主要考虑的原则。

②“相似相溶”原则　也称“极性相近”原则。就是极性高聚物溶于极性溶剂，非极性高聚物溶于非极性溶剂。例如，天然橡胶（聚顺异戊二烯）、丁苯橡胶等非极性的非晶态高聚物能溶于碳氢化合物（如苯、石油醚、甲苯、乙烷等）的非极性溶剂中。丁腈橡胶由于引入了极性氰基，氯丁橡胶引入极性的 Cl，从而它们在极性溶剂中明显溶胀，而对于碳氢类非极性溶剂几乎不起作用，这就是为什么丁腈橡胶和氯丁橡胶耐油（耐溶剂）的原因。按照

“相似相溶”原则，聚乙烯醇不能溶于苯而能溶于水，聚甲基丙烯酸甲酯不易溶于苯而能很好地溶于丙酮。其实，在5.2.2节中讨论的Hildebrand公式的改进式(5-6)就是“相似相容”原则的一种定量化表述，通过从极性和非极性部分溶度参数分别计算，可更科学地选择合适溶剂。

③“溶剂化”原则　就是极性定向和氢键形成原则。溶剂化作用与广义酸碱的相互作用有关。所谓广义酸就是电子接受体（亲电体），广义碱就是电子给予体（亲核体），二者相互作用产生溶剂化，使高聚物溶解。

与高聚物和溶剂有关的常见亲电和亲核基团由强至弱排列为：

亲电：$-SO_2OH$，$-COOH$，$-C_6H_4OH$，$-CH(CN)-$，$-CH(NO_2)-$，$-CH(ONO_2)-$，$-CHCl_2$，$-CHCl-$。

亲核：$-CH_2NH_2$，$-C_6H_4NH_2$，$-CON(CH_3)_2$，$-CONH$，PO_4^{3-}，$-CH_2COCH_2-$，$-CH_2OCOCH_2-$，$-CH_2OCH_2-$。

如果高聚物中含有大量亲电基团，则它能溶于含有亲核基团的溶剂中，例如，硝化纤素中含亲电基团$-ONO_2$，故可溶于丙酮、丁酮、樟脑，也可以溶于醇-醚混合溶剂中，三醋酸纤维素含有亲核基团醋酸酯，故可溶于含亲电基团的二氯甲烷中。

如果高聚物所带的基团亲电或亲核性较弱（就是上述亲电或亲核序列中较后的几种基团），有时不必一定要选用相反溶剂化的溶剂。它可溶于亲电和亲核两个序列中的多种溶剂。例如聚氯乙烯既可溶于亲核试剂环已酮或四氢呋喃，也可溶于亲电试剂硝基苯中。反之，若高聚物含有亲电和亲核两序列中前几种基团，应该选择含有相反系列中最前几种基团的溶剂。例如，聚酰胺-6和聚酰胺-66含酰胺基，它易溶于含有羧基的甲酸和浓硫酸或间甲酚；而含有腈基的聚丙烯腈，它可很好地溶解于二甲基甲酰胺。

生成氢键实际上也是强烈溶剂化作用的一种。在生成氢键时，混合热是负值（放热），所以有利丁溶解的进行。

溶剂选择的三个原则仅仅是出于对高聚物溶解能力的考虑。在环境和资源问题备受重视的今天，还要注意溶剂选择的其他一些问题，如尽可能选择毒性低、气味小、难燃等较环保的溶剂。还要注意溶剂回收难易问题，以节约资源等。

5.3 高分子稀溶液的热力学

5.3.1 理想溶液的热力学

当两种物体能自发进行混合成为溶液时，它符合$\Delta F_m=\Delta H_m-T\Delta S_m<0$的热力学定律。根据混合热$\Delta H_m$与混合熵$\Delta S_m$的不同，可以把溶液分为以下四个类型：

① 理想溶液：$\Delta H_m=0$，ΔS_m有理想值，服从拉乌尔（Raoult）定律。

② 正规溶液：ΔH_m有一定值，ΔS_m有理想值。

③ 无热溶液：$\Delta H_m=0$，ΔS_m不是理想值。

④ 不正规（非理想）溶液，ΔH_m及ΔS_m都不是理想值。

高分子溶液一般属于第三和第四类，尽管在稀溶液条件下，由于高分子本身有巨大长链的分子结构特点，它的热力学性质与理想溶液有很大偏差。为了方便理解，下文从理想溶液开始，逐步讨论高分子溶液热力学性质的特点。

所谓理想溶液，是指溶液中溶质分子与溶剂分子尺寸大小及形态相似，溶解混合后总体积不变，即$\Delta V_m=0$；溶质分子与溶剂分子之间、溶质及溶剂分子各自之间的相互作用能都相等，所以混合前后无热量变化，即$\Delta H_m=0$。这种溶液的性质服从理想溶液定律，溶液的蒸气压可用 Raoult 方程来描述，即：

$$P_1 = P_1^0 X_1 \tag{5-17}$$

式中，P_1 和 P_1^0 分别表示溶剂组分在溶液中和纯溶剂中的蒸气压；X_1 是溶剂的摩尔分数。

理想溶液的混合熵为：

$$\Delta S_m^i = -R(n_1 \ln X_1 + n_2 \ln X_2) \tag{5-18}$$

式中，上标 i 表示理想溶液；R 为气体常数；n 为物质的量。

理想溶液的混合自由能为：

$$\Delta F_m^i = \Delta H_m^i - T\Delta S_m^i = RT(n_1 \ln X_1 + n_2 \ln X_2) \tag{5-19}$$

研究发现，当溶质尺寸明显大于溶剂分子时，溶液的性质将偏离理想溶液。例如，Meyer 把十六碳二酸二油醇酯分别溶于四氯化碳、己烷及氯仿中，测其蒸气压，并用 P/P_0 对 X_1 作图，结果如图 5-1 所示。对于一个理想溶液来讲，P/P_0 对 X_1 的关系应为图 5-1 的对角线。然而，对于十六碳二酸二油醇酯实际溶液，不论 $\Delta H_m = 0$，大于或小于 0，它的 P/P_0 对 X_1 的关系均偏离理想直线，实测的 P/P_0 偏小，说明溶液的混合熵 ΔS_m 偏大，这是十六碳二酸二油醇酯尺寸明显大于溶剂分子的缘故。高分子链的尺寸比一般溶剂分子大千百倍，由此推知其溶液的 ΔS_m 应比理论值大很多，实验结果证明了这一点（见表 5-7 和表 5-8）。

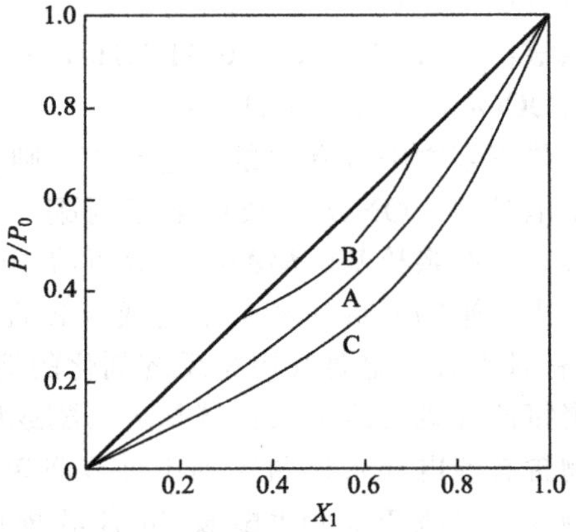

图 5-1 十六碳二酸二油醇酯分别溶于四氯化碳、己烷及氯仿时的蒸气压

A—四氯化碳，无热，$\Delta H_m = 0$；B—己烷，吸热，$\Delta H_m > 0$；C—氯仿，放热，$\Delta H_m < 0$

表 5-7 橡胶-甲苯体系（$\Delta H_m \approx 0$）

高分子物质的量浓度/(mol/L)	$T\Delta S_m$(理想)/(cal/mol)	$T\Delta S_m$(实验)/(cal/mol)
1.23×10^{-5}	0.0074	0.011
0.341×10^{-3}	0.201	37
0.795×10^{-3}	0.468	178

表 5-8 硝化纤维素-环己烷体系（$\Delta H_m < 0$）

高分子物质的量浓度/(mol/L)	ΔH_m(计算)/(cal/mol)	$T\Delta S_m$(理想)/(cal/mol)	$T\Delta S_m$(实验)/(cal/mol)
2.43×10^{-5}	-1.5×10^{-2}	1.4×10^{-2}	2×10^{-2}
4.83×10^{-5}	-0.9×10^{-2}	2.9×10^{-2}	6×10^{-2}
9.13×10^{-5}	-0.17×10^{-2}	5.4×10^{-2}	24×10^{-2}

注：1cal=4.1868J。

高分子溶液的热力学性质与理想溶液存在很大的偏离，原因一方面来自混合热 $\Delta H_m \neq 0$。通常，高分子溶液中高分子链段间、溶剂分子之间、溶剂和高分子链段之间的相互作用并不相等，所以混合热不为零；另一方面，高分子的尺寸很大，高分子中有许多重复单元，显然不能把一个高分子当作一个溶剂小分子等同对待；此外，高分子链有柔顺性，单键的旋转使高分子可以有许多构象，因此，高分子在溶液中的排列方式比同样分子数目的小分子多

很多，就是说，实际混合熵要比理想混合熵大很多。

实际高分子溶液的混合热和混合熵等热力学性质究竟如何，以下将介绍各种理论研究的结果。

5.3.2 Flory-Huggins 高分子溶液理论

Flory-Huggins 采用似晶格模型，用统计热力学的方法推导出高分子溶液的混合熵 ΔS_m 和混合热 ΔH_m。

5.3.2.1 高分子溶液的混合熵

按照似晶格模型，可以把高分子溶液划分为类似于结晶晶格的许多规则排列的格子（图 5-2）。高聚物的溶解过程就相当于把溶剂小分子和高分子随机地放入小格子中。如果是小分子理想溶液，一个溶剂小分子和溶质分子都是一样大小，所以，它们都是一个小分子占一个格子［图 5-2(a)］。但是，高分子是一个链长很长的分子，不可能一个高分子分子占一个格子，所以 Flory-Huggins 理论提出三点合理的假定。

5

① 每个高分子由 x 个链段组成，每个链段的体积与小分子溶剂的体积相等，由于 x 个链段是连在一起的，所以，每一个高分子链将占据 x 个相连的格子，而一个小分子溶剂占一个格子［图 5-2(b)］。所以 x 也就是高分子与溶剂分子的摩尔体积比。

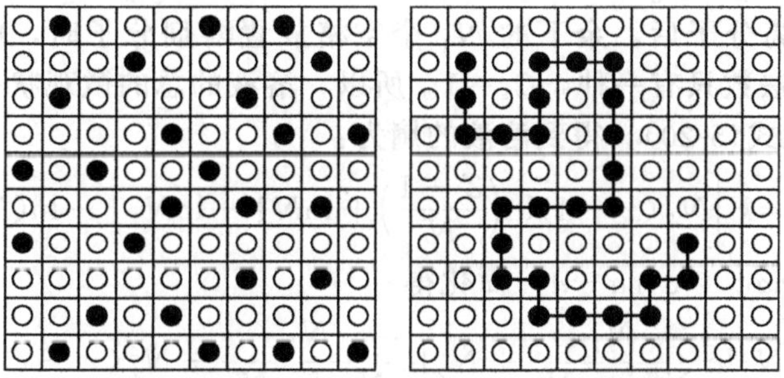

图 5-2 似晶格模型示意图

② 高分子链是柔性的，所有构象有相同的能量。

③ 溶液中高分子链段是均匀分布的，链段填入任一个格子的概率相等。

现在，只需计算出溶液的微观状态数 Ω，就可以根据统计热力学公式计算溶液的熵。

$$S=k\ln\Omega \tag{5-20}$$

式中，k 是玻尔兹曼常数。

计算微观状态数 Ω 理论上就是对似晶格模型进行排列组合的运算。设溶液中有 N_1 个溶剂小分子，N_2 个高分子，按照第①个假定，总格子数为 $N=N_1+xN_2$。微观状态数 Ω 就是在 N 个格子中放入 N_1 个溶剂分子和 N_2 个高分子的排列总数。假设已经在格子中无规放入了 j 个高分子，jx 个格子已经填满。第 $j+1$ 个高分子放入格子时，它的第一个链段放入剩下的 $N-jx$ 个空格子中任意一个格子，但其相连的第二个链段只能放在与其毗邻的空格子中，假设晶格的配位数为 Z，但第二个链段并非有 Z 种方法，因为与第一个链段相连的空格子的概率为 $(N-jx-1)/N$，所以第二个链段的放置方法数为 $Z(N-jx-1)/N$；第三个链段放入时，与第二个链段相连的 Z 个格子中有一个已经被第一个链段所占据，所以，第三个链段的放置方法数应为 $(Z-1)(N-jx-2)/N$；依此类推，可得第四、第五等链段的放置方法数。因此，第 $j+1$ 个高分子在晶格中的放置方法数为：

$$\Omega_{j+1}=\frac{Z(Z-1)^{x-2}}{N^{x-1}}(N-jx)(N-jx-1)(N-jx-2)\cdots\cdots[N-jx-(x-1)] \tag{5-21}$$

假定 Z 近似等于 $Z-1$，则式(5-21) 可写成：

$$\Omega_{j+1}=\left(\frac{Z-1}{N}\right)^{x-1}\frac{(N-xj)!}{(N-xj-x)!} \tag{5-22}$$

假设 N_2 个高分子是同等的，它们互相对换位置时不引起排列方式的改变，则 N_2 个高分子放入晶格中的方法总数就为：

$$\Omega_p=\frac{1}{N_2!}\prod_{j=0}^{N_2-1}\Omega_{j+1} \tag{5-23}$$

将式(5-22) 代入式(5-23)，解得：

$$\begin{aligned}\Omega_p&=\frac{1}{N_2!}\cdot\left(\frac{Z-1}{N}\right)^{N_2(x-1)}\prod_{j=0}^{N_2-1}\frac{(N-jx)!}{(N-jx-x)!}\\&=\frac{1}{N_2!}\cdot\left(\frac{Z-1}{N}\right)^{N_2(x-1)}\cdot\frac{N!}{(N-xN_2)!}\end{aligned} \tag{5-24}$$

在放置了 N_2 个高分子后，余下的 N_1 个空格放置溶剂分子时，由于小分子都是同等的，故溶剂的放置方法数只有一种，$\Omega_s=1$。所以，溶液的总的微观状态数 Ω 就等于 Ω_p。

将式(5-24) 代入式(5-20)，得到溶液的熵为：

$$S_{溶液}=k\ln\Omega=k\left[N_2(x-1)\ln\left(\frac{Z-1}{N}\right)+\ln N!-\ln N_2!-\ln(N-xN_2)!\right]$$

利用 Stirling 公式（$\ln a!=a\ln a-a$）简化得

$$S_{溶液}=-k\left[N_1\ln\frac{N_1}{N_1+xN_2}+N_2\ln\frac{N_2}{N_1+xN_2}-N_2(x-1)\ln\left(\frac{Z-1}{e}\right)\right] \tag{5-25}$$

溶解前，体系的熵是纯溶剂的熵和纯高分子的熵的和，纯溶剂只有一个微观状态，熵为零。高分子的熵则与凝聚态有关。假设溶解前高分子的凝聚态是解取向态或熔融态，这样，高分子的微观状态数等于把 N_2 个高分子放入 xN_2 个格子中的方式数，其熵值相当于式(5-25) 中 N_1 等于零的情况，即：

$$S_{高分子}=kN_2\left[\ln x+(x-1)\ln\left(\frac{Z-1}{e}\right)\right] \tag{5-26}$$

高分子溶液的混合熵为：

$$\begin{aligned}\Delta S_m&=S_{溶液}-(S_{高分子}+S_{溶剂})\\&=-k\left(N_1\ln\frac{N_1}{N_1+xN_2}+N_2\ln\frac{xN_2}{N_1+xN_2}\right)\end{aligned} \tag{5-27}$$

用 ϕ_1 和 ϕ_2 分别代表溶剂和高分子的体积分数；n_1 和 n_2 分别代表溶剂和高分子的物质的量，mol，$\phi_1=\dfrac{N_1}{N_1+xN_2}$；$\phi_2=\dfrac{xN_2}{N_1+xN_2}$，代入式(5-27) 得：

$$\Delta S_m=-R(n_1\ln\phi_1+n_2\ln\phi_2) \tag{5-28}$$

这就是 Flory-Huggins 用统计热力学的方法推导出高分子溶液的混合熵 ΔS_m。与式(5-18) 比较可见，式(5-28) 形式上只是把摩尔分数变成了体积分数。按式(5-28) 得出的高分子溶液混合熵，比理想溶液的熵大很多，因为高分子的体积分数比摩尔分数大了很多，这就解释了为什么实验测定高分子的混合熵与理想溶液有很大的偏离。但是，高分子中每个链段是相连的，一个高分子达不到 x 个小分子对混合熵的贡献，所以，按式(5-28) 计算的 ΔS_m 比 xN_2 个小分子与 N_1 个溶剂分子混合的熵值小。

对于多分散高分子，式(5-28) 可改写为：

$$\Delta S_m = -R\left(n_1 \ln\phi_1 + \sum_i n_i \ln\phi_i\right) \tag{5-29}$$

似晶格模型理论也存在不合理的地方。第一，该理论没有考虑到高分子的链段之间、溶剂分子之间以及链段与溶剂之间的相互作用，分子间的相互作用会使溶液熵值减小。第二，在高分子解取向态中，高分子间相互牵连，使一些构象不能实现，而溶液中原来一些不能实现的构象可能实现，因此高估了 $S_{高分子}$，使式(5-28) 计算结果偏低。第三，高分子链段在稀溶液中分布是不均匀的，高分子链段分布均匀的假设只是在浓溶液中才比较合理。

5.3.2.2　高分子溶液的混合热

高分子溶液的混合热 ΔH_m 是由于体系中各种混合单元的相互作用能不相等所导致。类似于混合熵的推导，Flory 还是采用似晶格模型来分析各单元之间的相互作用。以［1-1］表示邻近的溶剂分子对，以［2-2］表示非键合的邻近高分子链段对，以［1-2］表示相互作用的邻近溶剂分子和高分子链段对。混合过程中，每拆开一对［1-1］和［2-2］，必将产生两对［1-2］。有：

$$1/2[1\text{-}1] + 1/2[2\text{-}2] = [1\text{-}2] \tag{5-30}$$

用 ε_{11}、ε_{22} 和 ε_{12} 分别代表它们的相互作用能，那么，每形成一对［1-2］的能量变化为：

$$\Delta\varepsilon_{12} = \varepsilon_{12} - 1/2(\varepsilon_{11} + \varepsilon_{22}) \tag{5-31}$$

若混合为放热，ε_{12} 较低，$\Delta\varepsilon_{12}$ 为负值；若混合为吸热，ε_{12} 较高，$\Delta\varepsilon_{12}$ 为正值。

假设混合中形成 P_{12} 对［1-2］，混合时没有体积变化，混合热为：

$$\Delta H_m = P_{12}\Delta\varepsilon_{12} \tag{5-32}$$

现应用似晶格模型计算 ΔH_m。一个高分子链中间的链段周围有（$Z-2$）个相邻格子，而端头的链段周围有（$Z-1$）个相邻格子。由于端基很少，近似把高分子链段周围的相邻格子看为（$Z-2$），则一个高分子链相邻的总格子数为（$Z-2)x$（x 为链段数），每个格子被溶剂分子占据的概率为 ϕ_1，高分子的分子数为 N_2，溶剂的分子数为 N_1，则：

$$P_{12} = (Z-2)x\phi_1 N_2 = (Z-2)N_1\phi_2$$

$$\Delta H_m = P_{12}\Delta\varepsilon_{12} = (Z-2)N_1\phi_2\Delta\varepsilon_{12} \tag{5-33}$$

令

$$\chi_1 = \frac{(Z-2)\Delta\varepsilon_{12}}{kT} \tag{5-34}$$

式中，χ_1 称为 Huggins 参数，也叫高分子与溶剂相互作用参数，是一个无量纲的量。它反映了高分子与溶剂混合过程中相互作用能的变化。$\chi_1 kT$ 的物理意义表示当一个溶剂分子放到高聚物中时所引起的能量变化。

Flory 理论所得的混合热最终可表示为：

$$\Delta H_m = kT\chi_1 N_1\phi_2 = RT\chi_1 n_1\phi_2 \tag{5-35}$$

式中，k 为玻尔兹曼常数；R 为气体常数；n_1 为溶剂物质的量，mol。

5.3.2.3　高分子溶液的混合自由能和化学位

根据 $\Delta F_m = \Delta H_m - T\Delta S_m$，把 Flory 理论所得到的混合熵 ΔS_m［式(5-28)］和混合热 ΔH_m［式(5-35)］代入，得：

$$\Delta F_m = RT(n_1\ln\phi_1 + n_2\ln\phi_2 + \chi_1 n_1\phi_2) \tag{5-36}$$

根据化学位的定义对 ΔF_m 作偏微分，可得到溶液中溶剂的化学位 $\Delta\mu_1$ 和高分子的化学

位 $\Delta\mu_2$。

$$\Delta\mu_1=\left[\frac{\partial(\Delta F_{\mathrm{m}})}{\partial n_1}\right]_{T,p,n_2}=RT\left[\ln\phi_1+\left(1-\frac{1}{x}\right)\phi_2+\chi_1\phi_2^2\right] \tag{5-37}$$

$$\Delta\mu_2=\left[\frac{\partial(\Delta F_{\mathrm{m}})}{\partial n_2}\right]_{T,p,n_1}=RT\left[\ln\phi_2+(x-1)\phi_1+x\chi_1\phi_1^2\right] \tag{5-38}$$

Flory-Huggins 高分子溶液理论比较简单，广为人们接受。但它与实验结果比较仍有较大偏差。

5.3.3 Flory 温度（θ 温度）

Flory 将似晶格模型的结果应用于稀溶液。当溶液很稀时，$\phi_2 \ll 1$，把 $\ln\phi_1$ 展开并略去高次项，得：

$$\ln\phi_1=\ln(1-\phi_2)=-\phi_2-\frac{1}{2}\phi_2^2 \tag{5-39}$$

代入式(5-37) 得：

$$\Delta\mu_1=RT\left[-\frac{1}{x}\phi_2+\left(\chi_1-\frac{1}{2}\right)\phi_2^2\right] \tag{5-40}$$

对于理想溶液来讲，其化学位为：

$$\Delta\mu_1^{\mathrm{i}}=\frac{\partial F_{\mathrm{m}}^{\mathrm{i}}}{\partial n_1}=RT\ln X_1=-RTX_2 \tag{5-41}$$

比较式(5-40) 和式(5-41) 可见，高分子稀溶液的化学位由两部分组成，第一部分为 RTX_2（因为$\frac{1}{x}\phi_2\approx X_2$，$X_2$ 为高分子的摩尔分数），它相当于理想溶液的化学位，用 $\Delta\mu_1^{\mathrm{i}}$ 表示；第二部分则相当于非理想部分的贡献，人们称为过化学位，用 $\Delta\mu_1^E$ 表示。

$$\Delta\mu_1^E=RT\left(\chi_1-\frac{1}{2}\right)\phi_2^2 \tag{5-42}$$

从式(5-42) 中看到，高分子与溶剂相互作用参数 χ_1 的大小反映了高分子稀溶液偏离理想溶液的程度。χ_1 值通常在$-1\sim1$ 之间。

当 $\chi_1<0$ 时，溶剂对高分子的作用强且超过高分子链段之间的相互作用，此时的溶剂是良溶剂。$\chi_1<1/2$ 时，一般情况高分子均可溶解，为溶剂。当 $\chi_1>1/2$ 时，一般情况高分子难溶解，为不良溶剂。当 $\chi_1=1/2$ 时，这时的溶剂称为 θ 溶剂。

由于有过化学位的存在，尽管高分子溶液很稀，也不能看作是理想溶液。但是，当 $\chi_1=1/2$ 时，溶液的 $\Delta\mu_1^E$ 等于 0，这时，高分子稀溶液符合理想溶液的条件。应当注意的是，理想溶液的混合自由能仅来源于混合熵，而符合理想溶液条件（$\chi_1=1/2$）的高分子溶液的混合自由能是来自混合熵和混合热共同的贡献，它们的影响相互抵消，使溶液的宏观热力学性质符合理想溶液规律，但其微观状态与小分子理想溶液有本质的区别。

Flory 把高分子稀溶液偏离理想溶液化学位归因于焓的偏离和熵的偏离，过量化学位是两部分的贡献。他引进了热参数 K_1 和熵参数 Ψ_1，定义为

过量焓：
$$\Delta\overline{H}_1^E\equiv RTK_1\phi_2^2 \tag{5-43}$$

过量熵：
$$\Delta\overline{S}_1^E\equiv R\Psi_1\phi_2^2 \tag{5-44}$$

则，
$$\Delta\mu_1^E=\Delta\overline{H}_1^E-T\Delta\overline{S}_1^E=RT(K_1-\Psi_1)\phi_2^2 \tag{5-45}$$

将式(5-45) 和式(5-42) 比较，得：

$$\chi_1-1/2=K_1-\Psi_1 \tag{5-46}$$

Flory 引进一个参数 θ，单位为温度，定义为：

$$\theta \equiv \frac{K_1 T}{\Psi_1} \tag{5-47}$$

$$K_1 - \Psi_1 = \Psi_1\left(\frac{\theta}{T} - 1\right) \tag{5-48}$$

这个 θ 叫作 Flory 温度，也称为 θ 温度。

用式(5-48) 改写式(5-42) 的过化学位，得：

$$\Delta\mu_1^E = RT\Psi_1\left(\frac{\theta}{T} - 1\right)\phi_2^2 \tag{5-49}$$

当 $T=\theta$ 时，这时的温度称为 θ 温度，溶剂的过化学位为零，虽然 $K_1 = \Psi_1 \neq 0$，但溶液的热力学性质符合理想溶液规律。

当 $T>\theta$ 时，溶液容易形成，高分子链扩张。

当 $T<\theta$ 时，溶解难以进行，高分子链收缩。

通常，可以选定某种溶剂来调节温度，使溶液达到 θ 条件（或 θ 状态），也可选定温度改变溶剂成分符合 θ 条件，但前者较常使用。高聚物的 θ 溶剂和 θ 温度可查阅相关的高聚物物理化学手册得到，或用相平衡法、第二维利系数法、浊度滴定法或 Mark-Kuhn-Houwink 关系式（$[\eta]=K_\eta M_\eta^\alpha$）法实验测定。

5

5.3.4 Flory-Krigbaum 稀溶液理论

Flory-Krigbaum 的稀溶液理论考虑到了稀溶液中高分子链段分布的不均匀，以及溶液中由于分子间的相互作用，引起高分子链的“扩张”和“产生了排斥体积效应”。提出了一些理论假定：

① 整个高分子稀溶液可看作被溶剂化了的高分子“链段云”分散于溶液中，链段在整个溶液中的分布是不均匀的（如图 5-3 所示）。

图 5-3 稀溶液中高分子的链段云

② 链段云密度在质心处最大，越往外越小，径向分布符合高斯分布。

③ 每个高分子都有一个排斥体积 u。若高分子链段与溶剂分子的相互作用能大于链段与链段的相互作用能，则高分子被溶剂化而扩张，使高分子不能彼此接近，高分子的排斥体积 u 就很大。如果高分子链段与链段间的相互作用能等于链段与溶剂的相互作用能，则高分子之间可彼此接近，互相贯穿，排斥体积 u 为零，相当于高分子处于无扰的状态。

Flory-Krigbaum 推导出高分子的排斥体积 u 为：

$$u = 2\Psi_1\left(1 - \frac{\theta}{T}\right)\frac{\overline{v^2}}{V_1}m^2 F(X) \tag{5-50}$$

$$X = 常数 \times \frac{\overline{v^2}}{\widetilde{V}_1 N_A}\left(\frac{M}{\overline{h^2}}\right)^{\frac{3}{2}} M^{\frac{1}{2}}\Psi_1\left(1 - \frac{\theta}{T}\right) \tag{5-51}$$

式中，$\overline{v}$ 是高分子的偏摩尔体积；$\widetilde{V}_1$ 是溶剂的摩尔体积；V_1 是溶剂的体积；m 是高分子的质量；$\overline{h^2}$ 是高分子的均方末端距；M 是高分子的分子量；$F(X)$ 是一个复杂的函数。

把稀溶液中的一个高分子视为体积为 u 的刚性球，假设有 N_2 个这样的刚性球分布在体

积为 V 的溶液中，它的排列方法数为：

$$Q=\text{常数}\times\prod_{i=0}^{N_2-1}(V-iu)=\text{常数}\times V^{N_2}\prod_{i=0}^{N_2-1}\left(1-\frac{iu}{V}\right) \tag{5-52}$$

对于非极性高分子的溶液，溶解过程热效应很小，$\Delta H_m\approx 0$，则：

$$\Delta F_m=-T\Delta S_m=-kT\ln Q \tag{5-53}$$

代入式(5-52) 得：

$$\Delta F_m=-kT\left[N_2\ln V+\sum_{i=1}^{N_2-1}\ln\left(1-\frac{iu}{V}\right)+\text{常数}'\right] \tag{5-54}$$

由于稀溶液中 $iu/V\ll 1$，将用级数展开 $\ln(1-iu/V)$，并略去高次项，得：

$$\Delta F_m=-kT\left(N_2\ln V-\frac{N_2^2}{2}\frac{u}{v}\right)+\text{常数}' \tag{5-55}$$

根据热力学定律可得出稀溶液的渗透压为：

$$\pi=-\frac{\Delta\mu_1}{\widetilde{V}_1}=-\frac{\partial\Delta F_m}{\partial V} \tag{5-56}$$

将式(5-55) 代入式(5-56)，并以 C 表示溶液浓度，得：

$$\pi=kT\left[\frac{N_2}{V}+\frac{u}{2}\left(\frac{N_2}{V}\right)^2\right]=RT\left(\frac{C}{M}+\frac{N_A u}{2M^2}C^2\right)$$

或

$$\frac{\pi}{C}=kT\left(\frac{1}{M}+\frac{N_A u}{2M^2}C\right) \tag{5-57}$$

式中，R 为气体常数；N_A 为阿伏伽德罗常数；M 为高分子的分子量。

实验测得的高分子溶液渗透压与溶液浓度有如下的关系：

$$\frac{\pi}{C}=RT(A_1+A_2C+\cdots) \tag{5-58}$$

A_1 与 A_2 分别称为第一和第二维利系数。比较式(5-57) 和式(5-58) 式得：

$$A_2=\frac{N_A u}{2M^2} \tag{5-59}$$

将式(5-50) 代入上式，得：

$$A_2=\frac{\overline{v^2}}{\widetilde{V}_1}\psi_1\left(1-\frac{\theta}{T}\right)F(X) \tag{5-60}$$

可见，当 $T=\theta$ 时，$A_2=0$，$u=0$。人们认为，高分子在溶液中的排斥体积一方面是高分子链之间存在的排斥体积（称为外排斥体积），另一方面是同一高分子链内链段之间的排斥体积（称为内排斥体积），在 θ 状态时，外排斥体积和内排斥体积正好抵消，总的排斥体积为 0，高分子线团表现为不占据体积的链，处于无干扰的状态，这种状态的尺寸称为无扰尺寸。这时的溶液有理想溶液的性质。

当 $T>\theta$ 时，由于溶剂化作用，卷曲的高分子链向外伸展，温度越高，溶剂化作用越强，链伸展越厉害。人们引进一个参数 χ 来表征高分子链的扩张程度：

$$\chi\equiv\left(\frac{\overline{h^2}}{\overline{h_0^2}}\right)^{\frac{1}{2}}\equiv\left(\frac{\overline{S^2}}{\overline{S_0^2}}\right)^{\frac{1}{2}} \tag{5-61}$$

式中，$\overline{h^2}$ 和 $\overline{S^2}$ 分别为高分子链在溶液中的均方末端距和均方回转半径；$\overline{h_0^2}$ 和 $\overline{S_0^2}$ 分别为无干扰状态下相应的值。

χ 被称为一维扩张因子，或一维溶胀因子。它的值与温度、溶剂性质、高分子的分子量、溶液的浓度等有关。

$$\chi^5-\chi^2=2C_m\Psi_1(1-\theta/T)M^{1/2} \tag{5-62}$$

式中，C_m 为一特征常数。

当 $T>\theta$ 时，$\chi>1$，高分子链在溶液中扩张。通常 $\chi>1$ 的溶剂被称为该高分子的良溶剂。对于很优良的溶剂，$\chi\gg1$，则 $\chi^5\gg\chi^2$，从式(5-62) 得：

$$\chi^5\propto M^{1/2} \text{ 或 } \chi\propto M^{0.1} \tag{5-63}$$

由于$\overline{h_0^2}\propto nl^2\propto M$，$\overline{S_0^2}\propto M$，因此有：

$$\sqrt{\overline{S^2}}=\chi\sqrt{\overline{S_0^2}}\propto M^{0.6} \tag{5-64}$$

在良溶剂中，排斥体积 u 应该与 S^3 成正比，即 $u\propto M^{1.8}$。根据式(5-59) 得：

$$A_2\propto M^{-0.2} \tag{5-65}$$

实验测得许多高分子-溶剂体系有 $A_2\propto M^{-0.2\pm0.05}$。

5.3.5　θ 状态

总结上述的讨论得知，θ 状态就是当溶剂的过量化学位 $\Delta\mu_1^E=0$，高分子溶液的热力学性质符合理想溶液时所处的状态。这时，$K_1=\Psi_1$ 但不等于 0，高分子与溶剂相互作用参数 $\chi_1=1/2$，溶液温度 $T=\theta$，高分子链与溶剂分子的相互作用等于高分子间的相互作用，故分子既不舒张，也不紧缩，处于无干扰状态，排斥体积 $u=0$，第二维利系数 $A_2=0$，扩张因子 $\chi=1$。在 θ 状态所用的溶剂称为 θ 溶剂，所处的温度称为 θ 温度。

5.4　高分子的亚浓溶液

5.4.1　临界交叠浓度 C*

在稀溶液中，高分子以链段云的形式分散于溶液中，高分子线团被认为分离得很远，浓度与高分子的热力学参数无关。随着溶液浓度不断提高，溶液中互相分离的孤立线团不断增加，并逐渐互相靠近，当高分子线团开始相互接触，成为线团密堆积时，这时高聚物的浓度就称为“临界交叠浓度”，或叫作“接触浓度”，用 C^* 表示。临界交叠浓度可形象地用图 5-4 示意。C^* 目前还无法由实验测定，应该说，它不是一个点，而是一个区域，是由稀溶液过渡到亚浓溶液的一个浓度区域，它只是结构上的渐变，而不是相变。但浓度达到 C^* 后，稀溶液的热力学理论不再完全适用。

(a) $C<C^*$　(b) $C=C^*$　(c) $C>C^*$

图 5-4　高分子链随溶液浓度增大相互贯穿示意图

事实上，在溶液浓度还没有达到接触浓度 C^* 之前，高分子线团已不再是孤立的，它已经可以感受到邻近线团的排斥力而开始收缩，钱人元把线团开始收缩的浓度定义为动态接触

浓度 C_s，并用激基缔合物荧光实验证实了 C_s 的存在。C_s 与 C^* 的本质区别在于，C_s 是溶液中线团间由于瞬间的动态接触而导致线团收缩的浓度，而 C^* 是线团间发生的稳态接触的浓度。事实上，由于浓度大于 C_s 后，线团在不断收缩，所以 C^* 既不能用理论也不能由实验精确确定，因而 C^* 被认为是一个浓度区域。

如果近似地把 C^* 看成单独线团内部的局部浓度，C^* 表示为：

$$C^* = M/(N_A \upsilon_2) \tag{5-66}$$

式中，N_A 为阿伏伽德罗常数；M 为高聚物的分子量；υ_2 为每个高分子在溶液中的体积。由于 υ_2 与回转半径 3 次方成正比，因此有：

$$C^* \propto M/S^3 \tag{5-67}$$

将良溶剂中的 $S \propto M^{0.6}$ ［式(5-64)］代入式(5-67) 得：

$$C^* \propto M^{-0.8} \propto M^{-4/5} \tag{5-68}$$

就是说，分子量很大时，接触浓度 C^* 很小。

根据高分子的分子量 M 和回转半径 S，可用下式估算接触浓度：

$$C^* = \frac{M}{N_A \rho_2 S^3} \tag{5-69}$$

5.4.2 亚浓溶液的渗透压

根据 Flory-Krigbaum 稀溶液理论，体积为 u 的刚性小球分散在溶液中所形成的渗透压如式(5-57) 所示。理论证明，在良溶剂中 $u \propto S^3$。代入式(5-57) 得：

$$\frac{\pi}{RT} = \frac{C}{M} + 常数 \cdot S^3 \left(\frac{C}{M}\right)^2 + 常数 \cdot S^6 \left(\frac{C}{M}\right)^3 + \cdots \tag{5-70}$$

上式可改写成 $\left(\frac{C}{M}S^3\right)$ 函数的形式：

$$\frac{\pi}{RT} = \frac{C}{M} f_n\left(\frac{C}{M}S^3\right) = \frac{C}{M} f_n\left(\frac{C}{C^*}\right) \tag{5-71}$$

$f_n\left(\frac{C}{C^*}\right)$ 为无量纲的函数。对于 $C \ll C^*$ 的稀溶液，$f_n\left(\frac{C}{C^*}\right)$ 函数有以下形式：

$$f_n\left(\frac{C}{C^*}\right) = 1 + 常数(C/C^*) + 常数(C/C^*)^2 \tag{5-72}$$

略去高次项，做 lgπ-lgC 图将得到一直线，斜率为 1，如图 5-5。

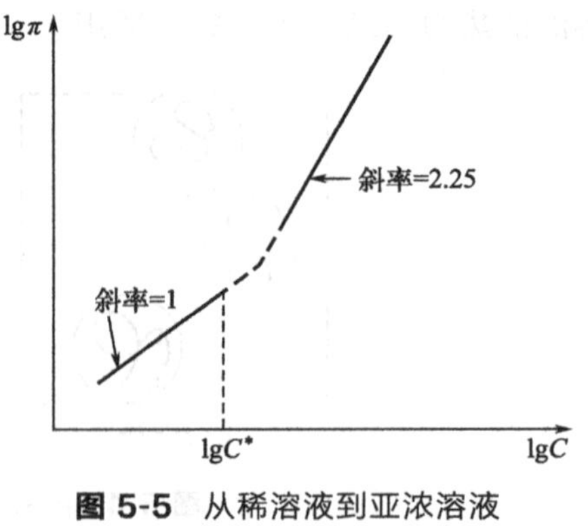

图 5-5 从稀溶液到亚浓溶液渗透压-浓度关系图

对于 $C \gg C^*$ 的亚浓溶液，溶液的热力学性质应与分子量无关，只是浓度的函数，所以式(5-71) 中应不含参数 M。要满足这个条件，f_n 函数只能是简单指数函数，而不能是级数展开式（如果是级数展开式，存在高次项，前置因子的 M 项就不能消去）。因此得：

$$f_n = (C/C^*)^m = C^m M^{4m/5} \tag{5-73}$$

将上式代入式(5-71)，为了消去 M，解得 m 为 5/4。因此，亚浓溶液的渗透压的浓度关系式应为：

$$\pi/RT \propto C^{9/4} \tag{5-74}$$

按式(5-74) 做 lgπ-lgC 图，所得直线的斜率为 2.25，如图 5-5。从图中也可看出稀溶液和亚浓溶液的热力学性质的不同。如果按照稀溶液的理论［式(5-72)］处理亚浓溶液的渗透压，结果将得到式(5-75)的关系：

$$\pi/RT \propto C^2 \tag{5-75}$$

对比式(5-74)和式(5-75)可知，由于亚浓溶液的相关效应使渗透压和浓度的关系指数增加了 1/4。实验结果支持了这一结论（图 5-5）。因此，在研究中，当溶液浓度在亚浓溶液范围时，应该考虑相关效应对渗透压的影响。

5.4.3　亚浓溶液中高分子链的尺寸

在亚浓溶液中，高分子线团互相交叠，很像一个交联网（图 5-6）。引进一个“相关长度”的参数来表征交联网的网眼平均尺寸，用 ξ 表示。

当 $C=C^*$ 时，线团刚刚接触，还未相互贯穿，ξ 与线团的回转半径 S 相当。

当 $C>C^*$ 时，ξ 比高分子链的长度小很多，因此，它与高分子的分子量无关，而只与浓度有关。据此，可导出公式：

$$\xi(C)=S(C^*/C)^n \tag{5-76}$$

在 $C>C^*$，要使式(5-76) $\xi(C)$ 与 M 无关，必须有 $n=3/4$。因此得：

$$\xi(C) \propto C^{-3/4} \tag{5-77}$$

将上式代入亚浓溶液的渗透压公式(5-74)，得：

$$\pi/RT \propto 1/\xi^3 \tag{5-78}$$

如果考察溶液中其中一条高分子链，可把这条链看作由一串尺寸为 ξ 的小滴组成，这就是“串滴模型”，如图 5-7 所示。在每个小滴的内部分子链不受其他链的影响，Flory 的溶胀线团定律在液滴内适用。如果小滴中的重复单元数为 g，则有：

$$\xi \propto g^{3/5} \text{ 或 } g \propto \xi^{5/3} \tag{5-79}$$

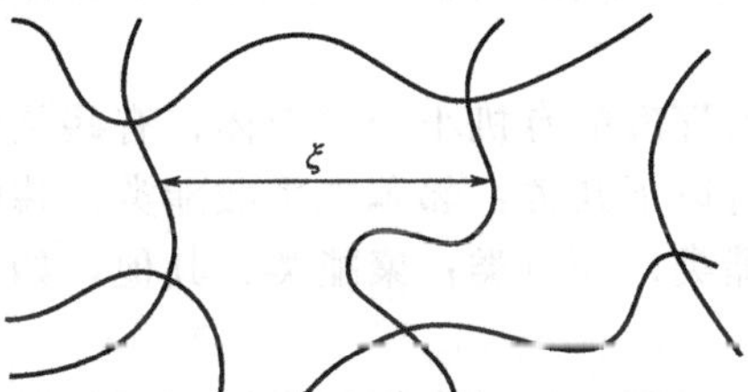

图 5-6　亚浓溶液的网眼尺寸

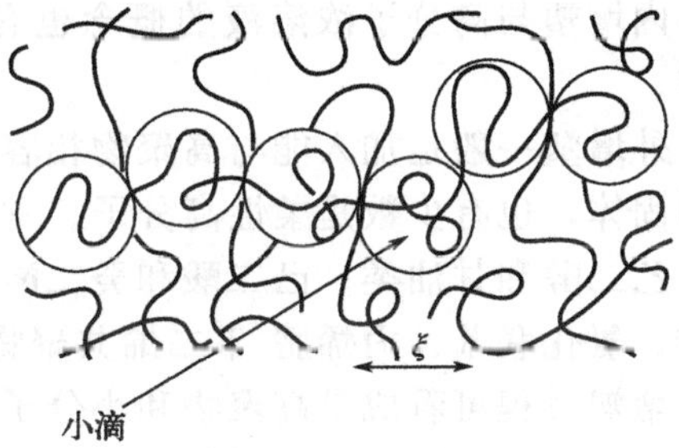

图 5-7　串滴模型

将上式代入式(5-77)得：

$$g \propto C^{-5/4} \tag{5-80}$$

也可写成：

$$g \propto C\xi^3 \tag{5-81}$$

上式表明，小滴所含的重复单元数正比于溶液浓度与小滴的体积的乘值。就是说，亚浓溶液可看成是尺寸为 ξ 的小滴的密堆积体系。若高分子链含 N 个重复单元，以小滴为统计单位，尺寸为 ξ 的小滴统计数为 N/g。那么，整条高分子链的均方回转半径有以下关系：

$$S^2 \propto \frac{N}{g}\xi^2 \propto \frac{N}{C\xi} \tag{5-82}$$

将式(5-77)代入上式，得：

$$S^2 \propto NC^{-1/4}(C>C^*) \tag{5-83}$$

上式说明，亚浓溶液中高分子的尺寸除了正比于分子量外，还受浓度的影响。实验证明，氘化的聚苯乙烯在普通聚苯乙烯的二硫化碳溶液中，$S^2/\overline{M}_W$-C 的双对数坐标图符合直线关系，直线的斜率为$-1/4$，支持了串滴模型的结论。

5.5 高分子浓溶液

高分子浓溶液是浓度高于临界交叠浓度 C^+ 时的体系，这时，体系中链单元的空间密度开始均一，溶液各处的链单元密度值将与浓度成比例，而且随浓度增加而逐渐增加。

高分子浓溶液在高聚物的加工和使用中经常遇到，例如增塑高聚物、纺丝液、胶黏剂、涂料、冻胶、凝胶、高分子共混物等均属高分子浓溶液的范畴，它们在生产和应用中占有重要的地位。以下简要介绍一些典型的高分子浓溶液。

5.5.1 增塑高聚物

塑料的增塑就是向高聚物中加入“增塑剂”的方式来削弱高分子间的作用力，以增加其柔软性和可加工性。增塑的方法一般分为两种，即外增塑和内增塑。

外增塑是将低分子量有机物或聚合物在一定条件下添加到高聚物中，以增加高聚物的塑性。一般的方法是在稍加热的情况下，用强制性的机械方法将增塑剂分散于高聚物中，增塑剂与高聚物形成浓溶液。外增塑的方法比较方便，增塑的高聚物性能比较全面，故经常采用。

内增塑是采取共聚的方式，将能产生增塑作用的单体导入高聚物分子链中，减弱高分子间的作用力，所以，增加了高聚物的塑性。内增塑也可以通过在高聚物分子链上接枝短的链段或用化学方法引入其他取代基，降低高分子链的规整性，达到增塑的目的。内增塑方法不会出现增塑剂挥发的问题，耐久性好，但制造生产过程受很大限制，相对于外增塑使用较少。内增塑与高分子浓溶液的概念也有较大差别，在这里不做详细介绍，以下主要介绍外增塑。

外增塑一般是加入能与高聚物相容、沸点高、不易挥发的有机小分子液体，有些是低熔点的固体，也有少数是柔性高分子。常用增塑剂主要有以下几类：邻苯二甲酸酯类；磷酸酯类；乙二醇和甘油类；己二酸和癸二酸酯类；脂肪酸酯类；环氧类；聚酯类；其他，如氯化石蜡、氯化联苯、丙烯腈-丁二烯共聚物等。

增塑过程可看成是高聚物和小分子物质互相溶解的过程。所以人们把增塑高聚物看作是一种浓溶液。但是，增塑剂与一般溶剂不同，溶剂在加工或使用过程中要挥发出去，而增塑剂则应长期留在高聚物中，增塑剂加入高聚物后，能增加塑料的柔韧性、耐寒性、塑性，使塑料的玻璃化转变温度（T_g）、熔点（T_m）、软化温度（T_s）或黏流温度（T_f）降低，黏度减小，流动性增加，使链段和整个高分子链易于运动，从而改善某些塑料的加工性能。特别是对于强极性，对热敏感的高聚物如聚氯乙烯等，如果不加增塑剂，必须在较高的温度加工，但这时往往会引起聚氯乙烯脱 HCl 而影响性能。加入邻苯二甲酸二异辛酯后，可使玻璃化转变温度降低，所以可在较低温度加工，并且把原来的硬塑料变成常温下有弹性的软制品。

关于增塑剂的作用机理有各种观点，有润滑理论、凝胶理论和自由体积理论等。

润滑理论认为，增塑剂是起界面润滑剂的作用，高聚物能抵抗形变具有刚性，是因高聚物大分子间具有摩擦力，增塑剂的加入能促进高聚物大分子间或链段的运动，增塑剂产生了“内部润滑作用”。

凝胶理论认为，高聚物（尤其是无定形高聚物）的增塑过程是使组成高聚物的高分子力图分开，之后又因吸引而重聚，形成类似于凝胶的交联，这样时开时聚达到动态平衡。加入增塑剂后，由于时开时聚出现的物理连接点减少，分开的概率增加，所以流动性增加。

自由体积理论认为，增塑剂加入后会增加高聚物的自由体积。体系自由体积增加导致大分子间距离增大，高聚物的黏度和 T_g 下降，塑性加大。很显然，根据自由体积理论，增塑的效果与加入增塑剂的体积成正比。对于非极性增塑剂增塑非极性高聚物，玻璃化转变温度降低值为：

$$\Delta T_g = \alpha\phi \tag{5-84}$$

式中，α 是比例常数；ϕ 为增塑剂体积分数。

对于极性增塑剂加入极性高聚物中，增塑剂分子的极性基团与高聚物的极性基团“相互作用”而起到增塑作用，因此，增塑效率与增塑剂的物质的量（mol）成正比。

$$\Delta T_g = Kn \tag{5-85}$$

式中，K 是比例常数；n 为增塑剂的物质的量，mol。

在选择外增塑剂时，应注意以下问题：

① 相容性　增塑了的高聚物是均相的浓溶液，要使它的性质稳定，就要求增塑剂是该高聚物的溶剂。否则时间长了增塑剂就会从制品中离析和渗出，影响使用性能。通常认为 100g 高聚物吸收 150mL 增塑剂而没有渗出现象为相容性好，这是一种工业生产性的判断标准。从理论上来说，可从溶度参数等热力学参数来进行筛选。

② 增塑效率　使高聚物达到某一柔软程度所需增塑剂的最低用量称为增塑效率。增塑效率是一个相对值，但可用来比较不同增塑剂的增塑效果。在考虑增塑效率的同时，还必须综合平衡考虑它对硬度、拉伸强度及耐热性等方面的降低。

③ 耐久性　这里讲的耐久性是耐挥发性、耐水抽出性和耐迁移性的总称。因为塑料中增塑剂的挥发、迁移、水洗抽出等损失将导致性能变坏，所以要求增塑剂能长期存在于塑料制品中。

④ 环保和卫生性　对增塑剂的选择还必须有环境意识，特别要重视增塑材料在使用过程中引起的污染和毒害等问题。

5.5.2 纺丝液

合成纤维工业中的传统纺丝方法有熔融纺丝和溶液纺丝两种。熔融纺丝是将高聚物熔融，然后从喷丝头喷出，冷却后就成为纤维。这种纺丝涉及的是熔体问题，在这不做介绍。溶液纺丝就是将高聚物配成浓溶液，喷丝后进行凝固而得到纤维。腈纶（聚丙烯腈纤维）、氯纶（聚氯乙烯纤维）、维尼纶（聚乙烯醇缩甲醛纤维）就是用溶液纺丝生产的，因为它们的熔融温度高于分解温度无法用熔融纺丝。

溶液纺丝又分湿法和干法。湿法纺丝是将纺丝液喷出成丝后，经过凝固浴（沉淀剂）析出而形成纤维。干法纺丝则是喷出丝后，用热空气使溶剂快速挥发去而形成纤维。

无论是湿法还是干法纺丝，首先都要将高聚物溶解于溶剂中，配制成纺丝液，或者是采用均相溶液聚合的方法直接合成纺丝液，再进行纺丝。在配制纺丝液时，干法纺丝液的浓度比湿法要高。如聚丙烯腈湿法纺丝液含量一般是 15%～20%，干法纺丝液含量为 26%～30%。

在制备纺丝溶液时，对所用溶剂有一些要求。①溶剂必须是高聚物的良溶剂，以便配成任意浓度的溶液，而且溶剂性质稳定。②溶剂有适宜的沸点。这对于干法纺丝尤为重要。采用较低沸点的溶剂不仅在配制溶液时容易挥发消耗，同时在成形时由于溶剂挥发太快，致使纤维成形不良。采用沸点太高的溶剂则不易将它从纤维中除去，干燥定形时需要更高的温度和热量，使设备复杂化，有时还会产生纤维热变形。③尽量避免采用易燃、易爆和毒性大的溶剂。④溶剂来源丰富、价格低廉、回收简单、在回收过程中不分解变质等。

虽然，高聚物的溶液纺丝远非只是溶剂和浓度问题，还有分子量、分子量分布、溶液的黏度和流变性等问题，在这不一一赘述。

5.5.3 冻胶和凝胶

高聚物溶液失去流动性时即成为冻胶或凝胶，例如溶胀后的高聚物、食物中的琼脂、许多蛋白质、皮肤及肌肉、动植物的组织等。所以冻胶和凝胶不仅是高分子的研究课题，也对生命体系的研究有重要意义。

冻胶是由范德华力交联形成的，加热可以拆散范德华力交联，使冻胶溶解。冻胶可分为两种：一种是分子内形成的范德华交联；另一种是分子间形成的范德华交联。这两种冻胶的性质不同，分子内交联形成的冻胶高分子链为球状结构，不够伸展，所以黏度小，若将这种溶液真空浓缩成为浓溶液，其中每一个高分子本身是一个冻胶，不能再形成分子间的交联，可以得到黏度小而含量可以达 30%～40%的浓溶液。但是，由于分子链自身卷曲，不易取向，如果用这种溶液进行纺丝，得不到高强度的纤维。但可以用加热的方法使分子内交联的冻胶转变成分子间交联的冻胶，此时，溶液的黏度增加。因此，用同一种高聚物配成相同浓度的溶液，其黏度可以相差很大，这也是高分子溶液与小分子的不同之一。

用不同的处理方法可以得到分子内或分子间交联的两种不同性质的冻胶，也可以得到两种冻胶的混合物。因此在高分子浓溶液的制备中，特别是制备纺丝液时应注意，尽量避免分子内范德华交联的形成。

凝胶是高分子链之间以化学键交联所成的溶胀体，不能溶解，加热也不能熔融。它既是高分子的浓溶液，又是高弹性的固体，小分子物质能在其中渗透或扩散。

在凝胶中，溶剂力图渗入高聚物内部而使其体积膨胀，而交联的高聚物网络却产生一个收缩力抵抗溶剂的进入，当两个力达到平衡时，溶胀就达到平衡。溶胀前和溶胀平衡时的体积比称为“溶胀比”Q。溶胀比与温度、压力、高聚物的交联度和溶剂性能等有关。

三维交联的高分子其分子量已经失去意义，可以说整一个凝胶就是一个分子。但是，两个交联点之间的分子量（用$\overline{M}_c$表示）（或链长）对交联高分子材料的性能有重要的影响。人们可利用测量溶胀比的方法去测量交联度。

$$\frac{\overline{M}_c}{\rho_2 V_1}\left(\frac{1}{2}-\chi_1\right)=Q^{\frac{5}{3}} \tag{5-86}$$

式中，ρ_2 是高聚物密度；V_1 是溶剂的摩尔体积。Q 可从高聚物溶胀前后的体积或质量求得：

$$Q=\frac{v_1+v_2}{v_2}=\frac{\left(\frac{m_1}{\rho_1}+\frac{m_2}{\rho_2}\right)}{\frac{m_2}{\rho_2}} \tag{5-87}$$

式中，v 是体积；m 是质量；ρ 是密度；下标 1 代表溶剂；下标 2 代表高聚物。

水凝胶是以水为分散介质的材料，具有以化学键或物理交联作用形成的三维立体网络结构，有凝胶或冻胶的特性。按照水凝胶的形成机制，可分为化学交联水凝胶和物理交联水凝胶；按照来源可以分为人工合成高分子水凝胶、天然高分子水凝胶以及合成高分子/天然高分子杂化型水凝胶。形成高聚物水凝胶的高分子结构特点是，亲水性高分子主链或侧链上通常含有离子解离性、极性或疏水性基团。高分子水凝胶由此显示出高亲水性、较强的生物黏附性、良好的生物相容性等特点，在生物医用材料和食品等领域得到广泛应用，例如组织工程支架材料、组织填充剂、细胞培养基、柔性生物传感器、药物递送控释体系、伤口敷料以及生物大分子电泳胶等。与传统的水凝胶相比，智能型和功能型水凝胶能够根据外界环境的变化［如 pH、温度、光、生物分子（如酶、葡萄糖)、氧化还原、外场（如电场、磁场)、压力等］做出感应，并且发生相应的结构变化，因而在生物材料领域具有更加广阔的发展前景。相关内容还将在第 9.3.4 节详细介绍。

5.5.4 共混高聚物（高分子合金）

与小分子合金被认为是一种固态溶液一样，共混高聚物广义上说也是一种溶液。实际应用的共混高聚物有各组分相容程度不同的多相高聚物和完全互溶的均相共混高聚物两大类。由于热力学的原因，在一般情况下，两种不同高分子链之间往往是各自聚集、两相分离的，形成两相或多相形态的特点。事实上，从实际应用的角度，人们往往更需要多相体系，而不是相容体系。因为人们总是希望用一种材料的特殊性能去改善另一种材料的性能，例如用高弹性的橡胶去改善脆性的塑料，这样得到韧性很好的高抗冲塑料，这就要求两种高分子材料本身的结构和热力学性质要有较大的差别，而不是希望它们相容，但是为了体系的稳定，也要考虑相容性问题，主要方向是考虑界面的相容性问题，例如，用粒子改性的塑料体系，一般是要采取粒子表面处理、增加第三组分、接枝改性等技术方法提高粒子和塑料基体界面的相容性，得到性能稳定的材料。

据文献报道，人们也曾研究了一些性能优良的完全相容的共混物，例如聚氯乙烯和丁腈橡胶（PVC/NBR）的共混物。聚(2,6-二甲基苯醚）和聚苯乙烯（PPO/PS）也是一种完全互溶的共混物，而且它的相容性不受组成影响，只要改变组分的比例，就可得到一系列性能不同的新材料。

关于共混高聚物的具体问题将在本书第 10 章做详细介绍，在此不赘述。

5.6 高分子溶液的黏度

5.6.1 高分子溶液黏度的特点

黏度是流体间相互阻滞流动的性质，它是由于流体层之间存在着内部摩擦引起。在一定温度下，给定流体的剪切应力 σ 除以剪切速率 $\dot{\gamma}$ 等于常数，此常数称为动态黏度或绝对黏度，通常简称为黏度，记为 η，单位为 Pa·s（帕·秒)。

$$\sigma=\eta\dot{\gamma} \tag{5-88}$$

对于牛顿流体，η 不随剪切应力或剪切速率而改变；对于高分子溶液，η 经常随剪切应力或剪切速率而改变，属于非牛顿流体。

在研究高分子溶液的黏度时，通常并不是直接使用溶液的黏度 η，而是经常采用下列几种黏度的表示法：

① 相对黏度 η_r
$$\eta_r=\eta/\eta_0 \tag{5-89}$$

式中，η 是溶液的黏度；η_0 为溶剂的黏度；η_r 表示溶液黏度相对于溶剂黏度的倍数。

② 增比黏度 η_{sp}
$$\eta_{sp}=(\eta-\eta_0)/\eta_0=\eta_r-1 \tag{5-90}$$

表示在溶剂黏度的基数上，溶液黏度增大的倍数。

③ 比浓黏度 η_{sp}/C
$$\eta_{sp}/C=(\eta_r-1)/C \tag{5-91}$$

表示高分子在浓度为 C 的情况下对溶液的增比黏度的贡献。其数值随浓度而改变，浓度的单位用 g/mL 或 g/100mL 表示。

④ 比浓对数黏度 η_{inh}
$$\eta_{inh}=\ln\eta_r/C \tag{5-92}$$

表示高分子在浓度为 C 的情况下对溶液黏度（对数相对黏度）的贡献的另一表示形式。

5

⑤ 特性黏度（极限黏度）［η］ $[\eta]=\lim\limits_{C\to 0}(\eta_{sp}/C)=\lim\limits_{C\to 0}(\ln\eta_r/C)$ (5-93)

［η］定义为在溶液浓度无限稀释时的比浓黏度或比浓对数黏度，其数值不随浓度而变，在规定的浓度及溶剂中，它决定于高分子的结构及分子量，故可用作高分子的表征值，常用来反映同类高分子分子量的大小。

高分子溶液的黏度有如下特点。

① 高分子溶液属真溶液，在同样浓度 C 下比低分子溶液及胶体溶液的黏度一般要大得多。其原因有：第一，高分子链既长又有柔顺性，在溶液中呈无规线团而流动，高分子内链段间和高分子间的链段都不同程度相互缠结和内摩擦。第二，在线团中还包含一定量的溶剂分子，称为束缚的溶剂分子，它们和线团外面的自由溶剂分子有区别。自由的溶剂分子数目相对减少了，相当于体系浓度相对增大，这两种现象和效应是小分子溶液所没有的。

② 高分子溶液只有在极稀的浓度下，才可视为基本上遵守小分子溶液或理想溶液的流体力学定律［如：牛顿液体流动定律 η＝剪切应力/剪切速率；泊肃叶（Poiseuille）定律 $\eta=\dfrac{4Pr^4t}{8Vl}$］，当浓度较大时，黏度随剪切速率增加而下降，并逐步趋于某极限值。出现这种情况有两个原因：第一，在浓溶液中，高分子线团相互缠结，形成缔合或空间网（物理交联），大大阻碍了流动。但剪切速率增大会破坏这种缠结作用，所以黏度下降。第二，在剪切速率增加时，高分子线团本身也会随流动方向拉直或取向，从而减小流动的内摩擦力，黏度也随之下降。

③ 高分子溶液的另一个特点是：小分子溶液或胶体溶液遵守爱因斯坦（Einstein）黏度定律。即相对黏度 η_r 和增比黏度 η_{sp} 依赖于溶质在溶液中的体积分数 ϕ（$\phi=V_{溶质}/V_{溶液}$）。有：

$$\eta_r=1+2.5\phi \quad 或 \quad \eta_{sp}=2.5\phi \tag{5-94}$$

但高分子溶液的增比黏度 η_{sp} 随浓度的增加而加速增大，如图 5-8 所示。人们认为，这与高分子的有效体积有关，因为高分子在溶液中呈线团状，其中含有较大量的束缚的溶剂，从而使有效的体积分数 ϕ 值增大。浓度越大时，这种效应越明显。哈金斯（Huggins）总结了一个反映这一特点的公式：

$$\eta_{sp}/C=[\eta]+k_H[\eta]^2C \tag{5-95}$$

式中，k_H 称为哈金斯常数；$k_H[\eta]^2$ 值称为哈金斯项。

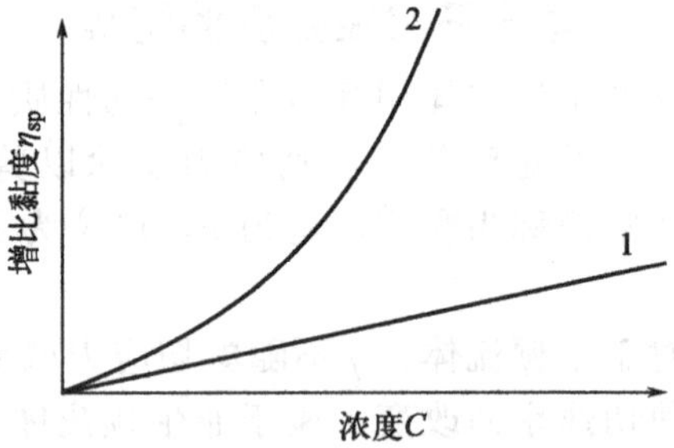

图 5-8 增比黏度 η_{sp} 随浓度 C 变化的情况

1—小分子（理想溶液）；2—高分子溶液

5.6.2 特性黏度［η］和高聚物分子量及结构的关系

人们用珠链模型来研究高分子溶液的黏度，可得到特性黏度［η］和高聚物分子量及结构的关系。珠链模型如图 5-9，图中的珠子代表高分子的链段或单体单元，珠子和弹簧连成一串项链，珠子运动时与溶剂发展摩擦，而弹簧与溶剂之间没有摩擦，首先考虑两种极端的情况：

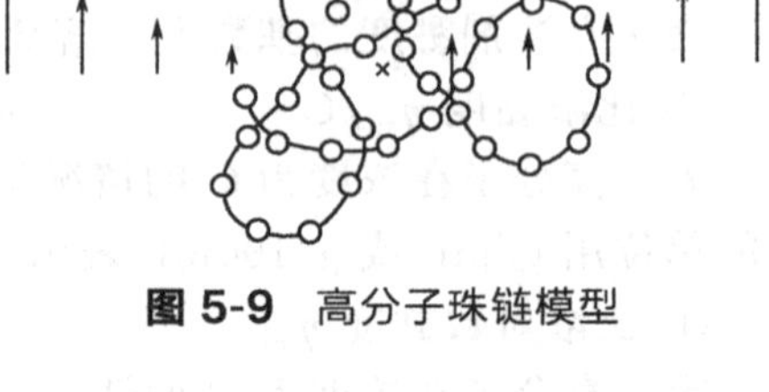

图 5-9 高分子珠链模型

第一种极端情况是：高分子珠链非常紧挤，即高分子线团很密集，就像一个实心珠一样悬浮在液体中，以至液体根本不能穿流于珠链之间。这时就可以用爱因斯坦黏度公式（5-94）来处理，可推导出 Kuhn 公式：

$$[\eta]=KM^{0.5} \tag{5-96}$$

式中，K 为常数；M 为分子量。

第二种极端情况是：珠链非常疏松，高分子线团十分扩展，液体可以自由无阻地从空隙中穿流。从这种情况可推导出 Staudinger 公式：

$$[\eta]=KM \tag{5-97}$$

但实际上高分子在稀溶液中通常是处于上述两种极端情况之间，就像图 5-8 所示的那样，在高分子线团的中心，溶剂液体的流动速度为零，而越到线团的外缘，液体自由穿流越容易。所以人们提出了一个经验公式（Mark-Houwink 方程）

$$[\eta]=KM^{\alpha} \tag{5-98}$$

K 和 α 是两个常数，称为 Mark-Houwink 常数，其值取决于高分子及溶剂的性质以及温度、分子量范围等因素。

从高分子的结构来看，高分子链刚硬性越大者，高分子线团体积越扩展，α 值则要比柔性链的高分子大，但 K 值则较小。

分子量相当时，支化链线团较紧密，因而 α 值较小，但 K 值则较大。α 与 K 值大小变化常有相反的变化趋势。人们认为，K 值对分子链的柔顺性有较明显的反应。

5

5.6.3 特性黏度与溶剂及温度的关系

同一种高聚物，在良溶剂中，溶剂化使高分子线团疏松扩展，密度减小，末端距增大，$[\eta]$ 较大，反映为 K 较小，α 值较大。实验证明，良溶剂中的 α 值一般介于 0.5～1 之间，多数是在 0.6～0.8 之间。

当溶液中加入不良溶剂或沉淀剂时，线团逐渐紧缩，$[\eta]$ 较小，反映为 K 增大，α 逐渐减小。到接近沉淀点时，α 值总是接近于 0.5。

在 θ 溶剂中，链段间的内聚力与溶剂化产生的排斥力相等，$[\eta]$ 最小，α 等于 0.5。

温度对 $[\eta]$ 的影响是：在良溶剂中，特性黏度 $[\eta]$ 对温度依赖性较小，略随温度的上升而减小。

在不良溶剂中，热运动将使卷曲的高分子线团舒展，故特性黏度 $[\eta]$ 随温度上升而显著增加。

在温度下降到接近 θ 温度时，$[\eta]$ 急剧下降。

5.6.4 特性黏度与高分子线团尺寸的关系

高分子线团在自然状态是近似于椭球体，结合珠链模型把高分子无规线团的椭球体用等效球体来表示。爱因斯坦（Einstein）应用流体学理论推导了球形胶体粒子的稀悬浮液的黏度定律 $\eta_{sp}=2.5\phi$ [见式(5-94)]，可用于建立特性黏度和流体力学体积的关系。

设高分子无规线团等效球体的半径为 R_e，则：

$$\eta_{sp}=2.5\phi=2.5V_p/V=2.5n(4/3)\pi R_e^3/V=2.5nV_h/V \tag{5-99}$$

式中，ϕ 为悬浮体的体积分数；V_p 高分子球体粒子的体积；V 为溶液的总体积；V_h 为流体力学体积，$V_h=(4/3)\pi R_e^3$；n 为球体粒子数。

由式(5-99) 可知，悬浮液的黏度与悬浮粒子的流体力学体积有关。

因为 $n=mN_A/\overline{M}$，m 为高聚物质量；N_A 为阿伏伽德罗常数；$\overline{M}$ 为分子量。式(5-99) 可改写为：

$$\eta_{sp}=2.5(mN_A/V\overline{M})(4/3)\pi R_e^3=2.5(CN_A/\overline{M})(4/3)\pi R_e^3 \tag{5-100}$$

$$\eta_{sp}/C=\frac{10}{3}\times(N_A/\overline{M})\pi R_e^3 \tag{5-101}$$

所以有：

$$[\eta]=\frac{10}{3}\times(N_A/\overline{M})\pi R_e^3 \tag{5-102}$$

Fox 和 Flory 把柔性高分子链看作相当于半径为 R_e 的等效球，它具有一个等效流体力学体积，而等效球的半径 R_e 与高分子线团的均方根末端距成比例：

$$R_e=\varepsilon\left(\overline{h^2}\right)^{\frac{1}{2}} \tag{5-103}$$

把式(5-103) 和一维扩张因子 χ 的定义式(5-61) 代入式(5-102) 得：

$$[\eta]=\frac{10}{3}N_A\pi\varepsilon^3\left(\overline{h_0^2}\right)^{\frac{3}{2}}\chi^3/\overline{M}=\Phi(\overline{h_0^2})^{\frac{3}{2}}\chi^3/\overline{M} \tag{5-104}$$

式中，Φ 称为 Flory 常数。在 θ 溶剂中 $\Phi_0=2.83\times10^{23}\text{mol}^{-1}$。

高分子在溶液中的一维扩张因子 χ，可通过测定该溶液的特性黏度来计算：

$$\chi^3=\Phi_0[\eta]/\Phi[\eta]_\theta \tag{5-105}$$

在 θ 溶剂中，$\chi=1$，式(5-104) 可写成：

$$[\eta]_\theta=\Phi_0(\overline{h_0^2}/\overline{M})^{\frac{3}{2}}\overline{M}^{\frac{1}{2}}=K_\theta\overline{M}^{\frac{1}{2}} \tag{5-106}$$

$$K_\theta=\Phi_0(\overline{h_0^2}/\overline{M})^{\frac{3}{2}} \tag{5-107}$$

有了 K_θ，高分子的无扰均方末端距$\overline{h_0^2}$ 就可通过式(5-107) 得到。测定 K_θ 方法有：

① 用一组已知分子量的窄分布试样，分别测定它们在 θ 溶液中的 $[\eta]_\theta$，然后按 $[\eta]_\theta=K_\theta M^{1/2}$ 作 $\lg[\eta]_\theta$-$\lg M$ 图，从直线的截距可得到 K_θ，直线的斜率为 1/2。

② 用一组已知分子量的窄分布试样，分别测定它们在良溶剂中的 $[\eta]$，然后用 Stockmayer-Fixman 方程：

$$[\eta]/M^{1/2}=K_\theta+0.51B\Phi_0M^{1/2} \tag{5-108}$$

作 $[\eta]/M^{1/2}$-$M^{1/2}$ 图，从直线的截距可得到 K_θ。此法适用于分子量不是太大的试样。

如果高分子有支化，使得链段分布比较紧凑，回转半径在同样条件下要比线形高分子小。可用相同分子量的支化和线形高分子的均方回转半径的比值 G 来表征支化度。有：

$$G=\overline{S^2}_{支化}/\overline{S^2}_{线形} \tag{5-109}$$

在 θ 状态下，有：

$$\overline{S_0^2}_{支化}/\overline{S_0^2}_{线形}=[\eta]_{\theta支化}/[\eta]_{\theta线形} \tag{5-110}$$

通过测定 $[\eta]_\theta$，可得到 θ 条件下的 G 值，从而对支化度做出评价。G 值越小，支化程度越高。

5.7 聚电解质溶液的性质

聚电解质（polyelectrolyte）是结构单元上含有可离解基团的一类高聚物，它除了具有普通高聚物的高分子量之外，还可以解离成为离子，存在静电吸引与排斥作用，从而大大影响它在溶液中的形态和性质。

按照带电基团的不同，聚电解质主要分为阴离子型、阳离子型和两性（既含阴离子又含阳离子基团）聚电解质三大类。

含阴离子基团的阴离子型聚电解质：含—SO_3^-、—COO^-、—PO_3^{-2} 等基团的高聚物。

含阳离子基团的阳离子型聚电解质：含—N^+R_3、—NH—、—NH_2、吡啶基等基团的高聚物。

两性聚电解质如典型的丙烯酸-乙烯基吡啶共聚物。

多数强聚电解质可溶于水。弱聚电解质如聚丙烯酸、聚甲基丙烯酸既可溶于水，也可以溶于二氧六环、二甲基甲酰胺等有机溶剂。

聚电解质的溶液性质与所用溶剂关系很大。当聚电解质溶解在非离子化溶剂中（例如聚丙烯酸溶解于二氧六环中），它具有与通常高聚物相似的溶液性质。但是在离子化溶剂中（例如聚丙烯酸钠在水中），聚电解质离解成聚离子和与之抗衡的小分子离子（小反号离子），从而其性质与通常高聚物的溶液性质有很大差异。这里主要介绍聚电解质的黏度和渗透压特性。

5.7.1　聚电解质溶液的黏度

聚电解质溶液的黏度不同于一般非电解质高聚物溶液的黏度。对一般高聚物，随着浓度的减小，溶液的比浓黏度 η_{sp}/C 是下降的。但对于聚电解质（例如聚丙烯酸）在水中，当浓度较大时开始用水稀释，比浓黏度也是下降的。但当体系稀释至浓度小于 0.01g/mL 后，比浓黏度便异常地急剧上升（图 5-10），这是因为高聚物中羧酸基团的解离度因高度稀释而增大，产生更多的羧基阴离子，而这些阴离之间又因同性电荷彼此排斥，使高分子链进一步伸张，故黏度随之增大。

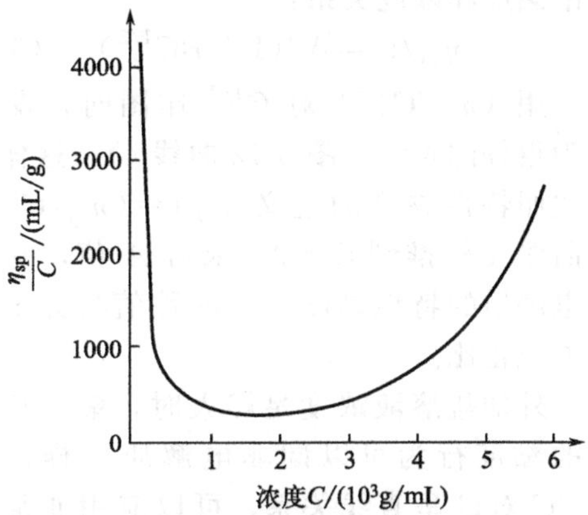

图 5-10　聚丙烯酸水溶液的比浓黏度随浓度的变化

当在聚电解质溶液中加入食盐之类的强电解质时，抗衡离子的浓度增加，从电离平衡的角度讲，它抑制了聚电解质高分子的离解，抑制了抗衡反离子脱离高分子链向溶剂扩散，这样相当于起到了遮蔽高分子链上有效电荷的效果，由聚离子间（如聚丙烯酸的羧基）的排斥引起的链的扩展作用减弱，使高分子线团恢复到原来的卷曲状态，这样，它的形态及黏度性质与一般的中性高分子基本相同。图 5-11 形象地描述了聚电解质分子链的形态随浓度和外加盐的变化。

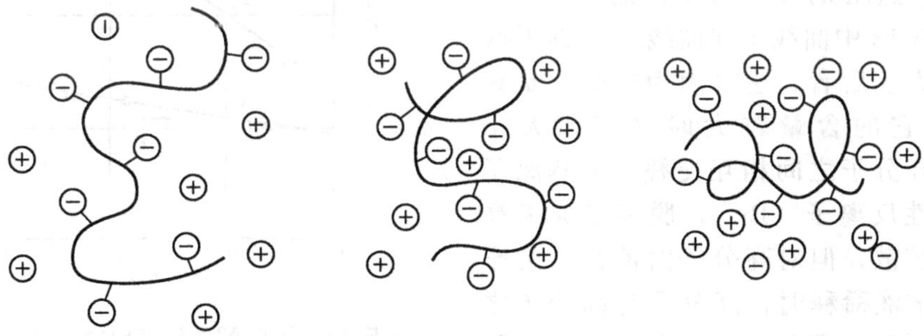

(a) 稀水溶液　　(b) 浓水溶液　　(c) 盐水溶液

图 5-11　溶液中聚电解质分子链的形态

人们研究了聚 4-乙烯基吡啶正丁基溴季铵盐的溶液黏度，得到一个代表性的 η_{sp}/C-C 关系图（图 5-12）。图中曲线 1 是溶解于纯水中的情况，当浓度降低时，比浓黏度增加。当加入 KBr 溶液后，因同离子（Br^-）效应，降低了高分子吡啶盐的解离度，高分子线团收缩，比浓黏度随之减小（图中曲线 2）。盐的浓度越大，聚电解质由于稀释而使 η_{sp}/C 增加的现象越小，正如图中曲线 2 和 3 所示。

很显然，聚电解质溶液的黏度不能用普通高聚物黏度公式表示，例如，用 Huggins 方程［式(5-95)］处理聚 4-乙烯基吡啶正丁基溴季铵盐水溶液的黏度时，η_{sp}/C-C 关系不成为直线，不能用外推到 C 为零的方法来得到特性黏度［η］。

Fuoss 提出用以下方程表征聚电解质的比浓黏度和浓度关系：

$$\eta_{sp}/C=A/(1+BC^{1/2}) \qquad (5\text{-}111)$$

用 $(\eta_{sp}/C)^{-1}$ 对 $C^{1/2}$ 作图时，发现结果为很好的直线（图 5-12 曲线 4），这样，就可按照特性黏度的定义 $[\eta]=(\eta_{sp}/C)_{C\to 0}$，由曲线 4 外推到 $C=0$，求得 A 值，它就是聚电解质的特性黏度。A 的数值与分子量的平方成正比。

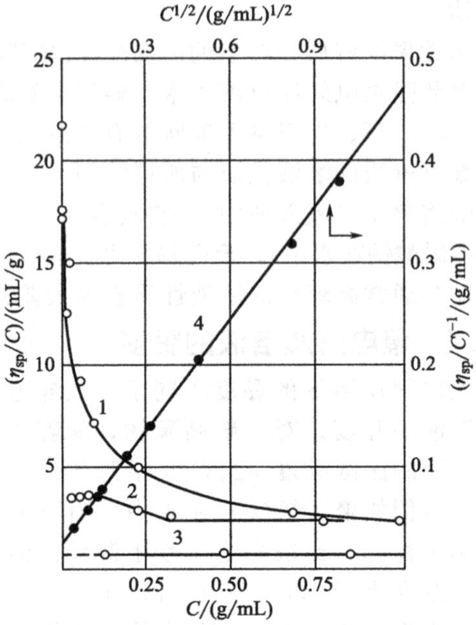

图 5-12 聚 4-乙烯基吡啶正丁基溴季铵盐水溶液的增比黏度

1—纯水；2—0.001mol/L KBr；3—0.0335mol/L KBr；4—利用曲线 1 的数据按 Fuoss 方程作图

外加盐溶液浓度足够大时，聚电解质溶液的黏度行为可以同非电解质一样，符合 η_{sp}/C 对 C 呈直线关系，可以应用通常的黏度公式计算［η］值。所以说，聚电解质黏度大小及变化规律与外加盐溶液的浓度有关。

5.7.2 聚电解质溶液的渗透压

聚电解质溶液的渗透压变化也有类似于黏度的特点。

例如：分别测定聚 4-乙烯基吡啶正丁基溴季铵盐-乙醇溶液和聚 4-乙烯基吡啶-乙醇溶液的比浓渗透压 π/C 和浓度 C 的关系，结果说明（图 5-13 中曲线 1 和曲线 2），前者的渗透压远远大于后者，这时因为吡啶盐是聚电解质，当它的含量较大时（例如大于 1%），由于高分子之间相互交叠，虽然离子化后的迁移性反离子（Br^-）脱离了原来高分子向溶液扩散，但对高分子溶液性质的影响较小。当溶液稀释时，高分子与高分子之间出现纯溶剂区（高分子与高分子之间相隔较远），迁移性反离子（Br^-）从高分子区扩散到纯溶剂区，此时溶液的渗透压除了高分子本身的渗透压 π_p 外，还有因离子分配不均匀所引起的渗透压 π_i（正、负离子均自由游离，并都成为渗透质点），致使聚电解质溶液的渗透压大大增加，类似于浓度降低而聚电解质的黏度上升的现象。这时 $\pi=\pi_p+\pi_i$，而且，溶液越稀，迁移性反离子向纯溶剂区的扩散越厉害，π_i 越大，溶液的渗透压越大。

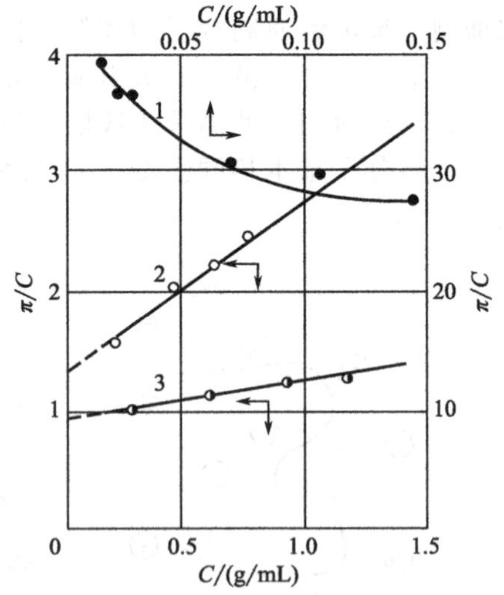

图 5-13 聚电解质和非电解质的 π/C-C 图

1—聚 4-乙烯基吡啶正丁基溴季铵盐-乙醇溶液；2—聚 4-乙烯基吡啶-乙醇溶液；3—聚 4-乙烯基吡啶正丁基溴季铵盐-0.61mol/L LiBr 乙醇溶液

如果在聚电解质溶液中加入小分子强电解质，例如聚 4-乙烯基吡啶正丁基溴季铵盐溶解在溴化锂的乙醇溶液中，由于 Br^- 在高分子线团内和线团外的浓度相同，体系只显示高分子本身的渗透压 π_p，所以，图 5-13 中曲线 3 符合通常的渗透压公式 $\pi/C=RT(1/M+A_2C)$，π/C 和 C 的关系为直线。

参考文献

[1] Sun S F. Physical Chemistry of Macromolecules：Basic Principles and Issues [M]. New York：John Wiley & Sons，1994.

[2] Morawetz H. Macromolecules in Solution [M]. New York：John Wiley & Sons，1965.

[3] 李卓美．高分子溶液 [M] //冯新德，等．高分子化学与物理专论．广州：中山大学出版社，1984：209.

[4] 潘鉴元，席世平，黄少慧．高分子物理 [M]. 广州：广东科技出版社，1981.

[5] 何曼君，陈维孝，董西侠．高分子物理 [M]. 上海：复旦大学出版社，1990.

[6] 钱人元．高分子凝聚态研究进展 [J]. 中国科学院院刊，2000，15 (3)：174.

[7] Qian R Y. Conformational analysis of polyethylene chains in crystalline states [J]. Journal of Macromolecular Science：Physics，1999，38 (1-2)：75.

[8] Yamakawa H. Modern Theory in Polymer Solutions [M]. New York：Harper & Row Publishers，1971.

[9] Hildebrand J，Scott R L. Solubility of Nonelectrolytes [M]. New York：Reinhold Publishing Corporation，1949.

[10] Flory P J. Principles of Polymer Chemistry [M]. New York：Cornell University Press，1953.

[11] 利帕托夫 Ю С. 聚合物溶液与混合物的性质 [M] //涅斯捷罗夫 A E. 聚合物物理化学手册：第一卷．阎家宾，张玉崐，译．北京：中国石化出版社，1995.

[12] 黄子卿．非电解质溶液理论导论 [M]. 北京：科学出版社，1973.

[13] Huggins M L. Mixing of amorphous polymers [J]. Journal of Chemical Physics，1941，9 (3)：440.

[14] Huggins M L. The interaction equations and the phase rule for solutions of chain molecules [J]. Journal of Physical Chemistry，1942，46 (2)：151.

[15] Huggins M L. The viscosity of dilute solutions Ⅱ：Polymers [J]. Journal of the American Chemical Society，1942，64 (8)：1712.

[16] Flory P J，Krigbaum W R. The thermodynamics of high polymer solutions [J]. Journal of Chemical Physics，1950，18 (8)：1086.

[17] Krigbaum W R，Flory P J. The thermodynamics of high-polymer solutions Ⅱ：The phase rule [J]. Journal of the American Chemical Society，1953，75 (7)：1775.

[18] Krigbaum W R，Flory P J. The thermodynamics of high-polymer solutions Ⅰ：The phase Rule [J]. Journal of Polymer Science，1953，11 (1)：37.

[19] 殷敬华，莫志深．现代高分子物理学：上册 [M]. 北京：科学出版社，2001.

[20] 中国科学技术大学高分子物理教研室．高聚物的结构与性能 [M]. 北京：科学出版社，1983.

[21] 梁伯润．高分子物理学 [M]. 2 版．北京：中国纺织出版社，2000.

[22] 德热纳 P G. 高分子物理学中的标度概念 [M]. 吴大诚，刘杰，朱谱新，等译．北京：化学工业出版社，2002.

[23] 钱人元，曹锑，陈尚贤，等．聚合物链构象与热力学行为研究 [J]. 中国科学：B 辑，1983，26 (12)：1080.

[24] 杨玉良，胡汉杰．高分子物理 [M]. 北京：化学工业出版社，2001.

[25] Dautzenberg H，Jaeger W，Kotz J. Polyelectrolytes [M]. Munich：Hanser，1994.

[26] Katschalsky A，Lifson S. Theory of solutions of long-chain molecules [J]. Journal of Polymer Science，1953，11 (3)：409.

[27] Fernandes C S M，Pina A S，Pina A C A. Biomaterials for tissue engineering：A review [J]. Biomaterials，2021，268：120563.

[28] Kodavaty J. Advanced drug delivery systems：Nanoparticle-based approaches [J]. Journal of Drug Delivery Science and Technology，2022，71：103298.

[29] Lin K，Yi J，Mao X，Wu H，Zhang L. Functional polymers for sustainable energy applications [J]. Reactive and Functional Polymers，2019，139：112.

5

第6章 高聚物的分子运动与热转变

高聚物通过分子运动表现出不同物理状态或宏观性能。不同结构的高聚物，其分子运动方式不同而使材料显示不同的力学性能。即使相同结构的高聚物，由于外界环境（如温度等）引起的分子运动的差异，也可使材料表现出完全不同的宏观性质。例如，常温下柔软而富有弹性的橡皮，一旦冷到零下100℃，便失去弹性，变得像玻璃一样又硬又脆；而室温下坚硬的聚甲基丙烯酸甲酯，加热到100℃左右，则变得如橡皮一样柔软。因此，通过对高聚物分子热运动规律的理解，了解高聚物的力学状态和转变以及影响因素，有助于掌握高聚物结构与性能的内在联系。对于合理选用材料，确定加工工艺条件以及设计材料等都非常重要。

由于高聚物分子量很大，分子链可以整条链流动，也可以进行分子链质心不变动的某些尺寸更小单元的运动，如链节和链段等。将物理状态发生转变时的温度称为转变温度，主要包括无定形高聚物的玻璃化转变温度（T_g）、结晶态的熔点（T_m）以及黏流温度（T_f）。不同转变温度决定着高聚物不同的使用性能。本章将着重讨论高聚物的玻璃化转变温度。并介绍高聚物的热稳定性及耐热性。

6.1 高聚物的分子运动和力学状态

6.1.1 高分子运动的特点

(1) 运动单元的多重性

高分子运动的多重性包括运动单元的多重性和运动方式的多样性。首先，由于高分子的长链结构，分子量很大又具有多分散性，可以带有不同的侧基，加上支化、交联、结晶、取向、共聚等因素影响，使得高分子的运动单元具有多重性，它可以是侧基、支链、链节、链段和整个分子链，可以存在于晶区或非晶区。其次，运动单元的运动方式具有多样性，即除了整个分子振动、转动和移动外，各运动单元也可以进行转动、移动和摇摆运动。一般情况下，把链段等小尺寸运动单元的运动称为微布朗运动，这些运动只引起链的构象的改变。整链运动则称为布朗运动，以分子链质心变动为特征。

① 高分子链的整体运动。像小分子一样，高分子链作为一个整体也能作质量中心的移动。高聚物熔体的流动就是高分子链整体运动的宏观表现。高分子链的整体运动与熔融加工过程关系密切。

② 链段的运动。高分子链在保持其质量中心不变的情况下，一部分链段通过单键内旋转而相对于另一部分链段的运动。通过链段运动使大分子发生伸展或卷曲的构象变化，如宏观上的橡皮的拉伸、回缩。高分子的链段运动与高分子材料使用性能密切相关。它是宏观上高聚物从玻璃态转变到高弹态或相反过程的重要指标。

③ 比高分子整链和链段更小尺寸运动单元的运动。这类运动比链段运动所需能量低，在玻璃化转变温度以下发生。例如链节、支链、侧基的运动；链节数 $N \geqslant 4$ 的主链 $\left[CH_2 \right]_n$ 中链节的曲柄运动；杂链高聚物中杂链节的运动等。此外，侧基或侧链的运动形式多种多样，包括与主链直接连接的甲基的转动，柔性侧基本身绕碳-碳单键的内旋转，端基的运动

等。上述比链段更小运动单元的运动过程称为次级松弛，以区别发生玻璃化转变的主松弛。实验表明，这类运动对高聚物的韧性有影响。

分子运动同样也可以发生在高聚物的晶区。例如，晶型转变、晶区缺陷的运动、晶区中的局部松弛模式、晶区折叠链的伸缩呼吸运动等。

(2) 分子运动的时间依赖性

在一定温度和外场（力场、电场、磁场）作用下，高聚物从一种平衡状态通过分子运动而过渡到与外界环境相适应的新的平衡状态的过程称为松弛过程。完成这个过程所需要的时间称为弛豫时间。

由于松弛过程中，各种运动单元的运动均需克服内摩擦阻力，链段运动及整链运动不可能瞬时完成，一般高聚物的弛豫时间较长。为了避开这一漫长的时间，通常规定弛豫时间的某一部分作为松弛时间 τ，以此表征松弛过程快慢。例如蠕变的松弛时间规定为达到（1－1/e）平衡形变时所需时间。应力松弛的松弛时间为应力衰减到 1/e 时所需时间。

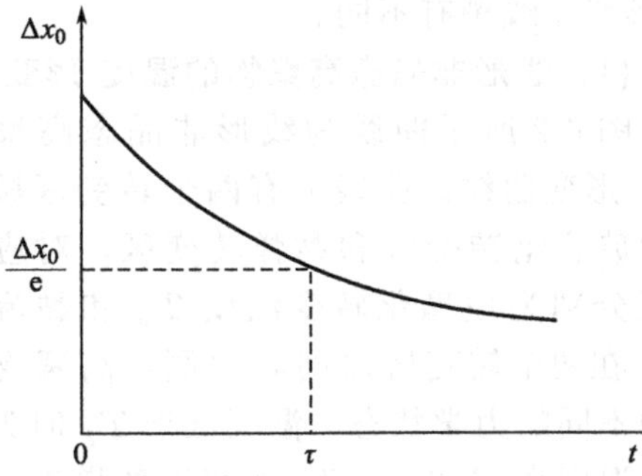

图 6-1 橡皮形变回复曲线

松弛时间可通过实验测定。将橡皮拉长 Δx，然后除去外力，橡皮高分子链由伸直状态逐渐过渡到卷曲状态，发生恢复。该松弛过程如图 6-1 所示，表示为：

$$\Delta x_t = \Delta x_0 e^{-t/\tau} \tag{6-1}$$

式中，τ 为松弛时间，当 $t=\tau$ 时，$\Delta x_t = \Delta x_0/e$。

松弛时间的长短反映了由高分子固有性质决定的分子运动速度的大小。小分子物质的松弛时间很短，如室温下小分子液体对外力作用的松弛时间为 $10^{-8} \sim 10^{-10}$s，在通常情况下难以觉察其松弛过程。高聚物分子量大，分子内和分子间相互作用力很强，本体黏度大，松弛时间一般较长。由于高聚物运动单元的多重性，其松弛时间不再是单一的值而是在一定范围连续分布构成“松弛时间谱”。不同的松弛时间对应不同尺寸运动单元的松弛过程。此外，松弛时间还受分子链柔性、分子间作用力的影响，凡是增加链柔性和降低分子间作用力的因素都有利于分子运动，使松弛时间减小。

(3) 分子运动的温度依赖性

随着温度由低到高变化，高聚物可经历三种不同的力学状态：玻璃态、高弹态和黏流态，各反映不同的分子运动状态。升高温度对分子运动具有双重作用：

① 增加分子热运动的动能。当热运动能达到某一运动单元实现某种模式运动所需要克服的位垒时，就能激发该运动单元的这一模式的运动。

② 体积膨胀增加了分子间的自由体积。当自由体积增加到与某种运动单元所需空间尺寸相配后，这一运动单元便开始自由运动。

升高温度将加速所有的松弛过程。对于侧基运动、主链的局部运动以及分子整链运动，松弛时间与温度关系符合 Eyring 理论，即：

$$\tau = \tau_0 e^{\Delta E/RT} \tag{6-2}$$

式中，τ 为松弛时间；R 为气体常数；T 为绝对温度；ΔE 为松弛过程所需的活化能；τ_0 为一常量。

对于链段运动引起的玻璃化转变过程，其松弛时间的温度依赖性可以运用从自由体积概念出发建立起来的 WLF 半经验方程来描述。

$$\lg \frac{\tau}{\tau_s}=\frac{-17.44(T-T_s)}{51.6+(T-T_s)} \tag{6-3}$$

式中，τ_s 为某一参考温度 T_s 下的松弛时间。此方程适用于温度为 $T_g \sim T_g+100$℃的范围。WLF 方程是高聚物链段运动特有的温度依赖性方程。

6.1.2 高聚物的力学状态和热转变

高聚物试样在一恒定外力作用下，它的形变随着等速升温而变化。记录样品形变随温度变化的曲线称为温度-形变曲线（也称为热-机械曲线），如图 6-2 所示。不同结构高聚物温度-形变曲线稍有不同。

(1) 线形非晶态高聚物的温度-形变曲线

图 6-2 所示曲线为线形非晶态高聚物的温度-形变曲线。曲线上有两个转变区域分别称为玻璃化转变区和黏弹转变区，对应转变温度分别为玻璃化转变温度 T_g 和黏流温度 T_f。在两个转变区之间和两侧，高聚物呈现三种不同的力学状态，温度低于 T_g 时为玻璃态，温度介于 T_g 与 T_f 之间为高弹态，温度高于 T_f 时为黏流态。T_b 和 T_d 分别为高聚物的脆化温度和分解温度。

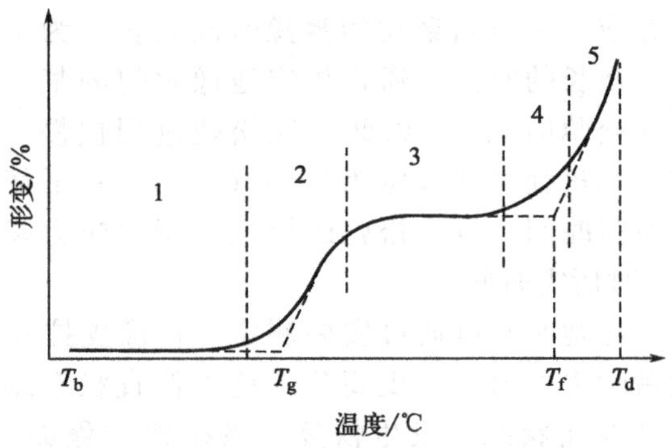

图 6-2 线形非晶态高聚物的温度-形变曲线

① 高聚物为玻璃态时，由于温度较低，分子热运动能低，链段处于被“冻结”状态。只有侧基、链节、短支链等小运动单元的运动及键长、键角的变化。高聚物表现的力学性质与小分子玻璃相似，材料受力后形变小，通常为 0.1%～1.0%，具有胡克弹性行为。材料模量较高，可达 $10^9 \sim 10^{10}$Pa。

玻璃化转变区是一个对温度十分敏感的区域。此时，链段的运动被激发，大约 20～50 个链节获得了足够的能量以协同方式运动，材料模量迅速下降 3～4 个数量级，形变增大。

② 高弹态的高聚物受较小的力就可以发生很大的形变，由于分子间存在物理缠结，外力除去后，形变可以逐步恢复。材料模量减少到 $10^5 \sim 10^6$Pa。高弹形变是链段运动使分子链发生伸展或卷曲构象变化的宏观表现。高弹平台的宽度主要由高聚物的分子量控制，对于分子量较大的高聚物，玻璃化转变温度 T_g 不再与分子量有关，而黏流温度 T_f 则随分子量的增大而提高。高弹平台越长，橡胶的使用温度范围越广。从塑料材料加工成型的角度出发，在满足材料一定机械强度的前提下，应控制分子量低一些，使黏流温度降低，以利于塑料加工生产。

③ 温度继续上升，链段的热运动逐渐剧烈，高分子链间的缠结开始解开。在外力作用下，通过链段的协同运动分子整链开始滑移。经过黏弹转变区后，高聚物呈现黏弹性液体状即黏流态。材料模量下降到 $10^3 \sim 10^4$Pa，由于整链分子质心发生相对位移，产生不可逆形变，这种不可逆特性也称为可塑性。对于分子链间存在化学键的交联高聚物，由于不能发生相对位移，因此无黏弹转变区和黏流态。

玻璃态、高弹态、黏流态是一般非晶态线形高聚物所共有的，称为力学三态。这是一种动力学概念，与材料力学特征、分子热运动及松弛过程有关。因此力学三态的转变均不是热力学的相变，T_g、T_f 亦不是相转变温度。从热力学的相态概念出发，高聚物的力学三态都属于液相。若为结晶高聚物，则还有晶相存在。

线形非晶态高聚物的力学状态及转变温度受分子量的影响，图 6-3 是高聚物的力学状态与分子量及温度的关系。当分子量 $\overline{M}$ 较低时，链段运动与整个分子链的运动相当，T_g 与 T_f 重合，无高弹态。当分子量 $\overline{M}$ 增大，出现高弹态，T_f 随分子量增大而提高。高弹态与黏流态之间的过渡区，随分子量增大而变宽。

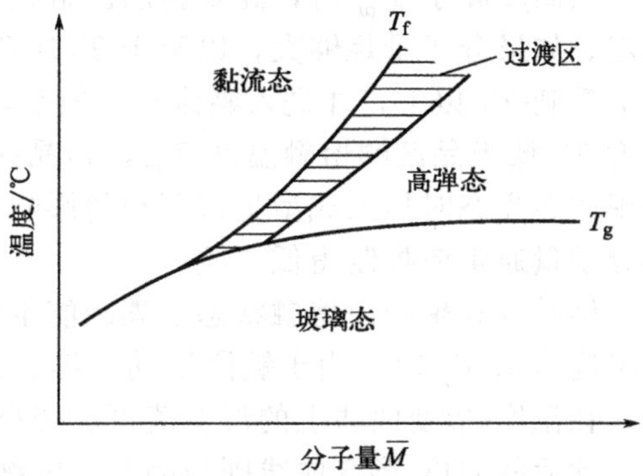

图 6-3　非晶态高聚物的力学状态与分子量 $\overline{M}$ 及温度的关系

高聚物的力学状态和转变温度具有重要的实际意义。常温下处于玻璃态的非晶态高聚物可用作塑料，其最高使用温度为玻璃化转变温度 T_g，当使用温度接近 T_g 时，塑料制品开始软化，失去尺寸稳定性和机械强度。非晶态橡胶材料的使用温度范围为 $T_g \sim T_f$，通常作为橡胶的非晶态高聚物的 T_g 应远低于室温，例如天然橡胶的 T_g 为-73℃。非晶态高聚物的加工成型温度则一般在 $T_f \sim T_d$。当分子量非常大时（超过几百万），高聚物的 T_f 将超过分解温度，即高聚物在黏流转变前已开始分解。

高聚物在低于玻璃化转变温度时，链段运动被冻结，具有一般固体的普弹性能，从结构上来讲，它是液态——过冷液体。在较强外力作用下，仍然可以发生链段运动的强迫高弹形变，表现出一定的韧性特征。但是，并不是任何温度下都能发生强迫高弹形变，即存在一个特征温度 T_b，只要温度低于 T_b，玻璃态高聚物就不能发生强迫高弹形变而是脆性断裂，这个温度 T_b 称为脆化温度。因此，T_b 是塑料使用的最低温度。脆化温度与次级松弛转变相关联。

(2) 晶态高聚物的温度-形变曲线

部分结晶高聚物的非晶区也能发生玻璃化转变，当然这种转变要受到类似交联点的晶区的限制。图 6-4 为晶态高聚物的温度-形变曲线。图 6-5 为晶态高聚物的力学状态与分子量及温度的关系。晶态高聚物处于高于其玻璃化转变温度而又低于其熔点时，非晶区从玻璃态转变为高弹态，高聚物呈现高弹态与结晶态共存的柔韧皮革态。随着结晶度的增加，非晶区链段运动更为困难，材料刚性增加。当结晶度大于 40%后微晶体彼此连接，形成贯穿整个高聚物材料的连续相，材料变得更为刚硬，观察不到明显的玻璃化转变。因此，在低于熔点的温度下，晶态高聚物的形变很小，可作塑料或纤维使用。

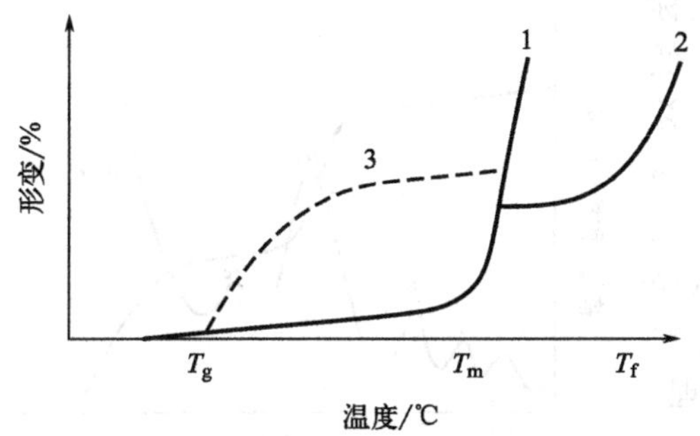

图 6-4　晶态高聚物的温度-形变曲线

1—分子量较小；2—分子量较大；3—轻度结晶高聚物

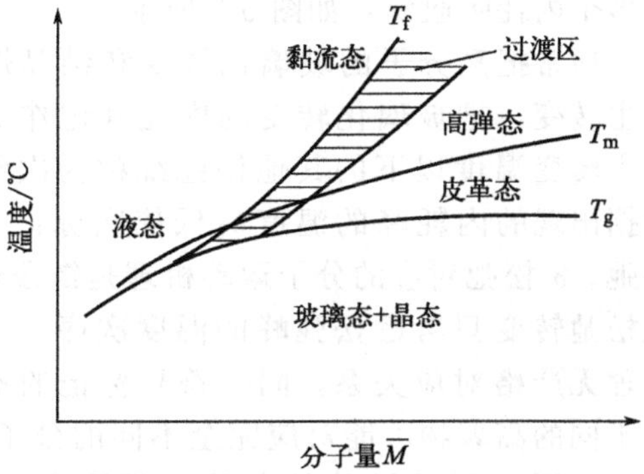

图 6-5　晶态高聚物的力学状态与分子量 $\overline{M}$ 及温度的关系

当温度高于 T_m 时，高聚物晶区熔融，是否进入黏流态或高弹态，要视高聚物的分子量而定。如果分子量足够大，以至于 $T_f>T_m$，则晶区熔融后，将出现高弹态，直到温度进一步上升到 T_f 以上，才进入黏流态。但是，对于分子量不大的结晶高聚物，其非晶区的黏流温度 T_f 低于晶区的熔融温度 T_m，则晶区熔融后，整个试样直接进入黏流态。由于高温下出现的高弹态对加工成型带来不利的影响，因此，在满足材料强度要求的前提下晶态高聚物的分子量通常应控制得低一些。

结晶性高聚物由熔融状态下骤冷能生成非晶态高聚物。这种高聚物在程序升温过程中，当温度达到 T_g 时，由于链段运动解冻，形变突然变大，使链段排入晶格成为晶态高聚物后，在温度-形变曲线上的形变值再次变小。因此，在 T_g 与 T_m 之间，曲线出现一个冷结晶峰。此后的温度-形变曲线则与晶态高聚物的相似。

(3) 交联高聚物的温度-形变曲线

交联高聚物的温度-变形曲线依交联程度的大小而异。当交联程度小时，其温度-形变曲线与线形非晶态高聚物的相似，随着交联程度增加，T_f 升高。由于分子链间的交联键限制了整链运动，只要不产生降解反应，交联高聚物不出现黏流态。如图 6-6 所示交联度不同的高聚物的温度-形变曲线。

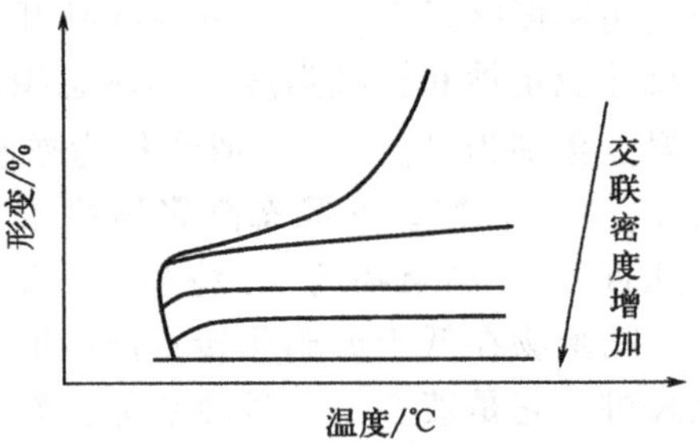

图 6-6 交联高聚物的温度-形变曲线

交联高聚物能否出现高弹态与交联密度有关，交联密度较小时，交联点间网链较长，在外力作用下，网链仍能通过单键内旋转改变其构象，高聚物具有明显的玻璃化转变，存在玻璃态和高弹态两种力学状态。随着交联密度的增加，网链长度减小，链段运动受到更多的交联键的限制而变得困难，结果使玻璃化转变温度升高，而高弹形变值则逐步减小。对交联度足够大的体形高聚物，如硬橡皮、酚醛树脂等，其玻璃化转变不明显，在热分解温度 T_d 以下始终保持玻璃态的特点，不出现高弹态，只能作为塑料应用。由于没有黏流态，不能熔融，此类材料一般不能用注射及挤出方法加工成型。

6.2 高聚物的次级松弛

在玻璃化转变温度以下，高聚物的整链和链段运动被冻结，但是多种小尺寸的运动单元仍能运动，例如：侧基、主链或支链的各种官能团。它们运动所需的活化能较低，可以在较低的温度下被激发，对应不同的松弛时间。在动态力学温度谱、介电性质温度谱上都可观察到多个内耗吸收峰，如图 6-7 所示。

通常把高分子的玻璃化转变和结晶熔融转变称为主转变，把玻璃化转变的内耗峰记作 α 松弛，低于主转变温度以下的其他松弛统称为次级松弛，并依据出现的内耗峰的温度高低依次标记为 β、γ、δ 松弛。α 松弛对应的分子运动机理是链段运动，而次级松弛转变只考虑松弛峰的温度次序，与分子运动机理无严格对应关系，同一符号标记的次级松弛对于不同的高聚物可能对应完全不同的分子运动机理。有时为了表明某松弛是由晶区还是非晶区引起的，用下标“c”和“a”分别表示晶区和非晶区。

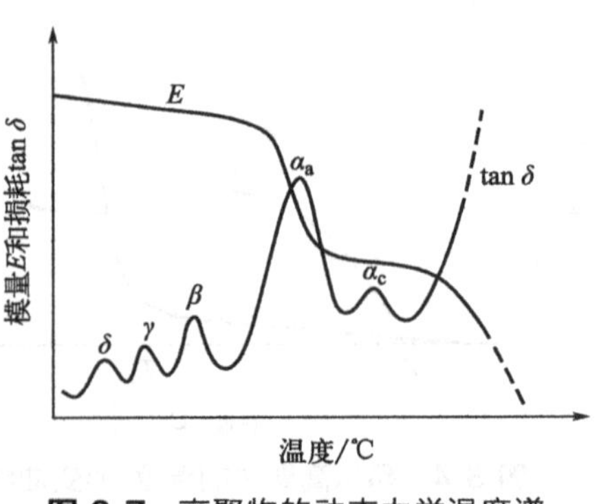

图 6-7 高聚物的动态力学温度谱

6.2.1　非晶区的次级松弛

（1）局部松弛模式

出现在较低温度下的次级松弛可能是主链的某个小于链段的运动单元的运动，包括个别链节和链段的某一局部范围的运动，杂链高聚物主链上包含杂原子的基团的运动等，例如聚碳酸酯的 $—O—\overset{O}{\overset{\|}{C}}—O—$ 基、聚酰胺的 $—\overset{O}{\overset{\|}{C}}—\overset{H}{\overset{|}{N}}—$ 基的运动。对于主链不含杂原子的碳链高聚物，仍然存在局部松弛模式和曲柄运动。局部松弛模式是指在 T_g 以下，虽然克服主链内旋转位垒的链段运动被冻结了，但较短的链节仍能通过其在平衡位置附近的有限振动而作小范围的运动。这种松弛峰一般覆盖很宽的温度范围，所对应的松弛过程的活化能与温度符合 Arrhenius 关系。压力对峰位、峰高都没有明显影响。例如聚氯乙烯在低于 T_g 温度出现的 β 松弛归因于这种 2～6 个碳原子形成的局部松弛模式，如图 6-8 所示。

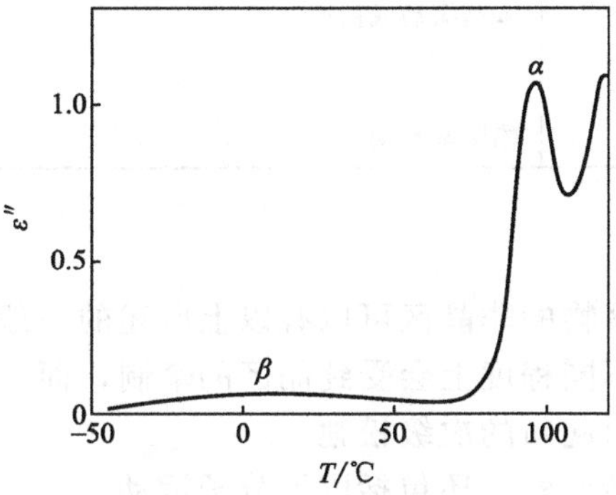

图 6-8　聚氯乙烯的 β 松弛

（2）曲柄运动

曲柄运动是在长碳链高聚物中发生的一种碳-碳链的内旋转运动。许多主链上含有四个或以上线性的—CH_2—基团的高聚物，当两端的单键落在同一轴线上时，处在它们之间的—CH_2—基团可以绕轴线转动而不扰动分子链上的其他原子。动态力学温度谱上在－120～－75℃会出现一个内耗峰，由于出现温度较低，一般叫作 γ 松弛。通常认为，它们是由所谓的曲柄运动引起的，如图 6-9 所示。这种运动所需的能量很低，活化能估计为 54.4kJ/mol。当侧链含有四个或以上—CH_2—基团时，也同样能发生曲柄运动。

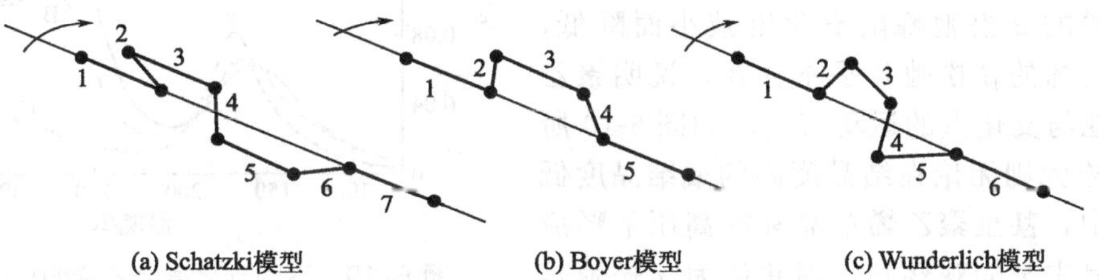

图 6-9　曲柄运动示意图

除了发生在主链的次级松弛，高聚物长链上带有的侧基或侧链均能在玻璃态时发生次级松弛转变。由于侧基大小不同，在高分子链上的位置不同，活化能不同，其运动比较复杂。如表 6-1 所示聚苯乙烯和聚甲基丙烯酸甲酯的松弛转变。

表 6-1　聚苯乙烯（PS）和聚甲基丙烯酸甲酯（PMMA）的松弛转变

松弛转变	高聚物	松弛温度/K	活化能/(kJ/mol)	分子运动
α	PS	377	335	链段运动
	PMMA	387	335	
β	PS	300(1Hz)	126,138	苯基扭转振动
	PMMA	283(1Hz)	71～126	酯基转动

续表

松弛转变	高聚物	松弛温度/K	活化能/(kJ/mol)	分子运动
γ	PS	153,138(1Hz)	33,38	苯基受阻振动(或与$—CH_2—$运动有关)
	PMMA	100(1Hz)	13	甲基转动
δ	PS	50(10kHz),38(5.59kHz),8.2(1Hz)	6.7	苯基振动或摇摆
	PMMA	15(10kHz)	3.1	酯甲基转动

6.2.2 晶区的次级松弛

晶态高聚物通常包括晶区和非晶区部分，晶态高聚物的非晶区可以有以上所述的一般非晶态高聚物的所有分子运动机理，当然其分子运动在不同程度上会受到晶区的牵制，而表现得更为复杂。此外，在晶区还存在着多种分子运动，引起新的次级松弛。

晶区的松弛转变除了分子整链运动的结晶熔融主转变外，还包括以下分子运动：

① T_m 以下，晶型的转变。例如聚丙烯的 γ 晶型在一个大气压、150℃下自发地逐步转变成 α 晶型。

② 晶区内部缺陷的运动，以及晶区内部侧基或链端的运动。例如聚对苯二甲酸乙二醇酯在－30℃的晶区缺陷局部运动松弛峰，聚丙烯的侧甲基在－220℃的内耗峰，随结晶度的增加而增加。

③ 晶区与非晶区的相互作用，外力作用下界面和晶粒之间的滑移运动等。低密度聚乙烯的 β 松弛发生在非晶区，因为共聚、交联等使聚乙烯结晶度降低的因素均使 β 松弛峰变大。聚乙烯的 β 松弛峰随支化度减小而降低，高密度聚乙烯的 β 松弛几乎不存在，说明聚乙烯中 β 松弛与支化点的运动有关，如图 6-10 所示。而 γ 松弛则无论在结晶度高的或结晶度低的聚乙烯中，甚至聚乙烯单晶和在高压下形成的伸直链晶中都能观察到，因此认为 γ 松弛是发生在聚乙烯晶区缺陷处分子链的扭曲运动和非晶区的$+CH_2+_n$的曲柄运动的结果。

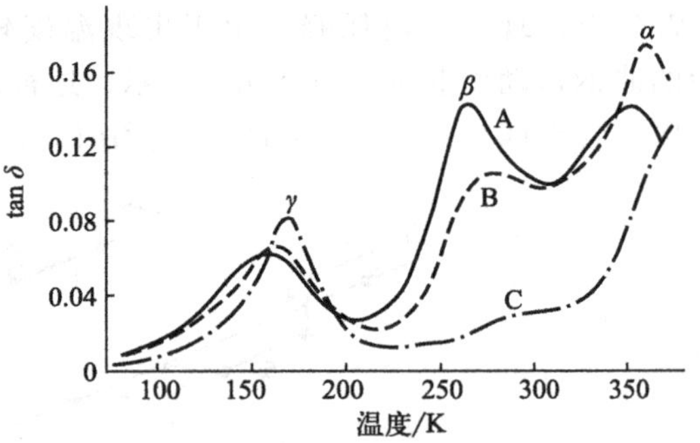

图 6-10 不同支化度聚乙烯的松弛转变

A—32 个 CH_3/1000C；B—16 个 CH_3/1000C；C—1 个 CH_3/1000C

6.3 高聚物的玻璃化转变

6.3.1 玻璃化转变温度的测量

无定形高聚物玻璃态与高弹态之间的转变，称为玻璃化转变，对应于链段运动的“冻结”与“解冻”，以及分子链构象的变化。转变温度称为玻璃化转变温度 T_g。在玻璃化转变前后，高聚物的体积性质、热力学性质、力学性质、电学性质等都将发生明显变化。利用转变过程中参数，如比容积、膨胀系数、比热容、热导率、密度、折射率、介电常数的变化，可以测量玻璃化转变温度。与体积性质有关的测量方法包括膨胀计法、折射率、扩散系数、导热系数测量法等；与热力学性质有关的测量方法包括差热分析（DTA）和示差扫描量热法（DSC）等；与力学性质变化有关的测量方法则包括静态的热机械曲线法和应力松弛法，以及动态力学测量方法，如自由振动（扭摆法和扭辫法）、强迫振动共振法（振簧法）以及强迫振动非共振法（动态黏弹谱仪）等；而有关电磁效应的测量方法则包括介电松弛法、核磁共振法。

(1) 膨胀计法

直接测量高聚物的体积或比容随温度的变化，从体积或比容对温度曲线两端的直线部分外推，其交点对应的温度作为 T_g，如图 6-11 所示。如果取体积的变化率换算成体膨胀系数 $\alpha=\frac{1}{V}\left(\frac{\mathrm{d}V}{\mathrm{d}T}\right)_p$ 对温度作图，则膨胀系数在玻璃化转变处出现一个突变，可确定 T_g 值，如图 6-12 所示。

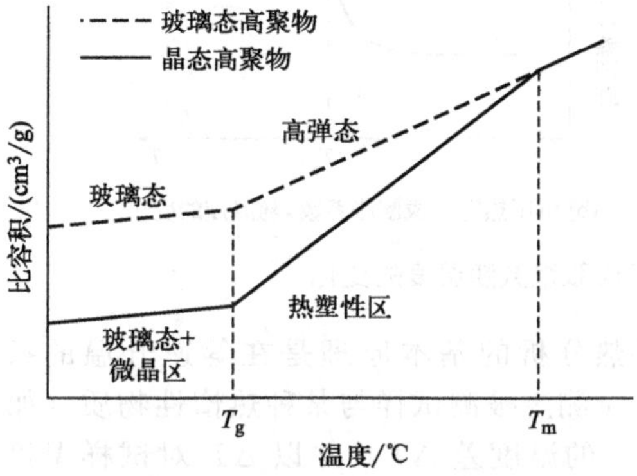

图 6-11　高聚物比容-温度曲线

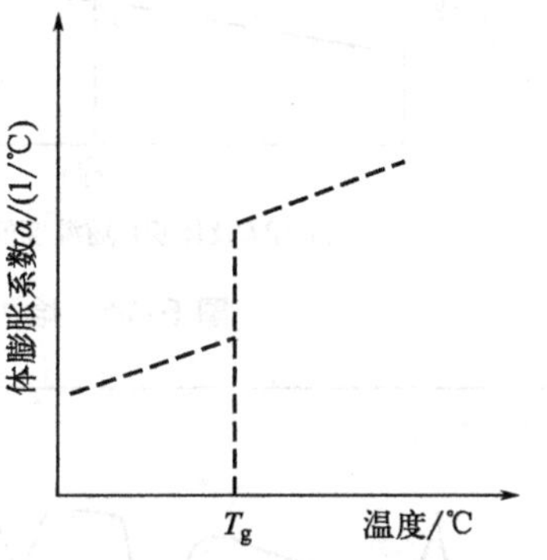

图 6-12　玻璃化转变时膨胀系数的突变

常用膨胀计法来测量体膨胀系数的变化，这是被广泛接受的一种测量玻璃化转变的经典方法。所用毛细管膨胀计如图 6-13(a) 所示。测量时将试样装入试样瓶中，抽真空后，将水银或与待测高聚物不互溶的高沸点液体装满试样瓶，并使液面升高到毛细管的一定高度，用热浴以每分钟 1～2℃的升温速度加热试样瓶，同时记录温度和毛细管内液面的高度。因为液面高度的变化反映了高聚物试样的体积变化，直接作液面高度对温度的关系图，或换算成试样的体积或比容对温度作图，曲线转折处的温度即是 T_g 值。另一种更为简单的方法是测量高聚物试样的一维尺寸随温度的变化，所用的仪器称为线膨胀计，如图 6-13(b) 所示。

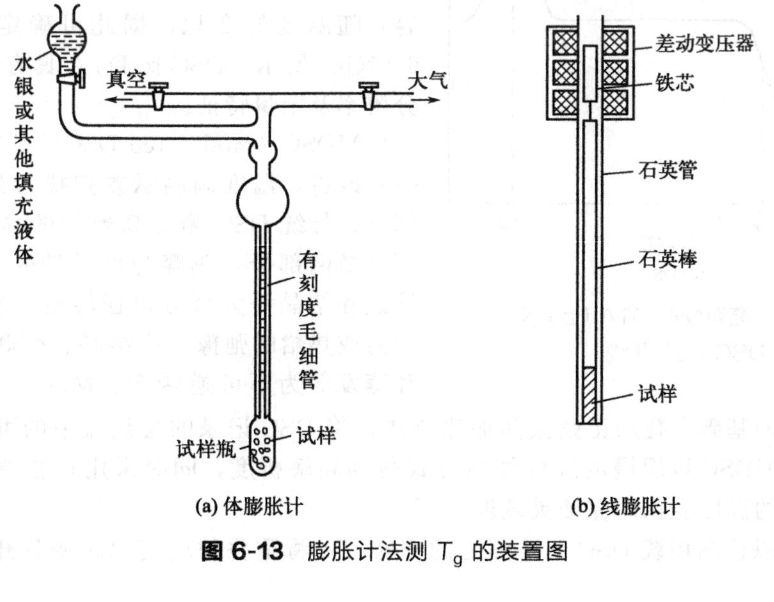

图 6-13　膨胀计法测 T_g 的装置图

（2）差热分析（DTA）、示差扫描量热法（DSC）和调制示差扫描量热法（MDSC）

在玻璃化转变区高聚物的焓随温度的变化与体积（或比容积）随温度的变化相似，而热容（或比热容）则与体积膨胀系数相对应，在玻璃化转变温度处发生突变，如图 6-14 所示。差热分析（DTA）和示差扫描量热法（DSC）则是通过这些热力学性质来测量玻璃化转变温度的一类最方便的方法。

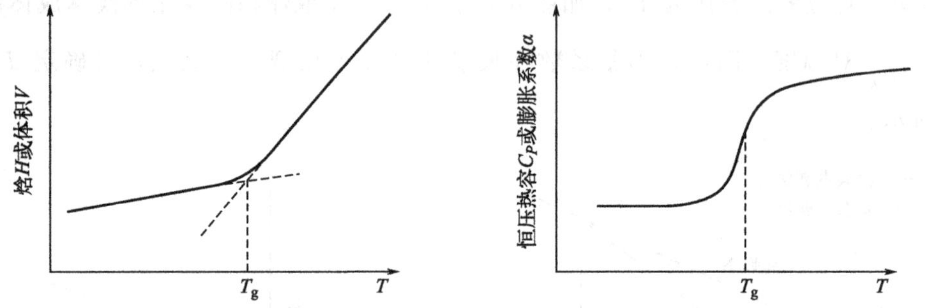

(a) 焓H及体积V随温度的变化　(b) 恒压热容C_P或膨胀系数α随温度的变化

图 6-14 焓、体积、恒压热容及膨胀系数随温度的变化

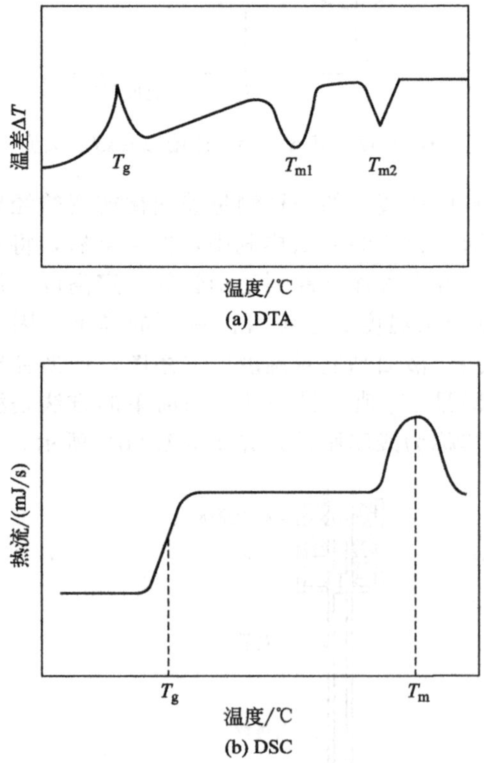

图 6-15 高聚物的 DTA（a）及 DSC（b）曲线

差热分析的基本原理是在等速升温的条件下，连续测定被测试样与某种热惰性物质（如 α-Al_2O_3）的温度差 ΔT，并以 ΔT 对试样温度 T 作图，即得到通常所谓的“热谱图”，或称差热曲线，如图 6-15(a) 所示。DTA 的优点是待测样品用量十分少，测试方便，耗时短，可达 1～2℃的分辨率。

DSC 是 DTA 的改进方法，以补偿加热器给试样或参比物提供补充热量，保证它们在程序控温过程中始终保持相同的温度（$\Delta T=0$），补偿热流速率与试样及参比物等的热容有关，因而可以测出试样的吸热或放热效应以及热容（或比热容）随温度的变化，据此可确定 T_g 值，如图 6-15(b) 所示。DSC 比 DTA 具有更高的灵敏度、分辨率及定量特征。

MDSC（modulated DSC）是对 DSC 法的进一步改进，温度调制示差扫描量热计于 1993 年问世。传统 DSC 测定高聚物的热流包括可逆和不可逆两部分：热容为可逆转变；玻璃化转变、熔点和结晶等为部分可逆转变；T_g 附近残留内应力或热焓的弛豫、冷结晶、交联、裂解、氧化和蒸发等为不可逆转变。MDSC 在传统 DSC 的线性加热程序的基础上叠加正弦振荡加热方式，将 DSC 记录的总热流中的可逆热流和不可逆热流分离。MDSC 以缓慢的线性加热方式得到高解析度，同时采用正弦波振动加热方式形成瞬间剧烈的温度变化而保证灵敏度。

MDSC 可以检测传统 DSC 无法测定的弱转变；将重叠的玻璃化转变分开；在单一的实

验中直接测量热容和热流；分离可逆和不可逆热容以得到更为准确的热转变、结晶度信息。例如，一般条件下获得的玻璃态高聚物通常处于热力学非平衡状态，通过低于 T_g 一定温度下的热物理老化过程，分子链段发生局部构象调整使其凝聚态结构逐渐向平衡态过渡，相应DSC 曲线上伴随 T_g 转变过程出现吸热峰，这与常见的 T_g 转变不同。使用 MDSC 可以很好地将升温曲线中可逆的玻璃化转变过程和伴随的热焓松弛过程的吸热峰分离，如图 6-16 所示。中国科学家钱人元等认为这个过程中形成了 2～3 个链节的局部凝聚缠结，随着物理老化时间的延长，缠结点的密度和强度增加。当聚合物升温过程发生玻璃化转变时，分子链段热运动能增加，使这些凝聚缠结打开，DSC 升温曲线出现吸热峰，同时玻璃化转变温度向高温方向移动。

(3) 温度-形变法及其他与力学性质有关的方法

温度-形变法是一种静态测量法，测定高聚物在一定外力作用下，形变量随程序升温的变化，可用来确定 T_g 值，如图 6-2 所示。

动态力学测量方法有自由振动，如扭摆法和扭辫法；强迫振动共振法，如振簧法；以及强迫振动非共振法，如动态黏弹谱法。这些方法通过测量高聚物的动态力学模量和力学损耗随温度的变化来确定 T_g 值。动态力学测试法采用的测试频率较高，得到的 T_g 值比静态力学测试法更高，如图 6-17 聚氯乙烯的玻璃化转变温度随测试频率的提高而增大。

6

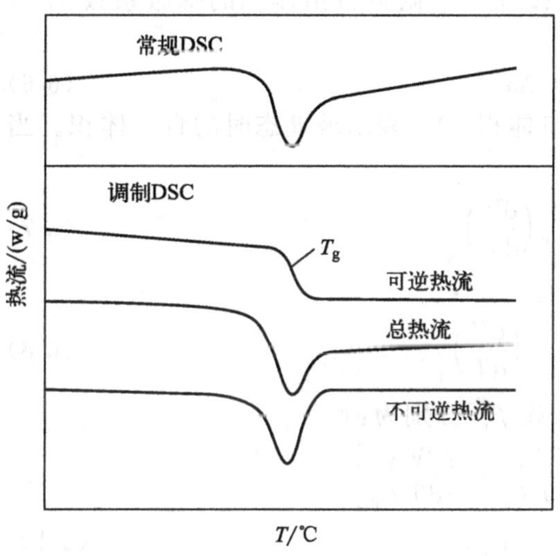

图 6-16　MDSC 测量的玻璃化转变及热焓松弛曲线

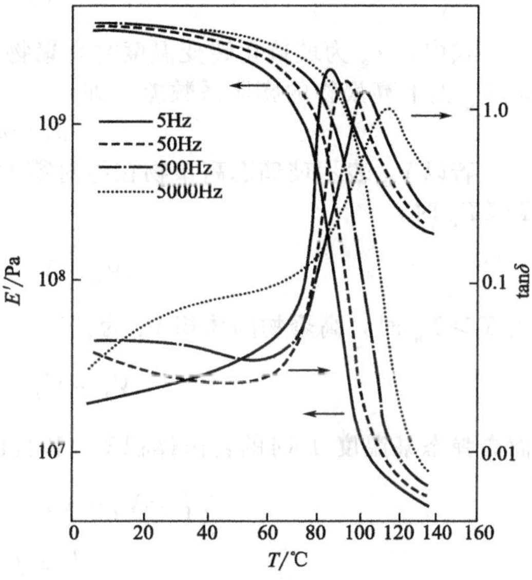

图 6-17　聚氯乙烯在不同频率下的动态力学温度谱

玻璃化转变是分子运动方式的改变。通过改变温度可以改变分子的运动方式，对应的温度为 T_g。在温度恒定的前提下，也可改变其他因素，例如压力、动态力学实验频率、分子量等使材料处于不同的力学状态，以此来衡量玻璃化转变。因此，称玻璃化转变具有多维性。

6.3.2　玻璃化转变理论

关于玻璃化转变现象解释，已经提出了许多理论，其中应用较广的是自由体积理论。此外，还有基于计算理想玻璃态熵的热力学理论和考虑玻璃化转变松弛本质的动力学理论。这里将着重介绍自由体积理论。

(1) 自由体积理论

自由体积理论最初由 Fox 和 Flory 提出。自由体积理论认为液体或固体物质，其体积由两部分组成：①分子本身占据的体积，称为占有体积；②未被占据的自由体积，包括分配在整个物质中的大小不等的“空穴”。

当高聚物冷却时，自由体积逐渐收缩，达到某一温度时，自由体积收缩到最低值，这时高聚物进入玻璃态。对任何高聚物，自由体积达到这一临界值的温度即为玻璃化转变温度。在玻璃化转变温度以下，自由体积处于冻结状态，其“空穴”的大小及分布基本保持固定，没有足够的空间供分子链段运动以及进行分子链构象的调整，链段运动也被冻结。因而高聚物的玻璃态可视为等自由体积状态。

在玻璃态，高聚物随温度升高而发生的膨胀，基本上是由分子振动幅度的增加和键长的变化而引起的，即分子占有体积的膨胀，其膨胀系数以 α_g 表示。在玻璃化转变温度以上，自由体积开始解冻而膨胀，为链段运动提供了必要的自由空间。同时，分子热运动也为链段运动提供了足够的能量。用 α_r 表示高弹态体积的膨胀系数，α_r 比 α_g 更大。T_g 上下高聚物的膨胀系数分别表示为：

$$\alpha_r = \frac{1}{V_g}\left(\frac{dV}{dT}\right)_r \tag{6-4}$$

$$\alpha_g = \frac{1}{V_g}\left(\frac{dV}{dT}\right)_g \tag{6-5}$$

式中，V_g 为玻璃化转变温度时高聚物的总体积。则 T_g 附近自由体积的膨胀系数 α_f 就是 T_g 上下高聚物的膨胀系数差，即

$$\alpha_f = \alpha_r - \alpha_g = \Delta\alpha \tag{6-6}$$

若以 V_0 表示玻璃态高聚物在绝对零度时的占有体积，V_f 表示玻璃态时的自由体积。当 $T<T_g$ 时，

$$V_g = V_f + V_0 + T_g\left(\frac{dV}{dT}\right)_g \tag{6-7}$$

当 $T>T_g$ 时，高聚物的体积 V_r 为：

$$V_r = V_g + (T - T_g)\left(\frac{dV}{dT}\right)_r \tag{6-8}$$

而高弹态某温度 T 时的自由体积 V_f^T 和自由体积分数 f_r^T 分别为：

$$V_f^T = V_f + (T - T_g)\left[\left(\frac{dV}{dT}\right)_r - \left(\frac{dV}{dT}\right)_g\right] \tag{6-9}$$

$$f_r^T = f_g + \alpha_f(T - T_g) \tag{6-10}$$

式中，f_g 是玻璃态高聚物的自由体积分数即：

$$f_g = V_f / V_g \tag{6-11}$$

Fox 和 Flory 的自由体积理论认为玻璃态时自由体积不随温度变化，且对于所有高聚物自由体积分数为同一数值。而目前关于自由体积的概念缺乏严格、一致的定义，对玻璃态时自由体积是否冻结不变也有不同看法。其中较常运用的是由 WLF 方程定义的自由体积，与 R. Simha 和 R. F. Boyer 定义的自由体积，两种定义给出了不同的 f_g 值，如图 6-18 所示。

① WLF 自由体积

WLF 方程是由 M. L. Williams，R. F. Landel 和 J. D. Ferry 提出的关于本体黏度与温度关系的一个半经验方程：

$$\lg\frac{\eta(T)}{\eta(T_g)} = -\frac{C_1(T - T_g)}{C_2 + (T - T_g)} \tag{6-12}$$

式中，$\eta(T)$ 和 $\eta(T_g)$ 分别是温度 T 和 T_g 时高聚物的黏度；C_1 和 C_2 两个经验常数近似为 17.44 和 51.6。

由描述液体的黏度与自由体积关系的 Doolittle 方程出发推导本体黏度与温度的关系如下：

Doolittle 方程为

$$\eta = A\exp\left[\frac{B(V-V_f)}{V_f}\right] \tag{6-13}$$

式中，A 和 B 是常数；V 为体系的总体积。上式取对数形式

$$\ln\eta = \ln A + B\left(\frac{1}{f}-1\right) \tag{6-14}$$

当 $T>T_g$ 时

$$\ln\eta(T) = \ln A + B\left[\frac{1}{f_g+\alpha_f(T-T_g)}-1\right] \tag{6-15}$$

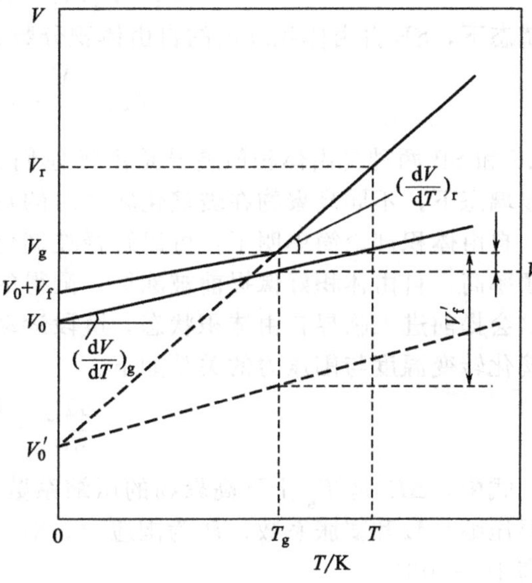

图 6-18　两种定义的自由体积

当 $T=T_g$ 时

$$\ln\eta(T_g) = \ln A + B\left(\frac{1}{f_g}-1\right) \tag{6-16}$$

式(6-15) 减去式(6-16) 得

$$\ln\frac{\eta(T)}{\eta(T_g)} = B\left[\frac{1}{f_g+\alpha_f(T-T_g)}-\frac{1}{f_g}\right] \tag{6-17}$$

将上式自然对数化成常用对数，则得

$$\lg\frac{\eta(T)}{\eta(T_g)} = -\frac{B}{2.303f_g}\left[\frac{T-T_g}{f_g/\alpha_f+(T-T_g)}\right] \tag{6-18}$$

上式与 WLF 方程式(6-12) 比较可得：

$$\frac{B}{2.303f_g}=17.44 \qquad f_g/\alpha_f=51.6$$

通常 $B\approx1$，则

$$f_g=0.025 \qquad \alpha_f=4.8\times10^{-4}/\text{度}$$

结果说明，玻璃化转变时，WLF 方程定义的高聚物的自由体积分数为 2.5%。这一理论已被一些高聚物的实验结果证实。WLF 自由体积分数与高聚物的类型无关。

② R. Simha 和 R. F，Boyer 自由体积

R. Simha 和 R. F，Boyer 认为自由体积随温度的下降而减少，如果在玻璃态自由体积不冻结，那么在绝对零度时自由体积将减少到零。将高弹态下体积与温度的线性关系外推到绝对零度时的截距，即为 $T=0$K 时高聚物的占有体积 V_0'，那么玻璃化转变时高聚物的体积 V_g 为

$$V_g=\left(\frac{dV}{dT}\right)_r T_g+V_0' \tag{6-19}$$

将上式代入方程（6-7）中，得：

$$V_f'=\left[\left(\frac{dV}{dT}\right)_r-\left(\frac{dV}{dT}\right)_g\right]T_g \tag{6-20}$$

将式(6-4) 和式(6-5) 代入式(6-20) 便得：

$$V_f'=V_g(\alpha_r-\alpha_g)T_g=V_g\alpha_f T_g \tag{6-21}$$

玻璃态下，SB 自由体积理论的自由体积分数为：

$$f_{SB}=\frac{V_f'}{V_g}=\alpha_f T_g=0.113 \tag{6-22}$$

WLF 和 SB 两种自由体积值差异是由于他们关于自由体积的定义不同引起的。但两者都认为玻璃态下，不同高聚物在玻璃化转变时的自由体积分数临界值相等或相近。

自由体积理论简单明了，可以解释玻璃化转变的许多实验事实，如冷却速度快或作用力的频率高，自由体积好像提前被冻结，测得的 T_g 值偏高；增加围压力，自由体积减小，高聚物会提前进入临界自由体积状态，链段运动受阻，可使 T_g 升高。应用自由体积理论处理玻璃化转变温度与围压力的关系如下：

$$\frac{dT_g}{dP}=\frac{K_f}{\alpha_f}=\frac{\Delta K}{\Delta\alpha} \tag{6-23}$$

式中，ΔK 是 T_g 上下高聚物的压缩系数差；K_f 和 α_f 分别是玻璃化转变时自由体积的等温压缩系数和膨胀系数；P 为围应力。对一些高聚物的研究表明，压力增加 100MPa，T_g 提高 15～50℃。

自由体积理论对玻璃化转变现象的描述基本较成功，但也存在一些不足。例如，随着冷却速度的不同，高聚物的 T_g 并不一样，T_g 时的比容积也不一样，自由体积分数实际上并不相等；实验观察到淬火后的聚醋酸乙烯酯在恒温放置时，其体积随着放置时间的延长而不断减小，这表明自由体积并没有完全冻结，实际上 T_g 以下自由体积仍然会变。自由体积理论的不足之处就在于其提出的模型是一种静态模型，没有考虑自由体积收缩或膨胀的时间依赖性。

（2）热力学理论

热力学研究指出相转变过程中 Gibbs 自由能是连续的，而与自由能的导数有关的性质则发生不连续的变化。以温度和压力作为变量，与自由能的一阶偏导数有关的性质如体积、焓及熵在晶体熔融和液体蒸发过程中发生突变，这类相转变称为一级转变。与 Gibbs 自由能的二阶偏导数有关的性质显示不连续的相转变称为二级转变。例如液氦在 2.2K 时的转变、铁磁性物质在居里点的有序－无序转变即属于二级转变。

按照上述定义，二级转变时恒压比热容 C_p、体膨胀系数 α 和压缩系数 K 将发生不连续变化。

$$\left(\frac{\partial^2 F}{\partial T^2}\right)_P=\left(\frac{\partial S}{\partial T}\right)_P=\frac{C_p}{T} \tag{6-24}$$

$$\left[\frac{\partial}{\partial T}\times\left(\frac{\partial F}{\partial P}\right)_T\right]_P=\left(\frac{\partial V}{\partial T}\right)_P=\alpha V \tag{6-25}$$

$$\left(\frac{\partial^2 F}{\partial P^2}\right)_T=\left(\frac{\partial V}{\partial P}\right)_T=-KV \tag{6-26}$$

非晶态高聚物在玻璃化转变时，由于接近玻璃化转变时体系的黏度很大，分子链段运动十分缓慢，体积松弛和构象重排在实验的时间标尺已不可能实现，体系很难达到真正的热力学平衡状态，因而出现 C_p、α 和 K 的不连续变化，而其体积、焓及熵是连续变化的。这些现象恰好与二级转变相似，因而在早期的研究文献中，玻璃化转变常被看作二级转变，T_g 被误称为二级转变点。

二级转变作为热力学转变，其转变温度仅取决于热力学的平衡条件，与加热速度和测量方法应无关系。实际玻璃化转变的测量过程中，转变温度强烈地依赖于温度的变化速度和测试方法，例如升温或降温速度快，测得的高聚物的玻璃化转变温度 T_g 较高，反之则较低。因此，实验观察到的玻璃化转变过程并不是真正的二级转变，而是高分子链段运动的一种松弛过程。在玻璃态下高聚物体积仍在继续收缩，构象重排仍在继续进行，材料并没有达到新的热力学平衡状态。欲使高聚物体系达到热力学平衡，在温度较低时需要无限缓慢的变温速率和无限长的测试时间，这在有限的实验时间标尺下是做不到的。

W. Kauzmann 将玻璃状物质的构象熵外推到低温，发现在温度到达绝对零度前，熵已经变为零，当外推至 0K 时，便会得到负熵。由此 Kauzmann 认为玻璃态不是平衡态，在外推熵到达零之前的某一温度，玻璃态将转变为平衡状态的结晶，从而否定了热力学二级转变的存在。

J. H. Gibbs 和 E. A. DiMarzio 对 Kauzmann 观察到的现象提出了另一种解释。他们认为，在 0K 以上存在一个真正的二级转变温度 T_2，这时高聚物发生热力学二级转变，平衡构象熵变为零，链构象不再发生变化，只有一种能量最低的构象存在。在 T_2 到 0K 之间，构象熵不再改变，恒等于零。

T_2 对应的是分子链由多种构象状态到能量最低的统一构象状态的转变。为保证所有的高分子链都转变成最低能态的构象，在 T_2 时观察到真正的二级转变，实验必须进行得无限慢，而这很难实现。但是，可以通过 WLF 方程估算热力学二级转变温度 T_2。当取 T_g 作为参考温度时，式(6-12) 可表示为：

$$\lg a_T=\lg\left(\frac{\tau}{\tau_g}\right)=-\frac{17.44(T-T_g)}{51.6+(T-T_g)} \tag{6-27}$$

式中，a_T 称为移动因子；τ_g 是温度为 T_g 的松弛时间。$T=T_2$ 时，构象重排需要无限长的时间，即 $\tau=\tau_2\to\infty$。显然，为满足上述条件，必须

$$51.6+T_2-T_g=0$$

即

$$T_2\approx T_g-52 \tag{6-28}$$

在一个进行得无限慢的实验中，可以在 T_g 以下约 50℃处观察到二级相转变。

由于在正常实验条件下观察到的玻璃化转变现象和 T_2 时的二级转变非常相似，理论得到的关于 T_2 的结果往往适用于 T_g。因而，二级热力学转变理论可成功地解释玻璃化转变现象，说明玻璃化转变行为与交联密度，增塑、共聚和分子量的关系，解释压力对 T_2 和 T_g 的影响。

(3) 动力学理论

玻璃化转变的自由体积理论没有考虑自由体积的膨胀或收缩的时间依赖性。热力学理论考虑平衡态构象的变化，也不涉及到达平衡状态的时间问题。玻璃化转变时高聚物始终处于非平衡状态，具有明显的动力学性质，T_g 与实验的时间标尺（如升降速度和动态实验时所用的频率等）有关，因此有人指出，玻璃化转变是由动力学方面的原因引起的。

最初的动力学理论认为：当高聚物冷却时，链段的热运动降低，同时由于链段运动具有松弛特性，在降温的过程中，当构象重排远远跟不上降温速度时，这种运动就被冻结，因此出现玻璃化转变。

动力学理论的另一类型是位垒理论，认为大分子链构象重排时，主链单键内旋转需克服一定的位垒。当温度在 T_g 以上时，分子运动有足够的能量去克服位垒，达到平衡。但温度降低时，分子热运动的能量不足以克服位垒，于是便发生分子运动的冻结。

此外，A. J. Kovacs 采用单有序参数模型定量地处理玻璃化转变的体积收缩过程。由于它只包含一个推迟时间，不符合高聚物分子运动的真实情况。为此，Aklonis 和 Kovacs 提

出了多有序参数模型，建立了体积与松弛时间的联系。Kovacs 认为，非平衡状态的体积与平衡状态的体积之间存在偏差，玻璃化转变过程体系的体积与松弛过程或时间有关。随着时间延长，体积偏差减小，并逐渐趋于平衡态体积。由于高分子材料的推迟时间一般较长，玻璃化转变的非平衡态特征非常明显。

玻璃化转变的各种理论从不同角度出发解释玻璃化转变现象。热力学理论虽然取得了不少成就，但很难说明玻璃化转变时复杂的时间依赖性。动力学理论虽然能解释许多玻璃化转变的松弛现象，但无法从分子结构来预示 T_g。建立更为完善的兼顾这两个方面的玻璃化转变理论还有待于进一步研究。

6.3.3 影响玻璃化转变温度的因素

玻璃化转变对应高分子链段运动的“冻结”或“解冻”过程，链段运动通过主链的单键内旋转来实现。因此，凡是能影响高分子链柔性的因素，都对 T_g 有影响。影响玻璃化转变温度的因素主要有高分子链的结构，包括主链结构、侧基结构及链间物理化学相互作用、高聚物的分子量；增塑、共聚及共混；作用力的方式、大小及实验速率。

6.3.3.1 化学结构对 T_g 的影响

(1) 主链结构

① 饱和单键构成的高分子一般 T_g 不高。高分子链的柔顺性来源于主链单键的内旋转，单键内旋转位垒较小的高聚物的 T_g 较低。例如：含—C—C—的聚乙烯的 T_g 为－68℃；含—C—O—聚甲醛为－83℃，含醚键的聚酯一般 T_g 也较低。含键长更大的—Si—O—的聚二甲基硅氧烷的 T_g 为－123℃，因而硅橡胶是著名的使用温度很广的耐寒橡胶。

如果没有极性侧基取代则其 T_g 就更低。

② 主链含孤立双键或三键的高聚物 T_g 都比较低。虽然双键或三键本身不能旋转，但其旁边的 α 单键由于空阻较小更容易旋转，所以，天然橡胶和许多合成橡胶分子都属于这种结构。天然橡胶的 T_g＝－73℃，聚丁二烯的 T_g＝－95℃。

双键的存在导致顺反异构现象，顺式构型的链柔顺性较好，故比反式构型的高聚物的 T_g 低，例如顺式 1,4-聚丁二烯的 T_g 为－108℃，反式 1,4-聚丁二烯的 T_g 为－83℃；顺式 1,4-聚异戊二烯的 T_g 为－73℃，反式 1,4-聚异戊二烯的 T_g 为－60℃。

③ 含有共轭双键的高聚物如聚乙炔（—C═C—C═C—C═C—），由于分子链不能内旋转，所以呈现极大的刚性，T_g 很高。

④ 主链含苯基、联苯基、萘基等芳杂环的高聚物 T_g 较高。由于主链可以内旋转的单键比例相对减少，分子链刚性增大有利于 T_g 的提高。芳香族聚酯、聚碳酸酯、聚酰胺、聚砜和聚苯醚等的 T_g 都比相应的脂肪族高聚物高得多。

(2) 侧基结构

侧基的柔顺性、极性、体积或空间位阻以及对称性影响高聚物的 T_g。

柔顺性侧基的存在相当于对高聚物起了增塑作用，柔顺性侧基越大，高聚物的 T_g 下降越多，如表 6-2 聚甲基丙烯酸酯类的侧基增大使 T_g 下降。

表 6-2 聚甲基丙烯酸酯中正酯基碳原子数 n 对 T_g 的影响

n	1	2	3	4	6	8	12	18
T_g/℃	105	65	35	21	−5	−20	−65	−100

刚性侧基则应该从空间位阻效应考虑，取代基位阻增加，分子链内旋转受阻程度增加，T_g 将升高。如下列聚 α-取代烯烃的 T_g 随着取代基的体积增大而提高。

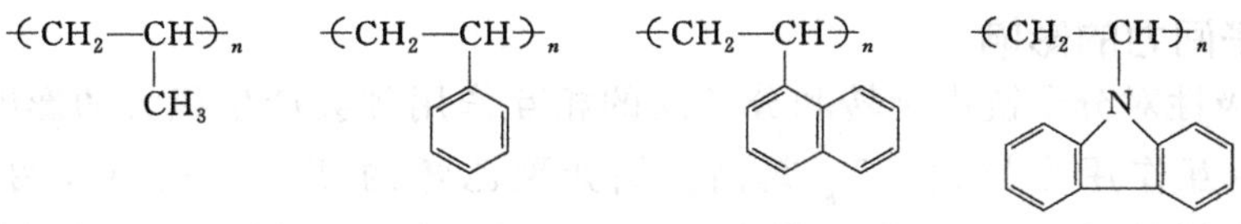

$T_g=-20℃$　　$T_g=100℃$　　$T_g=162℃$　　$T_g=208℃$

多取代高聚物还需考虑取代基的对称性。1,1-二取代的烯类高聚物中有两种情况：

① 侧基在主链的季碳原子上作不对称取代，其空间位阻增加，T_g 将提高。例如聚甲基丙烯酸甲酯的 T_g 比聚丙烯酸甲酯高，聚 α-甲基苯乙烯比聚苯乙烯高。

② 侧基在季碳原子上作对称双取代，则主链极性减小，内旋转位垒反而比单取代降低，分子链柔的动态柔顺性较好，因而 T_g 下降。例如聚异丁烯的 $T_g=-70℃$ 比聚丙烯（$T_g=-10℃$）低，聚偏二氟乙烯（$T_g=-40℃$）比聚氟乙烯（$T_g=40℃$）低，聚偏二氯乙烯（$T_g=-17℃$）比聚氯乙烯（$T_g=87℃$）低。

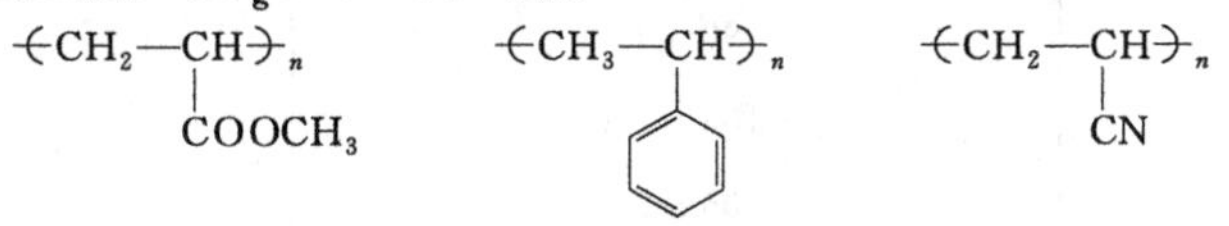

$T_g=3℃$　　$T_g=100℃$　　$T_g=104℃$

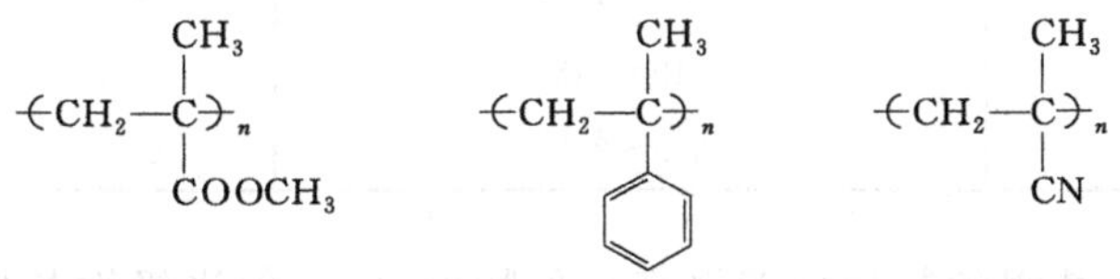

$T_g=115℃$　　$T_g=192℃$　　$T_g-120℃$

(3) 构型的影响

不同构型的高聚物如果其分子链排列紧密程度差别很大，则对玻璃化转变温度有影响。通常，乙烯烃类高聚物中，单取代物的构型对玻璃化转变温度的影响很小，如聚丙烯酸酯，聚苯乙烯及聚丙烯都有类似情况。而非对称双取代高聚物的不同构型对玻璃化转变温度影响很大，如表 6-3 所示。通常，非对称双取代物，间同立构的分子链排列紧密，链段运动能力下降，T_g 提高。例如，全同立构的聚甲基丙烯酸甲酯呈松散螺旋构象，其 T_g 为 43℃，而间同立构的择优构象为平面弯折链构象，其 T_g 可达 115℃。

表 6-3　等规立构对聚丙烯酸酯及聚甲基丙烯酸酯的玻璃化转变温度的影响

侧链	T_g/℃				
	聚丙烯酸酯		聚甲基丙烯酸酯		
	全同	间同为主	全同	间同为主	100%间同
甲基	10	8	43	105	160
乙基	−25	−24	8	65	120
正丙基		−44		35	
异丙基	−11	−6	27	81	139
正丁基		−49	−24	20	88
异丁基		−24	8	53	120
2-丁基	−23	−22		60	
环己基	12	19	51	104	163

注：W. G. Barb，*J. Polym. Sci.*，1957，37：515.

6.3.3.2 分子间力的影响

① 侧基的极性对分子链内旋转和分子间的相互作用都会产生很大的影响。侧基的极性越强，分子间相互作用力越大，T_g 越高。例如聚乙烯的 $T_g=-68℃$，引入弱极性基团 $—CH_3$ 后，聚丙烯的 $T_g=-20℃$，引入—Cl，—OH 后，聚氯乙烯和聚乙烯醇的 T_g 升高到 80℃以上，引入强极性基团—CN 后，聚丙烯腈的 T_g 超过 100℃。表 6-4 列出对位取代聚苯乙烯的 T_g 值，取代基极性越高，T_g 值越大。

表 6-4 对位取代聚苯乙烯的 T_g 值与取代基极性的关系

取代基	T_g/℃	取代基的偶极矩/$\times10^{-18}$
—H	100～105	
$—CH_3$	80～85	0.4
$—OCH_3$	90～95	1.25
—Cl	105～110	1.58
—COOH	105～120	1.64
—F	115～122	1.48
$—OC_6H_5$	140～145	
—CN	200～225	4.39

增加分子链上极性基团的数量也能提高高聚物的 T_g，但当极性基的数量超过一定值后，由于极性基团间的静电排斥力超过吸引力，反而导致分子链间距离增大，T_g 下降。如表 6-5 所示。

表 6-5 氯化聚氯乙烯的 T_g 与含氯量的关系

含氯量/%	61.9	62.3	63.0	63.8	64.4	66.8
T_g/℃	75	76	80	81	72	70

② 分子间氢键可使 T_g 显著升高。如聚己二酸己二醇酯的 $T_g=-69℃$ 与尼龙-66（$T_g=47℃$）的 T_g 相差 116℃，主要由于聚酰胺分子间氢键的存在。虽然聚丙烯酸的侧基—COOH 的极性低于—Cl，但由于其侧基氢键的形成，其 T_g 达到 104℃，高于聚氯乙烯（$T_g=87℃$）。

③ 含离子高聚物的离子键使 T_g 提高。例如聚丙烯酸中加入金属离子可大幅度提高 T_g。当加入 Na^+，T_g 从 106℃提高到 280℃，加入 Cu^{2+}，T_g 提高到 500℃。含离子基团小于 15%（摩尔分数）的离聚物的 T_g 值也由于少量离子基团的引入而使得 T_g 有不同程度的提高。

表 6-6 列出了一些常见高聚物的玻璃化转变温度。

表 6-6 一些常见高聚物的玻璃化转变温度

高聚物	重复单元	T_g/℃
聚乙烯	$—CH_2—CH_2—$	−68(−120)
聚丙烯(全同) (无规)	$—CH_2—CH(CH_3)—$	−10 −20

续表

高聚物	重复单元	T_g/℃
聚异丁烯	$-CH_2-C(CH_3)_2-$	−70(−73)
聚异戊二烯(顺式)	$-CH_2-C(CH_3)=CH-CH_2-$	−73
聚异戊二烯(反式)	$-CH_2-C(CH_3)=CH-CH_2-$	−60(−58)
顺-1,4-聚丁二烯	$-CH_2-CH=CH-CH_2-$	−108(−95)
反-1,4-聚丁二烯	$-CH_2-CH=CH-CH_2-$	−83(−18)
1,2-聚丁二烯(全同)	$-CH_2-CH(CH=CH_2)-$	−4
聚 1-丁烯	$-CH_2-CH(CH_2-CH_3)-$	−25
聚 1-戊烯	$-CH_2-CH(CH_2-CH_2-CH_3)-$	−40
聚 1-己烯	$-CH_2-CH(CH_2-CH_2-CH_2-CH_3)-$	−50
聚 1-辛烯	$-CH_2-CH(CH_2-(CH_2)_4-CH_3)-$	−65
聚 1-十二烯	$-CH_2-CH(CH_2-(CH_2)_8-CH_3)-$	−70
聚 4-甲基-1-戊烯	$-CH_2-CH(CH_2-CH(CH_3)-CH_3)-$	29
聚甲醛	$-CH_3-O-$	−83(−50)
聚氧化乙烯	$-CH_2-CH_2-O-$	−66(−53)
聚甲基乙烯基醚	$-CH_2-CH(O-CH_3)-$	−13(−20)
聚乙基乙烯基醚	$-CH_2-CH(O-CH_2-CH_3)-$	−25(−42)
聚正丁基乙烯基醚	$-CH_2-CH(O-CH_2-CH_2-CH_2-CH_3)-$	−52(−55)
聚异丁基乙烯基醚	$-CH_2-CH(O-CH_2-CH(CH_3)-CH_3)-$	−27(−18)

续表

高聚物	重复单元	T_g/℃
聚乙烯基叔丁基醚	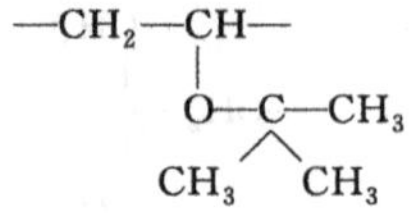	88
聚二甲基硅氧烷	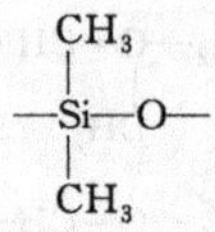	−123
聚苯乙烯(无规)	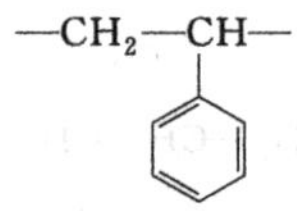	100(105)
聚苯乙烯(全同)	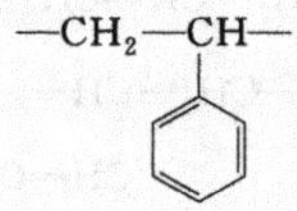	100
聚 α-甲基苯乙烯	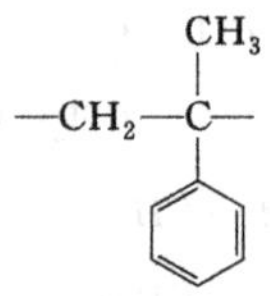	192(180)
聚邻甲基苯乙烯	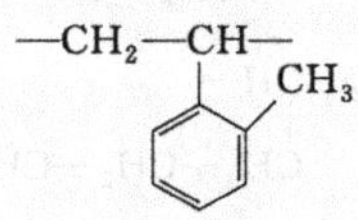	119(125)
聚间甲基苯乙烯	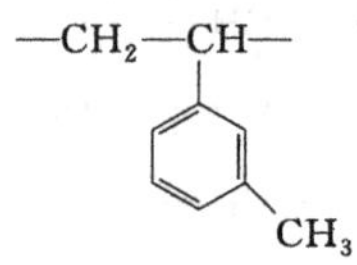	72(82)
聚对甲基苯乙烯	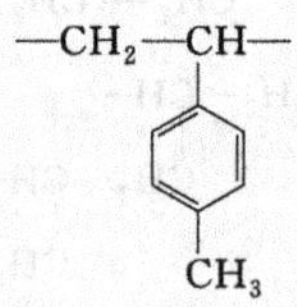	110(126)
聚对苯基苯乙烯	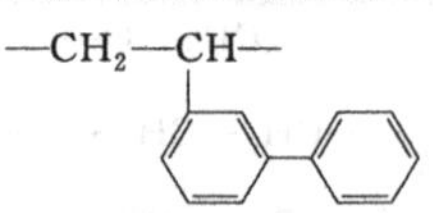	138(145)
聚对氯苯乙烯	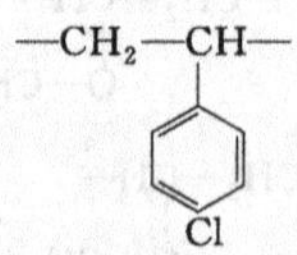	128
聚 2,5-二氯苯乙烯	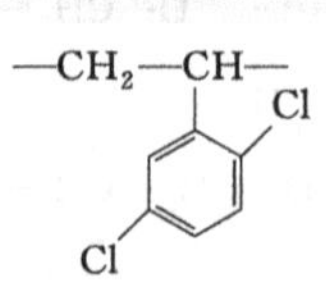	130(115)
聚 α-乙烯基萘	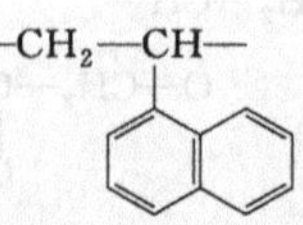	162

续表

高聚物	重复单元	T_g/℃
聚丙烯酸甲酯	$-CH_2-CH(COOCH_3)-$	3(6)
聚丙烯酸乙酯	$-CH_2-CH(COOCH_2-CH_3)-$	−24
聚丙烯酸丁酯	$-CH_2-CH(COOCH_2-CH_2-CH_2-CH_3)-$	−56
聚丙烯酸	$-CH_2-CH(COOH)-$	106(97)
聚丙烯酸锌	$-CH_2-CH(COOZn)-$	>300
聚甲基丙烯酸甲酯(无规)	$-CH_2-C(CH_3)(COOCH_3)-$	105
聚甲基丙烯酸甲酯(间同)	$-CH_2-C(CH_3)(COOCH_3)-$	115(105)
聚甲基丙烯酸甲酯(全同)	$-CH_2-C(CH_3)(COOCH_3)-$	45(55)
聚甲基丙烯酸乙酯	$-CH_2-C(CH_3)(COOCH_2-CH_3)-$	65
聚甲基丙烯酸正丙酯	$-CH_2-C(CH_3)(COOCH_2-CH_2-CH_3)-$	35
聚甲基丙烯酸正丁酯	$-CH_2-C(CH_3)(COOCH_2-(CH_2)_2-CH_3)-$	21
聚甲基丙烯酸正己酯	$-CH_2-C(CH_3)(COOCH_2-(CH_2)_4-CH_3)-$	−5
聚甲基丙烯酸正辛酯	$-CH_2-C(CH_3)(COOCH_2-(CH_2)_6-CH_3)-$	−20
聚氟乙烯	$-CH_2-CH(F)-$	−20(40)

续表

高聚物	重复单元	T_g/℃
聚氯乙烯	$-CH_2-CH(Cl)-$	87(81)
聚偏二氟乙烯	$-CH_2-CF_2-$	−40(−46)
聚偏二氯乙烯	$-CH_2-CCl_2-$	−19(−17)
1,2-聚二氯乙烯	$-CH(Cl)-CH(Cl)-$	145
聚氯丁二烯	$-CH_2-C(Cl)=CH-CH_2-$	−50
聚三氟氯乙烯	$-CF_2-CF(Cl)-$	45
聚四氟乙烯	$-CF_2-CF_2-$	−65
聚全氟丙烯	$-CF_2-CF(CF_3)-$	11
聚丙烯腈(间同)	$-CH_2-CH(CN)-$	104(130)
聚甲基丙烯腈	$-CH_2-C(CH_3)(CN)-$	120
聚乙酸乙烯酯	$-CH_2-CH(OCOCH_2)-$	28
聚乙烯咔唑	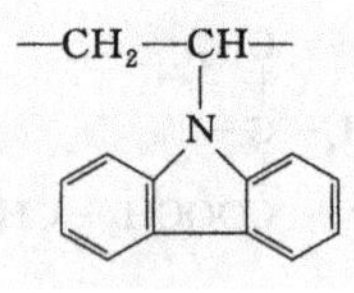	208
聚乙烯醇	$-CH_2-CH(OH)-$	85
聚乙烯醇缩甲醛	$-CH_2-CH(CHO)-$	105
聚乙烯基丁醛	$-CH_2-CH(CH_2-CH_2-CH_2-CHO)-$	49(59)
三醋酸纤维素	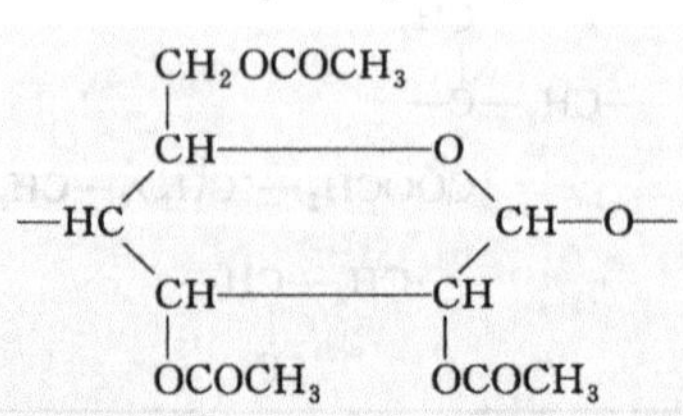	105

续表

高聚物	重复单元	T_g/℃
乙基纤维素	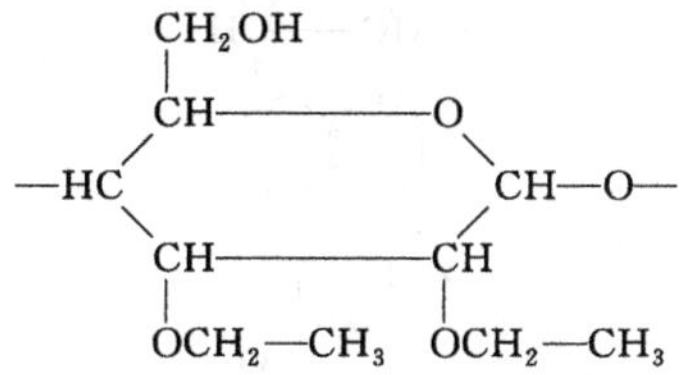	43
三硝酸纤维素	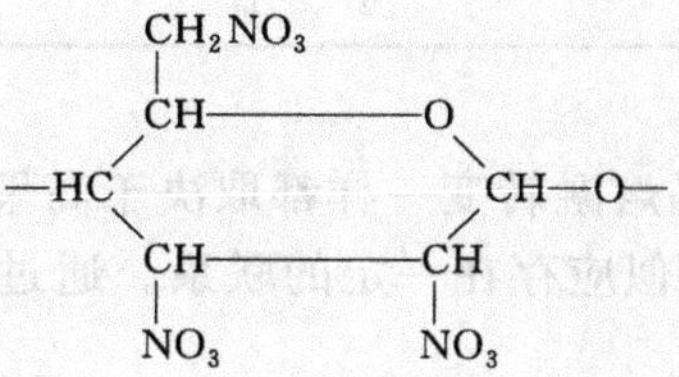	53
聚碳酸酯	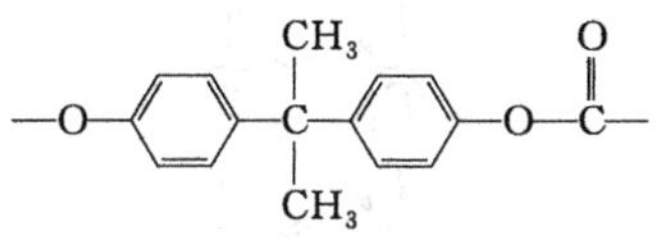	150
聚己二酸乙二酯	$—O(CH_2)_2OCO—(CH_2)_4—CO—$	−70
聚辛二酸丁二酯	$—O—(CO_2)_4—OCO—(CH_2)_6CO$	−57
聚对苯二甲酸乙二酯	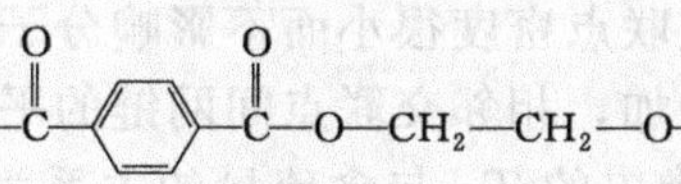	69
聚对苯二甲酸丁二酯	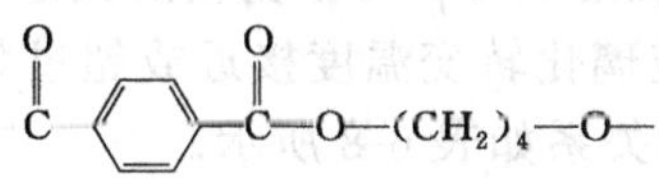	40
尼龙-6	$—NH—(CH_2)_5—CO—$	50(40)
尼龙-10	$—NH—(CH_2)_9CO—$	42
尼龙-11	$—NH(CH_2)_{10}CO—$	43(45)
尼龙-12	$—NH(CH_2)_{11}CO—$	42
尼龙-66	$—NH(CH_2)_6NHCO(CH_2)_4CO—$	50(57)
尼龙-610	$—NH(CH_2)_6NHCO(CH_2)_8CO—$	40(44)
聚苯醚	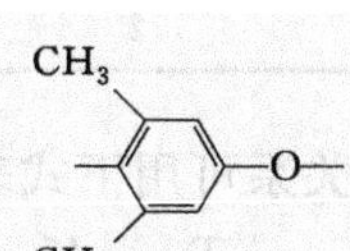	220(210)
聚氯醚	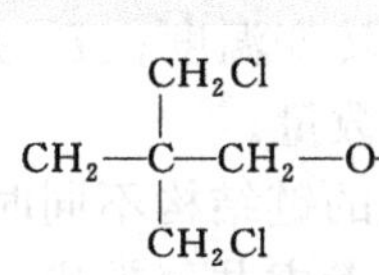	10
聚乙烯基吡啶	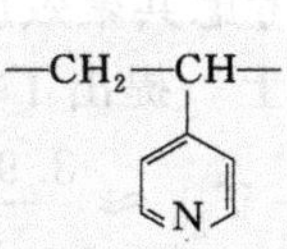	8

续表

高聚物	重复单元	T_g/℃
聚苊烯	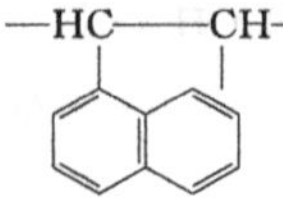	264(321)
聚乙烯基吡咯酮	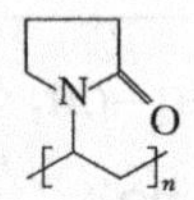	175

注：括号中的数据文献上也有报道。

高聚物的玻璃化转变和结晶熔融转变一样都取决于高聚物的化学结构，因此同一高聚物的两个特征温度 T_g 与 T_m 之间似应存在一定的联系。通过以下关系式，可由高聚物 T_m 推测其 T_g 值。

链结构对称的高聚物
$$\frac{T_g}{T_m} \approx \frac{1}{2} \tag{6-29}$$

不对称的高聚物
$$\frac{T_g}{T_m} \approx \frac{2}{3} \tag{6-30}$$

式(6-29) 和式(6-30) 中 T_m 和 T_g 都用绝对温标计算。

6.3.3.3 交联

一般来说，轻度交联由于交联点密度很小而不影响分子链段的运动，对玻璃化转变温度影响很小。随着交联点密度的增加，相邻交联点间网链的平均链长变小，链段运动受束程度增加，T_g 逐渐提高。以表 6-7 橡皮的 T_g 与含硫量的关系为例，当交联度增加到一定值时，体系由网形转变成体形结构，玻璃化转变温度接近或超过分解温度。二乙烯基苯与苯乙烯共聚物的 T_g 与二乙烯基苯含量的关系如表 6-8 所示。

表 6-7 橡皮的 T_g 与 S 含量的关系

S 含量/%	0	0.25	10	20	>30
T_g/℃	−65	−64	−40	−24	硬橡皮

表 6-8 二乙烯基苯与苯乙烯共聚物的 T_g 与二乙烯基苯含量的关系

二乙烯基苯的含量/%	0	0.6	0.8	1.0	1.5
共聚物的 T_g/℃	87	89.5	92	94.5	97
交联点间平均链节数		172	101	92	58

交联高聚物的 T_g 与交联度之间的关系可用下式表示：

$$T_{gx} = T_g + K_x \rho_x \tag{6-31}$$

式中，T_{gx} 是交联高聚物的玻璃化转变温度；T_g 是未交联的高聚物的玻璃化转变温度；K_x 为一常数；ρ_x 为单位质量的交联链数量。

当交联剂的化学结构与高聚物主链的链结构不同时，交联产物的化学组成随交联的增加而变化。因此，除了交联效应外，还应考虑共聚效应。共聚效应可使 T_g 升高或降低。尼尔生（Nielsen）在归纳了文献数据的基础上，提出了如下经验关系式：

$$T_{gx} - T_{g0} \approx \frac{3.9 \times 10^4}{M_c} \tag{6-32}$$

式中，M_c 是交联点间网链的数均分子量；T_{g0} 为具有与交联高聚物相同化学组成的未交联高聚物的玻璃化转变温度。

6.3.3.4 分子量

随着分子量的增加，T_g 逐渐增加，特别是当分子量较低时，这种影响更为明显。当分子量超过一定程度以后，T_g 随分子量的增加就不明显了，如图 6-19 所示。以 T_g 对数均分子量的倒数作图可得一直线，表示为：

$$T_g = T_{g(\infty)} - \frac{K}{\overline{M}_n} \tag{6-33}$$

式中，$T_{g(\infty)}$ 是分子量为无限大时高聚物的玻璃化转变温度；K 是每一个高聚物的特征常数。

分子量对 T_g 的影响可归结为端基效应，处于分子链末端的链段比中间的链段受到的限制要小，活动能力更大，或者说末端链段周围的自由体积比链中间的大。分子量的降低使端基的相对含量增加，自由体积增大则 T_g 降低，因此 T_g 随分子量的增加而上升，当分子量增大到一定程度后，链端链段的影响可以忽略，T_g 与分子量也就无关。

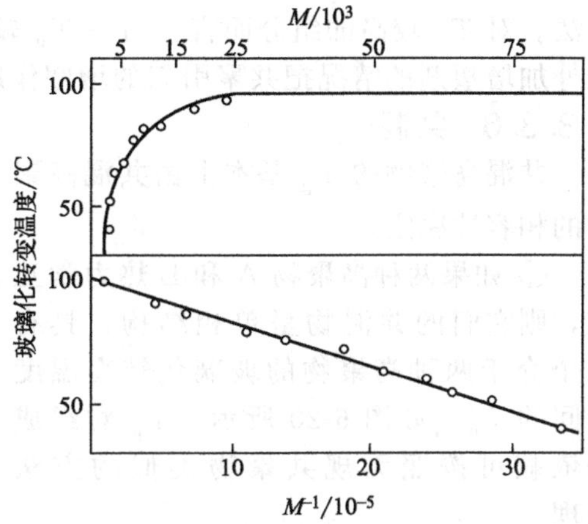

图 6-19　聚苯乙烯的 T_g 与分子量的关系

6.3.3.5 共聚

(1) 无规共聚物的 T_g 受共聚单体性质及其相对含量的影响，由于各组分的序列长度都很短，因此只能有一个 T_g，介于两种共聚组分单体的均聚物的 T_g 之间，随着共聚物组成的变化呈线性或非线性的变化。这里介绍几种描述共聚物 T_g 与组分均聚物 T_g 关系的比较常用的经验或半经验关系式。

① Gordon 和 Taylor 将非晶无规共聚物视为均一的混合物，通过自由体积理论推导出描述共聚物玻璃化转变温度与组成关系的 Gordon-Taylor 方程式

$$T_g = \frac{T_{gA} + (KT_{gB} - T_{gA})w_B}{1 + (K-1)w_B} \tag{6-34}$$

式中，$K = K_A/K_B$，K_A 和 K_B 分别为组分 A 和 B 的特征常数；w_A 和 w_B 分别为组分 A 和 B 的质量分数。

② Fox 方程，形式简单，应用广泛

$$\frac{1}{T_g} = \frac{w_A}{T_{gA}} + \frac{w_B}{T_{gB}} \tag{6-35}$$

③ Mandelkern 方程

$$\frac{1}{T_g} = \frac{1}{w_A + Rw_B}\left(\frac{w_A}{T_{gA}} + \frac{w_B R}{T_{gB}}\right) \tag{6-36}$$

式中，R 是共聚物的一个特征常数。

④ 从热力学理论挠曲能的加和性出发得到的 T_g 与共聚组成的关系

$$T_g = X_A T_{gA} + X_B T_{gB} \tag{6-37}$$

式中，T_{gA} 和 T_{gB} 分别是组分 A 和 B 的均聚物的 T_g；X_A 和 X_B 分别是组分 A 和 B 的摩尔分数。

(2) 交替共聚物可以看作是 A、B 两种单体组成为一个单体单元 AB 的均聚物，因此只

有一个自身特征的 T_g。

(3) 接枝和嵌段共聚物是存在一个或两个 T_g，则取决于两组分的相容性。当两组分能够达到热力学相容时，则可形成均相材料，只有一个 T_g；若不能相容，则发生相分离，形成两相体系，各相有一个 T_g，其值接近但又不完全等于各组分均聚物的 T_g。

嵌段共聚物的嵌段数目和嵌段长度，接枝共聚物的接枝密度和支链长度，以及组分的比例，都对组分的相容性有影响，因而也对 T_g 有影响。显然，无规共聚是连续改变 T_g 的好方法。对 T_g 较高的组分而言，另一 T_g 较低组分的引入，其作用与增塑相似，因此，相对于外加增塑剂的情况把共聚引起的增塑作用称作内增塑作用。

6.3.3.6 共混

共混高聚物的 T_g 基本上由共混高聚物的相容性决定。

① 如果两种高聚物 A 和 B 热力学互容，则它们的共混物呈单相结构，具有一个介于两种高聚物的玻璃化转变温度之间的 T_g，如图 6-20 所示。T_g 对组成的依赖可按照无规共聚物类似的方法处理。

② 如果两种高聚物是部分相容的，体系中将存在富 A 相和富 B 相，这时存在两个 T_g，分别对应富 A 相和富 B 相的玻璃化转变，两个 T_g 的数值与均聚物相比彼此更为靠近。

③ 不相容的共混体系表现出两个 T_g，分别对应于两种高聚物各自的玻璃化转变温度。玻璃化转变温度常常被采用来表征共混高聚物的相容性。

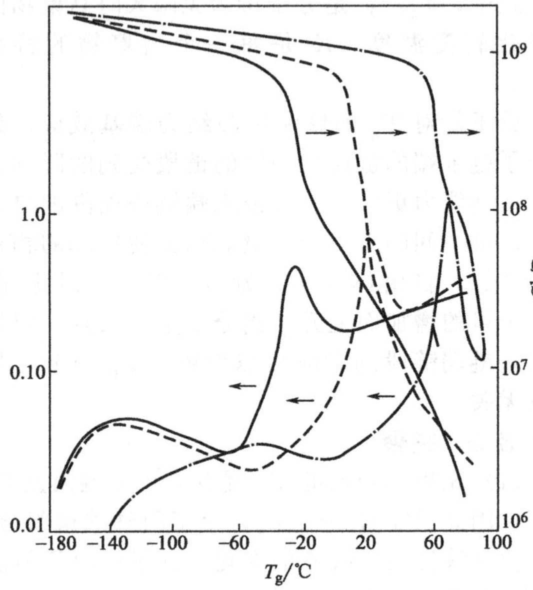

图 6-20 力学损耗和剪切模量与温度的关系

—— 乙烯/丙烯酸乙酯/一氧化碳三聚物 (71.8/10.5/17.7)

---- 三聚物与聚氯乙烯 (50/50)

—·— 聚氯乙烯

6.3.3.7 增塑

增塑剂的加入对 T_g 的影响相当显著。玻璃化转变温度较高的高聚物，在加入增塑剂以后，可以使 T_g 明显地下降。目前在聚氯乙烯制品生产中就大量添加增塑剂，目的之一是为了降低 T_g，使其便于在较低温度下加工而避免分解，同时也是为了使制品能够满足各种不同的使用要求。由表 6-9 数据可以看出，纯的聚氯乙烯 $T_g=78℃$，在室温下是硬性塑料，加入 45%的增塑剂后，$T_g=-30℃$，可作为橡胶代用品。聚氯乙烯常用的增塑剂一般是分子量较大的酯类化合物，例如苯二甲酸二丁酯、苯二甲酸二辛酯，癸二酸二辛酯，磷酸三苯酯、磷酸三甲酚酯等。

表 6-9 邻苯二甲酸二辛酯对聚氯乙烯 T_g 的影响

增塑剂含量/%	0	10	20	30	40	45
聚氯乙烯的 T_g/℃	78	50	29	3	−16	−30

增塑剂加入屏蔽了聚氯乙烯分子之间—Cl 与—Cl 的相互作用，结果使分子链间物理交联点减少，聚氯乙烯 T_g 下降；此外，增塑剂的分子比聚氯乙烯分子小得多，它们的活动比较容易，可以很方便地提供链段活动时所需要的空间。

可用与无规共聚物相似的处理方法估算增塑体系的 T_g 值。如果高聚物和增塑剂贡献的自由体积具有加和性，则增塑体系 T_g 表示为

$$\frac{1}{T_g}=\frac{W_d}{T_{gd}}+\frac{W_p}{T_{gp}} \tag{6-38}$$

下标 d 和 p 分别表示增塑剂和高聚物；W 为质量分数。

共聚作用的突出特点是改变高聚物分子链的化学结构，而增塑作用则主要改变高聚物分子链间的相互作用。实验证明，共聚作用在降低熔点方面比增塑作用更为有效，而增塑作用在降低玻璃化转变温度方面比共聚作用更为有效。

6.3.3.8 结晶

通常高聚物以非晶或半结晶形态存在。结晶高聚物当其晶相不构成连续相时，离晶相较远的非晶相部分有一个相对独立的 T_g，而与晶相靠近的近晶区或片晶间的非晶区则存在另一个 T_g，由于受结晶相的限制而使其玻璃化转变温度提高，使得结晶高聚物表现出双重玻璃化转变温度。例如非晶 PET 在 120℃结晶一段时间后，其动态力学温度谱在 70℃附近的弛豫峰对应“自由”非晶区的链段玻璃化转变运动，而在 80～100℃的弛豫峰对应片晶间非晶区的玻璃化转变运动。

6.3.3.9 高聚物超薄膜

近十几年来，受限态高分子的玻璃化转变受到了越来越多研究者的关注，特别是对于空间受限（纳米级）的高分子超薄膜，更是成为高分子物理研究领域的一个热点。将聚苯乙烯超薄膜铺在氢钝化的硅表面，经椭圆偏光法测量薄膜的玻璃化转变温度。实验结果表明，当薄膜厚度小于 40nm 时，所测 T_g 值比本体 T_g 值低几十度，且 T_g 随薄膜厚度降低而减小。研究认为纳米尺度的自由表面作用降低了体密度，提高了高分子链的运动能力，从而降低了高聚物超薄膜的玻璃化转变温度。对于无支撑的聚苯乙烯超薄膜和聚甲基丙烯酸甲酯超薄膜，其玻璃化转变温度同样比本体降低的几十度，如图 6-21 所示。超薄膜与基底相互作用，薄膜厚度以及超薄膜的自由表面对其玻璃化转变有着重要的影响。至今，关于空间受限的高分子超薄膜的玻璃化转变温度和膜厚的关系仍然在研究探索中。

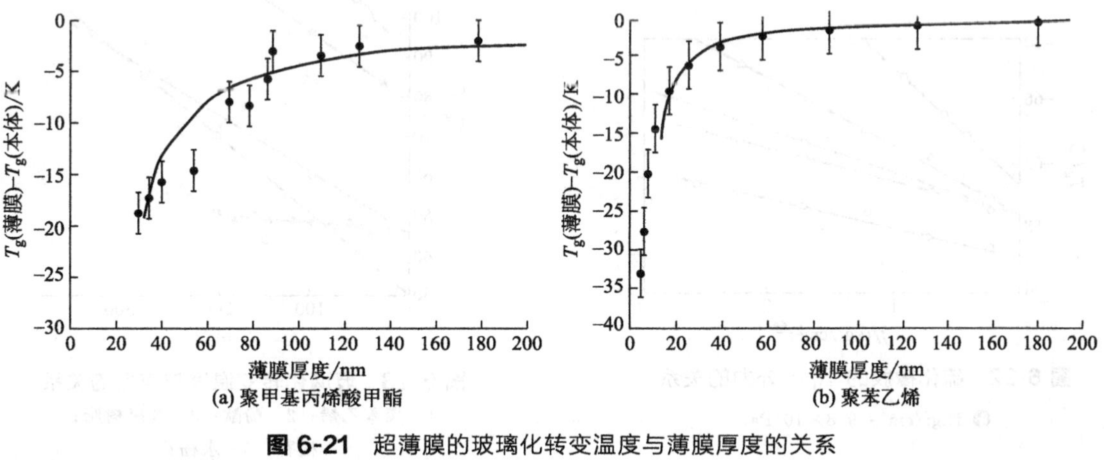

图 6-21　超薄膜的玻璃化转变温度与薄膜厚度的关系

6.3.3.10 外界条件的影响

(1) 升温速度

由于玻璃化转变不是热力学的平衡过程，而是与实验时间标尺有关的松弛行为。提高升、降温速率将使测量得 T_g 值升高。按照自由体积理论，在 T_g 以上，随着温度的降低，

高聚物体积收缩，自由体积也逐渐减少，同时体系黏度增大。冷却速度愈快，高聚物越早出现类似自由体积冻结状态，所得 T_g 愈高。

(2) 外力作用的速度或频率

外力作用速度或频率不同将引起 T_g 的移动。提高动态实验频率将使测量的 T_g 值升高。因而，用动态方法测量的玻璃化转变温度 T_g 通常要比静态的膨胀计法测得的 T_g 高。

T_g 与测量时间的关系可用 WLF 方程来描述，如果观察时间 t_1 和 t_2 对应的玻璃化转变温度为 T_{g1} 和 T_{g2}，则有：

$$\lg t_2 - \lg t_1 = \frac{-C_1(T_{g2} - T_{g1})}{C_2 + (T_{g2} - T_{g1})} \tag{6-39}$$

解出 T_{g2} 得：

$$T_{g2} = T_{g1} + \frac{C_2 \lg(t_1/t_2)}{C_1 - \lg(t_1/t_2)} \tag{6-40}$$

若 $t_1/t_2 = 10$，则 T_{g1} 比 T_{g2} 降低约 3℃。即升温速度降低至 1/10，T_g 降低 3℃。此式是 WLF 方程的另一形式，在 T_g 到 $T_g + 100$℃范围内适用。

(3) 单向外力

单向的外力促使链段沿外力方向运动，因而高聚物的 T_g 降低。外力越大，T_g 降低越多。Boyer 提出了 T_g 与张力 f 的关系：

$$T_g = A - Bf \tag{6-41}$$

式中，A、B 为均为常数。图 6-22 硫化橡胶的实验结果证实了这一关系。

(4) 围压力

围压力增加使自由体积减小，高聚物的 T_g 线性地升高，如图 6-23 所示。这一实验事实与自由体积理论和热力学理论的预言一致。

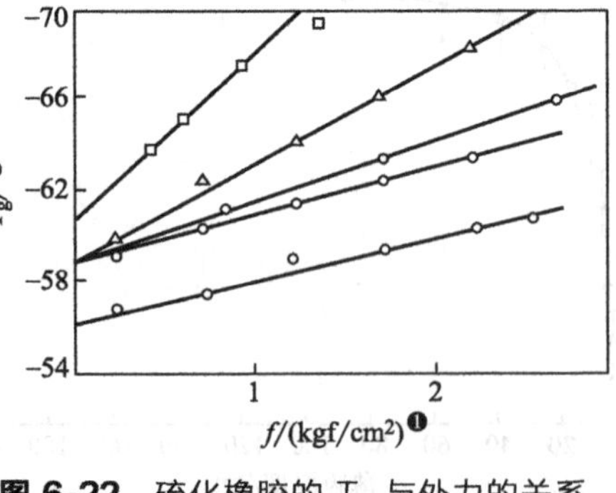

图 6-22 硫化橡胶的 T_g 与外力的关系

❶ $1\text{kgf/cm}^2 = 9.8 \times 10^4$ Pa。

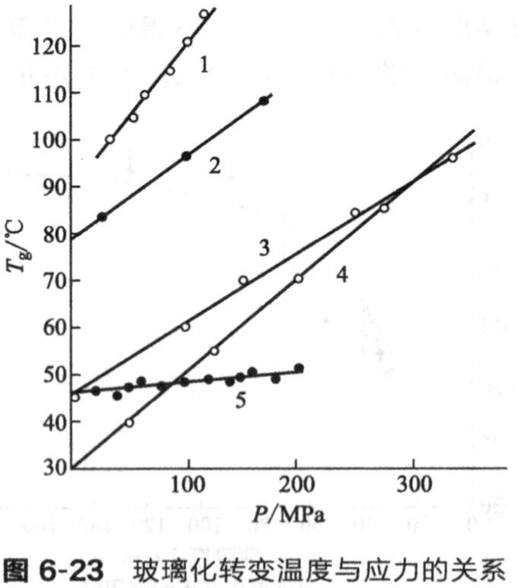

图 6-23 玻璃化转变温度与应力的关系

1—聚苯乙烯；2—酚酞；3—酚醛树脂；4—松香；5—水杨苷

6.4 高聚物的耐热性及热稳定性

高聚物材料与金属材料相比，在受热过程中将产生物理变化和化学变化，这两种变化将直接影响材料的物理性质及性能。物理变化主要表现为高聚物受热时发生软化和熔融。而化学变化则包括高聚物在热及环境共同作用下发生的环化、交联、降解、氧化和水解等结构变化，这种变化对高聚物的破坏是不可逆的。高聚物的热稳定性主要讨论由这两种变化决定的材料尺寸稳定性和组成稳定性。通常尺寸稳定性更多地表示为材料的耐热性，与高聚物的 T_g、T_m 值相关，组成稳定性则更偏向表示为材料的热稳定性，与高聚物的 T_d 值有关。

6.4.1　高聚物的耐热性

高聚物在升温过程中首先发生软化或熔融，可以此来衡量高聚物的耐热性。高聚物的耐热性能，通常是指它在温度升高时保持物理力学性质的能力。高聚物材料的耐热温度是指在一定负荷下，其到达某一规定形变值时的温度。发生形变时的温度通常称为塑料的软化点 T_s。因为使用不同测试方法各有其规定选择的参数，所以软化点的物理意义不像玻璃化转变温度那样明确，但是可以作为材料正常使用的一个工艺指标。

依应力作用方式不同，高聚物耐热性能测试方法分为维卡（Vicat）耐热和马丁（Martens）耐热以及热变形温度法。不同测试方法所得结果即马丁耐热温度、维卡耐热温度、热变形温度通称为软化点，没有可比性。但从本质上看，T_s 的高低与非晶态高聚物的玻璃化转变温度 T_g、晶态高聚物的熔融温度 T_m 相联系，提高高聚物材料的耐热性，实质上就是如何提高高聚物的 T_g、T_m 值。

关于高聚物的结晶、熔融及玻璃化转变过程与结构的关系前面已经做了介绍。总之，欲提高高聚物的耐热性，主要包括三个结构因素：增加高分子链的刚性、提高高聚物的结晶性及采用交联结构、引入较强分子间作用力。这就是马克（H. Mark）提出的三角形原理，如图 6-24 所示，图中 A 代表结晶因素，许多软链的、热塑性的结晶性高聚物属于这类，如聚乙烯、等规聚丙烯、聚甲醛、聚乙烯醇、聚氯乙烯、聚偏二氯乙烯、尼龙-6、尼龙-66 等。B 代表交联因素，许多热固性树脂、高度交联的高聚物如硬橡皮、脲醛树脂、三聚氰胺及酚醛树脂、高度网状树脂、环氧树脂及聚氨基甲酸酯等属于这类。C 代表链刚性因素，有较大刚性及高软化温度的非结晶热塑性树脂属于这类，如聚苯乙烯及其衍生物、聚甲基丙烯酸甲酯、AS 共聚物、聚碳酸酯等。

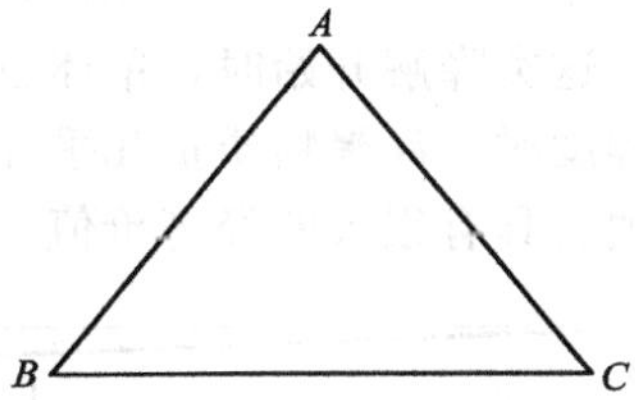

图 6-24　马克三角形原理

三角形的三边表示合并两种因素的影响，可以得到性能更好的高聚物。一些纤维和薄膜可体现 AC 线所表示的结晶+链刚性的结合优势，例如涤纶，由于分子链中的对苯基结构单元使高分子链具有了足够的刚性，有能结晶，使其熔点达到约 260℃，虽然是聚酯，分子链间不形成氢键，而其熔点与尼龙-66 相近。纤维素虽然结晶程度不高，主链又有醚键—O—，但是由于吡喃环及多羟基使其分子链很刚硬，因此具有高的拉伸强度及高软化温度，T_g 约为 220℃，比其分解温度 180℃还高。

AB 线体现结晶和交联因素，包括许多橡皮，它们是微量或中度交联的高聚物，拉伸时会逐步结晶，使材料的拉伸强度提高。天然橡胶、顺丁橡胶、丁基橡胶及氯丁橡胶随着交联程度增加而变硬。如果在树脂中加入晶态填充剂，如 SiO_2 或 Al_2O_3，由于其在复合材料中与基体树脂具有较好的相互作用，制约柔性基体的链段运动，使复合材料的性能接近 A。CB 线的意义在于用交联的方法进一步提高刚性材料的强度及耐热性、耐溶剂性，提高材料的软化温度等。如果结合 A、B、C 三种因素，便能得到具备多种特性的高聚物，例如棉纤维或黏胶纤维后处理时用某些交联剂改性，则能在保持其结晶性及强度的同时，提高恢复能力及抗皱性。由此，根据结构和性能的关系，我们可以按照需要的性能来设计相应结构的高分子材料，即所谓的高分子设计。

6.4.2 高聚物的热稳定性

高聚物的热稳定性是指高温下保持其化学结构或组成稳定性的能力。高温下，高聚物将出现热分解或交联现象导致材料化学结构发生变化。高分子材料的热分解是指高分子主链的断裂，导致分子量下降，材料的力学性能变坏。交联则使高分子链间产生化学键，引起分子量增加，适度交联可改善高分子的力学性能和耐热性，但交联过度则使高聚物发硬、发脆，同样造成材料性能下降。许多高聚物的降解和交联作用几乎同时发生并达到平衡，这时材料的宏观性质变化不是十分明显。只有当其中一种效应起主要作用时，材料或因交联过度而失效，或因降解而破坏。

6.4.2.1 高聚物的热分解

从结构变化特征来看，高分子材料的热分解主要分为三种形式：

① 链式分解　高分子链端或其他薄弱点先生成自由基，并由此开始引发自由基式链锁降解生成单体。聚甲基丙烯酸甲酯等主链含有季碳原子的高聚物的热分解大多采用这种形式。

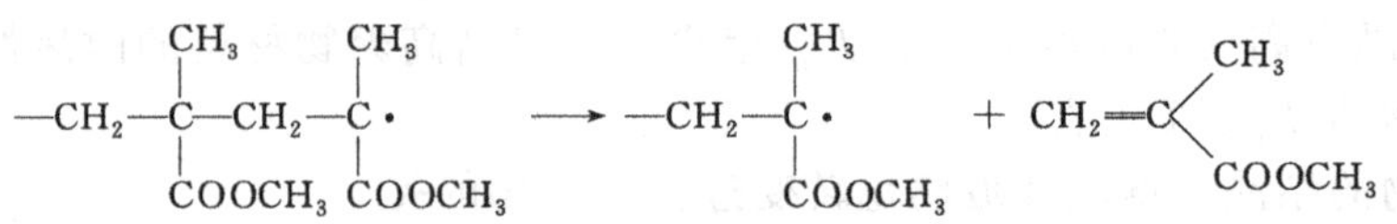

这类降解开始时，单体迅速挥发，高聚物分子量变化不大，但质量损失较大。降解到一定程度时，高聚物质量几乎完全损失，分子量急剧降低。高聚物热降解形成单体对于回收废旧塑料具有很大的经济价值。

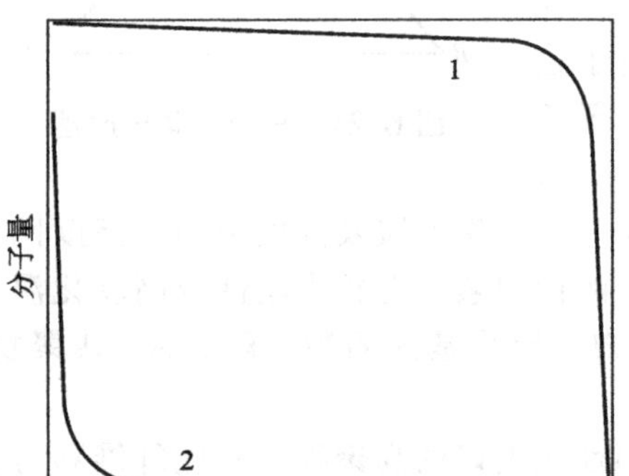

图 6-25　降解聚合物的分子量与质量损失的变化关系

1—链式解聚；2—无规断链

② 无规断链　高分子链随机地发生异裂或均裂，高聚物分子量随着降解过程的进行而迅速降低，分布变宽，类似逐步聚合的逆过程，降解作用最终不生成单体或单体产率不高。如图 6-25 所示，聚乙烯、聚丙烯等材料的热降解就采用这种形式。

③ 侧基分解　在主链不断裂的情况下先发生的侧基消除降解，例如聚氯乙烯降解时脱去氯化氢，聚乙烯醇降解初期发生脱水的消除反应，聚甲基丙烯酸叔丁酯的脱异丁烯反应等。

由于高聚物的热降解和交联作用与化学键的断裂或生成有关，组成高聚物的化学键的键能越大，材料就越稳定，耐热分解的能力也就越强。此外，高聚物的热稳定性和热破坏机理还受周围环境的影响，材料的受热环境可分为有氧、真空和惰性气体气氛。在空气中，氧的影响十分突出，高聚物的分解一般为热氧降解。在无氧环境中，高聚物的稳定性比有氧环境好，但热对材料仍然会带来热降解造成直接破坏。

6.4.2.2 高聚物热稳定性评价

高聚物的热稳定性可通过材料在受热条件下的力学性能、质量及分子结构的变化三方面进行评价。

① 从性能上评价高聚物的热稳定性，可以将材料能够相对长期使用的温度上限或在一定温度下材料性能能够维持的时间上限（如氧化诱导期）作为评价指标。

② 高分子发生热分解时，由于分解产生的小分子片段逸出体系而产生质量损失，可由此评价高聚物的热稳定性。热失重分析是一种研究高聚物热稳定性的重要手段，其中热失重速率、一定温度下的质量-时间曲线、一定升温速率下的质量-温度曲线以及一定时间间隔内材料质量损失到某一特定值（例如 10%或 50%）所需的温度等都可作为质量法的评价指标，如图 6-26 所示高聚物的热失重曲线。失重 50%时的温度称为高聚物的半分解温度，表 6-10 列出了一些高聚物的半分解温度值。由于性能测试和质量分析方法具有方便、直观的特点，因而在高聚物热稳定性能研究中广泛应用。

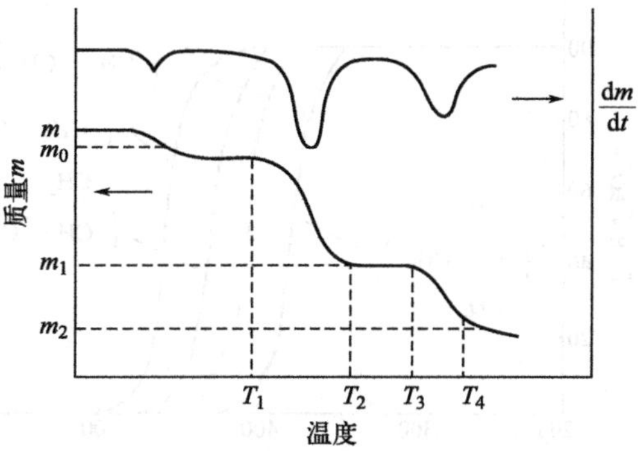

图 6-26 典型高聚物的热失重曲线

③ 结合分子链结构及分子量与分子链分布的研究测试进行评价，能够更深入地了解高聚物的降解机理，寻找到改善高聚物热稳定性的有效途径。

表 6-10 高聚物的半分解温度

高聚物	$T_{1/2}$/℃	高聚物	$T_{1/2}$/℃
聚乙烯	414(线形),404(支化)	聚四氟乙烯	510
聚丙烯	404	聚三氟乙烯	412
聚异丁烯	348	聚三氟氯乙烯	380
聚苯乙烯	360～370	聚乙烯醇	268
聚 α-甲基苯乙烯	286	聚氯乙烯	260
聚丙烯酸甲酯	330	聚环氧乙烷	345
聚甲基丙烯酸甲酯	330	聚环氧丙烷	313(全同),295(无规)

6.4.2.3 提高聚合物热稳定性的方法

改善高聚物的热稳定性可从两方面着手：一方面可针对不同材料具体的降解机理加入相应的稳定剂，例如加入酚类、胺类、亚磷酸盐类、硫酯类等抗氧剂可阻碍高聚物的热氧化作用，加入苯并呋喃酮类、醌类、碳黑、多核芳烃等自由基捕获剂可减少自由基引起的降解反应等，均可使高聚物的热稳定性有一定程度的提高。另一方面可从改变高聚物的化学结构入手，这就需要了解高聚物结构与热稳定性的关系，以其合理地设计高分子结构与正确地选择适应使用环境的材料品种。

从化学结构方面提高高聚物热稳定性的途径有：

(1) 在高分子链中避免弱键

① 主链中靠近叔碳原子和季碳原子的键比较容易断裂，故高聚物分解温度的高低顺序为：聚乙烯＞支化聚乙烯＞聚异丁烯＞聚甲基丙烯酸甲酯。

② 侧基体积增大通常使高聚物的热稳定性降低，图 6-27 为几组碳链高聚物的热失重曲线。

③ 当主链碳原子和其他原子相连时，高聚物的热稳定性顺序为：C—F＞C—H＞C—C＞C—O＞C—Cl。C—F 结构的高聚物热稳定性最好，因而聚四氟乙烯在所有碳链高聚物中最为稳定，仅次于耐高温特种塑料聚酰亚胺。而聚氯乙烯很容易脱出 HCl，耐热性最差，加工时必须加入热稳定剂以防止其降解反应。高聚物的立体异构对它的分解温度影响不大，

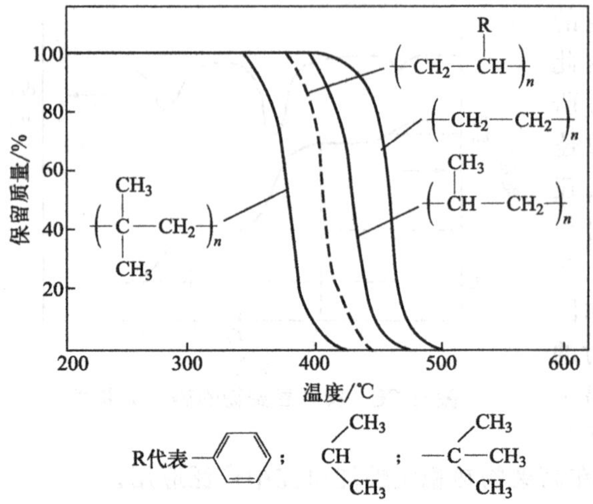

图 6-27 聚烯烃的热失重曲线

（升温速率 100℃/h）

例如全同立构和无规立构聚环氧丙烷半分解温度分布为 313℃和 295℃。

④ 主链含有氧原子的高聚物，其耐热性一般较纯碳链高聚物差，前面所讲的聚环氧丙烷的半分解温度就明显低于聚乙烯和聚丙烯的。聚甲醛、聚碳酸酯、聚苯醚和聚砜等，由于具有不稳定的端基，其稳定性和加工性较差，采用封闭端基法，即提供 C—C 链段，可有效阻止降解反应，提高其热稳定性。

⑤ 分子主链全部为非碳原子的元素高分子具有较好的热稳定性，例如长链聚硅氧烷的耐热氧稳定性最好，即使取代基遭受氧化而环化，无机主链的长链结构也不会破坏。

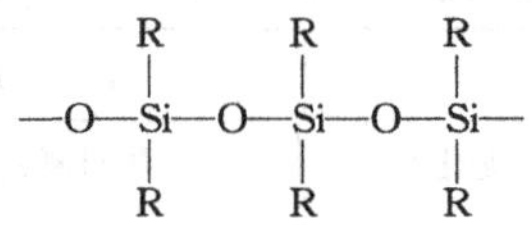

如果在其主链上在引入 Al、Ti 或 Sn 等金属元素，那么，这类高聚物很容易交联形成兼具优良热稳定性和优良力学性能的材料。但是高聚物中游离的金属离子，特别是过渡金属离子的存在，使高聚物自动氧化速率增加。铜、铁、钴、锌、锰等离子对橡胶、聚丙烯和聚氯乙烯等高聚物都有催化作用，这一现象尤其在电线、电缆制造中受到极大重视。金属离子可能是聚合时加入的引发剂的残余，也可能是从生产设备上混入的，或电线中的铜迁移造成。

⑥ 对于热氧降解，高聚物分子链的饱和程度也会影响材料的热稳定性，不饱和结构对 α-氢原子的反应性具有明显的活化效应。许多研究也证明带有不饱和链结构的橡胶的耐氧化性比饱和结构高聚物的差。图 6-28 为几种高聚物的热失重曲线。

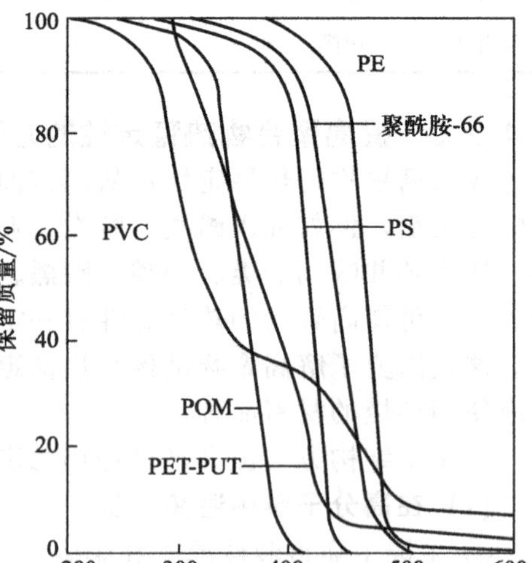

图 6-28 几种高聚物的热失重曲线

（升温速率 10℃/min，He 气氛）

(2) 主链结构

在高分子主链中避免一长串连接的亚甲基—CH_2—结构，并尽量引入较大比例的环状结构。芳环和杂环可有效增加高聚物的热稳定性，如聚苯醚的耐热性要比普通脂族聚醚好，其熔融温度在 300℃以上，在空气中 150℃下经 150h，性能不发生变化。

(3) 合成“梯形”、“螺形”和“片状”结构的高聚物

所谓梯形结构和螺形结构是指高分子的主链不是一条单链，而是由连续的环状结构形成主链的高聚物。因为在这类高分子中，一个链断裂并不影响分子量，即使几个链同时断裂，只要不是断在同一个梯格内，也不会降低高聚物的分子量，而同一个梯格内的两个键同时断开的概率很小。因此，这类高分子具有优异的耐高温性能。

如图 6-29 所示为片状和梯形结构高聚物。片状结构即相当于石墨结构，整个分子呈片层网络状，耐高温性能优异，例如，将聚丙烯腈纤维加热，在升温过程中会环化、芳构化而形成梯形结构，继续升温处理则可制成具有石墨晶体结构的碳纤维。片状及梯形结构高聚物难于熔融，不利于加工成型。如果把梯形结构作为链段单元并由单键相连，形成半梯形或分段梯形结构，虽然会牺牲一些热稳定性，但加工性能得到明显改善。

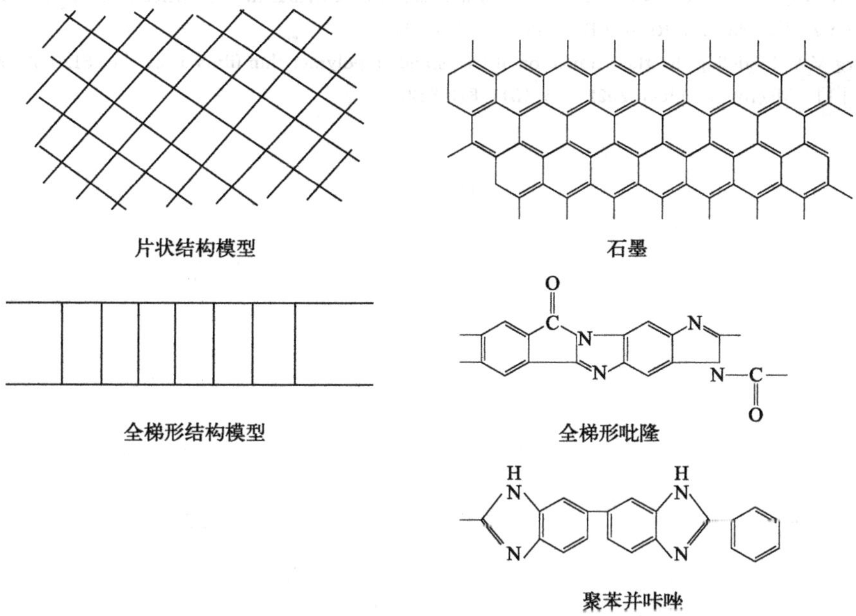

图 6-29　片状和梯形分子链结构模型及高聚物

参考文献

[1] Bower D I. An Introduction to Polymer Physics [M]. Cambridge: Cambridge University Press, 2002.

[2] Mark J, et al. Physics Properties of Polymers [M]. 3 版 . Cambridge: Cambridge University Press, 2004.

[3] Kaufman H S, Falcetta J J. Introduction to Polymer Science and Technology: An SPE Textbook [M]. New York: John Wiley & Sons, 1977.

[4] Trevor L. Modulated DSC evaluation of polymers [J]. British Plastics & Rubber, 1996, 75 (12): 30-33.

[5] Cser E, Rasoul E, Kosior E. Modulated differential scanning calorimetry: the effect of experimental variables [J]. Journal of Thermal Analysis, 1977, 5 (5-6): 727-744.

[6] Reading M. Trends in polymer science [J]. Trends in Polymer Science, 1993, 1 (8): 248.

[7] 吴人洁 . 现代分析技术在高聚物中的应用 [M]. 上海：上海科学技术出版社，1987.

[8] 张俐娜，薛奇，莫志深，金熹高 . 高分子物理近代研究方法 [M]. 武汉：武汉大学出版社，2003.

[9] 何曼君，陈维孝，董西侠 . 高分子物理（修订版）[M]. 上海：复旦大学出版社，1990.

[10] 潘鉴元，席世平，黄少慧 . 高分子物理 [M]. 广州：广东科技出版社，1981.

[11] 钟世云，许乾慰，王公善 . 高聚物的降解与稳定化 [M]. 北京：化学工业出版社，2002.

[12] 冯新德，唐敖庆，钱人元，等 . 高分子化学与物理专论 [M]. 广州：中山大学出版社，1984.

[13] 钱保功，许观藩，余赋生，等 . 高聚物的转变与松弛 [M]. 北京：科学出版社，1986.

[14] 刘凤岐，汤心颐 . 高分子物理 [M]. 北京：高等教育出版社，1995.

[15] Eisenberg A. in Mark J E, et al., Physics Properties of Polymers [M]. Washington D. C.: ACS, 1984.

[16] Allcock H R, Lampe F W, Mark J E. 现代高分子化学 [M]. 北京：科学出版社，2004.

[17] Qian R, Wu L, Shen D. Single-chain polystyrene glasses [J]. Macromolecules, 1993, 26 (11): 2950-2953.

[18] Keddie J L，Jones R A L，Cory R A. Size-dependent depression of the glass transition temperature in polymer films [J]. Europhysics Letters，1994，27 (1)：59-64.

[19] 吴其晔，张萍，杨文君，林润雄．高分子物理学 [M]. 北京：高等教育出版社，2011.

[20] 何平笙．新编高聚物的结构与性能 [M]. 北京：科学出版社，2009.

[21] Roth C B，Dutcher J R. Glass transition temperature of freely-standing films of atactic poly (methyl methacrylate) [J]. European Physical Journal E，2003，12 (1)：103-107.

[22] Fukao K，Miyamoto Y. Glass transitions and dynamics in thin polymer films：Dielectric relaxation of thin films of polystyrene [J]. Physical Review E，2000，61 (2)：1743.

[23] Ginzburg V V. Modeling the glass transition of free-standing polymer thin films using the "SL-TS2" mean-field approach [J]. Macromolecules，2022，55 (3)：873-882.

第 7 章　高聚物熔体的流变性

当温度超过黏流温度 T_f 时，线形高聚物在外力作用下产生质心位移的黏性流动，形变随时间不可逆发展，高聚物由高弹态转变为黏流态。研究材料流动与变形的科学即为流变学，高聚物流变学是流变学的一个分支。由于高分子的线链形结构，使之在流动中表现出不同于小分子牛顿流体的流动特征，即在外力作用下，熔体不仅表现出非牛顿流体的黏性流动（不可逆形变），而且表现出分子链构象变化导致的弹性形变（可逆形变）。高聚物的这种流动行为是高聚物分子运动的表现，反映了高聚物的组成、结构、分子量及分子量分布等结构特点以及加工过程的物理化学变化过程。高聚物熔体的流动性是许多高聚物成型结构的前提，热塑性塑料和合成纤维的加工过程一般需经历加热塑化、流动成型和冷却固化三个基本步骤。不同的加工成型方法，如挤出、注射、吹塑等几乎都在高聚物的流动态进行，不可避免地要接触到熔体的流变性问题，由于高聚物熔体本身结构及流动过程形变十分复杂，加工过程还往往伴随力化学降解和热氧化降解，此外，高聚物的流动行为还会影响最终产品的力学性能，例如取向对薄膜和纤维的力学性能的影响。因此，了解和掌握高聚物的流变性将有助于正确有效地进行高聚物的加工成型。

高聚物的流变性研究涉及的体系包括高聚物溶液、悬浮体、熔体和固体。本章将着重介绍剪切力作用下高聚物熔体的流动特征、流动曲线、流体黏度的表示及熔体切黏度的影响因素和测试方法、高聚物熔体的弹性表现。

7.1　高聚物的流动特性

7.1.1　牛顿流体和非牛顿流体

由于高聚物熔体的黏度大，流速低，在加工过程中剪切速率一般小于 $10^4\,\mathrm{s}^{-1}$，形成层流。高聚物熔体或浓溶液在挤出机、注射机、等截面管道及毛细管道中的流动大都属于这种流动。层流可以看作液体在切应力作用下以薄层流动，层与层之间存在速度梯度，要维持这一速度梯度需要外加一定的切力。相应的，液体内部反抗这种流动的内摩擦阻力即为切黏度。如图 7-1 所示。

7.1.1.1　牛顿流体及牛顿流动定律

黏度不随剪切应力和剪切速率的大小而改变，始终保持常数的流体，通常为牛顿流体，低分子液体和高分子的稀溶液属于这一类。描述牛顿流体层流行为的最简单定律是牛顿流动定律。液体流动时，剪切速率 $\dot{\gamma}$ 即速度梯度，$\dot{\gamma}=\mathrm{d}v_x/\mathrm{d}y=\mathrm{d}\left(\dfrac{\mathrm{d}x}{\mathrm{d}y}\right)/\mathrm{d}t=\dfrac{\mathrm{d}\gamma}{\mathrm{d}t}$，切应力 σ_s 即为垂直于 y 轴的单位面积液层上所受的力。液体流动时，受到的切应力越大，产生的剪切速率越大，对小分子来说，切应力 σ_s 与剪切速率 $\dot{\gamma}$ 成正比

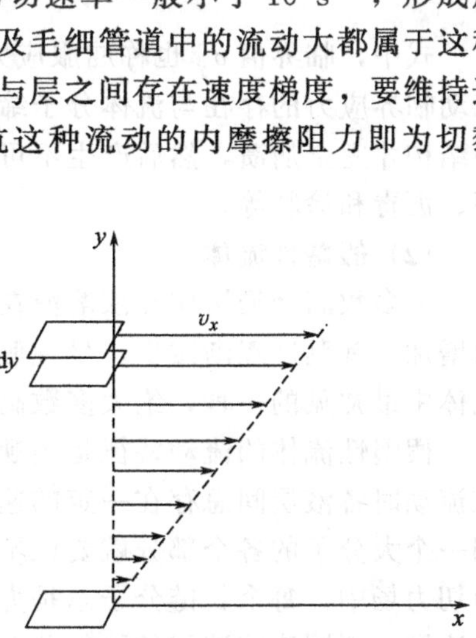

图 7-1　液体的切流动

$$\sigma_s=\eta\frac{d\gamma}{dt}=\eta\dot{\gamma} \tag{7-1}$$

式(7-1) 称为牛顿流动定律，比例常数 η 称为切黏度，等于单位速度梯度时即液体流动速度梯度为 $1s^{-1}$ 时，单位面积上所受到的切应力，其值反映了液体分子间由于相互作用而产生的流动阻力即内摩擦力的大小。

切黏度的国际单位制单位是 $N\cdot S/m^2$，即 $Pa\cdot s$。

7.1.1.2 非牛顿流体及幂律公式

高分子熔体、浓溶液、分散体系等许多液体不完全服从牛顿流动定律，这类液体统称为非牛顿流体。其中流变行为与时间无关的流动为稳定流动，例如正常操作的挤出机中，塑料熔体沿螺杆向前流动属稳定流动，其流速、流量、压力和温度分布等参数均不随时间而变动。非牛顿流体包括假塑性流体、膨胀性流体和宾汉 (Bingham) 流体，它们的流动曲线如图 7-2 所示。

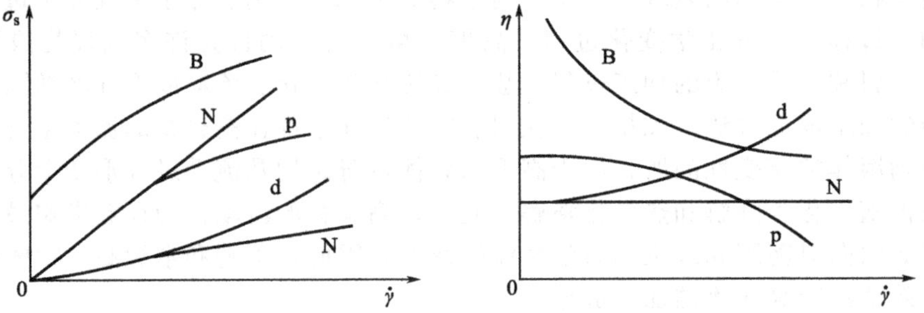

图 7-2 各种流体的流动曲线及表观黏度与剪切速率的关系

N—牛顿流体；p—假塑性流体；d—膨胀性流体；B—宾汉流体

(1) 宾汉流体

宾汉流体是非牛顿流体的一种，也称塑性流体。具有明显的塑性行为，即在切应力 σ_s 小于一定值 σ_y 时根本不发生流动，$\dot{\gamma}=0$，相当于虎克固体；而超过 σ_y 后，则可像牛顿液体一样流动或呈现假塑性流体的流动特征。宾汉流体的流变方程可表示为：

$$\sigma_s-\sigma_y=\eta_p\dot{\gamma}(\sigma_s\geqslant\sigma_y) \tag{7-2}$$

式中，临界值 σ_y 也称屈服应力；η_p 称为宾汉黏度或塑性黏度。宾汉流体的塑性行为或流动临界应力的存在与流体分子缔和或某种凝胶性结构有关。当外加剪切力超过 σ_y 时，这种结构才完全崩溃，然后产生不可恢复的塑性流动。呈现这种行为的物质有泥浆、牙膏、油漆、沥青和涂料等。

(2) 假塑性流体

大多数高聚物熔体和浓溶液在低剪切速率时为牛顿流体，但是随着剪切速率或剪切应力的增加，其黏度逐渐减少，呈现假塑性流体特征，如图 7-2 中曲线 p。假塑性流体是非牛顿流体中最常见的一种，绝大多数高聚物的熔体及其浓溶液都属于假塑性流体。

假塑性流体的流动特征是表观黏度随剪切速率增大而下降即剪切变稀。这是因为高分子在流动时各液层间总存在一定的速度梯度，长链大分子若同时穿过几个流速不等的液层时，同一个大分子的各个部分就要以不同速度前进，这种情况难以持久。因此，在适度的流速或剪切力场中，每个长链分子总是力图挣脱分子间的物理缠绕作用，使自己全部进入同一流速的流层。不同流速液层的平行分布就导致了大分子在流动方向上的取向。高聚物在流动过程中随剪切速率或切应力的增加，由于分子链的取向使黏度降低。

假塑性流体的流动曲线偏离起始牛顿流动阶段的部分具有类似塑性流动的特征，曲线的切线不通过原点，而是与纵坐标交于某一 σ 值，好像有一屈服值，为了与塑性流体相区别，故将这种流体称为假塑性流体。

高聚物熔体或浓溶液的剪切变稀效应可改善高聚物体系的流动性，例如，在实际生活中PVC人造革的涂布及油漆的使用过程，剪切变稀将有利于涂布。

(3) 膨胀性流体

膨胀性流体与假塑性流体相反，剪切速率增加比剪切力增加要慢一些。其表观黏度随着剪切速率的增大而升高，即发生剪切变稠。含有较高体积分数固相粒子的悬浮体、胶乳和高聚物的固体颗粒填充体系等属于此种流体。

假塑性和膨胀性流体的流动曲线都是非线性的，用指数关系可以描述其剪切应力和剪切速率的关系，即所谓幂律公式：

$$\sigma_s = K\dot{\gamma}^n \tag{7-3}$$

式中，K 为稠度系数，是常数；n 为非牛顿指数，可用来判断流体偏离牛顿流动的程度。n 值离整数1越远，则流体非牛顿性越明显。假塑性流体 $n<1$，而膨胀性流体 $n>1$。牛顿流体可以看成是 $n=1$ 的特殊情况，此时 K 相当于牛顿黏度 η。在很宽的剪切速率范围内，n 并不是常数，具有剪切速率依赖性。表7-1列出了一些高聚物熔体的非牛顿指数 n 随 $\dot{\gamma}$ 的变化。可以看到 n 随 $\dot{\gamma}$ 增大而减小，高聚物熔体在高剪切速率下假塑性增大。

表7-1 几种高聚物熔体的非牛顿指数 n 与剪切速率 $\dot{\gamma}$ 的关系

$\dot{\gamma}/s^{-1}$	聚甲基丙烯酸甲酯(230℃)	共聚甲醛(200℃)	聚酰胺66(285℃)	乙烯-丙烯共聚物(230℃)	低密度聚乙烯(170℃)	未增塑聚氯乙烯(150℃)
10^{-1}	—	—	—	0.93	0.70	—
1	1.00	1.00	—	0.66	0.44	—
10	0.82	1.00	0.96	0.46	0.32	0.62
10^2	0.46	0.80	0.91	0.34	0.26	0.55
10^3	0.22	0.42	0.71	0.19	—	0.47
10^4	0.18	0.18	0.40	0.15	—	—
10^5	—	—	0.28	—	—	—

(4) 其他流体

一些流体的表观黏度表现出强烈的时间依赖性，这类具有时间依赖性的非牛顿流体大致分为触变性和摇凝性两类。触变性流体的黏度随着流动过程持续时间的增长而下降，而摇凝性流体黏度上升。触变性和摇凝性均有可逆和不可逆两种情况。一般来说，黏度的改变总是结构的改变造成的，剪切变稠是形成了某种结构的结果，剪切变稀则是某种结构破坏的结果。冻胶是最常见的触变性体系，由于外力作用下物理交联点的破坏，其流动性随外力作用时间的增加而增大，外力去除后，物理交联点又可逐渐形成，黏度随时间逐渐增大。

7.1.2 高聚物的黏性流动单元

高分子流动是通过链段的位移运动来完成的，高聚物的黏性流动单元为链段。对于许多低分子液体的研究表明，黏性流动的活化能与其汽化热 ΔH 存在下面的关系：

$$\Delta E_\eta = \frac{1}{n}\Delta H \tag{7-4}$$

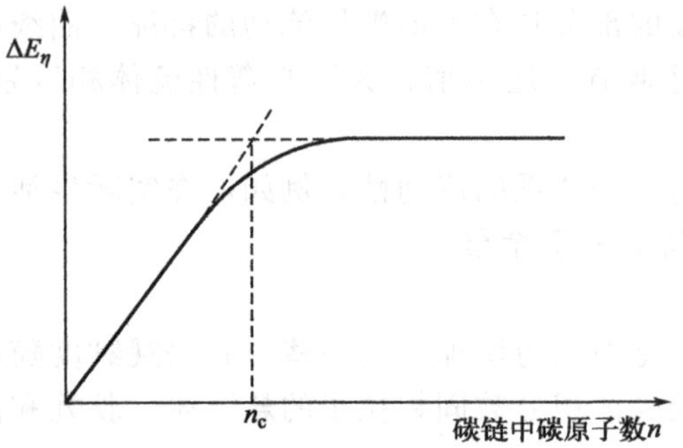

图 7-3 流动活化能与碳链中碳原子数的关系

式中，n 通常为 3～4。对于高聚物熔体，ΔH 随分子量的增加而增大，约每增加一个—CH_2—，ΔH 增加 8.4kJ/mol，因而当分子量每增加一个—CH_2—时，ΔE_η 大约要增加 2.1kJ/mol。当分子量足够大时，即聚合度达到临界值 n_c，高聚物的黏流活化能达到一极限值，与分子量的大小无关，如图 7-3 所示。因此，高分子流动不是简单的分子整体的迁移，而是以链段作为运动单元，通过链段的相继跃迁来实现整个大分子的位移，类似于蚯蚓的蠕动前进。流动过程并不需在高聚物熔体中产生整个分子链那样大小的孔穴，而只需链段一样大小的孔穴就可以了。

链段越短，高分子链越容易流动，黏流温度越低。对于柔性高聚物，分子链段短，容易流动，而且其 n_c 值较小，大约为 20～30 个碳原子数，流动活化能通常与高聚物的分子量无关。刚性高分子链段较长，运动所需的活化能增大。当刚性极大时，高分子以整个分子链作为运动单元。往往这类高分子的黏流温度很高，加热未到黏流温度 T_f 时，就已达到热分解温度 T_d 了。整个分子的移动所引起的黏度数值很大，并且依赖于分子量。一般来说，小分子黏度约为 0.001Pa·s，极黏液体为 10^2Pa·s，而高聚物可达 10^{12}Pa·s。

既然高分子的流动是由于链段运动而引起，因此，链段能否克服势垒运动以及是否存在链段运动所需的空穴就成为高聚物流动的决定性因素。当温度升高时，分子热运动能量增加，流体中的空穴也随之增加和膨胀，使流动的阻力减小，流体黏度下降。当温度高于 T_g+100℃时，流体黏度与温度之间有如下关系：

$$\eta = A e^{\Delta E_\eta / RT} \tag{7-5}$$

式中，A 是一个常数；ΔE_η 称流动活化能，是分子克服势垒作用向空穴移动所需的能量。如前所述，对于分子量达到一定值的高聚物，ΔE_η 为一定值。但是，当温度小于 T_g+100℃时，自由体积将随温度降低而减小，从而阻碍链段的移动，使黏流活化能随温度下降而增大。

由于高聚物的流动并不是高分子链之间简单的相对滑移的结果，而是各个链段协同运动的总结果。在外力作用下，高聚物进行黏性流动的同时，分子链沿外力方向伸展，因此产生一定量的可逆高弹形变，当外力消失后，高分子链又卷曲起来，部分形变得以恢复。因而，不同于低分子液体流动时所产生的完全是不可逆形变，高分子流动伴有高弹形变，这是高分子流动一大特点，与弹性形变有关流动现象包括挤出胀大、爬杆现象、无管虹吸、拉伸流动及可纺性等，在 7.3 节将作详细介绍。

7.1.3 影响黏流温度的因素

7.1.3.1 化学结构

(1) 分子链柔顺性好，黏流温度低

柔性分子的链段短，链内旋转的位垒低，流动活化能也较低，因而在较低的温度下即可发生黏性流动；反之，刚性分子的链段较长，分子链流动性较差，需要较高的温度下才能流动。因此，聚苯醚、聚碳酸酯、聚砜等比较刚性的高分子，它们的黏流温度都较高，柔性的聚乙烯、聚丙烯等则黏流温度较低。

(2) 分子链间的相互作用力越强，黏流温度越高

分子链间的相互作用力使得分子内旋转位垒增高，分子运动受到束缚，必须在更高的温度下才能克服分子间的相互作用而产生相对位移，黏流温度提高，例如聚氯乙烯的黏流温度很高，甚至高于分解温度。聚苯乙烯由于分子链间作用力较小，黏流温度较低。

(3) 高聚物的交联程度提高，T_f 显著提高

交联使分子链间产生化学键。交联度不大时，造成黏流运动的分子链的分子量增大，交联度达到一定值后，所有分子链成为一个整体，高聚物不再出现黏流态。许多热固性高聚物，例如环氧树脂、体形酚醛树脂等都没有黏流态。

7.1.3.2　分子量

分子量的大小对黏流温度的影响要比玻璃化转变温度的影响更为明显。

玻璃化转变温度是高分子链段开始运动的温度。分子量对玻璃化转变温度的影响归结为端基效应，只有在分子量很小，链端基含量较多，对体系自由体积贡献较大时，分子量对 T_g 才有影响。当分子量足够大后，T_g 与分子量关系不大，趋于一极限值。

黏流温度是整个高分子链相对于其他链发生移动的温度，通过分子链段的协同运动来完成。

分子量愈大，为实现黏流运动所需协同运动的链段数越多，运动过程所需克服的摩擦阻力越大，则黏流温度愈高。对于分子量较大的结晶高聚物，其黏流温度可超过结晶熔融温度，结晶熔融后进入高弹态而无法加工，只有进一步升温才能达到黏流温度。随着分子量进一步增加，高聚物的黏流温度会超过其热分解温度 T_d，致使高聚物不能用热塑性材料常用的挤出、注射等方法加工成型，例如分子量达到几百万的超高分子量聚乙烯纤维，由于熔体黏度随分子量提高而剧增，用常规的熔体纺丝工艺制造纤维有困难，只能采用冻胶纺丝等特殊工艺成纤。

分子量较小时，为实现分子链移动所需协同运动的链段数减少，黏流温度下降。当分子量降低到整个分子链的尺寸与玻璃化转变温度所对应的链段尺寸相当时，T_f 值下降到与 T_g 值重合，此时高聚物不再出现高弹态，玻璃化转变后直接进入黏流态。

图 7-4 为聚异丁烯的 T_f 与聚合度的关系曲线。随着聚合度的提高，黏流温度上升，高弹平台变宽。因此，橡胶材料通常要求高聚物的分子量比塑料材料的更高。

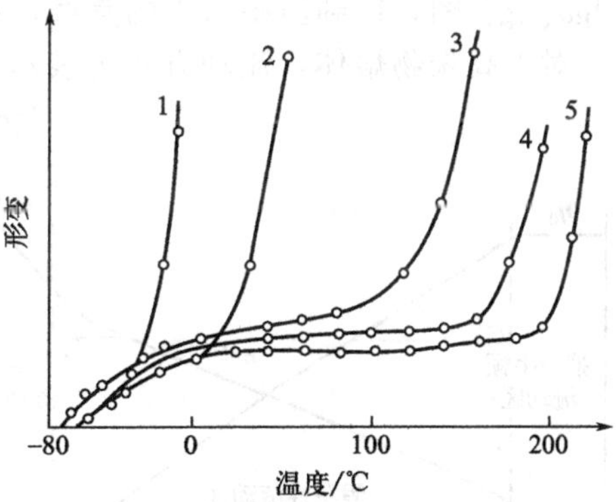

图 7-4　不同聚合度聚异丁烯的温度-形变曲线

聚合度：1—102；2—200；3—10400；4—28600；5—62500

从加工成型角度来看，成型温度越高越不利生产。因此在不影响制品基本力学性能或使用性能的前提下，适当降低分子量将有助于材料的加工成型，提高工业生产效率，降低生产成本。由于高聚物分子量分布的多分散性，所以实际上高聚物没有明晰的黏流温度，而往往是一个较宽的软化区域，在此温度区域内，均易于流动，可进行成型加工。

7.1.3.3　外力大小和外力作用的时间

一定的外力作用，对分子的无规热运动产生“导向”效果，分子链段沿外力方向跃迁的概率提高，使分子链质心有效地发生位移。增大外力和延长外力作用时间有利于分子在外力方向运动，高聚物黏流温度降低。

挤出、注射和吹塑等加工过程都有在外力作用下使高聚物熔体流动而达到塑化成型的目的。对于黏流温度较高的刚性链高聚物，如聚砜、聚碳酸酯等一般都采用较大的注射压力来降低黏流温度，以便于成型。但不能过分增大压力，如果超过临界压力将导致熔体不稳定流动，材料表面不光洁或破裂。

高聚物的黏流温度是成型加工的下限温度，实际上为了提高高聚物的流动性和减少弹性形变，通常成型加工温度比黏流温度高几十度。但温度过高，可能引起高聚物的热分解，而直接影响制品的质量，所以高聚物的分解温度是成型加工的上限温度。黏流温度和分解温度相距越远，越有利于成型加工。

7.2 高聚物熔体的黏性流动

7.2.1 流动曲线及熔体黏度

7.2.1.1 普适流动曲线

切应力与切变速率的关系曲线称为流动曲线。R. S. Lenk 考察了各种流动现象，提出了高聚物熔体在较宽剪切应力和剪切速率范围的普适流动曲线，如图 7-5 所示。

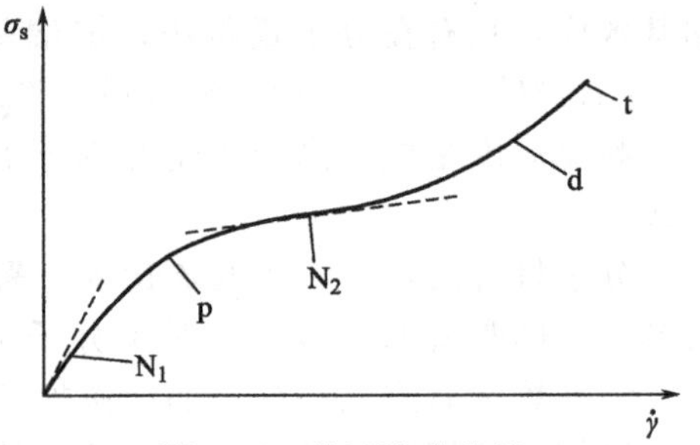

图 7-5 普适流动曲线

N_1—第一牛顿区；p—假塑性区；

N_2—第二牛顿区；d—膨胀性区；

t 以上—湍流区

随着剪切速率增大，高聚物熔体的流动行为依次出现第一牛顿区、假塑性区、第二牛顿区、膨胀性区和湍流区。

7.2.1.2 双对数流动曲线

由于此类曲线在较宽的剪切应力和剪切速率变化范围观察高聚物熔体的流变行为，黏度及两个变量都有几个数量级的变化，通常将 σ_s-$\dot{\gamma}$ 关系及 η-$\dot{\gamma}$ 关系用对数形式来表示，如图 7-6 所示。

对于牛顿流体，流动方程为：

$$\lg\sigma_s = \lg\eta + \lg\dot{\gamma} \tag{7-6}$$

作 $\lg\sigma_s$-$\lg\dot{\gamma}$ 图，得到斜率为 1 的直线，截距为 $\lg\eta$，如图 7-7 所示。

对于高聚物熔体，流动方程可表示为：

$$\lg\sigma_s = \lg K + n\lg\dot{\gamma} \tag{7-7}$$

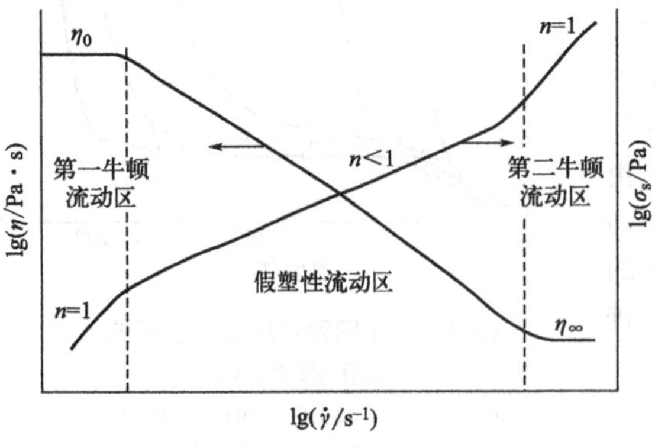

图 7-6 双对数流动曲线

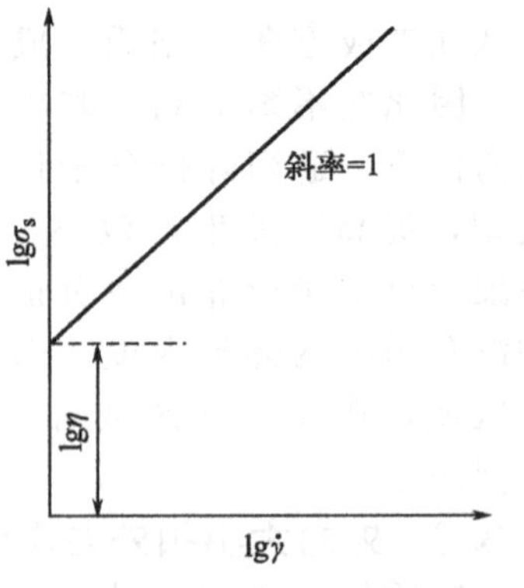

图 7-7 牛顿流体的双对数流动曲线

在低剪切速率范围，σ_s 和 $\dot{\gamma}$ 基本成正比，黏度为常数，高聚物熔体表出牛顿流体的流动行为，称为第一牛顿区，该区的黏度为零切黏度 η_0，即 $\dot{\gamma}\to 0$ 时的黏度，可从直线外推到与 $\lg\dot{\gamma}=0$ 的直线相交处求得。剪切速率增加到一定值后，黏度开始随剪切速率的增加而降低，熔体发生剪切变稀，其曲线斜率 $d\lg\sigma_s/d\lg\dot{\gamma}=n<1$，表现出假塑性行为，此区称为假塑

性区。在假塑性区域里，高聚物熔体的黏度可由表观黏度 η_a 表示，从曲线上任一点引斜率为 1 的直线与 $\lg\dot{\gamma}=0$ 的直线相交点，得到的就是曲线上那一点对应的剪切速率下的表观黏度。高聚物熔体加工成型的剪切速率范围通常在此区。当剪切速率很高时，高聚物的黏度不再随剪切速率改变，流动曲线再次表现为一斜率为 1 的直线，重新表现出牛顿流体的行为，称为第二牛顿区，此时的黏度称为极限剪切黏度 η_∞，即剪切速率趋于无穷大时的黏度。由这段直线外推到与 $\lg\dot{\gamma}=0$ 的直线相交处可得极限剪切黏度 η_∞。显然 $\eta_0>\eta_a>\eta_\infty$。高聚物浓溶液的流动曲线也会出现与高聚物熔体相同的变化规律，如图 7-8 所示不同浓度硝化纤维素的乙酸丁酯溶液的流动曲线。

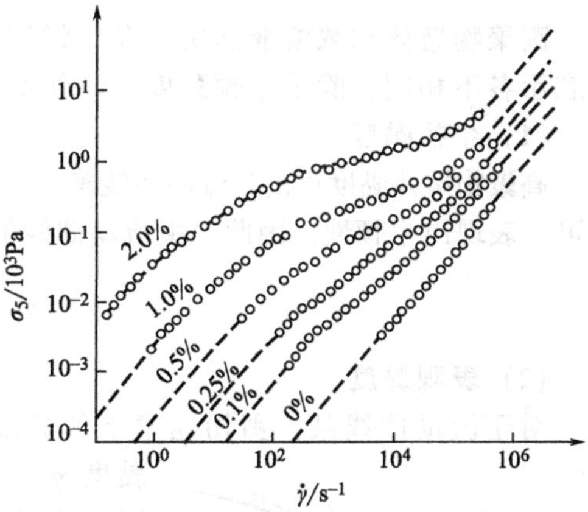

图 7-8　20℃时不同浓度硝化纤维素的乙酸丁酯溶液的流动曲线

在一般的实验中，高聚物熔体的第二牛顿区是不容易达到的，其原因是在高剪切速率下，高聚物熔体产生的大量热量不能及时散失，使流体温度升高，流动行为发生改变。此外，在高剪切速率下，熔体流动的稳定性受到破坏，弹性效应显著，易出现弹性湍流，发生所谓的熔体破坏现象。因此，常常不能看到高聚物熔体或高聚物浓容液的第二牛顿区的流动行为。

高聚物熔体黏度随剪切速率变化的规律可以用链缠结的观点来解释。关于高分子在熔体中和溶液中存在链缠结的观点，在高聚物流变学中已获得公认。一般认为，当高聚物分子量超过某一临界值后，分子链相互扭曲缠结或因范德华相互作用形成链间物理交联点。这些物理交联点在分子热运动的作用下，处于不断解体和重建的动态平衡中，结果使整个熔体或浓溶液具有瞬变的交联空间网状结构，或称作拟网状结构。在低剪切速率区，被剪切破坏的缠结来得及重建，拟网状结构密度不变，因而黏度保持不变，熔体或浓溶液处于第一牛顿区；当剪切速率逐渐增加到达一定值后，缠结点破坏速度大于重建速度，黏度开始下降，熔体或溶液出现假塑性；而当剪切速率继续增加到缠结破坏完全来不及重建，黏度降低到最小值，并不再变化，这就是第二牛顿区。在假塑性区中黏度下降的程度可以看作是剪切作用下链缠结结构破坏的程度的反映。如果剪切速率进一步增大，拟网状结构完全被破坏，高分子链沿剪切方向高度取向排列，则黏度可能再次升高，因而导致膨胀性区的出现，直到出现不稳定流动，进入湍流区为止。

剪切变稀现象也可以用高分子构象改变学说来解释。卷曲的无规线团流动时构象被迫改变。同时，分子链的松弛特性使得改变的链构象在流动中局部或全部恢复。剪切速率低时，高分子链构象变化慢，并有足够时间进行松弛，使构象分布几乎不发生变化，黏度不变。

剪切速率高时，高分子链沿流动方向取向，由于过程进行速度快，分子链没有足够时间充分松弛，使高分子链偏离原来平衡构象，取向的高分子链间内摩擦减小，黏度下降。

1979 年问世的 Carreau 模式能够较好地描述高聚物熔体和浓溶液普适流动曲线，也称四参量黏性方程，此方程用 η_0 和 η_∞ 描述黏度随剪切速率变化的全过程。

$$\eta=\eta_\infty+(\eta_0-\eta_\infty)[1+(\lambda\dot{\gamma})^2]^{(N-1)/2} \tag{7-8}$$

此外，根据 Arrhenius 黏流活化能方程与外应力作用相关原理提出的高聚物熔体或溶液的普适黏度方程，以及数学拟合方法得到的多项式黏性方程等都能较好描述高聚物熔体的流动过程，在此不加详细讨论。

7

7.2.2 熔体黏度的几种表示方法

高聚物熔体和浓溶液都属于非牛顿流体，其黏度具有剪切速率依赖性。不同定义下的黏度表示各不相同，除了牛顿黏度外，切黏度还可表示为表观黏度、微分黏度或稠度等。

(1) 牛顿黏度

高聚物熔体黏度可由其流动曲线确定。在剪切速率 $\dot{\gamma}$ 很小或把 $\dot{\gamma}$ 外推到无限小时，非牛顿流体可以表现出牛顿性。因此，由流动曲线的初始斜率可得到牛顿黏度，亦称零切黏度 η_0，即

$$\eta_0 = \left(\frac{\mathrm{d}\sigma_s}{\mathrm{d}\dot{\gamma}}\right)_{\dot{\gamma}=0} \tag{7-9}$$

(2) 表观黏度

对于流动曲线某一剪切速率下的黏度，可以采用另外两种黏度定义。最常用的是表观黏度 η_a，其定义为给定的剪切速率下流动曲线上对应点与原点连线的斜率，如图 7-9 所示，即

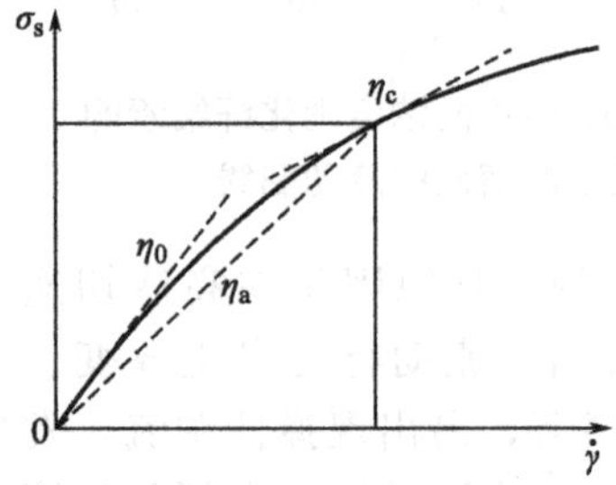

图 7-9 从熔体流动曲线确定 η_0、η_a 和 η_c

$$\eta_a = \eta(\dot{\gamma}) = \sigma_s(\dot{\gamma})/\dot{\gamma} = K\dot{\gamma}^n/\dot{\gamma} = K\dot{\gamma}^{n-1} \tag{7-10}$$

由于高聚物的流动过程中同时含有不可逆的黏性流动和可逆的高弹形变两部分，使总形变增大，流动黏滞阻力减小，使高聚物的表观黏度小于牛顿黏度，后者是对单纯不可逆部分而言的。表观黏度并不完全反映高分子材料不可逆形变的难易程度，但是作为对流动性好坏的一个相对指标还是很实用的。表观黏度大则流动性小，而表观黏度小则流动性大。

(3) 微分黏度或稠度

以流动曲线上某一剪切速率下的对应点作切线，切线斜率定义为微分黏度或稠度，以 η_c 表示

$$\eta_c = \mathrm{d}\sigma_s/\mathrm{d}\dot{\gamma} \tag{7-11}$$

显然，从流动曲线图 7-10 可以看到，对于剪切变稀的假塑性高聚物熔体和浓溶液，恒有 $\eta_0 > \eta_a > \eta_c$。

(4) 复数黏度

对于交变应力作用下的不稳定流动过程，剪切速率不再是常数，而且以正弦函数的方式变化，高聚物的黏性流动和弹性形变对此反应不同，则得到的是复数黏度 η^*

$$\eta^* = \eta' - i\eta'' \tag{7-12}$$

式中，η^*、η' 及 η'' 都是依赖温度及频率的量。实数部分 η' 为动态黏度，与稳态流动有关，代表能量耗散速率部分，是黏性流动的贡献，其频率依赖性与稳态流动中表观黏度对剪切速率的依赖性相当，即 $\lg|\eta^*| \sim \lg\omega$ 与 $\lg\eta_a \sim \lg\dot{\gamma}$ 重叠。而虚数黏度 η'' 是弹性或储能的量度。它们与剪切模量 G' 和 G'' 之间有如下关系

$$\eta' = G''/\omega \tag{7-13}$$

$$\eta'' = G'/\omega \tag{7-14}$$

式中，ω 是振动角频率。复数黏度用来表示动态黏度，与稳态流动实验相比，动态振动的振幅很小，属小形变，而稳态流动是大形变。稳态

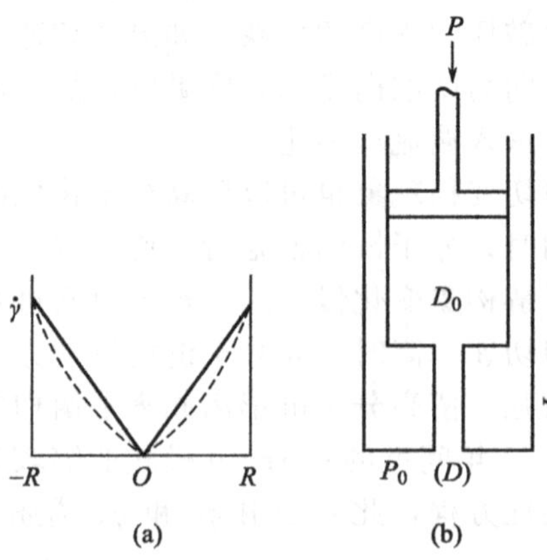

图 7-10 毛细管流变仪的原理示意

(a) 毛细管内剪切速率的变化（实线为牛顿流体，虚线为高聚物熔体）；(b) 毛细管流变仪图示 $P-P_0=\Delta P$

流动中的剪切速率与动态正弦转动中的角频率成正比，并具有相同的量纲（s^{-1}）。

（5）熔体流动速率

在较低的剪切速率下，熔体流动速率也常用来表征高聚物流体的流动性质。熔体流动速率定义为：在一定温度及一定负荷下，熔融状态的高聚物在10min内从规定长径比的标准毛细管中流出的质量。熔体流动速率越大，体系黏度越小，流动性越好。对于各种具体高聚物，熔体流动速率的测定统一规定了若干个适当的温度和负荷条件，以便在相同条件下对测定的结果进行相对比较。一般仪器的载荷为2.16kg，从标准毛细管直径计算的切应力为0.2MPa，剪切速率的范围约为$10^{-2}\sim10s^{-1}$。

熔体流动速率作为一种评价高聚物流动性好坏的指标，由于测量方法很简单，在工业上已被广泛采用。在实际应用时，可根据所用加工方法和制件的要求，选择熔体流动速率不同的产品牌号，或者根据原料的熔体流动速率，选定加工条件。不同的加工方法对高聚物流动性的要求不同。通常，注射成型要求高聚物流动性大些，挤出成型要求高聚物流动性小些，吹塑成型介于两者之间。

7.2.3 剪切黏度的测量方法

测定高聚物熔体流变行为的仪器称为流变仪，也常称为黏度计。本节主要介绍以下几种：落球式黏度计、旋转式黏度计（包括同轴圆筒黏度计和锥板黏度计）、毛细管挤出流变仪。虽然，测试的黏弹性数据与绝对的物理量单位相关，如力、长度和时间单位等，但由于这类流变仪的几何结构及测试方法都有严格标准，因而测试结果能客观地表征流体的流变性。其中毛细管挤出流变仪是最具实用性的一种方法，它的测量条件与挤出、注射等加工过程很接近（挤出的剪切速率范围为$10^2\sim10^3s^{-1}$，注射的为$10^3\sim10^4s^{-1}$），可操作的剪切速率范围最广为$10\sim10^6s^{-1}$。旋转式黏度计则较适合在剪切速率约为$10s^{-1}$或以下时使用。此外，转矩流变仪可测量塑性材料在混合和挤出过程中的流变特性；小振幅的动态流变仪可测量一定温度和频率下流体的动态流变参量。

7

7.2.3.1 毛细管挤出流变仪

毛细管挤出流变仪用于测定在较大的剪切速率（或切应力）范围下，热塑性高聚物熔体的切应力（或剪切速率）和黏度，是研究高聚物熔体流变行为的通用的仪器。也可以从挤出物胀大的数据中粗略估计高聚物熔体的弹性，观察熔体的离模膨胀，和高剪切速率下的不稳定流动现象等。

毛细管流变仪的原理示意如图7-10所示。仪器由一活塞加压，造成毛细管两端的压力差$\Delta P=P-P_0$，在此压力下将熔体通过半径为R、长为L的毛细管挤出。高聚物熔体在管长无限长的毛细管中的流动是一种不可压缩的黏性流体的稳态流动，毛细管管轴附近某一半径为r、长度为l的体积单元所受到的剪切力和静压力分别为$\sigma_s 2\pi rl$和$\Delta P\pi r^2$，在稳态流动时作用力达到平衡

$$\sigma_s 2\pi rl=\Delta P\pi r^2 \tag{7-15}$$

此处的剪切应力为

$$\sigma_s=r\Delta P/2l \tag{7-16}$$

在毛细管壁处，$r=R$，剪切应力为

$$\sigma_{sw}=R\Delta P/2L \tag{7-17}$$

对于黏度为η的牛顿液体，任一液层上的速度梯度即剪切速率$\dot{\gamma}$为

$$\dot{\gamma}=-\frac{\mathrm{d}\upsilon}{\mathrm{d}r}=\Delta Pr/2\eta L \tag{7-18}$$

式中，υ为毛细管内半径为r处的线流动速度。取边界条件$r=R$时$\upsilon=0$，对r积分可

得到速度分布

$$v_r=(\Delta PR^2/4\eta L)[1-(r/R)^2] \tag{7-19}$$

结果表明，牛顿流体在毛细管中流动时，具有抛物线状的速度分布曲线，由管壁为零增加到管轴上的极大值

$$v_{max}=\Delta PR^2/4\eta L \tag{7-20}$$

体积流速 Q（单位时间流经毛细管的流体体积）可由线速度 v_r 对毛细管整个截面积分求得

$$Q=\int_0^R v_r 2\pi r\,dr=\pi R^4\Delta P/8\eta L \tag{7-21}$$

或

$$\eta=\pi R^4\Delta P/8QL \tag{7-22}$$

式(7-22) 是哈根-泊肃叶（Hagen-Poiseuille）黏度方程。在毛细管壁处（$r=R$）的剪切速率

$$\dot{\gamma}_w=-\left(\frac{dv}{dr}\right)_w=\Delta PR/2\eta L=4Q/\pi R^3 \tag{7-23}$$

假定高聚物熔体通过毛细管壁的表观剪切速率等于牛顿流体管壁的剪切速率。则表观黏度为

$$\eta_a=\sigma_{sw}/\dot{\gamma}_w \tag{7-24}$$

由于高聚物熔体一般不是牛顿流体，需要进行非牛顿改正。

① 剪切速率的非牛顿改正，即管壁处的真实剪切速率 $\dot{\gamma}'_w$ 为

$$\dot{\gamma}'_w=\frac{4Q}{\pi R^3}\left(\frac{3n+1}{4n}\right)=\frac{3n+1}{4n}\dot{\gamma}_w \tag{7-25}$$

式中，n 为非牛顿性指数，可以从 $\lg\sigma_{sw}$ 对 $\lg\dot{\gamma}_w$ 作图求得

$$n=\frac{d\lg\sigma_{sw}}{d\lg\dot{\gamma}_w} \tag{7-26}$$

对于假塑性非牛顿流体 $n<1$，所以$\frac{3n+1}{4n}>1$，即 $\dot{\gamma}'_w>\dot{\gamma}_w$。对符合幂律公式的非牛顿流体，在较窄的剪切速率范围（一般为 $3\sim30s^{-1}$），n 是常数，等于 $\lg\sigma_{sw}$ 对 $\lg\dot{\gamma}_w$ 图的直线斜率。超出一定剪切速率范围后，n 将是 $\dot{\gamma}$ 的函数。应用改正后的剪切速率可以定义一个真实黏度

$$\eta_R=\frac{\sigma_{sw}}{\dot{\gamma}'_w} \tag{7-27}$$

可以推断，对于假塑性非牛顿流体，$\eta_a=\frac{3n+1}{4n}\eta_R$，$\eta_R<\eta_a$。

② 剪切应力的入口修正，即 Bagley 修正。在实际测量中，毛细管的长度是有限的，对式(7-17) 必须进行修正。同时，由于高聚物熔体在毛细管入口处的速度和流线发生变化而引起的黏弹效应，使作用在毛细管壁的实际切应力减小，它等价于毛细管的有效长度变长。改正后的毛细管壁处的剪切应力 σ'_{sw} 为

$$\sigma'_{sw}=\frac{1}{1+B'R/L}\times\sigma_{sw}=\Delta P/2[(L/R)+B'] \tag{7-28}$$

式中，B'为 Bagley 改正因子。B'的测定方法如图 7-11 所示，在恒定剪切速率下测定几种不同长径比毛细管的压力降 ΔP，以 ΔP 对 L/R 图，然后把 $\Delta P\sim L/R$ 直线外推到 $\Delta P=0$，便可得 B'值。当毛细管的长径比 $L/R>40$ 时，入口改正可忽略。

对于假塑性高聚物熔体，毛细管流变仪不仅可以测定其流动曲线以及黏度与剪切速率的关系，如图 7-12 所示。通过计算试样在毛细管出口及入口处的直径比 D/D_0，还可研究高聚物熔体的弹性或离模膨胀，如图 7-13 所示。

毛细管流变仪不适合在较低剪切速率下，低黏度试样的熔体流变性测定，因为熔体的自重流出，使剪切黏度的测定偏低。必须注意，高聚物熔体的流变性具有非常敏感的温度依赖性，因此，流变性的测量必须在精确控温下进行。

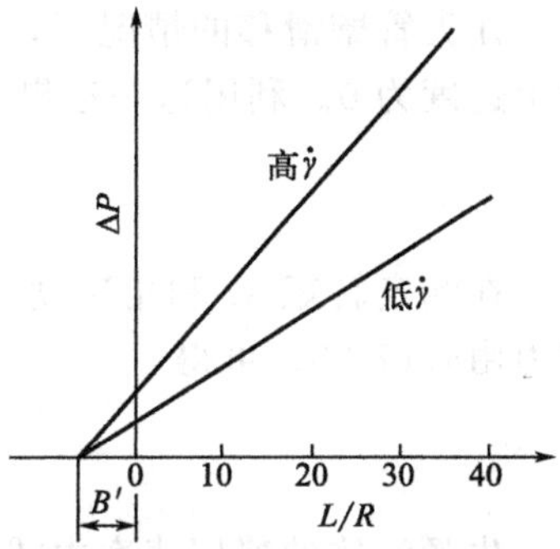

图 7-11　毛细管流变仪剪切应力的入口改正

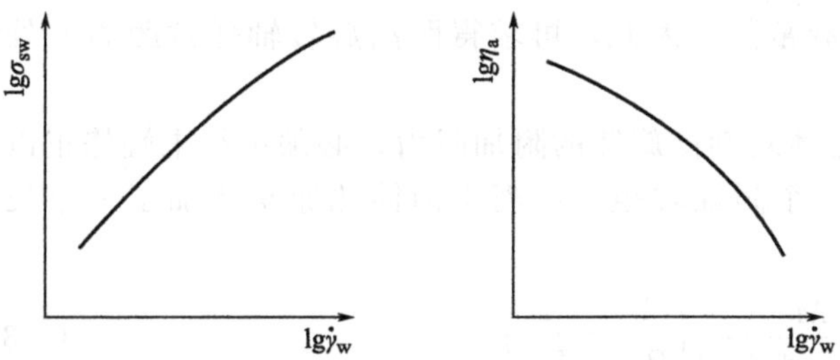

图 7-12　假塑性高聚物熔体的流变实验曲线

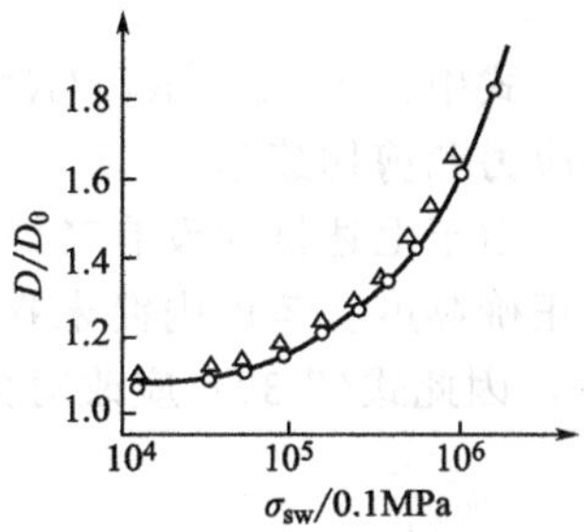

图 7-13　PS 的离模膨胀

7.2.3.2　旋转式黏度计

旋转式黏度计主要有同轴圆筒式、锥板式、平行板式和环板式等。其中同轴圆筒黏度计、锥板黏度计较常见，它们易于清洗、加热快，可用于在较低剪切速率下，高聚物浓溶液、悬浮液或胶乳的流变性能测定。特别是可用来测定流体的法向应力差，与毛细管流变仪一起，组成测定非牛顿流体剪切流动的流变参量的仪器系列。

(1) 同轴圆筒黏度计

同轴圆筒黏度计的工作原理示意如图 7-14 所示。仪器由一对同轴圆筒组成，用弹簧钢丝将半径为 R_1 的可转动内筒悬挂在半径为 R_2 的外筒内，两圆筒间的环形空间装入待测流体，流体在同轴环隙间做旋转拖曳流动，也称库爱特流动。半径为 R_2 的外筒以角速度为 ω(r/s) 匀速旋转，内筒浸入液体部分深度为 L，在离圆筒轴心 r 处的圆柱面上的牛顿流体所承受的切应力为

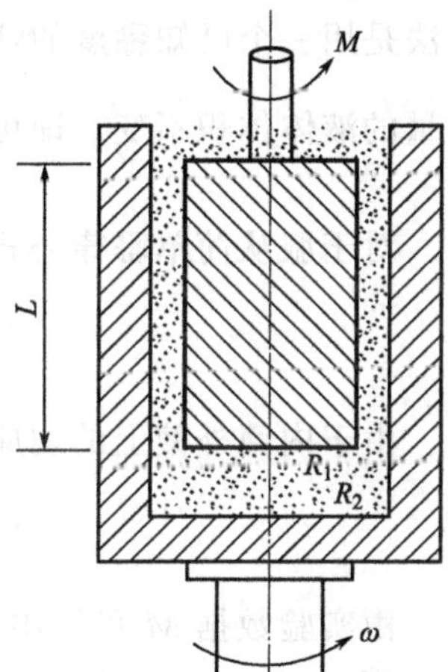

图 7-14　同轴圆筒黏度计工作原理

$$\sigma_s = \eta \frac{\mathrm{d}v}{\mathrm{d}r} = \eta r \frac{\mathrm{d}\omega}{\mathrm{d}r} \tag{7-29}$$

转矩 M 为

$$M = 2\pi r L r \sigma_s = 2\pi r^3 L \eta \frac{\mathrm{d}\omega}{\mathrm{d}r} \tag{7-30}$$

或

$$\mathrm{d}\omega = \frac{M}{2\pi L \eta} \frac{\mathrm{d}r}{r^3} \tag{7-31}$$

在无管壁滑移的情况下，外筒的内壁处（$r=R_2$）的角速度为 ω；内筒外壁处（$r=R_1$）的角速度为 0。利用这一边界条件对式(7-31) 积分得

$$\eta=\frac{M}{4\pi L\omega}\left(\frac{1}{R_1^2}-\frac{1}{R_2^2}\right) \tag{7-32}$$

在测定转矩 M 和角速度 ω 后，可用此式来计算牛顿流体的黏度。表征流体流变性的切应力由式(7-30) 可得

$$\sigma_s=\frac{M}{2\pi r^2 L} \tag{7-33}$$

牛顿流体的剪切速率由式(7-32) 和式(7-33) 可得

$$\dot{\gamma}=\frac{2\omega}{r^2}\times\frac{R_1^2R_2^2}{R_2^2-R_1^2}=A\omega/r^2 \tag{7-34}$$

式中，$A=2R_1^2R_2^2/(R_2^2-R_1^2)$ 为仪器常数。因此，可求得距离旋转轴任意距离 r 处的切应力和剪切速率。

由于上述推导没有考虑内筒末端的流体对圆筒旋转的附加阻力，必须进行末端修正以求得正确黏度。考虑内筒末端流体产生的一个附加转矩，相当于内筒比原来增加了一个长度 L_0，因此式(7-32) 应改写为

$$\eta=\frac{M}{4\pi\omega(L+L_0)}\left(\frac{1}{R_1^2}-\frac{1}{R_2^2}\right) \tag{7-35}$$

L_0 可通过改变内筒浸没长度的测量结果外推至浸没长度为零的方法估算。更为简便的方法是用一个已知黏度的液体来标定黏度计的仪器常数 B，$B=\left(\frac{1}{R_1^2}-\frac{1}{R_2^2}\right)/4\pi L$，只要每次测量的液体体积不变，即可由下式计算黏度

$$\eta=BM/\omega \tag{7-36}$$

对于服从简单幂律公式 $\sigma_s=K(-\mathrm{d}v/\mathrm{d}r)^n$ 的非牛顿流体，有

$$\omega=\frac{n}{2}\sqrt[n]{\frac{M}{2\pi KL}}\left(\frac{1}{R_1^{2/n}}-\frac{1}{R_2^{2/n}}\right) \tag{7-37}$$

由于内筒外壁上的切应力 $\sigma_{s1}=M/2\pi R_1^2L$，代入式(7-37) 可得

$$\ln\omega=\frac{1}{n}\ln\sigma_{s1}+\ln\frac{n}{2}\sqrt[n]{\frac{1}{K}}\left[1-\left(\frac{R_1}{R_2}\right)^{2/n}\right] \tag{7-38}$$

由实验数据 M 可算出 σ_{s1}，以 $\ln\omega$ 对 $\ln\sigma_{s1}$ 作图，得直线，其斜率的倒数即为非牛顿指数 n 值。

由于较高转速时试样会沿内筒往上爬，因而同轴圆筒黏度计主要限于低黏度流体，在较低剪切速率下使用。

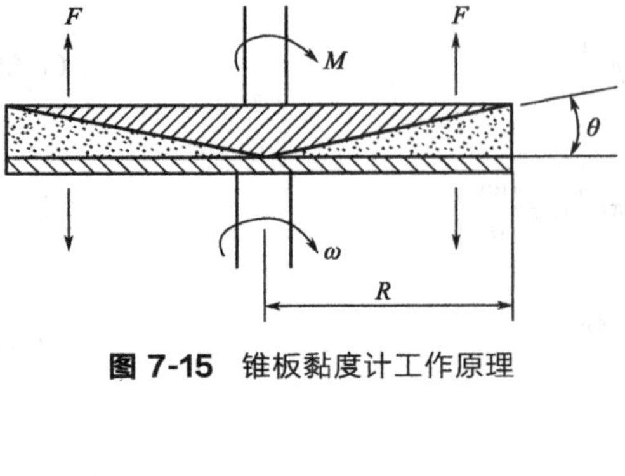

图 7-15 锥板黏度计工作原理

(2) 锥板黏度计

锥板黏度计如图 7-15 所示，由一块直径为 R 的圆形平板和一个线性同心圆锥体组成，它们之间的夹角 θ 很小，通常小于 4°。平板和圆锥体之间的间隙充填被测流体，流体在锥板间隙稳定地扭转拖曳流动也称锥板流动。平板以角速度 ω 匀速旋转，检测锥体所受到的转矩 M。在距离转轴为 r 处流体的线速度为 $r\omega$，两剪切

面间的距离（即试样厚度 h）沿半径方向增加，$h=r\tan\theta\approx r\theta$。被测流体受到的剪切速率为

$$\dot{\gamma}=\frac{\mathrm{d}v}{\mathrm{d}h}=\frac{r\omega}{r\theta}=\frac{\omega}{\theta} \tag{7-39}$$

由于 θ 很小，近似地把锥板流动认为是稳定的简单剪切流动，即 $\dot{\gamma}$ 与 r 无关，为常数。切应力可由转矩 M 求得

$$\mathrm{d}M=2\pi r\,\mathrm{d}r\sigma_s r \tag{7-40}$$

上式积分 $M=\sigma_s\int_0^R 2\pi r^2\mathrm{d}r$，得

$$\sigma_s=3M/2\pi R^3 \tag{7-41}$$

被测流体的黏度为

$$\eta=\sigma_s/\dot{\gamma}=3\theta M/2\pi\omega R^3=M/b\omega \tag{7-42}$$

式中，$b=2\pi R^3/3\theta$ 是仪器常数。此式对牛顿流体和非牛顿流体一般均可适用。

锥板黏度计轴向力 F 在锥板中心处有一最大值，据此可计算第一法向应力差

$$N_1=2F/\pi R^2 \tag{7-43}$$

锥板黏度的主要优点是剪切速率均一，试样用量少，可用于较黏试样的测量。但是，锥板流体的边界的边缘效应、转速较高时试样的溢出和横向流动、流体本身的黏性发热造成的流体温度上升都会带来测量误差。

7.2.3.3 落球黏度计

落球黏度计如图 7-16 所示，适合测量极低剪切速率下具有较高黏度的牛顿流体的黏度，仪器简单，测试方便。设半径为 r、密度为 ρ_s 的不锈钢圆球，在黏度为 η、密度为 ρ 的被测液体介质中运动，只需要测量已知尺寸和质量的圆球在被测液体中自由下落的速度便可计算黏度。被测液体的黏度如下式计算

$$\eta=\frac{2(\rho_s-\rho)gr^2}{9v}\left[1-2.104\frac{r}{R}+2.09\left(\frac{r}{R}\right)^3-0.95\left(\frac{r}{R}\right)^5\right] \tag{7-44}$$

式中，v 为落球速度，r 和 R 分别为落球和黏度管半径。

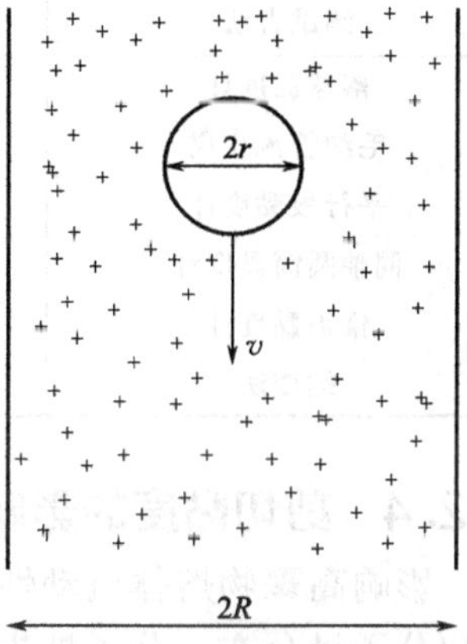

图 7-16　落球黏度计示意

在落球运动时液体的剪切速率值并非均一，落球法不能测得切应力和剪切速率等基本流变参数。因此，无法研究黏度的剪切速率或切应力的依赖性，对于非牛顿流体难以做出判断。但是，可以估计非牛顿液体中落球周围的最大剪切速率 $\dot{\gamma}_{max}=3v/4r$，在实验中不难控制此值小于 $10^{-2}\mathrm{s}^{-1}$，则此时高聚物熔体一般可视作牛顿流体。

落球法测得的 η 是零切黏度。落球黏度计虽然不能测定液体的流动曲线，但可以作为其他方法在极低剪切速率区的补充。

7.2.3.4 小振幅的动态流变仪

这里介绍的小振幅动态流变仪为，如图 7-17 所示。两个相同半径为 R 的圆盘，两圆盘的转动轴线间有一偏心距为 e，圆盘之间的间隙为 H，其中可放置高聚物熔体、橡胶或弹性体作试样，e/H 很小。以相同角速度 ω 驱动圆盘旋转，转动时试样受到剪切应变。由于存在偏心距，试样受到周期性的剪切应变的策动

$$\dot{\gamma}=\dot{\gamma}_0\sin\omega t \tag{7-45}$$

输出的响应剪切应力存在相位差 δ

$$\sigma=\sigma_0\sin(\omega t+\delta) \tag{7-46}$$

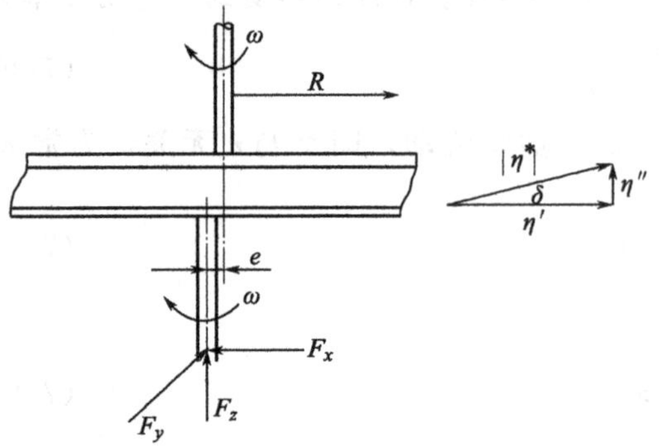

图 7-17 偏心圆盘流变仪示意

圆盘转轴支承上的测力传感器可测得在偏心方向的弹性力 F_x，以及黏性力 F_y。因此，动态黏度 η'，即弹性储存黏度，以及损耗黏度 η'' 为

$$\eta' = \sigma_0 \cos\delta / \dot{\gamma}_0 = F_x H / \pi\omega e R^2 \tag{7-47}$$

$$\eta'' = \sigma_0 \sin\delta / \dot{\gamma}_0 = F_y H / \pi\omega e R^2 \tag{7-48}$$

$$\eta^* = \eta' + i\eta'' \tag{7-49}$$

进一步可求得材料的剪切储能模量 G' 和剪切损耗模量 G''

$$G' = F_x H / \pi e R^2 \tag{7-50}$$

$$G'' = F_y H / \pi e R^2 \tag{7-51}$$

除了实验常用的以上几种黏度计，还有一些工业用的黏度计，例如熔体流动速度测试仪，以及 Hoppler 黏度计、CoChius 管、Ford 杯等，通过测量某一运动时间来估算黏度的相对值。

以上介绍的各种黏度计都有各自的特点和不足之处，因而适用于不同的对象和目的。表 7-2 列出了几种主要方法适用的黏度和剪切速率范围。

表 7-2 测定高聚物熔体或溶液黏度和剪切速率范围的几种方法的适用范围

测试方法	测量黏度范围/(Pa·s)	适用剪切速率范围/s^{-1}
落球黏度计	$10^{-5} \sim 10^{4}$	$<10^{-2}$
毛细管流变仪	$10^{-1} \sim 10^{7}$	$10^{-1} \sim 10^{6}$
平行板黏度计	$10^{3} \sim 10^{8}$	
同轴圆筒黏度计	$10^{-3} \sim 10^{11}$	$10^{-3} \sim 10$
锥板黏度计	$10^{2} \sim 10^{11}$	
蠕变法	$10^{4} \sim <10^{24}$	

7.2.4 剪切黏度的影响因素

影响高聚物熔体流动性的因素有内因和外因两方面。属于内因方面的结构因素有：分子量和分子量分布、分子链支化结构等；外因方面主要有：温度、切应力与剪切速率等加工条件，外加添加剂等。

7.2.4.1 分子量的影响

高聚物的流动是通过许多链段的协同运动而使整个分子链质心沿流动方向发生位移的结果。分子量愈大，一个大分子链包含的链段数就愈多，为实现大分子链重心的位移，需要完成的链段协同位移的次数就越多，摩擦阻力就越大，因此，高聚物熔体的黏度强烈地依赖于分子量，分子量的增大能够引起表观黏度的急剧增高和熔体流动速率的大幅度下降。表 7-3 是不同分子量高压聚乙烯的熔体表观黏度与熔体流动速率。在分子量增加不到三倍时，其表观黏度和熔体流动速率却已经分别增加和降低了四五个数量级。可见高聚物分子量对熔体流动性的影响很大。

表 7-3 不同分子量的高压聚乙烯的熔体表观黏度与流动速率

$M_n \times 10^{-4}$	表观黏度/Pa·s(190℃)	熔体流动速率/(g/10min)
1.9	4.5×10^{1}	170
2.1	1.1×10^{2}	70

续表

$M_n \times 10^{-4}$	表观黏度/Pa·s(190℃)	熔体流动速率/(g/10min)
2.4	3.6×10^2	21
2.8	1.2×10^3	6.4
3.2	4.2×10^3	1.8
4.8	3.0×10^4	0.25
5.3	1.5×10^6	0.005

研究发现，许多高聚物熔体的黏度具有相同的分子量依赖性，线形高聚物零切黏度与分子量的关系曲线如图 7-18 所示。不同高聚物有各自特征的某一临界分子量 M_c，分子量小于 M_c 时，高聚物熔体的零切黏度与重均分子量成正比；而当分子量大于 M_c 时，零切黏度与重均分子量的 3.4 次方成正比，即

$$\eta_0 = K_1 \overline{M}_W^{1\sim1.6} \qquad (\overline{M}_W < M_c) \qquad (7\text{-}52)$$

$$\eta_0 = K_2 \overline{M}_W^{3.4\sim3.5} \qquad (\overline{M}_W > M_c) \qquad (7\text{-}53)$$

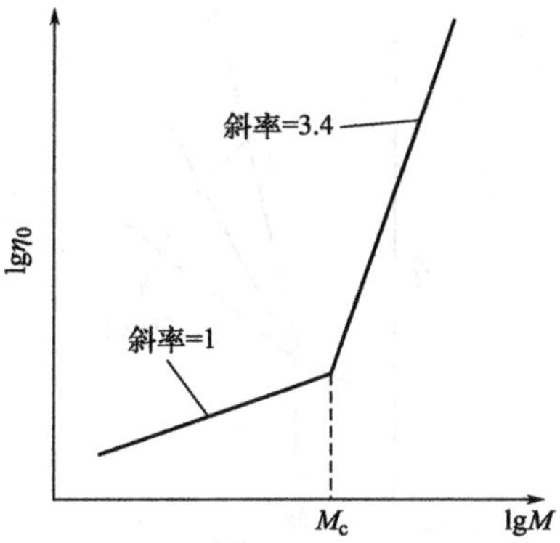

图 7-18　线形高聚物零切黏度与分子量关系

式中，K_1、K_2 以及 $\overline{M}_W$ 的指数是经验常数，对于不同高聚物稍有不同。如果已知 M_c 和相对应的零切黏度 η_{0c} 值，则可由下式估算重均分子量为 $\overline{M}_W$ 时的零切黏度值

$$\lg\eta_0 = \lg\eta_{0c} + \lg(\overline{M}_W/M_c) \qquad (\overline{M}_W < M_c) \qquad (7\text{-}54)$$

$$\lg\eta_0 = \lg\eta_{0c} + 3.4\lg(\overline{M}_W/M_c) \qquad (\overline{M}_W > M_c) \qquad (7\text{-}55)$$

当高聚物的分子量超过临界分子量 M_c 之后，大分子链之间将产生缠结作用，因此将 M_c 称为临界缠结分子量。实验表明它要大于分子链流动活化能趋于不变量时所对应的链段的物质的量。由于缠结作用的存在，分子链运动时要牵扯到与之缠结的其他分子链，导致流动单元变大。此外，分子链运动还要受到缠结作用导致的瞬变网络的制约，使流动阻力增大，因而熔体表观黏度随分子链增加而迅速上升。分子量小于 M_c 时，分子量之间虽然也可能有缠结，但是解缠结进行得极快，致使未能形成有效的拟网状结构，此时分子量的增加对熔体的黏度影响较小。表 7-4 列出部分高聚物的临界缠结分子量 M_c。

表 7-4　高聚物的临界缠结分子量 M_c

高聚物	M_c/(g/mol)	高聚物	M_c/(g/mol)
聚乙烯	3500	聚乙酸乙烯酯	25000
聚丙烯	7000	聚二甲基硅氧烷	30000
聚异丁烯	17000	聚酰胺-6	5000
聚苯乙烯	35000	聚酰胺-66	7000
天然橡胶	5000	聚甲基丙烯酸甲酯	10400
聚氯乙烯	6200	聚乙烯醇	7500

各种高聚物的临界缠结分子量的大小与分子结构有关。通常随着链的刚性增加缠结的倾向减少，临界缠结分子量提高，例如，聚乙烯分子链的柔顺性好，其临界缠结分子量为 3500，而较刚性聚苯乙烯的临界缠结分子量可达其 10 倍。

当剪切应力和剪切速率增大，熔体偏离牛顿流动而到达假塑性区时，高聚物熔体的剪切黏度和分子量的关系将变得更为复杂，图 7-19 是不同剪切速率下，实验总结的高聚物熔体与分子量关系的三种类型。实验发现，高聚物的分子量越大，在剪切力场中缠结效应越显著，随剪切速率增加熔体越容易发生从牛顿区向假塑性区的转变。随着分子量降低，高聚物熔体在更高的剪切速率下才发生偏离牛顿流动的现象，如图 7-20 所示，高聚物熔体出现非牛顿流动时的剪切速率值随分子量的增加而降低。当分子量低于 M_c 时，通常不发生剪切变稀现象。由于不同分子量的高聚物的黏度对剪切速率的依赖性不同，不能用式(7-52) 及式(7-53) 描述在较高剪切速率下的黏度对分子量的依赖性。

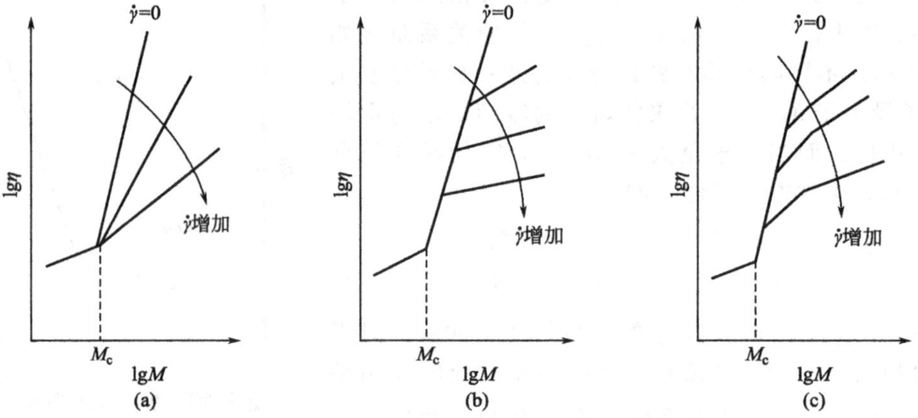

图 7-19 不同剪切速率下高聚物熔体黏度与分子量关系

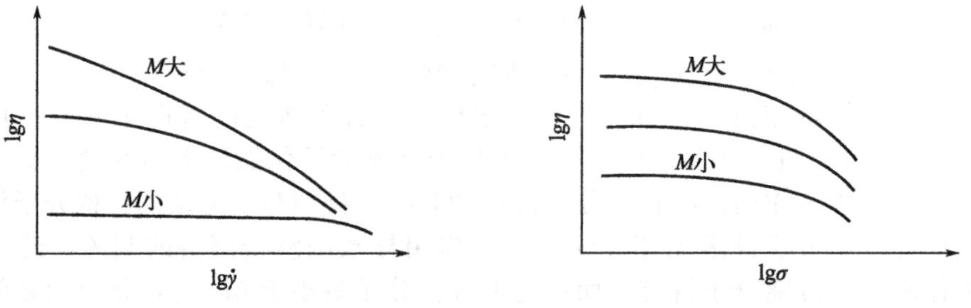

图 7-20 分子量对高聚物熔体黏度的影响

从高聚物成型加工角度考虑，降低分子量可以增加流动性，改善其加工性能，降低加工成型设备成本，且高聚物与配合剂易于混合均匀，制品表面光洁。当然，过多地降低分子量会影响制品的机械强度和橡胶的弹性。所以在三大合成材料的生产中要恰当地调节分子量的大小，在满足力学性能要求的前提下尽可能降低其分子量以利于加工。

不同用途和不同加工方法对分子量有不同的要求。合成橡胶一般控制高聚物分子量在几十万左右；合成纤维分子量则比较低，否则高聚物黏度太大，在通过直径为 0.16～0.45mm 的喷丝孔时容易发生堵塞。塑料的分子量通常介于纤维和橡胶之间。此外，不同加工方法对于分子量的大小也有不同的要求，一般说来，注射成型用的分子量比较低，挤出成型用的分子量比较高，而吹塑成型用的分子量介于两者之间。

7.2.4.2 分子量分布的影响

平均分子量相同的高聚物，由于分子量分布不同使熔体流动性产生很大差别。这对于高聚物制品的生产同样很重要。研究证明，分子量分布较窄或单分散的高聚物，熔体的剪切黏度主要由重均分子量决定。分子量分布较宽的高聚物，其熔体黏度却可能更多地受到其中高分子量部分的影响，而与重均分子量没有严格的关系。

由于在临界分子量 M_c 以上，零切黏度与重均分子量的 3.4 次方成比例，因此对于分子量分布较宽的高聚物，其高分子量部分对零切黏度的贡献比低分子量部分要大得多。这样，两个重均分子量相同的同种高聚物试样，分子量分布较宽的有可能比单分散试样具有较高的零切黏度。

同时，前面的讨论可知分子量大小不同，黏度对剪切速率的依赖性也不同，分子量越大，剪切速率增加引起的黏度降低越大，从牛顿性区进入假塑性区也越早，即在更低的剪切速率下便发生剪切变稀。因此，在重均分子量相同时，随着分子量分布增宽，高聚物熔体流动开始出现非牛顿性的剪切速率值很低。如图 7-21 所示，在切变速率很低时，宽分布的高聚物的黏度比窄分布的高，但是当剪切速率增加时，宽分布高聚物的曲线很快就发生偏离，进入假塑性区，而窄分布的高聚物却保持宽得多的第一牛顿区，致使其黏度值在高剪切速率区比宽分布高聚物还高。

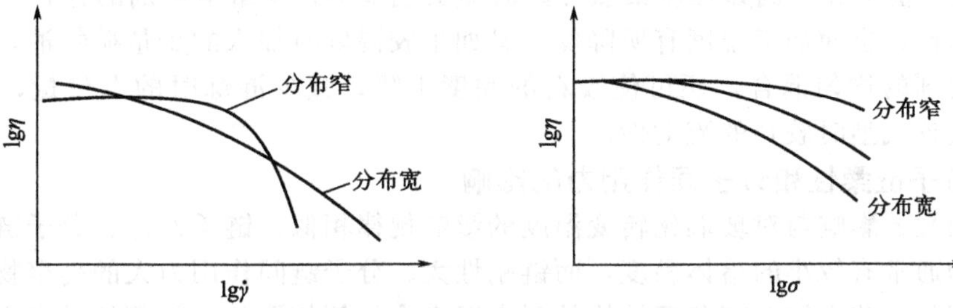

图 7-21　分子量分布对高聚物熔体黏度的影响

一般纺丝和塑料的注射、挤出加工都是在较高剪切速率下进行，分子量分布对高聚物熔体黏度和流动行为的影响显得尤为重要。在此条件下，单分散或分子量分布窄的高聚物，其黏度比分子量分布较宽的同种高聚物的高，因此，分子量分布较宽的高聚物流动性更好，更容易挤出或注射成型。通常在负荷 21.168N 下测量的熔体流动速率只能反映低剪切速率下的熔体流动情况，而不能反映高剪切速率下的加工过程的流动行为。

橡胶加工中的塑炼过程的目的就是为了降低生胶的分子量，增加分子量分布宽度，降低黏度，使获得适宜的可塑性和流动性。分子量分布宽，则其中低分子量部分不但本身流动性好，还是相当优良的增塑剂，对高分子量部分起增塑作用。由于流动性较好，可减少动力消耗，提高产品外观光洁度。而高分子量部分则可以保证一定力学性能要求。相对于橡胶而言，塑料和纤维的分子量分布则不宜过宽，因为塑料和纤维的平均分子量一般都很低，分子量分布过宽造成体系含有相当数量的小分子量部分，它们对产品的力学性能将带来不良的影响。例如聚碳酸酯，低分子量部分和单体杂质含量越多，应力开裂越严重。如果聚合后用丙酮处理抽提去除低分子量部分和单体杂质，则能够减轻制品的应力开裂。目前，防止制品开裂的一个重要途径就是减少低分子量部分，提高分子量。

7.2.4.3　链支化的影响

一般地说，短支链对高聚物熔体黏度影响不大，而长支链则可能有显著影响。因为支化分子比相同分子量的线形分子在结构上更为紧凑，只要支链的长度小于产生分子量缠结所需要的长度，不能形成有效的缠结，则支化分子间的相互作用较小，支化高聚物的短支链表现出增塑作用。通常随支化点的增多和支链长度的增加高聚物的熔体黏度下降，支链高聚物的零切黏度比同分子量的线形高聚物略低一些。但是，如果支链长到足以相互缠结，则这样的支化高聚物在低剪切速率下的黏度要比相同分子量的线形高聚物高。目前有关支化对高聚物黏度的影响的研究结果尚缺乏一致性，实际情况比理论预言的现象更为复杂。虽然一些体系的支化高分子熔体黏度在很宽的分子量范围低于相同分子量线形高聚物的黏度，但也有一些体系，即使其支链长到足以产生缠结，其在低剪切速率下的黏度却仍比相同分子量的线形高聚物低。

支化高聚物的黏度随剪切速率的增加同样要发生偏离牛顿流动的现象。已有实验表明，支化高聚物的黏度比线形高聚物更易受剪切速率的影响，即随剪切速率的增大，支化高聚物更容易发生剪切变稀现象。从缠结作用的观点出发，在剪切力场中支化分子链的解缠结效应更显著，在较低的剪切速率下即偏离牛顿流体行为。因此，在高剪切速率下，支化高聚物的黏度几乎都比相同分子量的线形高聚物低。

7.2.4.4 低分子添加剂的影响

增塑剂和稀释剂等低分子添加剂的加入可降低高聚物链间的相互作用，减少内摩擦和缠结作用，因而使熔体的黏度下降，流动性提高。在相同条件下，外加稀释剂的高聚物体系的黏度随高聚物浓度的下降而减小。由于稀释降低分子链间缠结作用，使得高聚物的临界缠结分子量 M_c 的数值提高。例如在硬聚氯乙烯的加工成型中，少量增塑剂的存在不仅极大地改善体系的流动性，也使加工温度有所降低。又如生胶混炼时加入的少量矿物油，不仅可帮助生胶和其他助剂的均匀混合，还可使胶料的黏度下降，减少混炼时的发热量，避免早期硫化，同时也改善成型时胶料的流动性。

7.2.4.5 分子链柔性和分子间作用力的影响

其对流动性的影响与对玻璃化转变温度的影响规律相似。链柔性好、分子链间相互作用力小的高聚物通常有较小的熔体黏度，而链刚性大、分子链间作用力大的高聚物熔体的黏度一般较高。例如一些主链含有芳环结构的耐高温高聚物例如聚酰亚胺等的黏度都很高，加工流动性能一般较差。分子的极性、氢键和离子键等引起的分子间作用力对高聚物的熔融黏度也有很大的影响。如氢键能使尼龙、聚乙烯醇、聚丙烯酸等高聚物的黏度增加。离子键能把分子链互相连接在一起，犹如发生交联，因而离聚物的离子键能使黏度大幅度升高。聚氯乙烯和聚丙烯腈等极性高聚物，分子间作用力很强，因而熔融黏度也较高。

7.2.4.6 熔体结构的影响

温度较低的高聚物熔体的微观并不均一。例如乳液聚合得到的聚氯乙烯，在 160～200℃挤出时，电子显微镜下可观察到挤出物断面有颗粒结构存在，即熔体中仍然存有未熔透的微粒，因此熔体在发生剪切流动的同时还存在颗粒流动。颗粒作为刚性的流动单元，相互之间可以滑动，其运动阻力较小，因此，在 160～200℃时，乳液法聚氯乙烯的熔体黏度比特性黏度 $[\eta]$ 相同的悬浮法聚氯乙烯要小好几倍。当加热到 200℃以上时，熔体中的颗粒完全熔融，乳液法聚氯乙烯熔体的流动性即变得与悬浮法聚氯乙烯无甚差别。乳液聚合的聚苯乙烯也有类似现象。

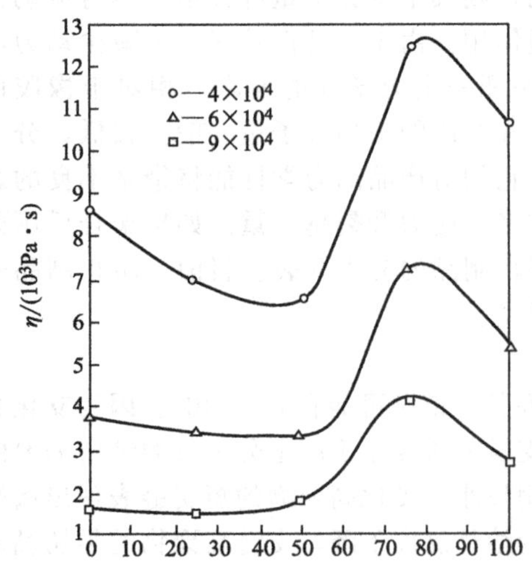

图 7-22 220℃，不同切应力下高密度聚乙烯/聚苯乙烯共混体系黏度随组成比的变化

7.2.4.7 共混物相容性及相态的影响

高聚物共混体系的熔体黏度与共混物相容性及相态等有关。由两种不相容、未经交联的高聚物组成的共混物，除非掌握了共混体系形态的大量数据，否则难以准确预计其熔体黏度。如图 7-22 所示高密度聚乙烯/聚苯乙烯共混体系在 220℃的切黏度与组成的关系。在一种组分为连续相，另一组分为分散相时，体系通常有较低的黏度。共混体系

中量较大、黏度较低的高聚物往往容易成为连续相。当共混体系组成比为 75/25 时，体系呈现两相共连续结构，此时体系黏度出现极大值。通过少量共混降低熔体黏度，减小弹性，对高聚物加工有很大的帮助。例如，硬聚氯乙烯管挤出时，共混少量丙烯酸树脂，可提高挤出速率，改进制品外观光泽。

7.2.4.8　温度的影响

温度对高聚物的黏度影响很大。温度升高熔体的自由体积增加，分子间的相互作用力减弱，链段运动的能力提高，高聚物熔体的黏度以指数方式降低。在黏流温度以上，高聚物的切黏度与温度的关系与低分子液体一样，一般可用 Arrhenius 方程表示：

$$\eta = A\exp(\Delta E_\eta/RT) \qquad (7\text{-}56)$$

上式取对数有

$$\ln\eta = \ln A + \frac{\Delta E_\eta}{RT} \qquad (7\text{-}57)$$

这里 ΔE_η 为流动活化能；A 为给定切应力下高聚物的特征常数。可见熔融黏度的对数与温度的倒数之间存在线性关系。图 7-23 是一些高聚物的表观黏度与温度的关系曲线，可以看到，各种高聚物直线的斜率不相同，直线斜率越大，流动活化能 ΔE_η 越高，黏度对温度变化越敏感。表 7-5 列出了一些高聚物的流动活化能数值。从图 7-23 及表 7-5 可见，一般分子链越刚性，或分子间作用力越大，则流动活化能越高，这类高聚物的黏度对温度敏感性较大，在加工时，升高温度能有效地改善这类高聚物的流动性。例如图中聚碳酸酯和聚甲基丙烯酸甲酯的情况。而对于柔性高分子，如聚乙烯、聚丙烯和聚甲醛等，流动活化能较小，表观黏度对温度的敏感性较差，即使温度升高 10℃，表观黏度也降低不了一个数量级。对于这类高聚物在加工过程中往往选择改变切应力来改善其熔体流动性。

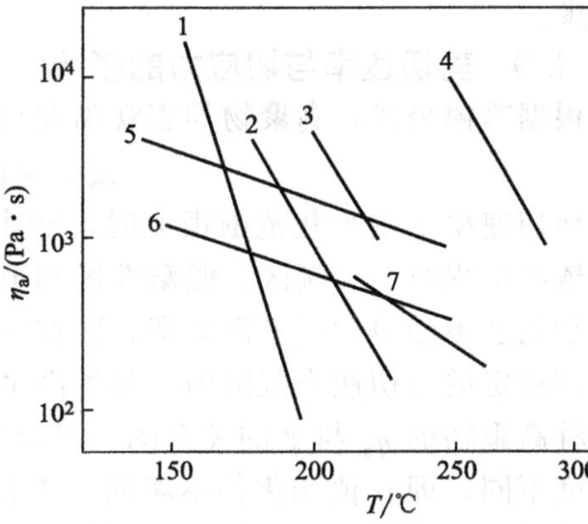

图 7-23　温度对高聚物表观黏度的影响

1—醋酸纤维；2—聚苯乙烯；3—聚甲基丙烯酸甲酯；4—聚碳酸酯；5—聚乙烯；6—聚甲醛；7—聚酰胺

表 7-5　一些高聚物的流动活化能

高聚物	活化能/(kJ/mol)	高聚物	活化能/(kJ/mol)
聚二甲基硅氧烷	16.7	聚乙酸乙烯酯	250
高密度聚乙烯	26.3～29.2	聚 1-丁烯	49.6
低密度聚乙烯	48.8	烯醇缩丁醛	108.3
聚丙烯	37.5～41.7	酰胺	63.9
聚丁二烯(顺式)	19.6～33.3	聚对苯二甲酸乙二醇酯	79.2
天然橡胶	33.3～39.7	聚碳酸酯	108.3～125
聚异丁烯	50～52.5	苯乙烯-丙烯腈共聚物	104.2～125
聚苯乙烯	94.6～104.2	ABS(20%橡胶)	108.3
聚 α-甲基苯乙烯	133.3	ABS(30%橡胶)	100
聚氯乙烯	147～168	ABS(40%橡胶)	87.5
增塑聚氯乙烯	210～315	纤维素乙酸酯	293.3

当非晶态高聚物的温度处于 T_g 与 T_g+100℃之间时，高聚物的表观黏度的对数与温度倒数之间的线性关系不再存在。由于高分子的运动不仅需要足够的能量，还需要充足的空

间，温度较低时，自由体积较小，空间因素对分子链运动发生作用，即链段的跃迁过程不再是一般的活化过程，而出现了自由体积的依赖性。此时表观流动活化能不再是一常数，而是随温度的降低而急剧增大。黏度的温度依赖关系可用 WLF 方程描述。

$$\lg\left[\frac{\eta(T)}{\eta(T_g)}\right]=-\frac{17.44(T-T_g)}{51.6+(T-T_g)} \tag{7-58}$$

WLF 方程很好地描述了高聚物在 T_g 到 T_g+100℃范围内黏度与温度的关系。一般认为高聚物在玻璃化转变温度时是等黏度状态，对于大多数非晶高聚物，T_g 时的黏度 $\eta_{(T_g)}=10^{12}\text{Pa}\cdot\text{s}$，以 T_g 为参考温度，由 WLF 方程可以估算高聚物在 $T_g<T<T_g+100$℃范围内的黏度。

7.2.4.9 剪切速率与切应力的影响

根据幂律公式，高聚物的表观黏度与剪切速率的关系可由式(7-59) 表示：

$$\lg\eta_a=\lg K+(n-1)\lg\dot{\gamma} \tag{7-59}$$

剪切速率 $\dot{\gamma}$ 的变化范围很宽时，非牛顿指数 n 不是常数。高聚物熔体随剪切速率的增加可依次出现第一牛顿区、假塑性区和第二牛顿区，即在较低和较高剪切速率区高聚物熔体的剪切黏度不随剪切速率而改变，而在中间剪切速率区黏度随剪切速率增加而降低。

在指定的剪切速率范围内，各种高聚物熔体的黏度随速率的变化情况并不相同。图 7-24 是几种高聚物的 η_a 与 $\dot{\gamma}$ 的关系图。可以看到，剪切速率增加时，各种高聚物的剪切黏度降低程度不同，即 n 值变化各不相同。柔性链的氯化聚醚和聚乙烯等容易发生链段运动而取向，表观黏度随剪切速率的增加明显地下降，而刚性链的聚碳酸酯和醋酸纤维，则下降不多，其中聚碳酸酯的曲线几乎是水平的直线，相当于牛顿流体的行为。这是因为刚性高分子链段较长，取向时内摩擦阻力较大，因而在流动过程中取向作用很小，随着剪切速率的增加，黏度变化很小。

切应力对高聚物黏度的影响与剪切速率的影响类似。增加切应力使得分子链易于取向和解缠，从而使黏度降低。这种影响因高聚物链的柔顺性不同而异，如图 7-25 所示不同结构高聚物的表观黏度与切应力的关系。通常柔性高分子如聚甲醛和聚乙烯等熔体黏度对切应力的敏感性较大，而刚性高分子如聚碳酸酯和聚甲基丙烯酸甲酯等或分子量较小的高聚物如聚酰胺等的黏度则表现出较小的切应力敏感性。

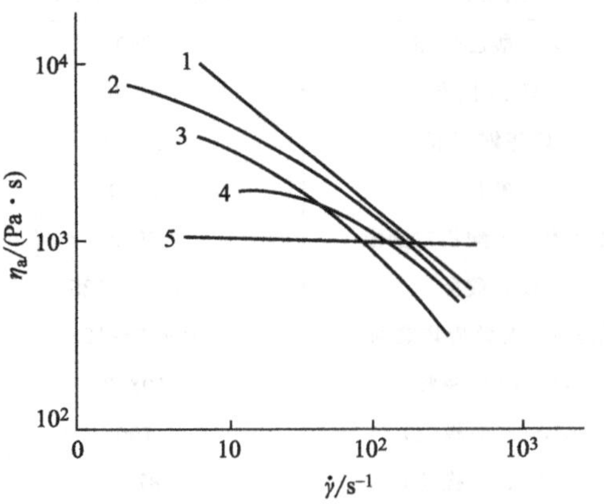

图 7-24 表观黏度与剪切速率的关系

1—氯化聚醚（200℃）；2—聚乙烯（180℃）；3—聚苯乙烯（210℃）；4—醋酸纤维（210℃）；5—聚碳酸酯（302℃）

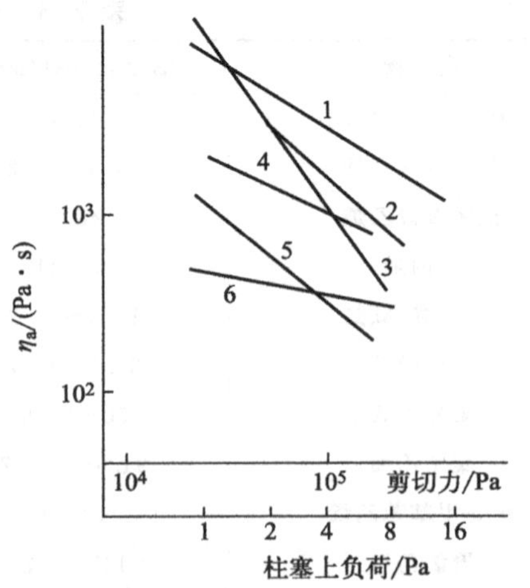

图 7-25 高聚物表观黏度与切应力的关系

1—聚碳酸酯（280℃）；2—聚乙烯（200℃）；3—聚甲醛（200℃）；4—聚甲基丙烯酸甲酯（200℃）；5—醋酸纤维（180℃）；6—聚酰胺（230℃）

7.2.4.10 压力的影响

高聚物在挤出和注射成型加工过程中，或在毛细管流变仪中进行测试时，常需要承受相当高的流体静压力。高聚物熔体是可压缩体，其体积模量约为 10^9Pa。熔体所受的静压力增大，导致体积收缩，自由体积减小，分子间作用力增大，引起流体黏度上升。高聚物熔体由于分子链长，结构复杂，分子链堆砌密度较低，受到流体静压力作用时体积变化较大，剪切黏度的变化较低分子液体更为剧烈。

关于压力对高聚物熔体黏度影响的实验数据尚不很多，而且不同来源的数据出入也较大。但是一般认为黏度随压力呈线性关系增加或略快于压力的增加速率。剪切黏度对压力的敏感性可以用压力系数来表征。黏度压力系数 K 定义为

$$K=\frac{1}{\eta}\times\frac{\mathrm{d}\ln\eta}{\mathrm{d}P} \tag{7-60}$$

式中，P 为流体静压力。压力对黏度的影响在第一牛顿区最为强烈，不论恒定切应力或恒定剪切速率来测定，黏度压力系数 K 都最大。

压力对黏度的影响随温度的升高而减小，随大分子链支化度的提高而增大。对高聚物熔体流动而言，压力的增大相当于温度的降低，一般高聚物的 $-(\Delta T/\Delta P)$ 值约为 $(3\sim9)\times10^{-2}$℃/atm（1atm＝101.325kPa），不依赖于分子量。

在高聚物的加工中，不同的加工方法要求不同的熔体黏度与之适应，除了选择适当牌号的原料之外，还要采用适当的加工工艺条件，以获得恰当的流动性。由于熔体黏度的影响因素较多，不同高聚物其黏度随加工条件的变化规律不同，工艺条件的选择往往必须综合温度、切应力及剪切速率等因素进行考虑。例如柔性链高聚物黏度对剪切应力和剪切速率的变化较为敏感，可通过增加螺杆的转速，提高剪切速率，或者加大柱塞的载荷，提高切应力，以达到提高物料流动性的目的；而对刚性链高聚物具有较大的流动活化能，它们的黏度对温度变化的敏感性较大，则首先应考虑提高温度，从而有效地提高物料的流动性。如果温度不够就开始生产，或盲目增大螺杆转速，就有可能绞断螺杆，损坏机器。

7.3 高聚物熔体的弹性效应

高聚物熔体是兼具黏性和弹性的液体，在外力作用下除表现出不可逆形变即黏性流动外，还发生可逆的弹性形变。弹性形变一部分是由于切应力作用下流动场中的分子链取向使体系熵减少造成。当分子量大、外力作用时间短或作用速度快、温度在熔点或黏流温度以上不多时，熔体的弹性表现最为明显。在外加切应力的作用下，可逆的弹性形变有一发展过程，除去切应力后弹性形变又有一恢复过程，体现出高弹形变的松弛特征。

高聚物熔体在流动时，不但有切应力的作用，还有当流线收敛变化时受到的拉伸应力作用，这些力都会引起弹性形变。熔体弹性主要表现为韦森堡效应、挤出物胀大效应和不稳定流动现象，无管虹吸以及高分子流体的拉伸流动和可纺性也都反映了高分子流体流动时的弹性形变特性。

成型加工过程中的弹性形变及松弛过程对制品的外观、尺寸稳定性及“内应力”等都有重要影响，因此引起广泛关注。加工过程产生的弹性形变若不能及时完全恢复，使得制品内部总会存在或多或少的内应力，造成材料力学性能的下降。为了消除这些内应力，可以采用对制件脱模后进行热处理，或提高模具温度、降低冷却速率以及制件设计尽量避免厚薄不均等方法。

7.3.1 剪切流动的法向应力效应

法向应力差是高聚物熔体弹性的主要表现。当高聚物熔体受到剪切力作用时，通常在其垂直方向上产生法向应力。当熔体处于稳态剪切流动时，某时刻作用在其中一个立方小体积

元的应力分量如图 7-26 所示。除了作用在流动方向上的剪切应力 σ_{21} 外，还有分别作用在空间相互垂直的三个方向上的法向应力 σ_{11}、σ_{22} 和 σ_{33}。剪切应力的物理实质是内摩擦力或黏滞力，法向应力的物理实质则是弹性力，包括拉力或压力。对于牛顿流体，只有黏性，没有弹性，法向应力分量大小相等。对于高聚物熔体因剪切力作用发生弹性形变，三个法向应力分量不再相等，其中关系为：$\sigma_{11}+\sigma_{22}+\sigma_{33}=0$。定义几个法向应力差为

$$N_1=\sigma_{11}-\sigma_{22} \tag{7-61}$$

$$N_2=\sigma_{22}-\sigma_{33} \tag{7-62}$$

$$N_3=\sigma_{33}-\sigma_{11} \tag{7-63}$$

式中，N_1、N_2 和 N_3 分别称为第一法向应力差、第二法向应力差和第三法向应力差。第一法向应力差通常为正值，且较大，有使剪切平板分离的倾向，当剪切速率很大时，N_1 可以超过切应力 σ_s；而第二法向应力一般则很小，且为负值，有使平板边缘处聚合物产生突起的倾向，其绝对值约为第一法向应力差的 0.1～0.3 倍，随剪切速率的增加而下降，如图 7-27 所示。法向应力差反映弹性形变的程度，熔体表观黏度随第一法向应力差的增大而下降。

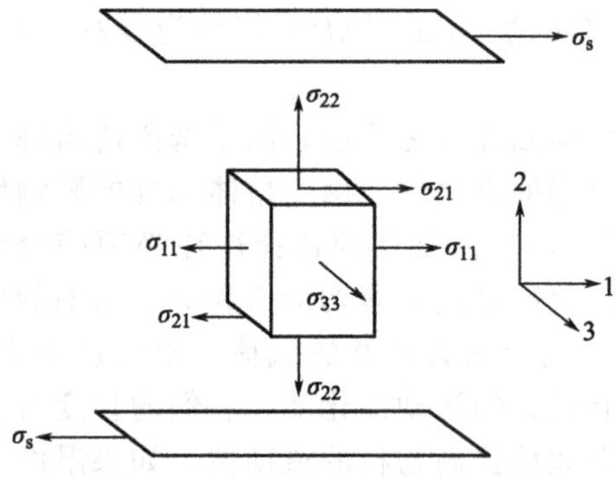

图 7-26 剪切力场中的法向应力示意

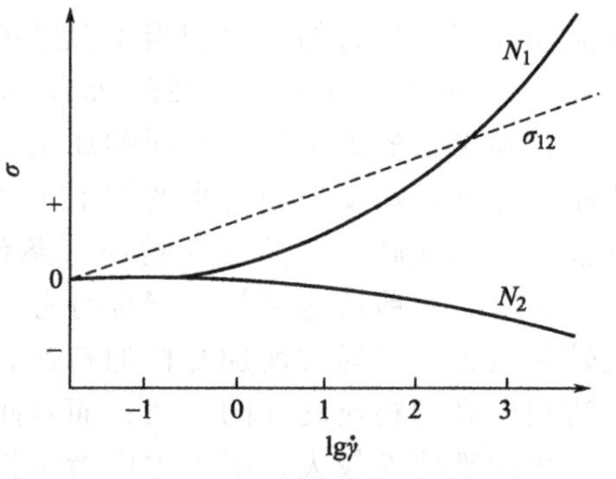

图 7-27 剪切力场中第一和第二法向应力差与剪切速率的关系

在锥板黏度计中法向应力有使锥体和板分开的倾向。如果在锥体或板上有与轴平行的小孔，则法向应力将迫使流体涌入小孔，并沿孔上所接的管子上升，如图 7-28(c) 所示。通过测量沿管上升的液体的高度可衡量高聚物流体法向应力差的大小。第一法向应力差与液体在管中的高度成正比，实验证明，在旋转中心处液柱最高，离中心距离 R 越远，液柱越低。第一法向应力差可按式(7-64) 计算

$$N_1=2F/\pi R^2 \tag{7-64}$$

式中，F 为促使锥体和板分离的轴向力，可通过安装在锥板流变仪上的压力传感器测得。

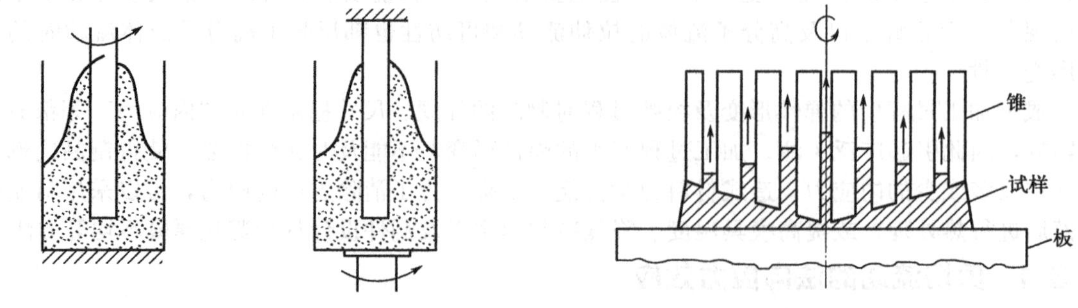

图 7-28 韦森堡效应及法向应力演示

由于法向应力差的存在，高聚物熔体和浓溶液在旋转环流流动时外层流体向内挤压并向上升，引起一系列弹性液体特有的反常现象，统称为韦森堡（Weissenberg）效应。例如，在旋转黏度计或容器中进行电动搅拌时，高聚物熔体或浓溶液受到旋转剪切作用，流体会沿内筒壁或轴上升，发生包轴或爬竿现象（韦森堡效应），如图 7-28(a)、(b) 所示。此外，高聚物熔体流动时的许多现象如挤出物胀大现象（巴拉斯效应）和不稳定流动现象都与法向应力差有关，以下将一一介绍。

7.3.2　挤出物胀大

当高聚物熔体从小孔、毛细管或狭缝中挤出时，挤出物的直径或厚度会明显大于模口尺寸，发生离模膨胀，这种现象叫作挤出物胀大，或称巴拉斯（Barus）效应，如图 7-29 所示。高聚物熔体的挤出物胀大是熔体弹性的一种表现。由于熔体的弹性效应是一种记忆效应，因此在模孔中发生变形的高聚物熔体离开模孔后将恢复到进入模孔前的形状。

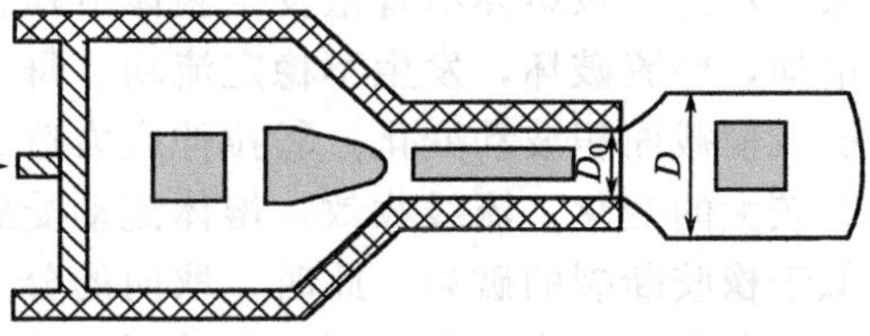

图 7-29　挤出物胀大示意

造成挤出物胀大至少有两种因素：①当熔体进入模孔时，由于模口处流线收缩，使熔体在流动方向受到拉伸作用，产生拉伸弹性形变。由于熔体在模孔中停留的时间较短，弹性形变来不及完全松弛，出模孔后就将继续发生回复，因而直径胀大。②熔体在模孔内流动时，由于切应力和法向应力的作用而产生的弹性变形，出模孔后也要回复。当模孔的长径比 L/R 很小时，前者是主要的，即胀大主要由拉伸流动引起。随着 L/R 增至＞16 时，由拉伸流动引起的变形在模孔内已得到充分的松弛回复，因而挤出物胀大主要由剪切流动引起。

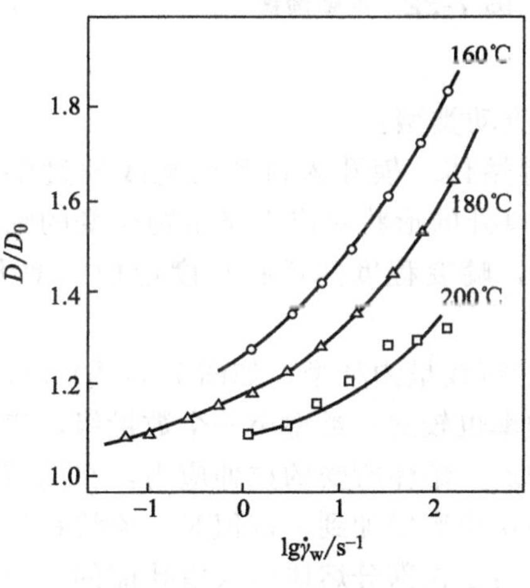

图 7-30　聚苯乙烯挤出胀大比的剪切速率依赖性

挤出物胀大程度可用胀大比 B 表示，$B=D/D_0$，D_0 为模口直径，D 为挤出物最大直径。B 值与熔体在流动中的弹性形变大小有关。

研究表明：①B 值与剪切速率有关。在较低的剪切速率下，高聚物熔体的 B 值接近于 1.135；在高剪切速率下，B 值可达 3～4，且随剪切速率的增大而增大，如图 7-30 所示三种高聚物试样胀大比与剪切速率的关系。②B 值与熔体温度有关。在剪切速率相同时，温度升高使取向分子的松弛速度加快，弹性效应减小，因此 B 随温度升高而减小。③当剪切速率和温度保持不变时，分子量增加、分子链分布加宽和长支链分子的支化度增加使松弛时间延长，弹性效应显著，B 值增加。④在同一剪切速率下，B 值随 L/R 的增加而减小，逐渐趋于恒定值。此外，刚性填料的加入一般能使 B 值明显减小，这可能与填料改变流体性质及流动过程，并使模口处的拉伸流动受到抑制有关。

7.3.3　不稳定性流动与熔体破裂现象

当切应力超过某一临界值（大约为 0.04～0.3MPa）时，剪切速率增加，拉伸力作用使弹性回复不均匀分布，熔体将发生不稳定流动。随着剪切速率的继续增大，挤出物的表面粗糙，尺寸周期性起伏，依次呈波纹状、竹节状和螺旋状畸变，直至熔体破裂成碎块，如

7

图 7-31 所示，这些现象统称为不稳定流动，熔体破裂是其中最严重的情况。

一般认为不稳定流动和熔体破裂与熔体的弹性效应有关。大致原因为：①剪切力造成管壁滑移，即流体在管壁处的流动速率不再为零，如图 7-32 所示。在高剪切速率下，高聚物熔体与毛细管壁间的黏附被破坏，熔体在管壁上产生滑移现象，引起不稳定流动。滑移的原因是高聚物熔体的非牛顿性，在剪切速率最大的毛细管壁处的表观黏度最低。此外，伴随流动出现的分级效应，使得分子量低的部分较多地集中在毛细管壁附近，也使管壁处熔体黏度降低，从而导致熔体沿管壁发生整体滑移。此时，弹性回复作用容易发生，滑移区域流体流速增加，层流破坏，发生不稳定流动。每一次滑移伴随弹性形变的回复，表现为挤出物表面粗糙或横截面积波动变化。②拉伸应力造成熔体破裂。在靠近口模入口处，由于管道的截面积有较大的变化，流线收敛，熔体流动受到很大的拉伸应力作用，过大的应力造成熔体发生类似于橡胶断裂的破裂。此时，取向的分子链急速回缩解取向，随后熔体流动又逐渐重新建立起这种取向，直至发生下一次破裂，从而使挤出物外观发生周期性的变化，甚至发生不规则的扭曲或破裂成碎块。

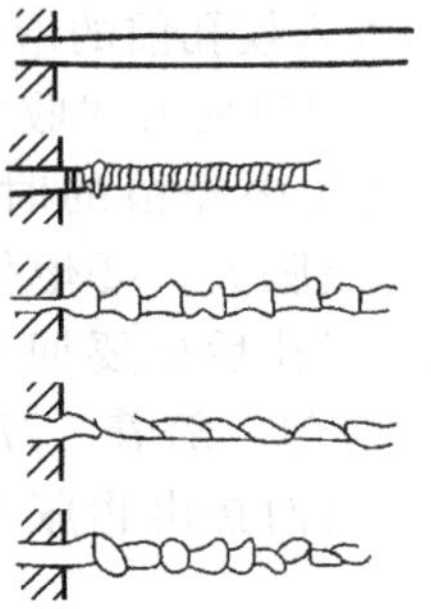

图 7-31 不稳定流动的挤出物外观示意

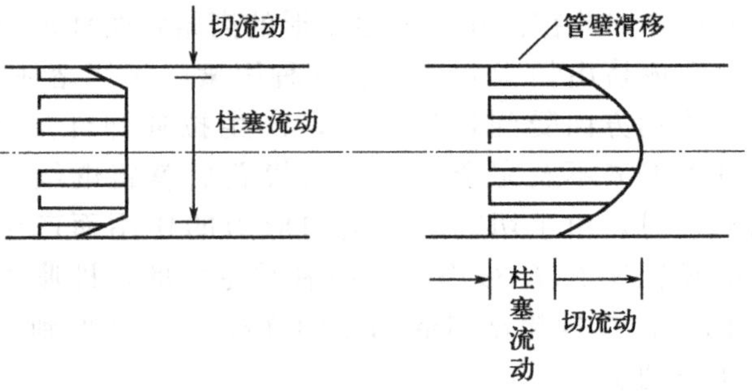

图 7-32 管壁滑移

管壁滑移或拉伸应力的作用造成两种不同的不稳定流动类型：

① 对于线形高聚物如高密度聚乙烯和等规聚丙烯等熔体，模孔入口处的流线扫过整个入口前的空间，成轴对称，如图 7-33(a) 所示。模孔入口处的形状对出现挤出物畸变的临界变切速率值影响不大。挤出物畸变主要由管壁滑移造成，畸变程度随模孔长度增加而增大，表现为出口效应。

② 对于支化高聚物如低密度聚乙烯等，模孔入口处的流线呈酒杯型，如图 7-33(b) 所示。熔体挤出物的畸变程度随模孔的长度增加而减小，畸变频率也较前一类型小一个数量级，表现为入口效应。挤出物畸变的原因是其酒杯形收缩的流线增加了熔体所受的拉伸应力，在高剪切速率时发生拉伸破裂，死角处出现漩涡状弹性湍流。当剪切速率增加到一定值时，流线将发生周期性的暂时间断，此时死角处漩涡内的熔体进入模孔。由于这部分熔体进入模孔前的受力历史不同，造成模孔内分子链取向情况的周期性变化，从而形成挤出物的不均匀收缩和螺旋状畸变。模孔延长，破裂的熔体在模孔内可能完全或部分愈合，从而使挤出物畸变程度减少。

熔体的不稳定流动还存在一些其他起因。例如熔体离开模孔后的应力松弛，熔体进入模孔前所受到的压缩，熔体的亚微观结构的不均一性等。通过减少模孔入口角和提高温度可以提高熔体出现不稳定流动的临界剪切速率，避免不稳定流动现象。

7.3.4 无管虹吸和侧壁虹吸

对于牛顿流体，当虹吸管向上提起离开液面时，虹吸现象即刻终止。而对于高聚物熔体，在虹吸管离开液面一定距离时，仍然可以继续通过虹吸管流出，这种现象称为无管虹吸。高聚物熔体的无管虹吸现象如图 7-34(a) 所示。高分子熔体还有侧壁虹吸现象，将容器稍稍倾斜使高聚物熔体开始流出，尽管当容器中液面远低于容器边缘，高聚物流体的流动仍然可以继续，直至容器中液体全部流光，如图 7-34(b) 所示。以上现象都与高聚物熔体的弹性行为有关，这种弹性行为使高聚物熔体流动时容易产生拉伸形变，形成拉伸流动，从而赋予高聚物熔体良好的可纺性。

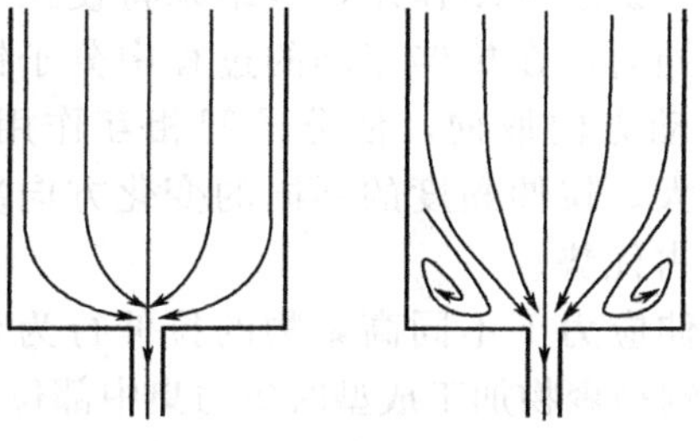

(a)　　(b)

图 7-33 高聚物熔体在毛细管入口处的流线

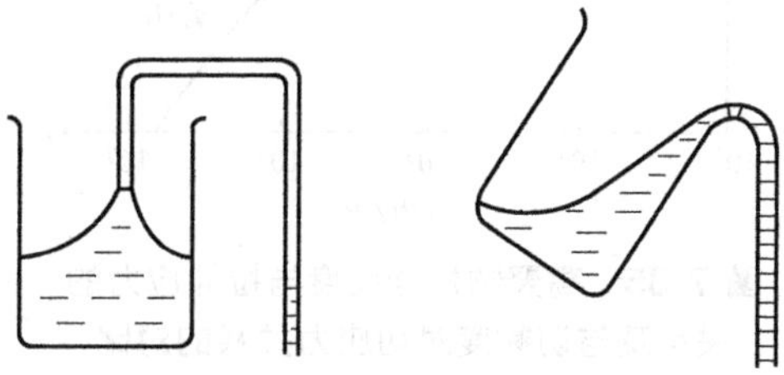

(a) 无管虹吸　　(b) 侧壁虹吸

图 7-34 高分子熔体的虹吸

7.4 拉伸黏度

前面讨论的剪切黏度对应于剪切流动，流动时产生横向速度梯度场，即速度梯度的方向与流动方向垂直。高聚物熔体或浓溶液在挤出机，注射机的管道中或喷丝板的孔道中的流动均属此类。

当高聚物加工过程中伴有流体的流线收敛时，熔体受到拉伸应力作用而引起拉伸流动，在平行于流动方向上产生纵向的速度梯度场。吹塑成型中熔体离开模口后的流动，纺丝时离开喷丝孔后的牵伸，是拉伸流动的典型例子。注射、挤出等加工过程中熔体在口模或喷丝板入口处的流动，混炼或压延时滚筒间隙入口处的流动，以及在一切具有截面积逐渐缩小的管道或孔道的收敛流动，也都含有拉伸流动的成分。

拉伸流动过程中熔体的黏度为拉伸黏度，拉伸黏度 η_t 定义为拉伸流动的拉伸应力与拉伸应变速率的比值

$$\eta_t = \sigma / \dot{\varepsilon} \tag{7-65}$$

式中，σ 为拉伸应力；$\dot{\varepsilon} = \mathrm{d}\varepsilon / \mathrm{d}t$，为拉伸应变速率，其中 ε 为拉伸应变，$\varepsilon = \int_{l_0}^{l} \frac{\mathrm{d}l}{l} = \ln \frac{l}{l_0}$，$l_0$ 和 l 分别为拉伸试样的起始和 t 时刻的长度，因此 $\dot{\varepsilon} = \frac{1}{l} \times \frac{\mathrm{d}l}{\mathrm{d}t}$。

对于牛顿流体，

$$\eta_t = 3\eta_0 \text{（单轴拉伸）}$$

$$\eta_t = 6\eta_0 \text{（双轴拉伸）}$$

对于非牛顿流体，只有在拉伸应变速率很小时，η_t 才是常数，上式成立。一般拉伸黏度均有应变速率依赖性，这与剪切黏度相似，但它们的依赖关系不同。高聚物熔体是非牛顿流体，在高剪切速率下剪切黏度大幅度下降，而拉伸黏度随拉伸应变速率变化不很大，因而高聚物熔体的拉伸黏度通常比剪切黏度要大得多，甚至可高两个数量级。

拉伸黏度随拉伸应力或拉伸速度的变化有三种类型，如图 7-35 所示：A 表示拉伸黏度随应力增加而上升。一些支化高聚物如低密度聚乙烯属此类。B 表示拉伸黏度与拉伸应力无关。一些聚合度较低的高聚物如丙烯酸树脂、尼龙-66、聚甲醛和线形缩醛类共聚物属于这

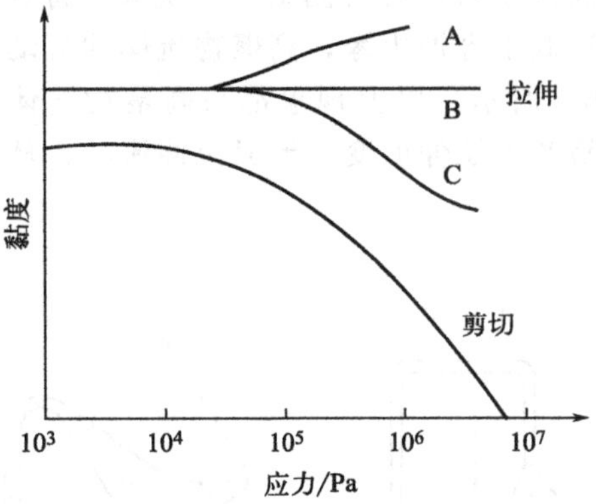

图 7-35 高聚物拉伸黏度与拉伸应力的关系及与切黏度对切应力关系的对比

一类型。C表示拉伸黏度随应力增加而下降。聚合度较高的线形聚乙烯、聚丙烯即为这种情况。

拉伸黏度的变化机理尚不十分清楚。拉伸黏度的种种变化与流体的非牛顿性以及分子链在拉伸方向上的取向有关。从熔体结构分析，拉伸流动中同样会发生分子链解缠结作用，其结果将使拉伸黏度降低。但是同时，在拉伸流动的过程中分子链发生伸展并沿流动方向取向，使分子间相互作用增加，拉伸黏度增大。拉伸黏度的不同的变化方向决定于哪一种作用占优势。

在高拉伸应力下不同高聚物的拉伸行为各不相同，直接影响高聚物加工成型时应力集中部位的尺寸稳定性。如果拉伸黏度随拉伸应力的增大而升高，此类拉伸流动行为对成纤的稳定性较为有利。当高聚物熔体某处出现一个弱点时，该处拉伸应力随之增大，导致拉伸黏度上升并阻止对薄弱部分的进一步拉伸，从而使弱点消失，材料趋于均匀化。相反，如果拉伸黏度随拉伸应力的增大而降低，则导致材料局部弱点破坏。

拉伸黏度的测量比剪切黏度要困难得多。首先，需要排除剪切流动的干扰，获得纯拉伸流动。存在约束的边界的流动均含有相当多的剪切流动成分，只有自由边界的拉伸流动，才能获得纯拉伸流动。例如纺丝时，熔体离开喷丝孔后或挤出时熔体离开口模后的牵伸或吹塑等属这一类。其次，测量要在稳态下进行测定。所谓稳态，是指引起液体流动的力与液体黏滞阻力相平衡的状态，这时应变速率维持恒定。由于拉伸流动中纵向速度梯度的作用距离较长，流动速度沿流动方向变化，拉伸应变速率并不恒定，属非稳态流动。因而，拉伸流动的实验研究较困难。此外，熔体的拉伸黏度的测量还要考虑温度的影响，如加工中伴随的冷却过程的冷却速度，因为冷却造成熔体拉伸黏度增大。常用等温纺丝法测量熔体的表观拉伸黏度。

参考文献

[1] Kaufman H S. Introduction to Polymer Science and Technology：An SPE Textbook [M]. New York：John Wiley & Sons，1977.
[2] 尼尔生 L E. 聚合物流变学 [M]. 范庆荣，宋家琪，译. 北京：科学出版社，1983.
[3] 古大治. 高分子流体动力学 [M]. 成都：四川教育出版社，1988.
[4] 许元泽. 高分子结构流变学 [M]. 成都：四川教育出版社，1988.
[5] 徐佩弦. 高聚物流变学及其应用 [M]. 北京：化学工业出版社，2003.
[6] 马德柱，何平笙，徐种德，等. 高聚物的结构与性能 [M]. 北京：科学出版社，2000.
[7] Li B C. Fundamentals of Polymer Physics [M]. Beijing：Chemical Industry Press，1999.
[8] 何曼君，陈维孝，董西侠. 高分子物理 [M]. 上海：复旦大学出版社，1990.
[9] 冯开才，李谷，符若文，等. 高分子物理实验 [M]. 北京：化学工业出版社，2004.
[10] Bower D I. An Introduction to Polymer Physics [M]. Cambridge：Cambridge University Press，2002.
[11] 卡恩 R W，哈森 P，克雷默 E J. 聚合物的结构与性能 [M] // 材料科学与技术丛书：第 12 卷. 北京：科学出版社，1999.
[12] Nielsen L E. Polymer Rheology [M]. New York：Marcel Dekker，Inc.，1977.
[13] 金日光. 高聚物流变学及其在加工中的应用 [M]. 北京：化学工业出版社，1990.
[14] 马德柱. 聚合物结构与性能（性能篇）[M]. 北京：科学出版社，2017.
[15] 何平笙. 新编高聚物的结构与性能 [M]. 2 版. 北京：科学出版社，2021.
[16] 吴其晔，张萍，杨文君，等. 高分子物理学 [M]. 北京：高等教育出版社，2011.

第 8 章　高聚物的力学性质

高聚物由于极大的分子量使其分子运动有明显的松弛特性和大的构象熵变，高聚物的力学性质呈现不同于小分子的特点，即黏弹性和高弹性。高聚物的高弹性源于大分子链构象熵的改变，内能变化对高弹性的贡献并不重要。橡胶在室温、塑料在玻璃化转变温度以上都表现出高弹性。高聚物的黏弹性是指其力学行为既具弹性材料的特性，又具有黏性流体的特性。也就是说，弹性和黏性在高聚物材料中同时呈现得很明显。高聚物的黏弹性表现为突出的力学松弛现象，例如蠕变、应力松弛、动态力学行为的滞后和损耗等。高聚物力学性能的差异，除了直接与结构因素，例如化学组成、分子量及分布、支化和交联、结晶、共聚、取向和添加剂等有关，也与材料使用的温度、外力作用的时间或频率有关。

为了更好地了解和掌握高聚物力学性能的一般规律及其与高聚物微观各层次结构之间的关系，恰当地选择、合理地使用高聚物，有效地设计及正确地控制加工条件以制备具有优良性能的高聚物新材料。本章将重点介绍玻璃态和结晶态高聚物的极限力学行为，即屈服、破坏和强度，以及高聚物的力学松弛-黏弹性。此外，从热力学和统计力学观点分析橡胶的高弹形变与分子结构的关系，并简单介绍橡胶弹性的唯象理论，讨论橡胶高弹性的特点及橡胶弹性的影响因素。

8.1　高聚物的机械强度

8.1.1　描述材料力学行为的基本物理量

8.1.1.1　应力、应变及弹性模量

(1) 应力和应变、弹性模量和柔量

在外力作用下材料发生宏观变形时，其内部同时产生与外力抗衡的附加内力，并力图使材料恢复到变化前的状态，达到平衡时，附加内力与外力大小相等方向相反。定义单位面积上的附加内力为应力，应力单位为 N/m^2，又称 Pa。当材料受到外力作用而不产生惯性移动时，它的几何形状和尺寸将发生变化，这种变化就称为应变。根据材料受力的不同方式，如图 8-1 所示，应变有三种基本类型：简单拉伸应变、简单剪切应变和均匀压缩应变。

普弹性材料的应力与应变关系服从胡克定律：

$$弹性模量=\frac{应力}{应变}$$

弹性模量是材料发生单位应变时的应力，是材料抵抗变形能力大小的量度，模量越大表示材料刚性越大。

① 简单拉伸

材料受到的外力 F 是垂直于截面积的大小相等、方向相反并作用在同一直线上的两个力，如图 8-1(a) 所示，这时材料的形变称为拉伸应变。定义拉伸应变 ε 为单位长度的伸长，有：

$$\varepsilon=\frac{l-l_0}{l_0}=\frac{\Delta l}{l_0} \tag{8-1}$$

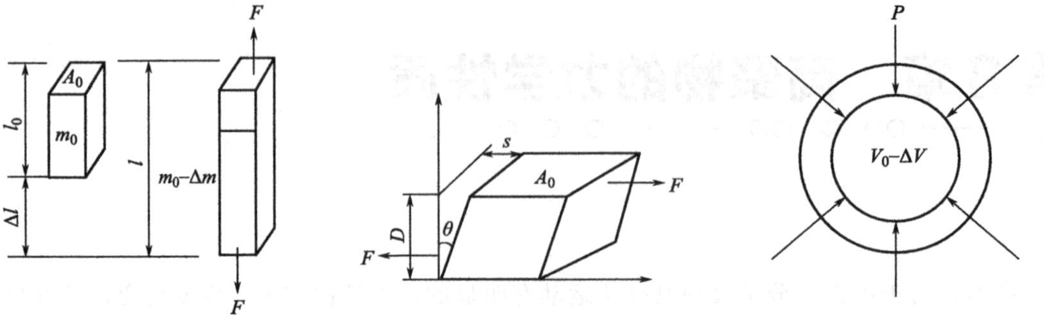

(a) 简单拉伸　(b) 简单剪切　(c) 均匀压缩

图 8-1 材料的应变示意图

式中，l_0 为材料的起始长度；l 为材料变形后的长度；Δl 是材料的绝对伸长。拉伸应变也称为相对伸长或伸长率，在工程上被称为工程应变。此时材料受到的拉伸应力 σ 定义为：

$$\sigma=\frac{F}{A_0} \tag{8-2}$$

式中，A_0 为材料的起始截面积。当材料发生较大变形时，材料的截面积将发生较大的变化，式(8-2) 定义的应力与材料的真实应力会发生较大的偏差。若以材料拉伸时的真实截面积 A 代替 A_0，得到的应力则称为真应力：

$$\sigma'=\frac{F}{A} \tag{8-3}$$

则相应的真应变定义为：

$$\delta=\int_{l_0}^{l}\frac{\mathrm{d}l_i}{l_i}=\ln\frac{l}{l_0} \tag{8-4}$$

式中，l_i 为材料某一时刻长度。

拉伸模量 E 为：

$$E=\frac{\sigma}{\varepsilon}=\frac{\dfrac{F}{A_0}}{\dfrac{\Delta l}{l_0}} \tag{8-5}$$

② 简单剪切

材料受到与截面 A_0 相平行的大小相等、方向相反的两个力的作用，如图 8-1(b) 所示。在剪切力 F 作用下，材料将发生剪切变形，切变角 θ 的正切定义为切应变，

$$\gamma=\tan\theta=S/D \tag{8-6}$$

此时材料的剪切应力为：

$$\sigma_s=\frac{F}{A_0} \tag{8-7}$$

剪切模量 G 为：

$$G=\frac{\sigma_s}{\gamma}=\frac{F}{A_0\tan\theta} \tag{8-8}$$

如果材料在剪切力作用下完全不改变自身的形状，则 $G\to\infty$。简单剪切时，材料只发生形状改变，而体积保持不变。

③ 均匀压缩

材料受到单位面积的静压力 P，发生体积形变，体积由 V_0 缩小为 $(V_0-\Delta V)$，如图 8-1(c) 所示。材料的压缩应变 Δ 定义为：

$$\Delta=\frac{\Delta V}{V_0} \tag{8-9}$$

体积模量 K 是物体的可压缩性的量度，定义为：

$$K=\frac{P}{\dfrac{\Delta V}{V_0}}=\frac{PV_0}{\Delta V} \tag{8-10}$$

为方便使用，定义模量的倒数为柔量。拉伸模量的倒数称为拉伸柔量，用 D 表示；剪切模量的倒数称为剪切柔量，用 J 表示；而体积模量的倒数则为可压缩度 B。

(2) 泊松比

泊松比定义为在拉伸试验中，材料横向单位宽度的减小与纵向单位长度的增加之比值：

$$\nu=-\frac{\Delta w/w_0}{\Delta l/l_0}=\frac{-\varepsilon_t}{\varepsilon} \tag{8-11}$$

式中，ε_t 是横向的应变。对于各向同性材料，上述三种模量之间可用泊松比相关联：

$$E=2G(1+\nu)=3K(1-2\nu) \tag{8-12}$$

由式(8-12) 可知 E、G、K 和 ν 中只有两个是独立的。可以证明，理想不可压缩材料的泊松比为 0.5，此时 $E=3G$。一般材料拉伸时发生体积膨胀，泊松比在 0.2～0.5 之间，而橡胶在拉伸时体积几乎不变，因此橡胶和小分子液体的泊松比接近 0.5。固体材料的泊松比值越小，刚性越大。对于一些具有特殊结构的高分子材料，例如，具有特殊微孔结构的聚四氟乙烯（PTFE），其泊松比也可以表现为负值，即拉伸膨胀，压缩收缩。这为制造一些特殊性能材料提供了条件，如图 8-2 负泊松比药物缓释绷带。表 8-1 给出一些材料的泊松比。

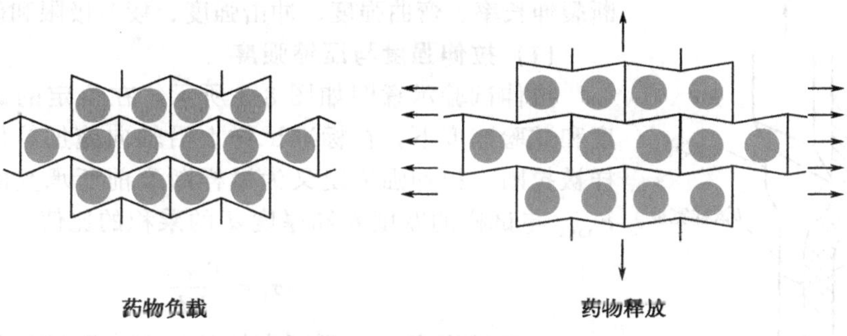

图 8-2　负泊松比医用绷带

表 8-1　不同材料的泊松比

材料	泊松比 ν	材料	泊松比 ν
锌	0.21	石料	0.16～0.34
钢	0.25～0.35	聚苯乙烯	0.33
铜	0.31～0.34	聚甲基丙烯酸甲酯	0.33
铝	0.32～0.36	尼龙-66	0.33
铅	0.45	低密度聚乙烯	0.38
汞	0.50	赛璐珞	0.39
玻璃	0.25	橡胶类	0.49～0.50

对于各向同性理想弹性材料，其弹性行为只要用两个参数就可以描述。但是，高聚物材料在许多情况下不是各向同性的，例如纤维、薄膜等都是取向的。对取向材料的弹性力学行为描述要复杂得多，这时材料在各个方向上有不同的性质，因而有不止两个的独立的弹性模

量，通常至少有 5 个或 6 个，确切的数目决定于体系的对称性。对于不具任何对称性的材料描述其弹性行为的独立参数多达 21 项。随着材料对称性的增加，描述材料弹性行为所需的独立参数逐渐减少。例如对于单轴取向材料，描述其弹性行为至少要 5 个独立参数，如取向方向的模量 E_{33} 和泊松比，横向上的模量 $E_{11}=E_{22}$ 和泊松比以及决定绕取向方向扭转的剪切模量 G。对于双轴取向的薄膜或面内无规取向材料，往往需要独立的九个参数才能全面描述其弹性行为，如相互垂直方向的模量 E_{11}、E_{22} 和 E_{33}，泊松比 ν_{12}、ν_{23} 和 ν_{31} 以及剪切模量 G_{12}、G_{23} 和 G_{31}。

值得注意的是，对于理想弹性体其应力与应变之间严格服从胡克定律，弹性模量与时间无关系。而高聚物材料的力学行为偏离胡克定律的理想情况，其模量不是常数，在较高应力下，模量将发生改变，并且依赖于时间。

8.1.1.2 高聚物材料机械强度评价指标

机械强度是指材料所能承受的最大应力，是材料抵抗外力破坏能力的量度。在实际应用中，机械强度是材料力学性能的重要指标，对于不同的破坏力有不同意义的强度指标。通过模拟各种应力场合下材料的受力情况，设计了多种不同的强度测试方法，这些方法测得的强度往往是几种力学性能的综合反映，缺乏普遍物理意义。其中几种简化了的强度实验方法可作为材料典型的力学性能评价指标而被广泛采用。为了便于结果比较，并消除因各种试验条件不同而引起最后结果的差异，必须对这些试验条件规定严格的统一标准。常用标准有 ISO 标准、ASTM 标准、中国国家标准和部级标准。这些标准对试验所用仪器的规格，测试的具体条件和方法，以及试样的规格和制备方法做出了明确的规定。

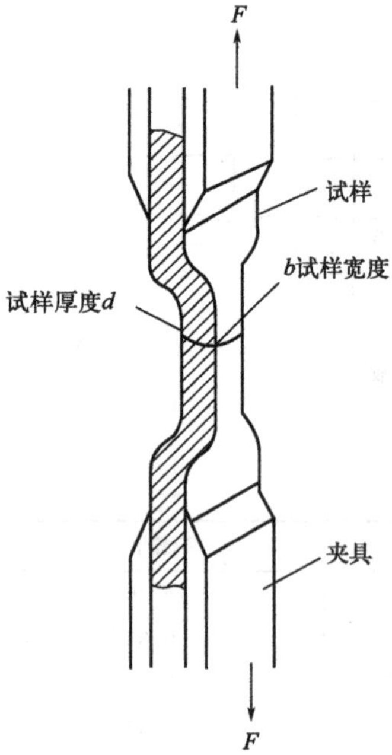

图 8-3 拉伸试验示意图

高聚物材料机械强度的常用指标包括：拉伸强度及模量、断裂伸长率、弯曲强度、冲击强度、疲劳极限和硬度等。

(1) 拉伸强度与压缩强度

拉伸试验示意图如图 8-3 所示，在恒定的试验温度、湿度和试验速度下，在标准试样上沿轴向施加拉伸力，直到试样被拉断。拉伸强度定义为试样断裂前所承受的最大拉伸力 F_{max} 与试样的宽度 b 和厚度 d 的乘积的比值

$$\sigma_t=\frac{F_{max}}{bd} \tag{8-13}$$

由于试样宽度和厚度在拉伸过程中随试样的伸长而逐渐减小，而达到最大载荷时的 b、d 值的测量很不方便，因而工程上一般采用起始尺寸来计算拉伸强度。

拉伸试验得到的另一个参数是断裂伸长率，定义为试样断裂时拉伸方向的长度增量 Δl_t 与材料起始长度的百分比：

$$\varepsilon_t(\%)=\frac{\Delta l_t}{l_0}\times 100\% \tag{8-14}$$

由于整个拉伸过程中，高聚物的应力和应变的关系并不是线性的，只有在小形变时才服从胡克定律，因此通常由拉伸起始阶段的应力-应变曲线斜率来计算拉伸模量即杨氏模量。如果拉伸力增量为 ΔF 时拉伸方向上的长度增量为 Δl，则：

$$E=\frac{\Delta F/bd}{\Delta l/l_0} \tag{8-15}$$

拉伸模量测试时所选用的拉伸速度较小，通常为 1mm/min。

与拉伸作用相反，如果向试样施加单向压缩力，则可根据试样所承受的最大压缩力和压缩曲线得到压缩强度和压缩模量。理论上拉伸和压缩服从同一胡克定律，压缩模量与拉伸模量相等，但实际上高聚物材料的压缩模量通常稍大于拉伸模量。而拉伸强度与压缩强度的相对大小则与材料的性质有关，一般来说，塑性材料善于抵抗拉伸力，而脆性材料抗压性能较好。

(2) 弯曲强度

也称挠曲强度，弯曲试验是在规定的试验条件下对标准试样施加一弯曲力矩，直到试样折断，如图 8-4 所示。定义弯曲强度为试样折断前承受的最大应力。小形变时的弹性模量为弯曲模量。若实验过程中的最大载荷为 F_{max}，按下式可计算弯曲强度：

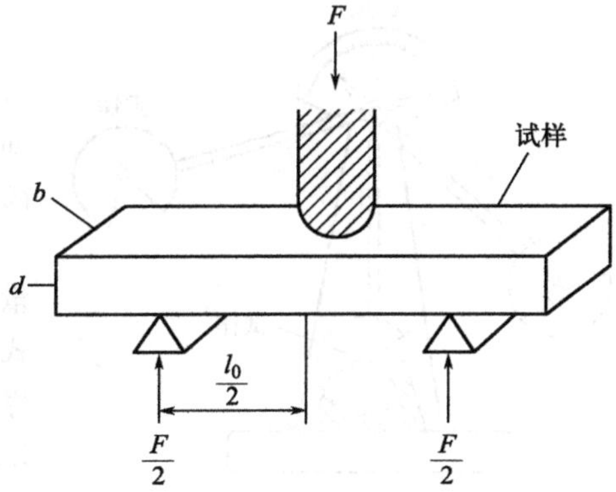

图 8-4　三点弯曲试验示意

$$\sigma_f=\frac{F_{max}}{2}\frac{l_0/2}{bd^2/6}=1.5\frac{F_{max}l_0}{bd^2} \qquad (8\text{-}16)$$

弯曲模量为：

$$E_f=\frac{\Delta F l_0^3}{4bd^3\delta} \qquad (8\text{-}17)$$

式中，δ 叫作挠度，是试样着力处的位移。

弯曲试验也可采用一端固定，在另一端施加载荷的方式，以及四点弯曲法。试样形状可采用矩形截面和圆形截面。弯曲强度和弯曲模量的计算与试样形状和形变方式有关。表 8-2 列出了一些塑料的拉伸和弯曲试验参数。

8

表 8-2　常见塑料的拉伸和弯曲试验参数

材料	拉伸强度/MPa	断裂伸长率/%	拉伸模量/GPa	弯曲强度/MPa	弯曲模量/GPa
低压聚乙烯	22～28	60～150	0.82～0.93	24～39	1.1～1.4
聚苯乙烯	34～62	1.2～2.5	2.1～3.4	60～96	
ABS 塑料	17～62	10～140	0.7～2.8	25～93	2.9
聚甲基丙烯酸甲酯	48～76	2～10	3.1	90～117	
聚丙烯	33～41	200～700	1.2～1.4	41～56	1.2～1.6
聚氯乙烯	34～62	20～40	2.5～4.1	68～110	
聚酰胺-6	73～77	150	2.6	98	2.4～2.6
聚酰胺-66	81	60	3.1～3.2	98～110	2.8～2.9
聚酰胺-1010	51～54	100～250	1.6	87	1.3
聚甲醛	61～68	60～75	2.7	89	2.6
聚碳酸酯	66	60～100	2.2～2.4	96～104	2.0～2.9
聚砜	70～83	20～100	2.5～2.8	106～125	2.7
聚酰亚胺	93	6～8		>98	3.1
聚苯醚	85～88	30～80	2.5～2.7	96～134	2.0～2.1
氯化聚醚	42	60～160	1.1	67～76	0.9
聚苯硫醚	78	21		147	3.3
线形聚酯	78	200	2.8	115	
聚四氟乙烯	14～25	250～350	0.4	11～14	

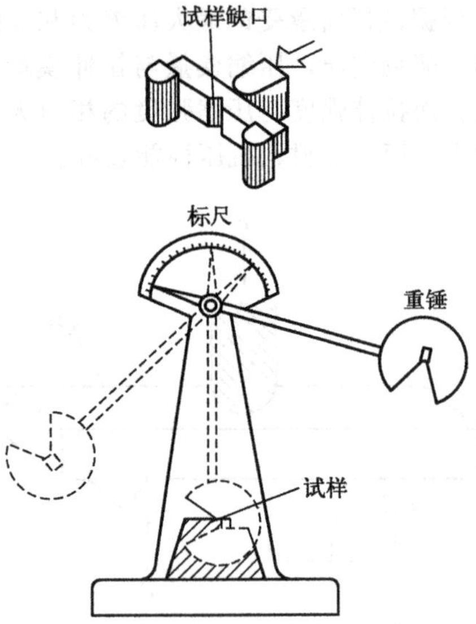

图 8-5 Charpy 冲击试验示意

(3) 冲击强度

冲击强度通常定义为试样受冲击力作用而折断时单位截面积所吸收的能量

$$\sigma_{\mathrm{i}}=\frac{W}{bd} \tag{8-18}$$

式中，W 是冲断试样所消耗的功。冲击强度表征材料抵抗冲击破坏的能力，是评价材料韧性的重要指标。冲击试验方法主要有摆锤式冲击、落重式冲击和高速拉伸三类。

摆锤式冲击试验通过重锤摆动冲击标准试样，测量摆锤冲断试样所消耗的功，试样安放方式有简支梁式和悬臂梁式，前者称为 Charpy 试验，试样两端支撑，摆锤冲击试样中部，如图 8-5 所示；后者称为 Izod 试验，试样一端固定，摆锤冲击自由端。试样分为缺口和无缺口两种。缺口试样受冲击时断裂发生在应力较集中的缺口处，可提高试验的准确性。

落重式冲击试验是让球状或镖状标准重物从一定高度自由下落到板状或片状试样上，根据重物的质量和刚好使试样产生裂痕或破坏时的下落高度，可计算使试样破坏所需的能量。

在高速拉伸试验中，拉断试样所做的功与试样受冲击破坏时所吸收的能量相当，将快速拉伸过程所得应力-应变曲线下的面积作为材料冲击强度

$$\sigma_{\mathrm{it}}=\int_0^{\varepsilon_{\mathrm{b}}}\sigma_{\mathrm{t}}\,\mathrm{d}\varepsilon \tag{8-19}$$

式中，ε_{b} 是断裂伸长率。冲击强度的单位通常为 $\mathrm{kJ/m^2}$，对于缺口试样的冲击强度也可用单位缺口长度的能量表示，单位为 kJ/m。表 8-3 列出一些常见塑料的缺口 Izod 冲击强度数据。

表 8-3 一些常见塑料的缺口 Izod 冲击强度（24℃）

塑料	冲击强度/(J/m)	塑料	冲击强度/(J/m)
聚苯乙烯	13～21	聚甲醛	110～160
高抗冲聚苯乙烯	27～427	低密度聚乙烯	>850
ABS 塑料	53～534	高密度聚乙烯	27～1080
硬聚氯乙烯	21～160	聚丙烯	27～110
聚氯乙烯共混物	160～1070	聚碳酸酯	640～960
聚甲基丙烯酸甲酯	21～27	聚乙烯基甲醚	53～1070
醋酸纤维素	53～200	通用型酚醛塑料	13～19
硝化纤维素	260～370	布填充酚醛塑料	53～160
乙基纤维素	190～320	玻璃纤维填充酚醛塑料	530～1600
聚酰胺-6	50～160	聚四氟乙烯	107～214
聚酰胺-66	50～160	聚苯醚(25%玻璃纤维)	53～210
聚酰胺-612	50～210	玻璃纤维填充聚酯	110～1070
聚酰胺-11	96	玻璃纤维填充环氧树脂	530～1600
聚砜	70～270	聚酰亚胺	50
环氧树脂	10～270		

各种冲击试验所得结果可能不一致。试样的几何形状和尺寸、刻痕的深度和锐度以及环境因素等都将对冲击强度产生影响。

(4) 硬度

作为衡量材料表面抵抗机械压力的能力的一种指标，硬度的大小与材料的拉伸强度和弹性模量有关。硬度试验方法很多，加荷方式有动载法和静载法两类，前者用弹性回跳法和冲击力把钢球压入试样；后者通称压入法，通过平稳加荷将一定形状的压头压入试样测试硬度。因压头的形状不同和计算方法差异又分布氏、洛氏和邵氏等方法，其中布氏硬度测试如图 8-6 所示。通过测量压头压入深度 h，计算试样表面凹痕的表面积上承受的载荷即为材料的布氏硬度

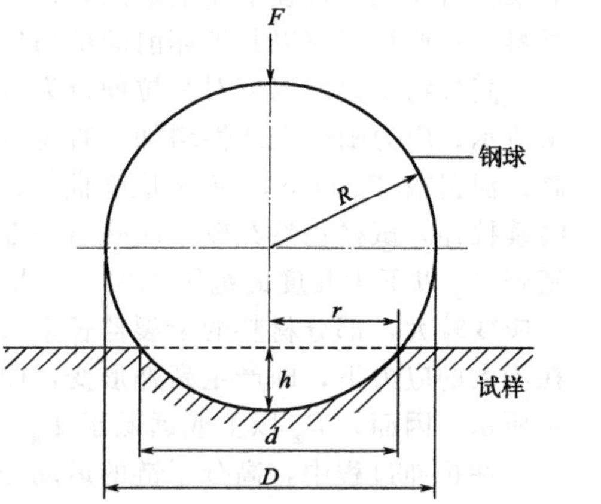

图 8-6　布氏硬度试验

$$H_{\mathrm{BW}}=\frac{F}{\pi D h}=\frac{2F}{\pi D[D-(D^2-d^2)^{1/2}]} \quad (8\text{-}20)$$

式中，d 为试样表面凹痕的直径；D 为钢球的直径；h 为压入深度。

(5) 疲劳

疲劳试验测试材料在交变应力或应变作用下的力学性能，以评价材料在重复作用力下的抗破坏能力，例如轮胎、塑料零件和橡胶传动带等。疲劳性能用疲劳寿命和疲劳极限表征。疲劳寿命是指在给定的振动条件下试样产生破坏所需的周数。疲劳极限则指材料刚好不发生疲劳破坏的最大应力振幅。当所加的应力振幅小于材料的疲劳极限时，材料将永久不断裂。

8.1.2　高聚物的拉伸行为及应力-应变曲线

8.1.2.1　非晶态高聚物的应力-应变曲线

应力-应变曲线包含许多描述高聚物的力学性能的特征参数，例如杨氏模量、屈服强度、拉伸强度和断裂伸长率。在不同的温度和形变速率下测得的数据有助于判断高聚物材料的强弱、硬软和韧脆。并估计高聚物所处的状态及其拉伸取向情况。

在规定的温度、湿度下，将标准试样以匀速拉伸至试样断裂，线形非晶态高聚物单轴拉伸的典型应力-应变曲线如图 8-7 所示。图中 A 点为弹性极限，在 A 点前应力与应变关系服从胡克定律，应变为普弹形变所贡献，曲线的斜率为弹性模量，它反映材料的硬性，这一线性区对应的应变一般只有百分之几。B 称为屈服点，B 点以前是弹性区域，应力除去后，材料可恢复原样，不存在任何永久形变。B 点之后，高聚物材料呈现塑性行为，此时若除去应力，材料不再恢复原样，而留有永久形变。材料出现屈服之前发生的断裂称为脆性断裂，而在屈服点之后的断裂，则称为韧性断裂。B 点时应力达到一个极大值，称为屈服应力或屈服强度，以 σ_y 表示。此时对应的形变为屈服伸长率。过了屈服点后，在外力几乎不变或者增加不大的情况下应变显著增加，材料发生应变软化。后一阶段，曲线又出现较明显的上升，应

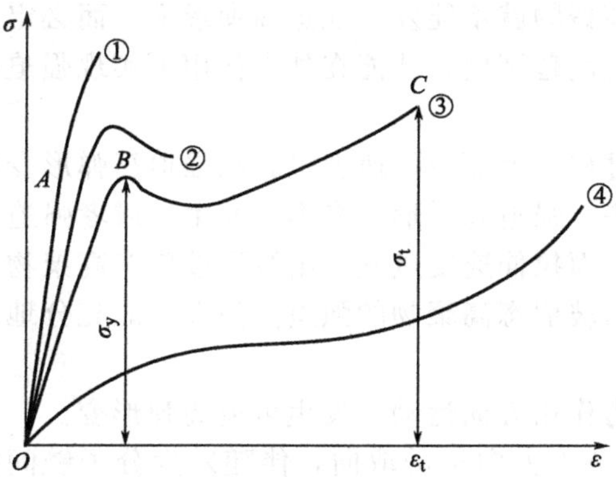

图 8-7　线形非晶态高聚物单轴拉伸的应力-应变曲线

(测试温度由曲线①至曲线④依次升高)

力急剧增大表现为取向硬化，直到 C 点材料发生断裂破坏。断裂点对应的应力称为断裂应力或断裂强度，以 σ_t 表示，一般也称为材料的拉伸强度，而对应的应变称为断裂伸长率。如果材料在拉伸过程中发生如图 8-7 曲线②的拉伸行为，即断裂点的应力小于屈服应力，则材料的拉伸强度应以其破坏前的最高负荷来计算，即为屈服强度。

高聚物所处的温度对其拉伸行为有显著影响。当温度很低时（$T \ll T_g$），如图 8-7 曲线①所示，应力随应变线性增加，直至发生脆性断裂，断裂伸长率不到 10%。当温度稍稍升高，但仍在 T_g 以下，应力-应变曲线出现屈服点，并发生应变软化，但由于温度仍然较低，继续拉伸，试样仍然在较小应变（不超过 20%）处发生断裂，如曲线②所示；如果温度升高到 T_g 以下十几度的范围内时，高聚物拉伸的应力-应变曲线如曲线③所示，发生断裂时的应变较大，部分材料的断裂伸长率可达到 1000%；温度升至 T_g 以上，试样进入高弹态，在不大的应力下，即产生高弹形变，曲线不再出现屈服点，而呈现一段较长的平台，如曲线④所示。因而，T_g 以上或远低于 T_g，同一材料表现出完全不同的拉伸行为。

在拉伸过程中，高分子链的运动分别经历如下三种情况：

① 普弹形变。材料由拉伸至弹性极限之间，这种高模量、小变形的弹性行为主要是由高分子的键长、键角变化引起。

② 强迫高弹形变及高弹形变。在大外力的作用下，玻璃态高聚物在屈服后出现的较大的应变为强迫高弹形变，其本质与橡胶的高弹形变一样，但形变回复却受制于温度条件。因为在试样断裂前如果停止拉伸，除去外力，试样的大形变无法完全恢复，但是一旦让试样的温度升高到 T_g 以上时，链段开始运动，形变才得以回复。这是由于大外力的作用使链段运动的位垒相对降低，从而缩短了高分子链段沿外力方向运动的松弛时间，使得在玻璃态被冻结的链段能越过位垒而发生运动，产生强迫高弹形变。实验证明，松弛时间 τ 与应力 σ 之间有如下关系

$$\tau = \tau_0 \exp\left(\frac{\Delta E - a\sigma}{RT}\right) \tag{8-21}$$

式中，ΔE 为活化能；a 为与材料有关的常数。由上式可见，随着应力的增加，链段运动的松弛时间将缩短。当应力增加到屈服应力 σ_y 时，链段运动的松弛时间减小至与拉伸速度相适应的数值，高聚物就可产生大形变。

玻璃态材料能否发生强迫高弹形变的另一个重要因素是温度。温度太低往往使得材料断裂应力小于屈服应力（$\sigma_t < \sigma_y$），材料没有发生强迫高弹形变即被拉断。通常称这一个特征温度为脆化温度 T_b，只要温度低于 T_b，玻璃态高聚物就不能发生强迫高弹形变，而必定发生脆性断裂。玻璃态高聚物只有处在 $T_b \sim T_g$ 的温度范围内，才能在外力作用下实现强迫高弹形变。

由于强迫高弹形变过程和断裂过程都是松弛过程，因而拉伸速度也影响强迫高弹形变的发生和发展。对于相同的外力来说，拉伸速度过快，强迫高弹形变来不及发生，或者强迫高弹形变得不到充分的发展，试样要发生脆性断裂；而拉伸速度过慢，则线形玻璃态高聚物要发生一部分黏性流动。只有在适当的拉伸速度下，玻璃态高聚物的强迫高弹性才能充分地表现出来。

玻璃化转变温度以上，高分子链段开始沿外力作用方向运动，发生可逆高弹形变。

③ 黏性流动。在应力的持续作用下，链段沿外力方向运动取向，伴随发生分子链间的滑移，在应力集中处还可能发生部分分子链的断裂。应力急剧增大才能保持拉伸等速伸长，直到最后断裂。这阶段的形变是由于强外力作用下的分子链的黏性运动而造成，具有不可逆性。

高聚物材料品种多样，它们的拉伸应力-应变曲线情况复杂。根据曲线的杨氏模量、屈服点、伸长率的大小及其断裂强度等情况，大致可把非晶态高聚物的拉伸行为分为五种类型，如图 8-8 所示，分别是：①软而弱；②硬而脆；③强而硬；④软而韧；⑤硬而韧。

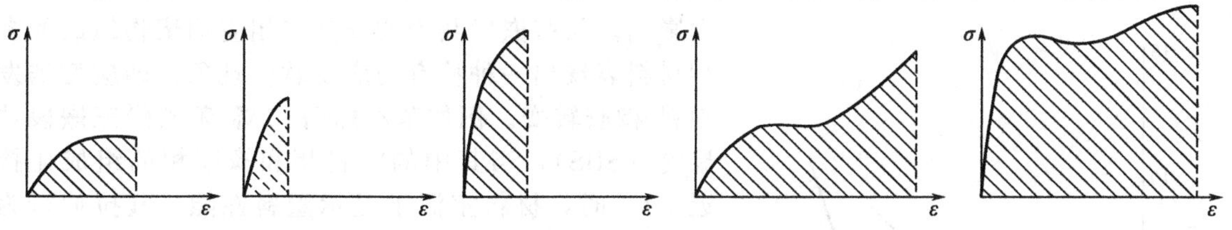

图 8-8　五种类型的应力-应变曲线

8.1.2.2　晶态高聚物的应力-应变曲线

未取向晶态高聚物的单轴拉伸应力-应变曲线如图 8-9 所示。它比玻璃态高聚物的拉伸曲线具有更明显的转折，整个曲线近似由三段直线组成。在拉伸初期，应力增加较快且随应变线性地增加，应力与应变关系服从胡克定律。试样被均匀地拉长，伸长率可达百分之几到十几，为普弹形变所贡献。b 点后，试样的截面积突然变得不均匀，出现一个或几个细颈，由此拉伸进入第二阶段。随应变增加，细颈部分不断扩展，非细颈部分逐渐减少，且细颈与非细颈部分的截面积分别维持不变直至整个试样完全变细为止，试样产生冷拉。这一阶段应力几乎不变，而应变不断增加。d 点后进入第三阶段，成颈后的试样重新被均匀拉伸，应力随应变迅速增加直到断裂点。结晶高聚物拉伸曲线上的转折点与细颈的突然出现、发展、终止有关。

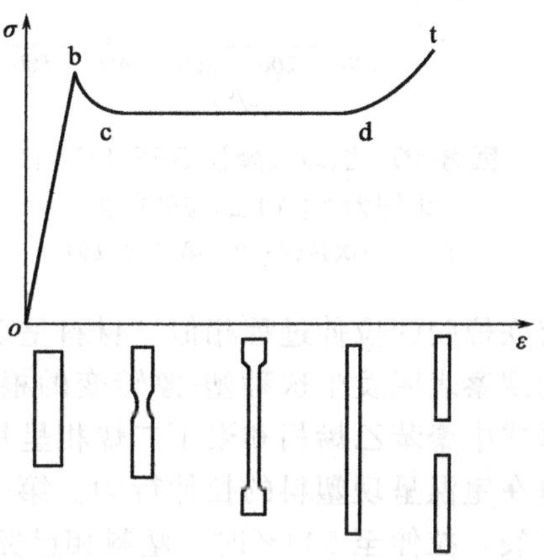

图 8-9　未取向晶态高聚物单轴拉伸的应力-应变曲线

晶态高聚物屈服点后细颈的形成伴随比非晶态高聚物拉伸过程复杂得多的分子凝聚态结构的变化。非晶态高聚物拉伸时只发生分子链段的取向，不发生相变。而晶态高聚物在接近屈服点或超过屈服点时，非晶区分子链段发生运动，产生高弹形变，并沿外力方向开始取向。晶区中的微晶也进行重排，晶片或球晶之间产生滑移，一些晶轴垂直于拉伸方向的晶体发生破裂并重新取向，然后再结晶成为取向晶态高聚物。拉伸后的材料在熔点以下不易回复到原先未取向的状态，只有加热到熔点附近才能回复到未拉伸状态，因而形变本质上也为高弹形变。由于细颈部分取向结晶后的分子链排列紧密，分子间作用力增加，拉伸强度增大，因而进一步拉伸时不再变形，而是在细颈的两端发展，直至细颈发展完全。然后，必须进一步增大应力，才能破坏晶格或克服分子间相互作用力，使分子间或微晶间发生相对位移，甚至产生分子链断裂而导致材料最终破坏。

非晶态高聚物与晶态高聚物在屈服点以后的大形变过程通称为冷拉，形变不是整个分子链间的相对运动，具有可回复性。此外两者都经历普弹形变、屈服成颈、发展大形变等过程。但非晶态高聚物与晶态高聚物的冷拉又具有一定差别，非晶态高聚物的冷拉温度范围在其脆化温度与玻璃化转变温度之间，在 T_g 以上形变得以回复，而晶态高聚物的冷拉一般发生在玻璃化转变温度与熔点之间，在 T_m 以上形变可以回复。在结构变化上，非晶态高聚物仅发生链段取向，而晶态高聚物则要发生晶粒取向、晶片滑移、晶体变形与破坏以及再结晶等相态变化。

8.1.2.3 多相体系的塑-橡转变

由玻璃态塑料和高弹态橡胶组成的高聚物多相体系，其相态结构对体系力学性能产生很大影响。某些嵌段共聚物及其与相应均聚物组成的多相材料表现出一种特有的应变软化现象，即应变诱发塑料-橡胶转变。例如苯乙烯-丁二烯-苯乙烯三嵌段共聚物（SBS），当其中的塑料相和橡胶相的组成比接近 1∶1 时，材料室温下显示塑料性能，其拉伸行为与普通塑料的冷拉过程一致，如图 8-10 曲线 1 所示。在伸长率约为 5%时材料发生屈服成颈，随后细颈逐渐发展，应力几乎不变而应变不断增加，直到细颈发展完成，此时应变约 200%。进一步拉伸，细颈被均匀拉伸，应力可进一步升高，最大应变可高达 500%，甚至更高。可是如果移去外力，这种大形变却能迅速基本回复，而不像一般塑料强迫高弹性需要加热到 T_g 或 T_m 附近才回复。而且，如果接着进行第二次拉伸，则开始发生大形变所需要的外力比第一次拉伸要小得多，试样不再发生屈服和成颈过程，而与一般交联橡胶的拉伸过程相似，材料呈现高弹性。即应变诱发了塑料向橡胶的转变。电子显微镜的观察表明发生这种塑-橡转变的根源在于拉伸造成的材料相态结构的变化。拉伸前，SBS 试样中聚苯乙烯相和聚丁二烯相呈片层状交叠的两相共连续结构，连续塑料相的存在，使材料在室温呈现塑料的拉伸行为。第一次拉伸至 80%的试样，塑料相发生歪斜、曲折和部分碎裂，拉伸至 500%时，塑料相已完全碎裂成分散在橡胶连续相中的微区。此时橡胶相成为唯一的连续相使材料呈现高弹性，外力撤去后形变能迅速回复，塑料分散相则起物理交联作用，阻止永久形变的发生。试验表明，去除外力后，如果将第二次拉伸后的试样在室温下放置数日或在聚苯乙烯 T_g 附近进行短时间的热处理后，塑料连续相态结构可重新建立，使材料又表现出塑料的特性。

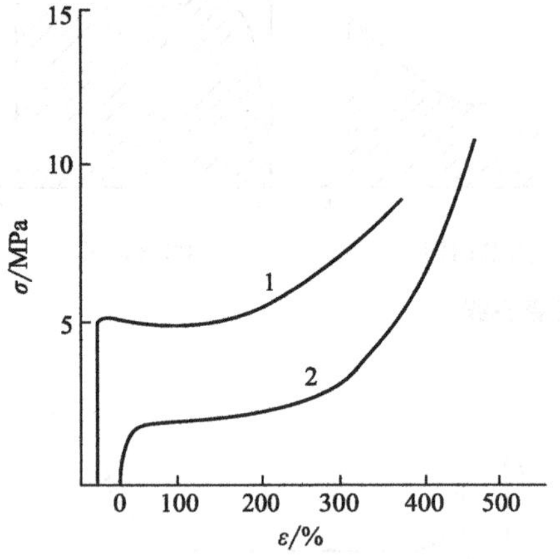

图 8-10 嵌段共聚物 SBS（S∶B 比例为 1∶1）的拉伸行为
1—第一次拉伸；2—第二次拉伸

8.1.2.4 取向高聚物的拉伸行为

取向高聚物的拉伸行为呈现各向异性。对于已取向的晶态高聚物，如果沿取向方向拉伸，则断裂伸长率极小，不出现细颈现象，应力-应变曲线相当于图 8-9 晶态高聚物冷拉后的 dt 段。若沿垂直于取向的方向拉伸，则其拉伸过程与未取向试样相似，最后得到与原取向垂直的新取向高聚物，断裂伸长率可达 500%～800%。如果材料的拉伸强度低于其屈服应力，则材料发生脆性断裂，强度及断裂伸长率均较低。

已取向非晶态高聚物的拉伸行为同样存在各向异性。沿取向方法拉伸，其应力-应变曲线视高聚物的取向程度而定，若原来取向程度已较高，则曲线可能不再出现屈服伸长而断裂，拉伸强度较大。沿垂直方向拉伸，其曲线视强迫高弹性大小而定，若拉伸过程中分子链可再取向，则断裂伸长率及拉伸强度均较大；若拉伸时强迫高弹形变不能发生，则材料呈脆性断裂，其拉伸强度较低。经纵向拉伸的聚对苯二甲酸乙二酯（PET）薄膜，当从横向拉伸时，强度很低容易断裂。图 8-11 为单轴取向后的 PET 薄膜在不同方向的拉伸行为。随着拉伸方向与取向方向夹角 θ 的增加，材料屈服强度、杨氏模量和断裂强度都有不同程度的下降。

8.1.3　高聚物的屈服判据及影响因素

材料是否出现屈服行为一般可从应力-应变曲线是否出现极大值来做判断。在研究高聚物的拉伸行为时，由于形变很大，试样的截面积缩小很多，用原截面积 A_0 计算的应力与材料的真实应力之间存在很大差距，采用真应力将更能体现材料受力的大小。假定试样形变时体积不变，即 $A_0L_0=AL$，并定义拉伸比 $\lambda=l/l_0=l+\varepsilon$，则实际受力的截面积为

$$A=\frac{A_0 l_0}{l}=\frac{A_0}{1+\varepsilon} \tag{8-22}$$

真应力 σ' 为

$$\sigma'=\frac{F}{A}=(1+\varepsilon)\sigma \tag{8-23}$$

根据应力-应变曲线，由式(8-23) 可以做出真应力-应变曲线，如图 8-12 所示。根据原来对屈服点的定义，即屈服时 $\mathrm{d}\sigma/\mathrm{d}\varepsilon=0$，真应力-应变曲线有如下关系：

$$\frac{\mathrm{d}\sigma}{\mathrm{d}\varepsilon}=\frac{1}{(1+\varepsilon)^2}\left[(1+\varepsilon)\frac{\mathrm{d}\sigma'}{\mathrm{d}\varepsilon}-\sigma'\right]=0 \tag{8-24}$$

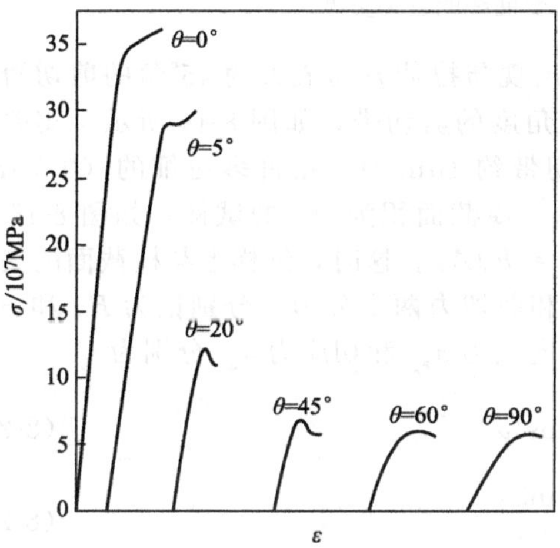

图 8-11　单轴取向 PET 薄膜在不同拉伸方向的应力-应变曲线
（θ 为拉伸方向与取向方向间的夹角）

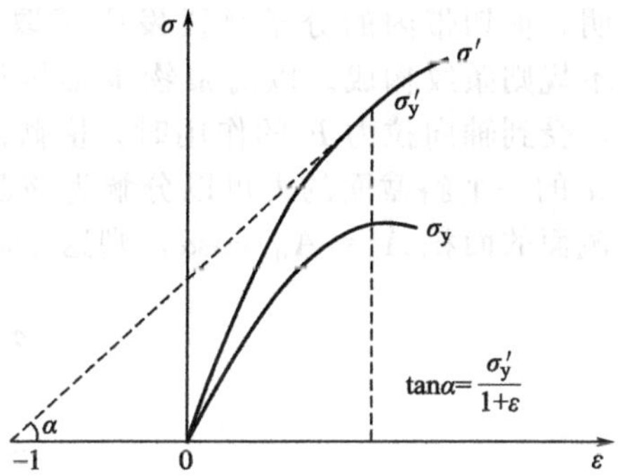

图 8-12　真应力-应变曲线与屈服点

故得：

$$\frac{\mathrm{d}\sigma'}{\mathrm{d}\varepsilon}=\frac{\sigma'}{1+\varepsilon}=\frac{\sigma'}{\lambda} \tag{8-25}$$

根据式(8-25)，从横坐标上 $\varepsilon=-1$ 或 $\lambda=0$ 的一点向真应力-应变曲线作切线，切点便是屈服点，对应的真应力就是屈服应力 σ'_y。这种作图法称为 Considére 作图法，有助于根据真应力-应变曲线来深入研究高聚物的屈服行为，判断高聚物屈服后能否形成稳定的细颈。

高分子材料的真应力-应变曲线可归纳为三种类型，如图 8-13 所示。第一种类型 a 曲线向下凹，$\mathrm{d}\sigma'/\mathrm{d}\lambda$ 总是大于 σ'/λ，由 $\lambda=0$ 点不可能向真应力-应变曲线作切线。这种高聚物拉伸时，随负荷增大均匀伸长，但不能成颈，一些橡胶材料或脆性材料表现为此种情况。第二种类型 b 曲线，由 $\lambda=0$ 点可以向曲线引一条切线，即曲线上有一个点满足 $\mathrm{d}\sigma'/\mathrm{d}\lambda=\sigma'/\lambda$，此点即屈服点。这种情况表示高聚物能均匀伸长到这点成颈，但细颈并不稳定，而是逐渐变细直至断裂，玻璃态非晶高聚物的拉伸通常属于这一类。第三种类型如曲线 c 所示，由 $\lambda=$

0 点可向曲线引两条切线，即曲线上有两个点满足 $d\sigma'/d\lambda=\sigma'/\lambda$。$A$ 点为屈服点，应力在此处达到一个极大值。进一步拉伸时，应力沿曲线下降，直至 B 点，之后应力稳定在 $0B$ 切线斜率代表的数值上，试样被冷拉，最后，拉伸沿曲线的陡峭部分发展，直到断裂，又成颈又冷拉的结晶态高聚物拉伸行为属于这类。

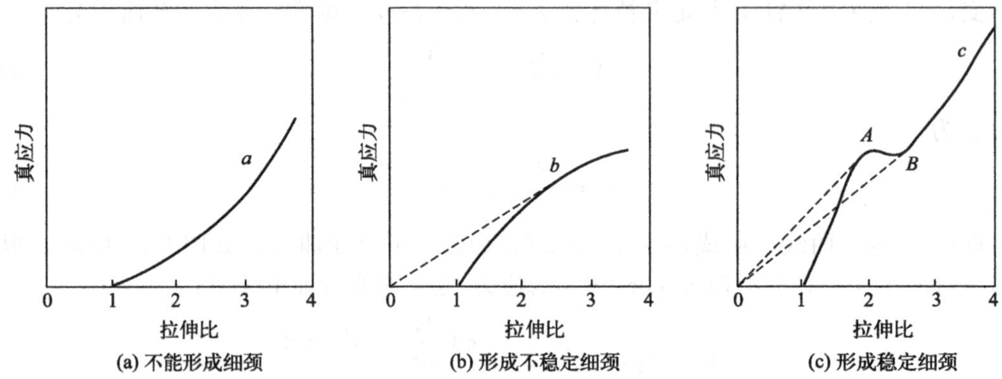

图 8-13 高分子材料真应力-应变曲线的三种类型

韧性高聚物拉伸至屈服点时，常可看到试样上出现与拉伸方向成大约 45°角的剪切滑移变形带，或者在材料内部形成与拉伸方向倾斜一定角度的剪切带，如图 8-14 所示。实验已证明，剪切带内的分子链段发生了取向，每条剪切带约 1μm 厚，由许多更细的（0.1μm）的不规则条纹构成。以高聚物单轴拉伸为例，考虑一横截面积为 A_0 的试样，如图 8-15 所示，受到轴向拉力 F 的作用时，横截面上的应力 $\sigma_0=F/A_0$。这时，试样上与横截面的夹角为 a 的一个斜截面的力可以分解为该截面的法向力和剪切力两个分力，分别记为 F_n 和 F_s，斜截面的面积 $A_a=A_0/\cos\alpha$，则这个斜截面上的法向应力 σ_{a_n} 和切应力 σ_{a_s} 分别为

$$\sigma_{a_n}=\frac{F_n}{A_a}=\sigma_0\cos^2\alpha \tag{8-26}$$

$$\sigma_{a_s}=\frac{F_s}{A_a}=\frac{\sigma_0\sin2\alpha}{2} \tag{8-27}$$

当 $\alpha=0°$，则 $\sigma_{a_n}=\sigma_0$，$\sigma_{a_s}=0$；当 $\alpha=45°$时，则 $\sigma_{a_n}=\sigma_0/2$，$\sigma_{a_s}=\sigma_0/2$；当 $\alpha=90°$时，则 $\sigma_{a_n}=0$，$\sigma_{a_s}=0$，如图 8-16 所示。切应力在截面倾角等于 45°时，达到最大值。考虑应力双生互等定律，α 为 135°的另一截面同样存在一个最大切应力。

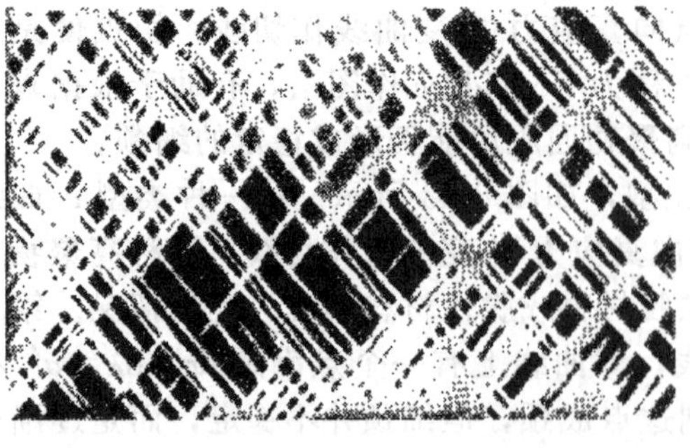

图 8-14 聚对苯二甲酸乙二酯的剪切带

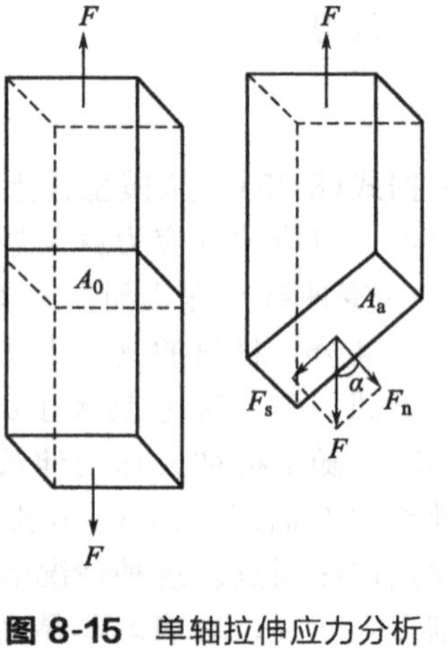

图 8-15 单轴拉伸应力分析

若拉伸时斜截面上的最大切应力首先达到材料的剪切强度，则材料表现为韧性。试样上首先出现与拉伸方向成45°和135°的剪切滑移变形带，材料屈服，进一步拉伸时，变形带中由于分子链高度取向强度提高，暂时不再发生进一步变形，而变形带的边缘则进一步发生剪切变形，试样逐渐生成对称的细颈，甚至细颈扩展到整个试样为止，材料的极限抗剪切能力取决于分子链间内聚力；若在最大切应力达到剪切强度之前，正应力已超过材料的拉伸强度，则试样来不及发生屈服就在横截面发生脆断，表现为脆性，出现银纹，材料的极限抗拉伸能力取决于分子主链的强度即主价键力。材料的断裂和屈服常处于动态相互竞争状态。

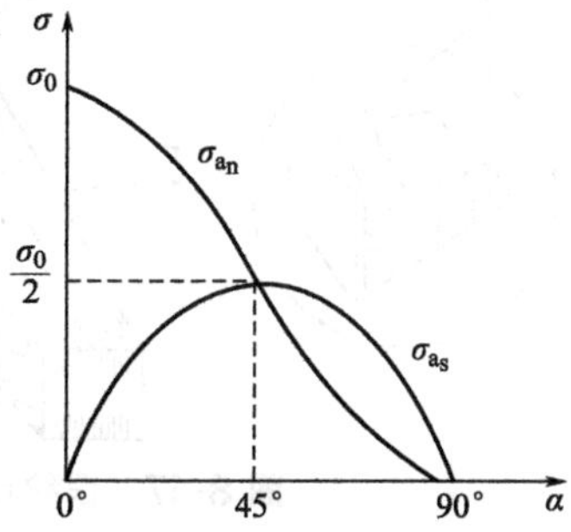

图 8-16　不同斜截面的法向应力和切应力

由于大部分塑料的泊松比都小于 0.5，拉伸时体积增加，加上塑性流动和普弹形变回复等原因，造成实际剪切带的角度都大于 45°，有时甚至接近 60°。

剪切变形只是物体形状的改变，分子间的内聚能和物体的密度基本上不受影响。剪切带的形成有两个主要原因：一是由于聚合物的应力软化作用；二是由于结构上的缺陷或其他原因所造成的局部应力集中。

高聚物的屈服过程具有一些特征现象：①高聚物的屈服伸长率比金属材料大得多，可达20%左右，而金属材料的屈服伸长率约为 1%。②屈服时常常伴有应变软化现象，此时应变增加应力反而下降，即材料对应变的阻力随应变的增加而减少。③高聚物的屈服行为不仅受其化学结构、结晶及取向的影响，还受到许多外界因素的影响。温度的高低和应变速率的大小与材料能否发生屈服，以及屈服强度的大小紧密相关，升高温度有利于分子链段运动，因而有利于屈服的发生，但是材料的屈服强度下降。增加应变速率与较低温度的效果一致，因此屈服应力随应变速率的提高而增加。流体静压力对高聚物的屈服行为同样具有十分明显的影响，随着流体静压力的增加，高聚物的弹性模量和屈服强度都有很大的提高，同时应力-应变曲线的形状发生变化。常压下能进行冷拉的一些高聚物如聚碳酸酯、聚乙烯和聚丙烯等，增加静压力会阻止其冷拉的发生，影响细颈的形成或充分发展。但是，对于在常压到300MPa 压力下呈脆性断裂的聚苯乙烯，当应力增加到 300～600MPa 时，反而能够拉伸成颈，变得具有塑性。

高分子材料屈服过程中，材料表面还常常伴随银纹现象，有关知识见 8.1.4 节介绍。

8.1.4　银纹现象

高分子材料在储存与使用过程中，由于应力以及环境的影响，产生局部塑性形变和取向，往往会在材料表面或内部出现裂纹（craze）。裂纹总是垂直于应力方向，由于裂纹区的折光指数低于高聚物本体，在银纹和本体高聚物之间的界面上有全反射现象，裂纹看上去呈银色的光亮条纹，所以又形象地称之为“银纹”。银纹是高分子材料特有的现象，在玻璃态、透明性较好高聚物材料上银纹现象较为明显，例如有机玻璃、聚苯乙烯、聚碳酸酯等透明塑料会出现一些肉眼可见的力学裂纹，使光学透明度下降。而对于韧性或橡胶增韧的聚苯乙烯、ABS 塑料等，银纹则表现为应力发白现象，发白的区域是无数裂纹体的总和。裂纹或银纹在较大的外力作用下会进一步发展成裂缝（crack），最后使材料发生断裂而破坏，影响塑料的使用性能。

力学因素造成的银纹或裂纹与裂缝有本质区别：①裂纹是空的，它里面没有高聚物，而银纹却不是完全空的，银纹中约含有 40%的空体积，在银纹中存在着联系两银纹面的所谓银纹质。银纹质呈束状或片状，沿外力方向高度取向，如图 8-17 所示。例如聚苯乙烯裂纹的

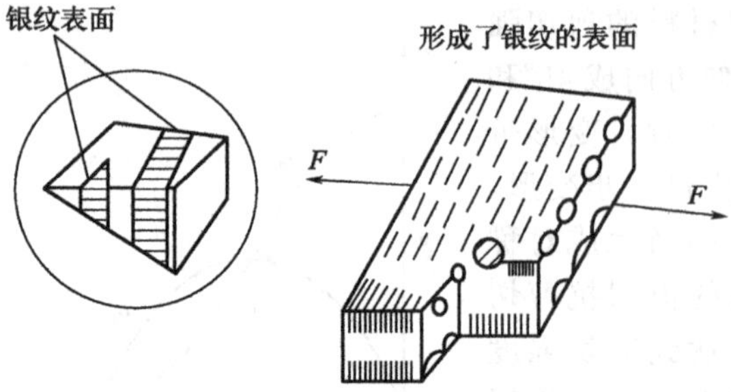

图 8-17 银纹示意

密度相当于本体密度的 40%，仍具有一定强度。②裂纹体中高聚物的折光指数比本体高聚物的低。③裂纹与裂缝不同，它有可逆性。在压力下或在 T_g 以上退火时，裂纹能回缩和愈合，回复到未开裂时的光学均一状态。

引起高聚物银纹的基本原因有两种：一种是力学因素，张应力的存在容易造成银纹，而纯压缩力不产生银纹。另一种是环境因素，例如与某些化学物质接触产生多轴向应力。张应力引起的银纹一般出现在试样的表面或接近表面处，银纹中高聚物呈塑性变形，高分子链沿应力方向取向并吸收能量。由于局部的高度拉伸应变造成很大的横向收缩，这种横向收缩远大于材料整体的横向收缩，致使在银纹内产生许多空体积。由于银纹质的取向方向与应力方向一致，因此银纹的平面垂直于张应力方向。银纹的产生和发展与张应力大小有关，应力越大，银纹的产生和发展越快。一般材料存在一个产生银纹的最低临界应力和最低临界伸长率，表 8-4 列出了几种高聚物室温下形成银纹的临界应力和临界伸长率。一旦达到临界条件，材料的内部就产生银纹。银纹并不一定引起断裂和破坏，它还具有原始试样的一半以上的拉伸强度。如果超过了一定的限度，则银纹体破裂而产生裂缝，如图 8-18 所示。

表 8-4 几种高聚物室温产生银纹的临界条件

高聚物	临界应力/MPa	临界伸长率/%	t_{max}/h
聚苯乙烯	11.1	0.35	24
有机玻璃	≈24.1	1.30	0.1
聚苯醚	⩽42.1	1.5	≈24
聚碳酸酯	⩽42.2	1.80	≈24

注：t_{max} 为临界应力或伸长率下产生银纹所需的最大时间。

环境因素诱发银纹与材料的内应力有关。银纹的分布与应力银纹不同，通常呈不规则排列。由于高聚物材料中常常存在一定的内应力，内应力没达到临界应力值时不诱发银纹，但是，当存在适合的促进高聚物局部塑性形变的环境因素时，则可能使材料出现银纹。这种银纹的产生因与环境因素有关也称为环境应力银纹。根据环境因素的不同，环境应力银纹主要有：①溶剂银纹，可能是由于溶剂溶胀高聚物表面而造成局部 T_g 降低或导致结晶引起的；②非溶剂银纹，由于表面活性物质如醇、润湿剂等的浸润作用，降低了银纹表面能，因而对裂纹的扩展起加速作用；③热、氧化应力裂纹，由于温度或氧化等作用使高聚物内部结构改变而引起。

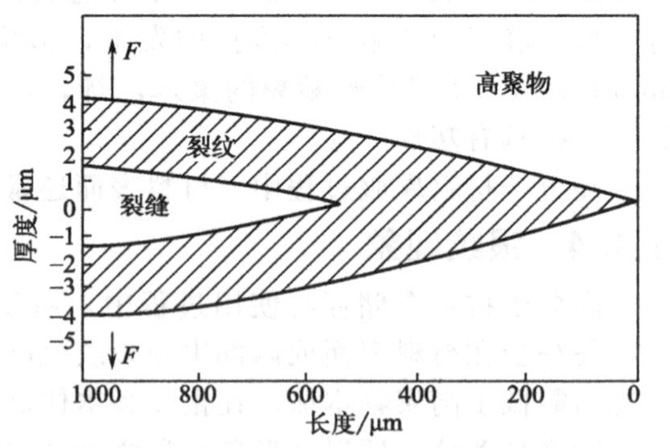

图 8-18 银纹向裂缝发展示意

8.1.5 高聚物的破坏和强度

8.1.5.1 脆性断裂与韧性断裂

在实际应用中，高聚物材料不同于非金属材料的显著优点之一是在断裂前能够吸收大量的能量，显示良好的内在韧性。但是，高聚物材料的内在韧性并非总能表现出来，外界条件例如温度、应变速率、负荷方式等的变化对高聚物的韧性会造成极大影响，甚至是韧性到脆性的逆转。对于工程材料，这种脆性断裂是必须绝对避免的，如何提高和发挥高聚物材料的韧性是材料设计与应用的重要课题。

判断材料是脆性断裂还是韧性断裂可以从几方面着手：①应力-应变曲线。如果材料在发生屈服之前就断裂，相应的应力-应变曲线呈线性关系，断裂伸长率低于 5%，应力-应变曲线下的面积所代表的能量很小，则这种断裂即为脆性断裂；如果材料发生屈服或高弹形变后才断裂，断裂伸长率较大，断裂所需能量较高，则为韧性断裂。②试样断裂面的形貌。脆性断裂发生时，材料断裂面光滑平整；而韧性断裂则往往断裂面粗糙，断口凹凸不平。③冲击强度。例如将缺口冲击强度为 $2kJ/m^2$ 视为临界指标，冲击强度小于这一值即为脆性破坏，但是这一指标并不绝对。

同一高聚物材料表现为脆性或韧性与试验条件或所处环境有关，温度和应变速率是主要影响因素。如同前面所讨论的非晶态高聚物的拉伸行为，在恒定的应变速率下应力-应变曲线随温度而变化，断裂可由极低温度的脆性方式转变为高温时的韧性方式。增加拉伸应变速率可得到与降低温度相似的效果，如图 8-19 为不同拉伸速率下增韧聚苯乙烯的应力-应变曲线。随着拉伸速度提高，材料的断裂伸长率减小，韧性下降。

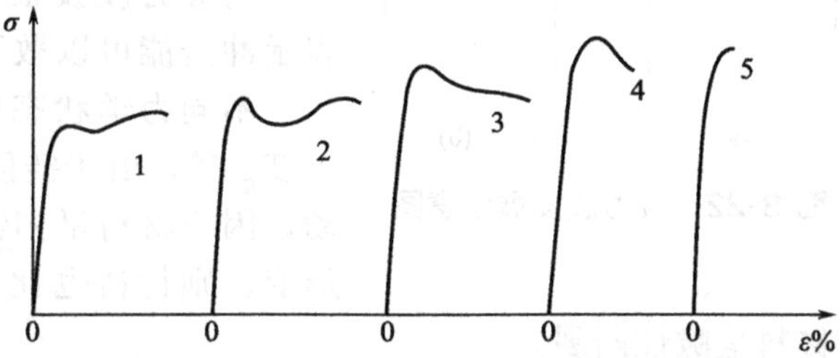

图 8-19 不同拉伸速率下增韧聚苯乙烯的应力-应变曲线（由 1 至 5 拉伸速度提高）

在唯象理论上，Ludwik-Davidenkov-Orowan 认为材料的脆性断裂和塑性屈服是两个独立的过程，断裂应力和屈服应力具有不同的应变速率和温度依赖性，如图 8-20 所示。同一种材料随试验条件的不同，既可能发生脆性断裂现象，也可能发生韧性断裂现象。在一定温度或应变速率下，材料的断裂应力和屈服应力随应变速率提高而增加或随温度升高而下降，但屈服应力对拉伸应变速率及温度的变化更为敏感。在外界条件一定时，当外加应力首先达到较低值的那个时，材料就会发生断裂或屈服。图 8-20 中曲线的交点即为脆韧转变点，相应的温度为脆化温度 T_b。温度一定时，在较低的应变速率下外加应力首先达到屈服应力的临界值，材料表现为韧性；随着应变速率的提高，越过脆韧转变点后，则在到达屈服应力之前已达破坏应力，材料表现为脆性。应变速率的提高使得材料的脆韧转变点移向高温，即脆化温度提高，如图 8-21 所示。

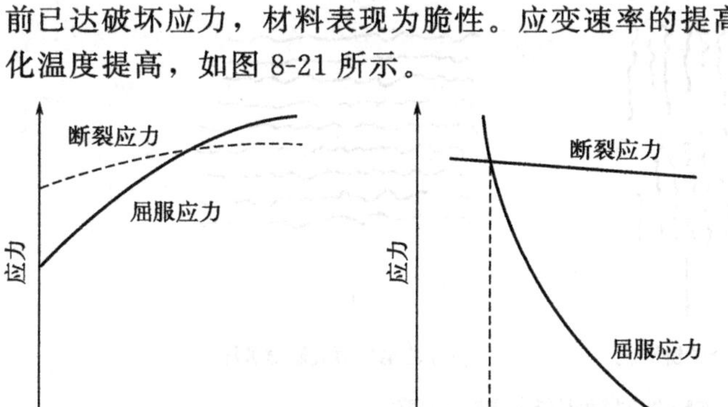

图 8-20 应变速率和温度对断裂应力和屈服应力的影响

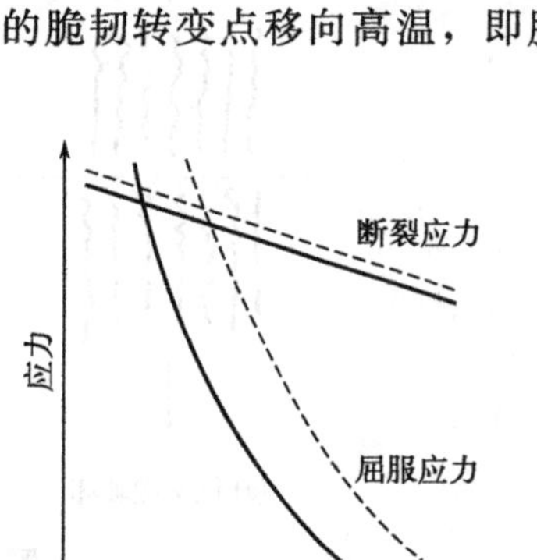

图 8-21 应变速率对脆韧转变的影响（虚线表示应变速率较大）

除了上述影响因素外，材料上的缺口将增加其脆性断裂的机会，或使高聚物的断裂由韧性转变为脆性。在无限大固体中尖锐的深缺口的塑性阻力使屈服应力提高大约 3 倍。因此，将材料的脆韧行为分为三类：①$\sigma_t<\sigma_y$，材料呈脆性。②$\sigma_y<\sigma_t<3\sigma_y$，材料在没有缺口时的拉伸试验中为韧性，而缺口材料则为脆性。③$\sigma_t>3\sigma_y$，材料无论有无缺口都是韧性的。

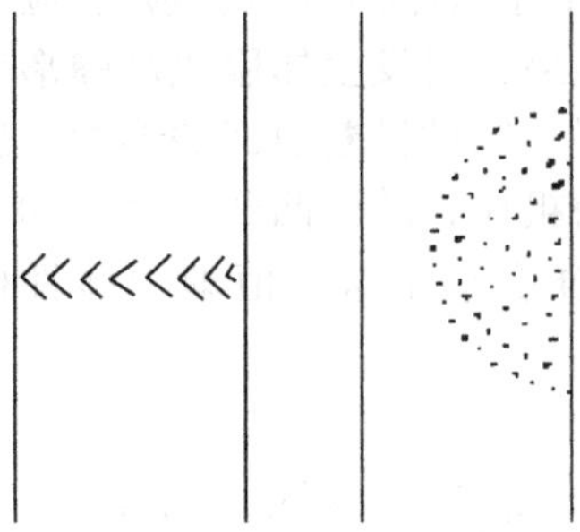

(a)　　(b)

图 8-22　应力波发展示意图

材料的冲击强度与材料本身的结构有关，通过冲击强度的大小也可以了解材料韧性与否。如受冲击时，材料吸收冲击能使高分子链运动，从而使承受冲击能的链段数增加，则材料一般表现为韧性。反之，如果材料受冲击时，应力波的发展呈现尖锐的前锋，则材料呈脆性断裂。如图 8-22(a) 表示脆性材料受力后应力波的发展，而图 8-22(b) 则表示韧性材料的应力波发展，它的前锋不是尖锐的，而是越来越钝，表示冲击能可以散开在较大的范围内。

不同力学状态的聚合物，其冲击强度差别很大。温度高于 T_g 时，由于链段容易运动，冲击能易被吸收转化为链段运动，因而材料呈韧性。当温度低于 T_g 时，若能发生强迫高弹形变，则材料也比较韧性。若此时不能发生强迫高弹形变，则材料呈脆性断裂。

在断裂机理上，材料的脆性断裂主要是由出现的微裂纹引起，银纹化是此种断裂的前奏，而韧性断裂则主要归因于剪切屈服。一般地说，环境因素（如温度和应变速率）以及结构因素（如分子量、结晶和取向等）的改变都会使高聚物的断裂行为发生脆韧转变。通常认为脆韧转变的微观机制是脆性断裂机制（如银纹化）与韧性断裂机制（如剪切屈服）间相互竞争的过程。

8.1.5.2　高聚物的强度及影响因素

从分子结构水平来看，高聚物材料的破坏就是高分子主链的化学键的断裂或分子链间的范德华力和氢键相互作用力的破坏。因此，从构成高分子链的化学键的强度和高分子链间的相互作用力的强度可以估算高聚物的理论强度。高聚物断裂时其微观结构的破坏过程归结为三种情况：化学键破坏、分子链滑脱和分子链间相互作用力的破坏，如图 8-23 所示。

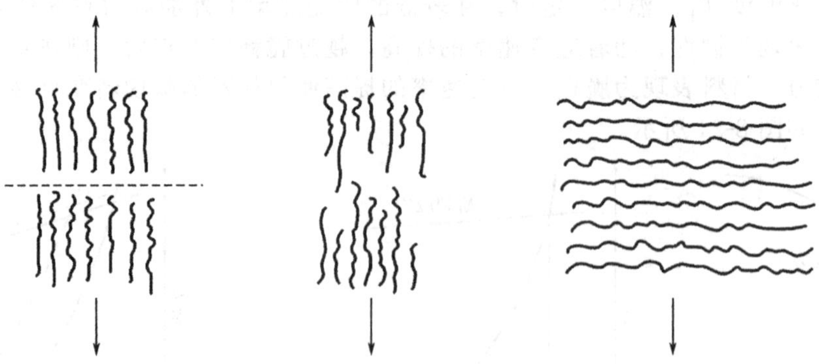

(a) 化学键破坏　　(b) 分子链滑脱　　(c) 范德华力或氢键破坏

图 8-23　高聚物断裂时微观结构破坏示意

如果高分子链的排列方向是平行于受力方向的，则断裂时可能是化学键的断裂或分子间的滑脱。假设断裂以图 8-23(a) 的方式进行，高聚物的断裂必须破坏所有的链，该过程所做的功即为材料的理论强度。由键能数据对化学键强度的估算如下：碳-碳键的键能约为

350kJ/mol，可看作是将 1mol 成键的原子从平衡位置移开一段距离 d 克服相互吸引力 f 所需做的功，d 超过 0.15nm 共价键则破坏。根据聚乙烯晶胞数据推算，每根高分子链的横截面积约为 0.2nm^2，即每平方米的截面上有 5×10^{18} 根高分子链。因此破坏这些分子链的拉伸强度即材料的理论强度为

$$\sigma=(350\times10^3\times5\times10^{18})/(6.023\times10^{23}\times1.5\times10^{-10})\approx1.9\times10^{10}\mathrm{N/m^2}$$

实际上，高度取向的结晶高聚物的拉伸强度也要比这个理想值小几十倍。

如果材料按照图 8-23(b) 分子链滑脱方式断裂，则必须全部破坏分子间的氢键或范德华力。假设每 0.5nm 长的链段有一氢键，氢键的摩尔内聚能大约为 20kJ/mol，高分子链总长为 100nm，则总摩尔内聚能约为 4000kJ/mol，比共价键的键能大 10 倍以上。即使分子间没有氢键，只有范德华力，每 0.5nm 长链段的摩尔内聚能约为 5kJ/mol 计算，100nm 高分子链总的摩尔内聚能为 1000kJ/mol，仍比共价键的键能大好几倍。因此，材料完全以分子间滑脱而破坏是不可能的。

如果高分子链的排列方向垂直于受力方向，则断裂可能按照图 8-23(c) 进行，则只需克服断面部分的分子间力。氢键的解离能以 20kJ/mol 计，作用范围约为 0.3nm，范德华力的解离能以 8kJ/mol 计，作用范围为 0.4nm，则破坏一个氢键或范德华键所需的力分别约为 1×10^{-10}N 和 3×10^{-11}N。假定每 0.25nm^2 上有一个氢键或范德华键，可计算出拉伸强度分别为 4.0×10^8Pa 和 1.2×10^8Pa。这一数据与实际测得的高取向纤维的拉伸强度在同一数量级。

为什么高聚物的实际强度比理论强度差如此多呢？一般认为实际高聚物的取向达不到上述那种理想结构，材料内部的应力分布也不均匀。断裂时，首先发生未取向部分或应力集中区域的分子间力的破坏，然后发生分子键的断裂，最后断裂面扩展到整个材料。断裂的不同时性使得高聚物材料的实际强度远远小于理论强度，也为提高高聚物实际强度留下了巨大的可能空间。为此，以下将详细讨论影响高聚物实际强度的各种因素。

影响高聚物实际强度的因素总的来说可以分为两类：一类与材料结构有关，包括高分子本身结构，如化学结构、分子量及其分布、支化和交联、结晶与取向、应力集中物等，以及添加剂，如增塑剂、填料、共混物等；另一类与外界环境有关，包括温度、湿度、光照、氧化老化、作用力的速度等。

(1) 分子结构

① 分子量及分子量分布　高聚物的分子量增加将使分子运动阻力增加，因此使表面能增高。根据 Griffith 关于材料脆性断裂理论，材料的模量和表面能的增高将使其断裂强度增大。分子量低时，拉伸强度和冲击强度都低，随着分子量的增大，拉伸强度和冲击强度都会提高。其中，高聚物拉伸强度 σ_t 与数均分子量的关系为

$$\sigma_t=A-B/\overline{M}_n \tag{8-28}$$

从材料受力时的破坏机理出发，分子量越小，分子链间相互作用力也越小，则高聚物抵抗外力破坏的能力越差，材料强度较小。研究表明，当分子量提高到某一临界值后，对拉伸强度的改善不再明显，但冲击强度则继续增加。超高分子量聚乙烯的冲击强度比普通低压聚乙烯提高三倍以上，在−40℃时甚至可提高 18 倍之多。

分子量分布的影响主要考虑低聚物部分。低聚物含量增加，容易导致局部分子间破坏使材料强度降低。如果分子量分布虽然很宽，但分子量都超过临界值，则分子量分布对高聚物强度的影响不大。一般情况下，分子量增加，分子量分布宽度相应增大。因此，相同分子量而分子量分布较窄的高聚物，其强度随分子量增加的程度比分子量分布宽的大。

② 链刚性　主链含有芳杂环、脂肪环或芳杂环侧基的高聚物，其拉伸与弯曲强度和模

量比脂肪族主链的高，但冲击强度稍有减弱。许多工程塑料主链含有芳杂环，例如芳香尼龙、聚苯醚、双酚A聚碳酸酯的强度和模量分别比对应的普通尼龙、脂肪族聚醚和脂肪族聚碳酸酯的高。含苯环侧基的聚苯乙烯的拉伸强度和模量比聚乙烯的高。

③ 链支化　分子链支化程度增加，使分子之间距离增大，分子间作用力减小，因而高聚物的拉伸强度会降低，但冲击强度会提高。例如高压聚乙烯的拉伸强度比低压聚乙烯的低，而冲击强度反而比低压聚乙烯高。

④ 交联　适度的交联可以有效地增加分子链之间的联系，限制分子链间的相对滑移及分子链的活动性，有利于强度的提高。例如聚乙烯经辐射交联后，拉伸强度可提高一倍，冲击强度可提高3～4倍。但是过度交联往往会使高聚物结晶性下降，取向困难，致使材料变脆。交联密度较大时，体系中的短网链在受力时往往容易成为应力集中点，因此短网链首先断裂，使材料拉伸及冲击强度均下降。

⑤ 极性和氢键　极性高聚物具有较非极性高聚物更强的分子间作用力，增加高分子的极性或产生氢键可使材料的强度提高。例如非极性的低压聚乙烯的拉伸强度只有15～16MPa，具有极性取代基的聚氯乙烯的拉伸强度为50MPa，可产生分子间氢键的尼龙-610的拉伸强度为60MPa。极性基团或氢键的密度愈大，则强度愈高，尼龙-66的极性基团及氢键密度比尼龙-610更大，其拉伸强度可达80MPa，比尼龙-610还大。另一方面，如果极性基团过密或取代基团过大，对链段的运动产生阻碍，材料不能实现强迫高弹形变，表现为脆性断裂，因此拉伸强度虽然大了，但材料变脆。

⑥ 结晶和取向　结晶度增加有利于提高材料的拉伸强度、弯曲强度和弹性模量。提高分子链的规整性一般有利于分子链的紧密堆砌，增加分子间的相互作用力，而利于结晶的形成。例如表8-5中聚丙烯拉伸强度与弯曲强度随无规立构含量的变化。由于聚丙烯中无规结构的含量增加，使聚丙烯的结晶度降低，其拉伸强度和弯曲强度都下降。高压聚乙烯由于具有许多支链结构，影响了其分子链的规整性，不利于结晶的形成，其拉伸强度比低压聚乙烯要小。然而，如果结晶度太高，则会导致冲击强度和断裂伸长率的降低，高聚物材料变脆。

表8-5 无规结构含量对聚丙烯拉伸强度与弯曲强度的影响

无规结构含量/%	拉伸强度/MPa	弯曲强度/MPa
2.0	33.8	55.4
2.5	33.3	45.1
3.3	—	44.1
3.5	31.9	44.1
6.4	28.4	40.2
11.8	—	39.2

除了结晶程度的影响，结晶形态对高聚物的冲击强度影响更大。在缓慢冷却和退火过程中生成的大球晶，其内部空隙或结晶界面的缺陷较多，造成高聚物的冲击强度显著下降。如果在成型过程中加入成核剂，使形成微晶而不生成球晶，则可提高结晶高聚物的冲击强度。在纺前熔体聚己内酰胺中加入2%～4%的LiCl以增加熔体的黏度，降低结晶速率和结晶度，形成的γ型结晶拉伸取向性能好。而后的热处理中，通过高度拉伸取向，可使γ型结晶向α型结晶转化，材料模量及强度提高。纤维状结晶较折叠链结晶拉伸性能好，强度高。

取向导致高聚物材料力学性能的各向异性，材料沿取向方向的强度可提高几倍甚至几十倍。纤维、薄膜和板材都利用取向来提高材料强度。因为取向后高分子链沿着外力的方向平行排列，分子间作用力增强，材料结晶性能提高。断裂时破坏主价键的比例大大增加，而主价键的强度比范德华力的强度高 20 倍左右。此外，由于取向后弹性模量在拉伸方向与垂直方向的差别，有利于阻碍裂缝沿拉伸方向发展。而且拉伸过程中体系中的宏观不均匀性沿拉伸方向自动均化和消除，缺陷的消除最终有利于材料强度的提高。

(2) 缺陷或应力集中物

材料内部应力分布的不均匀是造成其实际强度远远低于理论强度的主要原因。材料缺陷的存在，使受力时材料内部的应力平均分布状态发生变化，缺陷附近局部区域内的应力急剧地增加，远远超过应力平均值，这种现象称为应力集中。缺陷就是应力集中物，包括裂缝、空隙、缺口、银纹和杂质等。缺陷成为材料的薄弱环节，材料的破坏就从这些缺陷处开始而扩展到整个体系，严重降低材料的强度。各种缺陷在高聚物的加工成型过程中普遍存在，例如由于混炼不匀或塑化不足造成的微小气泡和接痕，生产过程中混进的灰尘等杂质，成型过程中，由于制件表里冷却速度不同产生材料结构的差别和内应力，这些应力又可进一步形成细小的银纹，甚至裂缝，制件的表皮上出现的龟裂等。上述各类缺陷尽管非常微小，但是却成为降低高聚物机械强度的致命弱点，在材料所承受的平均应力还没有达到其临界断裂强度以前，存在应力集中的局部区域内的材料由于首先达到其临界断裂强度值，而导致微裂纹的扩展，进而导致材料的整体断裂。

应力集中的原理表明，缺陷形状不同，应力集中系数（最大局部应力与平均应力之比值）也不同，锐口缺陷的应力集中系数比钝口的大，因此，锐口的小裂缝往往比钝口的较大缺陷更为有害，应力集中致使制件易于从小裂缝开始发生破坏。因此，在实际生产中，为确保制品的强度都尽量避免高聚物制备与成型加工过程及工艺设计时可能引起的应力集中。例如，一般制品的设计总是尽量避免有尖锐的转角，而是将制品的转弯处做成圆弧形；制品成型时要进行退火处理；制品的厚度尽可能均匀；合成纤维的生产中，提高单丝细度以减少其可能的缺陷等。

8

(3) 添加剂

① 增塑剂　凡是添加到高聚物中能使高聚物塑性增加的物质都称为增塑剂。一般增塑剂为与高聚物相容性较好且不易挥发的小分子物质。增塑剂的加入对高聚物起屏蔽和隔离作用，减小高分子之间的相互作用力，使材料可塑性增大，拉伸强度降低，冲击强度提高。高聚物内含有的单体、低聚物或混入的杂质、吸收的水分也能起到增塑作用，通常称为自动增塑作用。例如水的增塑作用可以造成合成纤维湿态强度的剧烈下降。

② 填料　在高聚物中加入固体填料得到多相复合材料。固体填料根据其在复合材料中的使用目的分为惰性填料和活性填料。惰性填料只起填充稀释以降低制品的成本的作用，材料的强度则随之降低。活性填料则可以有效提高材料强度，而并不将降低成本作为其目的，也常称为增强剂。由于各种填料本身的强度以及填料和高聚物之间的亲和力大小不同，复合材料的增强程度各不相同。填料按其形状可分为粉状和纤维状两类。

a. 粉状填料。如木粉、炭黑、各种金属粉（Fe、Cu、Al 等）、金属氧化物粉（TiO_2、SiO_2 等）和碳酸钙等。活性填料由于其活性表面与高聚物具有较好的相互作用，使高聚物与填料之间的浸润性提高，复合材料强度提高。例如亲油的炭黑对橡胶的补强能力比一般的碳粉好得多。一些惰性填料在活化剂存在下可转变成为活性填料，例如天然橡胶中存在能起活化作用的表面活性物质，如脂肪酸、蛋白质等，致使惰性填料碳酸镁和氧化锌等产生增强效果，但对不含表面活性物质的合成橡胶却没有增强作用。

为了增加填料粒子与高分子的结合力以提高增强效果，也常采用化学处理的办法，通过硫醇或其他的具有反应性的表面活性物质对粉状填料的表面进行化学改性，在其表面较牢固地引入亲高聚物基体的过渡层，从而有利于其与高聚物基体的浸润结合，复合材料强度提高。

b. 纤维填料。包括棉、麻、丝等天然纤维、拉伸强度高且价格低廉的玻璃纤维、具有高模量、耐热、耐磨、耐化学试剂等优异性能的特种纤维，如碳纤维、石墨纤维、硼纤维和晶须，以及通过原位复合技术就地形成的热致液晶纤维等。纤维填料在轮胎等橡胶制品中，以及与热固性树脂复合而成的玻璃纤维层压塑料——玻璃钢中得以成功运用，增强后的复合材料的拉伸、压缩、弯曲强度和硬度一般有较大幅度提高，冲击强度可能降低，但缺口敏感性则有明显的改善，热变形温度也有较大提高。表 8-6 为一些热塑性塑料玻璃纤维增强前后的性能对比数据。

表 8-6　一些热塑性塑料玻璃纤维增强前后的性能对比

材料		拉伸强度 /MPa	断裂伸长率 /%	缺口冲击强度 /(J/m)	弹性模量 /GPa	热变形温度 /℃
聚乙烯	未增强	23	60	78	0.820	48
	增强	76	3.8	236	6.20	126
聚苯乙烯	未增强	58	2.0	16	2.70	85
	增强	96	1.1	131	8.30	104
聚碳酸酯	未增强	62	60～100	638	2.20	132～138
	增强	140	1.7	196～471	11.70	147～149
聚甲醛	未增强	67	60	75	2.70	110
	增强	82	1.5	42	5.60	168
尼龙-66	未增强	67	60	54	2.70	66～86
	增强	210	2.2	199	6.00～12.40	≥200

c. 纳米填料。包括纳米粉体、纳米级纤维。由于纳米级填料的小尺寸效应，使其有别于传统填料。将无机纳米粒子用于高聚物材料的改性，可将无机粒子的高刚性、高耐热性和尺寸稳定性与高聚物材料的韧性、加工性、介电性结合起来，得到性能优于传统填料填充增强的复合材料，并赋予其特殊功能。本书后续章节将进一步介绍复合材料。

(4) 共聚和共混

通过共聚将两种性质不同的单体经化学键结合，形成综合两种以上均聚物性能的新材料，这是改善高聚物强度的一种有效途径。例如在苯乙烯中引入丙烯腈单体进行共聚，所得共聚物的拉伸和冲击强度与脆性的聚苯乙烯相比都得以提高。若进一步引入丁二烯单体进行接枝共聚，则可以得到具有良好冲击强度的高抗冲聚苯乙烯和 ABS 树脂。

共混是一种更为简便的改性手段，通过共混形成的高聚物合金材料具有比原来各组分更优越的性能。橡胶与塑料共混以增韧脆性的塑料或增强橡胶在现实生活中得以广泛应用，并取得了良好的改性效果。例如，共混后得到的改性聚苯乙烯和 ABS 树脂，具有橡胶和塑料两相结构，塑料连续相的存在，使材料保持一定的弹性模量和硬度，而分散相橡胶微粒则作为应力集中物，当材料受到冲击作用时能引发大量的裂纹，吸收大量的冲击能量，因而有效提高了材料的韧性。橡胶增韧塑料的冲击强度的大小与许多因素有关，例如两相的化学组成和结构、两相的分子量、橡胶相的含量、相结构、界面结构和两相相容性等。

(5) 外力作用速度和温度

由于高聚物在受外力作用时，兼具弹性和黏性两种特性，因此，高聚物材料的力学性能除了与其结构因素有关外，外界环境对其同样造成很大影响。外界环境包括温度、外力作用速度、压力、作用力方式等。

温度和外力作用速度对高聚物材料力学性能的影响在应力-应变曲线中可以清楚反映出来，如图 8-7 及图 8-19 所示。拉伸过程中，如果链段运动的松弛时间与拉伸速度相适应，则材料在断裂前可以发生屈服，出现强迫高弹性，材料呈韧性断裂，反之则材料发生脆性断裂。

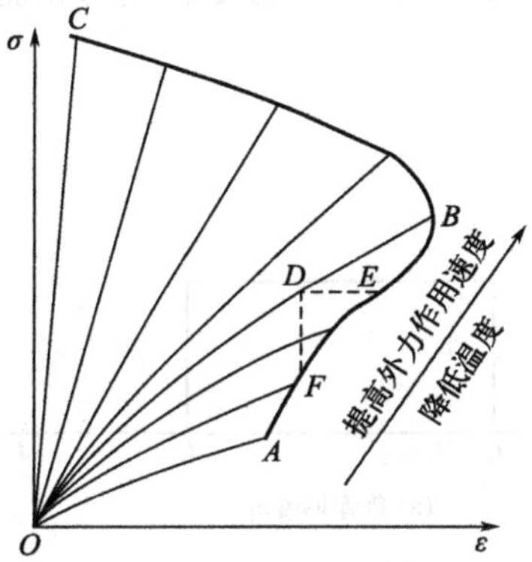

图 8-24 应力-应变曲线随温度和外力作用速率的变化

增加外力作用速度与降低温度效果相同，在固定的时间间隔内，都将使链段运动跟不上外力的作用，材料表现出更高的弹性模量和屈服强度；而减慢外力作用速度或升高温度时，材料的屈服强度和断裂强度都将降低，但材料的断裂伸长率增大（在一定的温度范围内），韧性增加。图 8-24 为不同温度和外力作用速度下得到的应力-应变曲线，各曲线的断裂点连接起来后得到材料的破坏轨迹 ABC。假定在某一温度和外力作用速度下，材料的应力-应变关系沿曲线 OB 发展到 B 点断裂。如果到达 D 点时维持应力不变，则材料的伸长将随时间而增加，即发生蠕变，直到 E 点断裂。如果 D 点时维持应变不变，则材料的应力将随时间而逐渐衰减，即发生应力松弛，直到 F 点断裂。

8.1.6 高分子单链的力学性质

1986 年，Binning，Quate 和 Cerber 发明了第一台原子力显微镜（atomic force microscope，AFM）。AFM 不仅用于观察物质表面总电子密度的外貌，还可在三维尺度观察物质的形貌和尺寸，并获得探针与高分子链相互作用信息。借助原子力显微镜最新发展起来的单分子力谱仪可研究高分子单链的力学性质。测试时，高聚物样品通过物理吸附被固定在基片上，形成十分薄的高分子吸附层，然后将 AFM 的纳米探针接触样品层。由于针尖与样品间的相互作用，一些高分子链受到拉伸，引起 AFM 的微悬臂的弯曲，通过激光检测系统可检测其位移，记录微悬臂的形变与试样的拉伸曲线，归一化后，将其转换为单链的力拉伸曲线。从单链力学谱上可获得常规方法无法得到的高聚物单链的力学参数，并可用于探测高分子的二级和三级结构，揭示拉伸高聚物单链引起的一些结构及构象转变本质。

8.2 高聚物的黏弹性

在外力作用下，不同材料具有不同的应变响应。理想弹性体的平衡形变瞬时达到，与时间无关，应力与应变服从胡克定律，外力除去后应变立即回复为零。理想的黏性体，当受到外力作用时，形变随时间线性发展，应力与应变速率服从牛顿流动定律，外力除去后应变不再回复，产生永久形变。实际上，任何物体均同时具有弹性和黏性这两种性质而偏离胡克定律或牛顿流动定律，依据不同的外界条件，如温度和外力作用时间，材料或主要显示其弹性或主要显示其黏性。高分子材料分子运动单元的多重性使其力学响应同时表现出明显的弹性和黏性特征，即黏弹性，如图 8-25 所示。应力的大小既依赖于应

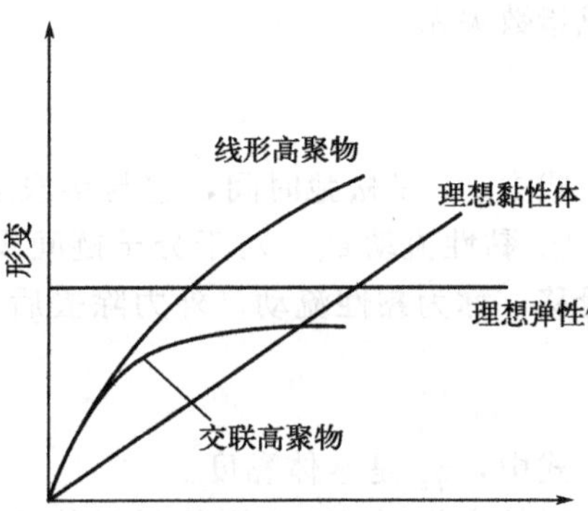

图 8-25 恒定外力下不同材料的形变与时间关系

变又依赖于应变速率，应变既包含可回复的弹性形变又包含不可回复的永久形变。如果应力与应变关系可由服从胡克定律的弹性行为和服从牛顿定律的黏性行为的线性组合来描述，那么称之为线性黏弹性，否则为非线性黏弹性。本章仅就高聚物的线性黏弹性进行讨论。黏弹性是高分子材料的一个重要的特性。

高聚物的力学性质随时间的变化统称为力学松弛，黏弹性是一种力学松弛行为。根据高分子材料受外部作用情况的不同，黏弹性表现出不同的现象，最基本的有蠕变、应力松弛、滞后和力学损耗。

8.2.1 蠕变及应力松弛

8.2.1.1 蠕变

蠕变是指在一定的温度和较小的恒定外力（拉伸、压缩或剪切）作用下，材料的形变随时间的增加而逐渐增大的现象。如果在一定的时间后，将应力除去，应变随时间逐渐缩小的过程称为蠕变恢复。例如一条橡筋垂挂着一个重物，就会慢慢地伸长，解下负重后，橡筋会慢慢回缩，这就是蠕变及蠕变回复。描述这一现象的应变-时间关系曲线称为蠕变曲线。

从分子运动的角度来看，蠕变过程包括下面三种形变，如图 8-26 所示。

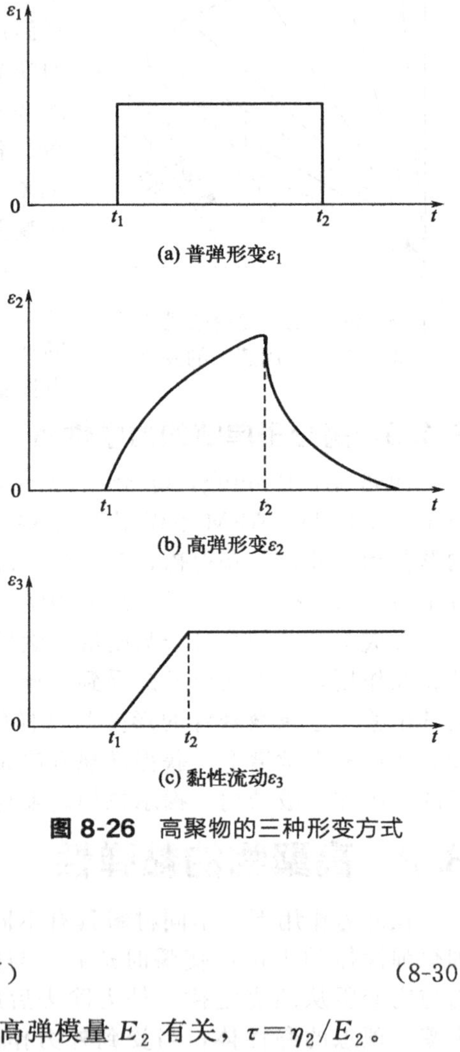

图 8-26 高聚物的三种形变方式

① 普弹形变 ε_1。是由外力作用下分子链键长和键角发生变化，分子或原子之间偏离平衡位置而引起的，或者聚合物晶体中处于平衡状态的粒子间发生形变和位移造成。形变量很小，瞬间响应。表示为

$$\varepsilon_1=\frac{\sigma}{E_1} \tag{8-29}$$

式中，σ 是应力；E_1 是普弹形变模量。

② 高弹形变 ε_2。是通过链段运动使分子链逐渐伸展发生构象变化而引起，形变量比普弹形变大，外力除去时，高弹形变可逐渐完全恢复。形变与时间成指数关系

$$\varepsilon_2=\frac{\sigma}{E_2}(1-e^{-t/\tau}) \tag{8-30}$$

式中，τ 是松弛时间，它与链段运动的黏度 η_2 和高弹模量 E_2 有关，$\tau=\eta_2/E_2$。

③ 黏性流动 ε_3。对于分子链间没有化学交联的线形高聚物，外力作用造成分子间的相对滑移，称为黏性流动。外力除去后黏性流动不能恢复，为不可逆形变。表示为

$$\varepsilon_3=\frac{\sigma}{\eta_3}t \tag{8-31}$$

式中，η_3 是本体黏度。

受外力作用时，高聚物材料的总形变为

$$\varepsilon(t)=\varepsilon_1+\varepsilon_2+\varepsilon_3=\frac{\sigma}{E_1}+\frac{\sigma}{E_2}(1-e^{-t/\tau})+\frac{\sigma}{\eta_3}t \tag{8-32}$$

图 8-27 是描述线形高聚物的蠕变及回复过程的蠕变曲线。蠕变包含了上述的三种形变方式。玻璃化转变温度以下链段运动的松弛时间 τ 很长，分子之间内摩擦阻力 η_3 很大，ε_2 和 ε_3 很小，形变主要来源于 ε_1；玻璃化转变温度以上，τ 随着温度的升高而变小，此时 ε_2 比较大，而 ε_3 比较小；温度升至黏流温度以上，则 τ 及 η_3 变小，ε_1、ε_2 和 ε_3 都比较显著。对于线形高聚物，当外力除去后由于黏性流动造成的形变 ε_3 是不能回复的永久形变。而对于交联高聚物，由于分子链间化学键的键合，分子链不能相对滑移，在外力作用下不产生黏性流动，蠕变趋于一定值。

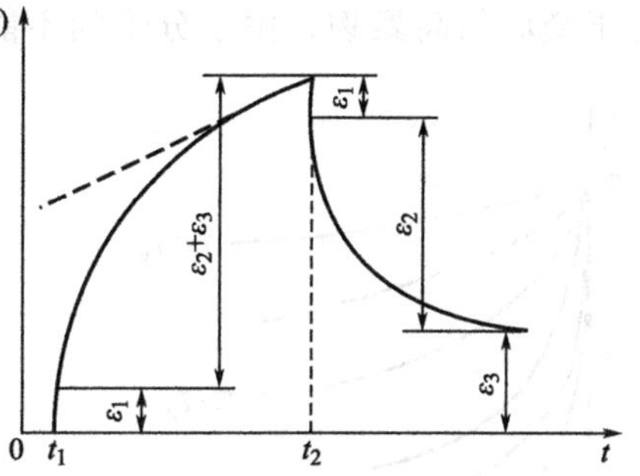

图 8-27　线形高聚物的蠕变曲线

蠕变现象与温度的高低和外力的大小有关。温度过低，外力太小时，形变很小而且发展很慢，在短时间内不易觉察蠕变现象；温度过高、外力过大时，形变发展过快，也感觉不出蠕变现象；只有在高聚物的 T_g 附近及适当的外力作用下，链段既可以运动，但运动时受到的内摩擦力又较大，因而只能较缓慢地运动，这时可观察到较明显的蠕变现象。

高聚物的蠕变性能反映了材料的尺寸稳定性和长期负载的能力。各种高聚物在室温时的蠕变现象很不相同，了解它们的蠕变性能及影响因素有利于合理选择和利用材料。一般来说，主链含芳杂环的刚性链高聚物，具有较好的抗蠕变性能，因而可作为对尺寸稳定性要求较高的工程塑料，代替金属材料加工成机械零件。而线形玻璃态柔性链高聚物则蠕变性较大，例如聚四氟乙烯具有很好的蠕变性，是很好的密封材料。结晶高聚物中的微晶体可起到类似交联的作用，因此，结晶往往有助于减小材料的蠕变性能。交联作用可防止柔性高分子间滑移而造成的不可逆形变。因而橡胶一般要求柔性高分子链间具有一定的交联结构。

8

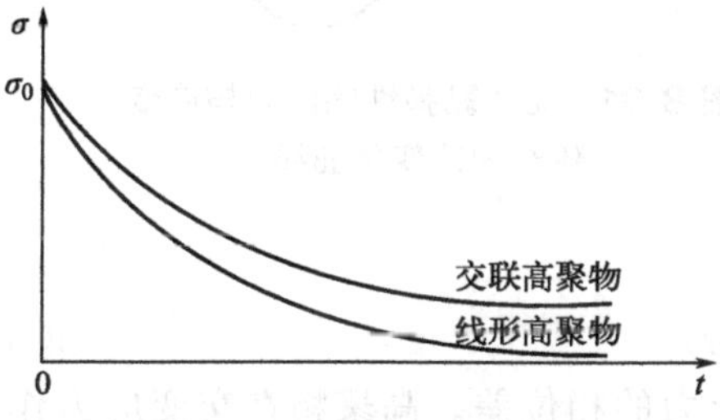

图 8-28　高聚物的应力松弛曲线

8.2.1.2　应力松弛

应力松弛是指在恒定温度和形变保持不变的情况下，高聚物内部的应力随时间增加而逐渐衰减的现象。使用中的橡皮筋，由于内应力随时间的逐渐减小，回弹力减小。图 8-28 是交联高聚物和未交联高聚物的应力松弛曲线。随着时间的延长，线形高聚物的应力可松弛到零。应力与时间成指数关系

$$\sigma=\sigma_0 e^{-t/\tau} \tag{8-33}$$

式中，σ_0 是起始应力；τ 是松弛时间。

从本质来看，高聚物的应力松弛和蠕变一样与其内部分子运动有关。在拉伸力作用下，链段顺着外力方向运动而形成较舒展的伸直链构象。在形变一定时，借助于链段的热运动分子链会逐渐回缩到卷曲构象，此时分子链处于新的平衡状态，材料内部应力减少或消除为零。因此，应力松弛的本质是链段运动所导致的分子链间相对位置的变化。如图 8-29 所示。

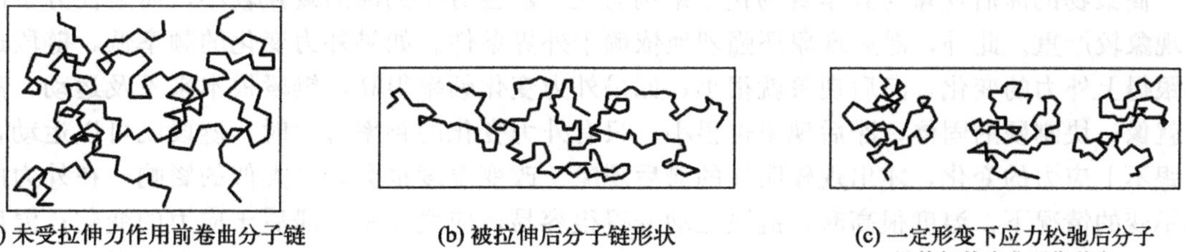

(a) 未受拉伸力作用前卷曲分子链　(b) 被拉伸后分子链形状　(c) 一定形变下应力松弛后分子链的新的卷曲平衡构象

图 8-29　橡胶应力松弛示意

对于交联的高聚物，由于分子间不能滑移，所以应力不会松弛到零，只能松弛到某一数值。

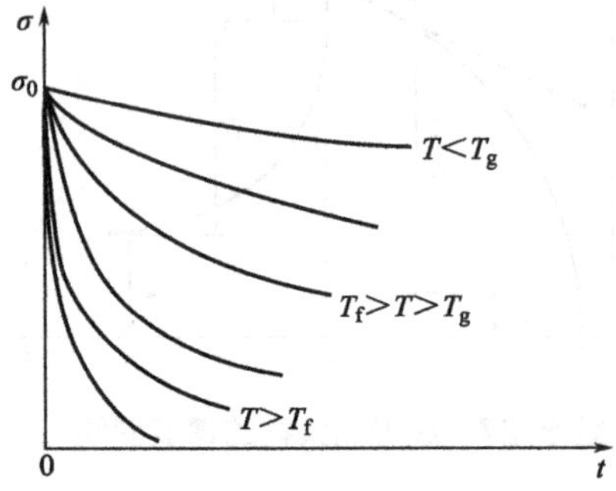

图 8-30 不同温度下的应力松弛曲线

由于分子链段运动具有温度依赖性，因此应力松弛与温度有关。如果温度远远超过 T_g，此时链段运动时受到的内摩擦力很小，应力很快就松弛掉了，几乎觉察不到。如果温度比 T_g 低得多，虽然链段受到很大的应力作用，但是由于内摩擦阻力很大，链段运动困难，应力松弛极慢，也不容易被觉察。只是在玻璃化转变温度附近的几十度范围内，应力松弛现象最为明显，如图 8-30 所示。

8.2.2 动态黏弹性

蠕变和应力松弛现象是应力或应变恒定时另一方随时间的变化。通常称这种黏弹现象为静态黏弹性。在实际应用中，材料的应力或应变往往随时间变化，例如轮胎、传送带、齿轮和消振器等都是在这种交变力作用的环境下工作。我们称在交变应力或交变应变作用下材料的力学行为为动态力学行为。动态力学行为也称动态黏弹性或动态力学松弛，主要表现为滞后和力学损耗现象。

8.2.2.1 滞后现象

高聚物在受到交变应力作用下所观察到的应变的变化落后于应力的变化的现象，称为滞后现象。如图 8-31 所示为车辆行驶时，橡胶轮胎受到一定频率的外力作用下，轮胎的应力和应变随时间的变化关系。轮胎某处受到的应力与时间的关系用正弦函数表示为

$$\sigma(t)=\sigma_0\sin\omega t \qquad (8\text{-}34)$$

式中，σ_0 为受到的最大应力；ω 为外力变化的角频率；t 为时间。对应轮胎某处的应变随时间的变化可表示为

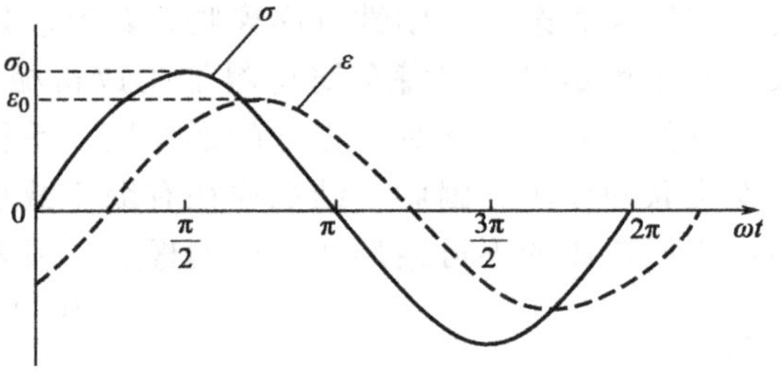

图 8-31 动态黏弹性的应力与应变随时间的变化曲线

$$\varepsilon(t)=\varepsilon_0\sin(\omega t-\delta) \qquad (8\text{-}35)$$

式中，ε_0 为应变的最大值；δ 为应变发展落后于应力的相位差。高聚物在交变应力作用下，形变落后于应力变化的相位差 δ 在 $0\sim\pi/2$ 之间。对于理想弹性体相位差 δ 为零，即应变具有瞬时响应性。而理想黏性体的应变变化与应力变化的相位差 δ 为 $\pi/2$。

滞后现象的发生是由于链段在动态变形过程中运动时要受到内摩擦阻力的作用，使得当外力变化时，链段的运动跟不上外力的变化，所以应变落后于应力。内摩擦阻力越大，链段运动越困难，应变越跟不上外力的变化，δ 也就越大。

高聚物的滞后现象与其本身的化学结构有关。刚性分子的滞后现象较小，而柔性分子的滞后现象较严重。此外，滞后现象还强烈地依赖于外界条件。如果外力变化的频率低，链段运动能跟得上外力的变化，滞后现象就很小；如果外力变化频率很高，链段根本来不及运动，高聚物就像一块刚硬的固体，滞后现象也很小；只有外力变化的频率适中时，链段既可以运动，但又跟不上应力的变化，才出现较明显的滞后现象。改变温度也会产生类似的影响，在外力的频率不变的情况下，温度很高时，链段运动变得很容易，应变几乎不滞后于应力的变化；温度很低时，链段运动速度很慢，在应力变化的时间内形变来不及发展，因而也无所谓滞后；只有在

T_g 附近的温度下，链段既可以运动，但受到的黏滞阻力又较大，此时滞后现象严重。

8.2.2.2 力学损耗

在理想情况下当应力的变化和应变的变化相一致时，没有滞后现象，每次拉伸形变所作的功等于恢复原状时获得的功而无能量损耗。黏弹性材料的应变的变化落后于应力的变化，发生滞后现象，则在循环变化过程中要消耗能量，称为力学损耗或内耗。

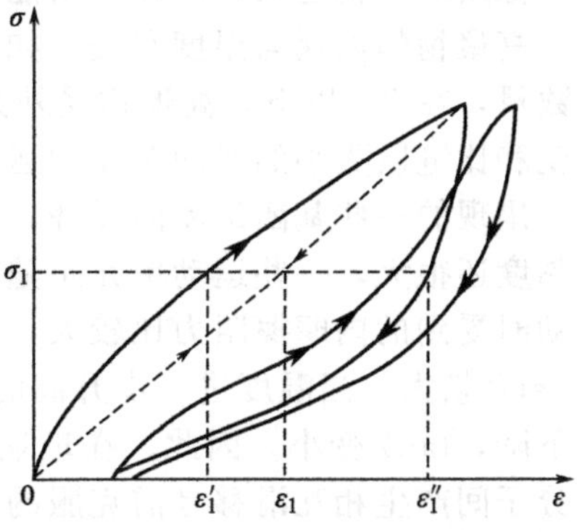

图 8-32 橡胶拉伸与回缩过程的应力-应变滞后圈

黏弹性材料内耗的产生原因在于在拉伸过程中一部分外力用于克服分子间的内摩擦阻力而做功，机械能转变为不可逆的热能而消失。可以从图 8-32 所示的橡胶拉伸回缩过程的应力-应变曲线来了解力学损耗的原因。如果应变完全跟得上应力的变化，拉伸具有可逆性，拉伸与回缩曲线重合在一起，如图中虚线所示，拉伸时外界对体系所做的功以位能形式全部储存起来，继而又释放出来变成动能，使材料回复到起始状态。因此，拉伸时外界对体系所做的功等于回缩时体系对外界所做的功，拉伸与回缩过程的能量损耗为零。发生滞后现象时，拉伸曲线上的应变达不到与其应力相对应的平衡应变值，而回缩时，情况正相反，回缩曲线上的应变大于与其应力相对应的平衡应变值，如图中任一应力 σ_1 处，恒有 $\varepsilon_1'<\varepsilon_1<\varepsilon_1''$。在这种情况下，拉伸时外界对高聚物体系做的功，一方面用以改变分子链的构象，另一方面用以提供链段运动时克服分子间内摩擦所需要的能量。回缩时，高聚物体系对外做功，伸展的分子链重新卷曲起来。这样，一个拉伸回缩循环中，拉伸时外界对体系所做的功要大于回缩时体系对外界所做的功，过程中一部分功被损耗掉，转化为热。内摩擦阻力越大，滞后现象越严重，内耗也越大。

拉伸和回缩过程中，外界对体系所做的功和体系对外界所做的回缩功分别相当于拉伸曲线和回缩曲线下的面积，所损耗的能量等于两块面积之差即拉伸与回缩曲线所包围的面积。不产生塑性形变的橡胶的拉伸-回缩应力应变曲线可以构成一个闭合曲线，常称之为“滞后圈”。这时，一个拉伸回缩循环中所损耗的能量为

$$\begin{aligned}\Delta W &= \oint \sigma(t)\,\mathrm{d}\varepsilon(t) = \oint \sigma(t)\,\frac{\mathrm{d}\varepsilon(t)}{\mathrm{d}t}\,\mathrm{d}t \\ &= \sigma_0 \varepsilon_0 \omega \int_0^{2\pi/\omega} \sin\omega t\cos(\omega t-\delta)\,\mathrm{d}t\end{aligned} \tag{8-36}$$

式(8-36) 积分便得

$$\Delta W = \pi\sigma_0\varepsilon_0\sin\delta \tag{8-37}$$

可见每一循环中，力学损耗的大小正比于最大应力 σ_0、最大应变 ε_0 和应力和应变之间的相位差的正弦。因此 δ 又称为力学损耗角。为了方便人们更常用力学损耗角正切 $\tan\delta$ 来表示内耗的大小。

滞后现象所伴随的力学损耗过程，使一部分机械能转变成为热能，此时形变着的高聚物材料会发热，发热使橡胶材料过早地老化。通常力学损耗大或高阻尼会使制件的尺寸稳定性下降。但是，作为抗震、隔音的高聚物材料则要求高阻尼，高内耗也有利于增加塑料的韧性和橡胶轮胎的耐摩擦性。

内耗的大小因高聚物的结构而异。侧基的大小、数量影响橡胶的内耗，顺丁橡胶分子链上没有取代基团，其内耗较小；丁苯橡胶和丁腈橡胶，因其体积较大的侧苯基和极性很强的

侧氰基的影响，而内耗较大；丁基橡胶的侧甲基数目很多，所以内耗比丁苯、丁腈橡胶还要大。橡胶的内耗越大，吸收冲击能量越大，但是回弹性较差。

高聚物的内耗与温度有关，如图 8-33 所示。温度的高低会影响高分子运动单元的大小和数量，在 T_g 以下，高聚物受外力作用时，链段运动不能发生，形变主要由键长、键角的改变和比链段更小的运动单元的运动引起，形变很小，速度很快，几乎完全跟得上应力的变化，出现的一些基团运动内耗峰，$\tan\delta$ 较低。温度接近 T_g 时，链段开始运动，而此时体系的黏度还很大，一些运动单元跟随外场变化而运动，另一些则跟不上运动变化而滞后，链段运动时受到的内摩擦阻力比较大，因此应变显著落后于应力的变化，对应链段运动的力学损耗 $\tan\delta$ 较大。当温度进一步升高时，虽然应变值大，但链段运动的内摩擦阻力随温度升高而下降，$\tan\delta$ 变小。因此，在玻璃化转变温度时出现一个内耗峰。当接近黏流温度时，由于分子间产生相互滑移且需克服的内摩擦阻力再次增大，因而与分子链运动有关的内耗急剧增加。内耗峰值出现的温度按照运动单元的大小次序排列为：分子链运动的内耗峰＞链段运动的内耗峰＞基团运动的内耗峰。

内耗与交变应力的作用频率的关系如图 8-34 所示。频率很低时，高分子的链段运动完全跟得上外力的变化，$\tan\delta$ 很小；频率很高时，链段运动完全跟不上外力的变化，内耗也很小；只有在频率适中的范围内，链段既能运动又跟不上外力的变化，滞后现象较明显，内耗在这一频率范围将出现一个极大值。

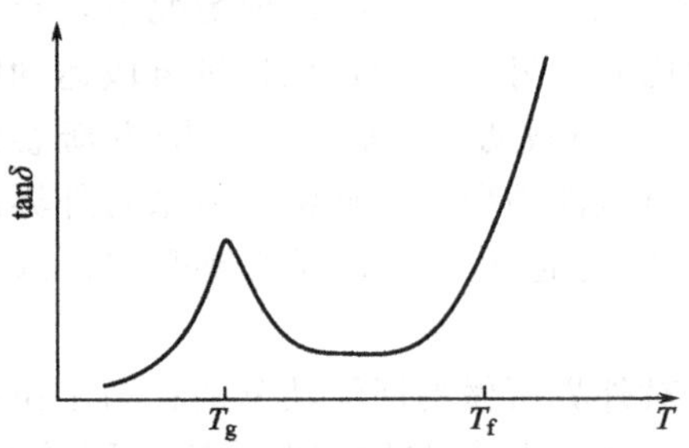

图 8-33 高聚物的内耗与温度的关系

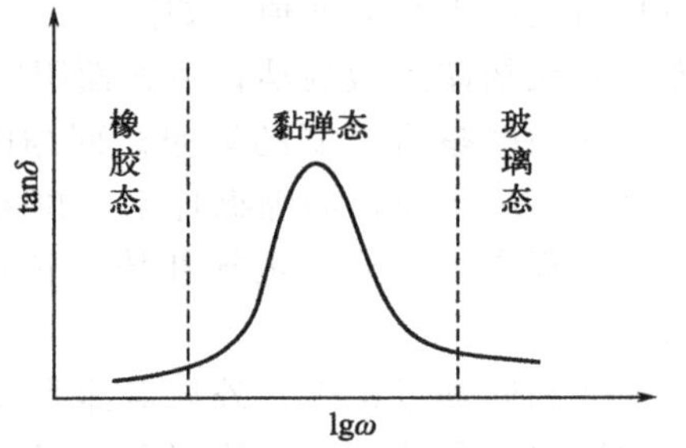

图 8-34 高聚物的内耗与频率的关系

8.2.3 复数模量

除了通过应力或应变与时间的关系以及力学损耗来描述高聚物的静态和动态力学松弛过程，通常还用到模量和柔量等参数。在动态力学实验中，应力和应变都是时间的函数，其模量常用复数模量来表示。

黏弹性材料的应变变化落后于应力变化一个相位角 δ，后者说，应力变化领先应变一个相位角 δ，当应变随时间变化表示为 $\varepsilon(t)=\varepsilon_0\sin\omega t$ 时，则有 $\sigma(t)=\sigma_0\sin(\omega t+\delta)$，这个应力表达式可以展开成

$$\begin{aligned}\sigma(t)&=\sigma_0\sin\omega t\cos\delta+\sigma_0\cos\omega t\sin\delta\\&=\sigma_0\cos\delta\sin\omega t+\sigma_0\sin\delta\sin(\omega t+\pi/2)\end{aligned}\tag{8-38}$$

可见应力由两部分组成，一部分与应变同相位，幅值为 $\sigma_0\cos\delta$，用于弹性形变；另一部分与应变相差 $\pi/2$，幅值为 $\sigma_0\sin\delta$，用于克服摩擦阻力。根据模量的定义可以得到两种不同意义的模量，定义 E'为同相位的应力和应变的比值，而 E''为相位差 $\pi/2$ 的应力和应变的振幅的比值，即

$$E'=\left(\frac{\sigma_0}{\varepsilon_0}\right)\cos\delta\tag{8-39}$$

$$E''=\left(\frac{\sigma_0}{\varepsilon_0}\right)\sin\delta \tag{8-40}$$

则式(8-38) 可表示为

$$\sigma(t)=\varepsilon_0 E'\sin\omega t+\varepsilon_0 E''\cos\omega t \tag{8-41}$$

此时，模量是一个复数，叫复数模量 E^*。

$$E^*=E'+iE'' \tag{8-42}$$

式中，E'为实数模量又称储能模量，表示材料在形变过程中由于弹性形变而储存的能量；E''为虚数模量也称为损耗模量，表示在形变过程中以热的方式损耗的能量。E^*、E'、E''和 δ 的关系可以清楚地表示在复平面坐标上，如图 8-35 所示。由式(8-39) 和式(8-40) 可得

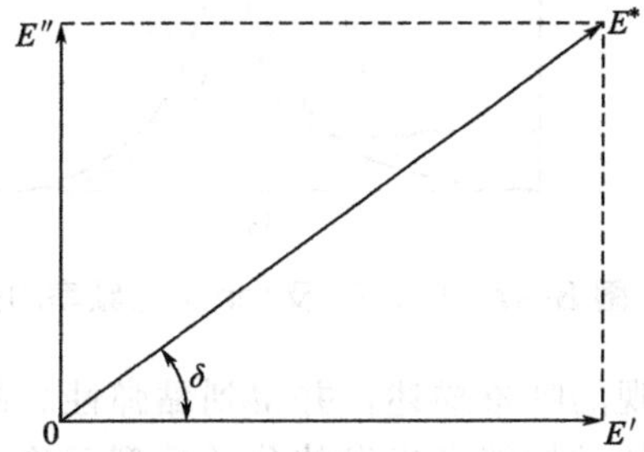

图 8-35　复数模量

$$\tan\delta=\frac{E''}{E'} \tag{8-43}$$

在动态力学实验中，通常测量对数减量 Δ 以计算损耗，$\Delta=\pi E''/E'$。

如果将应力和应变均写成复数形式：$\varepsilon(t)=\varepsilon_0 e^{i\omega t}$，$\sigma(t)=\sigma_0 e^{i(\omega t+\delta)}$。

则复数模量为

$$E^*=\frac{\sigma(t)}{\varepsilon(t)}=\left(\frac{\sigma_0}{\varepsilon_0}\right)e^{i\delta}=\left(\frac{\sigma_0}{\varepsilon_0}\right)(\cos\delta+i\sin\delta)=E'+iE'' \tag{8-44}$$

根据式(8-37) 和式(8-40)，在每一形变周期损耗的能量为

$$\Delta W=\pi\varepsilon_0^2 E'' \tag{8-45}$$

动态模量的大小用复数模量的绝对值表示，又称绝对模量，表示为

$$E=|E^*|=\sqrt{E'^2+E''^2} \tag{8-46}$$

通常 $E''\ll E'$，所以常直接用 E'作为材料的动态模量。

由于在动态力学实验中，常常通过测量对数减量 Δ 来计算材料的损耗，Δ 与损耗模量和储能模量有如下关系：$\Delta=\pi E''/E'$。

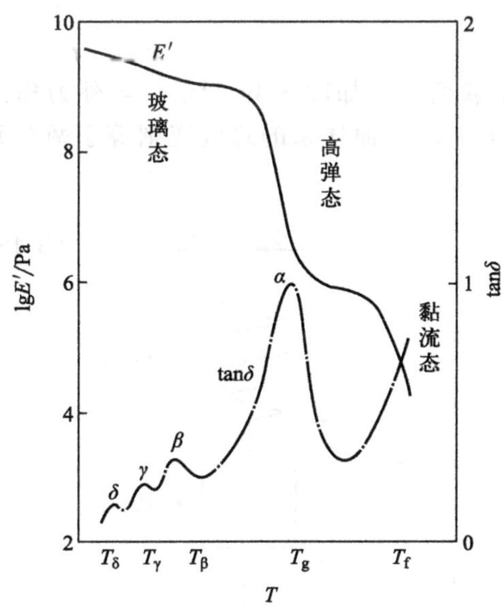

图 8-36　非晶态高聚物的动态力学温度谱

高聚物的黏弹性与频率和温度有关，因而 E'、E''及 $\tan\delta$ 等都是温度和频率的函数。在一定温度时，以 $\lg E'$、$\lg E''$和 $\tan\delta$ 对频率 $\lg\omega$ 作图得到高聚物的动态力学频率谱。而考虑高聚物的 E'和 E''温度变化的情况时，则可以得到动态力学温度谱，如图 8-36 所示。图 8-37 是一个不出现黏流态的典型黏弹性固体的频率谱，可以看到，在外力作用频率比链段运动单元的松弛时间的倒数高得多时，$\omega\gg 1/\tau$，链段运动基本来不及跟上外力而发生运动，对外力的作用没有响应，材料呈玻璃态，模量 E'较高且在一定频率范围内变化不大，E''和 $\tan\delta$ 几乎为零；反之，当外力作用频率比链段运动单元的松弛时间的倒数低得多时，$\omega\ll 1/\tau$，链段运动完全能跟上作用力的变化，观察不到松弛现象，材料呈橡胶状，模量 E'较小且在一定频率范围内不随频率变化，链段运动引起

8

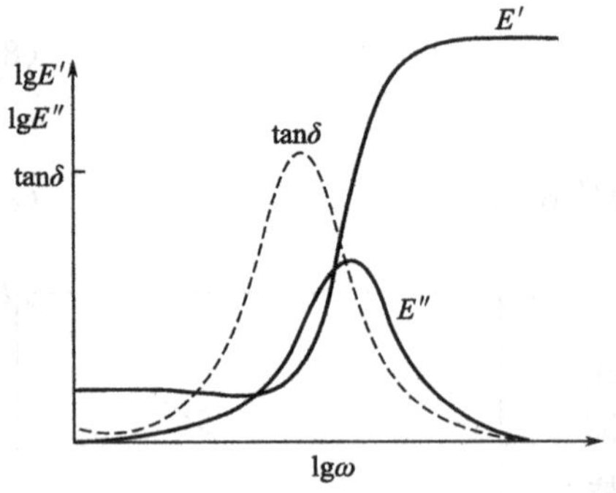

图 8-37 E′、E″及 tan δ 与频率的关系

的损耗很小，E''和 $\tan\delta$ 也几乎为零；只有当外力作用频率接近或等于链段运动的松弛时间的倒数时，$\omega\approx 1/\tau$，材料黏弹性明显，E'随 ω 急剧变化，E''和 $\tan\delta$ 则在黏弹区中都出现一个极大值即内耗峰。

8.2.4 黏弹性的描述

为了更加深刻地理解黏弹性现象，人们借助于各种模型对黏弹性现象进行描述。从黏弹性的现象出发，通过理想弹簧和黏壶组合的力学模型和玻尔兹曼（Boltzmann）叠加原理可对黏弹性作直观的唯象描述，并得到黏弹性总的定性概括，为黏弹性研究打下基础。另一方面，从高分子的结构特点出发的分子模型理论，例如 RBZ 理论的珠簧模型和 De Greens“蛇行”理论的管子模型，对于研究高分子的力学松弛本质也有重要作用。本节只对力学模型和玻尔兹曼叠加原理进行介绍。

8.2.4.1 黏弹性的力学模型

一个服从胡克定律的理想弹簧能够很好地描述理想弹性体的力学行为。理想弹簧如图 8-38(a) 所示。应力和应变服从胡克定律，与时间无关：

$$\sigma=E\varepsilon=\frac{1}{D}\varepsilon \tag{8-47}$$

式中，E 为弹簧的模量；D 为柔量。

理想黏壶能够很好地描述理想流体的力学行为，如图 8-38(b) 所示，理想黏壶由一个活塞和充满黏度为 η 的液体的容器组成。应力和应变与时间有关，服从牛顿流动定律：

$$\sigma=\eta\frac{\mathrm{d}\varepsilon}{\mathrm{d}t}\ \text{或}\ \varepsilon=\frac{\sigma}{\eta}t \tag{8-48}$$

式中，$\mathrm{d}\varepsilon/\mathrm{d}t$ 为应变速率。

力学模型将理想弹簧和理想黏壶以不同方式组合起来，以模拟高聚物的力学松弛过程，并且得到力学松弛的各种数学表达式。

（1）Maxwell 模型

Maxwell 模型由一个理想弹簧和一个理想黏壶串联而成，如图 8-39 所示。当外力作用在此模型上时，弹簧和黏壶的应力与总应力相等 $\sigma=\sigma_1=\sigma_2$，而体系的总应变则等于两个元件的应变之和 $\varepsilon=\varepsilon_1+\varepsilon_2$，则有

$$\frac{\mathrm{d}\varepsilon}{\mathrm{d}t}=\frac{\mathrm{d}\varepsilon_1}{\mathrm{d}t}+\frac{\mathrm{d}\varepsilon_2}{\mathrm{d}t} \tag{8-49}$$

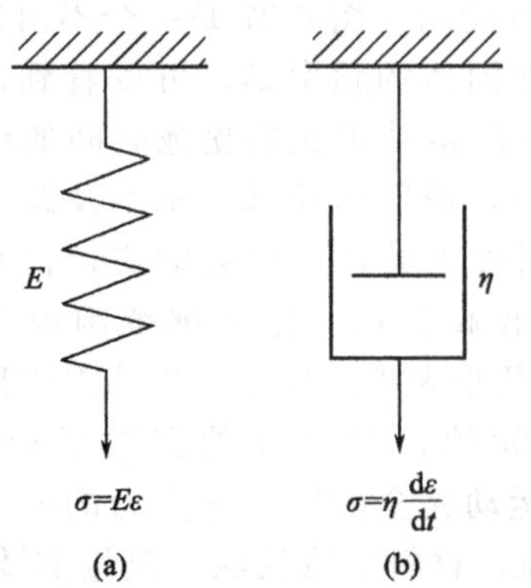

图 8-38 力学元件理想弹簧和理想黏壶

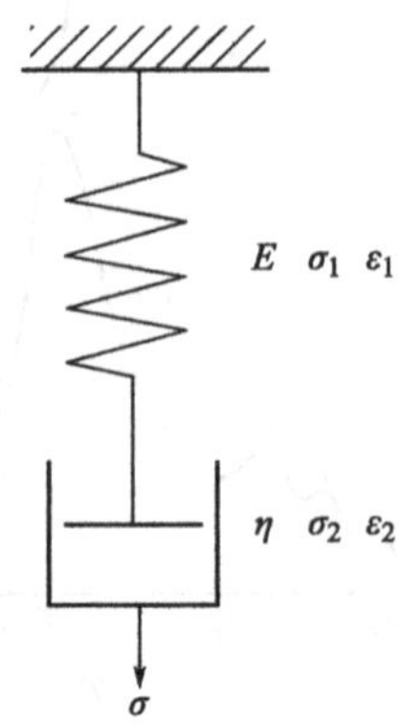

图 8-39 Maxwell 模型

将式(8-47)对时间求导后和式(8-48)一起代入式(8-49)，即得 Maxwell 模型的运动方程

$$\frac{d\varepsilon}{dt}=\frac{1}{E}\frac{d\sigma}{dt}+\frac{\sigma}{\eta} \tag{8-50}$$

应力松弛过程中材料瞬时应变并维持恒定。对于 Maxwell 模型，受到一个外力时，体系的瞬时起始形变 ε_0 由理想弹簧提供，而黏壶由于黏性作用，来不及发生形变。若维持这应变不变，则在弹簧回弹力 σ_0 的作用下迫使理想黏壶慢慢拉开，弹簧则逐渐回缩，形变减小直到回复到未拉伸状态，因而总应力下降直到完全消除为止，产生与线形高聚物相符的应力松弛过程。应力松弛过程中总形变恒定，$d\varepsilon/dt=0$，则式(8-50)变为

$$\frac{1}{E}\frac{d\sigma}{dt}+\frac{\sigma}{\eta}=0;\ \frac{d\sigma}{\sigma}=-\frac{E}{\eta}dt \tag{8-51}$$

当 $t=0$ 时，$\sigma=\sigma_0$，上式积分可得

$$\sigma(t)=\sigma_0 e^{-t/\tau} \tag{8-52}$$

将式(8-52)除以 ε_0 便得应力松弛模量

$$E(t)=E(0)e^{-t/\tau} \tag{8-53}$$

其中 $E_0=\sigma_0/\varepsilon_0$，表示起始模量。式中 $\tau=\frac{\eta}{E}$，是一个具有时间量纲的量，称为松弛时间。当 $t=\tau$ 时 $\sigma=\sigma_0/e$，所以松弛时间表示形变固定时由于黏性流动使应力减少到起始应力的 1/e 即 0.367 倍时所需的时间。因 $\tau=\eta/E$，说明松弛过程必然是黏性和弹性共存的结果，不同材料的应力松弛行为对应于力学元件不同的模量和黏度。Maxwell 模型的价值就在于它成功模拟线形高聚物的应力松弛过程，应力随时间延长而减小，当 $t\to\infty$ 时，$\sigma\to 0$。

8

在动态力学实验中，模型受到一个交变应力 $\sigma(t)=\sigma_0 e^{i\omega t}$ 的作用，则 $\varepsilon(t)=\sigma(t)/E^*$。对 t 求导得：$d\sigma(t)/dt=i\omega\sigma_0 e^{i\omega t}$；$d\varepsilon(t)/dt=i\omega\sigma_0 e^{i\omega t}/E^*$。Maxwell 模型的运动方程式可以写成

$$\frac{i\omega\sigma_0 e^{i\omega t}}{E^*}=\frac{\sigma_0}{E}i\omega e^{i\omega t}+\frac{\sigma_0}{\eta}e^{i\omega t} \tag{8-54}$$

令 $\tau=\eta/E$，上式整理后得

$$E^*=\frac{E\omega\tau}{\omega\tau-i}=\frac{E\omega^2\tau^2}{1+\omega^2\tau^2}+i\frac{E\omega\tau}{1+\omega^2\tau^2} \tag{8-55}$$

因此，Maxwell 模型的储能模量，损耗模量和损耗角正切分别为：

$$E'=\frac{E\omega^2\tau^2}{1+\omega^2\tau^2};E''=\frac{E\omega\tau}{1+\omega^2\tau^2};\tan\delta=\frac{1}{\omega\tau} \tag{8-56}$$

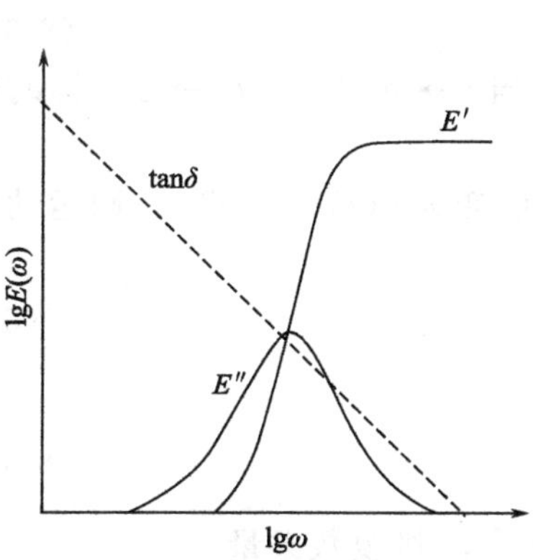

图 8-40　Maxwell 模型的动态力学行为

它们都是频率 ω 的函数，如图 8-40 所示。图中 E' 与 E'' 的变化规律与高聚物的动态力学行为一致，但是 $\tan\delta$ 的形状与高聚物的实际表现不符。

对于蠕变过程，$\sigma=\sigma_0$ 为一定值，所以 $d\sigma/dt=0$，代入 Maxwell 运动方程（8-50）得：$d\varepsilon/dt=\sigma_0/\eta$，为牛顿流体的流动方程。从以上讨论可以看出，Maxwell 模型用于模拟高聚物的蠕变过程是不成功的，它的蠕变相当于牛顿流体的黏性流动，而高聚物的蠕变要复杂得多。此外，应力松弛表达式中只有一个对数衰减项，表示在无限长时

间应力将衰减为零，因此 Maxwell 模型也不能模拟交联高聚物的应力松弛过程。

（2）Voigt（Kelvin）模型

Voigt 模型是由一个理想弹簧和一个理想黏壶并联而成，如图 8-41 所示。并联元件的应变与总应变相同 $\varepsilon=\varepsilon_1=\varepsilon_2$，应力则始终满足 $\sigma=\sigma_1+\sigma_2$。因此，Voigt 模型的运动方程为

$$\sigma=E\varepsilon+\eta\frac{\mathrm{d}\varepsilon}{\mathrm{d}t} \tag{8-57}$$

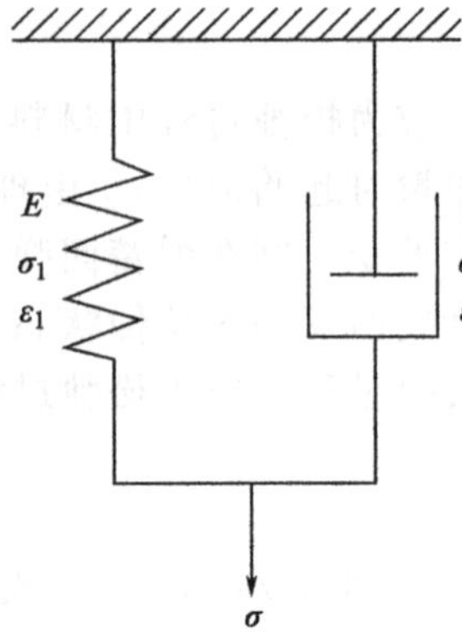

图 8-41 Voigt 模型

Voigt 模型可以用来模拟交联高聚物的蠕变过程。当外力一定时，由于黏壶的存在，弹簧只能随着黏壶一起慢慢被拉开，因此形变是逐渐发展的。如果外力除去，由于弹簧的回弹力和黏壶的黏滞阻力，使整个模型的形变慢慢恢复。对于蠕变过程，应力保持不变 $\sigma=\sigma_0$，运动方程变为：

$$\frac{\mathrm{d}\varepsilon}{\sigma_0-E\varepsilon}=\frac{\mathrm{d}t}{\eta} \tag{8-58}$$

当 $t=0$ 时，$\varepsilon=0$，上式积分得

$$\varepsilon(t)=\frac{\sigma_0}{E}(1-\mathrm{e}^{-t/\tau})=\varepsilon_\infty(1-\mathrm{e}^{-t/\tau}) \tag{8-59}$$

式中，$\tau=\eta/E$，ε_∞ 是 $t\to\infty$ 时的平衡高弹形变。蠕变过程的松弛时间 τ 也称为推迟时间。当 $t=\tau$ 时，$\varepsilon_\tau=\varepsilon_\infty(1-1/\mathrm{e})$，因此推迟时间即形变为平衡形变的 $(1-1/\mathrm{e})\approx 0.633$ 倍时所需时间。

蠕变过程也可以用蠕变柔量来表示。式(8-59) 除以起始应力 σ_0 便得

$$D(t)=D_\infty(1-\mathrm{e}^{-t/\tau}) \tag{8-60}$$

蠕变回复时，$\sigma=0$，式(8-56) 表示为

$$E\varepsilon+\eta\frac{\mathrm{d}\varepsilon}{\mathrm{d}t}=0$$

$$\frac{\mathrm{d}\varepsilon}{\varepsilon}=-\frac{E}{\eta}\mathrm{d}t$$

当 $t=0$ 时，$\varepsilon=\varepsilon_\infty$，上式积分即得蠕变回复方程

$$\varepsilon(t)=\varepsilon_\infty\mathrm{e}^{-t/\tau} \tag{8-61}$$

可见蠕变的恢复与 Maxwell 模型描述的应力松弛过程相似。当 $t\to\infty$ 时，$\varepsilon(t)\to 0$，即时间无限长时，蠕变能够完全恢复。

用 Voigt 模型来模拟高聚物的动态力学行为。若模型的应变为 $\varepsilon(t)=\varepsilon_0\mathrm{e}^{\mathrm{i}\omega t}$，则运动方程（8-57）写成

$$\sigma(t)=E\varepsilon_0\mathrm{e}^{\mathrm{i}\omega t}+\mathrm{i}\omega\eta\varepsilon_0\mathrm{e}^{\mathrm{i}\omega t} \tag{8-62}$$

复数模量

$$E^*=\frac{\sigma(t)}{\varepsilon(t)}=E+\mathrm{i}\omega\eta \tag{8-63}$$

因此 $E'=E$，$E''=\omega\eta$，不符合实际情况。而 $\sigma(t)=\varepsilon(t)/D^*$，则复数柔量

$$D^*=\frac{1}{E+\mathrm{i}\omega\eta}=\frac{D}{1+\omega^2\tau^2}-\mathrm{i}\frac{D\omega\tau}{1+\omega^2\tau^2} \tag{8-64}$$

储能柔量、损耗柔量和损耗角正切分别为：$D'=D/(1+\omega^2\tau^2)$，$D''=D\omega\tau/(1+\omega^2\tau^2)$，$\tan\delta=\omega\tau$。$D'$、$D''$ 和 $\tan\delta$ 与 $\lg\omega$ 的关系如图 8-42，除了 $\tan\delta$ 的曲线形状与高聚物的实际

情况不符，D' 和 D'' 曲线的形状与高聚物的黏弹性一致。

Voigt 模型不能用以模拟应力松弛过程，因为黏壶的限制，模型很难产生一个瞬时应变。同时 Voigt 模型模拟的蠕变过程不存在永久变形，不能模拟发生永久形变的线形高聚物的蠕变过程。

(3) 四元件模型

为了更全面地模拟高分子材料的黏弹行为，将两个弹簧和两个黏壶组合成四元件模型，如图 8-43 所示。四元件模型可以看作由一个 Maxwell 模型和一个 Voigt 模型串联而成，根据高分子的运动机理，分别由不同的元件或组合来模拟高聚物的形变过程：①普弹形变。由分子内部键长键角的改变引起，形变瞬时完成，在外力去除后则瞬时恢复。用一个硬弹簧 E_1 可模拟第一部分；②高弹形变。由链段的伸展、卷曲运动引起，形变随时间而变化，可以用弹簧 E_2 和黏壶 η_2 并联的 Voigt 模型去模拟；③黏性流动。由高分子链沿力场方向的相互滑移引起，形变随时间线性发展，可以用一个黏壶 η_3 来模拟。高聚物的总形变等于这三部分形变的总和。用这个四元件模型来模拟线形高聚物的蠕变过程。蠕变实验中 $\sigma=\sigma_0$，因而四元件模型模拟蠕变过程的运动方程为

$$\varepsilon(t)=\varepsilon_1+\varepsilon_2+\varepsilon_3=\frac{\sigma_0}{E_1}+\frac{\sigma_0}{E_2}(1-e^{-t/\tau})+\frac{\sigma_0}{\eta_3}t \tag{8-65}$$

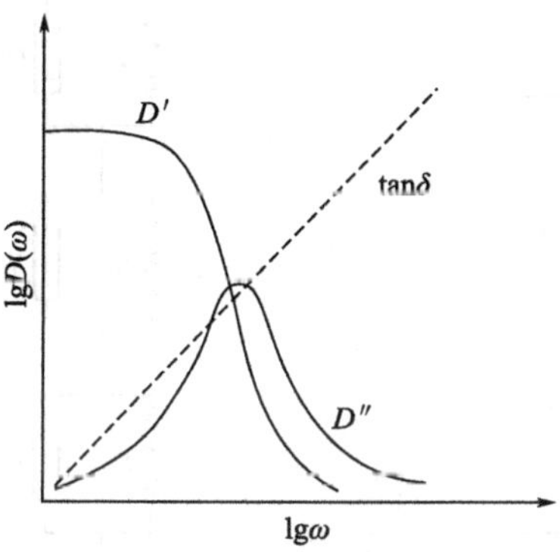

图 8-42　Voigt 模型的动态力学行为

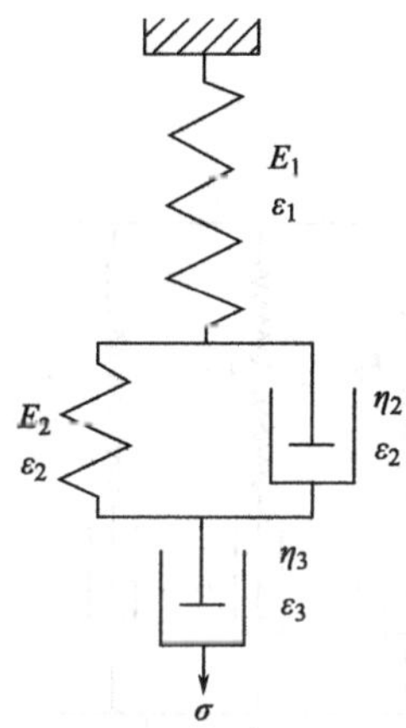

图 8-43　四元件模型

蠕变柔量为

$$D(t)=\varepsilon(t)/\sigma_0=1/E_1+1/E_2(1-e^{-t/\tau})+t/\eta_3 \tag{8-66}$$

图 8-44 是四元件模型的蠕变及蠕变回复曲线，以及各时刻模型各元件的相应行为。与图 8-45 所示的天然橡胶的实测蠕变和回复曲线比较，四元件模型的蠕变过程与高聚物的相符。

(4) 多元件模型和松弛时间谱

由于高分子运动单元具有多重性，每一运动单元的运动模式又具有多样性，不同的运动单元和不同的运动模式具有不同的松弛时间。上述模型虽然可以模拟高聚物黏弹行为的主要特征，但它们给出的单一的松弛时间难以全面反映实际高聚物黏弹行为的复杂性。由于高聚物的多重松弛转变行为，其力学松弛不止一个松弛时间，而是一个宽分布的连续谱，为此提出多元件组合模型即广义力学模型。

多元件模型一般分别取任意多个 Maxwell 单元并联或任意多个 Voigt 模型串联而成，通常称为广义 Maxwell 模型和广义 Voigt 模型，如图 8-46 及图 8-47 所示。由于每个单元由不同

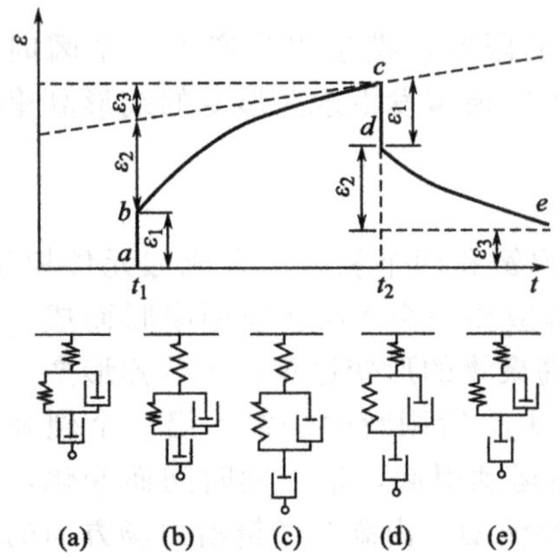

图 8-44 四元件模型的蠕变及蠕变回复曲线

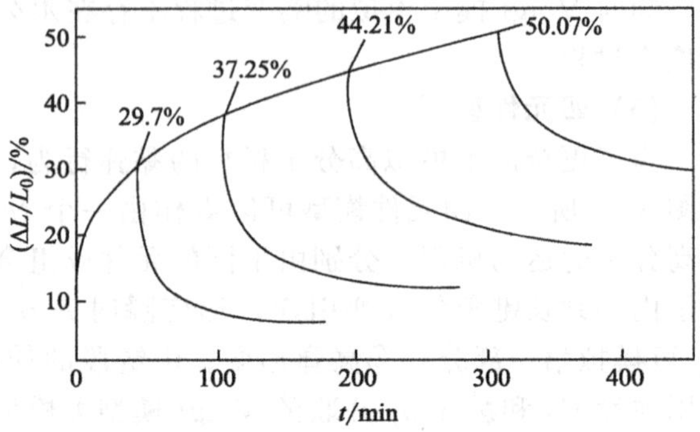

图 8-45 天然橡胶的蠕变及回复曲线

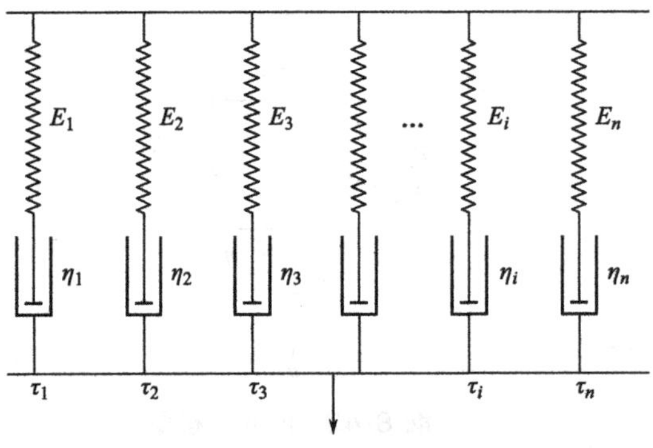

图 8-46 广义 Maxwell 模型

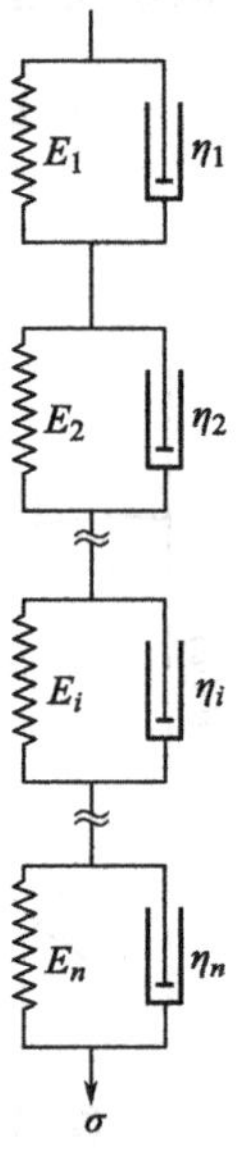

图 8-47 广义 Voigt 模型

模量 E_i 的弹簧和不同黏度 η_i 的黏壶组成，因而具有不同的松弛时间 $\tau_i=\eta_i/E_i$。对于广义 Maxwell 模型，体系的总应变与各单元的应变相等，体系的总应力等于各单元应力的加和。对于应力松弛过程，根据式(8-52) 总应力为

$$\sigma(t)=\varepsilon_0\sum_i^n E_i\mathrm{e}^{-t/\tau_i} \tag{8-67}$$

应力松弛模量为

$$E(t)=\sum_i^n E_i\mathrm{e}^{-t/\tau_i} \tag{8-68}$$

当 $n\rightarrow\infty$ 时，上式可以写成积分形式

$$E(t)=\int_0^\infty f(\tau)\mathrm{e}^{-t/\tau}\mathrm{d}\tau \tag{8-69}$$

式中，$f(\tau)$ 称为松弛时间谱，表明复杂的分子的运动松弛时间是连续变化的。为了模

拟交联高聚物的应力松弛现象，可在广义 Maxwell 模型中并联一个模量为 E_e 的弹簧，交联高聚物的模量最后松弛到平衡值 E_e。这时式(8-69) 修正为

$$E(t)=E_e+\int_0^{\infty}f(\tau)e^{-t/\tau}d\tau \tag{8-70}$$

对于广义的 Voigt 模型，在拉伸蠕变时，其各串联单元的应力相同，总应变等于全部 Voigt 单元应变的加和，根据式(8-59) 总应变为

$$\varepsilon(t)=\sum_i^n\varepsilon_i(\infty)(1-e^{-t/\tau}) \tag{8-71}$$

蠕变柔量为

$$D(t)=\sum_i^n D_i(1-e^{-t/\tau}) \tag{8-72}$$

当 $n\to\infty$ 时，上式可以写成积分形式

$$D(t)=\int_0^{\infty}g(\tau)(1-e^{-t/\tau})d\tau \tag{8-73}$$

式中，$g(\tau)$ 称为推迟时间谱。为了模拟高聚物的普弹形变和线形高分子的永久形变，可在广义 Voigt 模型中串联一个柔量为 D_0 的弹簧和一个黏度为 η 的黏壶，则式(8-73) 修正为

$$D(t)=D_0+\int_0^{\infty}g(\tau)(1-e^{-t/\tau})d\tau+\frac{t}{\eta} \tag{8-74}$$

由于高聚物的松弛时间分布范围很宽，实际上采用对数时间坐标更为方便，因此通常另外定义一个新的松弛时间谱 $H(\tau)$ 和新的推迟时间谱 $L(\tau)$

$$H(\tau)=\tau f(\tau) \tag{8-75}$$

$$L(\tau)=\tau g(\tau) \tag{8-76}$$

则应力松弛模量和蠕变柔量分布表示为

$$E(t)=\int_0^{\infty}\frac{H(\tau)}{\tau}e^{-t/\tau}d\tau=\int_{-\infty}^{+\infty}H(\tau)e^{-t/\tau}d\ln\tau \tag{8-77}$$

$$D(t)=\int_0^{\infty}\frac{L(\tau)}{\tau}(1-e^{-t/\tau})d\tau=\int_{-\infty}^{+\infty}L(\tau)(1-e^{-t/\tau})d\ln\tau \tag{8-78}$$

对于动态力学的储能模量和损耗模量可做类似的处理，此处不一一介绍。知道高聚物的松弛时间谱 $H(\tau)$ 和推迟时间谱 $L(\tau)$，可以求得高聚物的应力松弛模量、蠕变柔量和动态黏弹性参数。

8.2.4.2 玻尔兹曼叠加原理

力学模型通过引入松弛时间谱和推迟时间谱提供了描述高聚物黏弹性积分表达式。而玻尔兹曼叠加原理通过另一简单途径同样也给出应力和应变在时间进程中的积分关系。玻尔兹曼叠加原理指出，非晶高聚物的力学松弛行为是其整个历史上诸松弛过程的线性加和的结果。对于蠕变过程，每个负荷对高聚物的形变的贡献是独立的，总的形变是整个负荷历史的函数，是各个负荷引起的形变的线性加和，即在时刻 t 所观察到的应变除了与时刻 t 施加的应力有关外，还要加上时刻 t 以前曾经承受过的各应力在时刻 t 相应的应变。对于应力松弛，每个应变对高聚物的应力松弛的贡献也是独立的，高聚物的总应力等于历史上诸应变引起的应力松弛过程的线性加和。

对于蠕变过程，在 $t=0$ 时刻对高聚物施加应力 σ_0，则时刻 t 的应变为：$\varepsilon(t)=\sigma_0 D(t)$。如果在时刻 u_1 施加给高聚物的应力为 σ_1，则该力在 t 时刻引起的应变为：$\varepsilon_1(t)=\sigma_1 D(t-u_1)$。根据玻尔兹曼叠加原理，当这两个应力 σ_0 和 σ_1 相继作用在同一高聚物上时，则在 t

时刻总的应变是两者的线性加和，$\varepsilon(t)=\sigma_0 D(t)+\sigma_1 D(t-u_1)$，如图 8-48 所示。

考虑阶跃加荷的情况，即在时刻 u_1、u_2、…、u_n，分别对高聚物施加应力 $\Delta\sigma_1$、$\Delta\sigma_2$、…、$\Delta\sigma_n$，则总形变为

$$\varepsilon(t)=\Delta\sigma_1 D(t-u_1)+\Delta\sigma_2 D(t-u_2)+\cdots+\Delta\sigma_n D(t-u_n)=\sum_{i=1}^{n}\Delta\sigma_i D(t-u_i) \quad (8\text{-}79)$$

如果应力连续变化，上式可表示为积分形式

$$\varepsilon(t)=\int_{-\infty}^{i} D(t-u)\mathrm{d}\sigma(u)=\int_{-\infty}^{i} D(t-u)\frac{\partial\sigma(u)}{\partial u}\mathrm{d}u \quad (8\text{-}80)$$

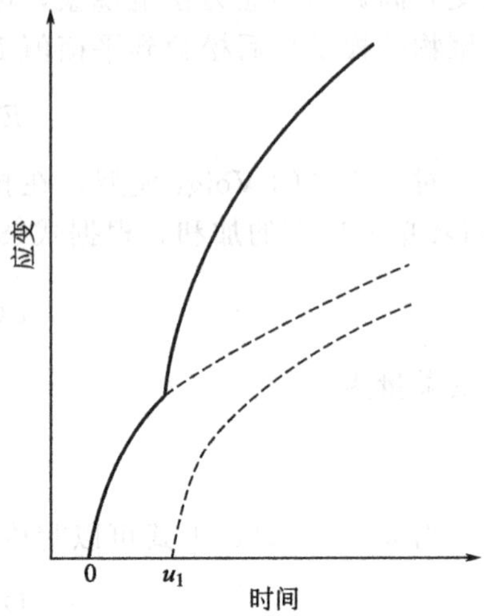

图 8-48 应变的线性加和

上式是玻尔兹曼叠加积分。积分下限取 $-\infty$ 是考虑 t 以前的全部应力的历史对 t 时刻的应变都有贡献。利用分部积分，并引入新变量 $a=t-u$，则得

$$\varepsilon(t)=D(o)\sigma(t)+\int_{0}^{\infty}\sigma(t-a)\frac{\partial D(a)}{\partial a}\mathrm{d}a \quad (8\text{-}81)$$

式中，第一项是没有历史效应的部分，包括普弹和高弹形变，第二项代表高聚物蠕变的应力历史效应。与蠕变类似，t 时刻的应力为 t 时前所有应变引起的应力的总和，应力松弛的玻尔兹曼叠加原理的数学表达式为

$$\sigma(t)=\Delta\varepsilon_1 E(t-u_1)+\Delta\varepsilon_2 E(t-u_2)+\cdots+\Delta\varepsilon_n E(t-u_n)=\sum_{i=1}^{n}\Delta\varepsilon_i E(t-u_i)$$

应变连续变化时则有

$$\sigma(t)=\int_{-\infty}^{i} E(t-u)\frac{\partial\varepsilon(u)}{\partial u}\mathrm{d}u=E(o)\varepsilon(t)+\int_{o}^{\infty}\varepsilon(t-a)\frac{\partial E(a)}{\partial a}\mathrm{d}a \quad (8\text{-}82)$$

8.2.5 黏弹性的温度、时间依赖性及时温等效

高聚物的黏弹性是高分子分子运动的宏观反应，不论是高分子链段运动而使高聚物表现出的高弹形变；还是由整个高分子移动而显示出的黏性流动，都需要一定的松弛时间。而高聚物的松弛时间与温度有关，在测试时间或测试频率固定的前提下，温度升高，松弛时间缩短。高聚物在不同温度下或不同的外力作用时间（或频率）下都显示出相同的三种力学状态和两个转变。表明温度和时间对高聚物的黏弹性具有等效作用。

高聚物的同一个力学松弛现象，既可在较高的温度下，在较短的时间内观察到，也可以在较低的温度下较长的时间内观察到。升高温度与延长观察时间对分子运动是等效的，这就是时温等效原理。例如，作为飞机轮胎的橡胶在室温下处于高弹态，此时链段能够自由运动。但当飞机高速着落时，在轮胎与地面接触的瞬间，链段的运动对这么短的作用力来不及做出响应，而显示出玻璃态的普弹性。好像温度下降到橡胶的玻璃化转变温度以下而使之失去高弹性。

按照时温等效原理，高聚物在不同温度下所获得的黏弹性数据都可以通过时间标尺的平移而联系起来。即借助于一个移动因子 a_T 可以将在某一温度下测定的力学数据，变成另一温度下的力学数据。如图 8-49 所示，高聚物在不同温度 T_1、T_2 时的蠕变柔量对时间对数的曲线或内耗与频率对数的曲线，通过时间或频率坐标轴平移一定距离 $\lg a_T$，就可以将这两条曲线完全叠合在一起。移动因子 a_T 实际上是不同温度时同一运动模式的松弛时间的比

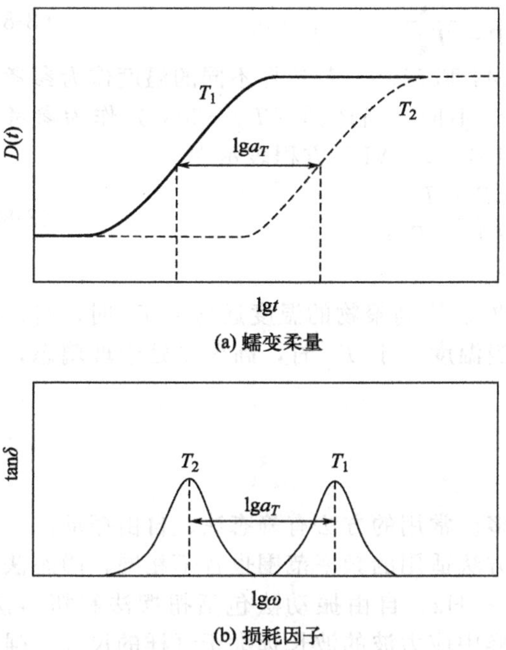

图 8-49　时温等效原理示意

值，表示为

$$a_T=\frac{\tau}{\tau_0}=\frac{\eta_T}{\eta_{T_0}} \tag{8-83}$$

式中，τ、τ_0 和 η_T、η_{T_0} 分别是指定温度为 T 和 T_0 时的松弛时间和黏度。

例如要得到某一较低温度时高聚物的完整应力松弛曲线或蠕变曲线，由于温度低，应力松弛进行得较慢，要得到完整的数据可能需要等候几天或几个月，这是不现实的。而在实际测试时，$t<1\mathrm{s}$ 的测定也较为困难。为此，可在不同温度下测得一段时间的应力松弛数据，然后利用时温等效原理将不同温度下的数据换算成所需温度下的数据，得到一条跨越许多时间数量级的叠合曲线。

图 8-50 是利用时温等效原理绘制的温度为 298K 时聚异丁烯的应力松弛叠合曲线。图的左边是在一系列温度下测量得到的应力松弛曲线。图的右边则是由左边的实验曲线，按照时温等效原理绘制的叠合曲线。绘制叠合曲线时可选任意温度为参考温度 T_s。参考温度不同，则各个温度的曲线向参考温度移动的量不同，如图 8-51 所示，很多非晶态线形高聚物基本符合这条曲线。若以 25℃为参考温度，则参考温度下测得的实验曲线在叠合曲线的时间坐标上没有移动，而高于和低于这一参考温度测得的曲线，则分别向右和向左水平移动，使各曲线彼此叠合连接而成光滑的曲线，得到叠合曲线。若取高聚物的 T_g 作为参考温度，则移动因子 a_T 与 $T\sim T_g$ 之间的关系可用 WLF 方程表示

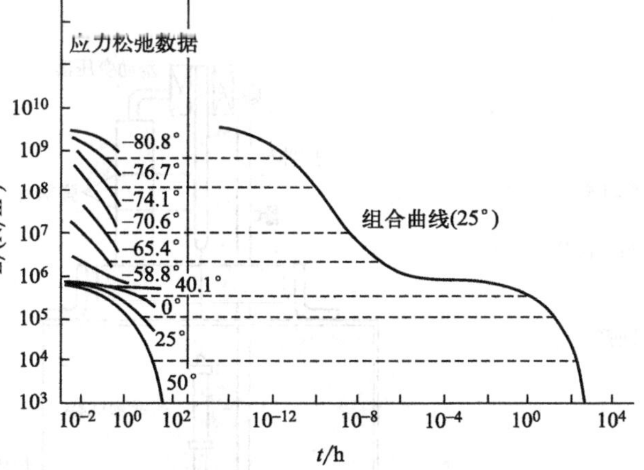

图 8-50　不同温度下聚异丁烯的应力松弛数据及 25℃时的应力松弛叠合曲线

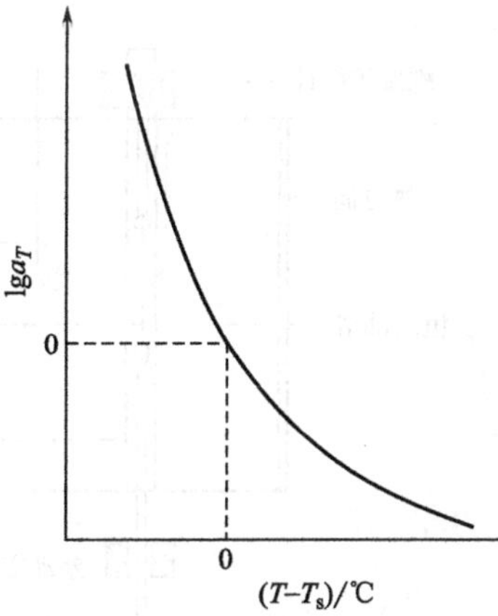

图 8-51　位移因子和温度的关系

8

$$\lg a_T = \frac{-C_1(T-T_g)}{C_2+T-T_g} \tag{8-84}$$

式中，C_1 和 C_2 是普适经验常数，分别为 17.44 和 51.6。若选择不同的温度作为参考温度，式(8-84) 的形式不变，只是参数 C_1、C_2 的值不同。当选择（T_g+50℃）作为参考温度 T_s 时，则普适经验常数为 $C_1=8.86$ 和 $C_2=101.6$。WLF 方程表示为

$$\lg a_T = \frac{-8.86(T-T_s)}{101.6+(T-T_s)} \tag{8-85}$$

上式对所有非晶态高聚物都适用。

WLF 方程适用的温度范围为 T_g 到 T_g+100℃。当高聚物的温度远高于 T_g 时，自由体积已增至足够大，不再影响链段的自由运动。而当温度小于 T_g 时，高聚物处于玻璃态，自由体积被冻结。此时 WLF 方程不再适用。

8.2.6 黏弹性的研究方法及应用

8.2.6.1 黏弹性的研究方法

应用不同原理以测定高聚物黏弹性的方法很多。常用的方法有静态法、自由振动法、强迫共振法、强迫非共振法和声波传播法等。不同方法适用的频率范围也各不相同，静态法包括蠕变和应力松弛实验，测试频率范围为 10^{-7}～1Hz。自由振动法包括扭摆法和扭辫法，常用频率范围为 0.1～10Hz，频率的上限应使试样中应力波的波长远大于试样的尺寸。强迫共振法主要有振簧法，适用频率范围为 50～50000Hz。强迫非共振法如动态黏弹测试法，适用频率为 10^{-3}～10^2 Hz。声波传播法的测试频率则为 10^5～10^7 Hz，这里简单介绍几种方法及仪器的基本原理。

(1) 高温蠕变和应力松弛法

蠕变和应力松弛实验测量高聚物的静态黏弹性。蠕变法是在恒温恒定负荷下测量高聚物的应变随时间的变化。高温蠕变仪如图 8-52 所示，可在 20～200℃的温度范围内进行测试，精确度较高。测试时将直径为 2.5mm、长度为 30cm 的高聚物单丝夹在上下夹具上，单丝在下夹具和恒定负荷的拉力作用下随着时间延长而被拉长。通过与上夹具连接的螺旋测微计调节试样的位置，使下夹具连接的差动变压器的铁芯位置保持不变，从测微计的读数可测出试样的伸长。

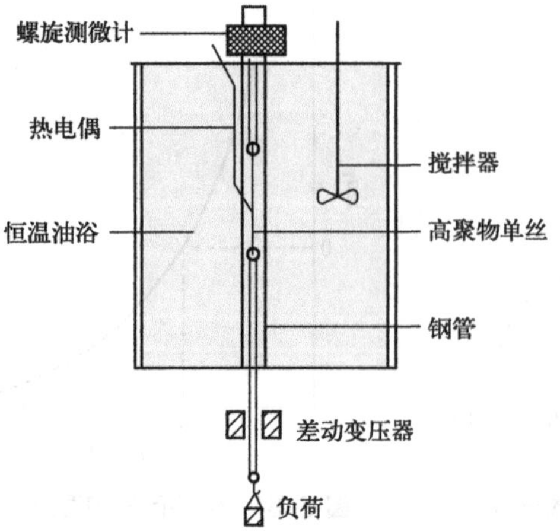

图 8-52 高温蠕变仪

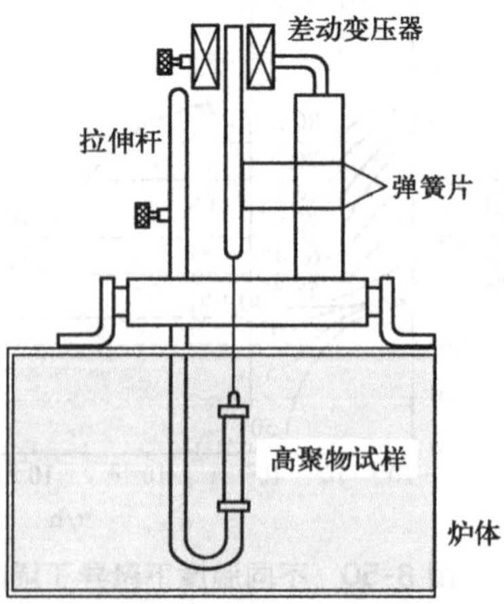

图 8-53 应力松弛仪

应力松弛法是在恒温和一定应变下测试高聚物应力随时间的变化。应力松弛仪如图 8-53

所示。利用模量比试样大得多的弹簧片，通过其位置改变来测定拉伸时试样的应力松弛。当试样被拉杆拉长时，弹簧片向下弯曲，当试样发生应力松弛时，弹簧片逐渐回复原状。通过差动变压器测定弹簧片的形变量可确定应力的变化。

（2）扭摆法和扭辫法

扭摆法（简称 TPM）和扭辫法（简称 TBA）是一种自由衰减振动测试法。扭摆仪的测试原理如图 8-54 所示。扭摆由试样、夹具和一个惯性体组成。高聚物试样的上端或下端被固定夹固定，另一端与一个自由转动的惯性体相连接。试样上端固定，下端连接惯性摆，称为正扭摆；而试样下端固定，上端连接惯性摆，则称为倒扭摆。将惯性体及试样扭转一个小角度，然后立即去掉外力，由于试样的弹性恢复力使惯性体开始按一定周期作自由衰减扭转振动。由于试样内部的内摩擦作用产生力学损耗，振动受到阻尼衰减，振幅随时间增加而减少，振动曲线如图 8-55 所示。其周期 P 与试样的剪切模量有关，刚性越大的试样振动周期越短。振幅的衰减则与试样的内耗有关，试样的内耗越大则振幅衰减越快。

当自由衰减振动时，惯性力与扭转试样之力平衡，惯性体的运动方程为

$$I\frac{\mathrm{d}^2\theta}{\mathrm{d}t^2}+KG^*\theta=0 \tag{8-86}$$

式中，I 是体系的转动惯量；θ 为转动角；G^* 是复数剪切模量，$G^*=G'+\mathrm{i}G''$；K 是与试样形状及尺寸有关的常数。方程的第一项是惯性力，第二项是扭转试样所需要的力。

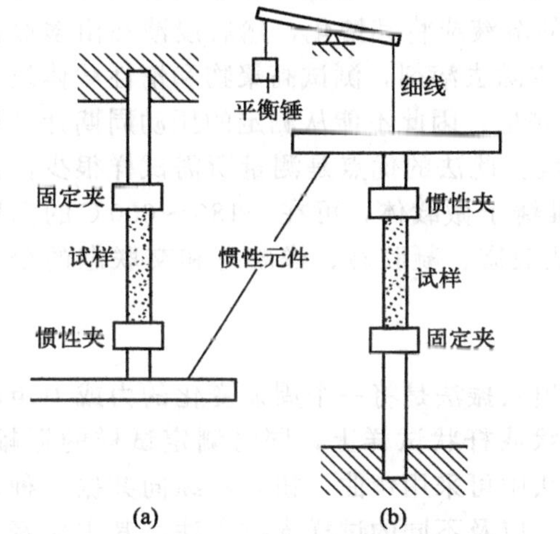

图 8-54　扭摆原理示意

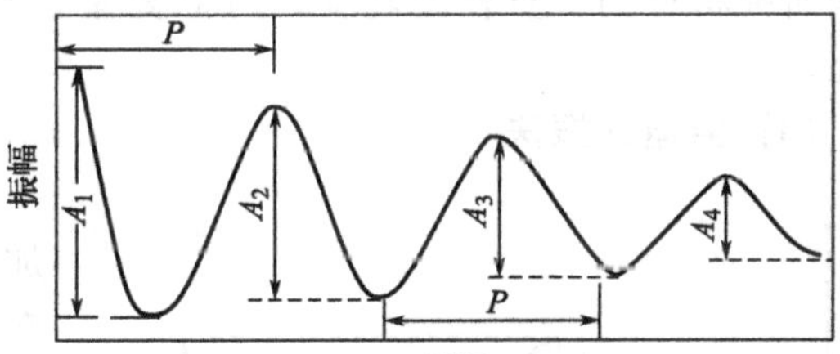

图 8-55　自由衰减的振幅-时间曲线

P—周期；A—振幅

假定 G' 和 G'' 不依赖于频率，则方程的解为

$$\theta(t)=\theta_0\mathrm{e}^{(\mathrm{i}\omega-a)t}=\theta_0\mathrm{e}^{-at}\mathrm{e}^{\mathrm{i}\omega t} \tag{8-87}$$

其中，a 是衰减因子；ω 是角频率。代入式(8-86) 得

$$I(a^2-\omega^2-2\mathrm{i}\omega a)+KG'+\mathrm{i}KG''=0 \tag{8-88}$$

因而可得

$$G'=\frac{I}{K}(\omega^2-\alpha^2) \tag{8-89}$$

$$G''=\frac{2\alpha I\omega}{K} \tag{8-90}$$

在扭摆法和扭辫法中，力学损耗通常用对数减量 Δ 来衡量，它定义为两个相邻振幅比

值的自然对数，即

$$\Delta=\ln\frac{A_i}{A_{i+1}}=\frac{1}{n}\ln\frac{A_i}{A_{i+n}} \tag{8-91}$$

扭摆运动为正弦运动，当周期为 P 时

$$\Delta=\ln\frac{\theta_1}{\theta_2}=\alpha P \tag{8-92}$$

因为 $P=2\pi/\omega$，将式(8-92) 代入式(8-89) 及式(8-90)，得

$$G'=\frac{I}{KP^2}(4\pi^2-\Delta^2)\approx\frac{4\pi^2 I}{KP^2} \tag{8-93}$$

$$G''=\frac{4\pi I\Delta}{KP^2} \tag{8-94}$$

$$\tan\delta=\frac{G''}{G'}=\frac{\Delta}{\pi} \tag{8-95}$$

因此，试样的剪切模量 G' 可由振动周期 P 求得，力学损耗可由对数减量表示。

将试样置于程序升温炉中，可测定试样的动态力学温度谱。扭摆法测量的模量和对数减量范围宽，对分子运动反应灵敏。但在测定试样的动态力学温度谱时，随试样温度的提高，自由振动的频率发生变化，不能固定。

扭辫法作为扭摆法的延伸，其原理和仪器均与扭摆法相似，区别仅在于制备试样的方法不同。在扭辫法中，将待测试样制成浓度大于5%的溶液或将其熔化，然后浸渍在由多股惰性物质（一般为玻璃单丝）编成的辫子上，再抽真空除去溶剂，测试高聚物和惰性载体复合试样的振动周期和对数减量。因为试样的尺寸无法测量，因此不能从测定的振动周期计算试样的精确模量值，一般以 $1/P^2$ 表示试样的相对刚度。此法的优点是测量所需试样很少，甚至可小于100mg，同时，由于采用惰性的玻璃纤维辫子做载体，可在－180～600℃的温度范围研究材料的多重松弛转变，可对高聚物进行从液态、凝胶态、橡胶态和交联态的全面研究。

(3) 强迫共振法

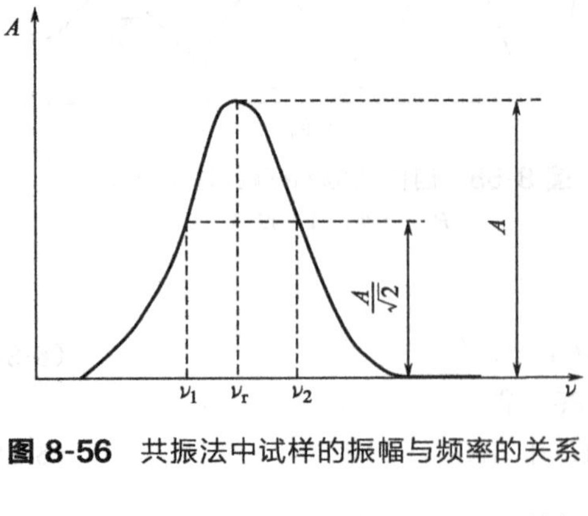

图 8-56 共振法中试样的振幅与频率的关系

强迫共振法是将一个周期变化的力或力矩施加在片状或杆状试样上，同时测定试样的振幅。在共振法中可采用弯曲、扭转和纵向共振三种基本振动，以及不同的试样支撑方法。其中振簧法测试时将片状或杆状试样的一端固定在电磁振动系统中，使其强迫做横向振动。当振动频率改变到与试样的自然频率相同时，引起试样的共振，试样自由端振幅将出现极大值，如图 8-56 所示。对应的频率称为共振频率 ν_r，振幅为极大值的 $\frac{1}{\sqrt{2}}$ 时的振动频率 ν_1 和 ν_2 之差，$\Delta\nu=\nu_2-\nu_1$，称为半宽频率。则试样的动态模量和力学损耗为

$$E'=B\rho L^4\nu_r/D^2 \tag{8-96}$$

$$E''=B\rho L^4\nu_r\Delta\nu/D^2 \tag{8-97}$$

$$\tan\delta=\Delta\nu/\nu_r \tag{8-98}$$

式中，L 和 D 分别为试样的长度和宽度；ρ 为试样的密度；B 是与试样形状和共振方法

有关的常数。矩形截面试样第一次共振 $B_1=38.24$，第二次共振 $B_2=0.975$。圆形截面试样，则 $B_1=51.05$，$B_2=1.305$。

(4) 受迫振动非共振法

对于容易成型的橡胶、塑料、纤维等固体高聚物试样，常采用此方法测定动态力学参数。受迫振动非共振法使用的仪器为动态黏弹仪，如美国 PERKIN-ELMER 公司的 DMA7，美国 TAINSTRUMENTS 公司的 DMA2980 等。仪器一般由四部分构成：马达驱动器、检测器、测量系统和加热系统。测试时可选择固定频率温度扫描或多频率温度扫描，试样的温度由温度控制系统通过炉子控制，可等速升温，也可维持恒温。测试时的升温速率通常低于 DSC 测试，对结果要求不太高时可采用 5℃/min，精度要求高时一般低于 2℃/min。测量的温度范围从液氮冷却温度－170℃，最高可达 500～600℃。根据不同试样的尺寸和特性可选择弯曲、压缩、拉伸、剪切和扭转等测量方式。测试时，试样由驱动器施加一固定频率的正弦伸缩振动，由应力传感器和位移检测器分别检测到相同振动频率的正弦应力和应变信号，经仪器的信号处理器处理后，直接给出力学损耗角的正切值 $\tan\delta$、贮存模量 E' 和损耗模量 E''，最后得到动态力学温度谱。通过固定频率下测定高聚物的动态模量和损耗随温度的变化，可了解高聚物的松弛转变和分子运动。通过 α 转变以下的次级转变了解材料的抗低温冲击性。而通过损耗峰的大小则可了解材料的阻尼减震能力的强弱。

8.2.6.2 动态力学分析的应用

从分子运动的角度来看，高聚物的力学松弛总是与某种形式的分子运动联系在一起。高聚物的动态力学性能能够灵敏地反映各级松弛转变。高聚物的分子运动不仅与分子链的结构有关，还与高分子的凝聚态结构密切相关，例如结晶、交联、增塑和相结构等。而高聚物的凝聚态结构又与工艺条件有关。因此，动态力学分析成为研究高聚物的工艺－结构－分子运动－力学性能相互关系的一种十分有效的手段。 8

① 研究高聚物的动态模量和损耗与温度的关系，评价塑料的耐热性和低温韧性。由于高聚物结构的复杂性和分子运动单元的多重性，高聚物的松弛转变多种多样，不同的松弛过程分别与不同方式的分子运动相关联。在宽广的温度范围内进行动态力学性能测量时，得到的力学损耗温度谱上，除了通常的结晶熔融和非晶态的玻璃化转变之外，还可发现 β、γ、δ 等若干个次级松弛转变，可为高聚物的实际应用提供依据。通过动态力学温度谱，不仅可获得表征非晶态塑料和结晶塑料耐热性的特征温度 T_g 和 T_m，还可了解材料模量随温度的变化情况，以便根据具体塑料制品在使用中的刚度要求来确定制品的最高使用温度。

塑料的低温韧性主要取决于组成塑料的高分子在低温时是否存在 α 转变以下的次级转变，即动态力学温度谱是否存在低温内耗峰。一般情况下，若塑料存在明显的低温内耗峰，则塑料在内耗峰对应温度以上具有良好的冲击韧性。例如，在－80℃出现明显次级松弛转变的非晶态塑料聚碳酸酯是工程塑料中耐寒性最好的一种。相反，缺乏低温内耗峰的聚苯乙烯是所有塑料中冲击强度最低的塑料，用橡胶改性后的聚苯乙烯在－70℃有明显的内耗峰，因而成为高抗冲聚苯乙烯。

② 动态力学温度谱和频率谱为选择阻尼、减震材料提供依据。在飞机、建筑等结构中，为了吸震、防震或吸音、隔音都要选用阻尼材料。理想的阻尼材料在整个工作温度范围或频率范围都要有高内耗，即 $\tan\delta$ 大，$\tan\delta$-温度曲线变化平缓，包容的面积大。此外，损耗和频率之间的相关性是选择适当阻尼材料的主要依据。

③ 未知材料的分析鉴定。次级松弛转变对分析高聚物的组成有很大帮助，例如，ABS 品种繁多，虽然基本成分均为丙烯腈、丁二烯和苯乙烯，但三组分含量不同或橡胶相结构不同，则 ABS 性能差别很大。如图 8-57 所示三种 ABS 低温损耗峰温度各不相同，分别为

$-80℃$、$-40℃$和$-5℃$。低温内耗峰的温度越低，材料的耐寒性能越好。根据低温内耗峰的位置，可推断三种ABS在结构上的主要区别在于橡胶相的组成不同，分别为聚丁二烯（$T_g \approx -80℃$）、丁苯橡胶（$T_g \approx -40℃$）和丁腈橡胶（$T_g \approx -5℃$）。

④ 测定多相体系的玻璃化转变温度，表征高聚物的微相结构，判断共混高聚物的相容性及相互作用。

⑤ 在恒定温度和频率下，研究材料的动态力学性能对时间的依赖性。可用于研究热固性树脂的固化过程，例如凝胶过程中体系出现内耗峰；随着高聚物的交联度提高，储能模量提高。从而为固化工艺选择最佳工艺参数。此外，还可用于研究湿度、吸附等对材料力学性能的影响。

⑥ 测定材料的动态应力应变曲线，通过曲线下的面积判断材料的断裂能，评价材料的断裂韧性。

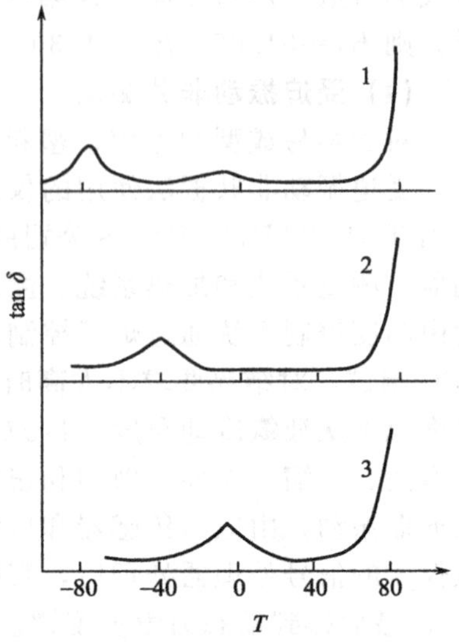

图 8-57 三种 ABS 的力学损耗温度谱

8.3 高聚物的高弹性

分子量较大的柔性链高聚物在其玻璃化转变温度 T_g 和黏流温度 T_f 之间具有独特的力学状态，即高弹态。高聚物在这个力学状态表现出区别于其他材料的特殊的高弹性特征，具有重要的使用价值。橡胶材料在常温下处于高弹态，高分子可通过分子内旋转实现链段运动，改变分子链构象。材料在较小的外力作用下，柔性的无规卷曲的高分子链伸展开来，产生很大的形变。除去外力后，伸展的高分子链通过链段的运动又重新回复到卷曲状态，表现出可逆的回弹性。高聚物的这一性质与其化学结构、分子量大小及其分子链间作用力等因素有关。高弹形变不同于普弹形变，高弹性常称为熵弹性，而普弹性是一种能弹性。

8.3.1 高弹性的特点

高聚物的形变可以分为可逆的弹性形变和不可逆的塑性形变。可逆的弹性形变又包括普弹形变和高弹形变。相对于其他物质而言，高聚物的高弹性具有以下特点：

① 高弹形变量很大，形变过程具有松弛特性。普弹形变源于外力作用下键长、键角发生的瞬时形变，服从胡克定律，形变值一般小于1%。而高弹形变是由于链段运动引起的，形变的发展依赖于施加作用力的时间，不服从胡克定律，形变数值很大。由于常温下橡胶的长链分子处于卷曲状态，其均方末端距比完全伸直的分子的均方末端距小100～1000倍，因此把卷曲分子拉直就会显示出很大的形变量。如橡胶的弹性形变可达到1000%，因此常把橡胶类物质的弹性形变叫作高弹形变。

② 弹性模量很小。高弹态的弹性模量小，约为$10^5 \sim 10^6 N/m^2$，而一般金属材料的弹性模量可达$10^9 \sim 10^{11} N/m^2$。

③ 高聚物的弹性模量随温度升高而增加。相反，金属材料的弹性模量随温度升高而减小。因为温度升高，高分子链段的热运动比较剧烈，回弹力增大，所以橡胶类物质的弹性模量随温度的上升而增加。

④ 形变时伴有热效应。高弹高聚物具有与气体膨胀相似的性质，即快速拉伸（绝热过程）时，材料发热，温度升高，回缩时则会吸热。金属材料则相反。橡胶拉伸时热效应随伸长率而增加的现象通常称为热弹效应。拉伸时分子链排列更为规则，体系熵值减少是橡胶拉

伸放热的主要原因。此外，链段运动时的内摩擦以及拉伸过程诱导结晶也会放出热量。表 8-7 列出了天然橡胶的拉伸热。

表 8-7 天然橡胶的拉伸热

伸长率/%	100	200	300	400	500	600	700	800
拉伸热/(J/g)	2.1	4.2	7.5	11.1	14.6	18.2	22.2	27.2

⑤ 高弹性的本质为一种熵弹性，即高弹形变主要引起体系的熵的变化。从分子运动的机理来看，高弹形变时，高分子链通过链段运动从卷曲的构象转变为伸展的构象，从而引起高分子链熵的减小；外力除去后，高分子链又自发地向熵增加的方向变化，回到卷曲构象状态。普弹性的本质则为能弹性，普弹形变由键长、键角的变化引起，因而造成体系的内能变化，见表 8-8。

表 8-8 普弹形变和高弹形变的比较

项目	普弹形变	高弹形变
弹性范围内的伸长率/%	0.1～1	1000 或更高
热效应:拉伸时(冷却时)	冷却(变热)	变热(冷却)
泊松比	<0.5	≈ 0.5
拉伸时比容积	增加	不改变
弹性模量/Pa	$10^8\sim2\times10^{10}$	$2\times10^5\sim2\times10^6$
升温对弹性模量的影响	减小	增大
形变速率	与应力同时产生	落后于应力
形变对温度的依赖性	很小	依赖

8.3.2 平衡态高弹形变的热力学

橡胶弹性理论是在分子结构和热力学概念的基础上发展起来的。理论的发展大致可分为三步，第一步是对橡胶的弹性进行热力学分析；第二步是用统计方法定量地计算高分子链的末端距和熵，从而对分子的弹性做出比较完整的解释；第三步是把孤立分子链的性质用于交联网结构的体系（橡皮）中，从而定量描述网状结构高聚物的高弹性。

高弹形变分为平衡态形变（即可逆过程形变）和非平衡态形变（即松弛过程形变），所谓平衡态是指热力学的平衡状态，此时，高分子链具有平衡构象。一般来说，类橡胶弹性体在形变过程中不会达到完全的热力学平衡状态，但如果在大分子链间有一定的化学交联键，形成一个放松的网络，类似低交联度的软橡皮，在外力作用下，分子链逐渐伸展而形成拉紧的网络，最后就能趋于热力学的平衡状态。

8.3.2.1 橡皮的热力学方程

当软橡皮在恒温下作可逆的拉伸形变时，体系的内能变化可用热力学第一定律表示。假定受外力 f 作用下，长度为 l_0 的橡皮试样等温拉伸，伸长了 dl，根据热力学第一定律，体系内能变化等于体系吸收的热量 dQ 减去体系对外做功 dW，即

$$du = dQ - dW \tag{8-99}$$

橡皮被拉长时，体系对外做功包括两部分：一部分是拉伸过程中体积变化所作的膨胀功为 $p dV$；另一部分是拉伸过程中外界使体系长度变化所作的拉伸功，即 $-f dl$，因此

$$dW = p dV - f dl \tag{8-100}$$

根据热力学第二定律，对于等温可逆过程

$$dQ = TdS \tag{8-101}$$

将式(8-100) 和式(8-101) 代入式(8-99) 得

$$du = TdS - pdV + fdl \tag{8-102}$$

由于恒温可逆过程，橡皮在拉伸过程中体积几乎不变，$dV \approx 0$，故

$$du = TdS + fdl \tag{8-103}$$

所以

$$f = \left(\frac{\partial u}{\partial l}\right)_{T,V} - T\left(\frac{\partial S}{\partial l}\right)_{T,V} = f_u + f_s \tag{8-104}$$

上式表明：作用在橡皮上的外力 f，一方面使体系的内能随着伸长而变化，另一方面使体系的熵随着伸长而变化。或者说，橡皮的张力是由于变形时内能的变化和熵的变化引起的，分别表示为 f_u 和 f_s。

为了验证这一结论的正确性，需要考察它和实验结果是否一致。由于 $(\partial S/\partial l)_{T,V}$ 不能被直接测量，所以需加以变换。根据 Gibbs 自由能 F 的定义：$F = H - TS = u + PV - TS$。对于微小的变化，则

$$dF = du + PdV + VdP - TdS - SdT \tag{8-105}$$

将式(8-102) 代入上式，则

$$dF = fdl + VdP - SdT \tag{8-106}$$

由式(8-106) 可知：

$$\left(\frac{\partial F}{\partial l}\right)_{T,P} = f \tag{8-107}$$

$$\left(\frac{\partial F}{\partial T}\right)_{l,P} = -S \tag{8-108}$$

因此 $(\partial S/\partial l)_{T,V}$ 可变换成

$$\left(\frac{\partial S}{\partial l}\right)_{T,V} = -\left[\frac{\partial}{\partial l}\left(\frac{\partial F}{\partial T}\right)_{l,p}\right]_{T,V} = -\left[\frac{\partial}{\partial T}\left(\frac{\partial F}{\partial l}\right)_{T,p}\right]_{l,V} = -\left(\frac{\partial f}{\partial T}\right)_{l,V} \tag{8-109}$$

其中 $(\partial f/\partial T)_{l,V}$ 的物理意义是：在试样的长度 l 和体积 V 维持不变的情况下，试样张力 f 随温度 T 变化，它是可以直接从试验中测量的。因此可从定伸长下张力的温度系数 $\left(\frac{\partial F}{\partial T}\right)_{l,V}$ 得到单位伸长时的熵变。式(8-104) 可改写成

$$f = \left(\frac{\partial u}{\partial l}\right)_{T,V} + T\left(\frac{\partial f}{\partial T}\right)_{l,V} \tag{8-110}$$

这就是橡皮的热力学方程式。

将橡皮在等温下拉伸到一定长度 l，在保持定长的情况下测定不同温度下的张力 f。以张力 f 对绝对温度 T 作图，得到一系列不同拉伸比的直线。根据式(8-110) 可知直线的斜率为 $(\partial f/\partial T)_{l,V}$，截距即为 $(\partial u/\partial l)_{T,V}$，如图 8-58 所示。结果表明，在相当宽的伸长范围和温度范围内，张力和温度之间呈现良好的线性关系，直线的斜率随伸长率的增加而增加，而且各直线的截距 $(\partial u/\partial l)_{T,V} \approx 0$。表明橡皮拉伸过程中，内能基本不变，高弹性主要是由于橡皮内部熵的贡献。类似气体在等温下发生体积变化时内能近似不变的事实，可以把橡胶形变过程中 $(\partial u/\partial l)_{T,V} = 0$ 作为一种理想的情况，该弹性体称为理想高弹体。则有：

$$f = -T\left(\frac{\partial S}{\partial l}\right)_{T,V} \tag{8-111}$$

即理想高弹体拉伸时，只有熵变对其弹性有贡献，这种弹性称为熵弹性。

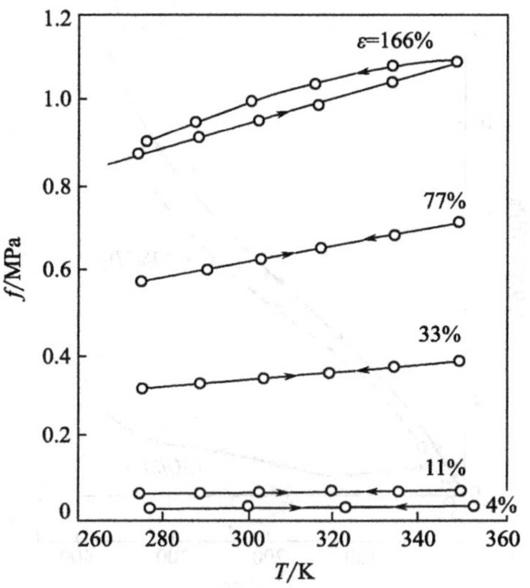

图 8-58　橡皮固定伸长时的张力-温度曲线

对于实际高弹体，$\left(\frac{\partial u}{\partial l}\right)_{T,V}$ 并不等于零。研究工作表明，内能对高弹性有一定的贡献，约为 10%，但这并不改变高弹性的熵弹性本质这一重要概念。

8.3.2.2　热弹效应

由于内能不变，恒温恒容可逆过程 $\mathrm{d}Q = T\mathrm{d}S = -f\mathrm{d}l$。当橡皮拉伸时，$\mathrm{d}l > 0$，$\mathrm{d}S < 0$，故 $\mathrm{d}Q < 0$，体系放热；相似的，当橡皮压缩时，$\mathrm{d}l < 0$，但 $f < 0$，所以 $\mathrm{d}Q < 0$，体系仍然是放热的。

① 热弹效应。热弹效应是指橡皮弹性与热或温度有关的现象。热弹效应主要表现在以下两方面：第一，橡皮在恒定负荷下处于拉伸状态时，通过加热可使其发生收缩。也即加热时橡皮的回弹力增大，若欲维持原来的伸长率，则必须增加负荷。第二，橡皮在拉伸时放热，而回缩时吸热。

② 热弹转变现象。许多实验证明如果伸长率不太大，在一个宽广的温度范围内，橡皮的 f 与温度成正比。但是，较精细的试验发现，当伸长率小于 10%时，f 对 T 曲线的斜率变为负值，应力随温度升高而下降，如图 8-59 所示，这种现象称为热弹转变现象。但这并不是真正的热弹性转变，只是由于温度升高后，橡胶试样正常的热膨胀而造成。因为实验是在恒定长度下进行，温度的增加使原试样长度增加，结果实际伸长率减小。热膨胀引起的实际伸长率的下降“过分”地抵消掉因温度升高造成的拉伸力的增加，从而出现热弹转变现象。在较高的伸长率下，这种影响不明显。

真正的热弹性转变发生在较低温度下，此时，橡皮已转变为玻璃态，并且部分结晶而失去高弹性，呈现与金属材料类似的性质，即 f 随温度升高而下降。

图 8-60 为恒温时拉伸力 f 与伸长率的关系，以及 f_s 和 f_u 的计算结果。可以看到，在伸长率较高时，力的成分中熵的贡献 $-T\left(\frac{\partial S}{\partial l}\right)_T$ 是主要的，而内能的贡献很小。随着伸长率的降低，内能的作用增大。在伸长率<10%时，内能的贡献成为主要因素。这时内能项可超过总力，熵项变为负值。这种现象也与热弹转变有关。

前面所述低伸长率下发生的热弹转变现象，当以固定拉伸比 λ 代替固定长度后，便不再出现。如图 8-61 为固定拉伸比时，橡胶 f 对温度的变化。图 8-62 为恒定拉伸比下，不同伸长率时 f、f_s 和 f_u 的值。这里拉伸比定义为 $\lambda = l/l_0$，其中 l_0 是温度 T 时未拉伸试样的长度，l_0 由于热膨胀的缘故而随温度变化。可以看到，f 对 T 的曲线的斜率在低伸长率时不再出现负值。f_s 更加接近 f，而 f_u 也比校正前更接近于零线。

8.3.3　平衡态高弹形变的统计理论

从热力学分析的结果知道，对于理想高弹体来说，其弹性来源于形变过程中突出的熵效应。热力学分析给出了橡皮高弹性宏观量之间的关系，并不涉及分子本身的运动形态。而利用统计方法则可以把宏观性质提到分子水平来解释，借助于理想橡皮模型，通过微观结构参数计算体系熵的变化，进而推导出橡皮状态方程。

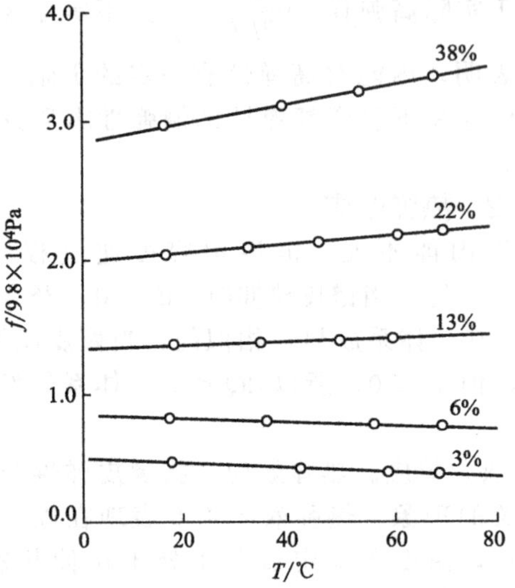

图 8-59 固定长度下天然橡胶的张力 f 对 T 的曲线

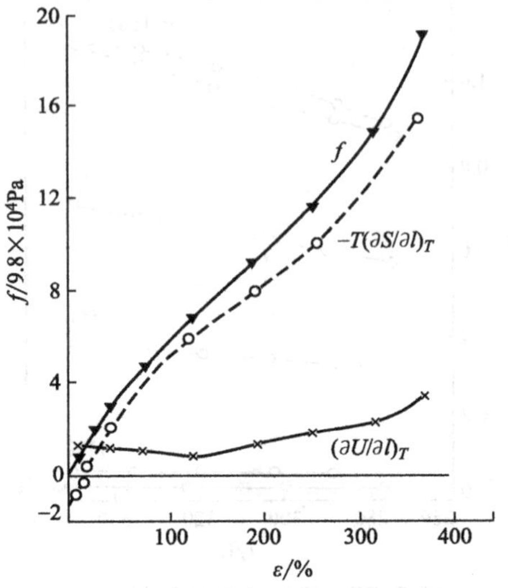

图 8-60 固定长度下拉伸力及其内能和熵的贡献与伸长率的关系

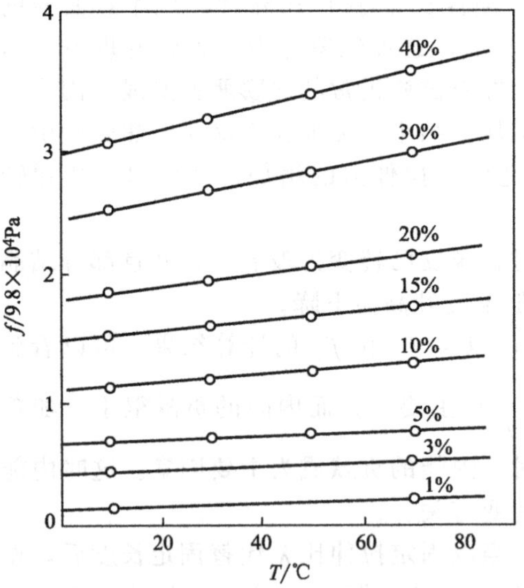

图 8-61 固定拉伸比下橡胶张力 f 与温度的关系

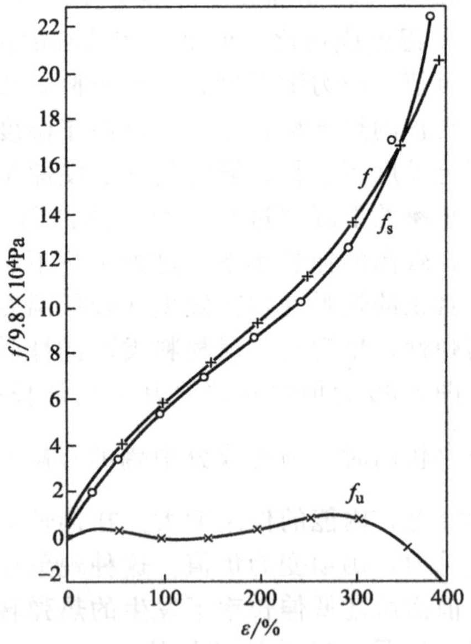

图 8-62 固定拉伸比时橡胶 f、f_s、f_u 与 ε 的关系

柔顺性好的链状高分子由于主链单键的内旋转而具有不同构象。高分子链含有的化学键数目很多，其构象数十分庞大。不同的分子链构象可用均方末端距表征，关于均方末端距的统计意义及计算方法在本书前面已经作了阐述。现在讨论单一分子链的熵和弹力的关系。

对于一个孤立的柔性高分子链，可以按等效自由结合链来处理。假定一条分子链由 N 个长度为 b 的统计单元自由连接而成。各单元键的旋转完全自由，分子链的所有构象具有相同的内能。如果把它的一端固定在直角坐标系的原点，另一端落在点（x，y，z）处的概率

密度可以用高斯分布函数来描述

$$W(x,y,z)=\left(\frac{\beta}{\sqrt{\pi}}\right)^3 e^{-\beta^2(x^2+y^2+z^2)} \tag{8-112}$$

$$\beta^2=\frac{3}{2Nb^2}=\frac{3}{2\overline{r}_f^2} \tag{8-113}$$

式中，$\overline{r}_f^2$ 为高斯链的均方末端距。由玻尔兹曼定律，体系的熵 S 与体系的微观状态数 Ω 的关系为

$$S=k\ln\Omega \tag{8-114}$$

式中，k 是玻尔兹曼常数。由于链构象数与分布概率成比例。将式(8-112) 代入上式，即得一个孤立的柔性高分子链的构象熵为

$$S=C-k\beta^2(x^2+y^2+z^2)=C-k\beta^2r^2 \tag{8-115}$$

式中，C 为常数；$r^2=x^2+y^2+z^2$。表明当分子链的两端重合时，$r=0$， 熵值最大。

如果考虑分子链的两端限制在一定的方向上变化，如图 8-63 所示，分子链端固定在一定位置，受到一个与两端点连线方向一致的拉伸力作用，其末端距变化到 r，则熵变为：

$$dS=-2k\beta^2 r\,dr \tag{8-116}$$

在内能不变的前提下，

$$dA=-T\,dS=2kT\beta^2 r\,dr \tag{8-117}$$

将式(8-113) 代入上式，得

$$dA=\frac{3kT}{Nb^2}r\,dr \tag{8-118}$$

分子链的回弹力为

$$f=\frac{dA}{dr}=\frac{3kT}{Nb^2}r=K'r \tag{8-119}$$

其中，$K'=3kT/Nb^2$。上式表明拉伸到长度为 r 的高分子链，其回弹力与温度成正比，这与实验事实相符。此外，式(8-119) 与胡克定律具有完全相似的形式。表示分子链的弹力 f 是因为分子末端分离使构象熵减少而引起，在恒定温度下，f 与其伸长 r 成正比。通常称之为“熵弹簧”。从统计观点来看，式(8-119) 描述的是整个时间范围内拉伸力的平均值。

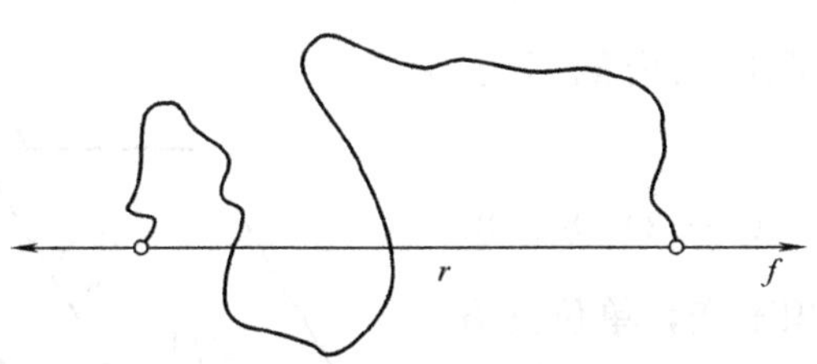

图 8-63 链末端固定的受力高分子链

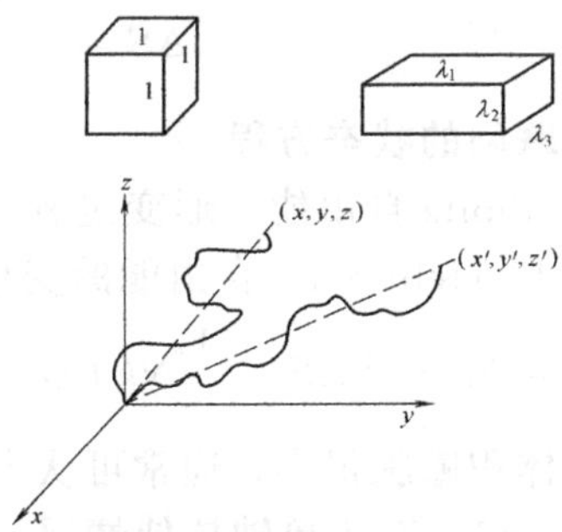

图 8-64 仿射形变示意

线性柔性高分子链在拉伸时容易因链的滑移而产生永久形变，因此具有良好高弹性的橡皮都经过轻度交联。交联点间的分子链通常称为“网链”，许多网链结合在一起，就形成“网络”。统计理论在处理分子网络时假定理想的三维交联网满足：①每个交联点由四个链组成，交联点间的网链可看作是独立的、自由连接的高斯链；②由高斯链组成的各向同性的交

联网的构象总数等于各个单独网链的构象数的乘积，或者网络的熵等于各个链的熵的加和；③交联网中的交联点在形变前和形变后都固定在其平均位置上，形变时，这些交联点发生仿射形变，即发生与橡胶试样的宏观形变相同比例的移动，如图 8-64 所示。

(1) 形变熵的计算

根据以上假定，如果橡胶试样形变前在 x、y、z 方向上每边长为 1、1、1，形变后的长度为 λ_1、λ_2、λ_3，如图 8-64 所示。如果交联网中网链的一端固定在坐标原点，另一端形变前在点（x，y，z）处，形变后变为（x'，y'，z'）：

$$x'=\lambda_1 x \qquad y'=\lambda_2 y \qquad z'=\lambda_3 z \tag{8-120}$$

由式(8-115) 可知，单条分子网链形变前的构象熵为：

$$S_i=C-k\beta^2(x^2+y^2+z^2) \tag{8-121}$$

形变后构象熵为：

$$S'_i=C-k\beta^2(\lambda_1^2x^2+\lambda_2^2y^2+\lambda_3^2z^2) \tag{8-122}$$

则一条网链形变时构象熵的变化为：

$$\Delta S_i=S'_i-S_i=-k\beta^2[(\lambda_1^2-1)x^2+(\lambda_2^2-1)y^2+(\lambda_3^2-1)z^2] \tag{8-123}$$

单位体积试样形变前后的总熵变应为交联网中全部网链熵变的加和，如果该体积内试样的网链总数为 N，由于每个网链的末端距都不相等，用平均值表示，则交联网总熵变为：

$$\Delta S=-kN\beta^2[(\lambda_1^2-1)\overline{x^2}+(\lambda_2^2-1)\overline{y^2}+(\lambda_3^2-1)\overline{z^2}] \tag{8-124}$$

对形变前各向同性的交联网有：

$$\overline{x^2}=\overline{y^2}=\overline{z^2}=\frac{1}{3}\overline{h_f^2} \tag{8-125}$$

式中，$\overline{h_f^2}$ 为网链的均方末端距。将式(8-125) 代入式(8-124) 得：

$$\Delta S=-\frac{1}{3}\overline{h_f^2}kN\beta^2[(\lambda_1^2-1)+(\lambda_2^2-1)+(\lambda_3^2-1)] \tag{8-126}$$

对于高斯链：

$$\beta^2=\frac{3}{2\overline{h_f^2}}$$

代入式(8-126) 得：

$$\Delta S=-\frac{1}{2}Nk(\lambda_1^2+\lambda_2^2+\lambda_3^2-3) \tag{8-127}$$

(2) 交联网的状态方程

① Helmholtz 自由能。形变过程中，交联网的内能不变，$\Delta u=0$，所以 Helmholtz 自由能的变化为

$$\Delta A=\Delta u-T\Delta S=\frac{1}{2}NkT(\lambda_1^2+\lambda_2^2+\lambda_3^2-3) \tag{8-128}$$

橡皮拉伸时体积膨胀很小，通常可认为其体积不变，单位立方体有 $\lambda_1\lambda_2\lambda_3=1$。对于单轴拉伸情况，$\lambda_1=\lambda$，$\lambda_2=\lambda_3$，因而 $\lambda_2=\lambda_3=(1/\lambda)^{1/2}$，如图 8-65 所示。式(8-128) 可写成

$$\Delta A=\frac{1}{2}NkT(\lambda^2+\frac{2}{\lambda}-3) \tag{8-129}$$

根据 Helmholtz 自由能的定义，恒温过程，外力对体系所做的功等于体系自由能的增加，外力对体系所作的功作为体系的能量被储存起来，因此也称 ΔA 为储能函数。

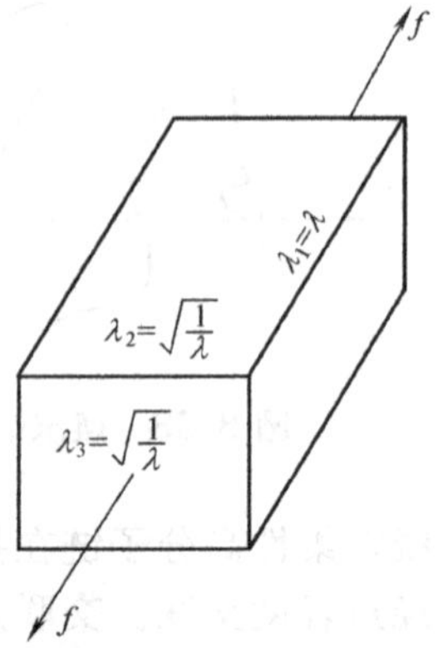

图 8-65 橡皮单轴拉伸示意

$$W=\Delta A=\frac{1}{2}NkT(\lambda^2+\frac{2}{\lambda}-3) \tag{8-130}$$

② 橡皮状态方程。拉伸时，在交联网体积不变的前提下，外力做的功为：$dW=f dl$，所以：

$$f=\left(\frac{\partial W}{\partial l}\right)_{T,V}=\left(\frac{\partial \Delta W}{\partial \lambda}\right)_{T,V}\left(\frac{\partial \lambda}{\partial l}\right)_{T,V}=\frac{NkT}{l_0}\left(\lambda-\frac{1}{\lambda^2}\right) \tag{8-131}$$

如果试样的起始截面积为 A_0，体积 $V_0=A_0l_0$，用 N_0 表示单位体积内的网链数，即网链密度 $N_0=N/V_0$，则拉伸力变换为拉伸应力：

$$\sigma=N_0kT\left(\lambda-\frac{1}{\lambda^2}\right) \tag{8-132}$$

上式描述了橡皮拉伸时，应力与应变的关系，并不符合胡克定律，称为橡皮的状态方程。表明橡皮伸长变形时，弹力与绝对温度成正比，与单位体积中网络链的数目成正比，而与化学组成无关，适合于所有的橡胶类材料。

③ 橡皮的剪切模量。根据拉伸应变定义：

$$\varepsilon=\frac{l-l_0}{l_0}=\lambda-1 \tag{8-133}$$

当形变 ε 很小时，$\lambda^{-2}=(1+\varepsilon)^{-2}=1-2\varepsilon+3\varepsilon^2-4\varepsilon^3+\cdots\approx 1-2\varepsilon$，代入式(8-132) 可得到与胡克定律相似的形式：

$$\sigma=3N_0kT\varepsilon=3N_0kT(\lambda-1) \tag{8-134}$$

一般固体物质，受拉伸力时的胡克定律为：

$$\sigma=E\varepsilon=E\frac{l-l_0}{l_0}=E(\lambda-1) \tag{8-135}$$

两式相比，显然，$E=3N_0kT$，说明当形变很小时，橡皮的应力-应变关系符合胡克定律。高弹态高聚物在形变时，体积几乎不变，泊松比 $\upsilon=0.5$，拉伸模量与剪切模量的关系为：

$$E=2G(1+\upsilon)=3G \tag{8-136}$$

橡皮的剪切模量为：

$$G=N_0kT \tag{8-137}$$

N_0 可用交联点间链的平均分子量 M_c 和高聚物的密度 ρ 表示：

$$N_0=\frac{\rho N_A}{M_c} \tag{8-138}$$

式中，N_A 为阿伏伽德罗常数。则式(8-137) 可写为：

$$G=\frac{\rho RT}{M_c} \tag{8-139}$$

以上关系说明橡皮的剪切模量随温度的升高和网链密度的增加而增大，随着交联点间链的平均分子量的减小而增大。通常测定橡皮的剪切模量就可以计算出它的交联密度或交联点间网链的平均分子量。交联橡胶状态方程式(8-132) 可写为：

$$\sigma=G\left(\lambda-\frac{1}{\lambda^2}\right)=\frac{E}{3}\left(\lambda-\frac{1}{\lambda^2}\right) \tag{8-140}$$

8.3.4 内能对橡胶弹性的贡献及其与链结构的关系

8.3.4.1 内能对橡胶弹性的贡献

在真实橡皮中，能量对弹性力的贡献不能完全忽略。将由式(8-131) 计算的天然橡胶的理论拉伸应力-拉伸比关系曲线与实验曲线进行比较，如图 8-66 所示。由图可见，当形变较

8

小时（$\lambda<1.5$ 或 $\varepsilon<50\%$），理论曲线与实验曲线才符合得较好；形变较大时（$\lambda>1.5$），理论曲线与实验曲线出现较大的偏差。在形变适中的部位，实测应力值往往小于理论值；而形变较大的部位，实测应力值急剧上升，大大超过理论值。

造成偏差的原因可能是：①在高度变形的交联网中，网链已接近它的极限伸长比，不再符合高斯链模型的假定；②高度变形时，网链取向有序排列，应变诱导结晶，而晶粒在体系中起到物理交联点的作用，使交联网的模量迅速增加，因此拉伸应力急剧上升；③在统计理论的推导过程中，采用了许多理想化的假设。例如：拉伸时体积不变，内能对高弹性没有贡献，交联网是理想的，网链的末端距符合高斯分布，仿射形变等。这些假设有利于在理论处理时简化问题，但是它们与实际情况存在明显的出入。实际情况是：①橡皮在拉伸时体积会发生变化；②由于分子内和分子间存在相互作用，分子链的内旋转是不自由的。此外，顺式、反式和左右式构象的位能也不相等，因此，在拉伸作用下，发生分子链伸展的构象变化时，不可避免地要引起内能的变化。精确的实验结果表明，实际高弹体的内能对拉伸力是有贡献的；③线性高聚物交联形成交联网的过程中，不可能形成完美的理想交联网。除了形成对弹性有贡献的网链之外，还可能形成一些对弹性没有贡献的端链或封闭的链圈，如图 8-67 所示。关于高弹性的理论，必须进一步探讨能量部分的影响及进行一些其他的修正。

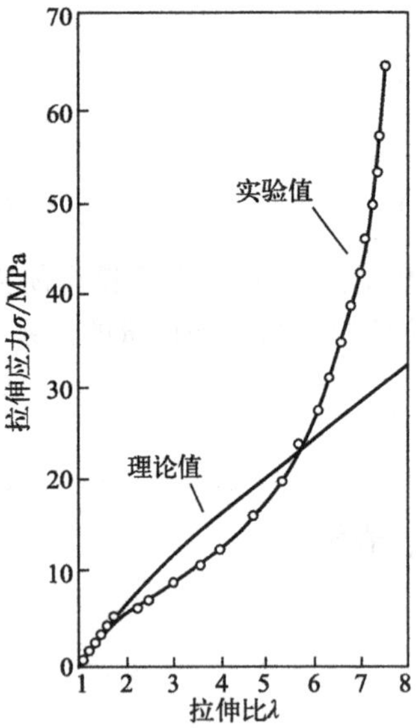

图 8-66 天然橡胶的拉伸应力-拉伸比关系曲线

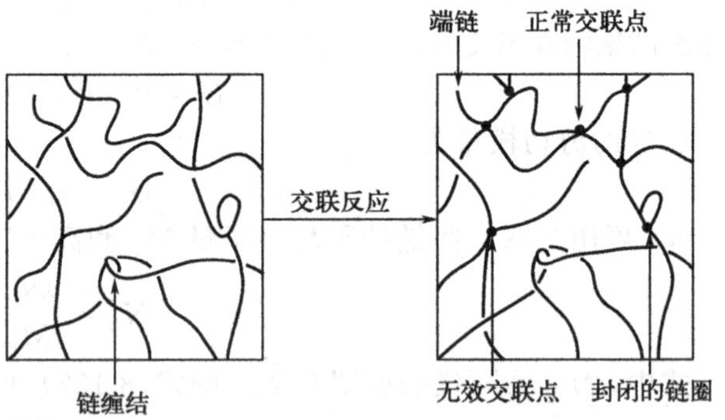

图 8-67 线形高分子链形成交联网络

从前面的讨论可知，弹性力 f 包含内能贡献部分 f_u 和熵的贡献部分 f_s：

$$f_s=-T\left(\frac{\partial S}{\partial l}\right)_{T,V}=T\left(\frac{\partial f}{\partial T}\right)_{l,V} \tag{8-141}$$

$$f_u=f-T\left(\frac{\partial f}{\partial T}\right)_{l,V} \tag{8-142}$$

则内能变化对张力的贡献 f_u 所占的比例为

$$\frac{f_u}{f}=1-\frac{f_s}{f}=1-\frac{T}{f}\left(\frac{\partial f}{\partial T}\right)_{l,V}=1-\left(\frac{\partial \ln f}{\partial \ln T}\right)_{l,V} \tag{8-143}$$

根据上式，在 l、V 不变时可以直接测量张力与温度关系求出 f_u/f。但实际上在恒容条件下进行实验是很困难的，更多的实验通过不同的转换，避开恒容实验的难关，找到更为方便实验测量的关系。

采用更为方便的恒压测量，是一种常用的热弹性实验方法。首先必须了解恒压测试数据和恒容测试数据之间的转换关系，即 $(\partial f/\partial T)_{l,V}$ 和 $(\partial f/\partial T)_{l,P}$ 的关系为：

$$\left(\frac{\partial f}{\partial T}\right)_{l,V}=\left(\frac{\partial f}{\partial T}\right)_{l,P}+\left(\frac{\partial P}{\partial T}\right)_{l,V}\left(\frac{\partial f}{\partial P}\right)_{T,l} \tag{8-144}$$

将上式代入式(8-143)，则：

$$\frac{f_u}{f}=1-\left(\frac{\partial \ln f}{\partial \ln T}\right)_{l,P}-\frac{T}{f}\left(\frac{\partial P}{\partial T}\right)_{l,V}\left(\frac{\partial f}{\partial P}\right)_{T,l} \tag{8-145}$$

令等温体缩系数 $K=-\frac{1}{V}\left(\frac{\partial V}{\partial P}\right)_{f,\ T}$；等温线膨胀系数 $K'=-\frac{1}{l}\left(\frac{\partial l}{\partial P}\right)_{f,\ T}$；等压体膨胀系数 $\beta=\frac{1}{V}\left(\frac{\partial V}{\partial T}\right)_{f,P}$，对于似橡胶体 $K=-\frac{1}{V}\left(\frac{\partial V}{\partial P}\right)_{f,T}\approx\frac{1}{V}\left(\frac{\partial V}{\partial P}\right)_{l,T}$，$\beta=\frac{1}{V}\left(\frac{\partial V}{\partial T}\right)_{f,P}\approx\frac{1}{V}\left(\frac{\partial V}{\partial T}\right)_{l,P}$，则有：

$$\frac{f_u}{f}=1-\left(\frac{\partial \ln f}{\partial \ln T}\right)_{l,P}-\frac{T\beta lk'}{fK}\left(\frac{\partial f}{\partial l}\right)_{T,P} \tag{8-146}$$

在试样形变不大时，可将材料看作各向同性的均匀收缩，$K=3K'$，上式改写为：

$$\frac{f_u}{f}=1-\left(\frac{\partial \ln f}{\partial \ln T}\right)_{l,P}-\frac{T\beta}{3}\left(\frac{\partial \ln f}{\partial \ln l}\right)_{T,P} \tag{8-147}$$

在试样形变较大时，存在明显的各向异性，引入一个各向异性因子 A：

$$A\equiv\frac{3K'}{K}$$

式(8-146) 可写成：

$$\frac{f_u}{f}=1-\left(\frac{\partial \ln f}{\partial \ln T}\right)_{l,P}-\frac{AT\beta}{3}\left(\frac{\partial \ln f}{\partial \ln l}\right)_{T,P} \tag{8-148}$$

通过上式可由恒压下的热弹性数据和恒温拉伸曲线计算内能对弹性力的贡献。

为了了解内能效应的分子机理，可将 f_u/f 和高斯链网络统计理论联系起来考虑，得到与均方末端距或特性黏度有关的 f_u/f 计算式。由于统计理论假定网链的末端距等于高斯链末端距，但是实际交联网发生形变之后，特别是形变较大时不再符合高斯链模型的假定，必须进行修正。如果考虑 $\overline{h^2}\neq\overline{h_0^2}$，则式(8-131) 应为：

$$f=A_0\sigma=A_0N_0kT\left(\frac{\overline{h^2}}{\overline{h_0^2}}\right)\left(\lambda-\frac{1}{\lambda^2}\right) \tag{8-149}$$

式中，A_0 为试样起始截面积；$\overline{h^2}$ 是网链的均方末端距，与体积有关；$\overline{h_0^2}$ 是高斯链的均方末端距，与温度有关。上式取对数，并当 l、V 不变时对 $\ln T$ 求导可得：

$$\left(\frac{\partial \ln f}{\partial \ln T}\right)_{l,V}=1-\left(\frac{\partial \ln \overline{h_0^2}}{\partial \ln T}\right)_{l,V} \tag{8-150}$$

将式(8-150) 代入式(8-143) 得：

$$\frac{f_u}{f}=\left(\frac{\partial \ln \overline{h_0^2}}{\partial \ln T}\right)_{l,V} \tag{8-151}$$

上式表明内能对应力的贡献的大小直接与高斯链的均方末端距随温度的变化有关。由于分子链的顺式、反式和旁式构象的位能不等，温度变化会引起各构象在链中含量的改变，最终导致高分子链的均方末端距变化。这一结果为估计内能贡献数值的大小提供了另一种方法。高分子链的均方末端距可通过光散射法或黏度法直接测量。运用黏度法时，根据 Flory 的特性黏度理论：$[\eta]_\theta=\Phi_0\dfrac{(\overline{h_0^2})^{3/2}}{M}$ 可得到：

$$\frac{f_u}{f}=\frac{\partial\ln\overline{h_0^2}}{\partial\ln T}=\frac{2}{3}\left(\frac{\partial\ln[\eta]_\theta}{\partial\ln T}\right) \tag{8-152}$$

若在不同温度的 θ 溶液中测定高分子溶液的特性黏度 $[\eta]_\theta$，即可根据上式计算 f_u/f 值。表 8-9 总结了若干高聚物的 $\overline{h_0^2}$ 随温度变化的数据。

表 8-9　一些高聚物的 $\overline{h_0^2}$ 随温度的变化

高聚物	温度范围/℃	$\dfrac{d\ln\overline{h_0^2}}{dT}/10^{-3}$
聚乙烯	140～190	−1.0(±0.1)
无规聚苯乙烯	120～170	0.37
聚异丁烯	20～95	−0.08(±0.06)
无规聚 1-丁烯	140～200	0.50(±0.04)
聚二甲基硅氧烷	30～100	0.78(±0.06)
聚环氧乙烷	30～90	0.23(±0.02)
天然橡胶	−20～25	0.41(±0.04)

通过统计处理，并视 $G=N_0kT\left(\dfrac{\overline{h^2}}{\overline{h_0^2}}\right)$，可以推导出另外一种计算 f_u/f 数值的方法，即内能的贡献与模量的温度系数的关系：

$$\frac{f_u}{f}=1-\frac{d\ln G}{dT}-\frac{T\beta}{3} \tag{8-153}$$

可通过不同温度下的拉伸实验结果，由 σ 对 $(\lambda-\lambda^{-2})$ 作图的斜率计算 G 值，或通过简单剪切实验由切应力和切应变的比值确定 G 值，然后再以 G 对温度作图求出 $d\ln G/dT$，结合等压体膨胀系数值 β 即可以计算 f_u/f 值。例如通过剪切实验得到的 G 与温度的关系，求得 30℃时聚丙烯酸正丁酯的 f_u/f 值为−0.36，而由恒压热弹性数据计算出同样温度下的 f_u/f 值为−0.35，两者十分吻合。表 8-10 列出了一些高弹性材料的热弹性数据。

表 8-10　一些高弹性材料的热弹性数据

高聚物	$(\beta/3)/(10^{-4}℃^{-1})$	$(d\ln G/dT)/(10^{-3}℃^{-1})$	f_u/f	参考温度/℃
乙丙共聚物	2.5	2.9	0.04	30
偏氟乙烯-全氟乙烯共聚物	3.0	2.8	0.05	30
丁二烯-苯乙烯共聚物	2.9	3.4	−0.12	30
丁二烯-丙烯腈共聚物	2.6	2.9	0.03	30

续表

高聚物	$(\beta/3)/(10^{-4}℃^{-1})$	$(\mathrm{d}\ln G/\mathrm{d}T)/(10^{-3}℃^{-1})$	f_u/f	参考温度/℃
聚顺-1,4-丁二烯	2.1	2.8	0.10	30
聚顺-异戊二烯	2.2	2.5	0.18	30
聚丙烯酸-2-羟基丙酯（交联体）	2.8	3.6	−0.53	120
聚丙烯酸异丁酯	2.4	3.4	−0.42	120
聚甲基丙烯酸异丁酯	2.2	2.3	0.02	120

式(8-153)不含拉伸比参数，说明在高斯网络理论范围内 f_u/f 值与应变量的大小无关。对天然橡胶的研究表明，在一定的拉伸比范围内 f_u/f 值基本恒定，但在较大的或很低的拉伸比下 f_u/f 值变化很大，如图 8-68 所示。前者可解释为应变诱导结晶引起，而后者认为是与实验测试有关。因为橡胶试样的形变并不完全可逆，其原始长度 l_0 的数值不能准确测定，在低应变时容易造成很大误差。如果通过测量恒定应力下长度随温度的变化来间接计算应力与温度的关系，则可很好地消除这种影响。图 8-69 是改进方法后的测试结果，证明 f_u/f 值与应变大小无关，且单轴压缩和拉伸具有相同结果。

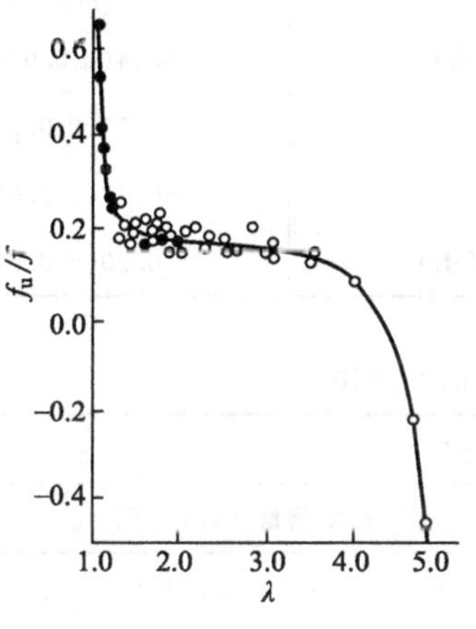

图 8-68　f_u/f 与拉伸比的关系

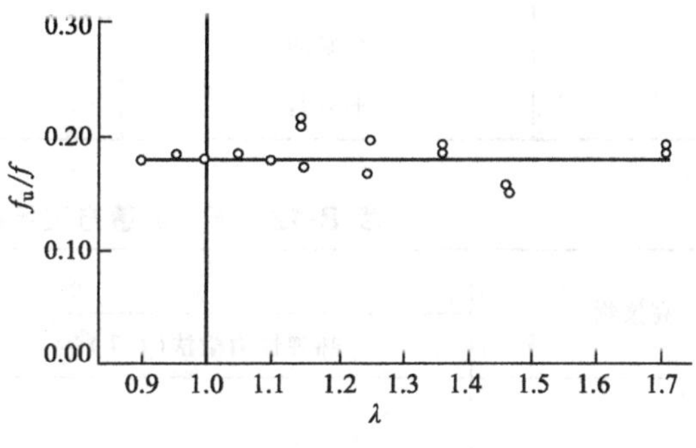

图 8-69　改进实验后单轴拉伸和压缩下 f_u/f 与拉伸比的关系

从表 8-10 可见，各种高弹性材料的内能对弹性力的贡献一般都不为零，而基本为一常量。对于天然橡胶，不同作者在不同条件下的实验结果表明 f_u/f 的数值在 0.1～0.2 之间。可见内能对弹性力的贡献是不能忽视的。统计理论处理所得的结果中忽略了内能的影响，但与实验所得的结果只差一个常数，曲线形状基本相同。因此考虑内能效应并不改变橡胶状态方程的基本形式，在数据处理中，可将方程中的 G 视为是可调节参数，它实际包含了内能对弹性力的贡献。

8.3.4.2　内能效应与链结构的关系

由于统计理论假定网链是彼此独立的，网络的构象总数是网链构象数的乘积。这就要求分子链间不存在相互作用，因此橡胶弹性的内能效应主要来自分子链内的相互作用。通过考察稀释剂对橡胶的 f_u/f 值的影响可以对这一推论进行检验。因为稀释剂的加入可使分子链间的相互作用发生变化，如果分子间作用对弹性力有贡献，则试样溶胀前后其 f_u/f 值将发生变化。表 8-11 列出了三种高聚物在不同溶剂和不同溶胀程度时的 f_u/f 值，同一高聚物在不同环境下内能贡献基本相同，表明内能贡献与分子链间的相互作用无关，或者说内能贡献是分子链内的。此外，热弹性方法测得的各种高聚物的交联网链的无干扰尺寸的温度系数值，与用黏度法测得的溶液中孤立链的相应值非常一致，如表 8-12 所示，也进一步支持了关于内能对弹性力贡献的大小与分子链间相互作用无关的结论。

表 8-11 稀释剂对 f_u/f 的影响

高聚物	稀释剂	高聚物在溶胀交联网中的体积分数	f_u/f
聚乙烯	（无）	1.00	−0.42(±0.04)
	壬二酸乙基己酯	0.80～0.30	−0.44(±0.10)
	n-$C_{30}H_{62}$	0.50	−0.64
	n-$C_{32}H_{66}$	～0.30(溶胀平衡)	−0.50(±0.06)
天然橡胶	（无）	1.00	0.17(±0.03)
	n-$C_{16}H_{34}$	0.98～0.34	0.18(±0.04)
	n-$C_{10}H_{22}$	0.65～0.36	0.13(±0.01)
	石蜡油	0.40	0.19(±0.02)
	十氢萘	0.20(溶胀平衡)	0.14(±0.02)
反-聚异戊二烯	（无）	1.00	−0.10(±0.05)
	石蜡油	0.40	−0.13(±0.02)
	十氢萘	～0.18(溶胀平衡)	−0.20(±0.04)

表 8-12 不同测量方法所得 $\mathrm{d}\ln\overline{h_0^2}/\mathrm{d}T$ 值的比较

高聚物	$10^3\ \mathrm{d}\ln\overline{h_0^2}/\mathrm{d}T$	
	热弹性力学法(f-T)	黏度测量法($[\eta]$-T)
聚乙烯	−1.05(±0.10)	−1.10(±0.07) −1.09(±0.04) −0.8(±0.1)
等规聚 1-戊烯	0.34(±0.04)	0.52(±0.06)
无规聚苯乙烯	0.37(±0.08)	0.44(±0.1)
聚异丁烯	−0.27(±0.1)	−0.28(±0.06)
聚环氧乙烷	0.23(±0.02)	0.2(±0.2)
聚二甲基硅氧烷	0.59(±0.14)	0.52(±0.20)

式(8-151) 将内能效应归结为分子链尺寸随温度的变化。高分子链不同的构象对应于不同的能量，橡胶形变过程中分子链构象发生变化，必将引起内能的变化。从内能方面考虑，由于分子链内的近程相互作用，通常反式构象能量最低，其次是旁式构象。但是，从内能和熵的综合效应来看，在自由状态下，体系中所有分子链均采取能量最低的构象是不可能的，

因为此时的熵值最小。因此，一般情况下高分子主链单键取反式或旁式构象的数目具有一定比例。形变过程中这一比例发生变化将引起内能的变化。从表 8-10 中数据可以计算，在 180℃非晶聚乙烯的内能贡献为－0.45，是一个很大的负值。这是由于聚乙烯取全反式构象时分子链具有最大程度的伸展，内能最低。当温度升高时，体系高能态旁式构象的含量增加，造成分子链的末端距减小，使 $d\ln\overline{h_0^2}/dT$ 为一负值。而拉伸聚乙烯试样将导致分子链末端距增加，这就使得自由状态下的部分旁式构象转化为反式构象，引起链构象能降低，因而 f_u 为负值。所以从链结构变化来分析，分子链末端距随温度的变化与内能对弹性的贡献是一致的。

另一个典型的代表是聚二甲基硅氧烷，其内能的贡献为一个很大的正值，在 50℃时 f_u/f 值可达 0.25。这同样与聚二甲基硅氧烷的链结构特征有关。聚二甲基硅氧烷分子主链由硅氧键连接而成，但是 O－Si－O 和 Si－O－Si 两种键角大小并不相等，后者键角更大。当主链取全反式构象时，构象能最低，此时分子链的空间伸展程度很低，如图 8-70 所示。拉伸使聚二甲基硅氧烷分子链的伸展程度增加，导致旁式构象的相对含量增加，从而使构象能升高，因而内能的贡献为正值。当升高温度时，具有较高能量的旁式构象的含量增加，引起分子链末端距增大，因此，$d\ln\overline{h_0^2}/dT$ 为一正值。

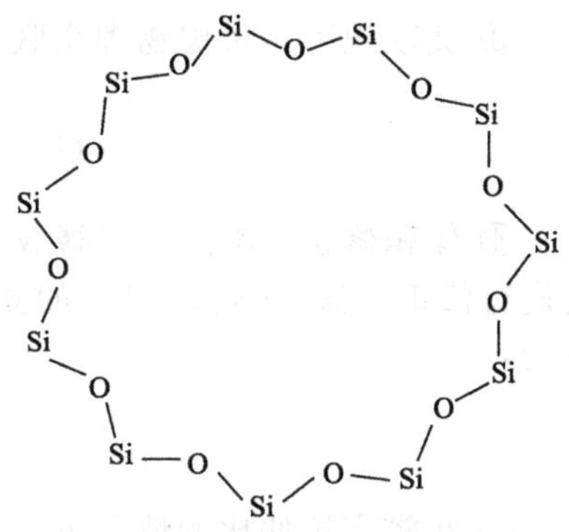

图 8-70　取全反式构象的聚二甲基硅氧烷主链骨架示意

高分子链化学结构不同、键接结构变化、链段序列分布变化等因素使得分子链内的相互作用不同，并影响分子链反式和旁式构象的比例和分布，而分子链在不同构象状态下能量不同，最终可能表现出内能对弹性贡献的差别。因而影响内能对弹性贡献大小的结构因素很多。一些实验证实刚性侧基的引入有助于聚丙烯酸酯类的 f_u/f 值的增加；另一些事实还证明，天然橡胶和硅橡胶等网络交联程度的增加，只能引起体系模量的增加而不影响 f_u/f 值，而乙丙橡胶的 f_u/f 值随交联度的增加而减少。由于目前各种因素下内能对弹性贡献大小的数据还十分有限，一些因素对内能效应的影响尚难下定论，理论和实验均有待于进一步深入。

8.3.4.3　橡胶状态方程的其他修正

在统计理论的推导过程中，为了简化问题采用了许多理想化的假设，导致理论推导结果与试验事实之间的差异。为了使理论更加符合于实际，除了考虑内能对橡胶弹性的贡献外，人们还对上述理论提出了其他修正，下面简单介绍几点有关的修正。

① 末端距修正。前面已经就交联网形变较大时，网链偏离高斯链的假定做出了修正，得到式(8-149)。修正后单位体积的储能函数为：

$$\Delta A=\Delta u-T\Delta S=\frac{1}{2}N_0kT(\lambda_1^2+\lambda_2^2+\lambda_3^2-3)\left(\frac{\overline{h^2}}{\overline{h_0^2}}\right) \tag{8-154}$$

② 有效网链修正。由于线形高聚物形成的交联网往往具有结构缺陷。除了形成对弹性有贡献的有效交联网链之外，还可能形成对弹性没有贡献的只有一端固定在交联点上，另一端是自由端的自由链即端链，或者形成封闭的链圈，如图 8-67 所示。相反，网链之间的环套结构将起到有效的物理缠结作用，相当于实际交联点的增加。因此对总的网链数 N 有必要进行修正。Flory 讨论了自由悬吊端链的情况。如果橡胶的密度为 ρ，交联前橡胶的数均分子量为 $\overline{M}_n$，单位体积中理想交联网的网链数 $(\rho/\overline{M}_c)N_A$，其中 $\overline{M}_c$ 是有效链和端链的平均分子量，N_A 是阿伏伽德罗常数，考虑交联后每个线形分子都有两个末端形成自由链，则

单位体积中端链的数目为 $2\rho N_A / \overline{M}_n$，因此单位体积中有效交联网链的数目应为：

$$N_0 = N_A\left(\frac{\rho}{\overline{M}_c} - \frac{2\rho}{\overline{M}_n}\right) = \frac{N_A\rho}{\overline{M}_c}\left(1 - \frac{2\overline{M}_c}{\overline{M}_n}\right) \tag{8-155}$$

因此对统计理论进行末端距和端链两项修正后，则体系的剪切模量应为：

$$G = \frac{\rho RT}{\overline{M}_c}\left(\frac{\overline{h^2}}{\overline{h_0{}^2}}\right)\left(1 - \frac{2\overline{M}_c}{\overline{M}_n}\right) \tag{8-156}$$

③ 交联程度。考虑物理交联对弹性贡献，引入另一校正因子 a，则剪切模量表示为：

$$G = \left(\frac{\rho RT}{\overline{M}_c} + a\right)\left(1 - \frac{2\overline{M}_c}{\overline{M}_n}\right)\left(\frac{\overline{h^2}}{\overline{h_0^2}}\right) \tag{8-157}$$

④ 体积修正。考虑交联橡胶在形变时发生体积变化，则必须对统计理论体积不变的假定进行修正。假设体积为 V_0 的立方体单轴拉伸后体积变为 V，则交联橡胶的状态方程改写为：

$$\sigma = N_0 kT\left(\lambda - \frac{V}{V_0}\frac{1}{\lambda^2}\right) \tag{8-158}$$

⑤ 在较高拉伸比的情况下，交联网形变过程的非“仿射形变”修正。由于交联点的波动造成体系模量减小，一般可引入一个小于 1 的校正因子 A_ϕ 进行简单修正：

$$G = A_\phi N_0 kT \tag{8-159}$$

A_ϕ 与交联点的功能度有关，功能度为一个交联点所连接的网链数目。

8.3.5 橡胶弹性的唯象论

关于橡胶态高弹性的解释也可以从实验现象出发，从橡胶的一般通性考虑，建立描述橡胶一般性质的数学表示式，而不顾及任何可能的分子解释，这便是唯象论。唯象论和统计理论一起得以发展并形成了多种形式，其中 Mooney 理论是较早提出的唯象理论之一，在这里对其做简单介绍。

Mooney 在橡胶弹性统计理论建立之前的 1940 年提出了描述橡胶弹性的唯象理论。该理论假设：①橡胶是不可压缩的，在未应变状态下各向同性；②简单剪切形变的状态方程可由胡克定律描述。基于这两个假定，Mooney 从宏观弹性行为出发，认为当橡皮发生形变时，外力所做的功一定储存在这个变形了的橡皮中，因此用储能函数 ΔA 作为基本点，由纯粹的数学论证推导出橡胶材料的应变储能函数为：

$$\Delta A = C_1(\lambda_1^2 + \lambda_2^2 + \lambda_3^2 - 3) + C_2(1/\lambda_1^2 + 1/\lambda_2^2 + 1/\lambda_3^2 - 3) \tag{8-160}$$

式中，C_1 和 C_2 是常数。当 $C_2 = 0$，Mooney 的应变储能函数与统计理论的储能函数形式相同，此时，$2C_1 = G = N_0 kT$。因此可把统计理论看作是 Mooney 理论的特殊情况。

从 Mooney 储能函数出发，可推导出各种应变形式下的状态方程。对于单轴拉伸或压缩，$\lambda_1 = \lambda$，$\lambda_2^2 = \lambda_3^2 = 1/\lambda$，代入式(8-160) 得：

$$\Delta A = C_1(\lambda^2 + 2/\lambda - 3) + C_2(1/\lambda^2 + 2\lambda - 3) \tag{8-161}$$

对 λ 微分，就得到应力与拉伸比之间的一个半经验表达式，即 Mooney 方程：

$$\sigma = 2(C_1 + C_2/\lambda)(\lambda - 1/\lambda^2) \tag{8-162}$$

按照这个方程，以 $\sigma/2(\lambda - 1/\lambda^2)$ 对 $1/\lambda$ 作图得到一条直线，其斜率为 C_2，截距为 C_1，在 $1/\lambda$ 处的截距为 $C_1 + C_2$，如图 8-71 所示不同硫化程度的天然橡胶试验的 Mooney 图。而按照统计理论得到的橡皮状态方程，$\sigma/2(\lambda - 1/\lambda^2)$ 对 $1/\lambda$ 作图应为一条水平线。实验

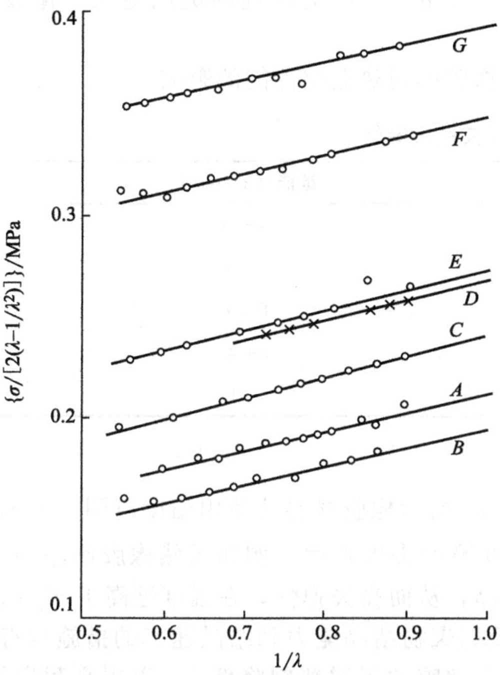

图 8-71　不同硫化程度的天然橡胶单轴拉伸 Mooney 图

事实说明，Mooney 理论由于 C_2 的引入，当拉伸比在 1～2 时与实验结果十分吻合，能够更好地描述橡胶弹性模量的伸长比依赖性。而统计理论则在处理小形变时比较成功。

Mooney 图中所有直线有基本相同的斜率，即 C_2 保持不变，C_1 则随交联程度的增加而增大。说明 C_1 与网络结构密切相关，与统计理论对比，C_1 与 $G/2$ 相似，而 C_2 则可视为是由于非仿射形变引起的对统计理论偏差的一种量度。Mooney 方程成功地描述了单轴拉伸时的应力与应变关系。

8.3.6　橡胶弹性的影响因素

8.3.6.1　橡胶的使用温度

橡胶的使用温度范围是衡量其使用性能的一个重要指标。扩大橡胶使用温度范围一方面应努力改善其高温耐老化性能，提高耐热性，另一方面则需设法降低其玻璃化转变温度，改善耐寒性。

(1) 改进橡胶的耐热性

8

橡胶制品经过硫化处理后，具有交联的网状结构，在分子链断裂或交联链破坏之前不出现流动态。但是，在实际使用过程中，特别是在高温下，橡胶容易发生臭氧龟裂、氧化裂解、交联或其他物理因素的破坏而老化，很少能在 120℃以上长期保持其力学性能。通过改变橡胶的化学结构和选择合适的配方可提高橡胶的耐热性。

① 改变橡胶的主链结构　天然橡胶和大多数合成橡胶的主链中都含有大量双键。实验表明，双键容易被臭氧破坏导致裂解，双键旁的 α 次甲基上的氢容易被氧化，导致降解或交联，因此天然橡胶和顺丁橡胶等都不耐高温，容易老化。而不含双键的乙丙橡胶，以及含双键较少的丁基橡胶则较耐高温老化。此外，用键能较大的 Si—O 键代替主链中的 C—C 键也有利于耐高温老化性能的提高，例如二甲基硅橡胶、乙基硅橡胶、甲基苯基硅橡胶等由于主链中含有 Si—O 键又没有双键，所以可在 200℃以上长期使用。

② 改变取代基的结构　主链结构相同的橡胶的耐高温氧化性受取代基性质的影响很大。通常带有供电子取代基容易氧化，而带有吸电子取代基则较难氧化。例如天然橡胶和丁苯橡胶，取代基是供电子的甲基和苯基，耐高温老化性能较差。氯丁橡胶的取代基为吸电子的氯原子，其对主链上的双键和 α 氢具有保护作用，所以氯丁橡胶是双烯类橡胶中耐热性最好的。乙丙橡胶虽然侧基为供电子的甲基，但由于其饱和主链结构，所以耐氧化性能优于天然橡胶，但和同样是饱和主链但是带吸电子取代基氟原子的氟橡胶相比，其耐高温氧化性则差很多，后者耐热温度可高达 300℃。

③ 改变交联链的结构　橡胶的耐热性和强度与交联链的结构和长短有关，键能较大的交联链有助于硫化橡胶耐热性的提高。例如天然橡胶用硫磺和促进剂进行交联，由于加硫量、促进剂以及硫化条件的不同而形成不同形式的硫桥，如—S—、—S—S—、—S—S—S—等；氯丁橡胶经 ZnO 硫化后形成—C—O—C—交联链；天然橡胶经过氧化物或辐射交联可形成—C—C—交联链，各种交联键的键能不同，如表 8-13 所示，含硫交联键

中，含硫少的交联键键能较大，耐热性较好，C—O 和 C—C 交联键的键能更大，橡胶耐热性更好。

④ 合理选择添加剂及用量，控制环境因素对橡胶的耐热老化性能的影响。

表 8-13 橡胶中常见交联键键能

交联键	键能/(kJ/mol)
C—O	103.9
C—C	93.0
C—S	80.9
C—S—S—C	59.4
S—S—S—S	47.5

(2) 提高橡胶耐寒性

T_g 是橡胶类高聚物使用的最低温度，如表 8-14 所示橡胶材料的使用温度范围。低温下橡胶发生玻璃化转变或形成结晶导致材料变硬、变脆而丧失弹性。例如天然橡胶制品的 T_g 是－73℃，但由于它常在－10～－40℃就发生结晶，从而丧失弹性，在温度远高于 T_g 时就无法使用。因此任何使 T_g 下降的方法，以及降低高聚物结晶能力和结晶速率的措施均有利于提高橡胶材料的耐寒性。例如，丁腈橡胶和氯丁橡胶常用增塑剂降低 T_g 以提高耐寒性，用癸二酸二丁酯（T_g≈－80℃）增塑，可使氯丁橡胶的 T_g 由－45℃降至－62℃。增塑剂的 T_g 越低，则被增塑高聚物的 T_g 就越低。在高聚物中加入增塑剂虽然可以降低 T_g，但它使分子链的活动性增加，也为形成结晶创造了有利条件，因此当用增塑剂降低高聚物 T_g 时必须考虑体系结晶速率增大和结晶形成的可能性。

共聚法也能降低高聚物的 T_g、破坏高聚物的结晶性。例如用丁二烯分别与苯乙烯和丙烯腈共聚可使苯乙烯或丙烯腈链的柔性增加，T_g 下降，丁苯 30 的 T_g＝－53℃；丁腈 26 的 T_g＝－42℃，共聚物由此转变成橡胶。乙丙橡胶是通过共聚降低结晶能力获得弹性的典型例子。通常线形聚乙烯和有规聚丙烯的 T_g 低于室温，但由于它们的高度结晶性，只能用作塑料。使用齐格勒型催化剂，控制乙烯和丙烯共聚时丙烯单体单元在共聚物分子链上的分布状态，通过引入体积较小的非极性取代基甲基破坏乙烯链段结晶性。事实证明，乙丙共聚物 T_g 为－60℃，结晶程度降低，可作为橡胶使用。由于乙丙橡胶分子链中没有双键结构，其耐热氧化性和耐臭氧龟裂性均优于天然橡胶。

高聚物结晶能力的过分降低会损害其强度。通过破坏链的规整性来降低高聚物的结晶能力，提高耐寒性，必须兼顾其强度。

表 8-14 几种主要橡胶的使用温度范围

橡胶名称	T_g/℃	大致使用温度范围/℃
顺 1,4-聚异戊二烯	－70	－50～＋120
顺 1,4-聚丁二烯	－105	－70～＋140
丁苯共聚物(75/25)	－60	－50～＋140
聚异丁烯	－70	－50～＋150
聚 2-氯丁二烯(含反式 1,4 85%)	－45	－35～＋180
丁腈共聚物(70/30)	－41	－35～＋175

续表

橡胶名称	T_g/℃	大致使用温度范围/℃
乙丙共聚物(50/50)	−60	−40～+150
聚二甲基硅氧烷	−120	−70～+275
偏氟乙烯-全氟乙烯共聚物	−55	−50～+300

8.3.6.2　影响橡胶弹性的因素

(1) 交联与缠结效应

橡胶的统计理论给出了模量与交联程度的定量关系，$G=N_0kT$，即 G 与网链密度 N_0 成正比。交联程度除了可用网链密度来表示，还可用交联点密度 μ_0，即单位体积的交联点数来表示。对于一个没有端链和封闭环的完善网络，N_0 和 μ_0 之间具有确定的关系。由于每个网链要靠两个交联点连接，所以一个功能度为 ϕ 的交联点平均连接有 $\phi/2$ 个网链，即 $N_0=\phi\mu_0/2$。

20 世纪 70 年代末期，Mark 等人采用新的合成技术，用原硅酸乙酯或多异氰酸酯与具有羟端基的聚二甲基硅氧烷交联，制备了一系列没有悬吊端链的较完善网络结构。网链的平均分子量可由聚二甲基硅氧烷的分子量测定得到。Mark 对上述交联网络进行拉伸实验，得到的 Mooney 图如图 8-72 所示。可以看到，C_1 或 G 的数值随 N_0 或 ϕ 的增加而增大，定性地证明了统计理论的结果。图 8-73 为 Mark 得到的 Mooney 常数 C_1 和 C_2 与功能度 ϕ 的关系。可以看到，模量 $2C_1$ 随交联点功能度 ϕ 的增加而升高，揭示 ϕ 较大时，交联网受到较大的束缚。而当 ϕ 较小时，由于交联点在网络中埋藏的牢固程度下降，造成交联网变形时非仿射形变的成分增加，使橡胶的模量减小。但 G 的数值要比由 N_0 直接计算的结果更大，说明除了化学交联作用外，还另有因素对 G 产生影响。

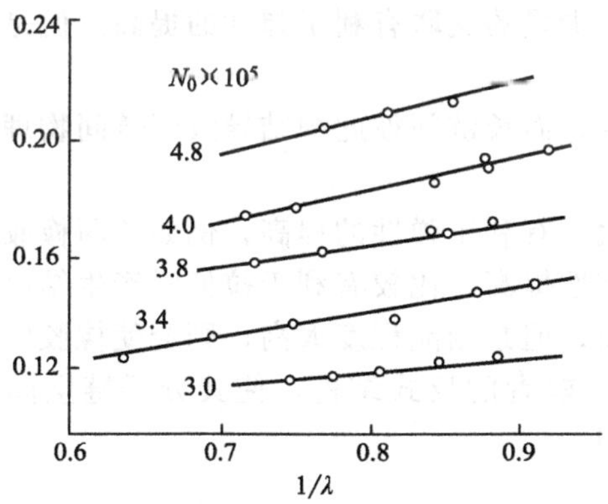

图 8-72　30℃时交联的聚二甲基硅氧烷的 Mooney 图（N_0 为网链密度）

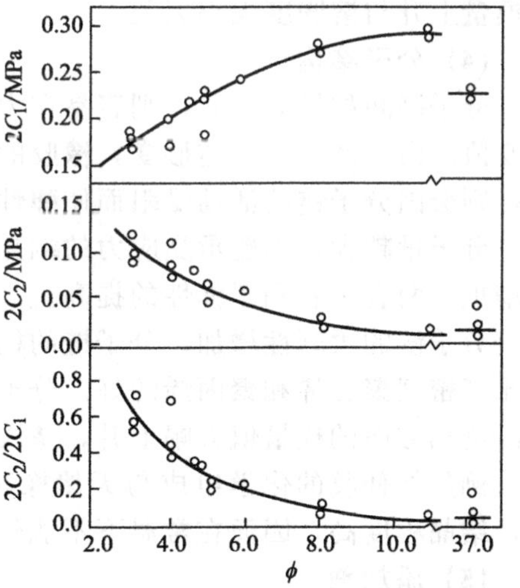

图 8-73　功能度 ϕ 对 $2C_1$、$2C_2$ 和 $2C_2/2C_1$ 的影响

一般认为，网链间的物理缠结作用对 G 的提高有贡献。若橡胶在硫化前，分子链彼此缠结，一旦形成化学交联网络后，交联点间网链的“圈套”可形成永久性的缠结点，如图 8-74 所示，它们将产生附加的交联作用。因此，体系中对平衡模量有贡献的有效网链数应为有效化学交联网链数和永久性物理缠结附加网链数之和。

8

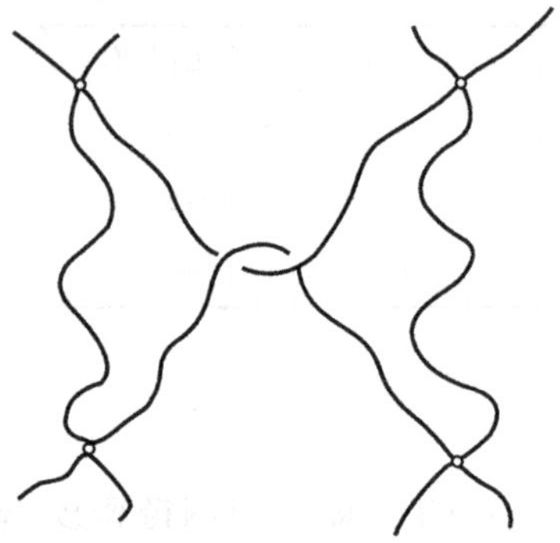

图 8-74 “圈套”链间物理缠结

(2) 形变大小

如前所述，统计理论和 Mooney 方程可以成功地描述高分子网络在小形变和中等形变区的弹性行为。但是在高伸长率的情况下，理论值与实验值的差别较大，如图 8-66 所示天然橡胶的拉伸应力-应变曲线。在拉伸比 λ 较大，特别是在伸长达 500%以后，实验值比理论值显著地增加。其原因可能有两个方面：①对于结晶性的交联网链来说，在极限伸长时，由于分子链沿力场方向作有规则的排列，容易进入晶格，发生应变诱导结晶，结晶导致分子链间相互作用力增大，内能的影响增加。形成的结晶微区起到物理交联的作用，使模量大幅提高。②对于非结晶性或拉伸时处于 T_m 以上的高聚物来说，由于交联时的不均匀性，交联网链长短不一，网链越短，越容易达到拉伸极限，出现非高斯效应。此时，统计理论中的高斯链假定就不成立，内能的影响亦同时增大，造成理论与实际的偏离。

(3) 溶胀效应

交联网络吸收溶剂后形成溶胀橡胶，溶胀橡胶中的溶剂分子使体系的网链密度降低，网链的平均末端距增加，并对橡胶的弹性行为产生影响。溶胀橡胶在单轴拉伸时的状态方程为

$$\sigma_s = N_0 kT\phi_2^{1/3}\frac{\overline{h^2}}{\overline{h_0^2}}\left(\lambda_s - \frac{1}{\lambda_s^2}\right) \tag{8-163}$$

式中，σ_s 和 λ_s 分别为溶胀状态试样的拉伸应力和拉伸比；ϕ_2 为溶胀体系中干橡胶的体积分数。上式表明溶胀橡胶的模量是干橡胶模量的 ${\phi_2}^{1/3}$ 倍，要比干橡胶的模量更小。

对于结晶性交联网，溶胀度增加，模量随伸长而上升的趋势逐渐减小。而非结晶交联网的模量上升与溶胀度大小无关。

(4) 分子结构

分子链间如果无交联，则容易在力场的作用下产生分子链间的相互滑移，不能达到平衡形变值。由于产生不可逆形变，橡胶的弹性差。少量的交联有利于弹性的提高。但是过度交联，则会因分子链的活动受阻而使弹性下降。

分子量越大，不能承受应力的端链数目越少，而长链间彼此缠结导致网链间物理交联作用增加，两者都有利于弹性的提高。

分子链的柔顺性增加，分子链的构象数增大，有利于弹性的提高，例如乙丙橡胶的弹性就比高密度聚乙烯和聚丙烯的好。分子链的规整性提高，比较有利于拉伸时产生结晶。结晶使沿链轴方向的模量值大幅上升，橡胶强度提高。但是结晶程度太高，则会使橡胶的弹性变差。例如杜仲胶的化学组成与天然橡胶一致，但前者的反式结构，使其分子链空间规整性好，结晶程度高，因而在常温下不能作橡胶使用。

(5) 添加剂

在实际应用中，填料和增塑剂等添加剂对橡皮弹性的影响较大。例如汽车轮胎中的碳黑填料可使其模量、强度、耐候性和耐磨性得到提高。能够使材料强度提高的填料称为增强填料。在橡胶中加入增强填料称为橡胶的补强。填料的增强作用可理解为刚性填料对应变的放大效应。如果补强橡胶的外观应变为 ε，由于填料本身维持原来的状态，因此实际橡胶母体的应变要比 ε 更大，表现出相应更大的模量。增塑剂的加入，能使非弹性体转变为弹性体，但往往同时使强度下降。

参考文献

[1] Bower D I. An Introduction to Polymer Physics [M]. Cambridge: Cambridge University Press, 2002.

[2] Mark J E, et al. Physics Properties of Polymers [M]. Washington DC: ACS, 1984.

[3] 过梅丽. 高聚物与复合材料的动态力学热分析 [M]. 北京: 化学工业出版社, 2002.

[4] 殷敬华, 莫志深. 现代高分子物理学 [M]. 北京: 科学出版社, 2001.

[5] 马德柱, 何平笙, 徐种德, 等. 高聚物的结构与性能 [M]. 北京: 科学出版社, 2000.

[6] 何曼君, 陈维孝, 董西侠. 高分子物理 [M]. 上海: 复旦大学出版社, 2000.

[7] 刘凤岐, 汤心颐. 高分子物理 [M]. 北京: 高等教育出版社, 1997.

[8] Li B C. Fundamentals of Polymer Physics [M]. Beijing: Chemical Industry Press, 1999.

[9] 朱永群. 高分子物理基本概念与问题 [M]. 北京: 科学出版社, 1988.

[10] 钱保功, 等. 高聚物的转变与松弛 [M]. 北京: 科学出版社, 1986.

[11] 冯开才, 李谷, 符若文, 等. 高分子物理实验 [M]. 北京: 化学工业出版社, 2015.

[12] 张希, 张文科, 李宏斌, 等. 自然科学进展 [J]. 2000, 10 (5): 385.

[13] 张俐娜, 薛奇, 莫志深, 等. 高分子物理近代研究方法 [M]. 武汉: 武汉大学出版社, 2003.

[14] 潘鉴元, 席世平, 等. 高分子物理 [M]. 广州: 广东科技出版社, 1981.

[15] Zhang J Z, Wang X, Lu L, et al. Thermal stability and crystallization behavior of poly (Lactic Acid) /montmorillonite nanocomposites [J]. Journal of Applied Polymer Science, 2003, 87 (3): 381-385.

[16] Fawn M V, Chartes A W. Influence of processing conditions on the degradation kinetics of polypropylene [J]. Polymer Degradation and Stability, 2002, 76 (1): 111-122.

[17] Lopez D, Cendoya I, Torres F, et al. Rheological properties of polyethylene/clay nanocomposites [J]. Polymer Engineering and Science, 2001, 41 (11): 1845-1852.

[18] Burke N D, Stover H H, Dawson F P. Synthesis and characterization of hyperbranched polymers via ATRP [J]. Chemistry of Materials, 2002, 14 (11): 4752-4761.

[19] Vestal C R, Zhang Z J. Single-molecule force spectroscopy of polymer chains [J]. Journal of the American Chemical Society, 2002, 124 (47): 14312-14313.

[20] Du H, Xu G Q, Chin W S, et al. High-performance polymer electrolytes for lithium batteries [J]. Chemistry of Materials, 2002, 14 (10): 4473-4479.

[21] Zeng R, Wang S F, Liang H C, et al. Preparation and mechanical properties of sisal fiber-reinforced polypropylene composites [J]. Polymer and Polymer Composites, 2002, 10 (4): 291-298.

[22] Xiao M, Sun L Y, Liu J J, et al. Influence of molecular weight on the glass transition temperature of polystyrene [J]. Polymer, 2002, 43 (8): 2245-2248.

[23] 曾汉民. 高技术新材料要览 [M]. 北京: 中国科学技术出版社, 1993.

[24] Ward I M. Mechanical Properties of Solid Polymers [M]. 2 版. Chichester: John Wiley & Sons, 1977.

[25] Ferry J D. Viscoelastic Properties of Polymers [M]. New York: John Wiley & Sons, 1980.

[26] 杨玉良, 胡汉杰. 高分子物理 [M]. 北京: 化学工业出版社, 2001.

[27] Treloar L R G. The Physics of Rubber Elasticity [M]. London: Oxford University Press, 1958.

[28] Eirich F R. Science and Technology of Rubber [M]. New York: Academic Press, 1979.

[29] Mark J E, Erman B. Rubber Elasticity: A Molecular Primer [M]. New York: John Wiley & Sons, 1986.

[30] 潘鑒元, 席世平, 黄少慧. 高分子物理 [M]. 广州: 广东科技出版社, 1981.

[31] 何曼君, 陈维孝, 董西侠. 高分子物理 [M]. 上海: 复旦大学出版社, 2002.

[32] 刘凤岐, 汤心颐. 高分子物理 [M]. 北京: 高等教育出版社, 1995.

[33] Flory P J, Erman B. Conformational Statistics of Polyethylene Chains [J]. Macromolecules, 1982, 15 (3): 800.

[34] De Gennes P G. Scaling Concepts in Polymer Physics [J]. Journal of Chemical Physics, 1971, 55 (1): 572.

[35] 卡恩 R W, 哈森 P, 克雷默 E J. 聚合物的结构与性能 [M] // 材料科学与技术丛书. 北京: 科学出版社, 1999.

[36] 任鑫, 张相玉, 谢亿民. 负泊松比材料和结构的研究进展 [J]. 力学学报, 2019, 51 (3): 656-687.

[37] 何平笙. 新编高聚物的结构与性能 [M]. 2 版. 北京: 科学出版社, 2021.

8

第 9 章 高聚物的其他性质

9.1 高聚物的电学性质

高聚物由于其优异的电学性质，在电气和电子工业中得到极为广泛的应用。品种繁多的高聚物，在电学性质上包含着极其宽广的性能指标范围，既可作为很好的电绝缘材料、有机电介质，又可作为导电材料使用。随着近年来的不断研究开发，高聚物半导体、导电高聚物、压电高聚物、光电高聚物、超导高聚物和驻极体（类似电介质中的“永磁体”）的探索都取得了不同程度的进展。

高聚物的电学性质是指高聚物在外加电压或电场作用下的行为及其所表现出来的各种响应。由于高聚物的化学组成和结构不同，所施加的频率及电场强弱的差异，高聚物表现出不同的电学性质。主要包括在交变电场中的介电性质，在弱电场中的导电性质，在强电场中的击穿现象，以及处在机械力、摩擦、热、光和化学环境作用下的静电、压电、热电、光电等现象。研究高聚物的电学性质，具有非常重要的理论和实际意义。

高聚物的电学性质与高聚物本身内部结构有关，可以非常灵敏地反映材料内部结构的变化和分子运动状况。因此，电学性质的测量成为可以在很宽的频率范围下研究高聚物的结构和分子运动的有力手段。

本节将分别讨论高聚物的极化和介电性质、导电性质、介电强度以及静电现象及其与高分子结构的内在联系。

9.1.1 高聚物的极化及介电性质

9.1.1.1 极化现象

高聚物材料在外电场作用下其内部分子和原子的电荷分布发生变化，这种现象称为极化。按照极化机理的不同，可分为电子极化、原子极化、取向极化和界面极化。

① 电子极化。是指分子中各原子的价电子云在外电场作用下，相对于原子核向正极方向偏移，使分子的正负电荷中心的位置发生变化。由于电子运动速度很快，电子极化过程所需时间极短，大约只有 $10^{-15}\sim10^{-13}$s。

② 原子极化。是指分子或基团中的各原子核在外电场作用下彼此间发生相对位移。因为原子的质量较大，运动速度比电子慢，这种极化比电子极化慢，所需时间约在 10^{-13}s 以上。

电子极化和原子极化都是在外电场作用下，分子中正负电荷中心发生位移或分子变形引起的，统称为位移极化或变形极化。由此产生的偶极矩为诱导偶极矩。偶极矩 μ 定义为电荷量 q 和正负电荷中心之间的距离 d 的乘积：

$$\mu=q\cdot d \tag{9-1}$$

偶极矩是一个矢量，化学上习惯规定其方向从正到负。偶极矩的单位是 C · m，习惯上也常采用德拜 D（Debye）表示。分子偶极矩可用来表示分子极性的强弱。

③ 取向极化或偶极极化。具有固有偶极矩的极性分子，在没有外电场时，由于分子的热运动，偶极矩指向各个方向的机会相同，所以大量分子的总平均偶极矩为零，介质表现为电中性。在外电场的作用下，极性分子沿电场方向排列而发生取向，这种现象称为取向极化

或偶极极化，如图 9-1 所示。由于取向过程需要克服极性分子本身的惯性和旋转阻力，故完成这种极化过程需要比位移极化长得多的时间，一般约 10^{-9}s，取向极化强烈地依赖于分子间的相互作用、有效电场强度和温度。它对介质在外电场中的总极化的贡献较大。取向极化过程中要克服分子间内摩擦，损耗能量变为热。

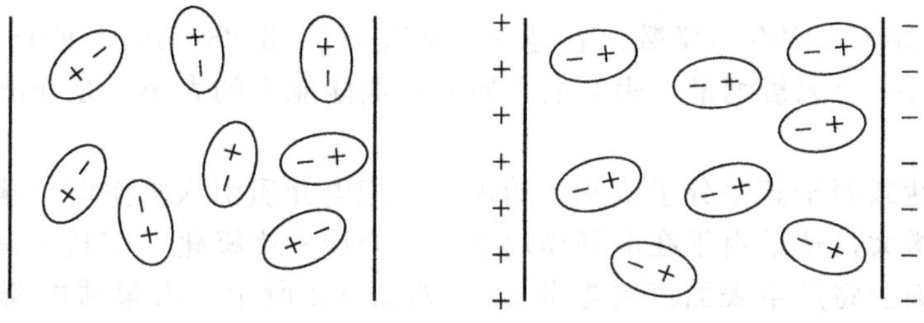

图 9-1　极性分子的取向极化

④ 界面极化。产生在非均相介质界面处的极化，是由于在外电场的作用下，电介质中的电子或离子在界面处聚集所引起的。这种极化所需的时间较长，从几分之一秒至几分钟，甚至更长，因此其测量要使用低频技术。界面极化现象可用来研究高分子多相体系的界面行为。

在均匀介质内部，上述前三种极化对于极性分子来说都能发生，因此，极性分子在外电场中各种极化作用所产生的总偶极矩 μ 为诱导偶极矩 μ_1 和取向偶极矩 μ_2 之和。

$$\mu = \mu_1 + \mu_2 = \alpha E_1 \tag{9-2}$$

比例常数 α 称为分子极化率，E_1 为作用在分子上的局部电场强度。对于变形极化产生的诱导偶极矩

$$\mu_1 = \alpha_d E_1 \tag{9-3}$$

式中，α_d 为变形极化率，由电子极化率 α_e 和原子极化率 α_a 组成，$\alpha_d = \alpha_e + \alpha_a$。非极性分子不发生取向极化，其分子极化率等于变形极化率。

对于取向极化产生的取向偶极矩

$$\mu_2 = \alpha_\mu E_1 \tag{9-4}$$

式中，α_μ 为取向极化率。极性分子的总极化率 $\alpha = \alpha_e + \alpha_a + \alpha_\mu$。$\alpha_e$ 和 α_a 都不随温度而改变，只取决于分子中电子云的分布情况。取向极化率 α_μ 除了与极性分子的固有偶极矩 μ_0 的平方成比例外，还与温度有关。温度高时，分子热运动能量高，极性分子沿电场方向取向受到的干扰较大，取向极化率小；反之，温度低时，则取向极化率较大。

$$\alpha_\mu = \frac{\mu_0^2}{3kT} \tag{9-5}$$

式中，k 是玻兹曼常数；T 是温度。

9.1.1.2　高聚物的介电常数

(1) 介电常数及其与极化率的关系

从普通物理学我们知道，如果在一真空平行板电容器上加以直流电压 U，在两个板上将产生一定量的电荷 Q_0；当平行板间充满电介质时，这时极板上的电荷将增加到 Q，定义这两个电荷量之比为此电介质的介电常数 ε：

$$\varepsilon = \frac{C}{C_0} = \frac{Q}{Q_0} \tag{9-6}$$

式中，C 和 C_0 分别为电介质电容器和真空电容器的电容，$C=Q/U$，$C_0=Q_0/U$。其中电压 U 的单位为伏；电量 Q 的单位为库仑；电容 C 的单位为法拉。电容 C_0 与所加电压的大小无关，而决定于电容器的几何尺寸，如果每个极板的面积为 S，而两极间的距离为 d，则有：

$$C_0=\varepsilon_0\frac{S}{d} \tag{9-7}$$

比例常数 ε_0 称为真空介电常数。它是一个常数，$\varepsilon_0=8.85\times10^{-12}\mathrm{F/m}$。

介电常数 ε 是一个无量纲量，表征电介质贮存电能能力的大小，是介电材料的一个十分重要的性能指标。

材料的介电性来源于其中分子或基团的极化。把电介质引入真空电容器，引起极板上电荷量增加，电容增大，这是由于在电场作用下，电介质发生极化，使其电荷发生再分布，靠近极板的介质表面上将产生表面束缚电荷 Q'，如图 9-2 所示。由束缚电荷产生的极化附加电场，其方向与外电场相反，造成电介质内部的电场强度减小，但平行板电容器的电场强度只与板距离 d 和外加电压 U 有关。

$$E=\frac{U}{d} \tag{9-8}$$

与极板间有无介质和介质的种类无关，这就要求电源给极板补充与极化电荷 Q' 相等的电量，使极化附加电场被抵消，以维持原来电场强度。

$$Q=Q_0+Q' \tag{9-9}$$

介电常数和极化率分别是表征电介质在外电场中极化程度的宏观物理量和微观物理量。两者之间可通过极化强度 P 联系起来，以便了解极化现象和物质结构之间的相互联系。对于平行板间各向同性的均匀电介质，极化强度等于极化电荷密度，即：

$$P=\frac{Q'}{S} \tag{9-10}$$

由以上各式，便可以得到：

$$P=(\varepsilon-1)\varepsilon_0E \tag{9-11}$$

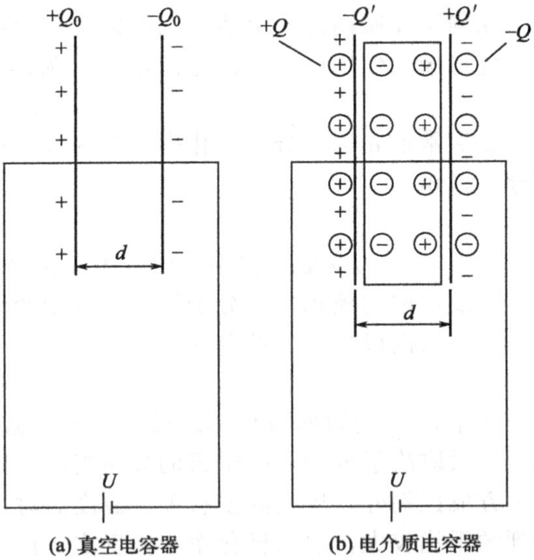

图 9-2 平行板电容器示意

这是各向同性的均匀电介质中，极化强度、电介质的介电常数和电场强度之间的普遍关系式。另一方面，极化强度可由极化率计算。如果分子总极化率为 α，单位体积电介质中有 N 个分子，则单位体积内极化偶极矩 μ_2 为 $N\alpha E_1$，按照偶极矩的定义，它是偶极电荷的电量与距离 d 的乘积，设单位体积介质中的束缚电荷量为 $Q'/(Sd)$，则：

$$\mu_2=\frac{Q'}{Sd}\times d=P \tag{9-12}$$

可知

$$P=N\alpha E_1 \tag{9-13}$$

这就是电场中介质极化强度和分子极化率的关系。由式(9-11)和式(9-13)即得介电常数 ε 和极化率 α 的关系：

$$(\varepsilon-1)\varepsilon_0E=N\alpha E_1 \tag{9-14}$$

在液体和固体介质中，外加电场强度 E 和介质分子所受到的局部有效电场强度 E_1 并不相等，某一分子上的局部有效电场，除了外电场之外，还需考虑其他分子偶极矩的作用，两者之间存在一定的联系。Lorentz 从一种简单模型出发处理这一问题，在气态极性介质、非极性液态介质、呈立方晶格而高度对称排列的非极性介质以及极性分子与非极性溶剂形成的稀溶液介质中，有：

$$E_1=\frac{\varepsilon+2}{3}E \tag{9-15}$$

将式(9-15) 代入式(9-14)，整理得

$$\frac{\varepsilon-1}{\varepsilon+2}=\frac{N\alpha}{3\varepsilon_0} \tag{9-16}$$

如果电介质的分子量为 M，密度为 ρ，则上式可写成

$$\frac{\varepsilon-1}{\varepsilon+2}\times\frac{M}{\rho}=\frac{N_A\alpha}{3\varepsilon_0} \tag{9-17}$$

式中，N_A 为阿伏伽德罗常数。

式(9-16) 和式(9-17) 称为 Clausius-Mosotti 方程。通常将 $N_A\alpha/3\varepsilon_0$ 定义为摩尔极化度，以 P_m 表示，对于非极性介质

$$P_m=\frac{\varepsilon-1}{\varepsilon+2}\times\frac{M}{\rho}=\frac{N_A}{3\varepsilon_0}(\alpha_e+\alpha_a) \tag{9-18}$$

对于极性介质

$$P_m=\frac{\varepsilon-1}{\varepsilon+2}\times\frac{M}{\rho}=\frac{N_A}{3\varepsilon_0}(\alpha_e+\alpha_a+\frac{{\mu_0}^2}{3kT}) \tag{9-19}$$

实验测试不同温度下非极性和极性电介质的摩尔极化度表明，非极性电介质的摩尔极化度与温度无关，而极性电介质的摩尔极化度与 $1/T$ 呈线性关系，如图 9-3 所示。与理论推导的结果一致。

对于极性高聚物在非极性溶剂中的稀溶液，假定溶质和溶剂的极化率间存在简单的加和性，则溶液的摩尔极化度 P_{m12}

$$P_{m12}=P_{M_1}f_1+P_{M_2}f_2=\frac{\varepsilon_{12}-1}{\varepsilon_{12}+2}\times\frac{M_1f_1+M_2f_2}{\rho_{12}} \tag{9-20}$$

式中，下标 1、2 和 12，分别表示溶剂、溶质和溶液；f 为摩尔分数。溶质的摩尔极化 P_{M_2} 与溶液的浓度有关。实验发现，通常随着 f_2 增加，P_{M_2} 将减小，这是由于溶质分子间的相互作用引起的。为了消除这种效应，需要将结果外推到无限稀的情况。

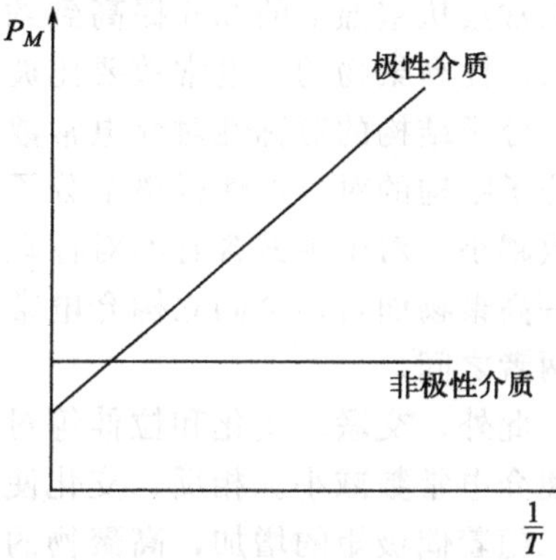

图 9-3 摩尔极化度与温度倒数的关系

如果外加电场为交变电场时，则介电常数将具有复数形式，复介电常数表示为：

$$\varepsilon^*=\varepsilon'-i\varepsilon'' \tag{9-21}$$

ε' 为复介电常数的实数部分，近似等于实验测得的介电常数，ε'' 为复介电常数的虚数部分，表示介电损耗的大小。这与动态力学性能的情况相似，只是此时的作用力为电力，作用频率为交流电场频率。下面将做进一步讨论。

(2) 介电常数与高聚物结构的关系

由式(9-18) 可知，介电常数的数值决定于电介质

的极化，而电介质的极化与其分子结构及所处的物理状态有关。电介质的极化通常可分为电子极化、原子极化和取向极化，其中极性分子的取向极化对极化度的贡献最大。因此电介质分子极性大小是介电常数大小的主要决定因素，分子极性增加将使介电常数增大。

分子极性的大小可用偶极矩来衡量。多原子分子的偶极矩等于分子中各键矩的矢量和。表 9-1 列出了一些化学键的键矩数值。对于高聚物分子，其偶极矩是各单元偶极矩的矢量和，而重复单元的平均偶极矩可通过键矩求出。由于柔性高分子具有多种构象，其偶极矩是各种构象的平均值。这时可以用均方偶极矩来表征高分子的极性。如果每个偶极单元的偶极矩为 $\vec{\mu}_0$，则含有 N 个单元的高分子链的均方偶极矩为：

$$\overline{\mu^2}=\overline{\sum_{i=1}^{N}\vec{\mu}_{0i}\sum_{j=1}^{N}\vec{\mu}_{0j}}=N\mu_0^2\left(1+\frac{1}{N}\sum_{i\neq j}^{N}\overline{\cos\theta_{ij}}\right) \tag{9-22}$$

式中，θ_{ij} 是第 i 个偶极单元和第 j 个偶极单元在某一构象下偶极矢量的夹角。

表 9-1　一些化学键的键矩

化学键	键矩/D(德拜)	化学键	键矩/D(德拜)
C—C	0	C═N	1.4
C═C	0	C—F	1.81
C—H	0.4	C—Cl	1.86
C—N	0.45	C═O	2.4
C—O	0.7	C≡N	3.1

注：1D＝3.33564×10^{-30}C·m。

高聚物的介电常数除了和偶极单元的偶极矩有关，还依赖于高分子的其他结构因素。极性基团在分子链上的位置不同，对介电常数的影响就不同。一般说来，主链上的极性基团活动性小，对介电常数影响较小。而侧基上的极性基团，特别是柔性的极性侧基，因其活动性较大，对介电常数的影响就较大。高聚物所处的力学状态对主链上的和与主链硬连接的极性基团的取向运动影响很大，并决定它们对高聚物介电常数贡献的大小。在玻璃态下，链段运动被冻结，这类极性基团取向运动有困难，因而它们对高聚物的介电常数的贡献就很小，而在高弹态时，链段可以运动，极性基团取向运动得以顺利进行，对介电常数的贡献增加。例如聚氯乙烯所含的极性基团密度几乎比氯丁橡胶多一倍，但是，室温下由于后者处于橡胶态，其介电常数几乎是前者的三倍。当聚氯乙烯所处温度提高到玻璃化转变温度以上时，其介电常数从室温下的 3.5 提高到约 15。因此，从整个分子链的活动性考虑，橡胶态与黏流态的极性高聚物的介电常数要比玻璃态的大。

分子结构的对称性对介电常数也有很大的影响。聚四氟乙烯的 C－F 键极性很大，但由于分子结构的对称性使得整个分子不具极性，介电常数很小。因此，分子对称性越高，介电常数越小。对于主链含有不对称碳原子的高聚物，其电荷分布的对称性同立体构型有关，就同一高聚物而言，全同立构介电常数高，间同立构介电常数较低，而无规立构的介电常数介于两者之间。

此外，交联、支化和拉伸等对介电常数也有影响。交联与拉伸，降低极性基团的活动性而使介电常数减小。相反，支化使分子间的相互作用减弱，因而使介电常数提高。

随着偶极矩的增加，高聚物的介电常数逐渐增大。表 9-2 给出了一些常见高聚物的介电常数。按照偶极矩的大小，可将高聚物大致归为下面四类：

非极性高聚物　　　　偶极矩＝0D　　　ε＝2.0～2.3

弱极性高聚物	0<偶极矩≤0.5D	ε=2.3～3.0
中等极性高聚物	0.5D<偶极矩≤0.7D	ε=3.0～4.0
强极性高聚物	偶极矩>0.7D	ε=4.0～7.0

表 9-2 一些常见高聚物的介电常数（60Hz，常温）

高聚物	ε	高聚物	ε
聚四氟乙烯	2.0	乙基纤维素	3.0～4.2
四氟乙烯-六氟丙烯共聚物	2.1	聚酯	3.00～4.36
聚 4-甲基-1-戊烯	2.12	聚砜	3.14
聚丙烯	2.2	聚氯乙烯	3.2～3.6
聚三氟氯乙烯	2.24	聚甲基丙烯酸甲酯	3.3～3.9
低密度聚乙烯	2.25～2.35	聚酰亚胺	3.4
乙-丙共聚物	2.3	环氧树脂	3.5～5.0
高密度聚乙烯	2.30～2.35	聚甲醛	3.7
ABS 树脂	2.4～5.0	聚酰胺-6	3.8
聚苯乙烯	2.45～3.10	聚酰胺-66	4.0
高抗冲聚苯乙烯	2.45～4.75	聚偏氯乙烯	4.5～6.0
乙烯-醋酸乙烯共聚物	2.5～3.4	酚醛树脂	5.0～6.5
聚苯醚	2.58	硝化纤维素	7.0～7.5
硅树脂	2.75～4.20	三聚氰胺甲醛树脂	7.9
聚碳酸酯	2.97～3.17	聚偏氟乙烯	8.4

9.1.1.3 高聚物的介电损耗

在交变电场中，电容器中的电介质消耗一部分电能而发热，这种现象称为介电损耗。如果在一个电容量为 C_0 的真空电容器上外加一个交流电压 $U=U_0 e^{i\omega t}$，U_0 是电压的峰值，由于极板电荷周期性的变化而产生的交流电流为

$$I_i=\frac{dQ_0}{dt}=C_0\frac{dU}{dt}=i\omega C_0 U \tag{9-23}$$

式中，ω 为交流电压的角频率。真空电容器的电流领先电压 90°相位，因此只存在无功的纯电容电流，不损耗能量。它的损耗功率表示为 $P_i=I_i U\cos 90°=0$。而对于电介质电容器，两极板之间交流电压 U，这时电容器的电容 $C=\varepsilon^* C_0$，$Q=CU=\varepsilon^* C_0 U$，则电容器的电流为

$$I_d=\varepsilon^* C_0\frac{dU}{dt}=i\omega\varepsilon^* C_0 U=i\omega\varepsilon' C_0 U+\omega\varepsilon'' C_0 U \tag{9-24}$$

可见电介质电容器的电流分为两个部分：一部分电流领先电压 90°相位角，相当于流过理想电容器的纯电容电流，不产生能量损耗，用 I_c 表示；另一部分电流与电压同相位，相当于流过“纯电阻”的电流，有能量损耗，用 I_r 表示。I_c 和 I_r 与电压的向量关系如图 9-4 所示。

$$I_c=i\omega\varepsilon' C_0 U$$

$$I_r=\omega\varepsilon'' C_0 U$$

通过电介质电容器的电流 I_d 与外加的交变电压 U 的相位差为 φ，而 $\varphi=90°-\delta$。电流 I_c 和 I_r 与损耗角 δ 之间存在如下关系

9

$$\tan\delta=\frac{I_r}{I_c}=\frac{\omega\varepsilon''C_0U}{\omega\varepsilon'C_0U}=\frac{\varepsilon''}{\varepsilon'} \tag{9-25}$$

式中，$\tan\delta$ 称为介电损耗角正切，是表征材料介电损耗大小的物理量。常常也用复介电常数的虚部 ε'' 来表示材料介电损耗的大小，通常称之为介电损耗因数。电介质电容器的损耗功率 P 为：

$$P=UI_r=UI_c\tan\delta \tag{9-26}$$

由式(9-26) 可得：

$$\tan\delta=\frac{P}{UI_c}=\frac{\text{每周期介电损耗的能量}}{\text{每周期介电储存的能量}}=\frac{\varepsilon''}{\varepsilon'} \tag{9-27}$$

ε' 以及 $\tan\delta$ 可以用 Q 表等仪器进行测量。

产生介电损耗有两个原因：①偶极子取向极化时，由于介质的黏滞阻力，偶极子跟不上电场变化，需克服介质的内摩擦阻力而产生的偶极损耗；②电介质中含有的各种极性杂质可成为能导电的载流子，在外电场的作用下形成电导电流而消耗电能引起的电导损耗。

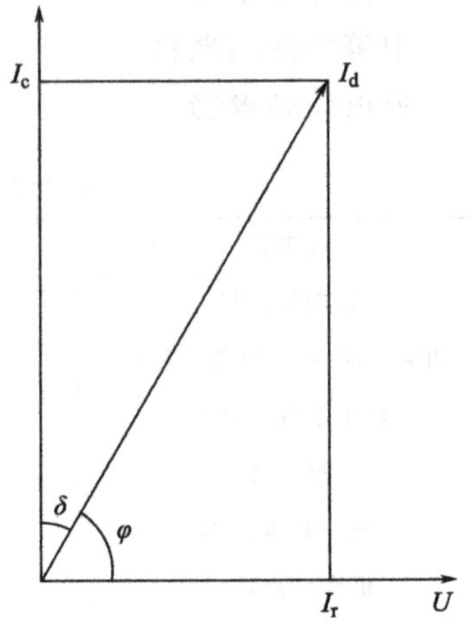

图 9-4 I_c、I_r 与 U 的向量关系

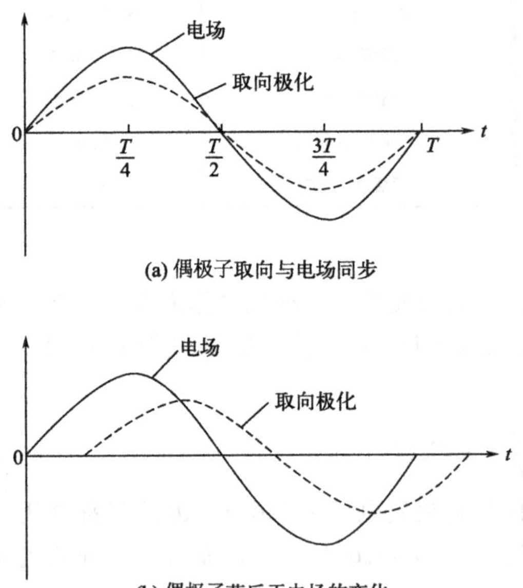

图 9-5 取向极化跟随电场变化情况示意

极性电介质在交变电场中发生极化时，当电场的频率很低，偶极子的转向完全跟得上电场的变化，或者当交变电场的频率很高，偶极子完全跟不上电场的变化，取向极化几乎不发生时，如图 9-5 所示。则在电场变化过程中，不发生偶极损耗。

变形极化实质是分子中原子或电子在交变电场作用下作强迫振动。当电场频率与原子或电子的固有频率相差较大时，变形极化引起的能量损耗很小，可以忽略；当电场频率在红外和紫外线频范围时，由于原子和电子的固有振动频率分别与其相当，原子极化和电子极化发生共振吸收，使介电损耗出现极大值。

高聚物的介电损耗角正切大多数在 10^{-2}～10^{-4} 范围内，如表 9-3 所示。当高聚物作为电工绝缘体材料或电容器材料使用时，要求其 $\tan\delta$ 越小越好，以免引起高聚物发热、老化以至破坏。但是介电损耗也并非都有害，当材料的 $\tan\delta$ 大时，可以利用在高聚物高频干燥、高频焊接等方面。

表 9-3 常见高聚物的介电损耗角正切 $\tan\delta$（50Hz，20℃）

高聚物	$\tan\delta/10^{-4}$	高聚物	$\tan\delta/10^{-4}$
聚四氟乙烯	<2	环氧树脂	20～100
聚乙烯	2	硅橡胶	40～100
聚丙烯	2～3	氯化聚醚	100
四氟乙烯-六氟丙烯共聚物	<3	聚酰亚胺	40～150

续表

高聚物	tanδ/10^{-4}	高聚物	tanδ/10^{-4}
聚苯乙烯	1～3	聚氯乙烯	70～200
交联聚乙烯	5	聚氨酯	150～200
聚砜	6～8	ABS 树脂	40～300
聚碳酸酯	9	氯丁橡胶	300
聚三氟氯乙烯	12	尼龙-6	100～400
聚对苯二甲酸乙二酯	10～20	氟橡胶	300～400
聚苯醚	20	尼龙-66	140～600
天然橡胶	20～30	醋酸纤维素	100～600
丁苯橡胶	30	聚甲基丙烯酸甲酯	400～600
丁基橡胶	30	丁腈橡胶	500～800
聚甲醛	40	酚醛树脂	600～1000
聚邻苯二甲酸二丙烯酯	80	硝化纤维素	900～1200

9.1.1.4　介电损耗的影响因素

(1) 高聚物的分子结构

高聚物的介电损耗与其分子结构密切相关。通常分子极性和偶极矩越大，则介电常数和介电损耗也越大。如表 9-3 数据，非极性高聚物的 tanδ 一般在 10^{-4}，而极性高聚物的 tanδ 一般在 10^{-2} 数量级。此外，介电损耗与极性基团的活动性有关，位于柔性侧基的极性基团取向极化的过程相对独立，阻力较小，引起的介电损耗也较小，但对介电常数的贡献较大。因此，通过在非极性高分子主链上引入柔性极性侧基的方法可获得一类介电常数较大、而介电损耗不太大的材料，以满足制造特种电容器的要求。高聚物中极性基团的浓度对电介质的介电性能也有影响，例如聚酯的介电损耗随其中二元酸所含碳数目的增加，极性基团浓度减小，其介电损耗减小。

(2) 交变电场频率

在交变电场中，电介质的介电常数与极化率之间有如下关系

$$\frac{\varepsilon^*-1}{\varepsilon^*+2}=\frac{N}{3\varepsilon_0}\left(\alpha_\infty+\alpha_\mu\frac{1}{1+i\omega\tau^*}\right) \tag{9-28}$$

式中，ε^* 为复介电常数；N 为单位体积的分子数；ε_0 为真空介电常数；α_∞ 和 α_μ 分别为变形极化率和偶极极化率；τ^* 为偶极松弛时间。当交变电场的角频率 $\omega\to0$ 时，上式变为

$$\frac{\varepsilon_s-1}{\varepsilon_s+2}=\frac{N}{3\varepsilon_0}(\alpha_\infty+\alpha_\mu) \tag{9-29}$$

式中，ε_s 为静电介电常数。而当 $\omega\to\infty$ 时，则

$$\frac{\varepsilon_\infty-1}{\varepsilon_\infty+2}=\frac{N}{3\varepsilon_0}\alpha_\infty \tag{9-30}$$

式中，ε_∞ 为光频时的介电常数，即外电场频率无穷大时的介电常数。它是原子极化和电子极化贡献之和，在数值上等于电介质的折光指数的平方，即 $\varepsilon_\infty=n^2$。在恒定外电场作用下，介电松弛过程的介电常数与时间的关系为：$\varepsilon_t=\varepsilon_\infty+(\varepsilon_s-\varepsilon_\infty)(1-e^{-\frac{t}{\tau}})$。

由以上三个方程式可得复介电常数为

$$\varepsilon^*=\varepsilon_\infty+\frac{\varepsilon_s-\varepsilon_\infty}{1+i\omega\tau} \tag{9-31}$$

其中 $\tau=\tau^{*}\dfrac{\varepsilon_s+2}{\varepsilon_\infty+2}$。

上式称为 Debye 介电色散方程。将复介电常数分解为它的实部 ε'、虚部 ε'' 和介电损耗角正切 $\tan\delta$，则有

$$\varepsilon'=\varepsilon_\infty+\frac{\varepsilon_s-\varepsilon_\infty}{1+\omega^2\tau^2} \tag{9-32}$$

$$\varepsilon''=\frac{(\varepsilon_s-\varepsilon_\infty)\omega\tau}{1+\omega^2\tau^2} \tag{9-33}$$

$$\tan\delta=\frac{(\varepsilon_s-\varepsilon_\infty)\omega\tau}{\varepsilon_s+\omega^2\tau^2\varepsilon_\infty} \tag{9-34}$$

对于确定的高分子电介质其极化松弛时间 τ 是特征的。ε' 和 ε'' 是外电场频率的函数。可以看出，当 $\omega\rightarrow0$ 时，$\varepsilon'\rightarrow\varepsilon_s$，$\varepsilon''\rightarrow0$，即一切极化都有充分的时间，偶极取向完全跟得上电场的变化，介电系数达到最大值 ε_s，能量损耗低；当 $\omega\rightarrow\infty$ 时，$\varepsilon'\rightarrow\varepsilon_\infty$，$\varepsilon''\rightarrow0$，即在极限高频下，偶极取向极化来不及进行，只有变形极化能够发生，介电常数最小，介电损耗也小。图 9-6 为 ε' 和 ε'' 随外加电场频率而变化的情况。在上述频率范围，偶极取向不能完全跟上外加电场的变化，介电常数下降，ε'' 在 $\omega\tau=1$ 时达到极大值。此时

$$\varepsilon'_{(\omega\tau=1)}=\frac{\varepsilon_s+\varepsilon_\infty}{2} \tag{9-35}$$

$$\varepsilon''_m=\frac{\varepsilon_s-\varepsilon_\infty}{2} \tag{9-36}$$

而 $\tan\delta$ 的最大值出现在 $\omega\tau=\sqrt{\varepsilon_s/\varepsilon_\infty}$ 时，

$$\tan\delta_m=\frac{\varepsilon_s-\varepsilon_\infty}{2}\sqrt{\frac{1}{\varepsilon_s\varepsilon_\infty}} \tag{9-37}$$

图 9-7 为 Debye 介电色散图，可以清楚地表明 ε'、ε'' 和 $\tan\delta$ 与频率的关系。

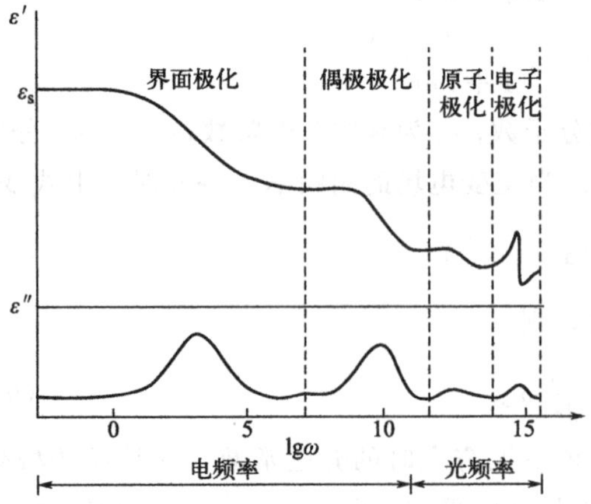

图 9-6 ε′ 和 ε″ 与频率的关系

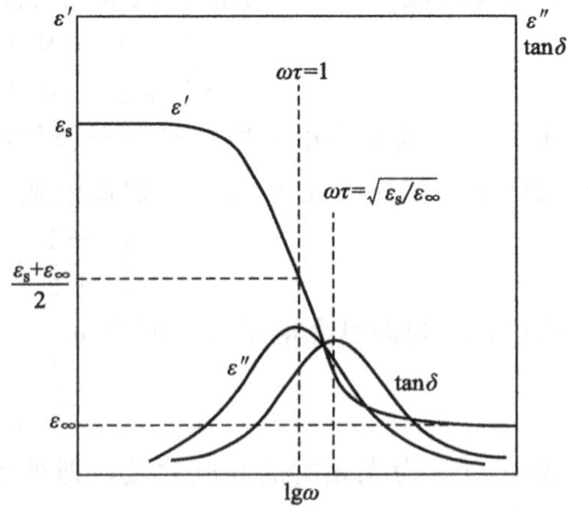

图 9-7 Debye 介电色散图

如果从式(9-32) 和式(9-33) 中消 $\omega\tau$，则有

$$\left(\varepsilon'-\frac{\varepsilon_s+\varepsilon_\infty}{2}\right)^2+\varepsilon''^2=\left(\frac{\varepsilon_s-\varepsilon_\infty}{2}\right)^2 \tag{9-38}$$

这是一个圆的方程，以 ε'' 对 ε' 作图，将得到一个半圆，称为 Cole-Cole 图，如图 9-8 所示，圆心为 $\left(\frac{\varepsilon_s+\varepsilon_\infty}{2},\ 0\right)$，半径为 $(\varepsilon_s-\varepsilon_\infty)/2$，可用来说明 ε'、ε'' 和 $\tan\delta$ 随 $\omega\tau$ 的变化关系。

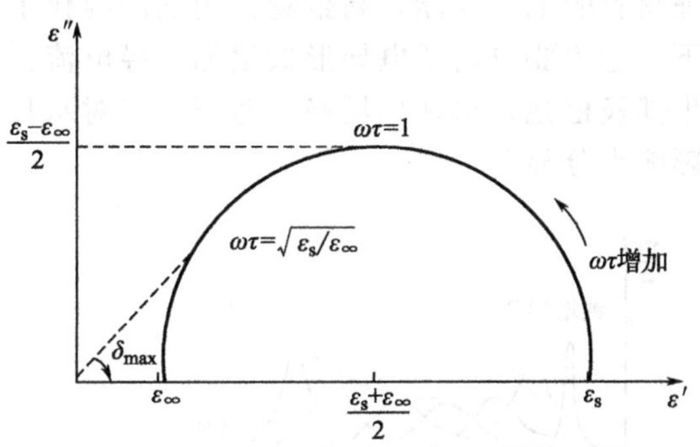

图 9-8 ε′ 和 ε″ 的 Cole - Cole 图

(3) 温度

前面我们讨论了电介质极化过程与分子运动难易有关。改变温度将对高分子的分子运动产生很大影响，从而影响电介质的介电损耗。在固定频率下，温度较低时，分子运动困难，极化过程很慢，以至于偶极取向完全跟不上电场的变化，电介质极化程度低，因此 ε' 和 ε'' 都很小。随着温度的升高，分子运动黏滞阻力减少，极化程度增大，偶极一方面可以发生取向，但又不完全跟得上外加电场的变化，因此 ε' 增大，ε'' 出现极值。当温度升到足够高之后，偶极取向完全跟得上电场的变化，因此 ε' 增至最大，而 ε'' 则又减小。

升高温度在减小取向极化的黏滞阻力使介电常数提高的同时，也对偶极子取向产生相反作用。在高温时分子热运动加剧，反而不利于偶极取向，或者说促进偶极子解取向，使极化减弱，介电常数下降。因而，极性高聚物的介电常数随温度的变化，要视这两个作用的消长而定。一般来说，在温度不太高时，偶极取向占优势，因而随温度升高，介电常数增加，当温度很高时，解取向超过取向作用，介电常数即开始随温度升高而减小。

(4) 增塑剂

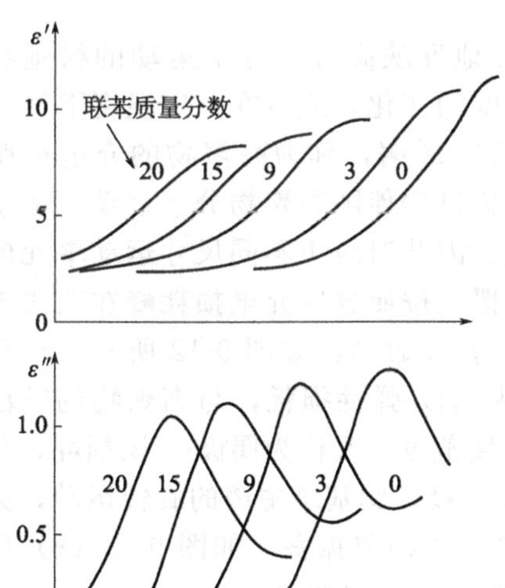

图 9-9 联苯增塑聚氯乙烯体系的 ε′ 和 ε″ 与温度的关系（频率 60Hz）

非极性增塑剂能降低高聚物体系的黏度，使取向极化容易进行。当电场频率一定时，非极性增塑剂可使极性电介质的介电损耗峰向低温方向移动，如图 9-9 所示。

极性增塑剂不但能增加高分子链的活动性，使原来的取向极化过程加快，而且由于本身偶极的存在，造成附加的偶极损耗，使介电损耗增加。增塑高聚物体系大致可分为三类：①高聚物和增塑剂都是极性的，②只有高聚物是极性的，③只有增塑剂是极性的。各类增塑高聚物体系的介电损耗与增塑剂含量的关系如图 9-10 所示。极性增塑剂的加入使极性高聚物体系的介电常数表现得较为复杂。图 9-11 是极性增塑剂磷酸三甲苯酯增塑聚氯乙烯体系的介电损耗与温度的关系。在增塑剂含量较低时，只出现高聚物的介电损耗峰；增塑剂的含量在 70%～80%时，出现高聚物与增塑剂各自的介电损耗叠加而成的双峰；在增塑剂浓度很高时，则介电损耗主要由极性增塑剂分子引起。随着增塑剂含量的增加，介电损耗峰向低温方向移动。

(5) 杂质

导电杂质或极性杂质的存在，会增加高聚物的电导电流和极化率，因而使介电损耗增大。特别是对于非极性高聚物，本身的介电损耗应该是近乎零的，但实际上，由于残留的催化剂、各种添加剂和水等杂质的存在，几乎所有高聚物的 $\tan\delta$ 都在 10^{-4} 以上。因此，为了保证材料的电学性能，高聚物使用前的纯化十分重要。水作为一种最常见的极性杂质。在低频下，它主要以离子电导形式增加电导电流，引起介电损耗；在微波频率范围，水分子本身发生偶极松弛，出现损耗峰。对于一些对水具有吸附性能的极性高聚物，水分对其介电损耗的影响十分显著。

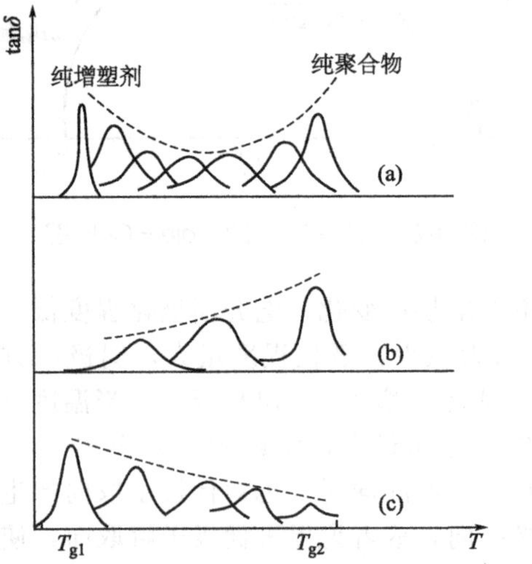

图 9-10 三类极性不同的高聚物/增塑剂体系的介电损耗变化情况

（a）极性/极性；（b）极性/非极性；（c）非极性/极性

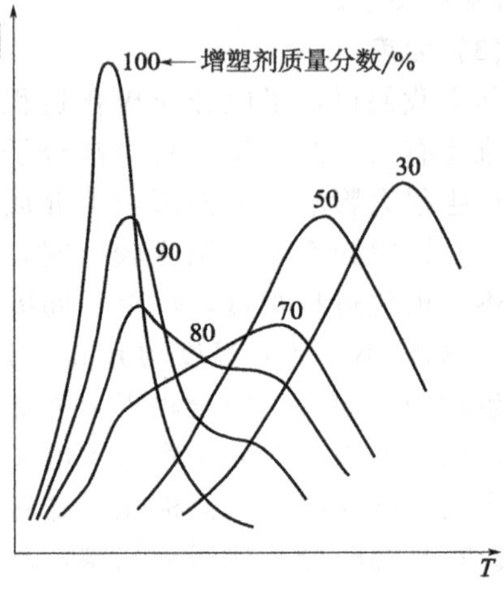

图 9-11 极性增塑剂磷酸三甲苯酯增塑聚氯乙烯体系的介电损耗与温度的关系

9.1.1.5 介电松弛谱

高聚物的介电性质与其分子结构密切相关，可以很好地反映高分子分子运动的松弛特性。在一定频率下测试高聚物的介电常数和介电损耗随温度的变化，或者在一定温度下测试其介电性质随频率的变化，可以得到与分子运动有关的特征图谱，称为高聚物的介电松弛谱，前者为温度谱，后者为频率谱。由于偶极子的取向极化过程伴随高聚物分子运动，运动单元尺寸大小以及运动模式的不同，造成松弛时间不一致。因此对应于不同尺寸运动单元的偶极子的取向而在介电松弛谱上出现一系列的损耗峰。习惯上按照这些介电损耗峰在图谱上出现的顺序从高温到低温或从低频到高频，依次用 α、β、γ 等命名，如图 9-12 所示。对于非晶态极性高聚物，α 松弛发生在高弹态温度范围，又称为偶极-弹性损耗，与高聚物的链段偶极的取向运动相关联；β 和 γ 等次级松弛发生在玻璃态温度范围，又称为偶极-基团损耗，与高分子链上侧基等较小运动单元的受限制运动相关联，例如：极性侧基绕主链的旋转运动，如图 9-13（a）所示；主链的局部链段运动如曲柄运动；环单元的构象振荡，如图 9-13（b）所示。用一般方法测得的非晶态高聚物的 T_g 值位于 α 及 β 损耗峰之间的温度。

在理论上，纯粹的非极性高聚物只有变形极化，介电常数小，在通常的电频范围几乎不发生变化，其分子运动难以在介电松弛谱上得到反应。例如聚乙烯、聚丙烯和聚苯乙烯等，$\varepsilon''_m \approx 10^{-6}$，用一般的介电方法很难测量。但由于含有杂质，如催化剂、抗氧剂、不饱和端基，以及由于轻微氧化而使分子链上含有极性的羰基、过氧自由基、过氧基和羧基等，非极性高聚物仍然显示清晰的介电损耗峰。图 9-14 为聚乙烯氧化后的介电谱，有三个损耗峰，α_c 是发生于晶区的松弛，峰高随结晶度不同而不同；α_a（或标为 β）为发生于非晶区的基团损耗峰，其大小决定于连接在主链上的侧基的数目；γ 为一个低温松弛峰，与非晶区主链的曲柄运动有关。实验证实，非极性的聚四氟乙烯的介电松弛同样归因于氧化效应产生的稳定的过氧化自由基，图 9-15 为不同结晶度聚四氟乙烯试样的介电谱。

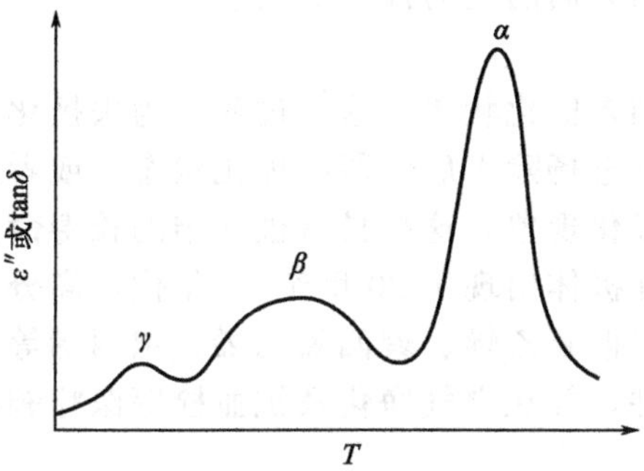

图 9-12　介电损耗温度谱示意

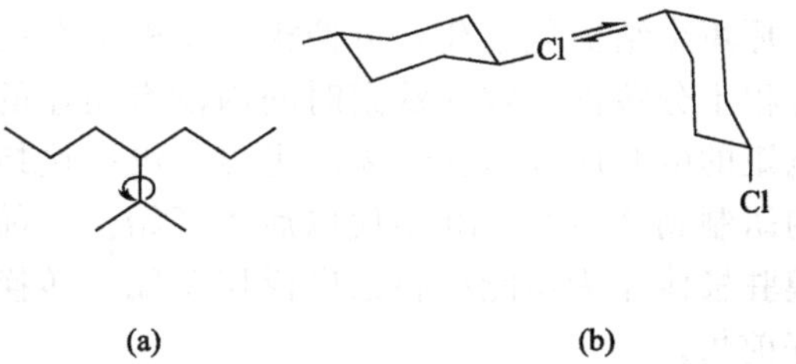

图 9-13　次级松弛运动示意

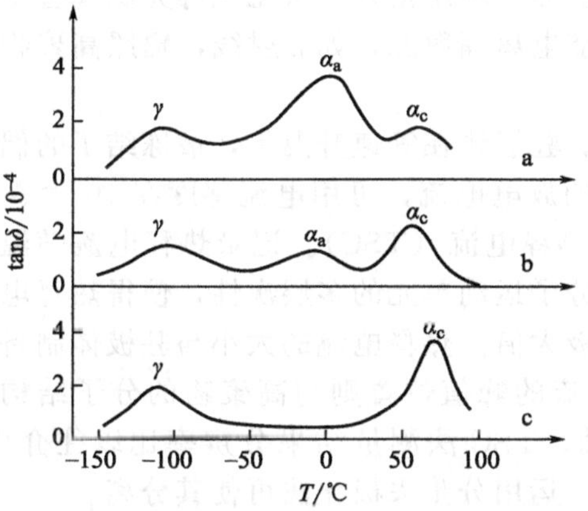

图 9-14　不同结晶性能聚乙烯氧化后的介电谱

a—低密度聚乙烯；b—高密度聚乙烯；c—线形聚乙烯

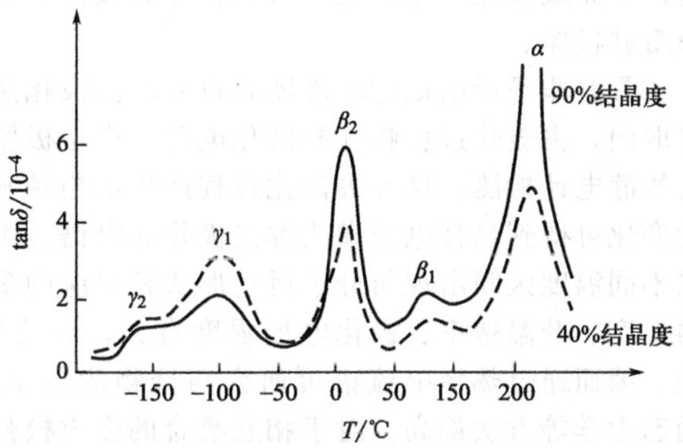

图 9-15　不同结晶度聚四氟乙烯试样的介电谱

结晶度　实线：90%；虚线：40%

由于结晶与非晶区共存，部分结晶高聚物的介电松弛谱表现得更为复杂，除了非晶区的偶极取向外，还有发生在晶区和晶区边界的各种分子运动，例如晶片中分子链的转动-平移、晶片表面的局部链段运动和晶片缺陷处的基团运动等。

由于高聚物的各种介电松弛过程与不同尺寸运动单元的分子运动密切相关，而分子运动又受到各种结构因素的制约，例如，支化、结晶、交联、取向、增塑、共聚和共混等。高聚物的分子运动能够很好地反映其内部结构特征和物理状态，因而高聚物的介电谱广泛地应用于高聚物分子运动及其结构的研究。

介电松弛谱的损耗峰位置与电场频率有关，提高外电场频率可使损耗峰向高温方向移动。但是，由于尺寸大小不同的运动单元的运动活化能不同，不同松弛过程的温度、频率依赖性不同。运动单元的尺寸越小，活化能越低，其损耗峰随频率提高而移动的幅度就越大，导致低频下处于分离状态的相邻损耗峰在高频下相互叠合。因此，从这种意义上说，低频下高聚物的介电行为能够更为准确地反映高聚物的分子运动信息。

测量高聚物介电性质的方法很多。除了电桥法等经典方法之外，介电去极化法（或称热释电流法）和傅里叶变换介电谱在高分子研究中也广泛应用。它们主要特点是测试方便，可在 10^{-6}～10^{10} Hz 这一非常宽的频率范围进行测量。

由于现代化仪器以及计算机控制数据采集和处理技术明显地改进了测试速度，介电测试还应用于实时研究结晶过程、聚合和交联反应。介电松弛谱可提供有关聚合物在溶液中及本体非晶态、晶态和液晶态分子动力学以及物理结构方面的更为详细的信息。

9.1.1.6 高聚物驻极体与热释电流

电场中极化的电介质在撤掉外电场后将回复到未极化状态，这一过程称为去极化。通过改变环境冻结极化电荷，可使极化了的电介质在外电场除去后停留在极化状态，或者说去极化过程十分缓慢以致在观察时间内没有明显的去极化现象。这种具有被冻结的长寿命的非平衡电矩的电介质称为驻极体。世界上第一块蜡制驻极体出现于20世纪20年代，高分子驻极体的研制到20世纪40年代以后才开始。目前，聚偏氟乙烯、聚四氟乙烯、聚丙烯等的超薄薄膜驻极体作为功能材料已广泛用于能量转换器件，并在空气净化及抗血栓等医疗领域具有良好前景。

驻极体可采用不同方法制备。将高聚物薄膜夹在两极板间，在高聚物主转变温度以上施加高压直流电场进行极化一段时间后，在外电场存在的条件下，通过急速降低体系的温度使极化电荷运动冻结而获得高聚物驻极体，称为热驻极体。利用紫外、可见光等光源代替温度场，在完成极化后撤去光源可获得光驻极体。用高能电离辐射源，如β射线，辐照高聚物可得赝驻极体。

具有非平衡电矩的驻极体有自发的去极化倾向。驻极体在等速升温下，被冻结了的偶极解取向，去极化过程将释放极化电荷，产生极微弱的放电电流，可用电流感度在 10^{-12}A 左右的静电计检测。这种去极化过程产生的电流称为热释电流（TSC）。记录热释电流随温度的变化可得到热释电流谱或称去极化介电谱。由于分子运动单元的多层次性，使得热释电流在不同温度区间出现与分子运动形式相对应的多个极大值。热释电流的大小与驻极体制备时的温度、升温速率、极化电场强度有关，而热释电流的峰值位置则与高聚物的分子结构有关，因而通过热释电流谱可研究高聚物的分子运动。TSC 法测量结果分辨率比以往介电、动态力学等方法都高，对于相互叠合的多重松弛峰，运用分步去极化法可使其分离。

图 9-16 为聚氯乙烯试样的热释电流谱。图中 α 和 β 电流峰分别对应主链链段及局部模式的分子运动。

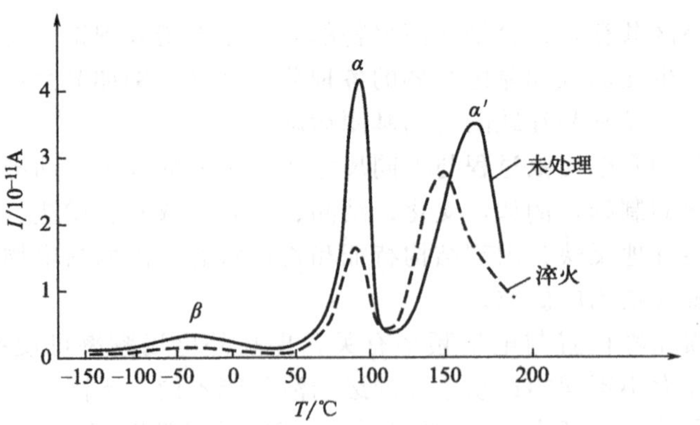

图 9-16 聚氯乙烯试样的热释电流谱

（极化电场 10kV/cm，温度 150℃，加热和冷却速度 1℃/min，虚线冷却速度 10℃/min）

9.1.2 高聚物的导电性质

自1977年，日本 Shirakawa（白川英树）教授和美国 MacDiarmid 教授、Heeger 教授合作发现聚乙炔自支撑膜经 AsF_5 掺杂后，电导率提高13个数量级，具有导电性以来，高分子仅为绝缘体而不能作为电解质的传统观念被打破，经过近40年的研究，在导电高分子的载流子、掺杂方法和掺杂机理、导电机制、可溶性和加工性等结构与性能关系，以及技术上的应用探索都取得了重要的研究进展。但是，导电高分子发展至今，无论在理论上、材料合成上还是技术应用上仍然面临许多挑战。

9.1.2.1　导电性的表征

材料的导电性是由于物质内部存在传递电流的自由电荷，这些自由电荷通常称之为载流子，它们可是电子、空穴，也可以是正、负离子。Schrieffer，Su 及 Heeger 于 1979 年提出著名的 SSH 理论，认为本征型导电高聚物如聚乙炔的载流子包括孤子、荷电孤子、极化子和双极化子等多种形式。在弱电场作用下，材料的载流子发生迁移引起电导。高聚物的导电性通常用与尺寸无关的电阻率 ρ 或电导率 σ 来表示，$\sigma=1/\rho$。由于高聚物表面的电性质与其内部本体的电性质存在差别，常常分别采用表面电阻率和体积电阻率来表示高聚物表面和体内的不同导电性。

表面电阻率 ρ_s 表示高聚物单位正方形表面对电流的阻抗。对于长度为 l、两电极间距为 b 的平行电极，有

$$\rho_s=R_s\frac{l}{b} \tag{9-39}$$

ρ_s 的单位是 Ω（欧姆）。体积电阻率 ρ_v 表示高聚物单位体积对电流的阻抗，

$$\rho_v=R_v\frac{S}{h} \tag{9-40}$$

式中，h 为试样的厚度（即两极之间的距离）；S 为电极的面积。ρ_v 的单位是 Ω·m。通常所指的电阻率为体积电阻率。

实际测量中，当高聚物被加上直流电压时，由于高聚物在电场中的极化引起的介质吸收现象，流经高聚物的电流随时间而衰减，最后趋于平稳。其中包括了瞬时充电电流、吸收电流和漏导电流，如图 9-17 所示。

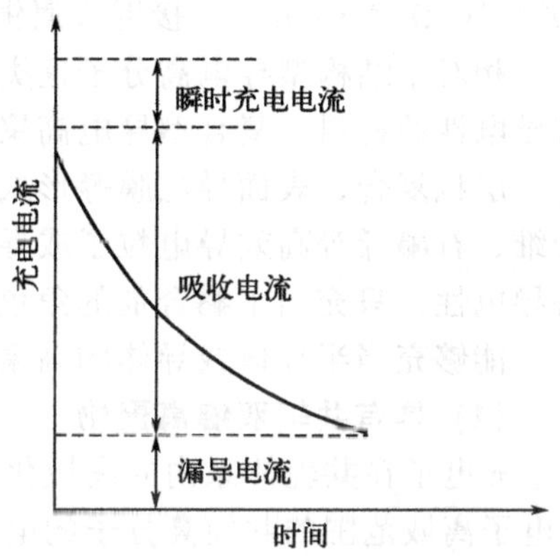

图 9-17　流经高聚物的电流

按照材料电导率的大小可将其分为绝缘体、半导体、导体和超导体，它们的电导率、电阻率范围如表 9-4 所示。碳基高聚物分子间堆砌由范德华相互作用控制，分子间距大，电子云交叠较差，即使分子内存在可自由移动的电子或空穴等载流子，也很难进行长程分子间迁移，因此，大部分高聚物材料是绝缘体。高聚物微弱的导电性往往是由于杂质引起。但是，近几十年来的研究表明，具有适当结构的高分子，如共轭双键高聚物、电荷转移复合物等，以及通过掺杂提供电荷转移的小分子后，高分子材料可具有导电性。

表 9-4　导电性评价指标

材料	电阻率/(Ω·m)	电导率/($\Omega^{-1}\cdot m^{-1}$)
绝缘体	$10^{18}\sim10^{7}$	$10^{-18}\sim10^{-7}$
半导体	$10^{7}\sim10^{-5}$	$10^{-7}\sim10^{5}$
导体	$10^{-5}\sim10^{-8}$	$10^{5}\sim10^{8}$
超导体	10^{-8} 以下	10^{8} 以上

从微观来看，电导率与两个基本参数相关，即载流子密度 n（m^{-3}）和载流子迁移率 μ（$m^2/V \cdot s$），即

$$\sigma = \sum_i n_i q_i \mu_i \tag{9-41}$$

式中，q_i 为第 i 种载流子的荷电量。

9.1.2.2 高聚物的导电性与分子结构的关系

高聚物的化学结构是决定其导电性的内在重要因素。饱和的非极性高聚物具有优良的电绝缘性能。它们的结构本身既不能产生导电离子，也不具备电子电导的结构条件。这一类高聚物的电阻率可达 $10^{16}\Omega \cdot m$，例如聚苯乙烯、聚四氟乙烯、聚乙烯等都是优良的电绝缘材料。极性高聚物的电绝缘性次之。聚砜、聚酰胺、聚丙烯腈和聚氯乙烯等材料的电阻率约在 $10^{12} \sim 10^{15}\Omega \cdot m$ 之间。这些高聚物中的强极性基团可能发生微量的本征解离，提供本征的导电离子。此外，这些高聚物的介电常数较大，使杂质离子间的库仑力降低，解离平衡移动，从而使载流子浓度增加。

按照材料的结构与组成，可将导电高分子分成两大类。一类是结构型导电高分子，另一类是复合型导电高分子。结构型导电高分子也称为本征型导电高分子，其本身具有"固有"的导电性和导电载流子（电子、离子或空穴）。这类聚合物经掺杂后，电导率可大幅度提高，结构型导电高分子常见的有聚乙炔、聚对苯硫醚、聚对苯撑、聚苯胺、聚吡咯、聚噻吩以及 TCNQ 电荷转移络合聚合物等。其中，掺杂型聚乙炔具有很高的导电性，其电导率可达 $5 \times 10^3 \sim 10^4\Omega^{-1} \cdot cm^{-1}$，接近金属铜的电导率 $10^5\Omega^{-1} \cdot cm^{-1}$。

相对于结构型导电高分子这类不需要加入导电物质而依赖于其本身结构或其他途径而具有导电性的材料，复合型导电高聚物则是指在高聚物原料中加入各种导电物质，通过分散复合、层积复合、表面导电膜等形式复合而成的材料。所用的导电物质包括金属粉及纤维、碳纤维、石墨烯等高效导电粒子或导电纤维。在复合型导电高分子中，高分子材料本身并不具备导电性，只充当了黏合剂的角色。导电性是通过混合在其中的导电性的物质而获得。

能够充当半导体或导体的高聚物材料一般具有以下几种结构：

(1) 具有共轭双键高聚物

π 电子在共轭体系内的离域化特征使其可作为载流子而导电。从理论上来说，具有长程 π 电子离域范围的共轭高分子的电阻率将很低。但是，实际上共轭高分子的电阻率下降幅度有限，主要原因是电子在分子间的迁移较困难，同时，分子链本身的结构缺陷造成 π 电子在分子内离域范围减小。因此，聚苯乙炔、聚乙炔等共轭高聚物一般情况下只能充当半导体材料。

聚氮化硫 $(SN)_n$ 的分子链具有良好的共轭结构，且能形成纤维状结晶，使分子间堆砌紧密而有利于电子在分子间的跃迁，因而具有导电性，在纤维轴向上的室温电导率可高达 $10^5\Omega^{-1} \cdot m^{-1}$，并且在超低温下（0.26K）具有超导性。

将牵伸的聚丙烯腈纤维热分解脱氢环化，形成共轭的芳香结构产物，称为黑奥纶（Orlon），其纤维轴向的电导率为 $10^{-1}\Omega^{-1} \cdot m^{-1}$。进一步加热裂解可脱去 N_2 和 HCN，最终得到电导率高达 $10^5\Omega^{-1} \cdot m^{-1}$ 数量级的高抗张碳纤维。

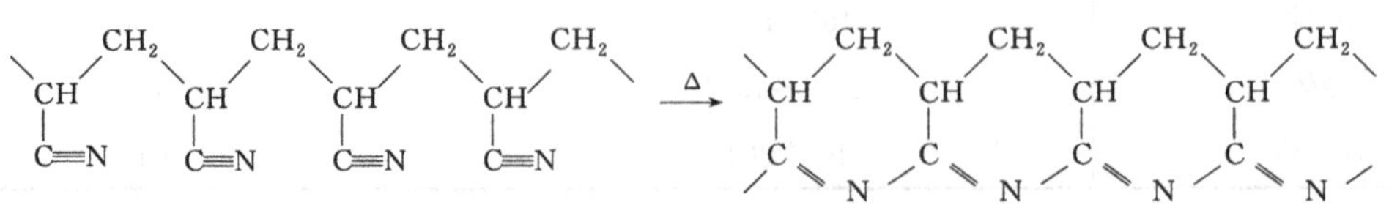

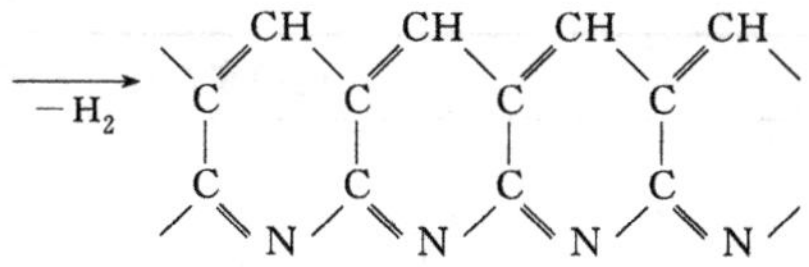

表 9-5 列出了一些具有共轭双键结构的梯形导电性高聚物。

表 9-5　具有共轭双键结构的梯形导电性高聚物

梯形聚合物	名称
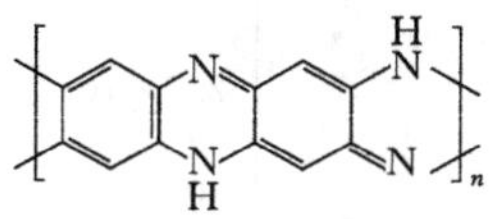	聚喹噁啉 polyquinoxaline
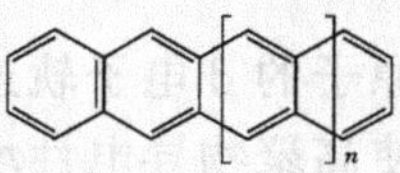	聚并苯 polyacene
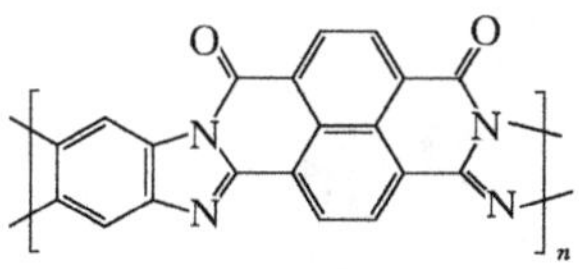	聚咪唑异喹啉 imidazoisoquinoline
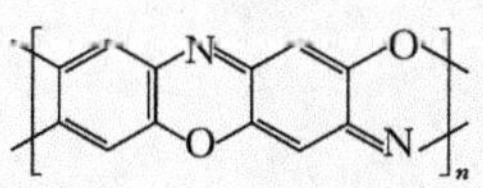	聚吩噁嗪 polyphenoxazine
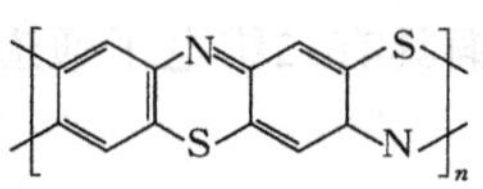	聚吩噻嗪 polyphenothiazine

(2) 电荷转移复合物和自由基-离子化合物

它是由电子给体 D 和电子受体 A 之间通过电子的部分或完全转移而形成的复合物。

$$D + A \longrightarrow D^{\delta+}A^{\delta-} \qquad \text{电荷转移复合物}$$

$$D + A \longrightarrow D^{+}A^{-} \qquad \text{自由基-离子化合物}$$

在晶相中的电导性是通过电子给体与电子受体之间的电荷转移而传递电子造成，因而电导率具有明显的各相异性，沿 D 和 A 交替堆砌的方向最高。为了将这种高电子电导性与柔性长链高聚物的韧性和可加工性结合起来，可将电子给体或受体部分作为侧基接到高分子主链上，然后加入小分子电子受体或给体掺杂，以形成高聚物的电荷转移复合物。一般以具有 π 共轭结构的高聚物如聚乙炔、聚苯胺、聚吡咯等与小分子电子受体掺杂。掺杂后高聚物的电导率可提高几个至十几个数量级。例如采用聚 2-乙烯吡啶作为高分子电子给体，碘为电子受体的复合物的电导率约为 $10^{-1}\Omega^{-1}\cdot m^{-1}$。这种因添加电子受体或电子给体提高高分子电导率的方法称为掺杂。表 9-6 列出了一些掺杂共轭导电聚合物的电导率。

表 9-6　一些掺杂共轭导电聚合物的电导率

聚合物	掺杂剂	电导率/($\Omega^{-1}\cdot m^{-1}$)
聚乙炔	I_2，AsF_5，$FeCl_3$，$SnCl_4$，Li，Na，ClO_4^-，NR_4^+ 等	$10^5 \sim 2\times10^7$
聚噻吩及其衍生物	I_2，SO_4^{2-}，$FeCl_3$，$AlCl_4^-$，Li，ClO_4^-，BF_4^- 等	$10^2 \sim 6\times10^4$

续表

聚合物	掺杂剂	电导率/($\Omega^{-1}\cdot m^{-1}$)
聚吡咯及其衍生物	ClO_4^-，BF_4^-，SO_4^{2-}，I_2，Br^-等	10^5
聚对苯	AsF_5，SbF_5，ClO_4^-，Na，Li 等	$10^4\sim10^5$
聚苯胺	ClO_4^-，BF_4^-，SO_4^{2-} 等	10^4
聚苯并噻吩	ClO_4^- 等	10^4
聚对苯乙炔	I_2，AsF_5 等	5×10^5
聚噻吩乙炔	I_2 等	2.7×10^5
聚苯硫醚	AsF_5	10^2

有机金属高聚物将金属原子引入高聚物主链。由于金属原子的 d 电子轨道可以和有机配体的 π 电子轨道交叠，使分子内的电子通道得到延伸，从而使高聚物导电性增加。例如 1,5-二甲酰-2,6-二羟基萘二肟的二价铜的配位聚合物：

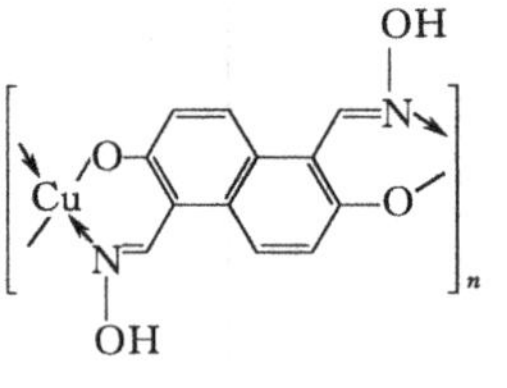

其电导率可达 $10^{-3}\sim10^{-2}\Omega^{-1}\cdot m^{-1}$。金属螯合物聚酞菁铜具有二维电子通道结构：

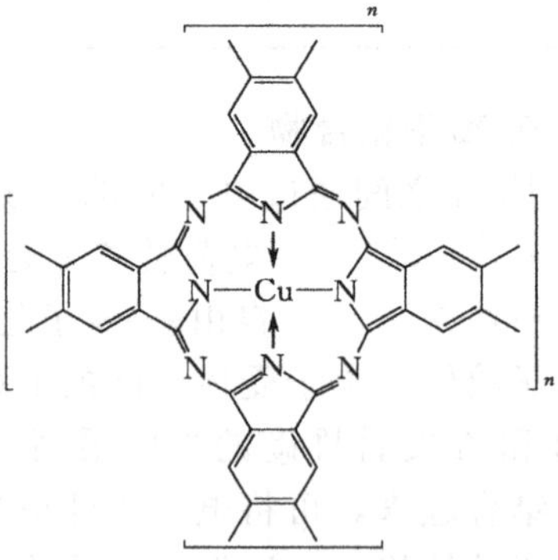

其电导率高达 $5\Omega^{-1}\cdot m^{-1}$。当有机金属高聚物中的过渡金属存在混合氧化态时，则它可以提供一种新的、与有机骨架无关的导电途径，电子可在不同氧化态的金属原子间传递而形成电导。例如聚二茂铁原为绝缘体，但当部分二价铁被氧化成三价铁后，电导率可提高到 $10^{-4}\Omega^{-1}\cdot m^{-1}$。

自由基-离子化合物中，主要以四氰代对二次甲基苯醌（TCNQ）为电子受体，它是一个高度对称平面共轭分子，能接受电子形成自由基-负离子，如果用高聚物正离子作为主链，把 TCNQ 自由基-负离子串起来，则可得到高聚物的自由基-离子化合物。例如聚 2-乙烯吡啶与 TCNQ 单元可形成自由基-离子化合物。

导电高分子材料具有不同于金属材料的物理、化学特性，以及独特的光、电、磁性能，在金属防腐蚀、船舶防污涂料、透明电极、印刷电路板、微波焊接、传感器、大功率聚合物蓄电池、微波吸收材料、电致变色材料等领域获得应用。

9.1.2.3 高聚物的导电机制

从传统模型的导电机理来看，材料的导电类型包括电子电导和离子电导。电子电导由电子和空穴定向迁移引起，而离子电导来源于正、负离子的定向迁移。

离子电导与电子电导各有许多特点，离子的迁移与高聚物内部自由体积的大小密切相关，自由体积越大，离子迁移越易进行，迁移率越大；电子与空穴的迁移则相反，分子间互相靠近，有利于电子在能带中的“跃迁”，或者产生交叠的 π 电子轨道，从而造成电子的直接通道。因此对高聚物施加静压力将使离子电导降低，电子电导升高，这一原理可作为鉴别高聚物导电机理的一种方法。

由于两类载流子可能在高聚物中同时存在，因此两种导电机理在高分子体系都起作用。一般地说，大多数高聚物都存在离子电导。例如：带有强极性原子或基团的高聚物，由于本征解离，可以产生导电离子，因此，高分子电解质以离子电导为主；在没有共轭双键的、电导率很低的非极性高聚物中，由于合成、加工和使用过程中进入高聚物材料中的催化剂、添加剂、填料以及水分和其他杂质的解离，也能提供导电离子。

对于长程共轭高聚物、高聚物的电荷转移复合物、有机金属高分子等高分子导体、半导体则具有强的电子电导。

高聚物的长链、刚性、多缺陷的基本特征使其导电机制比传统模型更加复杂。新兴的导电高分子科学认为导电高分子中存在孤子、荷电孤子、极化子和双极化子等多种载流子。这些载流子的不同特性决定了导电高分子的载流子运输、电导率及导电机制与常规的金属和半导体不同。由此提出的高分子载流子的运输方式有多种模型，如一维可变程跃迁模型、受限涨落诱导隧道模型及颗粒金属岛模型。例如颗粒金属岛模型认为本征导电高分子的导电体系由高电导率的金属区和包围在金属区周围的绝缘区组成。宏观电导率与链内电导率及链间电导率有关，链内电导率取决于导电高分子的组成及本身特性，链间电导率与导电高分子的链间排列有关。在绝缘区，必须依靠“跃迁”或“隧道效应”来传递载流子，是整个导电高分子宏观电导率的关键。

量子力学的观点认为具有本征导电性的共轭体系必须具备两条件。第一，分子轨道能强烈离域；第二，分子轨道能互相重叠。满足这两个条件的共轭体系聚合物，便能通过自身的载流子产生和传输电流。以具有最简单共轭双键结构的聚乙炔为例，组成主链的碳原子有四个价电子，其中三个为 σ 电子（sp^2 杂化轨道），分别与两个相邻的碳原子和一个氢原子键合，构成聚乙炔的主链。余下的一个价电子 π 电子（p_z 轨道）与聚合物链所构成的平面垂直，相邻碳原子的 π 电子云相互交叠。在高分子链中随 π 电子体系的扩大，有机共轭分子中的成键 π 轨道和反键 π 轨道分别形成全满的 π 能带和全空的 π^* 能带，其最高被占能带为价带，最低未占能带为导带，价带和导带之间的能量差称为能隙或禁带。电子从价带跃迁到导带需要额外的能量。

通常高分子具有全满的价带和全空的导带，且能隙宽，因而成为绝缘体。共轭高分子具有离域的 π 电子结构，其常见能隙为 1.5～3.0eV。但是由于高分子链一维结构特征，电导率并不高，本征态共轭高分子属于有机半导体范畴。当共轭链中存在庞大的侧基或强极性基团时，往往造成共轭链的扭曲、折叠等，从而使 π 电子离域受到限制，分子链的电子导电性变差。例如顺式聚乙炔分子链发生扭曲，其 π 电子离域受到一定影响，电导率低于反式聚乙炔。

精细研究发现残留的电子受体型聚合催化剂可使得反式聚乙炔的电导率提高，这一现象给研究者带来启发。共轭高分子的能隙小，电子亲和力好，容易与适当的电子受体或电子给体发生电荷转移，形成孤子或极化子等载流子，使导电性提高。例如，在聚乙炔中掺杂碘等电子受体或者碱金属等电子给体，聚乙炔的电导率可以达到 $10^4\Omega^{-1}/cm$。导电高分子的掺杂可以通过化学或电化学氧化还原过程实现，也可以通过光掺杂或非氧化还原掺杂等方法实现。

氧化还原掺杂过程伴随电子转移，通常分为 p 型掺杂和 n 型掺杂。共轭链被氧化，其全满价带失去电子称为 p 型掺杂；共轭链被还原，其全空导带得到电子称为 n 型掺杂。得到电子的导带和失去电子的价带其电子部分填充，形成阴离子自由基或阳离子自由基，称为负极化子 P^- 或正极化子 p^+，如图 9-18 所示。极化子再得到或失去一个电子形成双极化子，总能量进一步降低。

反式聚乙炔主链在实际制备过程中或热作用下易形成结构缺陷，使其存在一个未配对 π 电子，它可以离域在很长的共轭链段上，并且在共轭链上自由迁移，其带电特征相当于自由基，称为孤子 s。孤子被氧化失去电子形成载流子正孤子 S^+，或者被还原得到电子形成载流子负孤子 S^-。孤子对应的电子能级位于共轭聚合物禁带的中央，如图 9-19 所示。

这些载流子的形成在导带和价带之间形成了许多新的能带，这有利于电子的跃迁，使共轭高分子由半导体成为导体。这里提到的孤子和极化子都是从共轭聚合物的结构特征描述电荷载流子的离域状态的物理语言，换成化学语言可以称为自由基和离子。其实，就电荷载流子本身而言，带正电荷的孤子和极化子就是空穴载流子，带负电荷的孤子和极化子就是电子载流子。聚乙炔形成的载流子如表 9-7 所示。

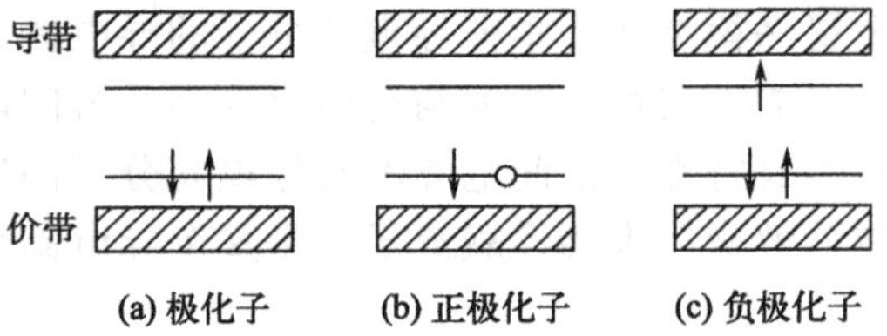

图 9-18 掺杂形成极化子电子能级结构

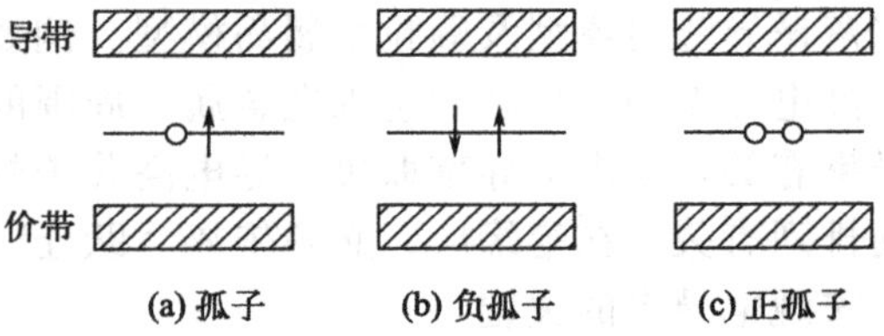

图 9-19 反式聚乙炔的孤子电子能级结构

表 9-7 聚乙炔分子链上可能的载流子

名称	图解	荷电状态
基态	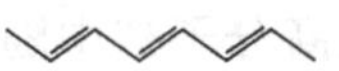	共轭链
中性孤子	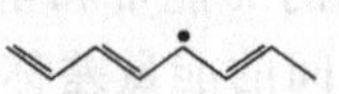	自由基
正孤子	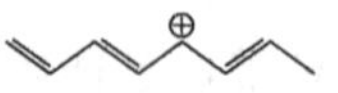	碳正离子
负孤子		碳负离子
正极化子	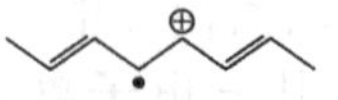	阳离子自由基
负极化子	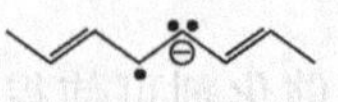	阴离子自由基

续表

名称	图解	荷电状态
正双极化子	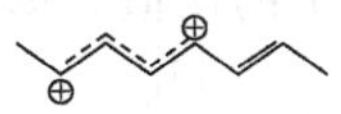	两价碳正离子
负双极化子		两价碳负离子

9.1.2.4　导电性的其他影响因素

除了高聚物链的分子结构外，还有其他一些因素对高聚物的导电性有影响：

① 分子量。对于电子电导，因分子量增加延长了电子的分子内通道，电导率将增加；而分子量减少造成的链端效应有利于分子链段的运动，使离子迁移率增加，离子电导率增加。

② 结晶与取向。结晶与取向使分子堆砌紧密，自由体积减小，因而离子迁移率下降，绝缘高聚物的离子电导率下降。例如聚三氟氯乙烯结晶度从 10%增加至 50%时，电导率将下降 10～1000 倍。但是对于以电子电导为主的高聚物，结晶中分子的紧密堆砌，有利于分子间电子的传递，电导率将随结晶度的增加而提高。

③ 交联。交联使高分子链段的活动性下降，因而离子电导下降。电子电导则可能因分子间交联键提供的电子在分子间的通道而增加。

④ 杂质。水分、残留的催化剂和添加的微量稳定剂等杂质使绝缘高聚物的电导率增加，绝缘性能下降。对于亲水性的极性高聚物，潮湿空气中的水分，以及溶解于其中的 CO_2 或其他盐类杂质，将使其离子载流子的浓度增加，电导率大大提高。水分还能促使有些原本电离度不大的杂质的电离，使电导率进一步提高。而对于聚四氟乙烯、聚苯乙烯和聚乙烯等高绝缘性的非极性高聚物来说，残留的催化剂和添加的微量稳定剂等是降低材料绝缘性能的主要杂质。

⑤ 增塑剂。增塑剂使高分子链段的活动性增加，自由体积增加，因而可提高离子载流子的迁移率。此外，极性增塑剂自身的电离使体系离子浓度增加，导电性显著增加。

⑥ 温度。对于大多数高聚物来说，电导率 σ 与温度有如下关系

$$\sigma=\sigma_0 e^{-E_0/RT} \tag{9-42}$$

式中，σ_0 为常数；E_0 为电导活化能；R 为气体常数。

这个关系式表明，高聚物的电导率随温度的升高而迅速上升。假如对导电有贡献的离子迁移取决于聚合物的非晶区域的黏度，则电导率与温度关系更符合 WLF 方程。

9.1.3　高聚物的电击穿

前面提到的都是高聚物在弱电场中的行为。在强电场（10^7～10^8V/m）中，随着电压的升高，高聚物的绝缘性能会逐渐下降。当电压达到一定数值后，介质中可形成局部电导，发生电击穿。击穿时，高聚物完全失去电绝缘性能，材料的化学结构遭到破坏。电介质的电流与电压的关系如图 9-20 所示，当外加电压达到 U_b 时，即使电压不变，电流仍然继续增大，材料从介电状态变为导电状态，U_b 称为击

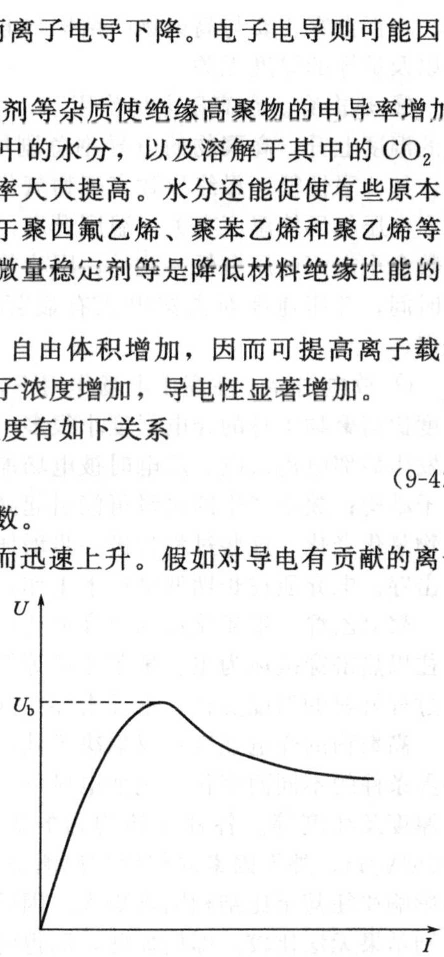

图 9-20　电介质的电压与电流关系

穿电压。

击穿电压的大小与试样的厚度有关，为此用介电强度 E_b 作为绝缘材料的一项电性能指标。介电强度定义为击穿电压与试样厚度 h 的比值，即：

$$E_b = \frac{U_b}{h} \tag{9-43}$$

介电强度 E_b 的单位为兆伏/米（MV/m）。由于击穿试验是破坏性的，工业上常采用耐压试验代替。在高聚物试样上施加一额定试验电压，经过一定时间后仍不发生击穿即为合格样品。

高聚物在强电场下的击穿，按其破坏机理大致可分为本征击穿、热击穿和放电击穿三种主要形式。

① 本征击穿。在高压电场作用下，电子获得的能量大大超过它们与周围环境碰撞所损失的能量，使得高分子发生电离，产生新的电子和离子。这些新生载流子又从电场获得能量，并在与高分子的碰撞过程中激发出更多的载流子。如此反复进行，使载流子雪崩似地产生，导致电流急剧上升。同样，材料中的杂质在外电场中更容易电离，引起载流子的雪崩现象，使高聚物发生电击穿。如果高聚物在低于上述电击穿所需的场强下就发生机械变形，即试样厚度因电应力的机械压缩作用而减小，则材料发生电机械击穿。这类击穿统称为本征击穿。本征击穿主要与高聚物的结构与电场强度有关，而与冷却的条件、外加电压的方式和时间以及试样的厚度无关。

② 热击穿。在高压电场作用下，由于介电损耗所产生的热量来不及散发出去，使高聚物的温度上升，高聚物的电导率急剧增大，电导损耗产生更多的热量，又使温度进一步升高，如此恶性循环最终导致高聚物氧化、熔化和烧焦而破坏。这种击穿破坏称为热击穿。热击穿电压与环境温度有关，温度升高，击穿电压按指数规律下降；也与散热条件有关，散热系数愈小击穿电压愈低。此外，因为热击穿过程是热量积累的过程，需要一定时间，因此加压时间，升压速度对击穿电压有显著的影响，脉冲式加压比缓慢升压下的击穿电压要高得多。

③ 放电击穿。在高压电场作用下，高聚物表面和内部微孔或缝隙中的气体由于其介电强度比高聚物本身的介电强度小很多，而微孔内的场强平均却高于聚合物本体的，因而很容易发生局部电离放电。放电时被电场加速了的电子和离子轰击高聚物表面，可以直接破坏高分子结构；放电产生的热量可能引起高分子的热降解；放电生成的臭氧、氮氧化物等将使高聚物氧化老化。这些过程将进一步增加材料的电导直至材料发生击穿破坏。这种击穿称为放电击穿。电介质在长期低电压下工作，气体放电击穿是造成其破坏的主要原因。

聚氯乙烯、聚氧化乙烯等高损耗高分子的介电损耗及介电常数值均随温度而增加，材料往往以热击穿破坏为主。聚苯乙烯等低介电损耗高分子的击穿不属热本质，甚至检测不到击穿过程材料的温度变化，本征击穿在这类高聚物中占主导地位。

高聚物的介电强度不仅取决于其本身化学结构、分子量、结晶度、增塑及填料等，还随外界条件的不同而变化，例如电极形式及尺寸、升压速率、外场频率、温度、环境介质、试样厚度及纯度等。各种纯粹均匀的固体绝缘高聚物的本征介电强度是很高的，通常超过100MV/m。外界因素的作用常使测得的介电强度低于材料应有的值，而且它们对测量结果的影响往往甚至比结构因素更大。因此，高聚物介电强度的测试必须规定严格的测试条件，否则结果无法比较。即便如此，测得的介电强度只是高聚物的工程数据，而非材料的本征介电强度。表 9-8 列出了一些高聚物介电强度的工程数据。可见，同一高聚物其薄膜试样的介电强度比体形试样的高，这可能是薄膜试样更为均匀，缺陷较少的缘故。

表 9-8　一些高聚物的介电强度工程数据

高聚物	E_b/(MV/m)	高聚物(薄膜)	E_b/(MV/m)
聚乙烯	18～28	聚乙烯	40～60
聚丙烯	20～26	聚丙烯	100～140
聚甲基丙烯酸甲酯	18～22	聚苯乙烯	50～60
聚氯乙烯	14～20	聚酯	100～130
聚苯醚	16～20	聚酰亚胺	80～110
聚砜	17～22	芳香聚酰胺	70～90
环氧树脂	16～20		
酚醛树脂	12～16		

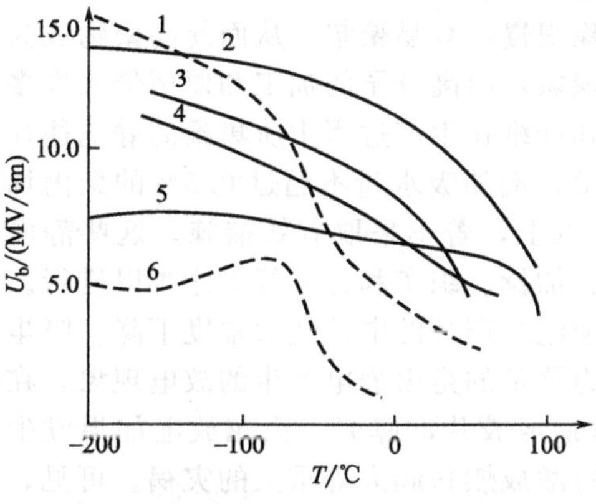

图 9-21　高聚物的介电强度与温度的关系
1—聚乙烯醇；2—聚甲基丙烯酸甲酯；3—聚乙酸乙烯酯；4—氯化聚乙烯（55%Cl）；5—聚苯乙烯；6—聚异丁烯

图 9-21 是一些高聚物的介电强度与温度的关系曲线。极性高聚物的介电强度随温度的升高而降低。非极性高聚物在某一临界温度以下的低温区，介电强度与温度无关，而在临界温度以上的高温区，介电强度随温度的升高而急剧下降，可能与高聚物的分子链段运动有关。

9.1.4　高聚物的静电现象

任何两种固体物质，因为它们的物理状态不同，当互相接触或摩擦时，在固-固表面会发生电荷再分配。在它们重新分开之后，每一种固体将带有比其接触或摩擦前过量的正（或负）的电荷，这种现象称为静电现象。在高聚物生产、加工和使用过程中静电现象十分常见。例如塑料挤出造粒时会带电；合成纤维在纺织过程中也会带电；干燥天气下合成纤维衣服在穿着时带静电等等。

静电现象起因于物质接触与摩擦时发生的电荷转移。分为两种情况：一是接触带电，另一是摩擦起电。电子克服原子核的束缚，从材料表面逸出所需要的最小能量，称为逸出功或功函数。材料物理状态不同，电子逸出功不同。当两种材料接触时，电子将从逸出功小的物质向逸出功大的物质转移，结果逸出功大的材料带负电，逸出功小的材料带正电。表 9-9 列出了几种高聚物的功函数值。摩擦起电的情况较为复杂，轻微摩擦时的起电特征与接触带电相同。剧烈摩擦时，高聚物发热软化，接触面间还有质量的交换，摩擦起电的电位或带电量与动摩擦系数、接触面积、摩擦方向等有关。一般认为，当高聚物相互摩擦时，介电常数较大的高聚物带正电，介电常数小的高聚物带负电。实践总结的一些高聚物的摩擦起电顺序如下：

⊕ 聚氨酯　聚酰胺66　羊毛　蚕丝　黏胶纤维　皮肤　纤维素(棉)　乙酸纤维素　聚甲基丙烯酸甲酯　聚乙烯醇缩甲醛　聚对苯二甲酸乙二酯　聚丙烯腈　聚氯乙烯　聚碳酸酯　聚氯醚　聚偏二氯乙烯　聚苯醚　聚苯乙烯　聚乙烯　聚丙烯　聚四氟乙烯 ⊖

表 9-9 几种高聚物的功函数值

高聚物	功函数/eV	高聚物	功函数/eV
聚四氟乙烯	5.75	聚乙烯	4.90
聚三氟氯乙烯	5.30	聚碳酸酯	4.80
氯化聚乙烯	5.14	聚甲基丙烯酸甲酯	4.68
聚氯乙烯	5.13	聚乙酸乙烯酯	4.38
聚砜	4.95	聚异丁烯	4.30
聚苯乙烯	4.90	聚己二胺己二酸	4.30

当上述序列中的两种物质摩擦时，排在序列前面的物质表面总带正电，而后面的则带负电。由摩擦产生的电量与两种物质在起电序列中的距离有关，距离越远，两种物质的差距越大，摩擦带电量越多。相对多数金属而言，高聚物通常带负电。

由于一般高聚物的电绝缘性能很好，静电荷消除很慢，容易聚集，从而使高聚物成为带电体。静电的聚集引起材料相互排斥或吸引等静电现象，给高分子的加工和使用带来许多不良影响。电阻值高、吸水性差的非极性高聚物薄膜和纤维在生产过程中所集聚的静电往往可以妨碍正常工序的顺利进行，并严重影响产品的质量。例如吸水量不超过 0.5%的聚丙烯腈纤维的干纺过程中，因摩擦产生的静电高达 1500V 以上，若不采取有效措施，这些静电不会很快自动消除，从而使纤维的梳理、纺纱、牵伸、加捻、织布和打包等工序难以进行。由于表面静电容易吸附尘埃、水气和其他有害杂质，使绝缘产品的电性能大幅度下降。吸尘会直接影响电影胶片的清晰度和塑料唱片的音质。更为严重的是由静电产生的放电现象，在电影胶片生产中当静电电压超过 4kV 时，火花放电可造成胶片的曝光。火花放电如果发生在有易燃易爆的气体、蒸气和液体等存在的场合，则将酿成燃料起火等重大的灾祸。可见，消除静电是高聚物生产和使用中的一个重要而实际的问题。

防止静电危害的发生，可以从抑制静电的产生和及时消除产生的静电两方面考虑。由于控制电荷的产生较为困难，实际生产中常从后一方面着手。绝缘体表面的静电可以通过三条途径消除：①通过空气（雾气）消除，②通过表面传导消除，③通过体积传导消除。

通过空气消除静电，主要依靠空气中相反符号的带电粒子与绝缘体表面的静电中和，或让带电粒子获得动能而飞散。例如高压电晕式静电消除器利用尖端放电原理通过空气电离来中和绝缘体的表面静电。在不允许有火花出现的场合，可采用高能辐照使空气电离来消除静电。

通过表面传导消除静电的速度取决于绝缘体的表面电阻率的大小。提高空气的湿度，可以在亲水性绝缘体表面形成连续的水膜，加上空气中的 CO_2 和其他电离杂质的溶解，而大大提高表面导电性。为了增加高聚物的表面电导性，工业上广泛使用抗静电剂喷涂或浸涂在高聚物材料的表面。抗静电剂主要是一些阳离子或非离子型活性剂，如胺类、季铵类、吡啶类和咪唑衍生物等。一般来说，表面电阻率小于 $10^{11}\Omega$ 时即有良好的抗静电效果。有时为了延长作用时间，可将抗静电剂与塑料混合，让它慢慢扩散到材料表面而起作用。

通过体积传导消除静电的速度则主要决定于绝缘体的体积电阻率的大小。一般来说，当高聚物体积电阻率小于 $10^7\Omega \cdot m$ 时，即使产生静电荷，也会很快泄漏掉。为了提高高聚物的体积电导率，最方便的方法是在绝缘体中添加导电性的炭黑、金属细粉或导电纤维等，可有效地增强高聚物材料的抗静电能力。近年来，通过原位复合制备分子复合材料在抗静电领域展现出广阔前景，例如，以尼龙、聚氯乙烯等塑料薄膜为母体，令其在含有吡咯单体的溶剂中溶胀，然后促使吡咯单体原位聚合制成分子复合材料，其电导率可在 7～8 数量级调节。

高聚物的静电现象也可以为人们所合理利用，例如静电喷涂、静电印刷、静电分离和混合等技术都利用了静电现象。

9.2 高聚物的光学性质

光是一种电磁波。当光照射到高聚物时，由于高聚物对光的吸收、反射、折射、散射等作用，光本身（如可见光）会发生强度、传播方向或频率的变化，我们把这些变化归纳为高聚物的光物理性质（高聚物的光学性能）。主要光学性能包括：透光率（透射率）、折射率（双折射）、色散、散射、反射等。高聚物的光学性能在光学透镜、棱镜和光栅、眼镜片、偏振片、光纤、飞机和汽车风挡、反光指示或装饰材料以及常见的照明灯具和透明包装等有广泛应用。还可利用光学性能进行高聚物的结构分析和研究。

如果高聚物分子吸收较强的光线（如紫外线）而从基态跃迁到激发态，由于激发态分子具有较高能量，可能引发一些物理变化，如退激发而发射荧光或磷光；或者高聚物本身发生化学结构变化，形成光交联（固化）、光降解、光致变色、光能化学转化、光导电等功能。高聚物本身受光激发而产生的这些光物理变化和光化学反应已广泛应用于光敏黏合剂、光敏涂料、光刻胶、发光材料、图像和信息储存材料、有机光导电体、太阳能化学转化、光降解包装和农用薄膜等领域。

由于篇幅所限，本节主要介绍高聚物的光物理性质（光学性能），关于高聚物本身受光激发而产生的光物理变化和光化学反应不予赘述。

9.2.1 透射

光照射在透明或半透明的高聚物表面时，一部分被反射、吸收或散射，而其他入射光经折射穿过高聚物射出（透射）。透光率（T_t）是包括了反射、吸收或散射等结果的综合参数，它定义为透射光通量（φ_T）占入射光通量（φ_0）的分数：$T_t=(\varphi_T/\varphi_0)\times100\%$。

透光率是表征高聚物透明程度的重要性能指标，它可用分光光度计或积分球式光度计来测量。高聚物的透光率越高，透明性越好，特别在作为光学器件使用时备受关注。

根据垂直入射光强（I_0）、反射光强（I_r）和高聚物折射率（n）的关系［$I_r=I_0(n-1)^2/(n+1)^2$］可知，由于通常高聚物的平均折射率为1.5，因此垂直反射导致的透射率损失约4%，对高聚物的透光率影响不大。

根据比尔-朗伯定律，$A=\lg(1/T)=Kbc$。式中，A为吸光度；T为透光率［透射光强度（I）比入射光强度（I_0）］；K为摩尔吸光系数；c为吸光物质的浓度；b为吸收层厚度。高聚物对光吸收主要取决于大分子链的化学键和基团，通常的饱和碳链高聚物主要结构为δ键，普通基团选择吸收很弱，在可见光范围内吸光系数K很小，对材料透明度的影响较小。

此外，对于通常的无定形或非晶态高聚物，其内部结构（密度）的统计平均值是均匀的，因此对光的散射作用也不强。

综合以上分析可知，通常的无定形或非晶态碳链高聚物对可见光具有优异的透明度，如常见的无定形聚甲基丙烯酸甲酯（有机玻璃）对360～1000nm的光绝大部分（90%以上）都发生透射，只有少部分反射和很少部分吸收。聚苯乙烯、聚碳酸酯、聚乙烯醇缩丁醛也有类似的透光性。

对于结晶高聚物，结晶的散射使透射率下降，当结晶度高且晶体尺寸较大时，高聚物不透明，但如果结晶度较低或晶粒尺寸小于可见光波长时，聚合物可变得半透明或透明。实际商品化应用的一些高聚物材料由于添加的大量填料和色素，其产品的透明性和颜色会出现很大的变化。

不对称性或取向高聚物对不同偏振方向的光的吸收率不一样，这就是高聚物的二向色性。在可见光区，高聚物的吸收系数很小，二向色性难以表现出来，但在红外区，取向高聚物因原子振动对光的选择吸收而表现出红外二向色性。如果通过取向高聚物和可见光吸收染料复合，可制备出高可见光二向色性的材料，如取向聚乙烯醇与碘复合可制备出垂直和平行方向透光率差别很大的材料（光波长为 500nm 时分别为 55%和 0.0002%），是很好的偏振片材料。

9.2.2 折射和双折射

折射是光从一种透明介质斜射入另一种透明介质时因传播速度不同而使传播方向发生改变的现象，折射率定义为光线通过真空时与通过介质时的速度比，可用斯涅尔（Snell）公式表示：$n=\sin i/\sin r$（式中，n 为折射率，i 和 r 分别为入射角和折射角）。

折射率是表征高聚物折射性能的重要指标，光从空气斜射入高聚物中时，折射角小于入射角。当光斜射到透明高聚物时也符合光的折射定律。折射光线与入射光线、法线在同一平面上，折射光和入射光分居法线两侧，折射角小于入射角，入射角增大时，折射角也随着增大。通常可以用高聚物对空气的折射率表示其折射率。折射率可用折射计进行测定。

按照电磁波理论，高聚物的折射率（n）和分子极化率（γ）符合如下关系：$[(n^2-1)/(n^2+2)]V=(4/3)\pi N_A\gamma$，式中，$V$ 为摩尔体积；N_A 为阿伏伽德罗常数。高聚物的分子结构直接影响其极化率，所以影响折射率（特别是无定形高聚物），分子极化率高或体积小其折射率大。从高聚物的分子结构看，折射率通常有下列顺序：

$$—CBr_2—>—CCl_2—>—芳环—>—CH_2—>—CO—>—O—>—CF_2—$$

材料的折射率随入射光频率的改变而改变的性质称为色散。高聚物结构单元的极化率增大，色散也增大。分子结构中含有酯环、溴、碘、硫、磷、砜基既有低的色散又有高折射率，在高聚物中引进 La、Ta、Ba、Cd、Th 可制备高折射率、低色散材料，而引进苯环、稠环、Pb、Bi、Ti、Hg 可得到高折射率、高色散材料。

结晶高聚物的结晶度影响其材料的密度，所以同一类高聚物由于结晶度的不同而折射率也有明显的差别。

高折射率在光学器件（如透镜）的设计制造中特别重要，例如，为了实现超薄超轻塑料透镜（如超薄眼镜片），需要高聚物具有高折射率，同时要有低色散以提高成像质量。

双折射是光束射入各向异性介质后分解成相互垂直的两束光的现象，可定义为在平行和垂直于取向方向间折射率的差异。具有取向结构的高聚物因各向异性而具有双折射特性，拉伸取向薄膜或纤维、剪切流动熔体、高聚物液晶等都可观测到双折射现象，高聚物球晶的黑十字消光现象就是双折射的作用引起。可通过双折射来研究高聚物的取向。

一般的光学元件（如光盘的基盘）要求高聚物有低的双折射。不含苯环的高聚物双折射较低。此外，采用不同取向高聚物共混或共聚的方法，可制备低双折射甚至双折射为 0 的材料。

9.2.3 散射

光的散射是指光通过不均匀介质时一部分光偏离原方向传播的现象。偏离原方向的光称为散射光。高聚物表面粗糙不平、内部结构不均匀、结晶等会引起光散射。特别是，结晶聚合物的散射比较严重，正如 9.2.1 节所述，高结晶度高聚物由于散射会变成半透明甚至不透明，但是，如果高聚物的晶体颗粒小于可见光波长时，散射减少，透明度提高。如 PE、PP 等结晶聚合物可以通过快速冷却得到低结晶度、细晶体颗粒的制品，提高制品的透明性。有时，通过加入成核剂或拉伸等方法使结晶颗粒变细，也有助于减少散射，提高透明度。有一种晶态聚合物——聚 4-甲基戊烯-1（结晶度 40%～65%）由于晶区和非晶区的相对密度很相近，因此透明性很好，能用于制造红外光学系统的元器件。对于高聚物溶液，可以利用光散射原理测定其分子量、均方回转半径等。

9.2.4　反射、内反射和全反射

当光在两种介质分界面上改变传播方向又返回原来介质中的现象，称为光的反射。光线从光疏介质（如空气）射向光密介质（如高聚物）表面的反射称为外反射，而从光密介质射向光疏介质表面的反射称为内反射，如图 9-22。

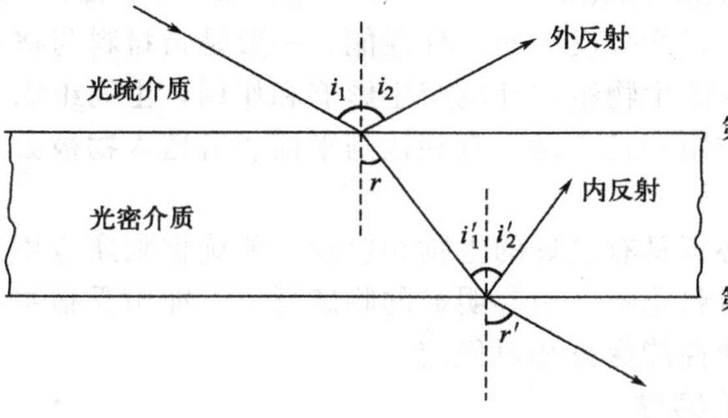

图 9-22　光线反射

反射光强度与入射光强度的比值（反射率）符合 Fresnel 方程：

$$R=\frac{I_r}{I_0}=\frac{1}{2}\left[\frac{\sin^2(i-r)}{\sin^2(i+r)}+\frac{\tan^2(i-r)}{\tan^2(i+r)}\right] \tag{9-44}$$

式中，R 为反射率；I_r 和 I_0 分别为反射光和入射光强度；i 和 r 分别为入射角和折射角。由于折射角又是材料折射率（n）的函数 [$r=\arc(\sin\iota/n)$]，所以，高聚物的反射率（或反射光强度）随入射角和折射率改变而变化。入射角增大或折射率提高，反射率增大。根据理论计算，当入射角很小时，高聚物的反射率不高，例如当入射角为 0（垂直直射），高聚物（平均折射率约 1.5）反射光仅占约 4%；只有入射角大于 60°以后，反射率才快速增加。

通常，高聚物的表面光泽是外反射、内反射和散射的综合结果。在实际应用中，为了提高制品表面光洁性，可以通过在高聚物表面涂布金属反射膜（如铝），或高折射率涂层材料（如 TiO_2）。当高聚物表面凹凸不平时会出现漫反射，从而会影响高聚物制品表面光泽和透过率。

全反射是高聚物的光学性质的一个重要方面。从图 9-22 可看出，当光从光密介质进入光疏介质时，总是有 $i'_1<r'$，因此可以增加 i'_1（小于 90°）使 r' 达到 90°，这时光线将不能透射而产生全反射。

通常将高聚物加工成平端面的纤维（或棒状），光线从端面射入，控制入射角使光线在端面的反射角大于临界角（42°），这时，光线将在纤维（或棒）的圆柱形内表面进行无限次全反射，最终从纤维（或棒）的另一端射出，完成光的高效传输。高聚物光纤的信息传输就是基于全反射原理。高聚物光纤的芯材通常有聚甲基丙烯酸甲酯、聚苯乙烯、聚碳酸酯等高度透明材料，皮层通常采用折射率较低的聚烯烃树脂、有机硅树脂或含氟树脂等。此外，高聚物的全反射性质还被应用于设计制造汽车尾灯、夜视路标、各式照明器等。

9.3　高聚物的生物相关性能及应用

随着科技进步、人们生活水平的提高、对健康的关注以及环境保护的重视，使得高分子学科逐渐与生物学、医学、材料学、工程学等多学科发生交叉，产生了一些具有特殊性能和

功能的高聚物并广泛应用。这类高聚物与生物体接触或发生相互作用时，将受到生物体自然环境｛例如酶、微生物［细菌、霉菌（真菌）和藻类］、pH 值等｝的影响而发生结构、形态和性质的变化，导致高聚物产生一些生物响应特性（包括生物相容性、生物可降解性以及抗菌性等）。探索高聚物的这些生物响应特性，可以进一步深化高聚物的结构设计，并推动其在生物、医学、环境保护等领域的应用。

9.3.1 高聚物的生物相容性

根据国际标准化组织（international standards organization，ISO）的定义，生物相容性是指生命体组织对非活性材料产生反应的一种性能，一般是指材料与宿主之间的相容性。生物材料植入人体后，对特定的生物组织环境产生影响和作用，生物组织对生物材料也会产生影响和作用，两者的循环作用一直持续，直到达到平衡或者植入物被去除。生物相容性包括血液相容性和组织相容性。

生物医用高分子材料必须具有良好的生物相容性才能确保临床应用的安全性。具有良好生物相容性的高分子生物材料将不会引起明显的临床反应，能耐受宿主各系统的作用，在体内不被破坏和排斥，结构和性能保持相对稳定。

9.3.1.1 高聚物的血液相容性

高聚物的血液相容性主要是指生物医用高分子材料与血液直接接触时，与血液相互作用不引起凝血或血栓、不损伤血液组成和功能等的能力和性能。在缺乏血液相容性的材料表面，首先发生血浆蛋白（包括白蛋白、球蛋白、纤维蛋白原等）的吸附，继而血小板在材料表面黏附、聚集、变形，同时血液内一系列凝血因子被激活，导致血栓的形成，发生补体系统激活和白细胞活化及红细胞破坏等，进而引发人体的免疫反应。如果材料与血液长时间接触还会造成红细胞的溶血，将导致红细胞膜的变形性、携氧和输送二氧化碳的生理功能显著降低。所以，为了赋予生物医用高分子材料良好的血液相容性，通常对其本体和表面进行改性。

(1) 生物医用高分子材料的本体改性

生物医用高分子材料本体在达到其使用需要的性能（如加工性能、力学性能、生物稳定性等）时，可通过化学合成法和复合材料制备法等方法提高其血液相容性。

① 化学合成法。目前主要采用接枝反应对生物医用高分子材料本体进行血液相容性改性。即高分子材料本体与高血液相容性的小分子或单体进行接枝反应，在不改变高分子材料本体性能的基础上提高其血液相容性。引入的小分子包括胆固醇、磷酸胆碱等，常用的功能单体包括聚乙二醇类单体、2-乙烯基吡啶、丙烯酰吗啉、强阴离子性磺酸基的 2-丙烯酰胺基-2-甲基丙磺酸（AMPS）等。例如接枝聚乙二醇支链的聚丙烯表面的血小板量显著减少，接枝丙烯酰吗啉和 AMPS 链的聚偏氟乙烯膜的亲水性和血液相容性均得到提高，且能抑制血细胞黏附，其活化部分凝血活酶时间及凝血酶原时间分别延长了 7.80s 和 2.83s，纤维蛋白原的浓度从 0.897g/L 降低到 0.818g/L。

② 复合材料制备法。复合材料制备法是将生物医用高分子材料本体与高生物相容性的聚合物通过界面反应，提高它们之间的相容性，从而改善复合材料的加工性能、力学性能和血液相容性。常用的较好生物相容性的聚合物主要有聚乙二醇和聚磷酸胆碱。

(2) 生物医用高分子材料的表面改性

生物医用高分子材料加工成型后，通过调控其表面和界面性质也可提高其血液相容性，主要包括表面亲水性、表面电荷以及表面粗糙度等因素。目前主要采用以下三种表面改性法来提高生物医用高分子材料表面的血液相容性。

① 形成亲水性惰性表面。通过化学接枝方法将亲水性单体（聚乙二醇类单体、2-羟乙

基甲基丙烯酸酯、磺基甲基丙烯酸酯等）接枝到高分子材料表面而形成一种长链亲水性钝化层，它在高分子材料表面形成的聚合物刷或亲水层，能减少血液成分与材料表面的接触，减少血浆蛋白和血小板在材料表面的黏附，并能减轻材料表面非特异性吸附引起的各种不良反应，从而有效地提高了高分子材料表面的血液相容性。例如，在浓度为1mg/mL纤维蛋白原缓冲溶液中，聚乙二醇修饰的有机硅橡胶（PEG-PDMS）表面和未改性PDMS表面对纤维蛋白原吸附量分别为$40ng/cm^2$和$580ng/cm^2$，表明PEG-PDMS有效抑制了血浆蛋白在其表面的非特异性吸附。

② 引入生物活性物质。在形成惰性表面的高分子材料表面进一步引入生物活性物质（如肝素、白蛋白、赖氨酸等），它们可以选择性吸附或结合血液中特定的生物大分子，减弱抗凝血和溶血的发生，使得高分子材料表面的血液相容性得到改善。

③ 表面仿生改性。在高分子材料表面进行仿生改性形成生物仿生膜，使其不被血液视为异物，在机体内不会被新代谢，以提高血液相容性。由于磷酸胆碱的稳定性较差，通常采用两性离子聚合物来代替。两性离子聚合物是指大分子链上同时带有阴、阳离子基团的高分子，常见的两性离子有磷铵、磺铵和羧铵3大类。通常把正、负电荷基团处于同一链节上的两性离子聚合物称为内盐型两性离子聚合物或甜菜碱型聚合物。

9.3.1.2 高聚物的组织相容性

组织相容性是指材料与生物活体组织及体液接触后，不引起细胞、组织的功能下降，组织不发生炎症、癌变以及排异反应等。生物医用高分子材料的组织相容性评价主要包括以下几个方面：

(1) 高分子材料植入体内对组织反应的影响：①高分子材料渗出的化学成分对生物反应的影响；②高分子材料的生物降解对生物反应的影响；③高分子材料的物理形态和性质（大小、形状、弹性、硬度、蠕变等）等因素对组织反应的影响。

(2) 高分子材料在体内的表面钙化。

(3) 高分子材料的致癌性和致畸性。

由于应用的条件不同，对高分子材料组织相容性的评价和要求不同。例如，在研究壳聚糖/纳米聚吡咯导电复合材料作为神经导管组织相容性的工作中，发现导管植入体内后具备导电性能，随时间延长均出现一定程度塌陷；壳聚糖乙酰化度越高，导管质量减少越严重；植入体内早期出现较多巨噬细胞、淋巴细胞浸润，随着植入时间延长，淋巴细胞有所减少、成纤维细胞增多、胶原纤维增生明显。这些结果表明壳聚糖/纳米聚吡咯导电复合材料具有较好的体内组织相容性、导电性及可降解性，有望为组织工程神经构建提供一种新的支架材料。

9.3.2 高聚物的生物可降解性

具有生物可降解性的高聚物主要应用领域是生物医用高分子材料和生物降解塑料。可降解生物医用高分子材料除具有一般生物医用材料的理化性质、无毒性及生物相容性外，还具有可生物降解性，而且降解产物一般是对人体无害的小分子物质。近年来可降解生物医用高分子材料的研究和应用得到了快速发展，包括手术缝合线、骨折内固定器件、药物缓释载体、组织工程修复支架（骨、软骨、皮肤等）、体内管状支持支架（胆管、导尿管、血管、食管等）、可吸收血管支架、防肌腱粘连膜以及体外用输液塑料制品等。此外，随着对生态环境保护的日趋重视，研究开发基于生物可降解高聚物的生物降解塑料已成为塑料行业重要的发展趋势。

按照不同的来源分类，生物可降解性的高聚物可分为天然高分子可降解材料以及合成高分子可降解材料（如聚酯类高聚物和聚氨基酸类高聚物等）。

9

9.3.2.1 天然高分子类生物可降解材料

天然高分子可降解材料主要来源于天然多糖和蛋白质，它们来自自然界生物体，安全无毒，具有非常好的生物相容性和生物可降解性（主要是被生物体内的酶及微生物降解）。目前在可降解生物医用高分子材料领域研究和应用较多的天然多糖主要有壳聚糖及其衍生物（如羧甲基壳聚糖）、纤维素及其衍生物（如羧甲基纤维素、甲基纤维素、羟乙基纤维素等）、海藻酸钠、透明质酸、淀粉等；蛋白类天然高分子主要有胶原蛋白、明胶、丝蛋白、大豆蛋白等。天然高分子可降解材料在药物控制释放体系、组织工程支架材料、伤口敷料等方面得到广泛应用。

天然高分子可降解材料在药物控制释放体系的应用以纤维素衍生物前药为例。前药指药物经过化学结构修饰后得到的在体外无活性或活性较小、在体内经酶或非酶的转化释放出活性药物而发挥药效的化合物。人体结肠部位存在400多种微生物菌群，尽管人体内无水解纤维素的酶，但纤维素在结肠部位能被这些微生物降解，产生短链脂肪酸、氢气、氮气、二氧化碳等小分子物质，并且这些微生物产生的酶能水解糖苷键、酯键和酰胺键等。所以，纤维素衍生物前药在结肠疾病的定位治疗方面独显优势。例如，以羟乙基纤维（HEC）为主链偶联吲哚美新药物（HEC-IND）的前药（图9-23），经口服后能够安全通过胃和小肠，达到结肠后经过厌氧菌的降解能定位缓释吲哚美新药物（IND），将有利于结肠疾病的治疗。

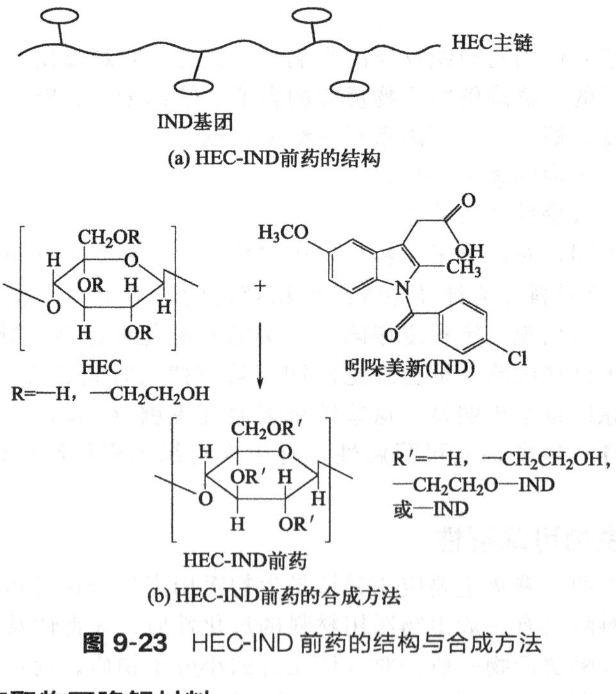

图 9-23 HEC-IND 前药的结构与合成方法

9.3.2.2 聚酯类高聚物可降解材料

聚酯类高聚物在生物体内的降解机理是酯键的水解，降解终产物为水溶性的小分子，容易被生物体所代谢。目前研究和应用较多的聚酯类高聚物主要有脂肪族聚酯、聚酸酐、聚原酸酯、聚酯醚、聚磷酸酯以及聚碳酸酯等。

（1）脂肪族聚酯

脂肪族聚酯一般是采用双官能团单体通过逐步聚合制备的，常用的单体有二元酸、二元醇、羟基脂肪酸等，但更多采用其内酯化合物经过开环聚合法合成。目前已得到广泛研究和应用的脂肪族聚酯包括聚乳酸（PLA）、聚乙醇酸（PGA）、乳酸-乙醇酸共聚物（PLGA）、聚己内酯（PCL）等。此外还有一种通过生物方法合成的聚羟基脂肪酸酯（PHA）。表 9-10 列出这些脂肪族聚酯的单体及其聚合物的结构。

表 9-10　几种脂肪族聚酯的单体及其聚合物结构

脂肪族聚酯	单体及聚合物结构
聚乳酸(PLA)	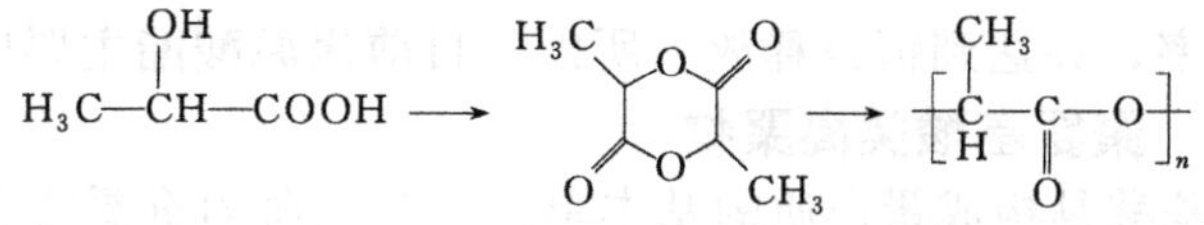
聚乙醇酸(PGA)	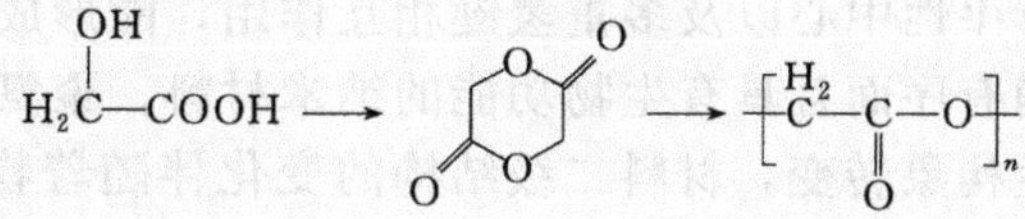
乳酸-乙醇酸共聚物(PLGA)	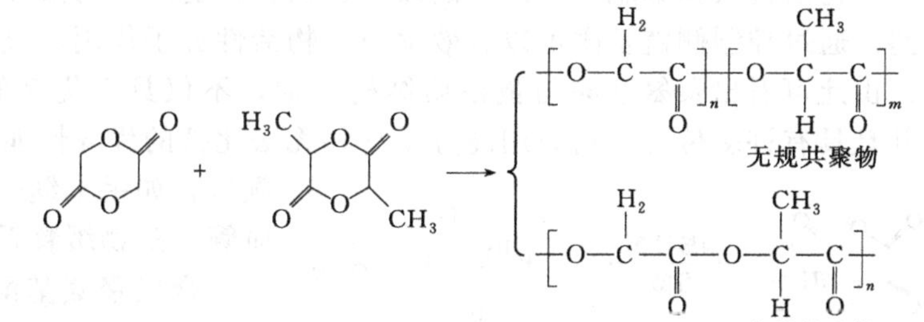
聚己内酯(PCL)	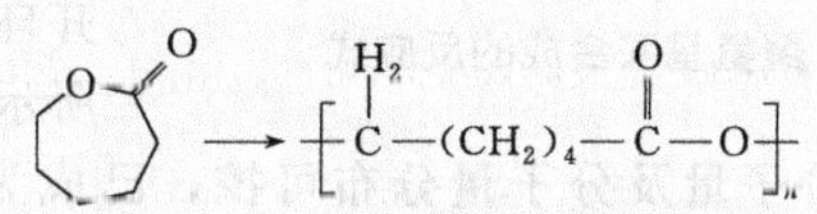
聚羟基脂肪酸酯(PHA)	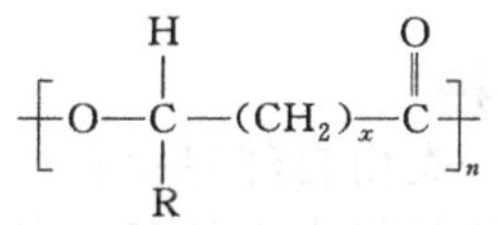

脂肪族聚酯具有低毒性和低免疫性，较高分子量的脂肪族聚酯因其具有较高力学性质和较缓慢降解速率，所以，适合用作骨固定材料；较低分子量的脂肪族聚酯则因其降解时间较短，更适合用于药物释放系统。PGA 是最简单的脂肪聚酯，它具备亲水性，并且其机械强度在体内耗损较快，一般适用于 2～4 星期伤口愈合的外科手术。1970 年 PGA 缝合线已商业化，商品名为 Dexon。

(2) 聚酸酐

聚酸酐是二元酸等单体通过酸酐键相连的聚合物，酸酐键具有水不稳定性，在生物体内能水解成羧酸小分子化合物。由于聚酸酐具有良好的生物相容性、降解速度可调以及易加工性等优异性能，很快在生物医用高分子材料领域作为新型药物控释材料得到应用，例如用于癌症化疗剂、抗生素药物、多肽和蛋白制剂（如胰岛素、生长因子）、肝素等药物的控释载体材料。由化疗剂与聚酸酐组成的局部控释制剂已于 1996 年获美国食品药品监督管理局（Food and Drug Administration，FDA）批准，应用于复发恶性脑胶质瘤的术后辅助化疗。目前已合成多种聚酸酐，如脂肪族聚酸酐、芳香族聚酸酐、杂环族聚酸酐、聚酰酸酐、聚酰胺酸酐、聚氨酯酸酐及可交联聚酸酐等。

(3) 聚原酸酯

聚原酸酯是一种通过多元原酸或多元原酸酯与多元醇类经在无水条件下缩合形成含原酸酯键的疏水性聚合物。在生物体内，聚原酸酯的降解源自原酸酯键的水解反应，降解最终产物为水溶性的小分子，容易被生物体所代谢。由于聚原酸酯的水不溶性，因而显示出“表面溶蚀”特性，即如果聚原酸酯基材密度均一且不存在空隙，那么因表面张力的作用，水分子就不易进入其内部，降解过程则主要发生在其表面。这种“表面溶蚀”特性可用于调控药物释放的速率，并达到恒速释放。所以，目前聚原酸酯主要应用于药物的控释方面。

9.3.2.3 聚氨基酸类高聚物

α-氨基酸是构成蛋白质的基本单元，是生命的重要物质基础之一。人工合成的聚氨基酸分子主链含有手性中心以及多重氢键相互作用，能形成 α-螺旋、β-折叠等类蛋白质的二级结构，构筑精确有序而且具有生物功能的纳米材料。聚氨基酸能在酸碱度、光、热及氧化还原等条件下发生构象转变，材料二级结构的变化伴随着物理（如亲疏水性）、化学（如电荷翻转）和生物活性（如细胞毒性）等的改变，为材料适应生物微环境变化和靶向递送等提供了新思路。通过控制侧链基团可以有效地与生物活性分子作用，改变材料的亲、疏水性和降解速度。由此可看出聚氨基酸与蛋白质结构类似，不仅具有优良的生物相容性和生物可降解性，并且具有许多传统生物医用高分子材料无法比拟的优异性能，已广泛地应用于生物医药领域，如手术缝合线、人工器官、人工皮肤、血管、药物缓释系统、组织工程支架等。

图 9-24 聚氨基酸合成的反应式

合成聚氨基酸的方法主要包括生物合成法、固相合成法以及 *N*-羧基内酸酐（NCA）开环聚合法。NCA 开环聚合反应式如图 9-24 所示，该聚合反应操作简单，效率及产率高，聚氨基酸产物的分子量及分子量分布可控，已成为合成聚氨基酸类高分子材料的重要方法之一。

9.3.2.4 生物降解塑料

生物降解塑料是指一类由自然界存在的微生物［如细菌、霉菌（真菌）和藻类］的作用而引起降解的塑料，具体是指在自然环境条件下（如土壤、沙地等环境），或其他特定条件下（如堆肥条件下、厌氧条件下、潮湿环境或水体培养液中），与自然界存在的微生物产生作用发生降解，并最终形成甲烷、二氧化碳、水以及其他矿物质等物质的塑料。

生物降解塑料的降解机理大致分为三个阶段：

① 微生物黏附于塑料表面，产生一些水溶性的中间降解产物。微生物在塑料表面的黏附性、降解速率以及中间降解产物与以下因素密切相关，包括塑料表面粗糙度、塑料基质高聚物的结构（如官能团类型、分子量、结晶度等），微生物种类及外在条件（如温度、湿度）等。

② 微生物分泌特定的酶类（如胞外酶和胞内酶），使得塑料基质的高聚物发生降解，即高分子链在酶的催化作用下通过水解和氧化等各种反应将高分子塑料降解为低分子量的寡聚体、二聚体和单体等碎片。

③ 上述低分子量降解产物透过微生物的细胞膜进入其细胞内，并在微生物作用下将其吸收利用，最终转化为甲烷、二氧化碳、水等释放出来。

按原料来源和制备方法，生物降解塑料大致分为以下几类：

(1) 天然高分子类生物降解塑料

天然高分子降解塑料是由天然高分子（如淀粉、纤维素等）制备的生物降解塑料，因其原料安全无毒性，塑料产品极易被微生物降解，因而日益受到重视。其中以塑料淀粉的发展最为迅速。塑料淀粉主要通过化学改性（如氧化改性、酯化改性、醚化改性、交联改性、聚氨酯改性以及乙酰化改性等）得到，生物降解速率快，性能可以与聚苯乙烯等塑料媲美，主要用于地膜、包装材料、防震材料等。纤维素的分子链上含有大量羟基，通过醚化、酯化或接枝反应可生成纤维素衍生物，制备出的纤维素类塑料具有阻氧性高、抗菌性好等特点，可用于包装领域。

(2) 微生物合成类生物降解塑料

微生物合成的生物降解塑料以聚羟基脂肪酸酯（PHA）为主，包括聚羟基丁酸酯（PHB）、聚羟基戊酸酯（PHV）以及聚 3-羟基丁酸-co-3-羟基戊酸酯（PHBV）等。此类生物降解塑料的化学性质与聚丙烯类似，具有优良的生物相容性、压电性、气体阻隔性等，在生物医疗和包装等领域应用前景广阔。然而，由于 PHA 的合成工艺较为复杂（需要灭菌和提纯等工艺以及相对优质的发酵底物等），导致它的生产成本高于传统合成塑料，使得其实际应用受到一定程度的限制。

(3) 化学合成类生物降解塑料

化学合成的生物降解塑料主要有脂肪族聚酯、脂肪-芳香共聚酯和脂肪族聚碳酸酯等，它的分子链上的酯基结构在自然界中易被微生物或酶分解而最终降解。目前，开发较好且具备一定产业化规模的生物降解塑料主要包括聚乳酸（PLA）、聚丁二酸丁二酯（PBS）、聚对苯二甲酸-己二酸丁二酯（PBAT）、聚碳酸亚丙酯（PPC）、聚己内酯（PCL）等。

2020 年全球生物降解塑料市场规模 145 万吨，各占比产品如图 9-25 所示，以 PBS、PLA、淀粉塑料和 PBAT 为主。在各国政府禁止、限制传统塑料的政策实施下，生物降解塑料的需求量还将快速增长。

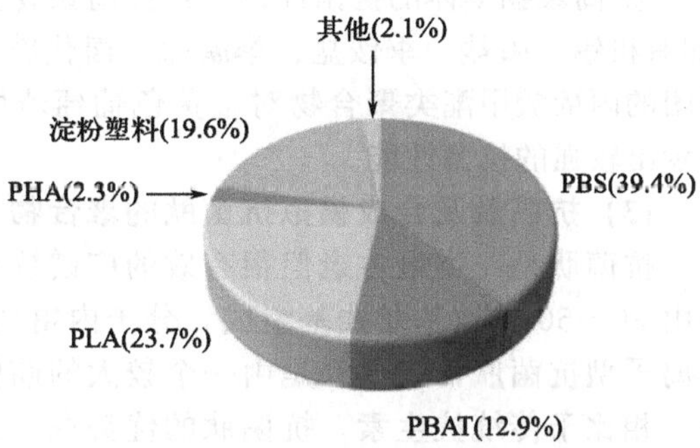

图 9-25　2020 年全球生物降解塑料产品的种类及比例

9.3.3　高聚物的抗菌性能

细菌广泛存在于我们的生存环境中，其中一些致病性细菌会产生细菌感染，导致发生各种疾病，此外，医用植入材料在植入早期由于细菌感染而产生约 4%～10%的植入失败。尽管抗生素药物已成为当今抵抗病菌感染的有力武器，但由于抗生素长期过量及不恰当地使用，导致出现具有多重耐性的“超级细菌”，更加增大了治疗细菌感染的难度。因此，亟需积极探索新的抗菌材料和方法。近年来，基于高分子材料的新型抗菌材料逐渐成为研究热点，通过天然抗菌高分子及其化学修饰、合成阳离子型抗菌高聚物、抗菌肽及合成模拟抗菌肽的聚合物等方法可以有效杀灭病菌，阻止或减缓耐药性的发生。

(1) 天然抗菌高分子及其化学修饰

甲壳素来源于虾壳、蟹壳等甲壳类壳体，其结构为由 2-乙酰氨基葡萄糖单元通过 β-D-1,4 糖苷键连接而成的线性链多糖。经过阳离子化修饰的甲壳素衍生物，例如季铵化的 β-甲壳素衍生物对大肠杆菌、金黄色葡萄球菌、白色念珠菌和米根霉的最低抑制浓度分别为 8μg/mL、12μg/mL、60μg/mL、40μg/mL，均表现出良好的抗菌活性，有望应用于感染伤口的治疗。

甲壳素经过浓碱处理脱去部分乙酰基后得到含氨基的壳聚糖，它是一种最常见的抗菌天然高分子。壳聚糖能溶解于可溶于稀酸（例如醋酸溶液等），因被氨基质子化而带正电性，显示出一定的抗菌性能。然而，在中性生理条件下，壳聚糖因溶解性差而难以发挥其抗菌活性。经过进一步阳离子化修饰，不仅可以提高壳聚糖的抗菌活性，而且可以改善其水溶性。壳聚糖分子结构中含有活泼的羟基和氨基，具有很高的反应活性，通过进一步的阳离子化修饰（如铵盐化、季膦盐化、胍基化等），可制备出抗菌活性更高的壳聚糖衍生物，它们大肠杆菌、金黄色葡萄球菌、革兰氏阳性菌等细菌均表现出良好的抗菌活性。

(2) 阳离子型抗菌高聚物的合成

抗菌功能高聚物的机理被大致认为是由于细菌表面带负电荷、细胞膜内含有的磷脂以及一些膜蛋白水解带负电荷，因此，阳离子高聚物通过静电相互作用被吸附并结合在细菌这些负电荷部位，破坏细菌的结构及功能。阳离子型抗菌高聚物的分子量对其抗菌性能存在一定的影响，抗菌高聚物分子量越大，将有助于其对细菌表面膜的吸附和结合；然而，较高分子量的抗菌高聚物由于其体积较大，导致其在扩散穿透细胞膜时的阻力增大，因此，不利于其穿透细菌表层磷脂膜结构进入细菌体内。阳离子型抗菌高聚物的合成方法主要有以下两种：

① 抗菌功能单体聚合法：含有阳离子基团的抗菌功能单体（如季铵盐、胍盐、卤代胺、吡啶、吡咯、有机锡、季膦盐等）进行均聚和共聚反应得到阳离子型抗菌高聚物。

② 高聚物本体的抗菌性改性：在高聚物分子链上通过化学反应键合或接枝有机抗菌基团（如有机锡、胍盐、季铵盐、季膦盐、卤代胺等）可以产生优良的抗菌性能。例如，含季铵盐基团的丙烯酸甲酯类聚合物对金黄色葡萄球菌和大肠杆菌的抑制浓度范围为 32～256μg/mL，显示出较强的抗菌性能。

(3) 抗菌肽及合成模拟抗菌肽的聚合物

抗菌肽是一类最古老但很有效的广谱抗生素，在动物和人类体内大量存在，它们通常都是由 30～50 个氨基酸残基组成，分子内富含二硫键。目前在所发现的抗菌肽中，大多数为阳离子型抗菌肽，它们都是由一个较大的前体作为信号序列，只是在序列和结构方面存在差异。相比于传统抗生素，抗菌肽的优势在于：①广谱的抗菌活性，②抗菌活性高，③独特的抗菌机制，④种类较多（迄今已发现 800 多种抗菌肽），⑤不易产生耐药性。目前认为抗菌肽的作用机制主要包括以下两种：

① 膜靶向的膜透化机制：通过抗菌肽的正电基团与带负电荷的细菌细胞膜的相互吸引，并在细菌膜表面进行自组装，通过桶壁孔模型、环形孔模型、地毯模型等相互作用对细菌膜进行膜透化机制破坏细胞膜。

② 非膜靶向的破坏机制：主要是通过抗菌肽与参与细菌细胞壁合成的各种前驱体分子发生作用，如抗菌肽与细菌细胞壁上脂质Ⅱ分子中的焦磷酸糖部分选择性结合，从而抑制细胞壁的合成，达到抗菌效果。

抗菌肽作为拥有独特抗菌机制的高分子材料，有望成为治疗多耐药性细菌的候选药物，然而，由于存在生产成本高、生物相容性差、使用周期短等缺陷，抗菌肽仍然未能大规模使用。所以，根据已研究清楚的抗菌肽结构及其抗菌作用机制，合成模拟抗菌肽的聚合物成为该领域的研究热点。例如，Lam 等采用开环聚合等方法，以聚酰胺-胺型树枝状高分子(PAMAM)为中心、赖氨酸和缬氨酸为单体，合成出具有纳米结构的抗菌肽聚合物，其特殊结构具有多模式下的抗菌机制，能有效抑制革兰氏阳性菌和革兰氏阴性菌，还能较好地杀死耐药抗药菌，且不会使细菌产生耐药性。

9.3.4 高分子水凝胶及其应用

9.3.4.1 高分子水凝胶的概念及特点

亲水性高分子通过化学键或物理交联作用形成的具有三维立体网络结构的高聚物凝胶，

称为高分子水凝胶，其结构如图 9-26 所示。能够形成水凝胶的高分子结构特点是其主链或侧链上通常含有离子解离性、极性或疏水性基团，按照高分子水凝胶的形成机制，可分为化学交联水凝胶和物理交联水凝胶：①化学交联水凝胶，即亲水性高分子在交联剂的作用下经过化学反应形成的水凝胶，具有较高的机械强度和稳定性。②物理交联水凝胶，即亲水性高分子通过物理交联作用（如静电相互作用、氢键、疏水相互作用等）而形成的水凝胶，机械强度较低，易碎。

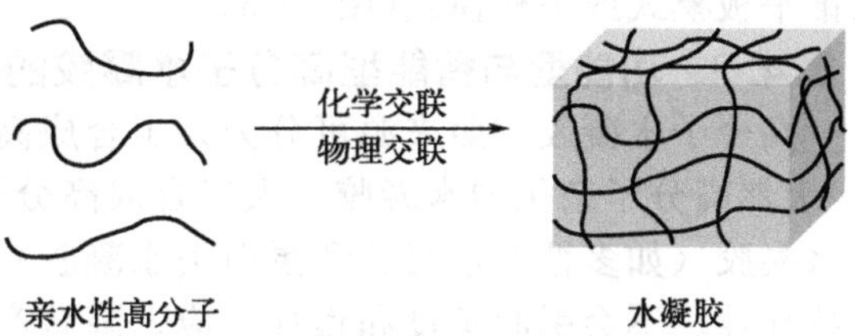

图 9-26　高分子水凝胶的结构

水凝胶通常表现出高亲水性特点，它在水为分散介质易发生溶胀。对于聚电解质水凝胶，其溶胀体积可达聚电解质体积的 1000 倍以上，即水凝胶中的聚电解质浓度低于 0.1%，所以，聚电解质基团在水凝胶中的静电相互作用类似于其在稀溶液中的静电相互作用。此外，水凝胶还具备较强的生物黏附性、良好的生物相容性等特点，在生物医用材料中得到广泛研究和应用，例如组织工程支架材料、组织填充剂、细胞培养基、柔性生物传感器、药物递送控释体系、伤口敷料以及生物大分子电泳胶等。

9.3.4.2　高分子水凝胶的黏弹性

高分子水凝胶的结构本质是亲水性高分子通过化学键或物理相互作用而形成的高分子链缠结网络结构，导致其在外力作用下表现出黏性与弹性行为。

在剪切应力的作用下，通常采用储存模量（G'）、损耗模量（G''）、复数模量（G^*）和损耗角正切（$\tan\delta$）等参数研究高分子水凝胶的动态黏弹性，它们的计算公式分别为：

$$G'=\cos\delta\left(\frac{\sigma}{\gamma}\right) \tag{9-45}$$

$$G''=\sin\delta\left(\frac{\sigma}{\gamma}\right) \tag{9-46}$$

$$G^*=\sqrt{(G')^2+(G'')^2} \tag{9-47}$$

$$\tan\delta=\frac{G''}{G'} \tag{9-48}$$

式中，σ 是应力；γ 是应变；δ 是相位角，即应力与应变矢量的相位移。

在剪切应力作用下，G'反映高分子水凝胶的弹性行为，而 G''则反映其黏性行为。所以，亲水性高分子在溶液状态时，一般 $G''>G'$；而在水凝胶状态时，$G'>G''$；达到 $G'=G''$时的外界因素（温度或时间）被认为是凝胶化的转变点（凝胶化温度或凝胶时间）。

高分子水凝胶的稳态剪切黏度（η）的关系表达式如下：

$$\eta=\frac{\sigma}{\mathrm{d}\gamma/\mathrm{d}t} \tag{9-49}$$

式中，$\mathrm{d}\gamma/\mathrm{d}t$ 是剪切速率。

在一定的剪切应力下，高分子水凝胶的稳态剪切黏度随着剪切速率的增加而逐渐减小。这是因为在剪切力的作用下，水凝胶内部高分子链的缠结程度逐渐被减弱，一般情况下，当剪切速率达到一定数值后稳态剪切黏度将不再依赖于剪切速率，此时高分子链的解缠结程度最高。

通常采用旋转流变仪研究高分子水凝胶的黏弹行为，对于机械强度较低的物理交联水凝胶，一般选用同轴圆筒模式进行研究（图 7-14）；机械强度较高的化学交联水凝胶，则选用圆锥平板模式或平板模式(图 7-15)。

9.3.4.3 功能型与智能型高分子水凝胶的性能与结构

高分子水凝胶按照来源可分为人工合成高分子水凝胶、天然高分子水凝胶以及合成高分子/天然高分子杂化型水凝胶。人工合成高分子水凝胶结构可控，性能较为稳定，天然高分子水凝胶（如多糖类水凝胶和蛋白类水凝胶）则具有良好的生物相容性和生物可降解性、生物特异性、不会引起免疫和毒性反应、降解产物无毒且最终代谢产物可以排出体外等优点；杂化型水凝胶发挥了合成高分子水凝胶和天然高分子水凝胶的优势。

与传统的水凝胶相比，为了满足生物医用性能的需求，功能型与智能型高分子水凝胶能够根据生物体自身因素和外界环境因素的变化［如 pH 值、温度、光、生物分子（如酶、葡萄糖)、氧化还原、外场（如电场、磁场)、压力等］做出感应，并且发生相应的结构变化，因而在生物材料领域具有更加广阔的发展前景。

(1) 高强度水凝胶

人体一些受力软组织（如肌肉、软骨、韧带、筋腱等）表现出高强度的力学性能（如抗冲击、坚韧性等)。高强度的高分子水凝胶力学性能与这些生物软骨组织较为相似，所以，它在组织工程（如人造肌肉、人造软骨以及人造韧带）等生物承重材料领域具有潜在的研究价值和应用领域。目前制备高强度水凝胶方法主要是双网络水凝胶以及纳米纤维增强水凝胶等凝胶化方法。

2003 年 Gong 等首先提出双网络水凝胶的概念，它是由具有高化学交联的第一网络高聚物和低化学交联的第二网络高聚物相结合形成的水凝胶。双网络水凝胶具有优异的力学性能，其拉伸断裂应力和应变分别可达到 1～10MPa 和 1000%～2000%，压缩断裂应力和应变分别为 20～60MPa 和 90%～95%，撕裂能为 10^2～$10^3 J/m^2$。随着该领域的不断深入研究，发现物理交联双网络水凝胶也能很大程度提高，例如聚丙烯酰胺与锂藻土通过氢键相互作用进行交联形成第 1 网络、海藻酸钠与三价铁离子通过配位相互作用进行交联形成第 2 网络的高强度物理交联双网络水凝胶，其内部具有致密的三维网络结构，具有优异的力学性能、良好的恢复性能及抗疲劳性能，断裂强度可达 2.4MPa，断裂伸长率达 2600%，韧性为 $44.8MJ/m^3$。

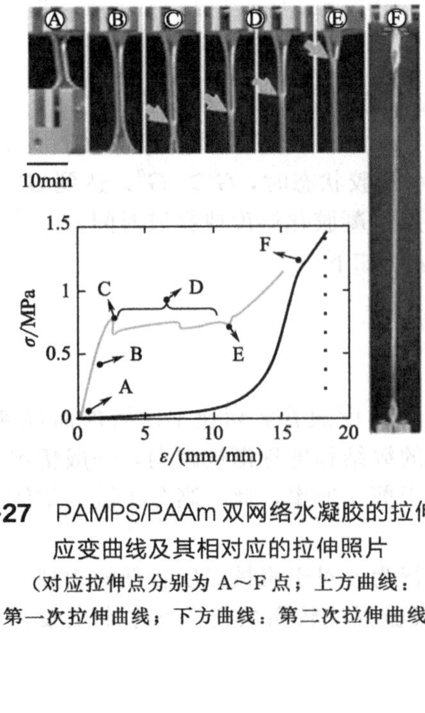

图 9-27 PAMPS/PAAm 双网络水凝胶的拉伸应力-应变曲线及其相对应的拉伸照片

（对应拉伸点分别为 A～F 点；上方曲线：第一次拉伸曲线；下方曲线：第二次拉伸曲线）

一些双网络水凝胶在拉伸过程中出现了屈服和细颈现象。例如，在 1-丙磺酸基, 2-甲基-聚丙烯酰胺/聚丙烯酰胺（PAMPS/PAAm）双网络水凝胶第一次拉伸的应力-应变曲线（图 9-27，上方曲线）中，随着应变增大可分为弹性区、屈服点、细颈区和应变硬化区。在相对应的 PAMPS/PAAm 双网络水凝胶拉伸照片中，可观察到明显的细颈现象。

(2) 导电水凝胶

柔性生物传感器在可穿戴医疗设备、植入体内传感器和电子皮肤等领域具有广阔的应用前景，导电水凝胶是制备柔性生物传感器的重要材料之一。柔性水凝胶传感器在实际应用中通常需要承受周期性的载荷，这要求导电水凝胶需要具备优异的力学性能，以保持其三维网络结构的稳定性和传感性能。高强度水凝胶（如双网络水凝胶等）的发展为制备柔性导电水凝胶传感器奠定了基础。近年来，人们将导电机制与高强度水凝胶理念结合，制备出一系列具有高强韧性、抗疲劳性以及自修复/自愈合的导电水凝胶，进一步推动了柔性导电水凝胶传感器的快速发展。导电水凝胶在应力或应变作用下通过电导率或电阻率发生变化而表现出传感性能，所以，导电水凝胶的导电性能是决定其传感性能的关键因素。根据不同的导电机理，导电水凝胶主要分为电子导电水凝胶和离子导电水凝胶。

电子导电水凝胶一般由导电网络和水凝胶基质组成。导电网络可由导电填料（如金属纳米颗粒/微粒、金属纳米线、碳纳米管、石墨烯/氧化石墨烯等）以及原位聚合形成的导电聚合物构成，提供导电性；水凝胶则充当可拉伸、变形的基质。其中由原位聚合导电聚合物制备的导电水凝胶不仅具有较高的电导率、灵敏度，而且由于导电聚合物与水凝胶基质可通过相互作用而形成互穿网络导电水凝胶，使得其显示出更加优异的强度、韧性和抗疲劳性能。例如将甲基丙烯酸羟乙酯（HEMA）与两性离子单体磺基甜菜碱甲基丙烯酸酯（SBMA）溶解在聚(3,4-乙烯二氧噻吩)：聚(4-苯乙烯磺酸盐)（PEDOT：PSS）水溶液中，光引发聚合形成P(HEMA-co-SBMA）聚合物网络，该网络与PEDOT：PSS导电网络通过氢键、静电相互作用和链缠结，形成多重物理交联，得到高强韧的导电水凝胶，其拉伸应变高达4000%～5000%，拉伸强度为0.5MPa，并表现出优异的导电及传感性能（电导率0.625S/m）。

在水凝胶中（或其制备过程中）加入盐、酸或离子液体等可获得较高离子电导率的离子导电水凝胶。此外，聚电解质水凝胶自身具有较好的离子导电性能，也是一类重要的离子导电水凝胶。离子传导是生物系统中实现生理信号传递的关键过程。在电场作用下，离子导电水凝胶中的自由离子定向传输，与生物体的信号传递原理相似。由于离子导电水凝胶与组织界面阻抗小，力学性能相似，所以，离子导电水凝胶适合用作可穿戴、可植入的柔性器件。例如，由κ-卡拉胶、丙烯酰胺、丙烯酸、F127 DA胶束在K^+溶液共聚并与Fe^{3+}络合，制得的三重物理交联+双网络水凝胶显示出优异的导电性能及传感性能（离子电导率1.15S/m，应变灵敏度2.8，压力灵敏度0.33/kPa）。

(3) 智能响应水凝胶及其药物控制释放性能

药物控释体系能够改善药物分子在机体内的释放、吸收、代谢和排泄过程，显著提高药物利用率并减弱药物的毒副作用。智能响应水凝胶是一种在生物体自身因素和外界环境因素刺激下［如pH值、温度、光、生物分子（如酶、葡萄糖）、氧化还原、外场（如电场、磁场）、压力等］表现出响应行为的智能水凝胶，它是药物控释体系中常用的载体之一。环境响应行为能使载药体系在病灶部位做出应答进而靶向释放药物，其在治疗癌症、糖尿病等疾病及伤口辅料等方面具有较好的应用前景。

① pH值响应型水凝胶。pH值敏感型水凝胶的聚合物链上含有阴离子基团（如—COO^-、—SO_3^-等）或阳离子基团（—NH_3^+等），其负载药物后能够根据pH值环境条件的微小变化而触发自身溶胀，导致体积连续不断变化来启动药物的控制释放。制备pH值敏感型水凝胶的常用高分子材料主要来源于天然高分子（如壳聚糖、羧甲基纤维素、海藻酸钠等）以及合成高分子（聚丙烯酸、聚甲基丙烯酸、聚丙烯酰胺等）。

由于体内不同组织或器官pH存在差异，所以，针对不同pH值病灶部位的pH值敏感型水凝胶在定位精准治疗方面独具优势。例如，胃和小肠的pH值差异较大（正常胃液的pH值为0.9～1.5，小肠液pH值一般为7～8），对于在胃的酸环境和胃蛋白酶中易被降解失活的药物，因口服后未能到达肠道被吸收利用，含羧酸基团的pH值敏感型水凝胶则能够在微酸性环境收缩保护药物顺利通过胃，到达小肠部位后随着pH值升高发生溶胀而释放药物。此外，当pH值敏感型水凝胶应用于伤口敷料时，其能够根据伤口炎症的pH值环境来

9

释放药物，促进伤口愈合，显示出独特的修复功能。

② 温度响应型水凝胶。温度响应型水凝胶通过环境温度的刺激进而释放药物。其特点是水凝胶中聚合物链的某一嵌段在一定温度范围内存在“溶解-不溶”的相转变过程。根据不同的相转变机理和过程，温度响应型水凝胶概述为以下两种：

第一种为存在最低临界溶液相转变温度（lower critical solution temperature，LCST）的温度响应型水凝胶，被称为负热敏型水凝胶。具有这种温敏性的聚合物包括聚 *N*-异丙基丙烯酰胺（PNIPAm）、聚 *N*-丙烯酰基-甘氨酸乙酯、聚 *N*-异丙基丙烯酰胺及聚 *N*,*N*-二乙基丙烯酰胺等，它们主链或侧链上一般存在一些疏水性基团（如甲基、乙基、丙基等）和一些亲水性基团（如酰胺键、羟甲基、醚键等），当温度升高到 LCST 时，温敏嵌段由溶解状态变为不溶（相分离）状态。所以，当温度高于 LCST 时，水凝胶药物控释体系的温敏基团由溶解状态变为不溶状态，聚合物分子链的疏水作用加强，溶剂壳层被破坏，水凝胶药物控释体系失水体积收缩或形成了疏水层，部分药物与水分子一起溶出，进入病灶部位。PNIPAm 具有与体温接近的 LCST（约 33℃），所以，它常用于制备负热敏型水凝胶。

第二种为存在最高临界溶液相转变温度（upper critical solution temperature，UCST）的温度响应型水凝胶，被称为正热敏型水凝胶。这类水凝胶的聚合物大部分是两性聚电解质[如聚磺酸化聚乙烯（PSPE）等]，它们的高分子链上一般含有可以发生缔合的极性基团。当温度升高到某一温度时，聚合物链温敏嵌段由不溶（相分离）状态变为溶解状态。所以，当温度高于 UCST 时，水凝胶药物控释体系中的温敏基团由不溶状态变为溶解状态，其与水分子之间存在的氢键作用加强，导致水凝胶发生溶胀，促使药物释放。

③ 光响应型水凝胶。光敏感型水凝胶的聚合物主链或侧链含有光敏基团，例如重氮或叠氮光敏基团（如邻偶氮磺酰基、偶氮苯）以及光二聚型光敏基团（如香豆素、肉桂酸酯基）等。其智能释放药物的机理主要为在外界光的照射下，光敏感型水凝胶中的光敏基团发生化学反应（聚合、异构化、光解等）引起大分子链构型、偶极矩、溶解度、导电性或水凝胶内离子浓度的变化，导致水凝胶溶胀而释放药物。目前对可见光、紫外线和红外线响应型水凝胶的研究报道较多，它们含有的光响应基团及其光响应机理列于表 9-11。

表 9-11 光响应型水凝胶的光响应基团及机理

水凝胶类型	光响应基团	光响应机理
可见光响应型水凝胶	螺吡喃、二芳基乙烯、俘精酸酐	开闭环转换
紫外线响应型水凝胶	偶氮苯、螺吡喃、二苯代乙烯及其衍生物、二芳基乙烯及其衍生物	顺反异构（偶氮苯、二苯代乙烯及其衍生物）、开闭环转换（二芳基乙烯及其衍生物）
红外线响应型水凝胶	香豆素衍生物、聚多巴胺、邻-硝基苯基团	分子内重排

④ 葡萄糖响应型水凝胶。调控糖尿病药物释放的葡萄糖响应型水凝胶在糖尿病血糖控制方面独具潜力，其机理是在水凝胶中负载或结合葡萄糖响应性的苯基硼酸、葡萄糖氧化酶和伴刀豆蛋白 A，它们能与水凝胶体系外游离的葡萄糖结合，导致水凝胶发生溶胀，释放出糖尿病药物。例如，将含—COOH 基团的普鲁兰衍生物（CPUL）通过化学交联法制备普鲁兰多糖衍生物-伴刀豆蛋白 A（CPUL-ConA）水凝胶，进一步负载糖尿病药物（胰岛素或阿卡波糖），CPUL-ConA 水凝胶在葡萄糖溶液中通过伴刀豆蛋白 A 与葡萄糖分子的特异性结合，葡萄糖进入水凝胶中，使得水凝胶体积发生膨胀，释放出糖尿病药物（图 9-28）。

（4）形状记忆水凝胶

形状记忆水凝胶是一种能够“记忆”初始形态的智能水凝胶，它能在外界条件刺激下由

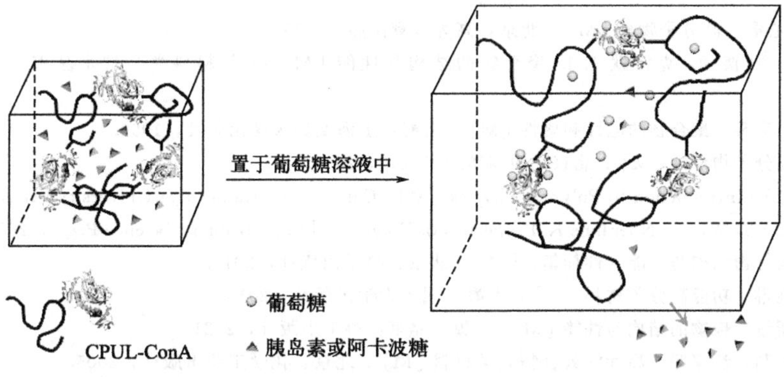

图 9-28　葡萄糖响应型 CPUL-ConA 水凝胶智能释放糖尿病药物

临时形状恢复到初始形状，在生物医学工程等领域越来越受到关注。形状记忆水凝胶的三维网络结构一般含有两种特殊的交联结构，以达到形状记忆的功能。第一种交联结构为由不可逆化学键连接形成的永久交联网络结构，形成初始形状；第二种交联结构为具有刺激响应性的可逆动态交联网络结构，其在外界条件（如温度、pH 值、光照、压力、湿度等）刺激下发生可逆断裂和重组，其作用是固定该水凝胶临时形成的形状并在刺激诱导下恢复至初始形状，动态交联键包括主要氢键、主-客体相互作用、配位作用以及动态化学键（如席夫碱键、硼酸酯键）等。

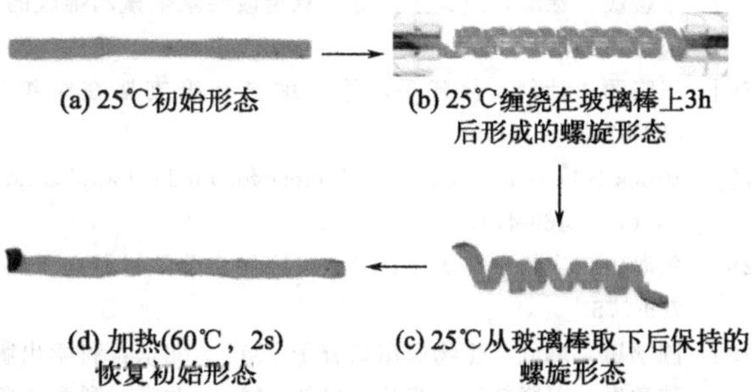

图 9-29　PVA/TA 水凝胶条带形状记忆过程的照片（罗丹明 B 染色）

根据以上机理，形状记忆水凝胶的制备机理一般设计为化学交联与物理交联协同作用以及化学交联与动态化学键协同作用。也有报道利用键能不同的非共价键化学制备形状记忆水凝胶。例如，温度敏感型的聚乙烯醇/单宁酸（PVA/TA）形状记忆水凝胶，图 9-29(a) 为 25℃初始形态，图 9-29(b) 和图 9-29(c) 分别为 25℃缠绕在玻璃棒上以及从玻璃棒取下形成的螺旋形态，当加热至 60℃时 PVA/TA 水凝胶只需要 2s 立即基本恢复初始形态［图 9-29(d)］。PVA/TA 水凝胶产生形状记忆的机制是，PVA 与 TA 之间的较强氢键网络结构用于固定初始形状，而 PVA 分子间相对较弱的氢键则用于形成临时形状，这类氢键在 60℃发生断裂，使得 PVA/TA 水凝胶恢复初始形态。

参考文献

［1］ Blythe A R. Electrical Properties of Polymers ［M］. London：Cambridge University Press，1979.

［2］ Cole R H. Dielectric relaxation in polyvinyl chloride ［J］. Journal of Chemical Physics，1965，42（2）：637-640.

［3］ 江明，府寿宽．高分子科学的近代论题［M］．上海：复旦大学出版社，1998.

［4］ 殷敬华，莫志深．现代高分子物理学（下）［M］．北京：科学出版社，2001.

［5］ Shante V K S，Varma C M. Electrical conduction in disordered materials ［J］. Physical Review B，1973，8（12）：4885-4891.

［6］ Sheng P. Theory of dielectric breakdown in polymers ［J］. Physical Review B，1980，22（4）：2180-2185.

［7］ 何曼君，陈维孝，董西侠．高分子物理（修订本）［M］．上海：复旦大学出版社，2002.

［8］ 马德柱，何平笙，徐种德，等．高聚物结构与性能［M］．北京：科学出版社，2000.

[9] 刘凤岐，汤心颐．高分子物理［M］．北京：高等教育出版社，1995.
[10] 卡恩 R W，哈森 P，克雷默 E J. 聚合物的结构与性能［M］// 材料科学与技术丛书．北京：科学出版社，1999.
[11] 顾振军，王寿泰．聚合物的电性和磁性［M］．上海：上海交通大学出版社，1990.
[12] 梁伯润．高分子物理学［M］．北京：中国纺织出版社，2000.
[13] Bower D I. An Introduction to Polymer Physics［M］. Cambridge：Cambridge University Press，2002.
[14] Van Krevelen D W，Te Nijenhuis K. Properties of Polymers［M］. Beijing：Science Press，2010.
[15] 马德柱．聚合物结构与性能（性能篇）［M］．北京：科学出版社，2017.
[16] 王建国，刘琳．功能高分子材料［M］．上海：同济大学出版社，2010.
[17] 何平笙．新编高聚物的结构与性能［M］. 2 版．北京：科学出版社，2021.
[18] 杨柏，吕长利，沈家聪．高性能聚合物光学材料［M］．北京：化学工业出版社，2005.
[19] 马德柱．聚合物结构与性能-性能篇［M］．北京：科学出版社，2013.
[20] 马建标．功能高分子材料［M］. 2 版．北京：化学工业出版社，2010.
[21] 赵长生，孙树东．生物医用高分子材料［M］. 2 版．北京：化学工业出版社，2001.
[22] 李瑞，王青山．骨组织工程支架材料的研究进展［J］．中国组织工程研究与临床康复，2011，15（29）：5471-5474.
[23] 王小凡．聚合物降解动力学研究进展［J］．化学工程与装备，2017，3：169-170.
[24] 石强，栾世方，金晶，等．高分子复合材料界面改性技术［J］．中国材料进展，2014，33（4）：212-223.
[25] 李媛媛，徐蕊，赵义平，等．双重改性聚偏氟乙烯膜的制备及血液相容性［J］. 高分子材料科学与工程，2017，33（9）：171-176.
[26] 王晓丽，计剑，徐建平，等．纳米纤维支架在组织工程中的应用［J］．材料研究学报，2005，19（6）：608-612.
[27] Bruck S D. Biodegradable polymers for medical applications［J］. International Journal of Artificial Organs，1990，13（7）：469-471.
[28] 焦海山，宋悦宁，黄健，等．可降解高分子材料在骨科的应用［J］．中国修复重建外科杂志，2021，35（6）：769-775.
[29] 陈学思，陈红．生物医用高分子［M］．北京：科学出版社，2018.
[30] 陈学思．可降解医用高分子材料［M］．北京：科学出版社，2020.
[31] 刘潇，李彦锋，崔彦君，等．功能高分子材料的合成与应用［J］．化学通报，2010，3：220-226.
[32] 陈学思．高分子材料科学前沿［J］．科学前沿，2018，13（4）：35-38.
[33] Cai X，Yang L，Zhang L，et al. Synthesis and anaerobic biodegradation of indomethacin-conjugated cellulose ethers used for colon-specific drug delivery［J］. Bioresource Technology，2009，100（18）：4164-4170.
[34] 周志彬，黄开勋，陈泽宪，等．高分子药物载体的研究进展［J］．北京生物医学工程，2001，20（1）：76-79.
[35] 傅杰，卓仁禧，范昌烈．功能性高分子材料的合成与性能［J］．功能高分子学报，1998，11（2）：302-310.
[36] 杨佳臻，邹昊洋，丁建勋，等．高分子链结构对性能的影响［J］．高分子学报，2021，8：960-977.
[37] 葛成龙，刘勇，殷黎晨．高分子材料的力学性能研究［J］．科学通报，2021，88（18）：2217-2230.
[38] 杨方平，宋子元，殷黎晨，等．新型高分子复合材料的制备与应用［J］．材料导报，2022，36（3）：21080287.
[39] 王明智，杜建忠．高分子药物载体的设计与优化［J］．高分子学报，2014，9：1183-1194.
[40] 李弘，徐杰．离子交换树脂的合成与应用［J］．离子交换与吸附，2008，24（3）：280-288.
[41] 徐虹，冯小海，徐得磊，等．生物可降解高分子材料的研究进展［J］．生物产业技术，2017，6：92-99.
[42] 降解塑料的定义、分类、标志和降解性能要求：GB/T 20197—2006［S］．北京：中国标准出版社，2006.
[43] 谢亚妮，白茜．塑料助剂的发展现状［J］．塑料助剂，2022，2（152）：59-61.
[44] 李昕玥，刘卓苗，薛润泽，等．高分子材料的环境响应性研究［J］．科学通报，2021，66（20）：2573-2589.
[45] 谢宝君，梁文耀，宋霜霜，等．工程塑料的改性技术［J］．工程塑料应用，2012，40（7）：85-88.
[46] 金琰，蔡凡凡，王立功，等．生物可降解高分子材料的合成与表征［J］．生物工程学报，2022，38（5）：1784-1808.
[47] 侯冠一，翁云宣，刁晓倩，等．高分子材料的回收与再利用［J］．中国材料进展，2022，41（1）：52-67.
[48] 林源．石油化工高分子材料的生产工艺［J］．石油化工，2019，48（7）：759-762.
[49] 许毅，叶强，刘春．高分子材料在石化行业的应用［J］．中国石化，2021，7：20-23.
[50] 王礼建，董亚强，杨政，等．新型高分子复合材料的研究进展［J］．材料导报 A，2015，29（9）：63-67.

[51]　谢辉，向书永，朱才镇，等．高分子材料的加工与成型［J］．高分子材料科学与工程，2021，37（2）：149-156.

[52]　徐潇，蒋姗，王秀，等．高分子材料的表面改性技术［J］．化学通报，2018，81（2）：109-115.

[53]　张建红，陈婧婕，高玲玲，等．高分子材料的微观结构表征［J］．高分子通报，2019，10：149-162.

[54]　Xu H，Fang Z，Tian W，et al. High-performance polymer nanocomposites［J］. Advanced Materials，2018，30（29）：1801100.

[55]　刘耀斌，李彦锋，拜永孝．功能高分子材料的制备与应用［J］．材料导报，2010，24（7）：123-127.

[56]　Lam S J，O'Brien-Simpson N M，Pantarat N，et al. Bacterial adhesion on polymer surfaces［J］. Nature Microbiology，2016，1：16162.

[57]　Fernandes C S M，Pina A S，Pina A C A. Biomaterials for tissue engineering［J］. Biomaterials，2021，268：120563.

[58]　Kodavaty J. Nanoparticle-based drug delivery systems［J］. Journal of Drug Delivery Science and Technology，2022，71：103298.

[59]　Lin K，Yi J，Mao X，et al. Glucose-sensitive hydrogels from covalently modified carboxylated pullulan and concanavalin A for smart controlled release of insulin［J］. Reactive and Functional Polymers，2019，139：112-119.

[60]　杨玉良，胡汉杰．高分子物理［M］．北京：化学工业出版社，2001.

[61]　张俐娜．高分子材料科学导论［M］．北京：化学工业出版社，2001.

[62]　王通，王广飞，张淑敏，等．新型高分子材料的设计与制备［J］．材料导报，2022，36（6）：20060050.

[63]　朱琳，陈强，徐昆．高分子材料的纳米结构研究［J］．化学进展，2014，26（2）：1032-1038.

[64]　陈楚楚，吴启静，王怡仁，等．高分子材料的力学性能测试［J］．高分子材料科学与工程，2020，36（8）：152-157.

[65]　郑航，马帅，宋伟政，等．高分子材料的热稳定性研究［J］．高分子材料科学与工程，2021，37（3）：151-167.

[66]　Gong J P，Katsuyama Y，Kurokawa T，Osada Y. Super-tough hydrogels［J］. Advanced Materials，2003，15（14）：1155-1158.

[67]　Gong J P. Design of strong and tough hydrogels［J］. Soft Matter，2010，6（11）：2583-2590.

[68]　Chen Q，Zhu L，Zhao C，et al. Self healing polymers［J］. Advanced Materials，2013，25（30）：4171-4176.

[69]　郑静霞，陈国旗，缪玥钥，等．高性能水凝胶传感器研究进展［J］．功能高分子学报，2022，35（4）：299-313.

[70]　Liao M，Wan P，Wen J，et al. Conductive polymers for energy storage［J］. Advanced Functional Materials，2017，27（38）：1703852.

[71]　Zhang D，Tang Y，Zhang Y，et al. High-temperature resistant polymers［J］. Journal of Materials Chemistry A，2020，8（40）：20474-20485.

[72]　Zhou L，Pei X，Fang K，et al. Polymer nanocomposites［J］. Polymer，2020，192：122319.

[73]　蔡紫煊，张斌，姜丽阳，等．高分子材料的光响应性研究［J］．化学进展，2019，31（12）：1653-1668.

[74]　张瑜，张泗达，丁秀仿，等．高分子材料的加工工艺［J］．材料导报，2022，36（Z1）：21120138.

[75]　Yi J，Lin K，Wu H，et al. Smart controlled release of acarbose from glucose-sensitive hydrogels comprising covalently modified carboxy lated pullulan and concanavalin A［J］. Journal of Applied Polymer Science，2021，138（21）：e51553.

[76]　黄敏，雒春辉．高分子材料的降解机制［J］．高分子通报，2021，12：13-21.

[77]　Chen Y，Peng L，Liu T，et al. Polymer-based sensors［J］. ACS Applied Materials & Interfaces，2016，8（43）：27199-27206.

[78]　简钰坤，路伟，张佳玮，等．高分子材料的分子模拟研究［J］．高分子学报，2018，11：1385-1399.

9

第 10 章 高分子合金及复合材料

高分子合金（polymer alloy）一般指通过高分子间的物理或化学组合得到的宏观均匀连续的高分子复合体，通常包含两种或以上不同高分子，如高抗冲聚苯乙烯、三元乙丙橡胶/聚丙烯热塑弹性体，20 世纪 60 年代出现的第一个工程塑料合金 PC/ABS 以及高强度耐热的聚苯醚/高抗冲聚苯乙烯工程塑料等。高分子合金由于其凝聚态结构的特点可协同均衡各聚合物组分的性能，由此可以获得综合性能优良的聚合物新材料。

复合材料（composite material，CM）定义为由两种或两种以上物理和化学性质不同的物质组合而成的一种多相固体材料。在复合材料中，组分材料虽然保持其相对独立性，但复合材料的性能却不是各组分材料性能的简单加和，而是有着重要的改进和协同作用。在工程上，复合材料主要是指以复合的工艺将一种材料均匀地分散在另一种材料中，以克服单一材料的某些弱点，发挥综合性能的特性。其中，以聚合物为基体，以颗粒或纤维为增强剂形成的复合材料称为高分子复合材料。

高分子合金及复合材料属于高分子共混物，都具有多组分、多相的结构特征。本章主要就高分子合金及复合材料的织态结构和宏观力学性能作简要阐述，并介绍高分子合金及复合材料的增韧、增强机理及影响因素。

10.1 高分子合金及复合材料概述

10.1.1 高分子合金

从形态结构上来定义，高分子合金是在亚微观上呈均相的或微观上是非均相的一种以聚合物作为组分的复合材料。高分子合金分为两大类：一类为主要通过物理机械共混成型的体系及互穿聚合物网络（interpenetrating polymer networks，IPN），各聚合物组分之间无化学键连接。另一类为共聚体系，包括嵌段共聚物、多嵌段共聚物和接枝共聚物等，组分聚合物之间存在化学键。

聚合物共混是将两种或者两种以上的聚合物通过物理或者化学的方法进行混合，获得宏观上均匀连续且性能有所改进或者有特殊性能的聚合物新材料，如 PVC/NBR、HIPS。共混法包括机械共混、溶液共混及乳液共混。

互穿聚合物网络是两种以上交联聚合物相互贯穿而形成的交织聚合物网络。制备 IPN 常用的方法是用含有引发剂和交联剂的单体 B 将聚合物 A 溶胀，再进行聚合，便得到 A 和 B 交互贯穿的网络。

由于制备方法、反应条件及合成机理等特点决定了 IPN 的形态普遍存在复相结构的特点，即使均聚网络形成的 IPN，也表现一定程度的复相结构。此外，大多数 IPN 具有胞状结构或芯壳结构，如图 10-1 所示。与一般聚合物共混物相比，IPN 的界面层更为明显，具有疏松的结构。

通过活性阴离子聚合得到 AB 两嵌段或三嵌段共聚物最典型的代表是热塑性弹性体，如 SBS 和 SIS（苯乙烯-异戊二烯-苯乙烯三嵌段共聚物）等，其中一种星形嵌段共聚物如图 10-2

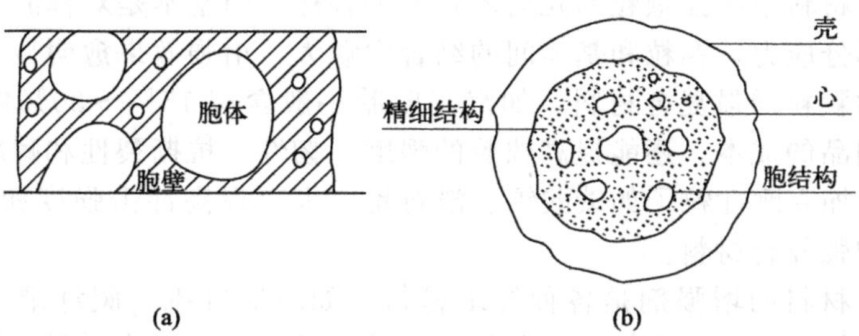

图 10-1　IPN 胞状结构模型（a）及芯壳结构模型（b）

所示。这类共聚物分子链中通常有一嵌段为“硬段”，其 T_g 较高，或者形成结晶，也或者形成氢键、络合离子键或可逆性共价键等，另一嵌段为“软段”，其 T_g 较低或非结晶状态。“硬段”在使用温度下聚集起来形成“物理交联区域”或“可逆的化学交联区域”，“软段”可以发生分子链段运动提供大形变，从而成为高温下能塑化成型，低温下显示橡胶弹性的热塑弹性体材料。嵌段或接枝共聚物同样存在两相结构，如图 10-3 所示。

10.1.2　高分子复合材料

复合材料的基本组分是基体材料和增强剂。一般来说基体为连续相，增强剂为分散相，两相之间存在相界面。复合材料的性能取决于各相的性能、两相的比例和两相间界面的性质等。

根据复合材料两相或多相的尺寸、形状，可将复合材料分为微观和宏观复合材料两类。宏观复合材料中增强剂尺寸较大，可肉眼分辨，如钢筋混凝土。微观复合材中增强材料的尺寸为微观数量级（1～100μm）。根据增强剂的形状，微观复合材料分为弥散增强、颗粒增强和纤维增强复合材料三类，如图 10-4 所示。弥散增强复合材料中，增强剂是直径约为 0.01～0.1μm 的粉末颗粒，用量一般为 15%（体积分数）以下。颗粒增强复合材料中，颗粒的直径在 1μm 左右，用量约为 20%～40%（体积分数）。纤维增强材料中，纤维直径约为几微米，长径比超过几十，体积分数最高可达 70%。

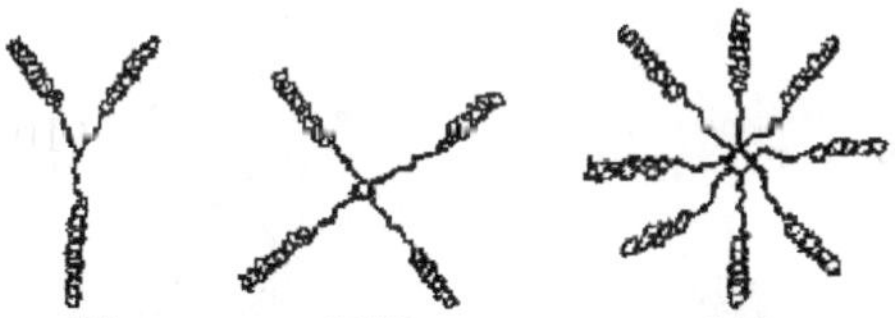

图 10-2　星形嵌段共聚物的示意图

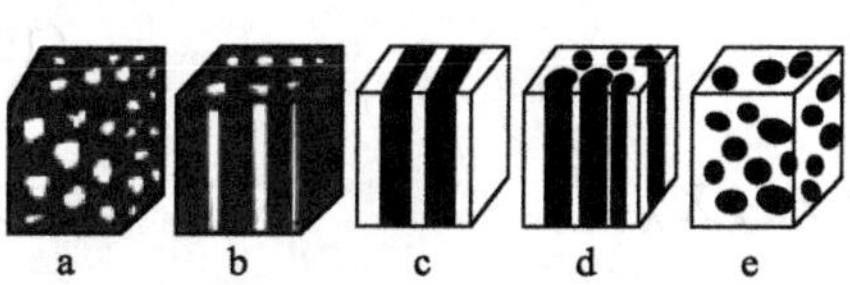

图 10-3　嵌段共聚物相分离形态示意图

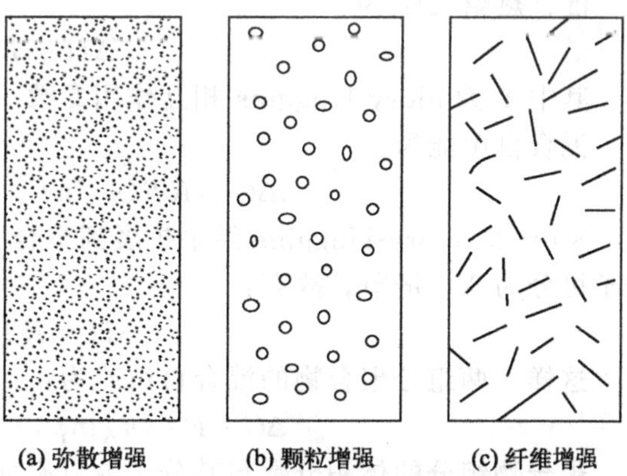

图 10-4　微观复合材料的三种类型示意图

弥散增强复合材料常见于金属基复合材料，聚合物/无机纳米复合材料也属于弥散增强复合材料。分散相可以是金属、非金属或氧化物。弥散增强复合材料的主要载荷是基体，分散相可阻止位错运动，从而限制材料的塑性形变，使强度或硬度提高。

颗粒增强复合材料中增强颗粒的几何形状各种各样，但基本是对称的。颗粒增强的机理在于颗粒能承载部分应力，颗粒和基体间的结合力愈大，增强效果愈明显。炭黑或白炭黑增强橡胶就是典型的颗粒增强复合材料。如汽车轮胎一般含有15%～30%体积的炭黑，炭黑不仅能降低橡胶制品的成本，还能提高橡胶的强度、韧性、抗撕裂性和耐磨性。热塑性塑料如聚丙烯、ABS，加入刚性粒子如碳酸钙、滑石粉，也有提高冲击强度和增加硬度的效果，它们都属于颗粒增强复合材料。

纤维增强复合材料的增强剂是各种纤维材料，如玻璃纤维、碳纤维、芳纶纤维、晶须等。最常见的玻璃钢是以不饱和树脂为基体，以玻璃纤维（布）为增强材料的聚合物基复合材料。

10.2 高分子合金的相容性

10.2.1 相容性的热力学判据

相容性是指高分子共混体系的两相微观结构在动力学范畴上的分散和黏结性能，聚合物间的相容性是决定共混体系力学性能的重要因素，而聚合物相容性的基本特点及相分离机理是与混合自由能密切相关的。

根据热力学第一定律，A和B两种聚合物共混，混合自由能ΔG为：

$$\Delta G=\Delta H-T\Delta S \tag{10-1}$$

式中，ΔH和ΔS分别为混合热和混合熵；T为绝对温度。只有$\Delta G<0$时，混合才能自发进行。对于高分子体系来说，如果异种分子间没有特殊的相互作用，如氢键，那么ΔH值总是大于零，即共混时吸热。这样，共混物能否混合均匀，就要看熵项的贡献能否占主导地位。

Flory和Huggins创立的高分子溶液热力学中，用格子模型，将高分子B设想为由x_p个链节组成，每链节占一个格子，通过计算n_A摩尔溶剂分子和n_B摩尔高分子混合时的排列方式数，得到ΔS的表达式为：

$$\Delta S=-R(n_A\ln\phi_A+n_B\ln\phi_B) \tag{10-2}$$

式中，ϕ_A和ϕ_B分别为A和B的体积分数；n_A和n_B分别是A和B的物质的量；R为气体常数。

混合热焓ΔH为：

$$\Delta H=RT\chi n_A\phi_B \tag{10-3}$$

其中χ为Flory-Huggins相互作用参数。

混合自由能为：

$$\Delta G=RT(n_A\ln\phi_A+n_B\ln\phi_B+\chi n_A\phi_B) \tag{10-4}$$

Scott将Flory-Huggins结果扩展到聚合物-聚合物体系。即组分A也是高分子，一个高分子可分为X_A链节，故有：

$$\Delta H=RT\chi n_A X_A\phi_B \tag{10-5}$$

这样，两组分聚合物的混合自由能为：

$$\Delta G=RT(n_A\ln\phi_A+n_B\ln\phi_B+\chi n_A X_A\phi_B) \tag{10-6}$$

聚合物组分的体积分数与其分子数目有如下关系：

$$\phi_A=n_A X_A\frac{V_r}{V} \tag{10-7}$$

$$\phi_B=n_B X_B\frac{V_r}{V} \tag{10-8}$$

式中，V_r为Flory混合熵晶格理论中的晶格体积，可近似地视作一个链节的体积；V

为体系总体积。因此式(10-6) 可改写成：

$$\Delta G = RT(V/V_{r})(\phi_{A}\ln\phi_{A}/X_{A} + \phi_{B}\ln\phi_{A}/X_{B} + \chi\phi_{A}\phi_{B}) \tag{10-9}$$

从式(10-9) 可知，括号内前两项是混合熵变 ΔS，最后一项是混合焓变 ΔH。X_A 和 X_B 越大，则 ΔS 越小，即聚合物共混体系中组分的分子量越大，熵变越小。共混体系的相互作用参数 χ 值越大，ΔH 越大，越不利于相容性提高。所以聚合物共混的相容性取决于 χ、X_A、X_B 的值。

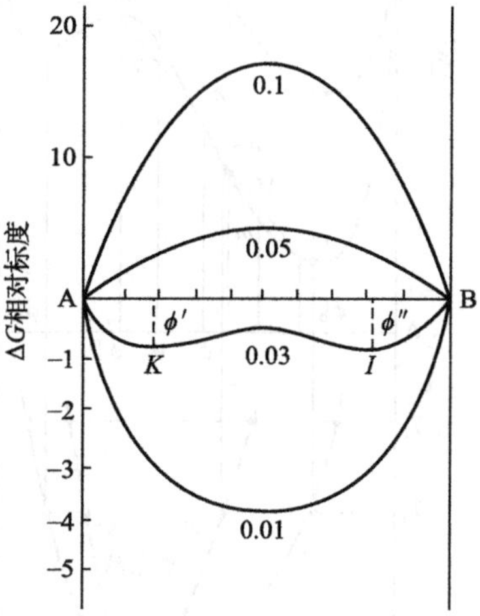

图 10-5　A 和 B 共混体系混合自由能与组成的关系

图 10-5 是根据式(10-9) 作出的 A 和 B 共混体系混合自由能对组成的变化曲线图。曲线旁的数据是相应的相互作用参数 χ 的值。当 χ 很小时（$\chi = 0.01$），焓项贡献很小，体系的 ΔG 值在整个组成范围内都小于零，曲线有一最小值，此时任何组成的共混物的自由能都比相应的 A 和 B 的低，整个组成范围体系为均相。而当 $\chi = 0.1$ 时，熵项较焓项为小，ΔG 曲线有最大值，此时，任何组成的共混物的自由能均比相应的 A 和 B 的高，故 A 和 B 不能形成稳定的共混物。当 χ 取中间值时，如 $\chi = 0.03$ 时，ΔG 曲线出现两个极小值，即具有两个极小自由能的组成 ϕ' 和 ϕ''。若体系的总组成处于 ϕ' 和 ϕ'' 之间，便会产生相分离，形成组成分别为 ϕ' 和 ϕ'' 的两相，因为这样可使体系自由能更小。这类具有两个极小值的曲线必须有两个拐点（如图 10-5 的 K，I）。在拐点处二阶导数为零，即：

$$\frac{\partial^2 \Delta G}{\partial^2 \phi_{A}} = 0 \text{ 和 } \frac{\partial^2 \Delta G}{\partial^2 \phi_{B}} = 0 \tag{10-10}$$

两相开始出现的条件也就是拐点出现的条件为二阶导数和三阶导数均为零。对式(10-9) 求三阶导数，得临界条件下：

$$\chi_{c} = \frac{(X_{A}^{-1/2} + X_{B}^{-1/2})^2}{2} \tag{10-11}$$

χ_c 为 χ 的临界值。即当体系中 A 和 B 的相互作用参数 $\chi > \chi_c$ 时，体系不能在整个浓度范围出现均相，相 A 和 B 是不相容的。只有当 $\chi < \chi_c$ 时，才能为均相。设 $X = X_A = X_B$ 时，式(10-11) 可简化为：

$$\chi_{c} = \frac{2}{X} \tag{10-12}$$

式(10-12) 可以用来考察分子量对相容性的影响情况。将式(10-12) 改写后：

$$X_{c} = \frac{2}{\chi} \tag{10-13}$$

这里 X_c 即为临界的链节数，其意义是 A、B 的聚合度大于 X_c 时，为多相，小于 X_c 时则为均相。

由式(10-12) 可知，聚合物分子量越大，则 χ_c 越小，越不相容。通常 χ_c 为 0.01 左右，这是很小的数据，两种聚合物之间的 χ 值多数大于此值，所以真正热力学上相互溶解的聚合物对应的是不多的。

10.2.2　聚合物-聚合物二元体系相图

从热力学角度考虑，聚合物的相容性就是聚合物之间的相互溶解性，即两种聚合物形成

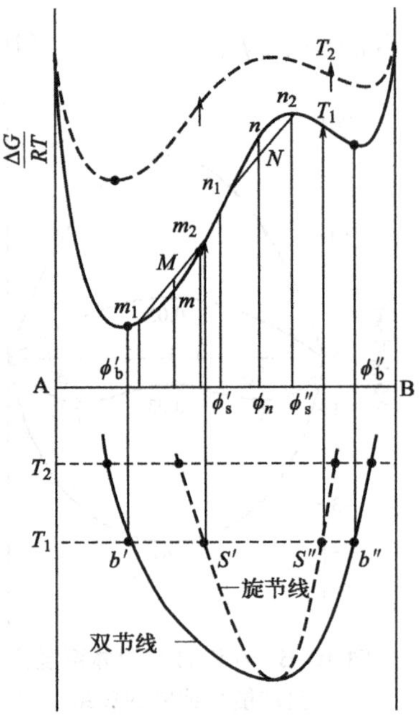

图 10-6 二元聚合物体系的 ΔG-组成关系曲线（上部）及相图（下部）

均相体系的能力。如果两种聚合物可以任意比例形成分子水平均匀的均相体系，称为完全相容；如果仅在一定的组成范围内才能形成稳定的均相体系，则称为是部分相容。通常，当部分相容性较大时，称之为相容性好；当部分相容性较小时，称之为相容性差；当部分相容性很小时，称之为不相容或基本不相容。通常能够获得良好综合性能的高分子合金材料呈现部分相容结构。

图 10-6 表示一种具有最低临界相容温度（LCST）的部分相容的二元聚合物体系的混合自由能 ΔG 与组成的关系，下部为此二元体系的相图，其特征是有两个拐点 S' 和 S''。

从 ΔG-ϕ_2 曲线图可知，当 $\phi_2 < b'$ 或 $\phi_2 > b''$ 时，体系是相容的；当组成在两拐点 S' 和 S'' 之间时，体系不稳定，会自发分离成两个相 b' 和 b''，对应混合自由能曲线的两个极小值点。因这种相分离是通过反扩散机理完成的（即向浓度大的方向扩散），故称为旋节分离（SD）。因此拐点 S' 和 S'' 亦称为旋节点。图 10-6 下部的点虚线称为旋节线。旋节分离利于产生两相交错的形态结构，相畴较小，两相界面较为模糊，有助于共混物性能的提高。

当组成在 b' 和 S' 及 b'' 和 S'' 之间时，为介稳态。组成的微小波动会使体系自由能增大，所以相分离不能自发进行，需成核作用促使相的分离。这种分离过程包括核的形成和核的增长两个阶段，称为成核-增长相分离过程（NG）。这种相分离过程较慢，所形成的分散相常为较规则的球形颗粒。

部分相容的聚合物-聚合物的相图归纳起来有如下几种类型：①最高临界相容温度行为（UCST），如图 10-7(a)，即超过临界温度，体系完全相容，为热力学稳定的均相体系，低于此温度则为部分相容，在一定的组成范围内产生相分离。②最低临界相容温度行为（LCST），如图 10-7(b)，即低于临界温度，体系完全相容，高于此温度为部分相容。③同时存在最高临界相容温度和最低临界相容温度，如图 10-7(c) 所示。表 10-1 列出了若干聚合物共混物的相图类型。

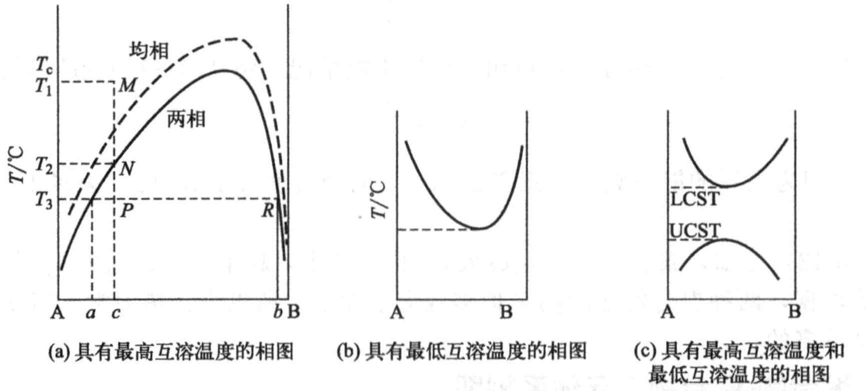

图 10-7 聚合物-聚合物等压相图

表 10-1 若干聚合物共混物的相图类型

相图类型	聚合物对	相图类型	聚合物对
UCST	天然橡胶/丁苯橡胶，聚异丁二烯/聚二甲基硅氧烷，聚苯乙烯/聚异戊二烯，聚氧化乙烯/聚氧化丙烯，苯乙烯-丙烯腈/丁腈橡胶-40	LCST	聚苯乙烯/聚乙烯甲基醚，聚己内酯-苯乙烯-丙烯腈共聚物，聚甲基丙烯酸甲酯-苯乙烯-丙烯腈共聚物，苯乙烯-丙烯腈/聚甲基丙烯酸甲酯
		UCST，LCST 同时存在	聚甲基丙烯酸甲酯/氧化聚乙烯，聚苯乙烯/聚苯醚等

10.2.3 相分离机理

共混聚合物的相分离机理主要有旋节分离机理及成核和生长机理两种，现简述如下。

(1) 旋节分离机理

如图 10-6 中，体系的组成若处于两拐点 S' 和 S'' 之间，也就是在相图上处于旋节线内的区域时，相分离属于旋节分相机理，是非稳定态的相分离。当体系产生微小的组成涨落而分相，分相后的自由能小于分相前的，表明分相是自发进行的，这种分相过程通常进行较快。两相的组成逐渐变化，最后接近双节线所要求的平衡相组成。由于这种分相能自发产生，使分散相区间有一定程度的连接而使形态结构倾向于两相交错的情况。如图 10-8 所示。

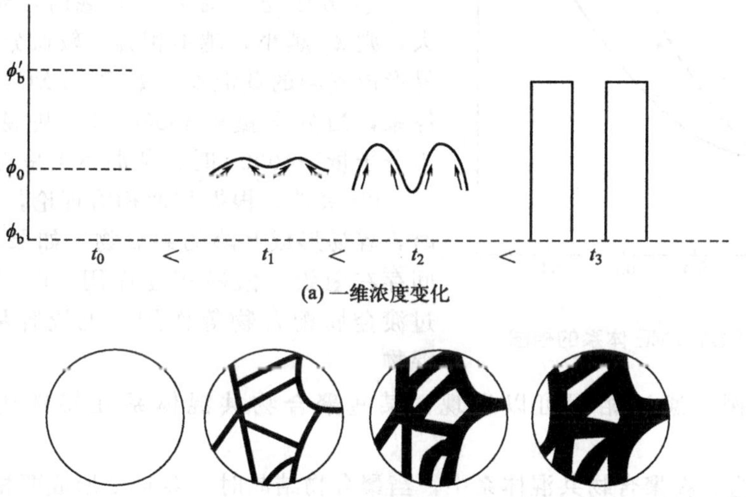

(a) 一维浓度变化

(b) 二维结构变化

图 10-8 旋节分相机理示意图（t 为时间）

(2) 成核和生长机理 (NG)

若体系的组成处于极小点和拐点之间（图 10-6 中的 ϕ_b' 和 ϕ_s' 及 ϕ_b'' 和 ϕ_s'' 之间），也就是在相图上的旋节线和双节线之间的区域，则相分离属于此机理。由于体系具有一定的混合稳定性，分离后两相的总自由能增大，也就是说，体系不能自发地分相。要实现分相，首先必须活化、干扰，在体系中克服势垒形成分散相（组成为 ϕ' 和 ϕ''）的“核”，核一旦形成，便逐步生长。这种分相过程，分散相区不会相互连接，而多为球粒形态。如图 10-9 所示。图 10-10 是应用相差显微镜跟踪的方法得到的 PS/PVME 体系的相图。其分相机理属于成核和生长机理。

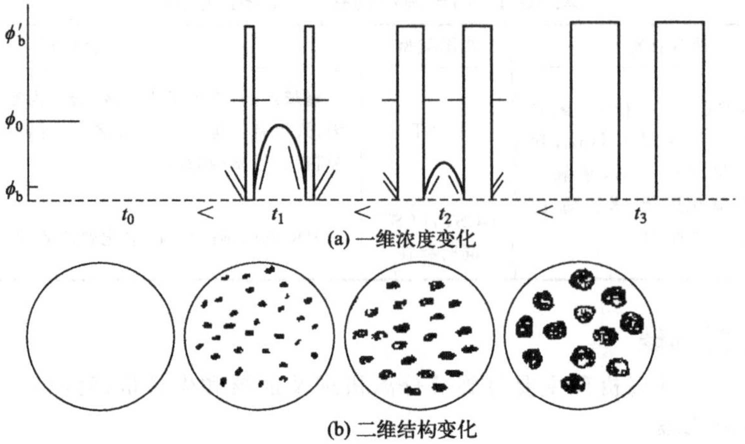

图 10-9 成核和生长分相机理示意图

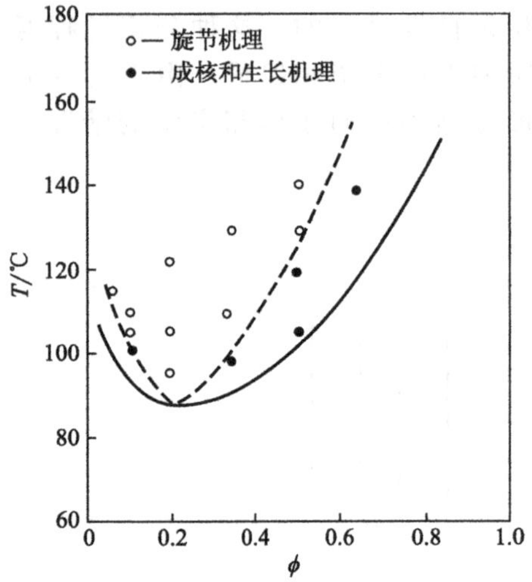

图 10-10 PS/PVME 体系的相图

10.2.4 高分子相容性的改善

10.2.4.1 相容性的影响因素

从宏观上分析，高分子共混物相容性的影响因素可分为以下几个方面：

① 分子量。高分子共混时，聚合物分子量越大，则 χ_c 越小，越不相容。较低分子量的聚合物容易形成互溶的共混物。如 PS/PMMA 的稀溶液共混体系，当分子量＜40000 时，共混体系呈现均相，当分子量＞40000 时，共混体系呈现两相。

② 极性。根据相似相溶理论，当分子极性相似时，容易形成互溶的共混物。如果不同聚合物分子间存在氢键、酸碱相互作用、电子转移、离子键、过渡金属配合物等作用，也较容易形成互溶的共混物。

③ 混合比例。通过相图可以发现，某些聚合物共混体系在特殊比例时可以完全互溶。

④ 结晶行为。在聚合物共混体系中，当聚合物结晶时，会自动形成两相结构。

⑤ 共混温度。温度对于聚合物共混体系的相容性影响较大。对于低分子量的共混体系，共混时的温度越高，相容性越好；对于高分子量的聚合物共混体系，随着共混温度的提高，相容性呈现多种类型的变化。通常，温度越高，分子链扩散效应越显著，共混物的相容性越好。在指定的共混温度下，相容性主要取决于共混物的组成比例。

⑥ 共混时间。共混时间对于分散相的尺寸具有决定性作用，共混时间太短，不利于分散相的分散；共混时间太长，聚合物合金将产生降解等问题。

10.2.4.2 相容性的改善方法

如上所述，大多数聚合物之间相容性较差，共混体系难以达到所要求的分散程度，即使借助设备与工艺条件，使两种聚合物在共混过程中实现均匀分散，也会在后续冷却或使用过程中重新聚集，导致性能下降。加入一些与两种聚合物均有较好相容性的共聚物，可降低两组分间界面能，增加体系的相容性，从而获得相等大小适宜、相间具有较强相互作用的合金材料，这类共聚物称为增容剂，也称相容剂。增容剂可分为非反应型和反应型两类。根据实际应用情况，改善聚合物的相容性主要有添加非反应型增容剂、添加反应型增容剂（包括在聚合物组分之间引入相互作用的基团）及原位增容等方法。

（1）加入非反应型增容剂

嵌段共聚物和接枝共聚物都属于非反应型增容剂。由于大分子结构中同时含有与A相和B相相同的聚合物链，因而在两相界面处存在化学联结点而起到偶联作用，如图10-11所示。这类增容剂在两相界面处聚集，可以降低两相之间的界面能，促进相的分散，阻止分散相的凝聚并增强相间黏结等。

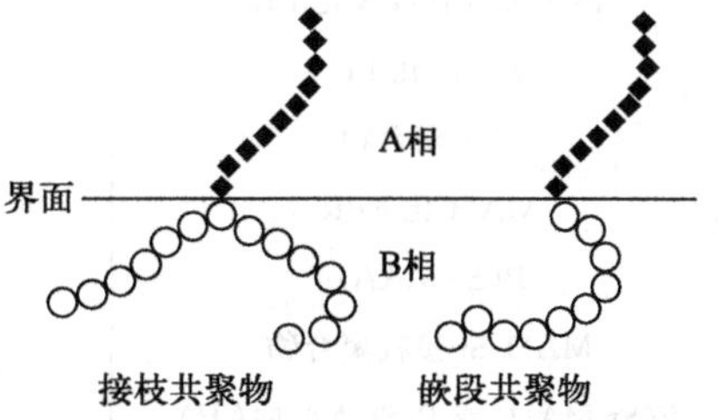

图10-11 非反应型增容剂作用原理

依据增容剂的概念，如果聚合物A与C相容，聚合物B与D相容，则A-b-B或A-g-B可以作为C与D共混物的增容剂。如果聚合物A同时具有与C、D良好的相容性，则A就可能作为C、D共混时的增容剂。例如，氯化聚乙烯CPE对PE/PS体系有增容作用。这类增容剂的增容作用的特点是依靠与共混组分之间形成氢键、离子键或质子接受体而实现。

（2）加入反应型增容剂

反应型增容剂具有与共混的聚合物组分之间形成新的化学键的反应基团，所以可称之为化学增容。化学增容包括反应性增容剂与共混聚合物组分反应而增容，也包括使共混聚合物组分官能化，并借助相互反应而增容。例如，在PE/PA共混体系中利用马来酸酐接枝PE作为增容剂：

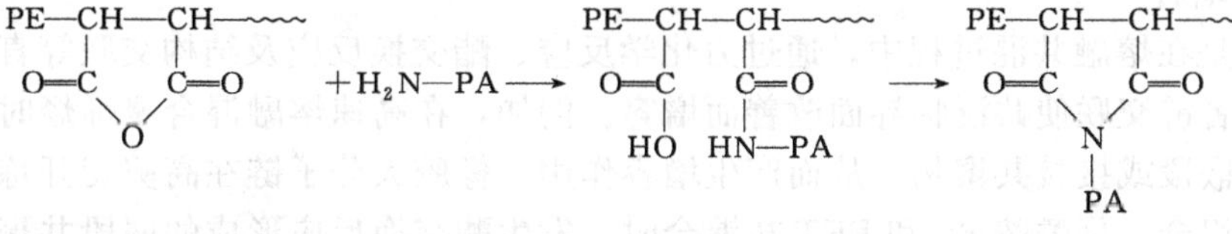

现将目前应用较为普遍的增容剂分两类列于表10-2及表10-3中。

表10-2 非反应型增容剂及其应用

增容剂	P1	P2
PS-b-PI	PS	PI
PS-b-PMMA	PS	PMMA
PS-b-PE	PS	PE
PS-b-PMMA	PS	PMMA
CPE	PS	PE
PS-g-PEA	PS	PEA
PS-g-PB	PS	PB
CPE	PVC	PE,PS
EPR	PE	PP
PP-g-EPDM	PP	EPDM
PP-g-PA	PP	PA
PEO-g-PA	PEO	PA
PDMS-b-EPO	PDMS	PEO

注：EPR—二元乙丙橡胶；EPDM—三元乙丙橡胶；PEO—聚环氧乙烷；PA—聚酰胺；PP—聚丙烯；PDMS—聚二甲基硅氧烷；PEA—聚丙烯酸乙酯。

表 10-3 反应型增容剂及其应用

增容剂	P1	P2
羧化 PE 或 P(E-MAA)	PA	PE
离子聚合物或羧化 PE	PA	PE
MAH 化 PP	PA	PP
离子聚合物	PA	PP
MAH 化 EPR	PA	PP
P(St-MAA)	PA	PS
MAH-St 接枝聚合物	PA	PS
P(St-MAH)或 P(St-AA-MAH)	PA	PPO
P(St-MAH)或 MAH 化 EPR	PA	ABS
P(MAH・烯丙基醚)	PA	OH 化丙烯酸类橡胶或 EPR
羧化 PP 或羧化 PE	PET	PC
P(St-MMA-MAH)	PC	PP 或 PE
磺化 PS	PPO/PS	磺化 EPDM
MAM 化 PP/末端有氨基的 NBR	PP	NBR

注：MAH—马来酸酐；MAA—丙烯酸与丙烯酸酯共聚物；AA—丙烯酸；PET—聚对苯二甲酸乙二酯；PPO—聚苯醚；St—苯乙烯。

(3) 原位增容

原位增容是在熔融共混过程中，通过力化学反应、酯交换反应及结构交联等直接原位得到接枝共聚物或者链交联使共混物界面改善而增容。例如，在高速熔融混合聚烯烃时会发生力化学反应，形成嵌段或接枝共聚物，从而产生增容作用。橡胶大分子链在高剪切开炼机中会发生链裂解和重新组合。聚酰胺-66 和 PET 在混合时，发生酯交换反应形成的嵌段共聚物可以提高共混物的相容性。通过辐照可以使 PP/LDPE 产生化学交联使共混物结构稳定，产生增容作用。

10.3 高分子合金的结构

10.3.1 高分子合金的相结构

高分子合金可由两种或两种以上组分聚合物组成。从实用性来考虑，一般以热力学不相容的两组分形成多相形态结构为好，因为这种结构可以发挥两组分的性能优势，达到高性能化的目的。以两组分的情形来讨论，依据相的连续性，其结构形态可分为四种类型：单相连续结构、两相交错结构以及相互贯穿的两相连续结构。

(1) 单相连续结构

单相连续结构是构成聚合物共混物的两个或多个相中只有一个相是连续的，连续相称为基体，其他的相分散于连续相中，称为分散相。依据分散相的相畴（即微区）的形状、大小以及连续相结合情况的不同可呈现不同的形式，主要有颗粒状或胞状结构。颗粒状分散相呈尺寸分散的颗粒或球形，粒径一般在 0.1μm 以下，如图 10-12 所示。若颗粒状的分散相中尚包含连续相成分所构成的更小的颗粒，则称为胞状结构，如图 10-13 所示。

(2) 两相交错结构

这类结构有时也称为两相共连续结构，包括层状结构和互锁结构。嵌段共聚物产生的两相旋节相分离以及当两嵌段组分含量相近时常形成这类结构，图 10-14 为 SBS 的两相交错的层状结构。

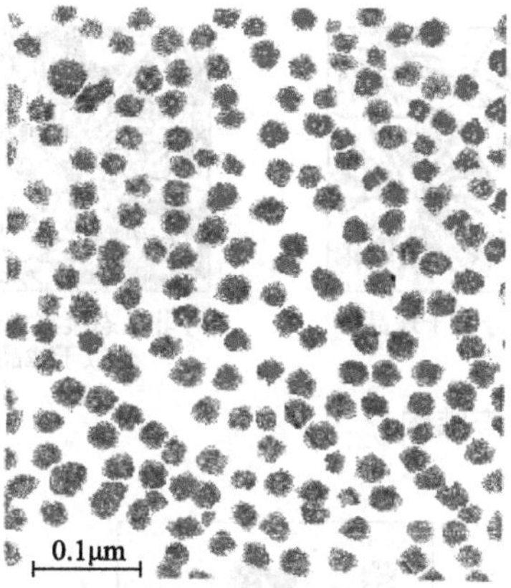

图 10-12 SBS 三嵌段共聚物的形态结构
（丁二烯含量 20%，黑色颗粒为丁二烯嵌段）

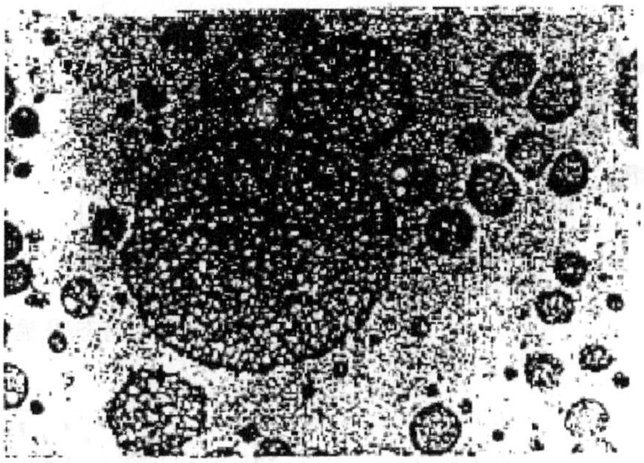

图 10-13 G 型 ABS 形态结构的电镜照片
黑色为橡胶，白色为树脂

（3）相互贯穿的两相连续形态结构

相互贯穿两相连续形态结构的典型例子是 IPN。在 IPN 中聚合物网络相互贯穿，使得整个共混物成为一个交织网络，两个相都是连续的，如图 10-15。

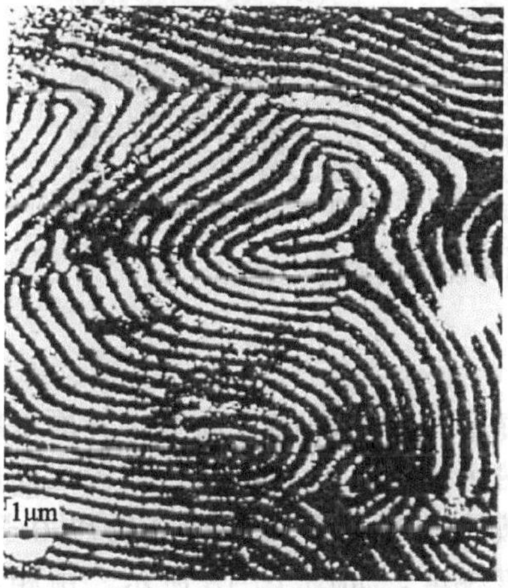

图 10-14 SBS（丁二烯含量 60%）形态结构的电镜照片

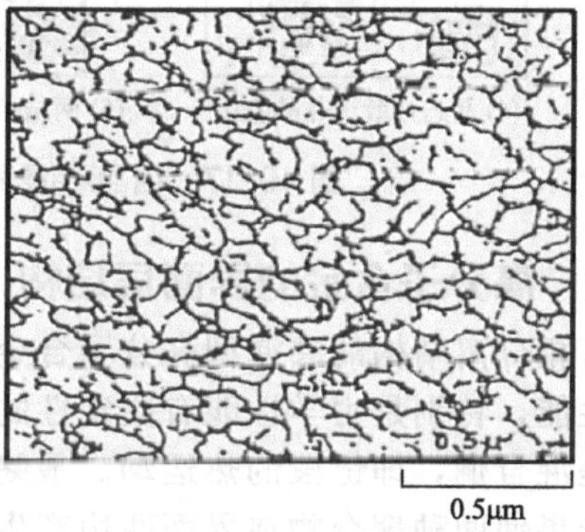

图 10-15 聚顺丁二烯/聚苯乙烯 IPN 电镜照片

（4）含结晶聚合物的共混物的形态结构

高分子合金中一种组分为晶态聚合物，另一种组分为非晶态聚合物时，其形态结构主要有以下四种类型，如图 10-16 所示。①晶粒分散于非晶区中；②球晶分散于非晶区中；③非晶态分散于球晶中；④非晶态形成较大的相分散于球晶中。一般来说，相容性差，主要表现为①、②两种形态；若体系是相容的，则容易出现③、④两种形态。若非晶态聚合物所占的比例很大，此时结晶聚合物不能结晶，则可能形成一种新的形态即非晶/非晶形态。

结晶/结晶聚合物共混物更复杂。Stein 提出有可能呈现如下六种形态，如图 10-17 所示。图 10-17 中，（1）、（2）两种形态是由于共混后都失去了结晶性而形成非晶/非晶形态。

10

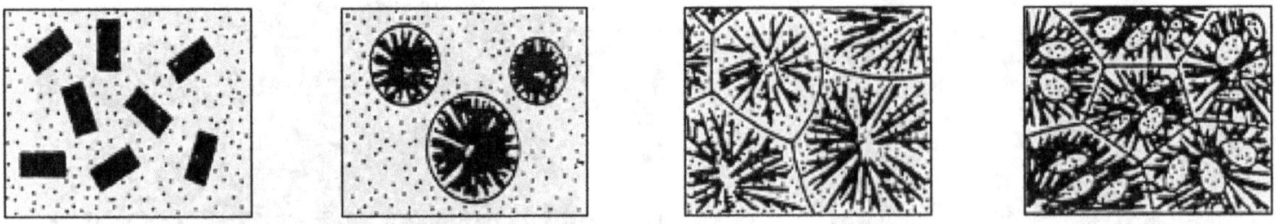

(1) 晶粒分散于非晶区中　(2) 球晶分散于非晶区中　(3) 非晶态分散于球晶中　(4) 非晶态聚集成较大的相分散于球晶中

图 10-16 晶态/非晶态共混物形态结构

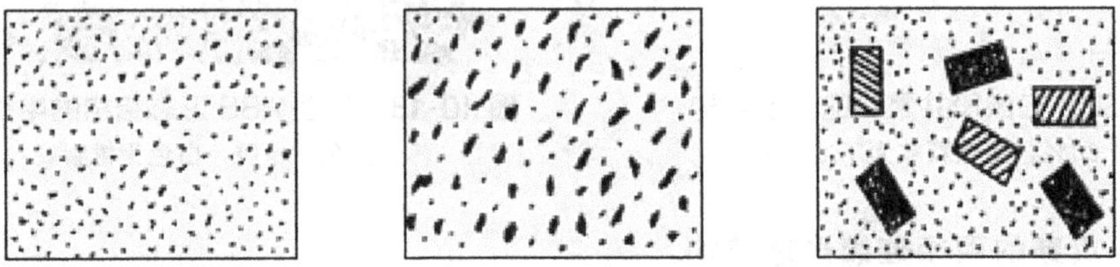

(1) 相容性较好　(2) 相容性较差　(3) 晶态分散于非晶态中

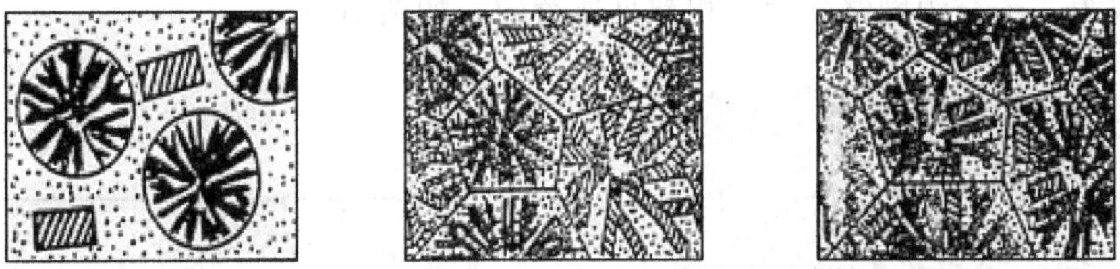

(4) 晶态分散于非晶态中　(5) 两结晶聚合物分别形成球晶　(6) 两结晶种聚合物形成共晶

图 10-17 结晶/结晶聚合物共混物可能呈现的形态结构

10.3.2 高分子合金的界面层结构

具有相分离结构的共混型高分子合金体系普遍存在相与相间的界面层。界面层的结构对合金的性能，特别是力学性能有决定性的影响。从热力学角度分析，两种链段之间的扩散的推动力是混合熵，即链段的热运动。最终扩散的程度主要取决于两种聚合物热力学相容性。扩散的结果使两种聚合物在界面两边产生明显的浓度梯度，如图 10-18 所示。由相界面两边具有明显浓度梯度的区域构成了两相之间的界面层，如图 10-19 所示。

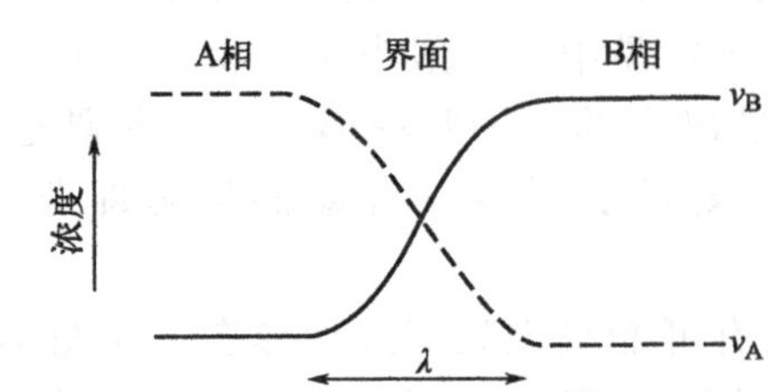

图 10-18 界面层中两种聚合物链段的浓度梯度

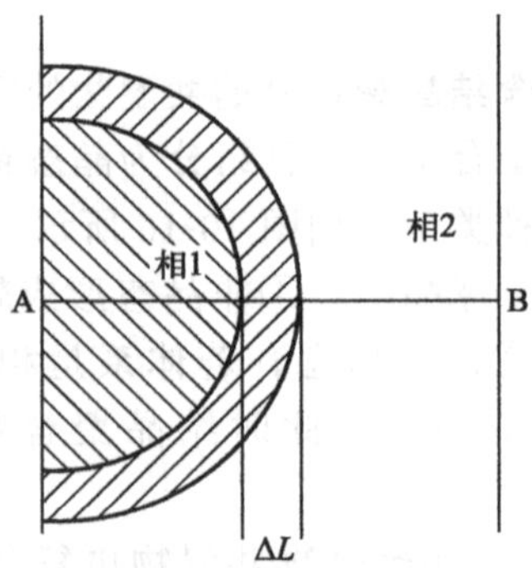

图 10-19 界面层示意图

界面层厚度主要取决于两种聚合物的热力学相容性。此外，尚与大分子链段尺寸、组成以及相分离条件有关。基本不相容的聚合物，链段之间只有轻微的相互扩散，因而两相之间有非常明显的确定的界面。随着两种聚合物之间相容性增加，扩散程度提高，相界面越来越模糊，界面层厚度越来越大，两相之间的黏合力增大。完全相容的两种聚合物最终形成均相，相界面消失。一般情况下，界面层厚度（ΔL）约为 1nm 至数十纳米。例如，共混物 PS/PMMA 用透射电镜法测得 ΔL 为 5nm。

10.4　增韧高分子合金及复合材料

聚合物材料的韧性是指材料在断裂破坏过程中单位体积所吸收的能量，反映材料承受应力时对折断的抵抗能力。材料韧性可以从衡量材料破裂过程中吸收的能量和材料的塑性形变情况两方面来评价。增韧改性的通用方法是向高分子基体中添加弹性体或者刚性粒子等增韧剂。弹性体增韧剂可分为非极性的三元乙丙橡胶、聚烯烃弹性体；弱极性的乙烯-醋酸乙烯酯共聚物 EVA、SBS 和 SEBS；强极性的 MBS 和 ABS 等；刚性粒子增韧剂分为无机刚性粒子和有机刚性粒子，超细活性碳酸钙是最常用的无机刚性粒子增韧剂。

10.4.1　橡胶增韧高分子材料

用弹性体与塑料共混可以提高高分子材料（T_g 下使用）的抗冲击性能。普通聚苯乙烯最大弱点是脆性大，伸长 2%左右就发生脆性破裂。当用橡胶直接与 PS 共混时，由于两者不相容，两相的界面能高，没有足够的黏结力，因此，在提高抗冲击性能的同时，模量及拉伸强度降低很多。聚苯乙烯的增韧产品主要有 HIPS 和 ABS。HIPS 是由 PS 以及橡胶（顺丁橡胶 PB 或丁苯橡胶 SBR）的接枝共聚物组成。ABS 则是由无规共聚物 SA（苯乙烯-丙烯腈）及其和橡胶的共聚物组成。制备 HIPS 时，将溶有 PB 或 SBR 的苯乙烯引发聚合，在大量均聚物 PS 生成的同时，有部分 PB 接枝 PS 的共聚物生成，后者起了增容剂的作用。用这种方法得到的 HIPS 中 PS 为连续相，橡胶粒子是分散相，而且分散的橡胶粒子中又包藏大量的 PS，形成“蜂窝结构”，如图 10-20 所示。这样，只需要 5%～10%的橡胶，便得到增韧效果好的 HIPS。ABS 则是在上述基础上引入了丙烯腈的极性，提高了材料的模量及强度，如图 10-21 所示。类似的高分子合金还有 AAS（丙烯腈-丙烯酸酯-苯乙烯）及 ACS（丙烯腈-氯化聚乙烯-苯乙烯）等饱和橡胶增韧聚苯乙烯产品。聚甲基丙烯酸甲酯（PMMA）是高度透明的，为保持其透明性，利用不同折射率的单体适当配合，可得到折射率与 PMMA 接近的共聚物，如共聚物 MBS（甲基丙烯酸甲酯、丁二烯、苯乙烯三元共聚物）和 MABS（A 为丙烯腈）为透明的增韧塑料。

聚氯乙烯的增韧可用橡胶与其机械共混实现。橡胶可用与 PVC 相容性好的含丙烯腈 10%～40% 的丁腈橡胶、乙烯-乙酸乙烯共聚物（EVA）、ABS、MBS 等。还可以与其他均聚物或共聚物（如聚己内酯 PCL、E-VA-CO 三元共聚物、间规 PMMA-MAN 共聚物、PBT、聚 α-甲基苯乙烯等）得到大量的高分子合金。分子量为 2000～4000 的脂肪族聚酯作为 PVC 的持久增塑剂，其增塑效果优于低分子增塑剂。

聚丙烯的共混增韧可改善其低温冲击性能。常用的共混体系有 PP 与 LDPE、PP 与乙丙橡胶、PP 与 SBS 等。例如，用三元乙丙橡胶（EPDM，即乙烯-丙烯-二烯共聚物）与 PP 共混，当 EPDM 含量为 11%～15%时，共混物在－20℃和－40℃的无缺口冲击强度分别提高 13 倍和 17 倍。它们的微相结构仍是多相体系，以 PP 为连续相，橡胶以小颗粒分散在 PP 基体中，橡胶含量增加，PP 球晶变小且不完整。

10

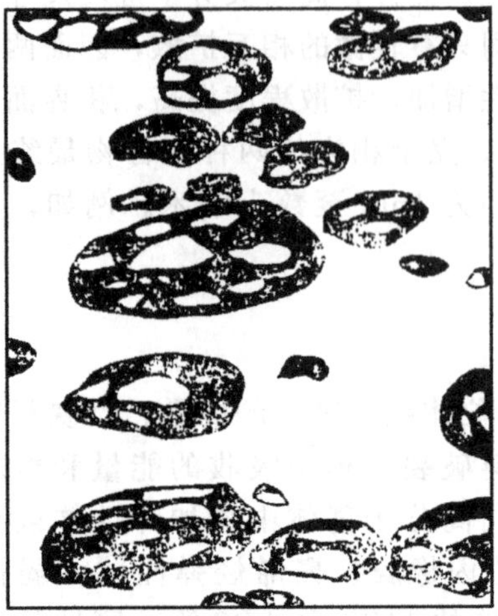

图 10-20 HIPS 的相结构示意图

（放大 15000 倍观察胶粒结构及分布）

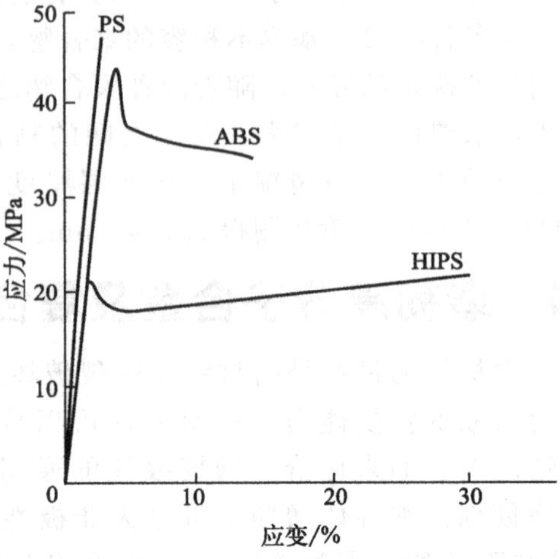

图 10-21 PS、HIPS 和 ABS 的应力-应变曲线

超韧尼龙是 20 世纪 70 年代中期实现工业化的增韧工程塑料。尼龙-6 或尼龙-66 的增韧，通常是通过弹性体或韧性塑料如 EPDM、EVA 或高压聚乙烯等与尼龙共混制得。研究表明，尼龙与 PE 熔融共混时，相容剂聚乙烯接枝马来酸酐分子链上的活性基团可同尼龙分子链末端的氨基反应实现反应增容从而提高了尼龙的增韧效果。

10.4.2 刚性粒子增韧高分子材料

使用弹性体对高分子增韧时，往往伴随材料刚性的大幅下降，刚性粒子增韧则避免了这一问题，刚性粒子在提高基体抗冲能力的同时，保持刚性和拉伸强度不受损失。自 20 世纪 80 年代提出以刚性有机粒子对高分子基体进行增韧以来，刚性粒子增韧高分子的理论研究取得了很大进展，也在高分子合金的制备中获得广泛应用。刚性粒子增韧包括有机刚性粒子增韧及无机刚性粒子增韧两种。

(1) 有机刚性粒子增韧

刚性的热塑性聚合物粒子当其能够发生屈服形变时，对韧性高分子基体具有增韧作用，虽然增韧效果不如橡胶粒子，但对模量的影响较小，并且可以改善高分子合金材料的加工性能。例如，将一定量的聚甲基丙烯酸甲酯 PMMA 加入聚苯硫醚基体中，两种聚合物形成海-岛结构，PMMA 刚性粒子表现出增韧效果；将脆性的聚苯乙烯（PS）加入聚碳酸酯、聚酰胺和聚苯醚等韧性较大的基体中可制得非弹性体增韧高分子合金材料。

(2) 无机刚性粒子增韧

$CaCO_3$、SiO_2、ZnO 及 TiO_2 等刚性无机粒子，当其粒径较小，特别是纳米尺寸时，可广泛用以增强和增韧聚合物材料。例如，在 PVC/ABS（100/8）共混物中加 15 份超细碳酸钙，可使缺口冲击强度提高 3 倍。将纳米级 $CaCO_3$ 制成 $CaCO_3$/PBA/PMMA 复合粒子，在 100 份 PVC 中加入 6 份这种复合粒子，可使 PVC 缺口冲击强度提高 2～3 倍。将纳米级 SiO_2 制成 SiO_2/PMMA 复合粒子用于增韧 PC，可使 PC 缺口冲击强度提高 11.5 倍。

10.4.3 增韧机理

10.4.3.1 橡胶增韧塑料的机理

增韧高分子材料，其冲击强度可比原来基体聚合物提高十倍至几十倍。如何解释其原因？目前，橡胶类弹性体的增韧机理主要有以下几种。

(1) 多重银纹理论

多重银纹理论认为，橡胶增韧塑料中，由于橡胶粒子和聚合物基体的泊松比和热膨胀系数存在较大差异，橡胶相在拉伸过程中的横向收缩会对附近高分子基体产生静张应力，引起内部应力分布状态变化，应力场不再均匀，即橡胶起了应力集中的作用。应力集中使橡胶粒子表面，特别是粒子赤道附近诱发高分子基体产生大量小尺寸银纹，诱发的银纹沿着主应变的平面生长，并可扩展成多重银纹。如果生长的银纹前锋处应力集中低于临界值或银纹遇到另一个橡胶粒子，则银纹就会终止而不致发展成为破坏性的裂缝，即橡胶粒子对银纹有引发和控制作用，可以耗散冲击能量使材料的韧性提高。

橡胶粒子是增韧高分子材料中的分散相，它的尺寸大小及形态对增韧的效果有很大影响。研究证明，对不同基体高分子材料的增韧，其橡胶粒子均要求达到临界尺寸，若粒子小于临界尺寸则无增韧效果，因为其不能有效引发银纹的产生，也不能有效地控制银纹增长，因而不能发挥增韧作用。例如，HIPS 中橡胶粒子的临界尺寸为 0.8μm，ABS 的为 0.4μm，PVC 的为 0.2μm。临界尺寸主要与基体材料自身的韧性有关。基体自身的韧性愈好，临界尺寸愈小。在增韧高分子材料中，橡胶粒子的形态主要有两种：一种是完全不包藏基质塑料的橡胶粒子，一种是包藏有塑料基质的橡胶粒子。实验证明后者的增韧效果更好。此外，橡胶粒子与基体适中的互溶性、良好的界面黏结力、橡胶相较低的玻璃化转变温度及适中的交联度都有助于材料韧性的提高。

(2) 剪切屈服理论

实验发现橡胶粒子的应力集中会引起高分子基体的剪切形变，形成剪切带并发生剪切屈服，伴随高分子链段的运动，可吸收大量形变功使材料韧性增加。剪切屈服是指整个受力区域内发生的大范围剪切形变，剪切带是只发生在局部带状区域内的剪切形变。剪切屈服可由外加剪切力、拉应力及压缩力作用下引起。剪切屈服理论认为：橡胶粒子在成型冷却阶段的热收缩和应力形变过程的横向收缩均会导致高分子基体产生静张应力，从而增大基体相的自由体积，降低基体的玻璃化转变温度，提高其塑性流动性能而改善韧性。

橡胶增韧材料受力时，橡胶粒子形成的应力集中处可同时引发银纹和剪切带，而且银纹和剪切带相互作用。由于剪切带内高分子链高度取向，限制了银纹的引发和发展速率，一些银纹会终止于剪切带上。同时，应力高度集中的银纹尖端也可以引发新的剪切带，新的剪切带反过来又终止银纹的发展。银纹和剪切屈服的发生和发展必然要消耗大量的能量，因而显著提高材料的冲击强度。通常，基体高分子的韧性越大，如 PC 以及尼龙等，剪切带的发展占优，银纹所占比例较少，甚至完全没有银纹化。而对脆性基体如 PS 等，增韧主要通过银纹的引发和支化来实现。

(3) 空穴化理论

空穴化理论认为，当共混物的界面键合力较差时，在冲击力作用下，橡胶粒子由于应力集中而引起基体的三维应力，橡胶粒子会通过内部空穴化或与基体材料界面脱黏以释放弹性应变能。空穴化使橡胶粒子内或其表面产生大量纳米尺寸的微孔，橡胶粒子体积增加，在基体中形成小的塑性形变，进而引发基体的剪切屈服。同时，空穴化作用将裂纹尖端区基体中的三维应力转变为平面剪切应力，引发剪切带的形成，这些过程吸收大量能量，从而提高材料的韧性。

(4) 逾渗理论

逾渗理论也称临界基体层厚度理论。该理论将临界基体层厚度作为材料发生脆-韧转变的判据，当橡胶粒子间距小于这一临界厚度时，材料表现为韧性材料，否则为脆性材料。该理论认为材料的脆-韧转变过程主要是基体的局部屈服向整个损伤区的传播渗透过程，可以用应力体积球来描述橡胶粒子的应力集中作用范围。当应力体积球的体积分数达到临界值时，应力体积球发生屈服并开始出现连续逾渗现象，当逾渗通道贯穿整个剪切屈服区域时，共混体系发生脆-韧转变。

10.4.3.2 刚性粒子的增韧机理

有机刚性粒子通常只有发生屈服形变才有助于体系韧性的提高，目前较为普遍接受的增韧机理是“冷拉机理”。有机刚性粒子的增韧机理认为有机粒子并不在树脂基体内引发大量银纹和剪切带，而是在应力场作用下，基体对刚性粒子产生强压应力，使之发生脆-韧转变，由于刚性粒子发生了“冷拉”大形变，吸收了冲击、拉伸等能量，从而提高材料的冲击或拉伸强度。仅用冷拉机理要解释某些情况下冲击强度可大幅提高数倍的事实还不够充分，随着研究的深入，也不断有新的增韧机理出现。

研究认为，要实现刚性粒子增韧改性至少应满足以下三个条件：一是刚性粒子的模量要大于基体树脂的模量，而其泊松比要比基体树脂的小，即要求被增韧的基体本身有一定的韧性。二是要求分散的刚性粒子与被增韧基体的界面黏结良好，以满足应力传递条件。三是粒子的分散浓度适当，一般1～5份（质量份），浓度太低或太高都使改性效果不明显。

无机刚性粒子特别是纳米粒子增韧时，随着粒子细化，其表面积增加，与高分子基体的接触界面也增加。当受到冲击力作用时，刚性粒子既可引发大量的银纹，也能有效阻碍银纹的扩展，使银纹钝化或终止。同时，无机刚性粒子会产生应力集中效应并引发树脂基体屈服形成剪切带等，从而吸收冲击能。此外，刚性粒子会对结晶性聚合物基体的结晶行为产生影响，使晶粒尺寸变小，材料韧性增加。

10.5 增强高分子复合材料

增强改性一般通过添加强度及刚性比高分子基体高很多的纤维或者颗粒填料来实现，即纤维增强改性和颗粒增强改性，后者也常称为填充增强改性。

10.5.1 纤维增强高分子复合材料

10.5.1.1 增强纤维

增强纤维的固有性能对复合材料的性能起着至关重要的作用。目前高分子复合材料常用的纤维主要是碳纤维、玻璃纤维、芳纶等有机纤维。除此之外，还有高强度、高模量的硼纤维、碳化硅纤维、氧化铝晶须等。碳纤维广泛用于高模量、高强度的结构中，芳纶纤维大量用于要求冲击韧性高的部件中，而玻璃纤维因其价格低廉，韧性又比碳纤维好，所以目前广泛用于化工、交通、建筑等部门。各种纤维的性能见表10-4。

表10-4 增强纤维的性能

材料		密度	拉伸强度/GPa	比强度/GPa	拉伸模量/GPa	比模量/GPa	断裂伸长率/%
晶须	石墨	2.2	20	9.09	1000	455	—
	碳化硅	3.2	20	6.25	480	150	—
	氮化硅	3.2	7	2.19	380	119	
	氧化铝	3.9	14～28	3.59～7.18	700～2400	615	—

续表

	材料	密度	拉伸强度/GPa	比强度/GPa	拉伸模量/GPa	比模量/GPa	断裂伸长率/%
增强材料	E-玻璃	2.5～2.6	1.7～3.5	1.18	69～72	27.6	3
	S-玻璃	2.48	4.8	1.94	85	24.3	5.3
	硼	2.4～2.6	2.3～2.8	0.88～1.08	365～440	140～191	1.0
	碳纤维(高模量)	1.96	1.86	0.95	517	264	0.38
	碳纤维(高强度)	1.8	5～6	3.11	395	164	1.8
	碳化硅(Nicalon)	2.8	0.3～4.9	0.47	45～480	26	0.6
	氧化铝	3.95	1.38～2.1	0.46	379	96	0.4
	尼龙-66	1.2	1	0.8	<5	4.1	20
	Kevlar 49	1.45	3	2.1	135	13	8.1

10.5.1.2 纤维增强的影响因素

(1) 纤维种类

前面已经介绍了各种用于增强高分子基体的纤维材料，它们各自成分不同，自身强度差别大，与基体的相互作用不同，对复合材料的强度影响各异，表10-5对比碳纤维和玻璃纤维在PA66中应用性能的差异。玻璃纤维还有圆形截面与异形截面的差异，使用异形截面玻璃纤维代替传统的圆形截面玻璃纤维，可以有效降低玻璃纤维增强制品的翘曲变形，提高冲击强度，提升流动性，特别适合薄壁制品的成型。

表10-5 碳纤维增强PA66和玻璃纤维增强PA66的性能对比

PA66/纤维复合材料性能	碳纤维(30%)	玻璃纤维(30%)
密度/(g/cm^3)	1.27	1.36
拉伸模量/MPa	23.0	9.70
拉伸强度/MPa	255	180
比强度/($MPa\cdot cm^3/g$)	201	132
热变形温度(1.8MPa)/℃	235	250

(2) 纤维含量

和高分子基体相比，增强纤维具有更高的强度和模量，因此，随着纤维含量的增加，复合材料的强度快速提高。通常，当纤维含量小于6.0%时，由于纤维无法形成有效的交联网络结构，应力无法有效传导，受外力作用时容易应力集中产生裂纹，材料较脆，增强效果不好。随着纤维含量增加，纤维间交联网络逐渐形成，有利于应力在材料内的传递和分布，使材料强度及韧性提高。实际应用中，纤维含量通常在15%～50%。热塑性树脂聚酰胺-66分别与碳化硅及氮化硅的晶须复合时，晶须的质量含量同样对材料性能产生影响，其性能如表10-6所示。

表10-6 晶须复合聚酰胺的特性

性质	聚酰胺-66	混合SiC晶须		混合Si_3N_4晶须	
		20%	40%	20%	40%
密度/(g/cm^3)	1.14	1.37	1.48	1.34	1.55
弯曲强度/MPa	110.33	152.24	202.01	136.01	176.43
弯曲模量/MPa	2548.86	4660.29	8255.53	3912.99	6578.54

10

(3) 纤维直径及长径比

纤维直径是一个重要参数，常用玻璃纤维直径大多在 10～13μm 之间。表 10-7 对比不同直径玻璃纤维（含量 30%）对 PA66 力学性能的影响，随着玻璃纤维直径的增加，玻璃纤维增强 PA66 复合材料的各项机械强度均下降。

表 10-7 不同直径玻璃纤维（含量 30%）对 PA66 力学性能的影响

力学性能	10μm 玻璃纤维	11μm 玻璃纤维	14μm 玻璃纤维	17μm 玻璃纤维
拉伸强度/MPa	187	182	170	160
拉伸模量/GPa	9.9	9.7	9.5	9.4
弯曲强度/MPa	300	280	260	240
弯曲模量/GPa	9.4	9.2	9.1	9.0

纤维的长径比对于增强效果也有影响，通常，只有当纤维在高分子基体中的保留长度达到某一临界长度以上时才能起到增强作用，玻璃纤维的临界长度一般为其直径的 6 倍。纤维增强复合材料吸收冲击能量的方式有纤维断裂、纤维拔出和树脂断裂三种。增加纤维长度有利于纤维拔出时所消耗的能量，从而提高复合材料的冲击强度。此外，由于纤维端部是裂纹增长的引发点，在相同纤维含量时，长纤的端部数量减少，引发裂纹的概率下降，有利于冲击强度的提高。但是，长纤容易使熔体流动速率下降，复合材料加工流动性变差。

(4) 纤维的表面改性

在复合材料中，由于增强剂表面和基体表面相互作用，在两个表面之间形成一个结构及性能不同于增强剂表面和基体表面的界面层，它对复合材料的性能影响很大。界面层是复合材料组成的一部分，它的组成、结构与性能由增强剂与基体表面的组成及它们间的反应性能决定。

增强材料的表面性质可用比表面、表面能以及表面组成（表面化学基团，即反应性）来表征。比表面大，黏合的物理界面大，则黏合强度高。表面能与浸润性的好坏有关。如果界面完全浸润，树脂在界面上物理吸附所产生的黏合强度很大，甚至比树脂自身的内聚能还要大。粘接良好，材料就能较好地应力传递。界面键合反应是界面黏合强度的重要影响因素，通过对增强材料的表面处理如用等离子体改性碳纤维表面，提高界面反应性，可使复合材料层剪切强度得到很大改善。以碳纤维为例，其表面改性有以下几种方法。

① 气相氧化法。在 400℃ 和 500℃ 以 Cu 和 Pb 的盐作为催化剂，用氧或空气处理纤维表面，结果能使复合材料层剪切强度提高 2～3 倍。但该法操作较困难，表面纤维易发生严重的损伤。

② 液相氧化法。包括浓 HNO_3 法、$NaClO_3$ 和 $KMnO_4$ 溶液氧化法及混合酸法等。其中浓硝酸法和混合酸法为人们常采用。液相氧化可以有效提高碳纤维增强复合材料的层间剪切强度，且不至于引起纤维损伤。例如，用 15% $NaClO_3$ 和 40% H_2SO_4 溶液处理 15 分钟的聚丙烯腈基碳纤维，可使复合材料的剪切强度从 29MPa 提高到 60MPa 以上。液相氧化法的缺点是处理时间长，处理过程中要求对纤维进行彻底清洗，操作繁杂，生产率低。

③ 阳极氧化法。用碳纤维作阳极，用镍板或石墨电极作阴极，用硝酸、硫酸或氢氧化钠作电解液，在一定电流密度下，靠电解产生的初生态氧对碳纤维进行处理，时间从几秒到几十分钟。该方法工艺较简便，效果好，但存在吸附在纤维表面的电解液不容易洗净的问题。

④ 生长晶须法。将碳纤维置于能分解出硅气体的气氛中，在高温或还原性气氛中，使硅蒸气与碳或其他气体直接化合，在碳纤维表面形成垂直于纤维轴的高强化合物单晶体

(SiC、Si_3N_4 等)晶须，从而改善纤维表面形态结构，提高纤维与基体的结合力，增加剪切强度。

⑤ 冷等离子体改性处理法。用冷等离子体处理碳纤维表面，可使其表面含氧基团增加，纤维的拉伸强度提高，相应复合材料的层间剪切强度也显著提高。该法对纤维不构成损伤，经处理后纤维表面沟槽加深，比表面增大，含氧基团增多，浸润性加强。另外，该方法还可以将聚合物单体在等离子体引发下，在碳纤维表面发生接枝聚合而改性纤维表面。

与碳纤维的处理方法不同，玻璃纤维的表面改性，大都是通过硅烷偶联剂处理来实现。目前工业上所用的硅烷偶联剂的一般结构为 $R(CH_2)_nSiX_3$，其中 $n=0\sim3$，X 为可水解的基团，R 为有机官能团，它能与基体起反应。X 通常是—Cl，—OR，—$OCH_2CH_2OCH_3$，—$N(CH_3)_2$ 等基团，X 的种类对偶联的效果没有影响。R 基则对制品性能影响很大，一般要求它与树脂相容并能起反应，所以不同树脂要求选择含有适合 R 基的硅烷偶联剂与之匹配。使用偶联剂对增强纤维进行表面处理，一般都是配成 0.1%～1.5% 的水溶液或非水溶液来使用。

硅烷偶联剂从溶液中吸附到玻璃纤维表面形成吸附膜的过程，如图 10-22 所示。

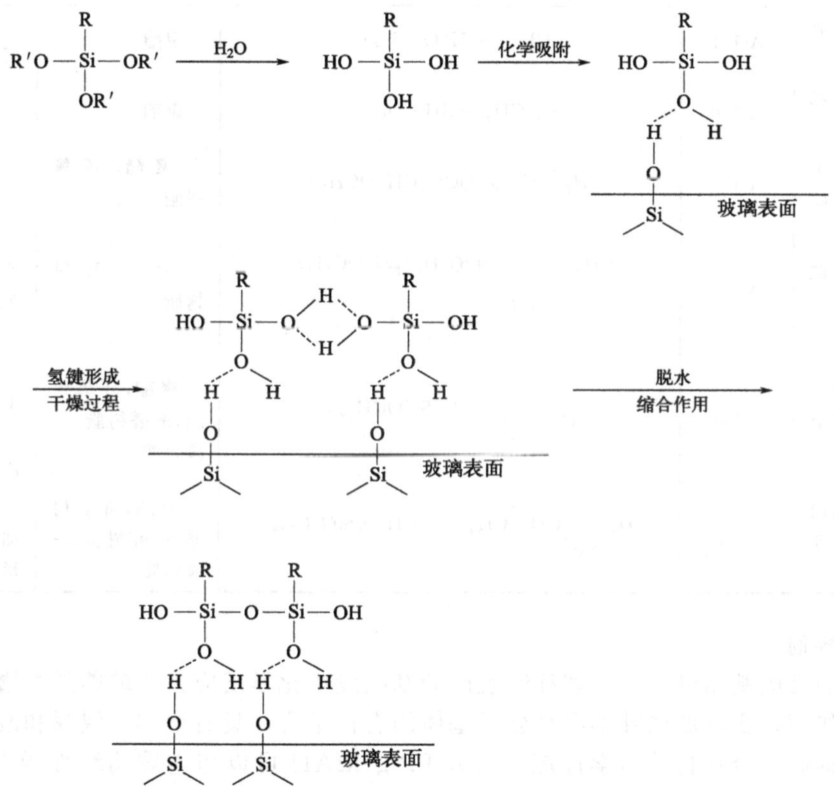

图 10-22 硅烷在玻璃纤维表面上成膜过程

该机理指出，硅烷水解后带有三个—OH，而硅原子呈四面体配位结构，因此在玻璃表面上吸附时只能有一个—OH 基与硅醇相结合，剩下的—OH 基就与相邻的分子—OH 基形成 Si—O—Si 键。

通过硅烷偶联剂改性表面性能后，引入了化学键，提高了界面黏合强度及对应力传递的效果，且提供了一个可塑的界面层，可消除界面存在的内应力，因而可显著改善复合材料的力学性能，并提高材料的抗湿老化性。如表 10-8 所示。

表 10-8 表面处理对玻璃纤维增强复合材料弯曲性能的影响

树脂	处理剂	弯曲强度/MPa	
		干态	湿态
环氧树脂	热处理	515	373
	A-151	567	525
不饱和树脂聚酯	热处理	392	373
	乙烯基三氯硅烷	504	525
酚醛树脂	热处理	224	140
	NO1-24	630	616

注：A-151 见表 10-9；NO1-24 是等摩尔烯丙基三氯硅烷和间苯二酚缩合的产物 $CH_2=CH-CH_2SiCl_2OC_6H_4OH$。

不同硅烷偶联剂品种和适用范围如表 10-9 所示。

表 10-9 硅烷偶联剂的主要品种及其应用范围

化学名	牌号	结构式	适用树脂	
			热固性树脂	热塑性树脂
乙烯基三乙氧基硅烷	A-151	$CH_2=CH(OC_2H_5)_3$	聚酯	聚乙烯，聚丙烯
乙烯基三氯硅烷	A-150	$CH_2=CHSiCl_3$	聚酯	
乙烯基三(β-甲氧基乙氧基)硅烷	A-172	$CH_2=CHSi(OCH_2CH_2OCH_3)_3$	聚酯，环氧树脂	
γ-甲基丙烯酰氧丙基三甲氧基	A-174	$CH_2=C(CH_3)-C(=O)-O(CH_2)_3Si(OCH_3)_3$	聚酯，环氧树脂	聚苯乙烯，聚乙烯，聚丙烯，ABS，聚甲基丙烯酸甲酯，SAN
β-(3,4 环氧环己基)乙基三甲氧基硅烷	A-186	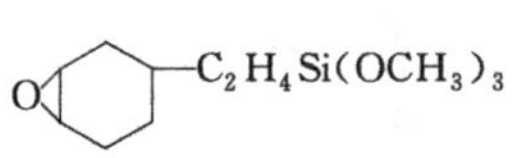	聚酯，环氧树脂，酚醛树脂，三聚氰胺	PVC，聚碳酸，聚苯乙烯，ABS，尼龙，聚丙烯，聚乙烯，SAN
γ-缩水甘油醚丙基三甲氧基硅烷	A-187	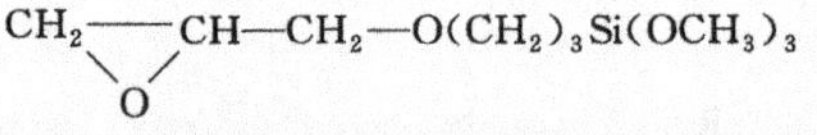	聚酯，环氧树脂，酚醛树脂，三聚氰胺	PVC，聚碳酸酯尼龙，聚苯乙烯，聚乙烯

（5）增容剂

增容剂的反应基团可以与玻璃纤维表面的基团发生化学反应，在玻璃纤维增强复合材料中起到桥联作用，实现玻璃纤维和高分子基体的有机结合，具有增容、偶联和改善分散的作用，可有效提高复合材料的力学性能，例如 PP-*g*-MAH 可以作为玻璃纤维增强 PP 复合材料的增容剂。

10.5.1.3 纤维增强高分子复合材料的性能

使用各种纤维和高分子树脂组成的复合材料很多，目前应用最广、用量最大的两种复合材料是玻璃纤维增强聚酯和碳纤维增强环氧树脂。

（1）玻璃纤维/不饱和聚酯复合材料

这种复合材料俗称玻璃钢，是以短纤维或玻璃布作为增强材料，和液态聚酯树脂的混合物经模压成型和聚酯树脂固化而制备。该过程可在很低的温度下进行（120℃以下），且所需压力亦低（小于 1.7MPa），因此玻璃强度不会损失很多。

普通玻璃增强不饱和树脂的强度都与体积分数 V_f 成线性关系，这与混合规律相符合。玻璃钢的比强度大于钢的比强度，弹性模量则较钢的小。目前聚酯玻璃钢大量用于汽车工业和其他民用工业。

（2）碳纤维/环氧复合材料

碳纤维/环氧复合材料是具有特别高强度和刚性的材料。它的强度和刚性大于玻璃纤维增强聚酯。而其密度比高强金属要低得多。体积分数 V_f 约为 0.6 的碳纤维环氧树脂复合材料，其密度约为 1.5g/cm^3，纵向强度和模量分别为 1.1GPa 和 360GPa。比强度大于钢。此外，碳纤维/环氧复合材料具有优异的耐疲劳性能，如图 10-23 所示。由于这个突出的特点，该复合材料广泛用于航空航天领域。

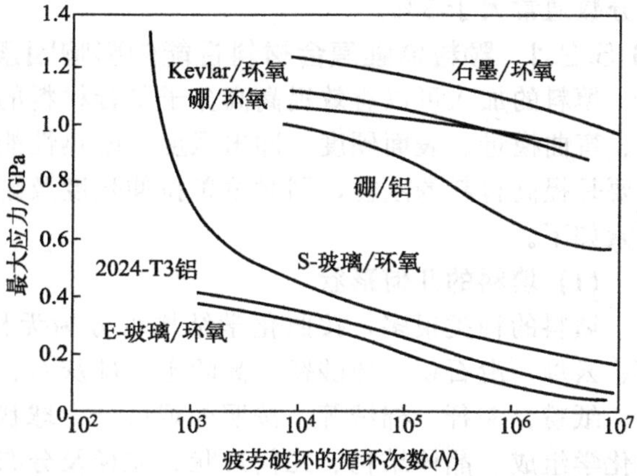

图 10-23　各种复合材料的疲劳性能

（3）硼纤维/环氧复合材料

硼纤维/环氧复合材料也是特高强和特高刚性的材料。含 V_f0.5 的硼纤维单向排列的环氧树脂复合材料，平行于纤维方向的强度为 1.7GPa，这个值比碳纤维还高。模量为 210GPa，此值比碳纤维低；抗压强度为 3.1GPa，而垂直于纤维的抗压强度为 0.13GPa，平行于纤维剪切时，其抗剪切强度为 0.1GPa，密度为 1.8g/cm^3，比模量为钢的四倍，比强度为钢丝的两倍。硼纤维/环氧复合材料已广泛用于航天航空领域。

（4）氧化铝/环氧复合材料

与碳纤维相比，氧化铝纤维的强度虽然略低，但它具有电绝缘性好，容易与树脂及金属粘接，与金属间的反应性小等优点。由氧化铝纤维增强的塑料，其基体主要是环氧树脂，有时也使用酚醛树脂或聚酰胺树脂等。氧化铝/环氧复合材料，除了具有质量轻，强度高，刚性大以外，还有绝缘性及波穿透性好等特点。其力学性能见表 10-10。

表 10-10　氧化铝纤维/环氧树脂复合材料的特性

项目		AFRP	CFRP	GFRP
强化纤维	纤维种类	氧化铝纤维	碳纤维	E-玻璃纤维
	直径/μm	17	7	10
	拉伸强度/GPa	1.77	3.43	1.77
	拉伸弹性模量/GPa	209.2	229.2	69.8
	表面处理	未处理	氧化处理	硅烷处理
纤维平行方向的特性	密度/(g/cm^3)	2.4	1.5	2.0
	拉伸强度/GPa	1.32	2.16	1.18
	拉伸弹性模量/GPa	139.5	149.5	44.8
	弯曲强度/GPa	1.57	1.72	1.18
	弯曲弹性模量/GPa	124.5	139.5	41.9
	压缩强度/GPa	1.67	1.37	0.45
层间剪切强度/GPa		0.13	0.13	0.09

10.5.2 颗粒增强高分子复合材料

颗粒增强高分子复合材料一般是指将直径 1μm 至几十微米的高强度高模量的金属或矿物颗粒与树脂复合得到的复合材料，工业上也称为填充聚合物复合材料。所用增强剂也称为填料，是聚合物共混改性材料中用量最大的添加剂。填料通常具有一定的几何形状，大多表现为球形、片层状及棒状等规整度较差的形态，不与树脂基体发生反应，在复合材料中的质量分数通常大于 5%。

10.5.2.1 颗粒增强复合材料性能的影响因素

填料的加入可以有效提高高分子复合材料的力学性能及热性能，例如弹性模量、拉伸强度、弯曲模量、表面硬度、冲击强度、耐热性能及尺寸稳定性等。填充增强聚合物复合材料主要是提高材料的刚性，同时改善拉伸强度及耐热性能。颗粒增强复合材料性能的主要影响因素如下。

(1) 填料的几何形状

填料的种类很多，按照化学结构可分为无机填料和有机填料，常见的无机填料如碳酸钙、云母、滑石粉、硫酸钡、高岭土、硅灰石、玻璃微珠等，有机填料如木粉、淀粉、竹纤维、纸粉、麦秆、棉绒等。按照外观可分为球状、块状、片状和针状（即纤维状）等。填料的化学组成、晶体结构、几何形状、粒径及分布、表面性能的差异以及比表面积等都对其应用效果具有非常重要的影响。填充增强作用的效果主要取决于其粒径（或比表面积）和颗粒形状。粒径小于 5μm 的超细无机矿物填料，如硅灰石、晶须等针状填料，云母、滑石粉、高岭土、石墨等片状矿物填料都具有不同程度的增强功能。一般认为填料的增强效果顺序为：纤维状填料＞片状填料＞球状填料。

填料颗粒的几何形状主要从两个方面影响填料的填充效果：一是几何形状不同，填料的比表面积不同；二是填料的几何形状直接影响填料的堆砌密度。片状和纤维状填料可以有效提高复合材料的力学性能，但使得成型加工性能变差，而无定形粉状、球状填料的加工性能优良，但力学性能比片状和纤维状填料的差。

(2) 填料粒子粒径

填料的粒径对复合材料的力学性能影响较为显著。一般来说，在保证良好分散性的前提下，填料的粒径越小，增强改性的效果越明显。超细的填充粒子有突出的增强效果。如有人研究了尼龙-6、PP、LDPE/二氧化硅、玻璃粒子复合体系，结果是超细粒子（纳米级）对基体起增强作用，而大粒径填料则随填充量增加而使强度下降，如图 10-24 所示。但是，填料粒子粒径太小，加工和分散难度增加。

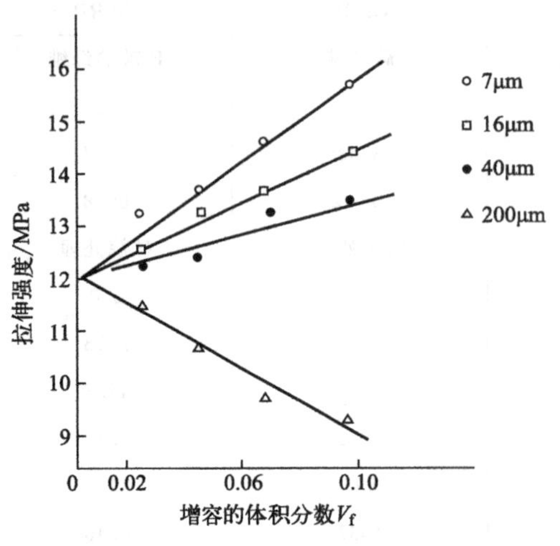

图 10-24 LDPE/二氧化硅复合体系的粒径对拉伸强度的影响

(3) 填充量

填料的填充量对材料的强度影响较大，通常有一个合适的填充量范围。填充量过高会导致填料团聚，使材料内部缺陷增多，进而导致力学性能下降。

(4) 填料的表面性质

填料本身是惰性物质，其与聚合物基体的相互作用主要发生在表面，复合过程中，填料表面形成基体聚合物与填料的界面，界面的黏结性对复合材料的性能起重要的作用。为了获得优良的界面结合力，对填料表面进行改性是一项重要的措施。填料表面改性方法如下：

① 物理改性

表面物理结构的改性主要是改变填料的比表面，增加填料的凹凸不平，这样，在与聚合物复合后，可增加机械嵌合的结合力。

② 化学改性

用化学方法来使填料表面改性包含两种意思，一是在填料表面引入化学键，二是在填料表面涂覆一层表面改性剂以降低填料的表面能。以几种填料为例分述如下。

a. 二氧化硅的改性。在实际应用上最重要的是使用硅烷偶联剂改性的方法，这一方法与前述玻璃纤维的表面处理的原理一样。此外，二氧化硅表面的硅醇基 Si—OH 极富反应性，同—OH 一样，可以进行各种反应，以这些反应为基础再与其他反应组合，可使二氧化硅表面芳香化，或可使其表面接枝上聚合物。如通过辐射使 SiO_2 表面形成自由基而接上苯乙烯基团进行改性。

b. 碳酸钙的表面改性。适用碳酸钙表面改性的方法，除了用表面活性剂如硬脂酸等处理以增加其与聚合物的浸润性外，采用偶联剂涂覆是一个重要的有效方法。由于碳酸钙表面结构不属于羟基结构，故用硅偶联剂改性效果不佳，而常用钛酸酯偶联剂进行改性。

钛酸酯的结构式为：$(RO)_m TiX$。RO 为烷氧基等，具有与填料反应的特性；X 为异硬脂酰基、油酰基、焦磷酸酯基等，具有和树脂亲和或与树脂反应的功能，因而使填料表面得以改性。表 10-11 列出了代表性的钛酸酯偶联剂的品种及其化学结构。钛酸酯偶联剂可提高聚合物复合塑料的流动性、冲击强度和拉伸强度，其改性效果见表 10-12。

c. 炭黑的改性。对炭黑表面进行改性的方法有：用氧化剂（如硝酸、过氧化氢和臭氧水溶液等）导入含氧基团；通过化学反应来改性，即接枝改性和包覆改性。接枝改性是在炭黑的表面接枝上聚合物链或低分子化合物，并将其牢固地结合在炭黑表面，阻止粒子间聚集以达到分散目的。例如：表面羟基可通过液相处理或蒸气处理而烷基化；利用表面自由基进行单体的热聚合，可制得接枝聚合物的炭黑。

表 10-11　一些代表性的钛酸酯偶联剂品种

类别	化学名称	化学结构	牌号
单烷氧型	异丙基三（硬脂酰基）钛酸酯	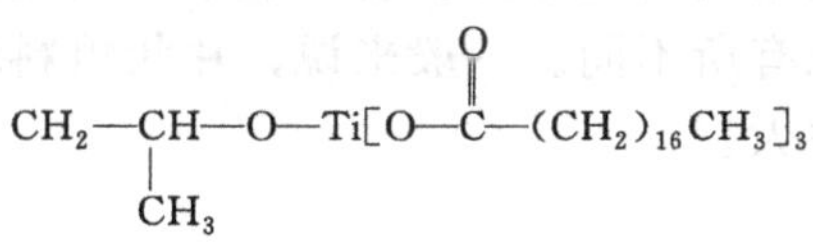	KHT-101
	异丙基（羟基十八碳烯-9-酰基）钛酸酯	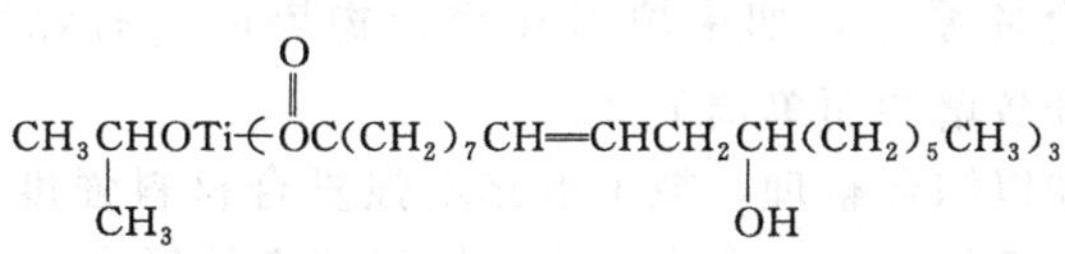	KHT-102
磷酸酯型	异丙基三（二异辛基焦磷酰基）钛酸酯	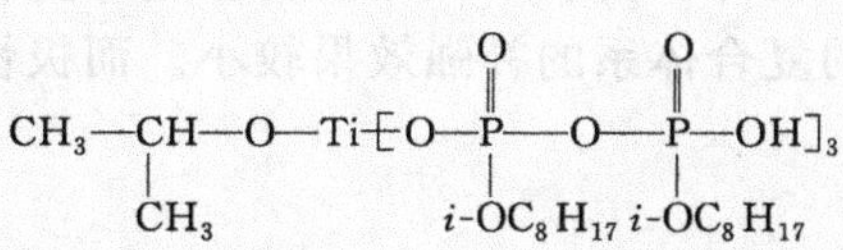	KHT-201
	异丙基三（二异辛基磷酰基）钛酸酯	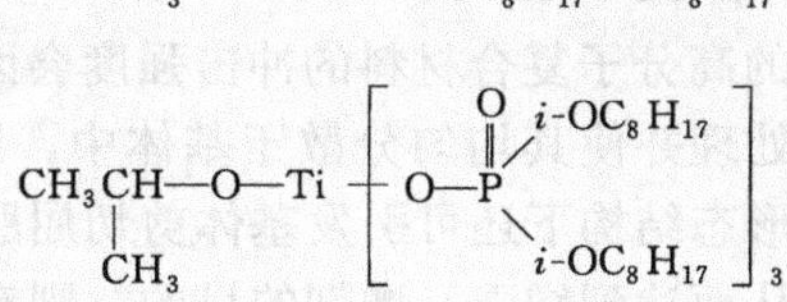	KHT-202

续表

类别	化学名称	化学结构	牌号
螯合型	二（二异辛基焦磷酰基）甲基羟乙酸钛酸酯	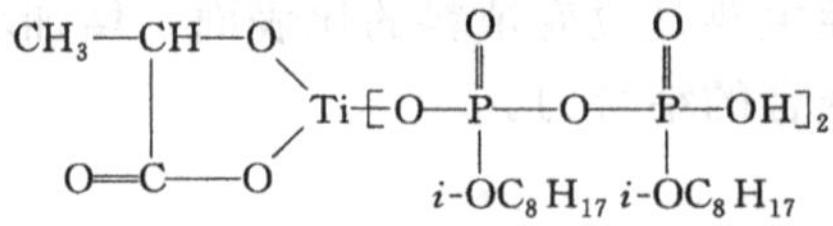	KHT-301
	二（二异辛基磷酰基）钛酸乙二酯	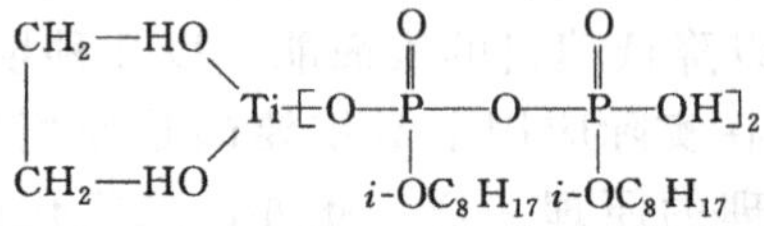	KHT-302

表 10-12 钛酸酯处理填料的增强效果

TTS 型	MFI(5kg,230℃) / (g/10min)	拉伸强度/ MPa	Izod 冲击强度 (无缺口)/(kJ/m^2)
未处理	2.9	19.4	14.8
已处理	7.9	21.4	23.3

注：试样为含 40% $CaCO_3$（质量分数）的 PP；偶联剂为 TTS（异丙基二异十八酰钛酸酯），质量分数为 1%。

10.5.2.2 颗粒增强高分子复合材料的性能

(1) 模量

颗粒增强高分子复合材料，可以将其看作短纤维增强复合材料的特殊情形，其模量可以用公式(10-14) 来表示：

$$E_c = kE_f V_f + E_m V_m \tag{10-14}$$

式中，V_f 和 V_m 分别是填料和基体的体积分数；k 为增强效率系数。上式可改写为如下形式：

$$E_c = E_m + (kE_f - E_m)V_f \tag{10-15}$$

显然，复合材料的模量基本上受 E_m 、E_f 和 V_f 的支配，模量的增加取决于 $(kE_f - E_m)$ 值，这与填料的形态及黏结的状况有关。若 k 很小，则可能导致模量下降。由于粒子填料形态的复杂性，黏结的情况有所不同。一般来说，片状填料增强特性大些。如滑石粉、黏土填料要比碳酸钙的增强特性大。

(2) 拉伸强度

在粒状填料复合体系中，如果填料和聚合物界面没有黏结，相对拉伸强度（σ_c/σ_m）会随着填料的体积分数增加而单调下降。

对大量的实验加以综合整理，粒子填充增强复合材料强度与填料的规律性是：非极性、结晶性聚合物中，以高长径比、高表面积的填料填充的复合材料显示出较大的补强效果，而以表面积小的填料填充的复合体系的补强效果较小。而极性聚合物低表面积填料体系则没有补强的效果。

(3) 冲击强度

一般而言，粒子填充的高分子复合材料的冲击强度会因填料的填充而降低。但是，如果无机刚性粒子经界面改性剂处理并使其均匀分散于基体中，以便在材料受破坏时既能引发银纹，终止裂缝的扩展，在一定形态结构下还可引发基体剪切屈服，从而消耗大量冲击能；又能较好地传递所承受的外应力，从而达到增强又增韧的目的，则有可能制得冲击强度比基体聚合物大的复合塑料，而且其复合材料的拉伸强度和弹性模量也有明显的改善。如表 10-13 所示。

表 10-13　高岭土填充 PA6 的力学性能

样品	冲击强度/(J/m)	拉伸强度/MPa	弹性模量/GPa	断裂伸长率/%
PA6	29.4	66.5	0.8	338
PA6/高岭土(80/20)	24.3	80.8	1.1	12.1
PA6/界面改性剂/高岭土(80/20)	52.7	89.8	1.3	199

(4) 耐热性

提高耐热性是进行复合的主要目的之一。大量的研究表明，结晶性聚合物，如 PP、聚酰胺、PBT（聚对苯二甲酸丁二醇酯）、POM（聚甲醛）等，经填充后热变形温度明显上升。非结晶性聚合物，则经填料填充后热变形温度上升不大。这是因为结晶树脂的热变形温度是受基体聚合物的熔点支配的，未填充以前，热变形温度比熔点低得多，填充填料后，热变形温度逐渐上升，当其值接近树脂的熔点时便达到饱和状态。另一方面，非结晶性树脂的热变形温度是受基体的玻璃化转变温度支配的，在 PS、PC 等未填充填料前，热变形温度已接近玻璃化转变温度，因此，填充后的热变形温度上升不多。结晶性聚合物填充后的热变形温度上升程度与力学性质中的模量提高程度密切相关。PP 与各种填料的复合体系的弯曲模量与热变形温度的关系如图 10-25 所示。

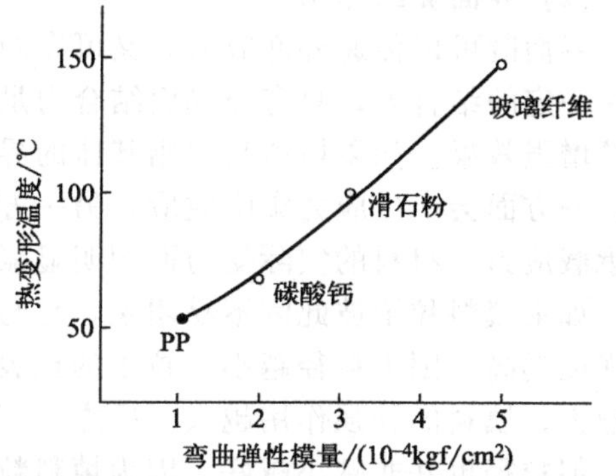

图 10-25　PP 复合塑料（无机填料 30%）的弯曲模量与热变形温度的关系

($1kgf/cm^2=9.8\times10^4Pa$)

10.5.3　增强机理

10.5.3.1　纤维增强机理

纤维对于高分子材料的增强机理目前并没有统一的理论。通常认为纤维对高分子的增强作用主要通过以下形式实现：

(1) 桥联作用。纤维通过分子间作用力或化学键力与高分子基体相结合，通过桥联作用将其自身的特性与基体的性能结合，从而起到增强作用。通过选用极性材料或者增加纤维与基体的接触面积可以提高分子间作用力，有效增进纤维与基体的结合，提升增强效果。

(2) 传能作用。当高分子复合材料的分子链受到外力作用时，由于增强纤维与高分子之间的桥联作用，应力可通过桥联点进行传递扩散，使材料免于被破坏。

(3) 增黏作用。增强纤维可以增大聚合物基体的黏度，从而增大内摩擦作用，在外力作用下，通过内摩擦作用可以吸收更多能量，从而提升材料抗撕裂、耐磨损等性能。

(4) 补强作用。当高分子增强材料受到较大的应力作用时，如果某一高分子分子链发生断裂，与增强纤维紧密结合的其他分子链可起到补强加固作用，从而避免断裂行为危及材料整体。通过以上四种作用形式，纤维增强改性的热塑性高分子复合材料的强度、刚性和耐热性等都大幅提升，同时，材料的缺口敏感性降低。

10.5.3.2　颗粒增强机理

(1) 刚性支撑作用

填料填充后的复合材料在受外力作用时，填料相比聚合物具有更好的刚性支撑作用，因而能显著提高材料的刚性。根据经典的载荷传递机理，当复合材料受到外力时，应力可以通过聚合物和填料界面层，由基体传递给填料，使基体所受应力得以分散和减轻，从而提高材料强度。

填料在聚合物中填充后的形态、尺寸、分散状态、整体结构的不均一性等，都会对填充材料的强度产生影响。通常认为，填料粒径越小，填充改性材料的弯曲模量越大。其机理可从以下两个方面理解：首先，填料的粒径减小，比表面积增大，即增加了相界面面积，从而增加了填料对基体树脂分子链运动能力的约束；其次，填料粒径减小，填料的堆砌团聚概率下降，从而使模量增加。

（2）界面黏结作用

界面既可以传递外部应力，又可在两相之间产生黏结作用。聚合物与填充物的界面必须具有一定的结合力，只有当界面结合力足够强时，才能有效地将载荷传递给填充物，保持较好的增强效果。如果填料与树脂基体的界面黏结作用不好，在外力的作用下容易产生界面脱黏，一方面会产生应力集中效应，另一方面，即使各类取向单元都充分取向了，由于填料不再承载应力，材料的实际受力面积明显减小，最终导致材料强度下降。

如果填料粒子彼此间不易团聚，且与树脂有良好的黏结作用，则填料的粒径越小，材料的强度越高。因为粒径越小，粒子的比表面积越大。在填料体积分数相同的情况下，界面面积越大，填料的补强作用越大。反之，若粒径较大，填料周围一些区域容易产生应力集中效应。但粒径也并非越小越好，因为填料粒子不仅承受一部分外力作用，还具有终止银纹、阻挡银纹扩展的作用，如果粒径过小，会被增长的银纹吞没而无法阻挡或终止银纹的扩展，导致增强效果下降。

（3）改变基体结晶行为

结晶型聚合物的力学性能很大程度上受到非晶区的影响，在较大外力作用时，非晶区中大分子链段等运动单元的运动已能较快地进行，使材料屈服，形变量增大，刚性下降。加入填料后，可以改变聚合物的结晶成核机理、结晶形态和结晶度，更重要的是对非晶区大分子链段的重排运动产生较大的约束作用，从而提高材料刚性及强度。

参考文献

［1］ 江明．高分子合金的物理化学［M］．成都：四川教育出版社，1988.

［2］ 吴培熙，张留城．聚合物共混改性［M］．北京：中国轻工业出版社，1996.

［3］ Scott R. Thermodynamics of high-polymer solutions［J］. Journal of Chemical Physics，1949，17（3）：279-283.

［4］ Krause S. Phase behavior of polymer blends［J］. Journal of Macromolecular Science，1972，C7（1）：251-268.

［5］ Nishi T，Wang T T，Kwei T K. Glass transition in polymer blends［J］. Macromolecules，1975，8（2）：227-232.

［6］ 吴培熙．聚合物共混改性技术进展［J］．塑料科技，1993，6：12-17.

［7］ Inoue T，Soen T，et al. Crystallization kinetics in polymer blends［J］. Macromolecules，1970，3（3）：387-392.

［8］ Stein R S，Khambatta F B，et al. Rheological properties of polymer blends［J］. Journal of Polymer Science，1978，63：313-325.

［9］ Morawetz H. Viscoelastic properties of polymers［J］. Polymer Engineering and Science，1983，23（12）：689-695.

［10］ Amrani F，Hung J M，Mranetz H. Phase separation in polymer blends［J］. Macromolecules，1980，13（3）：649-654.

［11］ Frank C，Gashgari M. Dynamic mechanical analysis of polymer blends［J］. Macromolecules，1979，12（1）：163-168.

［12］ Kander M Ls，et al. Rheological behavior of polymer blends［J］. Polymer Engineering and Science，1983，12（2）：23-29.

［13］ 吴人洁，等．离聚物的表面与界面［M］．北京：科学出版社，1998.

[14] Paup D R. Structure-property relationships in polymer blends [J]. Polymer Blends, 1978, 2: 37-52.
[15] 席世平，彭坚，等．工程塑料的增韧改性 [J]. 工程塑料应用，1995，23 (3)：36-40.
[16] 席世平，陈江，等．高分子材料的相容性研究 [J]. 高分子材料科学与工程，1994，10 (5)：81-85.
[17] 席世平，刘振兴，等．塑料工业，1997，25 (5)：85-89.
[18] Merz E H, et al. Molecular weight distribution in polymers [J]. Journal of Polymer Science, 1956, 22 (1): 325-332.
[19] Newman S, et al. Solution properties of polymers [J]. Journal of Applied Polymer Science, 1965, 9 (6): 2297-2305.
[20] Bucknall C, Smith R. Toughening mechanisms in polymers [J]. Polymer, 1965, 6 (4): 437-443.
[21] Newman S, Strella S. Phase equilibria in polymer solutions [J]. Journal of Applied Polymer Science, 1965, 9 (6): 2297-2305.
[22] Bucknall C. Toughened Plastics [M]. London: Applied Science Publishers, 1977.
[23] 邓本诚，李俊山．橡胶塑料共混改性 [M]. 北京：中国石化出版社，1996.
[24] 王国建，李勇进，等．高分子合金技术的研究进展 [J]. 工程塑料应用，1999，27 (1)：32-36.
[25] 杜仕国，高欣宝，等．反应性增容技术在高分子合金中的应用 [J]. 中国塑料，1999，13 (7)：7-11.
[26] 苏伟梁，廖兵，等．高聚物共混增容技术进展 [J]. 高分子材料科学与工程，2001，17 (5)：1-5.
[27] 张国颖，吴强．共聚物的增容作用 [J]. 高分子通报，2003，2：37-42.
[28] 黄险波，叶南飚，姜苏俊．聚合物共混改性与加工实用技术 [M]. 北京：科学出版社，2018.
[29] 赵渠森．复合材料 [M]. 北京：国防工业出版社，1979.
[30] 谢希文，过梅丽．材料科学与工程导论 [M]. 北京：北京航空航天大学出版社，1991.
[31] 曾人泉．塑料加工助剂 [M]. 北京：中国物资出版社，1997.
[32] 张立群，金日光，等．短纤维橡胶复合材料的临界长径比 [J]. 复合材料导报，1998，15 (3)：87-92.
[33] 吴庆，等．碳纤维的表面处理技术 [J]. 化工新型材料，2000，28 (3)：11-14.
[34] Yue Z R, Jiang W, et al. Surface oxidation of carbon fibers [J]. Carbon, 1999, 37 (11): 1785-1792.
[35] 殷永霞，沃西源．碳纤维表面改性研究进展 [J]. 航天返回与遥感，2004，25 (1)：51-55.
[36] 郑德，李杰．塑料助剂与配方设计 [M]. 北京：化学工业出版社，2002.
[37] 吴唯，徐种德．纳米增强增韧聚丙烯的研究 [J]. 高分子学报，2000，1：99-104.
[38] Xia J, Luo X, Huang J, et al. Core/shell hybrid nanoparticles for polymer toughening [J]. RSC Advances, 2021, 11 (54): 34036-34047.
[39] 李玉林，何培新．高分子合金增韧机理研究 [J]. 高分子材料科学与工程，2002，18 (5)：26-30.
[40] 高长有．高分子材料概论 [M]. 2 版．北京：化学工业出版社，2023.

第 11 章　高分子研究的现代物理技术

本章围绕高分子物理的研究内容，概述了高聚物的结构、分子运动、热学特性以及微观形态方面的现代物理研究技术，有助于了解这些技术的基本原理和方法，将它们更有效地应用于高分子科学的基础研究和应用开发。

11.1　核磁共振谱法

核磁共振波谱（nuclear magnetic resonance spectroscopy，NMR）是当代化学结构分析中一种重要的谱学研究手段，其共振信号反映了官能团和分子构象等结构信息。

11.1.1　核磁共振波谱法的基本原理

原子核带正电并有自旋运动，其自旋运动必将产生磁矩，称为核磁矩 μ。μ 具有方向性，它与原子核的自旋角动量 s 成正比，即

$$\mu = \gamma s \tag{11-1}$$

式中，γ 为旋磁比，它是原子核磁性大小的度量，γ 值大表示原子核的磁性强，反之亦然。

原子核的自旋角动量与原子核的自旋量子数 I 有关。I 数值分三类：$I=0$、$\frac{1}{2}$、$>\frac{1}{2}$。只有 $I\neq 0$ 的原子核才有自旋现象。其中，最适合用于 NMR 研究的为 $I=1/2$ 的原子核，如 ^{1}H，^{13}C，^{19}F，^{15}N，^{29}Si，^{31}P 等。

当把有磁矩的核置于磁场中，该原子核在磁场的行为就好似陀螺的运动——拉莫尔进动，其频率由下式决定：

$$\omega_0 = 2\pi v_0 \tag{11-2}$$

式中，ω_0 为角频率；v_0 为拉莫尔进动频率。

在外磁场中，原子核自旋角动量的空间取向是量子化的，它在外磁场方向上（设为 Z 轴）的投影值可表示为：

$$I_Z = mh \tag{11-3}$$

式中，m 为核自旋磁量子数；h 为 Planck 常数。

磁矩 μ 在磁场方向上的投影值为

$$\mu_Z = m\gamma h \tag{11-4}$$

对于不同的核，m 分别取整数或半整数。在外磁场（H_0）中，核磁矩 μ 与 H_0 相互作用的能量为：

$$E = -\mu_Z H_0 = -\gamma m h H_0 \tag{11-5}$$

可见，磁核在外加均匀磁场中每个取向相应于一个能级，取向的磁核要在各能级之间发生跃迁，必须符合 $\Delta m = \pm 1$ 的选择法则，根据式(11-5)，得出相邻两磁能级之间的能差 ΔE 为：

$$\Delta E = \gamma h H_0 \tag{11-6}$$

在外磁场中，原子核的磁矩 μ 绕 H_0 进动的频率 ω_0 为：

$$\omega_0 = \gamma H_0 = 2\pi v_0 \tag{11-7}$$

式中，ω_0 角频率，rad/s；v_0 频率，Hz，称为拉莫频率。

用频率适当的电磁辐射照射原子核，如果电磁辐射光子能量 hv 恰好为两相邻核能级之差 ΔE，则原子核就会吸收这个光子的能量 hv，使磁核在相邻两能级之间发生跃迁。因此，由式(11-6) 和式 (11-7) 可知，发生核磁共振的频率条件是：

$$v = \frac{\Delta E}{h} = \frac{\gamma H_0}{2\pi} \tag{11-8}$$

可见，对应于某一特定的 H_0 值，一种核只有一个特征跃迁频率。

图 11-1 为核磁共振实验装置，采用调节磁场强弱的方法实现核磁共振。样品装在样品管中，并置于磁铁两极之间，让样品管绕长轴旋转，以克服磁场不均匀而引起的峰加宽。射频振荡器不断提供能量给振荡线圈，向样品发送固定频率的电磁波。同时绕在磁铁凸缘上的扫线圈，由扫描发生器提供变化的直流电流，使样品接受磁铁所提供的强磁场，再加上一个由弱到强的连续变化的附加磁场，这就是场扫描。在扫描过共振点时，在接收线圈中就会感应到能量吸收，并将它送到射频接受器，经放大后显示或记录下来，成为 NMR 谱。

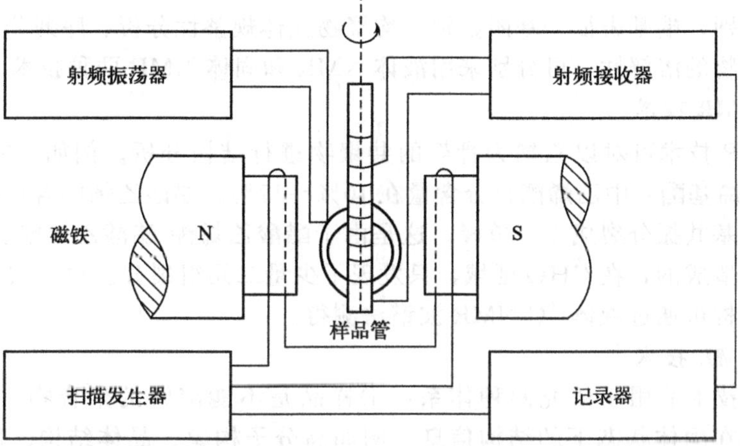

图 11-1　核磁共振实验装置

对于一个磁核，以质子为例，在核磁共振条件下它所发生吸收的磁场强度是质子所感受的有效磁场，而这个有效磁场并不等于外加的磁场强度，它取决于质子的环境——包括质子附近的电子云密度和存在于附近的其他质子。所以质子会由于在分子中的环境不同而显示不同的吸收峰，峰位置的差距称为化学位移。

化学位移是由于电子云的屏蔽作用而产生的，它与外加磁场 H_0 有正比关系，因而常用相对单位 δ(ppm) 来表示

$$\delta = \frac{H_{标准} - H_{样品}}{H_{标准}} \times 10^6 \tag{11-9}$$

或用改变频率扫描时

$$\delta = \frac{v_{标准} - v_{样品}}{v_{标准}} \times 10^6 \tag{11-10}$$

表 11-1 是不同环境的质子的化学位移，在实际应用中利用 δ 值可以进行定性鉴别。

11

表 11-1　一些基团中质子的化学位移 δ 值

质子	δ	质子	δ
$—CH_2—C—$(饱和)	0.8～0.95(0.7～1.3)	$—CH_2—C{\equiv}C$	1.88～2.31
$CH_3—C—$(饱和)	1.20～1.43	$—CH_2—SO_2—R$	2.92
$—CH_2—C—O—COR$	1.5	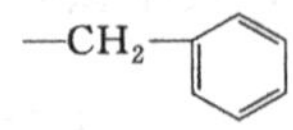	2.5～3.06
$CH_2—C{\equiv}C$	1.13～1.60	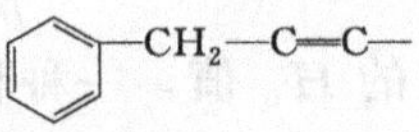	3.18～3.38
$CH_2—CN$	1.20～1.62	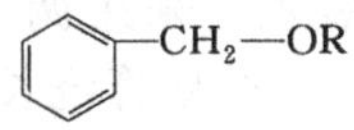	4.36～4.49
$—CH_2—C—O—R$	1.21～1.81	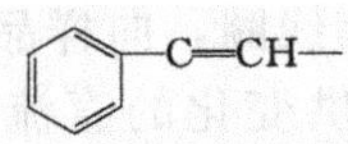	5.28～5.4
$CH_3—C{=}C—CO—R$	1.93～2.06	R—COOH	10.3～11.48

11.1.2　核磁共振波谱法的应用

NMR 在高聚物领域的应用主要是高聚物的结构分析，例如高聚物结构的定性定量分析、异构体的鉴别、端基表征、基团鉴别、均聚物立体规整性分析、序列分布及等规度的分析等。根据高聚物的溶解性，可分别采用液体 NMR 和固体 NMR 两种技术。

(1) 液体 NMR 技术

用液体 NMR 技术可对以乙烯为骨架的共聚物进行结构分析。例如，用^{1}H NMR 分析得出聚(乙烯-乙烯基酯) 中乙烯酯百分含量在 10%～17%。醋酸乙烯酯含量可通过乙酰基共振来测得。乙酰基共振分裂成 2 个单峰，这是由于醋酸乙烯酯-醋酸乙烯酯、醋酸乙烯酯-乙烯二元组的存在造成的，在 CHO 区域，只发现了少量二元组裂分。对于共聚物中乙烯单元的短支链，其结构可通过液体^{13}C NMR 波谱法测得。

(2) 固体 NMR 技术

固体 NMR 技术适用于研究两种体系：①样品是不能溶解的聚合物，例如交联体系；②需要了解样品在固体状态下的结构信息，例如高分子构象、晶体结构、形态特征等。由于^{13}C 的自然丰度较低，磁旋比也小，所以往往对样品采用魔角旋转（MAS）、交叉极化（CP）及偶极去偶（DD）等技术来强化检测灵敏度。固体 NMR 波谱的各向异性加宽作用可以通过 MAS 加以消除，从而获得与液体 NMR 波谱一样的自旋多重化精细谱带，使峰变窄，提高分辨率。高功率的质子偶极去偶技术（DD）用来消除 H—X(X＝ ^{13}C、^{19}F、^{29}Si) 的偶极作用。交叉极化（CP）则通过 Hartman-Hahn 效应，在合适的条件下采样，可以提高检测灵敏度。MAS/DD/CP 三项技术综合使用，便可得到固体材料的高分辨^{13}C 核磁共振谱。

固体 NMR 在高分子材料表征中的重要用途之一是凝聚态研究，高分子链可以有序地排列成结晶型或无规地组成无定形型，结晶型和无定形型相区在 NMR 中化学位移不同，可以很容易地加以区别。NMR 技术的各种弛豫参数也可用来鉴别多相体系的结构。尤其当各相的共振峰化学位移差别很小时，弛豫参数分析相结构就显得格外重要。相结构研究中常用的弛豫参数有自旋-晶格弛豫（T_1），自旋-自旋弛豫（T_2）及旋转坐标中的自旋-晶格弛豫（T_{1p}）等。对于多相聚合物体系，如热塑性弹性体，由硬段和软段组成，由于软、硬相凝聚态结构，玻璃化转变温度上的明显差别，在 NMR 实验时，可利用软、硬段弛豫时间的不同，来分别研究软硬相的相互作用及相容性。弹性体在玻璃化转变温度之上可以进行取向运动，且在高弹态时偶极耦合作用比玻璃态时小，特别适用于固体 NMR 来进行结构分析。只要采用较低的 MAS 转速及较低的偶极去偶功率，就可以得到高分辨的固体 NMR 谱，从而分析其网络结构。

11.2　红外光谱和拉曼光谱

11.2.1　红外光谱的原理

分子是由化学键连接起来的原子组成的。原子和化学键的振动类似于作简谐振动的弹簧-小球系统，可分为伸缩振动和弯曲振动两种形式，其振动频率不仅与化学键的性质有关，而且还受整个分子及环境的影响。当一定频率的红外线经过分子时，就会被分子中相同振动频率的键所吸收。当某一样品受到一束频率连续变化的红外光线照射时，分子将吸收某些频率的光，作为能量消耗于各种化学键的伸缩振动或弯曲振动，此时透射的光线在吸收区将有所减弱，从而形成一条表示各个吸收带位置的吸收曲线，即为红外光谱。图 11-2 是双光束红外光谱仪的光程图，透过的红外辐射使热电堆的一头加热产生热电势，借助于放大器与灵敏的检流计可以测定吸收或辐射的强度，并可用自动记录仪记录下来。

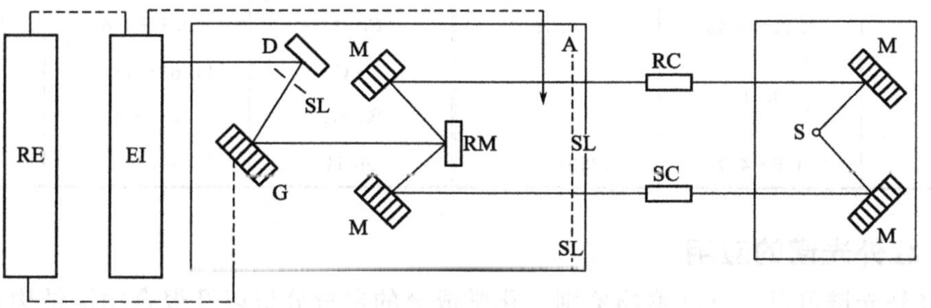

图 11-2　双光束红外光谱仪的光程图

S—光源；M—反射镜；SC—样品池；RC—参比池；A—衰减器；RM—旋转镜；SL—狭缝；G—光栅或棱镜；D—检测器；EI—电子放大器；RE—绘图系统

红外光谱谱线频率与高聚物中某些基团的频率相一致，从而在谱图上出现吸收峰，因而红外光谱常用于分析高聚物的化学结构。常见的化学基团在 $4000 \sim 670cm^{-1}$ 范围内有特征基团频率，可分为以下 4 个部分：

① X—H 伸缩振动区，$4000 \sim 2500cm^{-1}$ 范围，X 可以是 O、N、C 和 S 原子。在这个区域内主要包括 O—H、N—H、C—H 和 S—H 键的伸缩振动。

② 三键和积累双键区，$2500 \sim 1900cm^{-1}$ 范围，主要包括炔键 —C≡C—、氰基 —C≡N、丙三烯基 —C═C═C—、烯酮基 —C═C═O、异氰酸酯键基 —N═C═O 等的反对称伸缩振动。

③ 双键伸缩振动区，$1900 \sim 1200cm^{-1}$ 范围，主要包括 C═C、C═O、C═N、—N═O 等的伸缩振动，芳环的骨架振动等。

④ X—Y 伸缩振动及 X—H 变形振动区，$<1650cm^{-1}$。该区域的光谱比较复杂，主要包括 C—H、N—H 变形振动，C—O、C—X（卤素）等伸缩振动，以及 C—C 单键骨架振动等。

通常将高分子材料的红外光谱分为 6 个区即：Ⅰ区 $1800 \sim 1700cm^{-1}$，聚酯、聚碳酸酯和聚酰亚胺等；Ⅱ区 $1700 \sim 1500cm^{-1}$，聚酰胺、三聚氰胺-甲醛树脂；Ⅲ区 $1500 \sim 1300cm^{-1}$，饱和聚烃、极性基团取代的聚烃；Ⅳ区 $1300 \sim 1200\ cm^{-1}$，芳香族聚醚、含氯聚合物；Ⅴ区 1200～1000cm^{-1}，聚醚、醇类、含氯、含氮聚合物；Ⅵ区 1000～600cm^{-1}，取代苯、不饱和键和含氯聚合物。表 11-2 是某些基团的特征频率。

表 11-2 某些基团的特征频率

基团	波长 /μm	波数 /cm^{-1}	基团	波长 /μm	波数 /cm^{-1}
—OH	2.84～3.22	3520	C═C	6.06～6.25	1650～1600
—NH	2.86～3.23	3500～3100	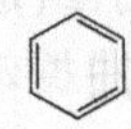	6.15～6.35	1625～1575
≡CH	3.02～3.12	3310～3200	—C≡N	4.17～4.76	2400～2100
═CH_2	3.25	3080	═CO	5.3～6.3	1850～1580
═CH (带一个单键)	3.31	3020	C—O—C	7.9～8.3	1260～1200
Ar—H	2.24～3.33	3090～3000	C—F	7.4～8.3	1350～1200
—CH_3	3.36～3.39	2960	C—Cl	13.7～15.9	730～630
—CH_2—	3.41～3.43	2928	Si—O	8.1～9.8	1220～1020
—CH (带三个单键)	3.46	2890	SiC	11.63～13.28	860～700
			SiCH_2	7～9.4	1260
C≡C	4.6～4.7	2250～2150	SiCH	4.46	2240

11.2.2 红外光谱的应用

利用红外光谱可以进行高聚物鉴别、化学成分的定量分析以及聚合物链结构分析等。除此之外，高聚物中的添加剂、残留单体、填料、增塑剂等的鉴定也可用红外光谱法来完成。

(1) 鉴别聚合物

① 标准谱图法　查对聚合物标准谱图，解析高聚物的结构。

② 否定法　如果某个基团的特征频率吸收区找不到吸收峰，则可以推定未知样中不存在该基团。

③ 肯定法　针对图上强的吸收带，确定属于什么基团，然后再分析具体有较强特征性的吸收带所对应的基团。

经过肯定法和否定法的推断，可得出一种或几种可能的聚合物类型。查出它们的标准谱图相对照，即可以得出结论。而对于一些结构类似的聚合物，它们的红外光谱也基本相似，单靠官能团区无法区别，这时可利用指纹区来区别。图 11-3 为 PET 的红外光谱图，其中 1730cm^{-1} 处为很强的羰基，表明是酯类，可由 1265cm^{-1} 及 1100cm^{-1} 的—C—O 伸缩振动来进一步证明。1450～1350cm^{-1} 区域的谱带是由 CH_2 振动引起的，730cm^{-1} 处的谱带是面外弯曲振动吸收。而 830cm^{-1} 处谱带是归属于芳环上两个相邻的 CH 变形振动。芳环的振动应当在 1615～1505cm^{-1} 间有吸收，但在图中呈现较弱的谱带，这可能与分子对称性有关。综上所述，并与标准谱图比较，可知为 PET 的红外谱。

(2) 定量分析

进行 FTIR 定量分析时，需要选择吸收强度大（透射率 25%～50%为宜）且不受其他组分干扰的特征谱带。一般采用谱峰的积分强度方法（峰面积法）。依据朗伯-比耳定律有：

$$A_1 = K_1 l C_1 \tag{11-11}$$

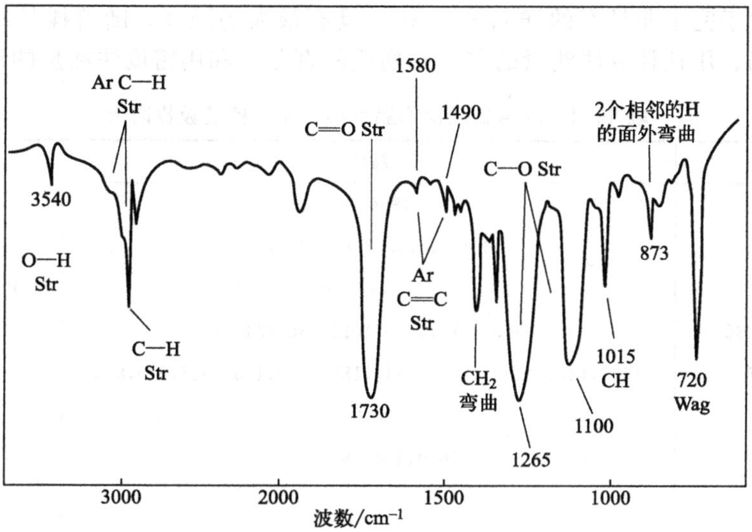

图 11-3 PET 的红外光谱图

$$A_2 = K_2 l C_2 \tag{11-12}$$

$$C_1 + C_2 = 1 \tag{11-13}$$

两谱带的吸光度比值为：

$$R = \frac{A_1}{A_2} = \frac{K_1 C_1}{K_2 C_2} = K \frac{C_1}{C_2} \tag{11-14}$$

式中，A 为峰面积；C 为浓度。利用已知浓度比的样品求出 K 值，再反过来利用 K 值计算未知样品的浓度 C_1 和 C_2。必要时 K 值要通过工作曲线来求得。

(3) 聚合物链结构分析

① 键接方式聚　氯乙烯有头-头和头-尾链接方式。将聚氯乙烯与锌反应，头-头结构会生成不饱和双键，而头尾结构不反应，根据 C═C 的特征峰，就可以测定头-头结构的含量。

② 双烯高分子化合物立体构型分析　用红外光谱可以鉴别聚丁二烯中三种异构型。表 11-3 是各异构体谱带的吸收率。分别选择 910cm^{-1}、967cm^{-1} 和 738cm^{-1} 谱带作为 1,2-、反 1,4-和顺 1,4 异构体的分析谱带作为定量分析数据，考虑到各组分的分析谱带互相干扰，通过联立方程法，就可以求出各异构体的含量。

表 11-3 聚异丁烯各异构体谱带的吸收率　[L/(mol·m)]

异构体	910cm^{-1}	967cm^{-1}	738cm^{-1}
纯 1,2	14400	447	125
纯反 1,4	0	12500	0

③ 支化程度的估算　工业聚乙烯通常含有支链。支链越多，CH_3 基团越多。用红外光谱测定相应的—CH_3 和—CH_2—的两种谱带的吸收比，根据两种基团中氢的比例可推算出支化程度。

④ 高聚物的分子凝聚态结构　高聚物凝聚态结构的变化将引起各种对结构敏感的谱带变化，因此通过红外光谱法的研究可以表征高聚物的凝聚态结构。高聚物的晶态和非晶态有其相应的谱带，表 11-4 列出常用高聚物的晶带和非晶带的特征吸收谱带，选择对结晶含量敏感的结晶谱带或非晶谱带可以测定高聚物的结晶度。如使用 PET 的非晶带 898cm^{-1} 来测

量其结晶度。对于完全非晶态的样品 898cm^{-1} 具有最大的强度，随着样品结晶度提高，谱带强度逐渐减弱。用这种方法测量的非晶态物质的百分比和用密度法测量的结果是一致的。

表 11-4 常用高聚物的晶带和非晶带特征吸收谱带

聚合物	晶带	非晶带
聚乙烯	1894,731	1368,1353,1303
等规聚丙烯	1304,1167,998,841,322,250	
间规聚丙烯	1005,977,867	1230,1199,1131
间规 1,3-聚戊二烯	1340,1178,1140,1014,988,934,910	
等规聚苯乙烯	1365,1312,1297,1261,1194,1185,1080,1055,985,920,898	
聚氯乙烯	638,603	690,615
聚偏氯乙烯	1070,1045,885,752	770,638
聚四氟乙烯		657
聚三氟氯乙烯	1290,490,440	
聚偏氯乙烯	975,794,763,614	
等规聚乙酸乙烯酯	1141	
聚乙烯醇	1144	
对苯二甲酯乙二酯	1340,972,848	1040,916,825
α 型尼龙-6	959,928	1145,1370,1045,898
尼龙-66	935	1130
尼龙-7	940	1140
尼龙-9	940	

11.2.3 拉曼光谱的原理

1928 年印度科学家拉曼（Raman）首先通过实验观察到拉曼效应。当一束单色可见光照射样品时，这束入射光将有一部分被样品散射，如果用一光谱仪在某一方向，例如与入射光垂直的方向（图 11-4）观测这种散射光的光谱时会发现，除了一条与入射光频率完全相同的极强谱带外，在这条强谱带的两侧还有若干条较弱的谱带出现。两侧的这些谱带位置对称。但强度不相同。频率与入射频率相同的散射称为瑞利散射，在瑞利（RayLeigh）散射带的低频一侧出现的散射带称为斯托克斯（Stokes）散射带，高频一侧的则称为反斯托克斯(Anti-Stodes) 散射带。这两种散射又统称为拉曼散射。斯托克斯散射是由于光子与分子碰撞过程中，光子把一部分能量转移给了分子，因而光子损失了部分能量，此时观察到的较低频率的散射；相反，在碰撞时，光子从物质分子获得能量，则此时观察到的散射称为反斯托克斯散射。这两种散射都是非弹性散射。分子被激发后振动能级的改变如图 11-5 所示。频率位移量 Δv 相应于被测分子振动或转动能级跃迁的频率。Δv 的大小与 v_0 无关，在拉曼光谱中测定的是 Δv，将其作为横坐标，把入射光频 v_c 的位置作为零，纵坐标是拉曼散射强度。由于反斯托克斯散射的光子能量相对较弱，一般实验只记录斯托克斯散射。

拉曼光谱与红外光谱同属分子振动光谱。拉曼位移 Δv 相当于红外谱带的吸收频率，每条谱带都相应于分子中某官能团的振动。对大多数基团如 O—H、N—H、C≡C、C—H、C═C 等，拉曼伸缩的和红外吸收是一致或非常接近，如酮羰基的伸缩振动在红外光谱中位于 1710cm^{-1}，在拉曼光谱中，无论入射光频率如何，Δv 的位置总在 (1710±3)cm^{-1}。

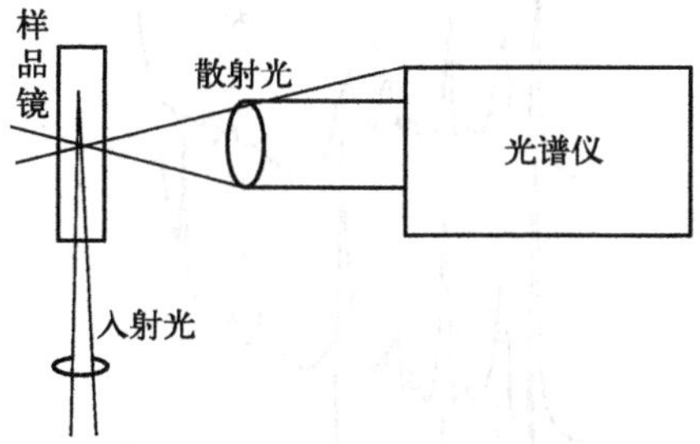

图 11-4　拉曼效应装置

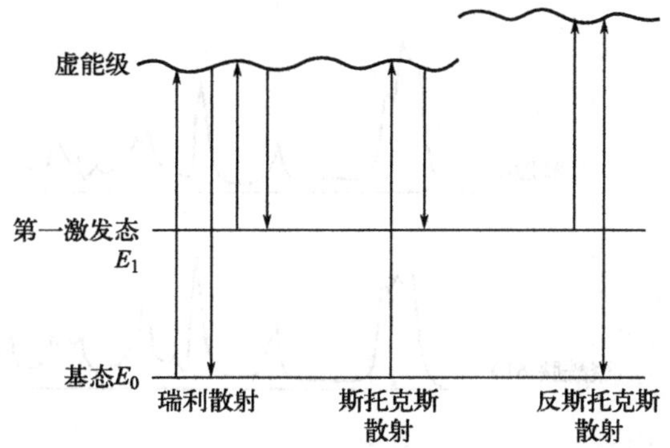

图 11-5　分子振动能级的变化与散射类型的关系

拉曼光谱是散射现象，是由于诱导偶极的变化而产生的，因而对分子中的非极性基团敏感。红外光谱是吸收现象，红外光谱是由于振动时引起偶极矩的变化而产生的，红外光谱对分子的极性基团十分敏感。由于拉曼散射的活性与能产生诱导偶极矩变化的振动有关，因而拉曼光谱与分子极化率的变化有关。而红外光谱只与固有的永久偶极矩有关。与分子的极化率无关。因为这两种光谱的分析机理不同，它们提供的信息也有差异。一些对称性较高的基团，极性很小，红外吸收很弱，但在拉曼光谱中却有较强的谱带，如 C—C、C ═C、S—S 就很适合拉曼光谱的研究。由此可见，红外光谱法更适合于测定高分子的侧基和端基，而拉曼光谱法更多用于研究高分子的骨架结构。与红外光谱法相比，拉曼光谱法还有诸多优点：可直接用高分子材料的粉、块、片或薄膜测量；液体样品可以装在透明的容器（如无荧光的玻璃管）中测定；由于无机填料的拉曼散射很弱，因而含有这些填料的高分子材料不必分离就可以测定；水的拉曼散射极弱，因此拉曼光谱特别适用于水溶液的研究。拉曼光谱的局限性是光散射强度较低，自有了高强度单色激光光源，已经克服了这个缺点。另外拉曼光谱易受荧光的干扰，消除荧光的主要方法是测定前先用强激光曝光样品几分钟至数小时，或改变入射光的波长以降低荧光的发射率，可使荧光大为衰减。

11. 2. 4　拉曼光谱的应用

(1) 高聚物的定性分析

利用基团的归属鉴别是拉曼光谱基本的定性分析方法。如不同种类尼龙的红外光谱极为相似，但不同亚甲基序列组成的骨架在拉曼光谱中有很强的谱带，彼此很易区分（图 11-6）。

(2) 高聚物的定量分析

拉曼光谱的谱带强度与组分的浓度成正比，因此可用于定量分析。因为受到实验条件的影响，包括光源输出时长和涨落，拉曼绝对强度不易测准。因此，必须采用体系内的谱带作内标，用强度比的方法代替不易测定的绝对强度。液态样品常用溶剂的特征谱带为内标，固态样品可选用样品自身的某一谱带为内标。通过先做出该组分含量——特征峰与内标峰面积之比的关系曲线，就可以用于定量测量样品的该组分含量。

(3) 高聚物的结构分析

① 构型分析　聚丙烯的不同立体异构体有不同的拉曼光谱（图 11-7），等规聚丙烯有一系列非常尖锐的谱带；间规聚丙烯的峰少且宽，而无规聚丙烯的谱图细节又进一步减少。

② 构象研究　由于 C—C 骨架振动有强谱带，这些谱带高度偶合，构象的任何变化会通过改变偶合而改变谱带。所以可用于研究高分子的链构象。通过样品的物理环境的变化而引起谱带的变化可以研究构象的变化。

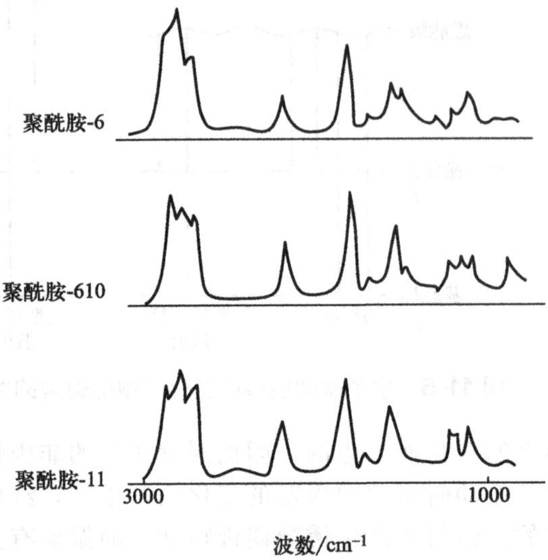

图 11-6 尼龙-6、尼龙-610 和尼龙-11 的拉曼光谱

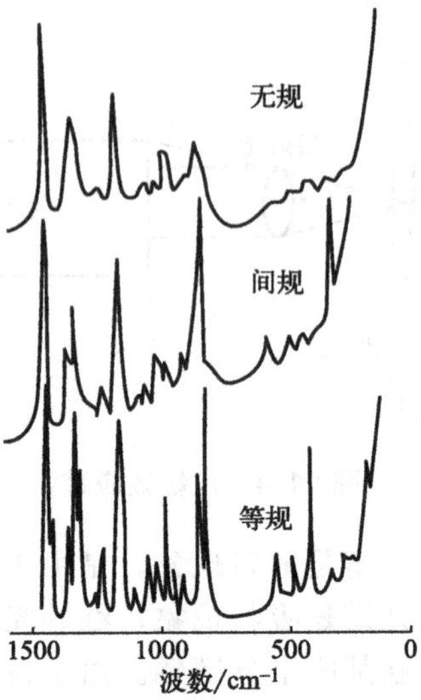

图 11-7 聚丙烯的拉曼光谱

③ 分子量和结晶度研究　除了构型和构象外，拉曼光谱还对结晶度、分子量和端基等高分子的结构物性敏感。图 11-8 是不同分子量和结晶度的聚乙烯拉曼光谱，比较 a、c 和 d 可知，随着聚乙烯分子量提高，$890\mathrm{cm}^{-1}$ 谱带逐渐减弱。比较 b 和 d 可知，结晶度越大，1300 和 $1400\sim1500\mathrm{cm}^{-1}$ 的诸峰越尖锐。当分子链有乙烯基时，在 $1650\mathrm{cm}^{-1}$ 附近有明显的特征峰。

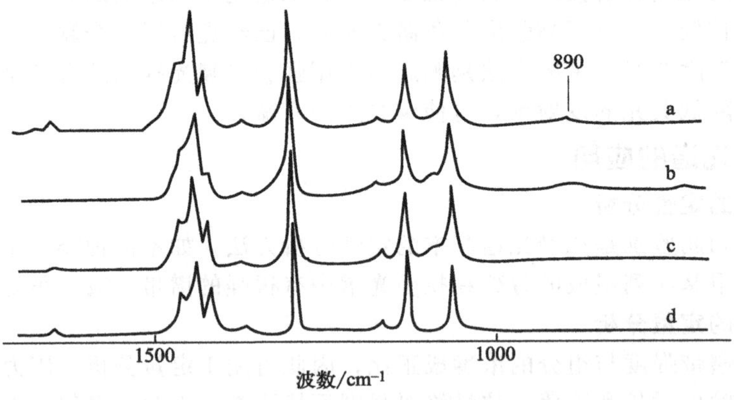

图 11-8 不同分子量和结晶度的聚乙烯拉曼光谱

a—分子量为 800 的聚乙烯；b—结晶度为 50% 的聚乙烯；c—分子量为 10^3 的高密度聚乙烯；d—分子量为 10^5 的高密度聚乙烯（完全结晶，伸直链型）

11.3 X 射线光电子能谱

X 射线照射样品时，样品中原子或分子的电子受激而发射出来，测量这些电子的能量分布的谱图被称为 X 射线光电子能谱（X ray photoelectron spectroscopy，XPS）。

11.3.1 X 射线光电子能谱基本原理

当具有一定能量 $h\nu$ 的光子照射样品时，电子就可以从原子中的某能级发射出来，这些电子称为光电子，其现象称为光电离或光致发射，有时又称为光电效应，表示为：

$$M + h\nu = M^{+} + e^{-} \quad (11\text{-}15)$$

式中，M 代表中性体系；M^{+} 表示单电离体系。光电过程服从 Einstein 关系式。对于自由分子和原子，则为：

$$h\nu = E_b + \frac{1}{2}mv^2 \quad (11\text{-}16)$$

式中，$h\nu$ 为入射光子能量；E_b 是电子的结合能；$\frac{1}{2}mv^2$ 为射出光电子的动能。

气体样品可近似地看作为自由原子或分子。而固体样品的真空能级与表面状态有关，易于改变，所以选 Fermi 能级作为参考能级。图 11-9 是光电过程中的能量关系。由

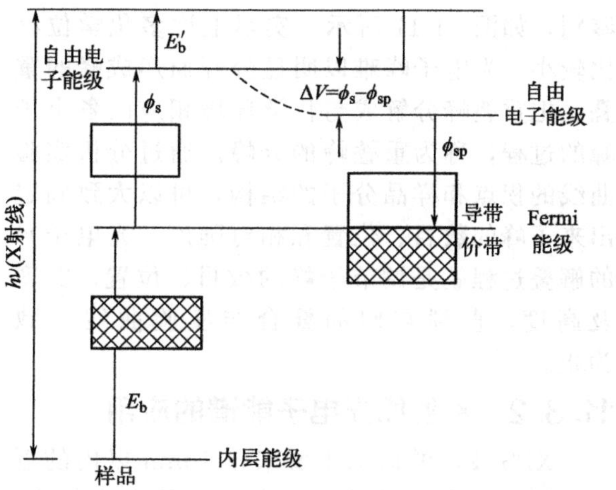

图 11-9　光电过程中的能量关系

E_b—内层电子结合能；ϕ_s—样品功函数；ϕ_{sp}—谱仪功函数；E'_b—从样品中射出的光电子动能

$$E_b = h\nu - \phi_s - E'_k \quad (11\text{-}17)$$

因为 $$E'_k = E_k + \phi_{sp} - \phi_s \quad (11\text{-}18)$$

所以 $$E'_b = h\nu - E_k - \phi_{sp} \quad (11\text{-}19)$$

式中，E_b 为内层电子结合能；E'_k 为从样品中射出的光电子动能；E_k 为谱仪测量的光电子动能；ϕ_s 为样品功函数；ϕ_{sp} 为谱仪功函数。

电子能谱仪的主要部件有激发源、电子能量分析器、探测器记录控制系统、真空系统、外磁场屏蔽系统等（图 11-10）。由激发源发射出来的光束照射在样品上，样品中束缚电子受激发而电离，进而发射光电子。光电子在能量分析器中按其能量或动量被“色散”和聚焦，由探测器接收，探测器输出的脉冲信号经放大、甄别、整形，输入到记录控制系统，最后输入至记录仪。

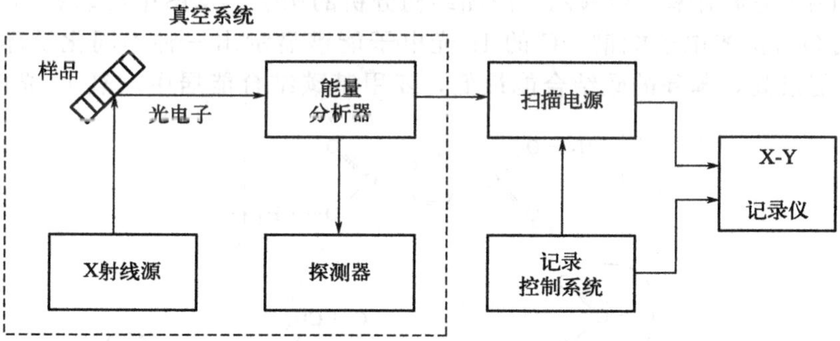

图 11-10　电子能谱仪简图

对光电子能量的扫描，可通过连续地或步进地控制分析器电压或电流的变化来实现。X 轴表示能量，Y 轴表示强度，就可得到光电子能谱图。各种元素都有特征的电子结合能，因此，在能谱图中出现特征谱线。因此可以根据谱线的位置来鉴定元素的种类，所以，根据谱线的强度（峰面积）确定元素相对含量。

由于原子的一个内层电子的结合能会受到核内电荷和核外电荷分布的影响，从而使原子内壳层电子的结合能发生变化，在电子能谱图中发生谱峰的位移。由于原子处于不同的化学环境所引起的结合能位移，称为化学位移；由于物理因素而引起的结合能位移，称为物理位

移。同一元素因其化学环境不同，电子能谱的峰位也不同。据此可以对不同化合物进行定性鉴别，如图 11-11 所示。实际上许多化学位移比较小，光电子峰难以明显分开而形成峰的重叠。把重叠峰分解成与化学环境相应的各个子峰的过程，称为重叠峰的分峰。通过分析实验曲线的拐点和样品分子的结构，可以大致确定出来子峰的数目、位置和相对强度。光电子峰的解叠过程就是调节子峰的数目、位置、宽度及高度，直到它们的叠合与实验曲线一致为止。

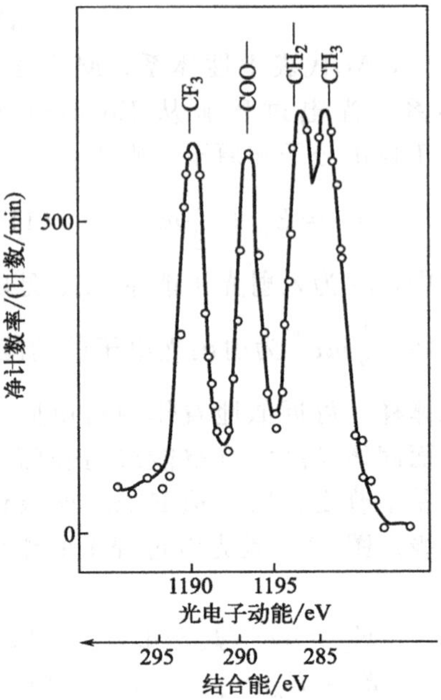

图 11-11 三氟乙酸乙酯中 C 的 1s 电子的光电子能谱图（用 Al Kα 射线激发）

11.3.2 X 射线光电子能谱的应用

XPS 技术的信息主要来自 10nm 以内的近表面层，其表面灵敏度远高于红外全反射法。此外它不像电子束或离子束那样使样品遭不同程度的破坏，对样品的形态也没有特殊的要求。这些优点使 XPS 技术特别适合于研究高聚物的表面性质。目前它已成为表征高聚物特性的重要工具之一，且它的研究范围正在不断扩大。

（1）样品表面的元素成分分析

XPS 的宽扫描谱图可以给样品中除 H 和 He 之外的所有元素的内层电子的结合能，因此可以利用每个元素的特征结合能来鉴别材料中的化学成分。如对塑料添加剂成分的分析。

（2）利用化学位移来鉴别聚合物的化学结构

化学位移可以帮助鉴别元素在高聚物中的化学状态，这是应用 XPS 技术得到的最重要的信息。图 11-12 是聚对苯二甲酸乙二醇酯结构分析的例子。从图中可以看到聚对苯二甲酸酯中 C1s 和氧 O1s 的光电子能谱，C 的 1s 光电子能谱显示出三种不同化学环境的碳原子，羧基的碳结合能最高，苯环的碳结合能最低，亚甲基碳结合能居中。氧 1s 光电子能谱呈现

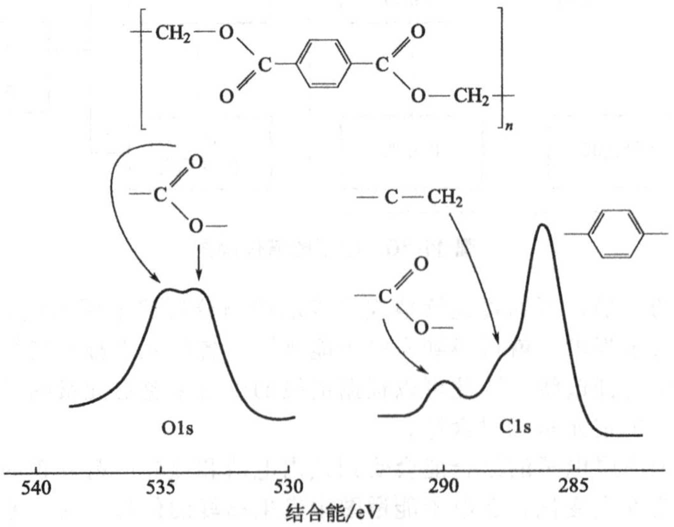

图 11-12 聚对苯二甲酸乙二醇酯的 C1s 和 O1s 光电子能谱结合能（eV）

一个未分辨的加宽的峰，表明存在两种不同化学的氧原子。

(3) 高聚物表面结构研究

材料的“表面”是指最外层 1～10 个原子层，其厚度大约是几个至几十个埃（零点几至几个纳米）。高聚物的氧化、老化、降解作用往往是从表面开始的。XPS 技术以探测材料的表面层为特征，样品预处理较为简单和不损伤样品等优点，使它在高聚物表面结构及表面化学研究中起着越来越重要的作用。如研究材料的表面老化、等离子聚合反应、共聚物表面元素的富集情况、表面处理的增强材料与处理结合情况等。

对聚丙烯（PP）室内加速自然老化研究表明，对于纯 PP 样品，经 200h 老化后，PP 的 C1s 组分分析及 O/C 强度比率如表 11-5 所示。可以看出，当起飞角为 15°时，C1s 谱由 4 个组分峰组成，即与氧结合的 C—H 基团的 C—O、C═O 和 O—C═O 基团；而在 45°和 75°下，C1s 谱中只有 C—O 一种含氧基团，并且 O/C 强度比率逐渐减小，说明 PP 表相受氧化的程度比体相要大。

表 11-5 PP 老化 200h 后的 C1s 组分分析及 O/C 比率与起飞角 θ 的关系

θ/(°)	组分/%				(O/C)/%
	C—H	C—O	C═O	O—C═O	
15	90.9	4.6	2.6	1.9	10.5
45	96.9	3.1			1.9
75	98.0	2.0			1.4

XPS 技术可以有效地用于碳纤维的表面表征中，能够给出碳纤维经不同的表面处理后表面化学组成及其结构信息。利用 XPS 技术来测定碳纤维表面的 C1s 和 O1s 的峰面积比，而 O1s/C1s 比值反映含氧官能团的比例。故可以比较不同碳纤维表面处理的效果。从而对碳纤维的处理工艺提出更合理的要求。沥青基碳纤维经硝酸和过氧化氢作氧化剂进行表面处理后，用 XPS 进行研究，结果见表 11-6。从表中可看到，其表面上的 O/C 比率明显提高，用硝酸处理后的碳纤维制造的复合材料，其层剪切强度明显提高。

表 11-6 沥青基碳纤维的性质

氧化剂	氧化时间/h	O/C	含氧基团含量/%			拉伸强度/MPa
			—C—O—	—C═O	—C(═O)—O	
未处理	—	<0.05	—	—	—	2470
HNO_3	12	0.24	70.6	18.1	11.3	2480
HNO_3	24	0.27	52.6	24.9	22.5	2410
H_2O_2	24	0.16	68.5	17.0	14.5	2260

11.4 X 射线衍射和 X 光小角散射

X 射线是波长在 0.001～10nm 的电磁波。它的波长正好与原子间距同属一个数量级，且与原子的中心电子层相互作用，因而成为研究晶体结构的有力工具。X 射线用作晶体衍射的波长一般为 0.05～0.250nm，与晶体点阵面的间距大致相当。在高聚物的 X 射线散射研究中，X 射线的波长大约在 0.1～0.2nm。X 射线与晶体相互作用，从而产生散射，当晶体内微观结构的长度与波长相近时，其散射角度大，当晶体内微观结构的长度比波长大时，其散射角度小。因此，两种方法分别称为广角 X 衍射（WAXS）和小角 X 光散射（SAXS）。

11.4.1 X射线衍射研究晶体的原理

当一束单色X射线入射到晶体时，由于晶体是由原子有规则排列成的晶胞组成，这些有规则排列的原子间距离与入射X射线波长有相同数量级，故由不同原子散射的X射线相互干涉叠加，在某些特殊方向上产生强X射线衍射，衍射方向与晶胞形状及大小有关，衍射强度与原子在晶胞中排列方式有关。

晶体是一种在三维方向都是周期性的结构。设晶体为一组间距为晶面（格子面），各点代表晶格中的原子（图11-13）以θ角入射的X射线在点上产生的衍射可以看作是对于晶面的“反射”，图上A和B两束光经晶面1和2反射后有相同的方向，但根据衍射的几何，B比A的光程差为$2b$。显然只有当这段光程差等于波长的整数倍时才会产生叠加而加强，因而满足衍射的条件是

$$n\lambda = 2b \tag{11-20}$$

即

$$n\lambda = 2d\sin\theta \tag{11-21}$$

这就是著名的布拉格定律。式中n为正整数，称为衍射级数。θ为掠射角，当用单色X射线测定时，波长λ已知，θ可从实验求出，因此可求得晶面间距d。

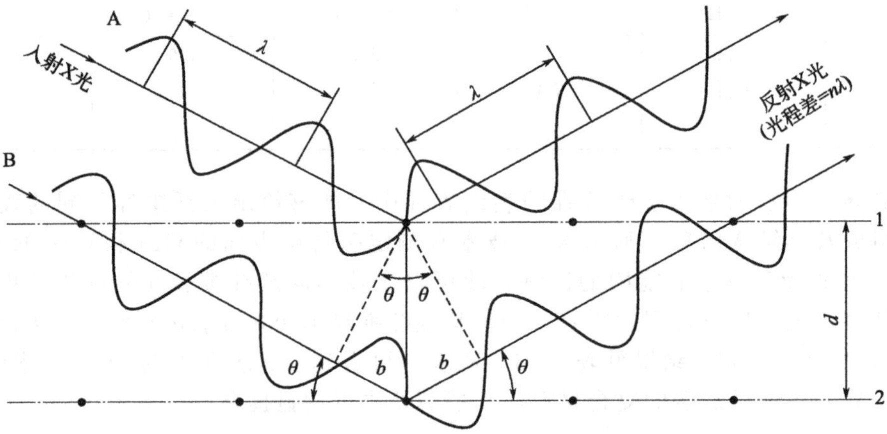

图11-13 晶体产生X射线衍射（布拉格反射）的条件

实际上用单色的X射线对不动的单晶，是不能满足上式的条件的，所以必须采用粉末照相法及单晶转动法。下面分别介绍。

（1）粉末照相法

在粉末晶体中由于晶面以不同的角度与入射线相交，所以必然有一些晶体的晶面间距d与X射线的交角满足布拉格定律。对于某一晶面来说，其衍射线形成一个圆锥形，衍射线与入射线夹角为2θ（图11-14）。

晶体中满足布拉格的晶面可以有很多组，它们的衍射形成另一些不同张角的圆锥。如果将这些锥形光束用相机摄取下来，就得到一系列同心圆（胶片平面与入射方向垂直，也称劳厄照相法）或圆弧（底片卷成环状拍摄，德拜照相法）。通过几何关系，可以求得θ，从而求得晶面间距d。

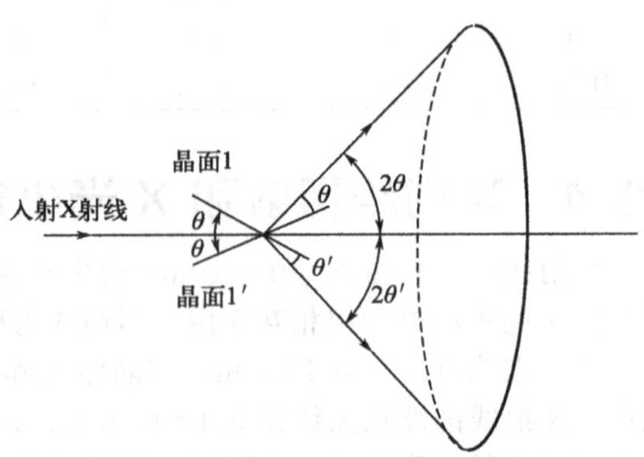

图11-14 某一晶面的衍射示意图

（2）单晶旋转法

单晶旋转法是将长方形的底片卷成圆筒形，置于长筒形相机中，单晶样品放在中央，并使晶体的一个轴（比如 c 轴）平行于圆筒的轴。当晶体围绕此轴缓慢旋转时，X 射线从垂直于旋转轴的方向射入，晶面在适当角度时能满足产生衍射的条件从而得到衍射图（图 11-15、图 11-16）。

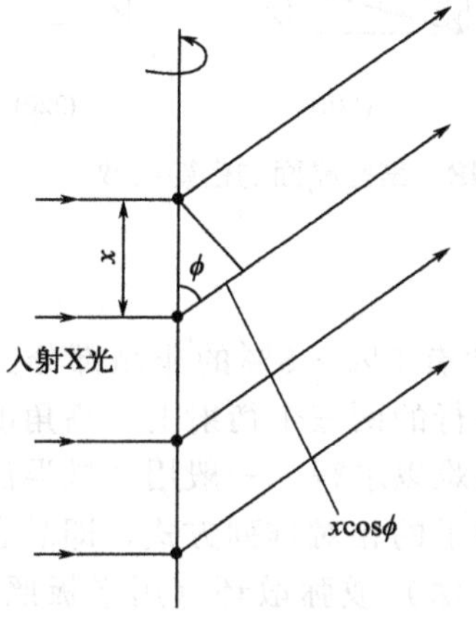

图 11-15　满足衍射的条件示意

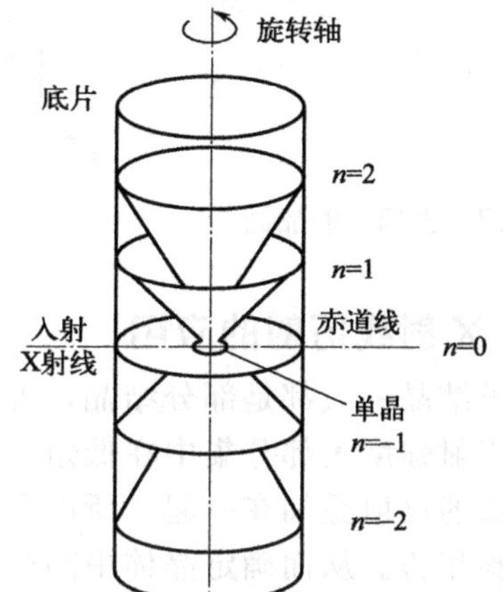

图 11-16　单晶旋转法示意图

设在主晶轴方向的等同周期为 x，则在主晶轴方向上一序列原子所散射的 X 射线满足衍射的条件是

$$x\cos\phi = n\lambda \qquad n=0,\pm1,\pm2,\cdots \tag{11-22}$$

式中，n 为层线的号数（图 11-16）；$x\cos\phi$ 为光程差。

分子中原子排列的空间周期性可以用晶胞来描述。晶胞是由格子点组成的平行四面体，是晶体的最小重复单元。晶胞的大小和形状采用六个晶胞参数来描述，包括平行四面体的三个棱的长度（亦称三晶轴的长）a、b、c，以及它们的夹角 α、β、γ，这里规定 b 和 c 的夹角为 α，c 和 a 的夹角为 β，a 和 b 的夹角为 γ。由轴长和夹角的不同，晶胞共有七种类型，即立方、四方、正交、六方、单斜、三斜、菱方。

结晶中所有格子点在空间中都按一定规律周期性地分布着，因而也可以看成所有格子点都分布在相互平行而且等间距的平面上，这些布满格子点的平面称为晶面。晶体对 X 射线的衍射可以简单地视为这些晶面对 X 线的反射。对晶面进行标记的一组数字称为晶面指标。在晶体学中规定以晶胞的三个轴为坐标系。如图 11-17 所示。设晶面与 a、b、c 三晶轴相交于 M_1、M_2、M_3 三点，三点之截距分别 $OM_1=3a$，$OM_2=2b$，$OM_3=c$，a、b、c 分别为三个轴的单位向量，为方便标记晶面，以（3，2，1）的倒数来表示即（1/3，1/2，1），再将这三个数通分成没有公因数的整数，即（2，3，6）为该晶面指标。通常表达为（h，k，l），称为密勒指数。这样就避免出现平行于轴的晶面而没有截距的情况。晶面（010）、（020）、（220）如图 11-18 所示。

由于对于某一晶系的晶体，晶面距 d_{hkl} 与 h、k、l 都有一定的几何关系。用 d_{hkl} 代替布拉格分式中的 d，就得到 $\sin\theta$（或 $\sin2\theta$）与 h、k、l（或与 h^2、k^2、l^2）的关系式。对于每一衍射线条的 $\sin2\theta$ 值，找到最简单的整数比关系，即确定 h、k、l，就可以将线条指标化。从而确定晶体的结构参数。在实际中，粉末衍射图的指标化的步骤是相当繁琐的。随着计算机的应用和有系统的标准衍射数据的积累，给指标化提供了很大的方便。

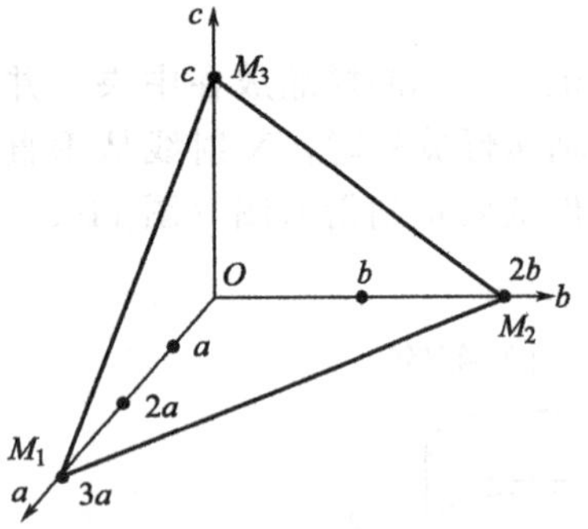

图 11-17 坐标中的晶面

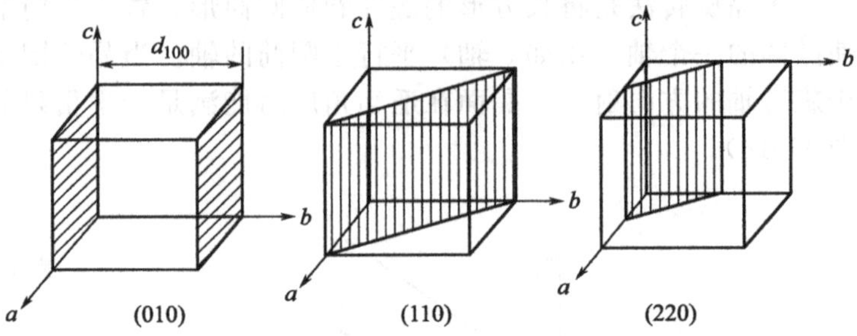

图 11-18 某些晶面的密勒指数

11.4.2 X 射线衍射的应用

高分子结晶一般都是部分结晶，即使是单晶，也含有 5%～8%的非晶部分。而且对称性比低。衍射强度大部分集中在低角区，以及分子链平行的两三个衍射上，高角度反射常常由许多晶面的反射叠加在一起。所以高分子的晶胞参数难以求得。一般用“试误法”来检查是否与实验相符。从而确定晶体中高分子链上的各个原子的相对排列方式，即晶态结构。

非晶态高分子的粉末衍射图是一个弥散峰（用扫描法）或弥散环（用平板照法），峰的位置所相应的位置（2θ）是分子的平均距离，与液相中分子的平均距离相同。而结晶高分子应有锐峰（环），以此可以区别样品是结晶高分子或非晶高分子。下面介绍广角 X 射线在结晶高分子材料方面的应用。

（1）不同晶型的鉴别

如等规聚丙烯有三种晶型，α 晶型（单斜晶系），β 晶型（六方晶型）和 γ 晶型（三方晶系）的衍射图完全不同，很易识别（图 11-19）。

（2）结晶度的测定

如上所述，非晶聚合物的 X 射线图是一个弥散峰，而结晶高分子的图是有锐峰。样品扫描得到的是非晶和结晶的重叠图。把衍射曲线得到的峰分解为结晶和非晶部分，结晶峰面积与总峰面积之比就是结晶度。由于聚合物的 X 射线衍射曲线，其结晶衍射峰由于弥散往往会部分地重叠在一起，同时结晶峰与非晶峰一般是部分重合的，如何把部分结晶高聚物 X 射线衍射曲线准确地分解为结晶和非晶部分，是个很难处理的问题。采用计算机和适当的软件进行数据校正，可获得较准确的结果。聚乙烯 X 射线衍射曲线的分峰结果如图 11-20 所示。

（3）塑料薄膜的研究

塑料薄膜具有取向结构，结晶性聚合物薄膜有晶粒分布和晶型等不同结构情况，可以用 X 射线进行研究。如图 11-21 是对不同牌号的聚丙烯薄膜的 X 射线扫描的结果比较，从中可以清楚地看出它们的区别。

（4）微晶尺寸的测定

如果晶粒无限大，衍射曲线不是峰，而是一条竖线。但在实际上，由于晶粒尺寸有限，所以结晶高聚物的衍射曲线是锐峰，晶粒越小，衍射峰的半峰宽 B 越大（图 11-22）。晶粒尺寸与半峰宽的关系可用谢乐（Scherrer）方程来描述：

$$D=\frac{K\lambda}{B\cos\theta_{\mathrm{B}}} \tag{11-23}$$

式中，D 为晶粒线度；K 为常数；θ_{B} 为峰位置对应的衍射角（图 11-22）；B 为半峰宽。

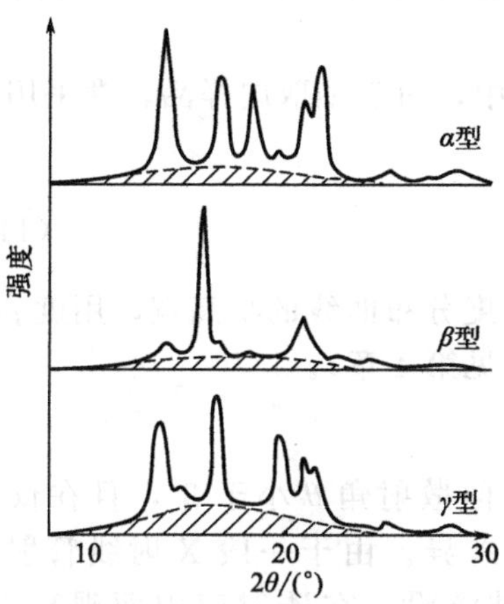

图 11-19　不同晶型的全同聚丙烯的 WAXD 图
(图中阴影区为非晶漫散峰)

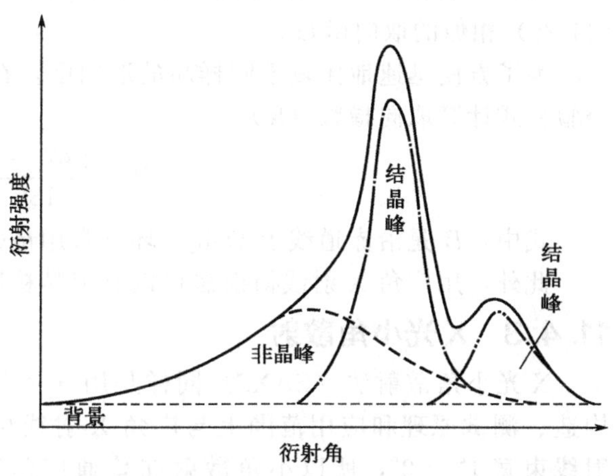

图 11-20　聚乙烯的 X 射线衍射曲线的分峰结果

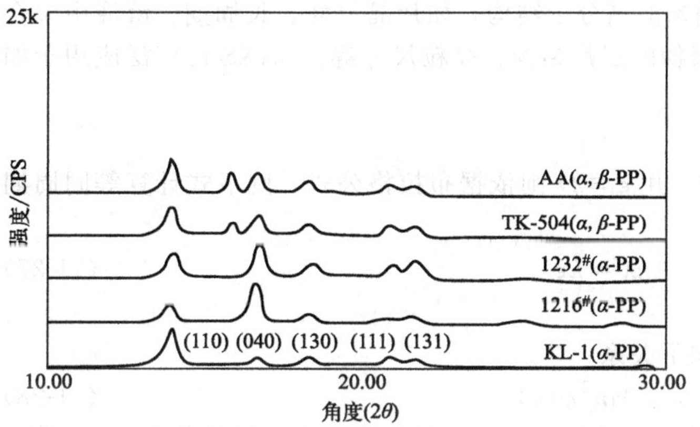

图 11-21　不同薄膜样品的 X 射线衍射多重比较图

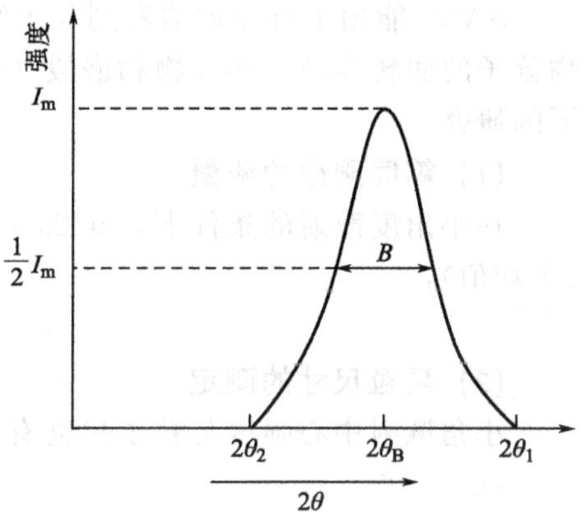

图 11-22　有限尺寸晶粒的衍射曲线

考虑到仪器加宽及晶粒形状、D 的定义等因素，对式(11-23) 进行修正，得到下式：

$$D=\frac{K\lambda}{\sqrt{B^{2}-b_{0}^{2}}\cos\theta} \tag{11-24}$$

式中，K 为与晶粒形状及 B、D 定义有关的常数。一般取 0.9；b_0 为仪器增宽因子。计算晶粒尺寸时要注意，晶粒是三维的，每一维的方向与特定的晶面有关。

(5) 取向程度的测定

高聚物在挤压、拉伸等加工过程中，晶区作择优取向，使分子链沿加工方向排列。与此同时，非晶区的分子链趋于向拉伸方向排列，导致非晶向结晶转变，造成取向“诱导结晶”。从第 4 章中我们知道，描述结晶区分子链轴方向取向情况可用取向函数，它定义为：

$$F=\frac{1}{2}(3\overline{\cos^{2}\theta}-1) \tag{11-25}$$

其中 $\cos^2\theta$ 是取向参数，代表结晶分子链轴参考向（拉伸方向）之间夹角的方向余弦。θ 是分子链主轴与取向方向间的夹角。

对于一般情况，晶体的每一晶轴 a、b、c，相对于参考方向的取向都可以得到与式(11-25）相似的取向函数。

为了方便迅速地比较不同样品的取向度，在实际分析中，对于轴取向样品，常采用下面经验公式计算取向指数（R）

$$R=\frac{180^\circ-B^\circ}{180^\circ}\times 100 \tag{11-26}$$

式中，B 是沿赤道线上 Debye 环（常用最强环）的强度分布曲线的半高宽，用度表示。

此外，用广角 X 射线衍射法可以测定晶粒尺寸分布（见第 4 章）。

11.4.3 X 光小角散射

X 光小角散射法（SAXS）同样是用 X 光作为光源，但散射角 θ 小于 2°，且在仪器的构造、测试原理和应用范围上与广角 X 射线衍射有很大差异。由于一般 X 射线管射出 X 射线束宽 1°～ 2°，所以小角散射在普通广角衍射图中被淹没，在透射束内而观察不到。若要观察小角散射，首先准直系统要长，而且光阑或狭缝要小，才能使焦点变细，由此又要求 X 射线源要强。其次为消除空气对 X 射线散射作用的影响，整个系统要置于真空中。

SAXS 能用于研究数纳米到几十纳米的高分子结构，如片晶尺寸、长周期、溶液中聚合物分子的回转半径、共混物和嵌段共聚物的层片结构、晶粒尺寸等。SAXS 已广泛应用于如下的研究。

（1）等同周期的测量

在小角度散射的条件下，$\sin 2\theta\approx\theta$，用 $\varepsilon\equiv 2\theta$ 则依据布拉格公式，则下式计算等同周期（平均值）：

$$n\lambda=L\varepsilon \tag{11-27}$$

（2）晶粒尺寸的测定

小角散射中心强度与粒子尺度有如下关系：

$$I=Mn^2\varphi(\varepsilon) \tag{11-28}$$

式中，I 为测得的强度；M 为体系中的粒子数；n 为每个粒子中电子的数量 $\varphi(\varepsilon)$ 是与形状大小有关的函数。对不规则形状粒子，可用回转半径 S 表示：

$$\varphi(\varepsilon)=\exp\left(-\frac{4}{3}\frac{\pi S^2\varepsilon^2}{\lambda^2}\right) \tag{11-29}$$

代入式(11-28）并取对数，得：

$$\ln I=C-\frac{4}{3}\pi S^2\varepsilon^2 \tag{11-30}$$

式中，C 为常数；ε 为散射角。以 $\ln I$ 对 ε^2 作图，从斜率就可以估算出晶粒的尺寸。

11.5 光散射

光散射技术不仅可以研究流体的性质，还可以研究晶体、液晶和凝聚态物质的性质，已经发展成为高分子体系的一种常用的测试手段。高分子的分子量、在溶液中的构象可通过静态光散射来确定，而有关高分子在溶液中的内部运动和分子质心运动的信息，则可用动态光散射测得。小角激光光散射则可研究高聚物的凝聚态的结构和性质。

11.5.1 静态光散射

当一束单色、相干的光沿入射方向照到聚合物稀溶液时，溶液中每个高分子作为一个各向同性的粒子，在光的电磁波作用下诱导成为一个振动的偶极子，其作为二次光源辐射出球面电磁波，这就是所谓光散射。如果分子是静止的，则散光和入射光的频率相同，称弹性散射，也称瑞利散射，又称静态光散射。经典的光散射通常称为瑞利-德拜散射。它是测定溶液中高分子的弹性散射。静态光散射中所测的瑞利散射因子 R_θ 与浓度 C、角度 θ 有如下近似关系：

$$\frac{KC}{R_\theta} \cong \frac{1}{\overline{M}_W}\left(1+\frac{1}{3}\overline{S^2}q^2\right)+2A_2C \tag{11-31}$$

式中，$K=4\pi^2n^2\left(\frac{dn}{dc}\right)^2/(N_A\lambda_0^4)$，散射矢量 $q=\frac{4\pi n}{\lambda_0}\sin\left(\frac{\theta}{2}\right)$，即 q 是 θ 的函数；N_A 为阿伏伽德罗常数；n 为溶剂的折射率；λ_0 为真空中入射光的波长；$\overline{M}_W$ 为高分子的重均分子量；A_2 为第二维里系数；$\overline{S^2}$ 为均方回转半径。通过将均方回转半径转换为均方末端距 $\overline{h^2}$，将散射矢量的函数表达式代入式(11-31) 中，以及对一些常量参数的数学整理也就可得到和第 3 章中式(3-68) 的形式，即静态光散射法可用于测定聚合物的重均分子量 $\overline{M}_W$、均方回转半径 $\overline{S^2}$（或均方末端距 $\overline{h^2}$）和反映高分子和溶剂相互作用的第二维利系数 A_2（见第 3 章）。

11.5.2　动态光散射

若散射粒子以一定的速度在运动，会使散射频率发生多普勒位移（Doppler Shift），频率位移多少与散射粒子的运动速度有关。散射光的频率随时间而发生变化的散射称为动态光散射（dynamic light scattering），也称准弹性光散射。对于高分子溶液，存在分子热运动或布朗运动，散射体积中诸散射质点的位相关系随时间不断地变化着，使得散射光的频率发生变化，在入射光频率附近存在一个分布，这种频率分布称为频谱（图 11-23）。而在某处观察到的散射光强也随时间不断地涨落着。散射光强 $I_s(\omega)$ 随频率的变化是一种分布函数（洛伦兹分布）

$$I_s(\omega)=I_0(\omega_0)\frac{C\Gamma}{(\omega-\omega_0)^2+\Gamma^2} \tag{11-32}$$

式中，$I_0(\omega_0)$ 是指频率为 ω_0 时的入射光强；C 是溶液浓度，峰的半高半宽为 Γ（图 11-23）。

由于散射光强随时间而涨落，如果测量的时间很短，在某一瞬间测到的散射光强信号是在其平均值附近随机变化的信号，一般用光电倍增管经甄别放大输出光子数 n 的多少来表示散射光强度，它是时间函数 $n(t)$（图 11-24）。从图中可以看出，在一个时间间隔 τ 很小时，$n(t)$ 与 $n(t+\tau)$ 几乎相等，而 τ 增大时，$n(t)$ 与 $n(t+\tau)$ 的值相差较远，也就是说当 τ 小时，$n(t)$ 与 $n(t+\tau)$ 是相关的，τ 很大时 $n(t)$ 与 $n(t+\tau)$ 就不相关。这种相关性可用自相关函数来表示，而自相关函数实际是时刻 t 和 $t+\tau$ 时的 n 值乘积的期望值，即用 $\langle n(t)n(t+\tau)\rangle$ 来表示。此期望值可用下式表达

$$\langle n(t)n(t+\tau)\rangle=\lim_{t\to\infty}\frac{1}{t}\int_0^t n(t)n(t+\tau)\mathrm{d}t \tag{11-33}$$

许多场合，自相关函数可用指数衰减形式来表达（图 11-25）

$$\langle n(t)n(t+\tau)\rangle=\langle n\rangle^2+[\langle n^2\rangle-\langle n\rangle^2]\exp(-\tau/\tau_0) \tag{11-34}$$

11

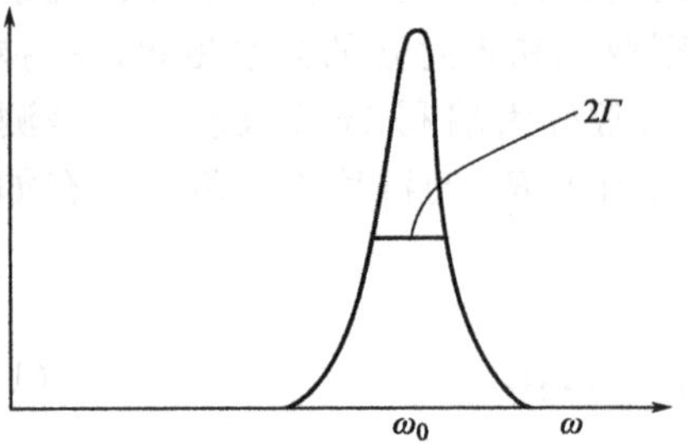

图 11-23 入射光强与散射光强随频率的变化

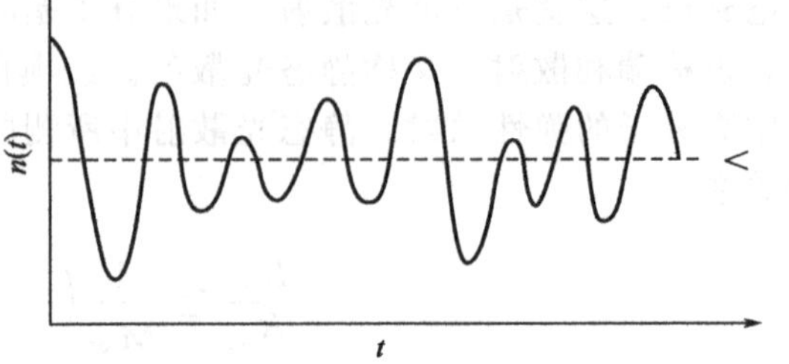

图 11-24 散射光强的涨落信号

这里 τ_0 称为相关时间或松弛时间。式(11-34)也称为光子数时间相关函数。

可以看到，自相关函数从 $\tau=0$ 时的 $\langle n^2\rangle$ 开始，随的 τ 的增加逐渐趋于定值 $\langle n\rangle^2$。

根据 Wiener-Khintchine 定理，任何一个随时间涨落的物理量 $n(t)$，它的自相关函数$n(t)n(t+\tau)$ 与它的频谱密度 $I_s(\omega)$ 之间是傅立叶变换的关系，即

$$I_s(\omega)=\frac{1}{2\pi}\int_{-\infty}^{\infty}\mathrm{d}\tau \mathrm{e}^{-i\omega\tau}\langle n(t)n(t+\tau)\rangle \tag{11-35}$$

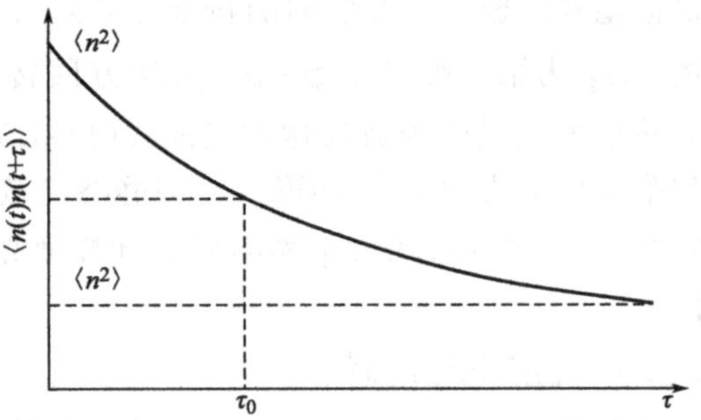

图 11-25 自相关函数随时间间隔 τ 的变化曲线

这里，$I_s(\omega)$ 中峰的半高宽值 2Γ 与$\langle n(t)n(t+\tau)\rangle$ 中的相关时间 τ_0 成倒数关系

$$\tau_0=\frac{1}{2\Gamma}=\frac{1}{2Dq^2} \tag{11-36}$$

式中，D 是高分子在溶液中的热扩散系数，如上述，q 为散射矢量，$q=\frac{4\pi n}{\lambda}\sin\frac{\theta}{2}$（这里的 n 是溶剂的折射率）。根据爱因斯坦公式，可从下式求得高分子的流体力学半径 R_h。

$$D_0=\frac{kT}{6\pi\eta R_h} \tag{11-37}$$

式中，D_0 是无限稀释时的扩散系数，$D=D_0(1+k_{DC}+\cdots)$；η 是溶剂的黏度；k 是玻尔兹曼常数；T 是绝对温度。D 不但与浓度 c 有关，而且还与分子量 M 有关。

$$D_0=AM^{-b} \tag{11-38}$$

A 和 b 为常数，这样可由测得的 D_0 值来求出 M。

动态光散射技术在高分子溶液、胶体分散体系及跟踪乳液聚合反应等方面应用日趋广泛。

(1) 平动扩散系数 D_T 的测定

散射粒子的线宽期望值 $\overline{\Gamma}$ 是散射矢量 q 和样品浓度 c 有关的量，在稀溶液的范围内，可用下式表示：

$$\frac{\overline{\Gamma}(q,c)}{q^2}=D_0(1+k_0)[1+c(t)\overline{S^2}q^2] \tag{11-39}$$

式中，k_0 为浓度对扩散系数的影响因子；$c(t)$ 为一无量纲量，其大小与分子内运动有关。对于刚性粒子来说，$c(t)=0$，因此，式(11-39) 又可简化为 $\frac{\overline{\Gamma}(q,\ c)}{q^2}=D_0$，即不必进

行角度外推。当 $c\to 0$ 时，可求得相应的无限稀释时的平动扩散系数。但对于柔性高分子线团来说，$c(t)$ 有一限值。对于不同的分子量，其均方旋转半径 $\overline{S^2}$ 不同。$\overline{S^2}$ 是与高分子实际伸展到空间有关，而其流体力学半径 R_h 是一个与高分子具有相同平动扩散系数的等效球体的半径。有两种情况的区别：

① 当 $q\overline{S^2}\ll 1$ 时，即分子量较低的样品或者小角区测量时，$\frac{\overline{\Gamma}(q,c)}{q^2}=D_0$，与刚性粒子一样，角度无须外推。只要对浓度外推即可求得 D_0。

② 当 $q\overline{S^2}>1$ 时，即分子量较大的样品或广角区测定时，角度依存性不可忽略。

因此，对于任意的高分子溶液试样，都必须选择适当的角度，使 $qS^2\ll 1$，从而测定其相应的 $\overline{D_0}$，再经浓度外推，即可求得 D_0。

（2）溶质分子尺寸和分子量测定

从动态光散射测出无限稀释的平动扩散系数 D_0，根据 Einstein 公式，即可求出散射粒子在介质中的平动摩擦系数 f_T。

$$f_T=\frac{kT}{D_0} \tag{11-40}$$

式中，k 为玻尔兹曼常数；f_T 与分子形状有关。对于不同形状的溶质分子：

① 球形：

$$f_T=6\pi\eta a \tag{11-41}$$

式中，a 为球形分子的半径；η 为溶剂的黏度。

② 旋转椭球：当长半轴为 a，两个短半轴为 b（橄榄状）时

$$f_T=\frac{6\pi\eta a(1-b^2/a^2)^{\frac{1}{2}}}{\ln\left[\dfrac{1+(1-b^2/a^2)^{\frac{1}{2}}}{b/a}\right]} \tag{11-42}$$

当两个长半轴为 a，一个短半轴为 b（扁球状）时

$$f_T=\frac{6\pi\eta b(a^2/b^2-1)^{\frac{1}{2}}}{tg^{-1}(a^2/b^2-1)^{\frac{1}{2}}} \tag{11-43}$$

根据以上公式，就可求出分子的尺寸。

对于旋转椭球形，如果用一个半径为 R_0 等体积的圆球来处理时，有

$$\frac{4}{3}\pi R_0^3=\frac{\overline{v}M}{N_A} \tag{11-44}$$

对于线性高分子来说，由于其在稀溶液中呈球形线团状，因此，可用球形分子的公式来求其等价球的流体力学半径 R_h：

$$R_h=\frac{kT}{6\pi\eta D_0} \tag{11-45}$$

实验已发现，D_0 不但与浓度有关，而且与分子量 M 有关：

$$D_0=K_D M^{-b} \tag{11-46}$$

式中，K_D、b 为常数，与高分子、溶剂以及温度有关，上式与 Mark-Houwink 方程有

相似的形式（$[\eta]=KM^{\alpha}$），有人证明了 α 与 b 存在如下定量关系：

$$1+\alpha=3b \tag{11-47}$$

在 θ 溶剂中，α 为 0.5，所以 b 也为 0.5。聚苯乙烯-丁酮溶液在 25℃时，$K_D=(3.1\pm0.2)\times10^{-10}\mathrm{cm^2/s}$，$b=0.53\pm0.2$。对于单分散试样，就可以利用式(11-46) 求得分子量，如果是多分散试样，则只能求其平均分子量。

(3) 动态光散射技术的其他应用

主要包括研究聚合反应过程中聚合物粒子大小及其分布随转化率的变化、高分子溶液的多分散性和密度变化、高分子的缔合过程等。

11.5.3 小角激光光散射

应用小角激光光散射法，可测定球晶半径、球晶长径比等结构参数；也可用来进行等温结晶、非等温结晶、球晶径向生长速率、球晶延伸率和结晶总速度等结晶动力学方面的研究以及拉伸形变（取向诱导）结晶快速变化过程的研究等。Stein 等提出了小角激光光散射法用于研究结晶高聚物的原理，根据高聚物固体的光散射图谱，将结晶高聚物的结构进行模型化理论处理。球晶模型理论是用一个均匀的单轴各向异性的圆球来模拟球晶。若将各向同性球的光散射公式推广到各向异性球中，当散射实验装置中检偏振光方向垂直而起偏振光方向平行（图 11-26），称为 Hv 散射，如起偏振方向和检偏振方向都是垂直方向，称为 Vv 散射，可推导出式(11-48) 和式(11-51)。

$$I_{\mathrm{Hv}}=AV_0^2\left(\frac{3}{\mu^3}\right)^2\left[(\alpha_r-\alpha_t)\cos^2\frac{\theta}{2}\sin\mu\cos\mu(4\sin U-U\cos U-3\sin)\right]^2 \tag{11-48}$$

式中，A 是比例常数；V_0 是球晶体积；α_r 和 α_t 分别是球晶的径向和切向极化率；θ 是散射角；μ 是方位角（图 11-26）；sin 为 U 的正弦部分。

$$\sin\equiv\int_0^U\frac{\sin x}{x}\mathrm{d}x \tag{11-49}$$

式中，U 是形状因子，对于半径为 R 的球晶

$$U=\frac{4\pi R}{\lambda}\sin\frac{\theta}{2} \tag{11-50}$$

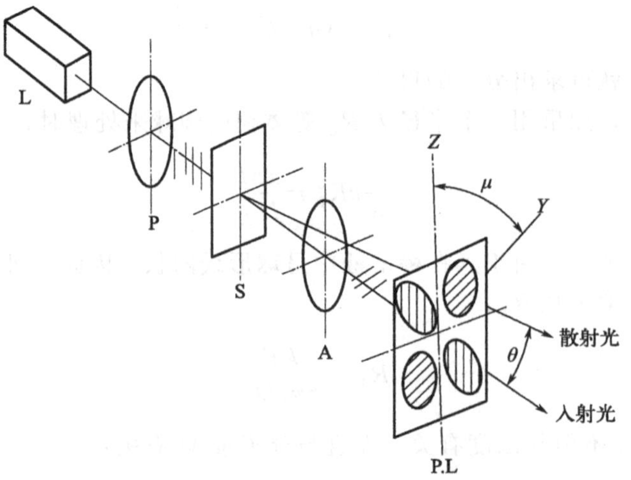

图 11-26 激光小角光散射装置原理示意图

L—外腔激光器；P—起偏镜；S—样品；A—检偏镜；P. L—照相底片

$$I_{\mathrm{Vv}}=KV_0^2\left(\frac{3}{\mu^3}\right)^2\left[(\alpha_\mathrm{t}-\alpha_\mathrm{s})(\sin U-U\cos U)+(\alpha_\mathrm{r}-\alpha_\mathrm{t})\cos^2\frac{\theta}{2}\sin\mu\cos\mu(4\sin U-U\cos U-3\sin)\right]^2 \tag{11-51}$$

式中，α_s 为球晶周围介质的极化率，其余符号的含义与上式相同。从式(11-48) 可看到，Hv 散射是和球晶的各向异性（$\alpha_r-\alpha_t$）有关。也和方位角 μ 有关。光强在 $\mu\pm45°$方向上出现最大值。散射图像呈现四叶瓣的形状。从式(11-51) 可看到，I_{Vv} 除了与圆球各向异性有关外，还与圆球与介质间极化率差值有关。也与方位角 μ 有关。因而球晶的 Vv 散射一般具有二重对称性。所以 Vv 散射图像呈二叶瓣形状。

根据式(11-48)，在 $\mu=45°$方向上，求得 I_{Hv} 有最大值时，$U=4.09$。因此，只要测出此极大值的散射角 θ_m，根据式(11-50)，就可以计算样品中的球晶尺寸（平均值）：

$$\overline{R}=\frac{4.09\lambda}{4\pi\sin\dfrac{\theta_m}{2}} \tag{11-52}$$

11.6　差示扫描量热法

在第 6 章中已简要叙述了差示扫描量热法（DSC）用于高聚物的热性能研究，DSC 作为热分析的一个重要方法，本节着重介绍 DSC 的仪器工作原理和应用。

11.6.1　差示扫描量热技术基本原理

DSC 法测定的热力学参数主要是热焓的变化（ΔH）。由于在给定温度下每个体系总是趋向于达到自由能最小的状态，所以样品在升温或降温的过程中可转变成具有不同自由能的另一种结构状态。分析伴随结构变化所发生的热焓变化，则可得到样品结构变化的信息。DSC 是一种测量流入或流出样品和参比物的热量差与温度关系的技术。根据测量方法的不同，DSC 又分为两种类型：热流型 DSC 和功率补偿型 DSC。

差示扫描量热仪大致由下列几部分组成：温度程序控制系统；测量系统；数据记录、处理和显示系统；样品室（图 11-27）。温度程序控制系统的功能是温度控制，其内容包括整个实验过程中温度变化的顺序、变温的起始温度和终止温度、变温速率、恒温温度及恒温时间

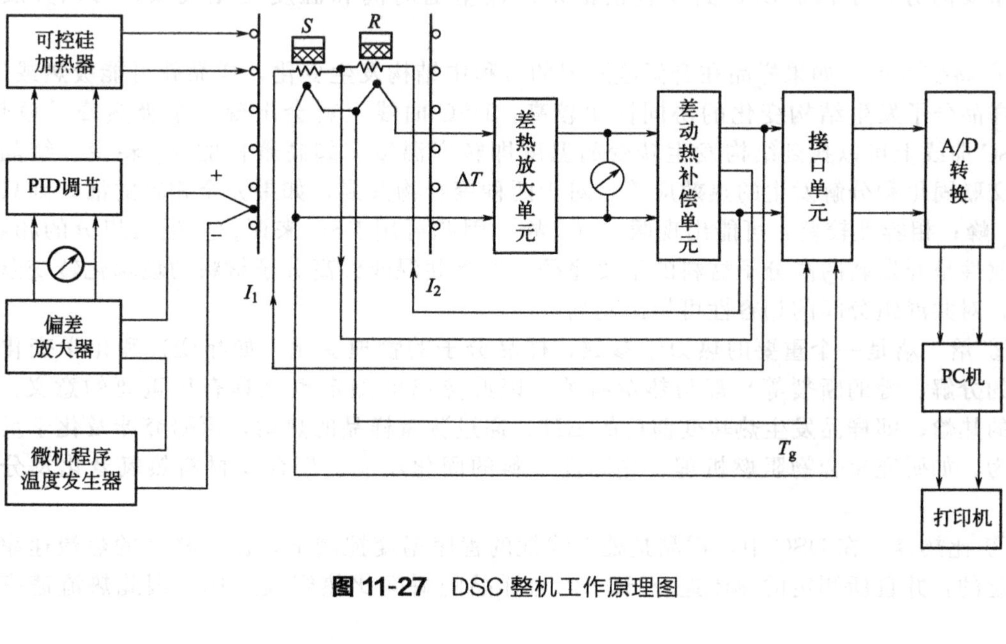

图 11-27　DSC 整机工作原理图

等。测量系统将样品的某种物理量转换成电信号，进行放大，用来进一步处理和记录。数据记录、处理和显示系统把所测量的物理量随温度和时间的变化记录下来，并可以进行各种处理和计算，再显示和输出到输出和打印设备。样品室除了提供样品本身放置的容器（样品杯或样品管）、样品容器的支撑装置、进样装置等外，还包括提供样品室内各种实验环境的系统，如维持环境气氛所需气氛（氮气、氧气、氢气、氦气等）的输入测量系统、压力控制系统、环境温度控制系统等。现在的仪器一般由计算机执行仪器的温度控制、测量控制、进样控制和环境条件控制等控制功能并进行数据记录、处理和显示。

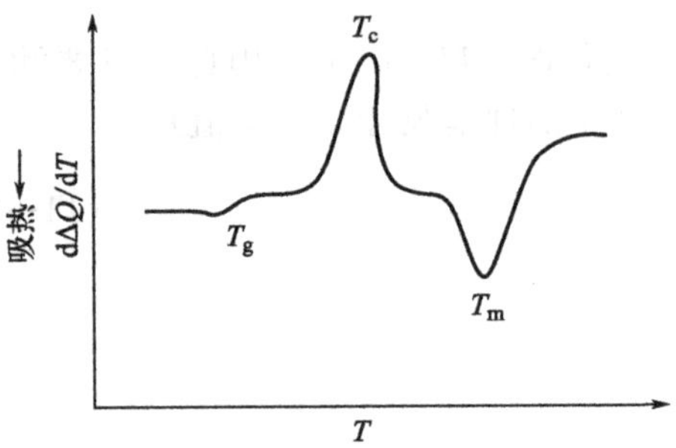

图 11-28 DSC 曲线示意图

图 11-28 是表示非晶态结晶性高聚物试样的 DSC 热谱图。图中从低温到高温，检测到玻璃化转变温度 T_g（曲线出现拐折，有较小的吸热）、冷结晶峰 T_c（高于玻璃化转变温度，链段可以运动排入晶格，是一个放热峰）、熔化峰 T_m（温度进一步升高，达到结晶熔化）。对 DSC 谱图的解析，要根据试样的性质、峰的形态和位置、热效应本质和借助其他测试手段加以鉴别。

目前 DSC 新技术主要有调制差示扫描量热法（MDSC）（见第 6 章）和 DSC 联机技术。其中 DSC 联机技术是在程序控温下，对一个试样同时采用两种或多种分析技术进行分析。最常用的有 TG-DSC、DSC-PC（光量热仪，photocalorimeter）联用。差示扫描量热仪和光量热仪（PC）联用，可以测定相关单波长或全光谱紫外线辐照下光化学反应焓（热流）值的变化。可以进行光硬化、分解树脂、黏合剂、涂料、光纤被覆材料等紫外线辐射固化树脂的交联度的特性评价。在半导体、电子、印刷油墨、涂料工业中的低温光引发固化方面有着极其广泛的应用。

11.6.2 差示扫描量热技术的应用

DSC 既可以用于研究物理性质的变化，也可研究化学变化；不仅可测量热力学参数，也可提供一定的动力学信息。因此 DSC 在物质组分和结构研究及热力学和动力学研究上均是重要的分析手段。DSC 曲线直接记录热流量随时间和温度变化关系，可以开展以下研究。

① 转变温度　如果样品在升温或降温的过程中结构发生变化，样品就可能吸热或放热，如果样品分子发生结构变化的协同性比较高，DSC 曲线上就会出现一个吸热峰或放热峰，从 DSC 曲线上可以找到结构发生转变的温度即转变温度。如高聚物的 T_g 转变、结晶、熔融、交联固化和分解发生的热效应等。对于两种聚合物共混，如果完全相容的话，则只有一个 T_g 峰；相容性较差，可能出现两个 T_g 峰。因此可用 DSC 来评价共混两组分的相容性。共混改性是开发新的高分子材料的重要途径，考察共混改性高分子材料的玻璃化转变温度的变化，对共混组分间的相容性可做出判断。

② 焓　焓是一个重要的热力学参数，样品分子的物理变化（如相变）和化学变化（如物质的分解、键的断裂等）都与热焓有关，因此热焓的测定也就具有很重要的意义。DSC 测量的热焓，即样品发生热转变前后的 ΔH。通过测量样品的热焓，可研究涉及化学反应的热行为。如研究聚合物阻燃机理、热固性塑料的固化反应、聚合物材料热氧老化及分解机理等。

③ 比热容　在 DSC 中，样品是处在线性的程序温度控制下，流入样品的热流速率是连续测定的，并且所测定的热流速率 dQ/dt 与样品的瞬间比热容成正比，因此热流速率可用

下列方程式表示：

$$dQ/dt = mC_p dT/dt \tag{11-53}$$

式中，Q 为热量；m 为样品质量；C_p 为样品比热容。样品的比热容即可通过上式测定。

④ 结晶过程的热行为　MDSC 法在等速升（降）温的程序控制温度基础上，附加上正弦或其他周期性变化的升降温调制，把试样的热效应分为储存的和损耗的两部分，分别得出相应的两条 DSC 曲线（图 11-29），据此可对试样的热行为（如非晶合金晶化、高聚物共晶和结晶相分离、高聚物多重熔融、液晶材料的相变等）有更本质的认识。如从骤冷 PET 试样的 DSC 曲线可看到总 DSC 曲线中的冷结晶峰在储存和损耗两条曲线上均未出现（图 11-29），储存的曲线上在 150～260℃温度范围有一个宽峰，可看作 PET 在冷结晶峰温以后升温过程中进行不断结晶熔融→再结晶→再熔融过程的论据。此外，对于放置一定时间的 PET，其玻璃化转变过程的 DSC 曲线上可看到一个吸热峰，即所谓物理老化现象，但此过程的热效应在储存曲线上只是基线往吸热方向的偏移，而在损耗曲线上它与熔融过程一样出现一个吸热峰，结合红外光谱分析，得知它与构象的转变相关。

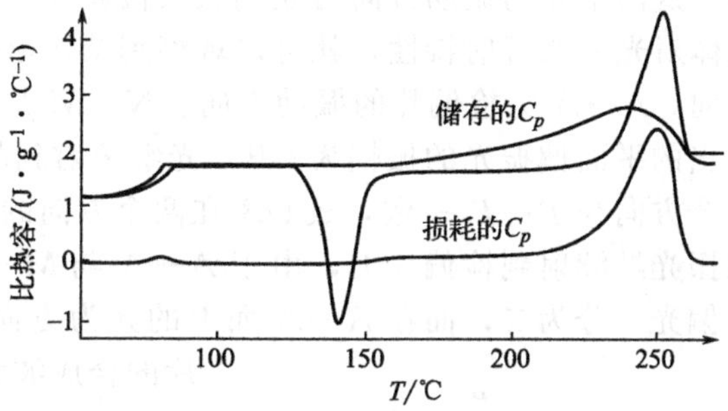

图 11-29　骤冷 PET 试样的 DSC 曲线

⑤ 样品纯度　样品的纯度对 DSC 曲线的峰高和峰宽有明显的影响。因此，通过简单的峰形对比也可简便地估计样品的纯度。

⑥ 协同性　相变的急剧性表明了它是一种协同现象。相变的温度依赖于相变过程中协同的分子数，此分子数就称为相变的协同单元，DSC 峰的宽窄（通常以半高峰宽来衡量）也可说明这种相变的协同性。如果转变发生在一个很窄的温度范围，说明它具有很高的协同性。

11.7　光学和电子显微镜

随着显微技术的普及和发展，显微技术在研究高分子结晶结构、多相体系的形态以及高分子材料增韧机理等方面得到了广泛的应用。从获得图像的辐射源来分，可以分为光学显微镜和电子显微镜。本节中主要介绍常用的光学显微镜、透射电子显微镜和扫描电子显微镜。

11.7.1　光学显微镜

光学显微镜价格低廉，照片解释较容易，最高放大倍数为 1000～1500 倍，其极限分辨率约为 0.2μm。高聚物结构剖析的许多内容落在该尺寸范围内，例如部分结晶高分子的结晶形态、结晶形成过程和取向等；共混或嵌段、接枝共聚物的区域结构；薄膜和纤维的双折射；复合材料的多相结构以及高分子液晶态的结构等等。光学显微镜主要有正交偏光显微镜、反射式偏光显微镜（又称为金相显微镜）、相差显微镜等。

(1) 正交偏光显微镜

偏光显微镜的基本构造是在普通光学显微镜上分别在试样台上下各加一块偏振片。下偏振片叫起偏片，上偏振片叫检偏片。偏振片只允许某一特定方向振动的光通过。而其他方向振动的光都不能通过。这个特定方向为偏振动片的振动方向。通常将两块偏振片的振动方向置于垂直的位置，这种显微镜就称为正交偏光显微镜。

对于无定形聚合物或聚合物处于熔融状态时，在正交偏光显微镜下进行观察，因其呈现光学各向同性，即各方向的折射率都相同，只有一束与起偏片振动方向相同的光通过试样，但这束光完全不能通过检偏片，因而视场是暗的。当聚合物存在结晶态或取向态时，当光通过它时，就分解成两条振动平面互相垂直的两束光，即两束折射率不同的光线，称为双折射。这两束光的振动方向与起偏振及检偏片的振动方向有一定的角度。因而视野明亮，依据晶体对光的双折射特性，就可以观察到结构形态。如图 11-30 所示，设 $P—P$ 为起偏振片的方向，$A—A$ 为检偏片的振动方向。N，M 是晶体内与 $P—P$ 成夹角为 α。光进入起偏片后透出的平面偏振光的振幅为 OB，光继续射到晶体上，由于 $M—M$，$N—N$ 与 $P—P$ 都没有一个方向与 $P—P$ 一致，故 OB 在两个方向的光矢量分别是 OD 和 OE，自晶体透出的平面偏振光继续射到检偏片上，由于 $A—A$ 与 $M—M$、$N—N$ 方向也不一致，故再次将每一平面偏光一分为二，而在 $A—A$ 面上的光为方向相反、振幅相同的 OG、OF。最终通过检偏片的合成波为

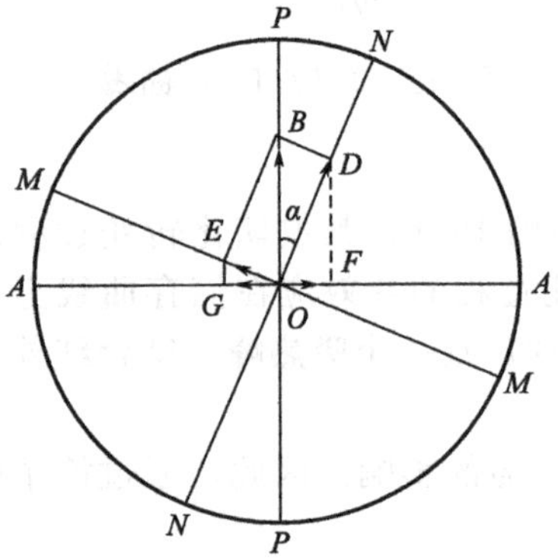

图 11-30 在偏光显微镜正交场中穿过晶体的光矢量分解

$$y = OF - OG = OD\sin\alpha - OE\cos\alpha \tag{11-54}$$

由于这两束光速不等，会存在相位差 δ。

$$OD = OB\cos\alpha = A\sin\omega t\cos\alpha \tag{11-55}$$

$$OE = OB\sin\alpha = A\sin(\omega t - \delta)\sin\alpha \tag{11-56}$$

所以

$$y = A\sin 2\alpha\sin^2\frac{\delta}{2}\cos^2\left(\omega t - \frac{\delta}{2}\right) \tag{11-57}$$

光的强度与振幅的平方成正比，所以合成光的强度 I 为

$$I = A^2\sin^2 2\alpha\sin^2\frac{\delta}{2}\cos^2\left(\omega t - \frac{\delta}{2}\right) \tag{11-58}$$

从式(11-58) 可以得到，当单晶在正交偏光显微镜下观察时，转动载物台一周，即当 $\alpha=0°$、$90°$、$180°$、$270°$时，$\sin 2\alpha$ 为零，这几个角度没有光通过，因而出现四暗四明的现象。而对于球晶，因它是由从中心往外辐射排列的晶片组成。当 $\alpha=45°$的奇数倍时，$\sin 2\alpha$ 有极大值，因而视野最亮。于是，球晶在正交偏光显微镜下呈现特有的马耳他（Maltese）消光十字图像（图 4-14）。如果由片晶组成的微纤从中心往外生长时出现了周期性扭转，则产生了零双折射的环，即“螺旋状”球晶（图 4-17）。

偏光显微镜还可以测定正负球晶。球晶中片晶有两种排列方式，一般沿分子链方向光的传播速度较慢，若沿球晶半径方向的折射率 n_r 大于切向折射率 n_t，即双折射 $\Delta n = n_r - n_t > 0$ 定义为正球晶，相反则定义为负球晶。

球晶的光学符号可以利用补色器测定。补色器本身有一定的光程差，如石膏一级红补色器的快轴与慢轴之间的光程差为 536～571nm，产生的干涉色为一级紫红色。若补色器折射率 n 大的力向与球晶亮区 n 大的方向平行，则两光程差相加，颜色变为较大光程差的干涉色蓝色；若补色器 n 大的方向和亮区 n 小的方向平行，则光程差相减而变黄。这样在 45°角方向插入石膏一级红波片，通过一、二象限变蓝，三、四象限变黄可以判断为正球晶；反之为负球晶（图 11-31）。

用偏光显微镜来研究其多相结构是很方便的。共聚物、共混物和复合材料的多相结构都可以用偏光显微镜来研究。嵌段共聚物能产生微观相分离，但由于分散相尺寸过小，

不能直接观察，用偏光显微镜可以通过形状双折射间接地研究其微区结构。填充增强材料中如果有一相能结晶，用偏光显微镜来研究其多相结构也是很方便的。此外，偏光显微镜技术还用于折射率和双折射的测定。

(2) 金相显微镜

金相显微镜利用反射光观察样品表面结构，适用于观察不透明的样品表面或断裂面的结构，或经过断裂、切片技术处理的样品内部结构，测定样品表面上、下的微量添加成分的分布等。

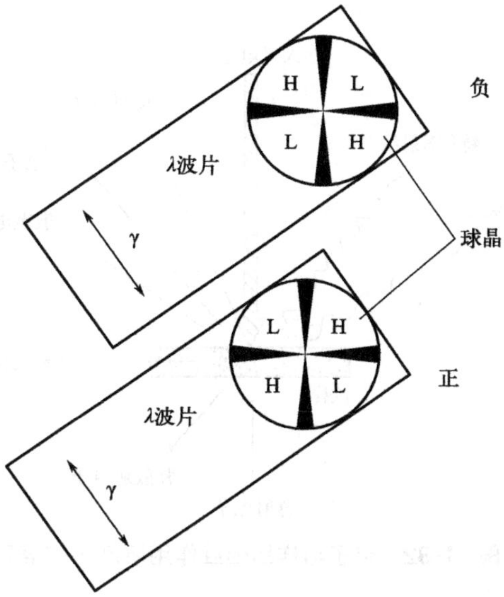

图 11-31　用石膏一级红波片测定球晶的光学符号
H—较高偏振色；L—较低级偏振色；
γ—波片快轴方向（即折射率小的方向）

金相显微镜仪由主机、聚光器和物镜三个专用部件组成。主机主要功能是聚焦、放大和使光束通到镜头成像。反射聚光器是金相显微镜的最关键部件，它能够将来自光源的光束导向样品表面，又能把从样品表面反射的光导向成像方向。如果反射聚光器的核心部分只由折射光棱镜组成，则必须与特制物镜配套，即镜体分内外两层套筒，内层是萤石物镜，可透反射光；外层有一圈环形折射镜，将光束照射到样品。新型的平面聚光器不需此类物镜。

金相显微镜试样一般要经过取样、镶嵌、磨光、抛光等步骤才能获得较好的观察效果。必要时使用腐蚀法去除试样表面某些部分以提高衬度，常用的方法有化学或电化学腐蚀、热蚀、阴极真空腐蚀、恒电位选择腐蚀等，或者采用化学方法如化学染色、阳极化、恒电位阳极化及电解沉积法使试样表面形成一层薄膜或覆盖物以达到多重反射和干涉，使组织能产生良好的黑白或彩色衬度。

(3) 相差显微镜

相差显微镜的原理是利用光的波动性，将相位差转变为强度差，即明暗之差。从而使相位差可以直接观察。相差显微镜的光程差分辨率理论上可达到 1nm，所以能将共混物中折射率之差很微小的两组分转换成明和暗和图像，但由于样品厚度上的微小差别也能变得可见。因此必须注意样品表面和厚度不均匀性影响，为了得到最大的反差，要求样品必须很薄(约 5μm)。相差显微镜可清晰观察球晶的微纤结构。也可用于观察在溶液中生长的单晶，单晶往往在偏光显微镜下看不到，而用相差显微镜可以方便地看到。

11.7.2 电子显微镜

(1) 电子显微镜的基本原理

电子束射到样品上，如果能量足够大的话，就能穿过样品而无相互作用，形成透射电子，反之电子和样品有相互作用，而产生散射。散射有两类，如果只是被反射而没有能量损失，称为弹性散射，如果有能量损失，称为非弹性散射，会产生各种不同的信息（图 11-32)。这些信息包括：①透射电子，即直接透射电子以及弹性或非弹性散射的透射电子用于透射电镜（TEM）的成像和衍射；②背散射电子，即入射电子穿透到离核很近的地方被反射，而没有能量损失。其能量较高，基本上不受电场的作用而呈直线运动进入检测器；③二次电子，是入射电子撞击样品表面原子的外层电子，把它激发出来，就形成了低能量的二次电

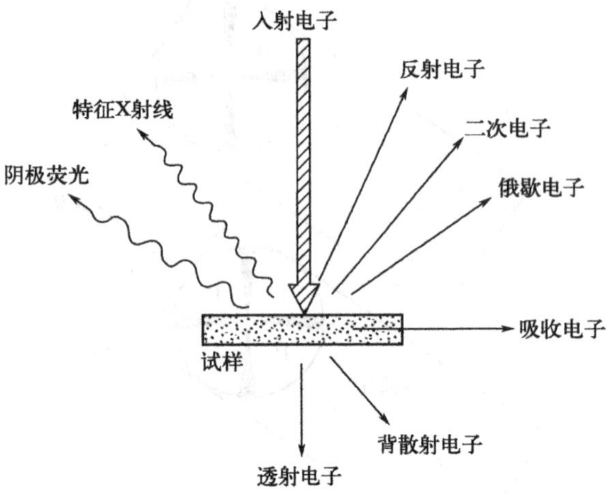

图 11-32 电子与样品相互作用所产生的信息

子，在电场的作用下它可呈曲线运动。二次电子散射和背散射共同用于扫描电镜（SEM）的成像；④其他信息包括特征 X 射线、俄歇电子、阴极荧光等。

(2) 透射电镜（TEM）

TEM 的基本构造与光学显微镜相似，主要由光源、物镜和投影镜三部分组成，不过用电子束代替光束，用磁透镜代替玻璃透镜。TEM 的分辨率 0.2nm 左右，最大放大倍数在 10^6 数量级以上。TEM 图像中亮和暗的差别称为衬度或反差。高分子的 TEM 图像衬度主要是衍射衬度，取决于样品各处的参与成像的电子数数目的差别，电子数目越多，散射电子越多，透射电子就越少，从而图像就越暗。另外，样品厚度、原子序数、密度对衬度也有影响，一般样品越厚，图像越暗；原子序数越大，图像越暗；密度越大，图像越暗。TEM 样品的制样方法主要有涂布法、喷雾法、包埋法、浇铸制膜法、超薄切片法（切片厚度约为 50nm）和染色法（常用染色剂有磷钨酸和四氧化锇等）。TEM 已成为观察和分析高聚物材料微观结构的常用方法，主要概述应用如下。

① 研究结晶结构及形态　用 TEM 可观察到伸直链结构、纤维状晶体和串晶等特殊的高聚物结晶形态。从聚合物单晶的电镜照片和电子衍射实验，导致了晶态聚合物折叠链结构模型的提出（见第 4 章）。用 TEM 观察聚乙烯球晶表面复型像可以说明，消光环是由于球晶中的片晶周期性地扭曲造成的（图 11-33），用微束 X 光进行研究也证实了这一点。可见，电镜对高聚物的晶态结构研究提供了许多直接的证据，发挥了巨大的作用。

图 11-33 聚乙烯球晶表面的电镜照片

② 聚合物非晶态结构的研究　非晶态高聚物凝聚态存在局部有序的概念的提出是基于用 TEM 研究非晶态的 PET 样品，发现其非晶态 TEM 照片中存在球粒结构。对有关非晶态结构的模型尚有争论，但 TEM 在研究高聚物凝聚态结构方面的无疑是一个有效的佐证手段。

③ 研究两相体系高聚物的结构形态　TEM 在研究两组分共混高分子、嵌段共聚物、接枝共聚物等两相聚合物织态结构以及界面结构方面是不可缺少的工具。如高分子合金 HIPS，从电镜中可以看到，其相结构是 PS 为连续相，而橡胶粒子是分散相，而且分散的橡胶粒子中又包藏大量的 PS，形成“蜂窝结构”（图 10-20），这种结构既保持了聚苯乙烯的刚性，又发挥橡胶的增韧作用。通过研究，对增强增韧机理提出了有力的证据。TEM 对研究弥散型复合材料中的填充剂的分散状况也是很有利的工具之一。

④ 测定高聚物的分子量和分子量分布　TEM 具有很高分辨率，可直接观察高聚物单个链状分子的大小，从而确定高聚物的分子量和分子量分布，可测分子量的下限大于 10^5。

（3）扫描电镜（SEM）

SEM 具有景深大、图像富有立体感、放大倍数高、制样简单、样品电子损伤小等特点。它的放大倍数范围广，从十几倍到十万倍，几乎覆盖了光学显微镜和 TEM 的范围。此外，还配置 X 射线接受系统，可直接探测样品表面的成分。所以，SEM 显微术已成为高分子材料常用的重要研究手段。SEM 用二次电子加背散射电子成像（图 11-32）。电子束在样品表面扫描，与样品发生各种不同相互作用，产生不同信号，主要有以下几种：

① 二次电子　二次电子是样品中原子的核外电子在入射电子的激发下离开该原子而形成的，能量比较小（一般小于 50eV），因而在样品中的平均自由程也小，只有在近表面（约 5～10nm 数量级），二次电子才能逸出表面被接收器接收并用于成像。电子束直径与入射电子束直径相比，目前商品 SEM 的分辨率已经达到 1nm。二次电子的产额与样品的表面有关。它对应的像类同于人们日常对物体形貌的观察，所以常常叫作形貌衬度像。

② 特征 X 射线　当入射电子与样品相互作用时，把样品中原子的内层电子激发出来，变成二次电子。原子中的外层电子有比较高的能量。外层电子通过跃迁填补内层电子的空缺，把多余的能量用电磁波的形式发射出来，形成带有原子特征信息的特征 X 射线。在观察 SEM 形貌同时，利用特征 X 射线可以方便地进行微区成分分析。其方法分为能量分散谱（energy dispetsive spectroscopy，EDS）和波长分散谱（wavelength dispersive spectroscopy，WDS）。能谱指以 X 射线强度为纵坐标、能量为横坐标的谱图。谱峰峰位通过特征能量对应样品成分的种类，谱峰峰高通过强度计数对应成分含量。

③ 背射电子　背射电子是入射电子与样品中的原子作用，发生弹性散射形成的。它的能量基本上与入射电子相同。能量比较大。信息深度比较大，大约 1μm。因此背射电子衬度的最高分辨率比二次电子的要差。但由于背散射电子的能量较大，产生电子的产率与组成样品的原子的质量大小有关，因此选择背散射电子衬度成像的一个重要原因就是要利用“质量衬度”把样品上原子质量差别比较大的地方区分开来。一般来说高分子各组分之间平均原子序数差别不大，所以只有一些特殊的高分子多相体系才能利用这种衬度成像。

用 SEM 进行观察时，要求试样具有一定的的导电能力，否则试样的局部将产生电荷积累，直接影响观察效果。在高分子试样表面喷镀金属薄膜不但可以防止局部电荷积累；而且可以提高二次电子的产率，从而得到较强的信号。也可以减小试样的热损伤。所以，SEM 样品常采用镀金属膜的方式，真空镀膜常用的金属有 Au 和 Au-Pd 合金（60∶40）。也有的用 Ag、Au-Pt 合金或碳与金并用等进行镀膜。此外，为了使试样导电，也可直接向试样表面喷涂抗静电剂或吸附 OsO_4。

目前 SEM 常用于研究纤维、薄膜、块状物、粉末等各种形状的高分子材料。可得到有关纤维断裂破坏的性质、织物磨损、疵点、化学降解、腐蚀、疲劳等许多方面的信息。观察塑料材料断口形态，可以获得多相高分子材料的织态结构或界面结合状况的信息。通过 SEM 观察高分子材料的拉伸、疲劳及扭转等断口试样，能清楚地看到断裂源的位置以及裂纹的萌生、扩展、断裂时的情况，为研究清断裂起因、断裂方式及断裂机理等提供直观依据。以 SEM 法研究纤维增强复合材料为例，图 11-34 是维纶短纤维增强 PVC/NBR 共混物的断裂表面的 SEM 图片，纤维被基体树脂牢牢“抓住”，这种结构形貌的复合材料具有较高的拉伸强度和抗冲击强度。

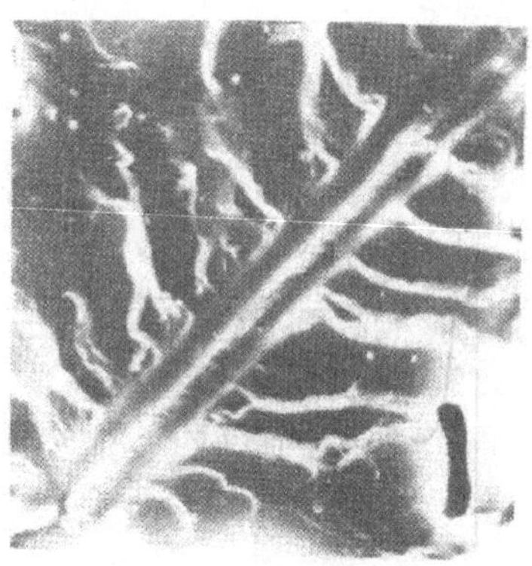

图 11-34　维纶短纤维增强 PVC/NBR 的 SEM 照片

11

11.8 原子力显微镜

光学显微镜、透射电镜和扫描电镜等属于视觉直接观察的显微技术（第 11.7 节），另一类显微技术则是通过采用与样品表面的“触觉”响应来重现样品形貌的显微镜，也被称为扫描探针显微镜（scanning probe microscope，SPM），如原子力显微镜（atomic force microscope，AFM）和扫描隧道显微镜（scanning tunneling microscope，STM）等。

11.8.1 原子力显微镜的基本原理

原子力显微镜（AFM）的工作原理如图 11-35 所示，其利用一个装在微悬臂上的细探针来探测样品表面，当探针的针尖与样品的表面接触时会产生微弱的原子间相互作用力，它与悬臂产生微小的弹性形变遵循胡克定律：

$$F = kz \tag{11-59}$$

式中，k 为悬臂的弹性常数；z 为悬臂的弹性形变量。

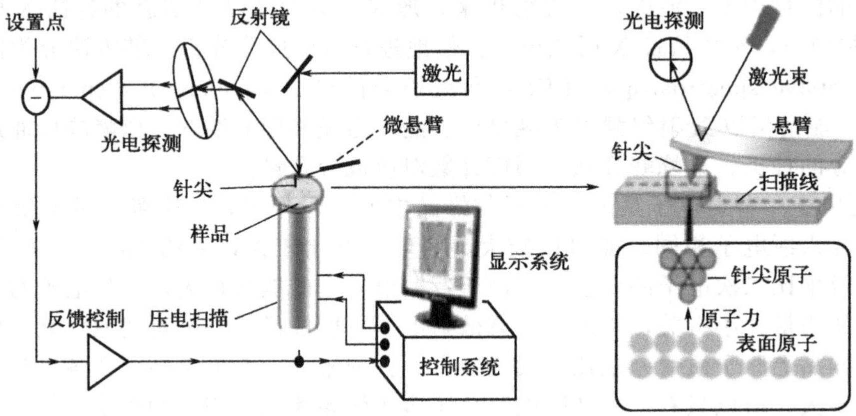

图 11-35 AFM 的工作原理

在测试的过程中，激光照射在悬臂的末端，光电检测器用于检测其反射的光斑位置。当悬臂发生形变，光斑的位置也会发生改变，检测器就能通过光斑的位移获取悬臂的形变量，即可获得针尖与样品之间作用力的信息。在检测器获取信号后，反馈系统会以此信号当作反馈信号，以此作为调整信号调控扫描器的移动，以保持光斑位置偏移量的恒定，即针尖与样品之间的力恒定。然后通过扫描器在扫描过程中的位移，反推出样品表面的形貌数据。

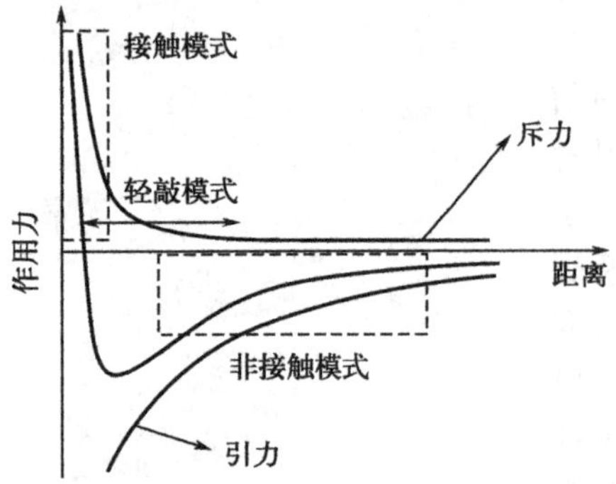

图 11-36 探针针尖原子与样品表面原子之间的相互作用力与其距离之间的关系

AFM 的微悬臂通常由一个一般 100～500μm 长和大约 500nm～5μm 厚的硅片或氮化硅片制成，探针的材料一般为 Si 或 Si_3N_4。根据探针与样品之间的作用力的形式，AFM 的工作模式主要可以分为三种：接触模式、非接触模式和轻敲模式。此外，还有调制扫描模式、磁力扫描模式、扫描电容模式及力曲线模式等特殊工作模式。对于接触模式、非接触模式和轻敲模式，探针针尖原子与样品表面原子之间相互作用力与其距离之间的关系如图 11-36 所示。

(1) 接触模式

在整个扫描成像过程中，探针针尖始终与样品表面保持紧密接触状态（探针针尖与样品表面距离只有零点几纳米），探针与试样表面的作用为斥力，也被称为斥力模式。该模式的优点是，由于针尖与样品表面直接接触，悬臂发生稳定的弯曲，能够得到稳定的高分辨率的图像。还能够获得侧向力像（包括摩擦力、黏附力等侧向相互作用的图像），用于研究材料表面各区域的力学和黏附性质，判断试样不同区域的不同组分。然而，接触模式易导致探针针尖的损坏污染以及针尖刮擦并损坏样品的表面（特别是软质样品，如生物样品等）等缺陷。

(2) 非接触模式

针尖在距离试样表面上方 5～20nm 的距离处以一定频率和振幅振动，但始终不与试样表面接触，所以，针尖不会对试样造成破坏，也不会受到试样的损坏污染。该模式下针尖与样品之间的作用力为范德华吸引力，远小于接触模式中针尖与试样之间的排斥力，因而产生的信号也非常小，导致其成像分辨率低于接触式成像。为避免被样品表面的水膜干扰，该模式更适合用于研究表面为疏水性的样品。其原因是，亲水性表面的样品容易吸附水分子形成一层薄薄的水膜，从而增加针尖与样品表面的范德华吸引力。

(3) 轻敲模式

是一种介于接触模式和非接触模式之间的工作模式，它通过使用在一定共振频率下振动的探针针尖对样品表面进行敲击来生成形貌图像（振动的振幅大于 20nm）。在扫描过程中，探针针尖与样品表面只是进行周期性的短暂地接触（敲击）样品表面，消除了探针尖与试样之间的切向力，并且针尖与试样之间的垂直作用力也较小，所以，与接触模式相比，轻敲模式减弱了对样品表面造成的损伤。对于液体样品，轻敲式扫描能够降低针尖与样品之间的横向作用力，避免样品的损伤，从而能够获得更加清晰的样品表面图像以及用于样品表面形貌分析的参数，如表面粗糙度、平均高度、峰谷峰顶之间的最大距离等。在轻敲模式扫描中，探针的针尖与样品表面接触会导致悬臂的振动振幅发生变化，即输出的相位与驱动的相位出现差异，将该相位差转化为图像即可得到相位图。其中亮区表示样品表面黏弹性较强的区域，反之，暗区则表示黏弹性较差的区域，可以据此判断样品的力学性能。

11.8.2 AFM 的应用

AFM 在高聚物领域的应用研究主要体现在分析聚合物结构和形态方面，如研究高聚物的结构和形态、高聚物的凝聚态结构、高聚物复合材料的界面相容性等。近年来，采用 AFM 力谱法对生物大分子以及高聚物单分子性质的研究也得到了较快发展。

(1) 研究高聚物的结构和形态

聚合物分子刷是一种聚合物主链上含有高密度支化高分子链侧基的接枝共聚物。由于空间位阻的存在，这些聚合物侧链相互排斥并向外伸展，使得其分子形态呈现类似于试管刷的结构，可形成纳米通道、蠕虫状构象以及具有一些特殊形态的凝聚体。这些独特的结构、构象和凝聚形态导致聚合物分子刷表现出特殊的物理化学性质，使得其在纳米医学、光子晶体、仿生材料等领域显示出较好的应用前景。Bolrner 等合成了大分子引发剂聚［2-(2-溴丙氧基)-甲基丙烯酸乙酯］(pBPEM)，采用原子转移自由基聚合（ATRP）法进一步合成以 pBPEM 为主链含不同高分子链侧链的聚合物分子刷：①pBPEM-graft-pnBuA，侧链为聚（丙烯酸正丁酯）(pnBuA) 链软链段；②pBPEM-graft-(pnBuA-block-PS)，侧链由 pnBuA 链软链段核和聚苯乙烯（PS）硬链段壳的嵌段链段组成；③pBPEM-graft-(PS-block-pnBuA)，侧链由 pS 硬链段核和 pnBuA 链软链段壳的嵌段链段组成。它们的结构如图 11-37(a) 所示。

从图 11-37ⓐ～ⓒ的 AFM 照片中可观察到，大分子引发剂 pBPEM、pBPEM-graft-pn-

11

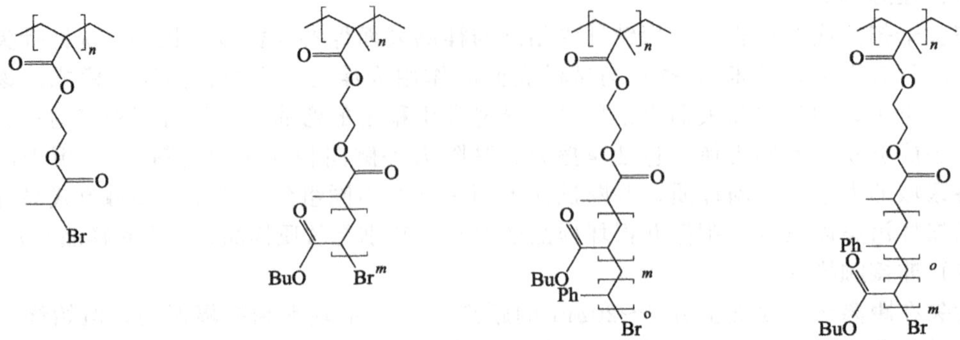

pBPEM　　pBPEM-graft-pnBuA　　pBPEM-graft-(pnBuA-block-pS)　　pBPEM-graft-(pS-block-pnBuA)

(a) 化学结构

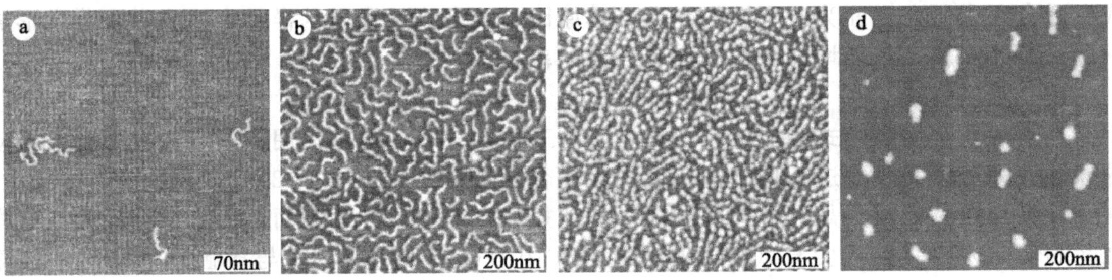

(b) 图(a)中4种聚合物在云母片上单分子层AFM照片

图 11-37　大分子引发剂 pBPEM 和含嵌段侧基的聚合物分子刷

BuA 和 pBPEM-graft-(pnBuA-block-pS) 两种聚合物分子刷在极性的云母片上均呈蠕虫状分子形态，pBPEM 的分子尺寸相对较小。与 pBPEM-graft-pnBuA 聚合物分子刷相比，pBPEM-graft-(pnBuA-block-pS) 聚合物分子刷分布更为紧密［图 11-37ⓑ和ⓒ］。这是由于 pBPEM-graft-pnBuA 的极性 pnBuA 单元与极性云母底物之间相互作用力强，进而导致其分子链舒张；而 pBPEM-graft-(pnBuA-block-pS) 聚合物分子刷的侧链为含有非极性苯环基团的 pnBuA-block-pS 嵌段共聚物链，使得其分子链倾向于收缩。如果将聚合物分子刷侧链的嵌段共聚物链改为 pS-block-pnBuA 链，pBPEM-graft-(pS-block-pnBuA) 聚合物分子刷则发生轴向收缩，形成棒状或球状形态［图 11-37ⓓ］。

（2）观察高聚物的结晶形态

研究高聚物结晶过程和微观形态是高分子物理研究的一个重要方向，AFM 在观察高聚物结晶过程中的微观形态发挥着重要作用。Li 等通过双酚 A 与 1,8-二溴辛烷的缩聚反应合成出聚双酚 A 正八烷醚（命名为 BA-C8），在其 AFM 图像中（图 11-38），BA-C8 球晶在成核初期是一个多层片晶，然后逐渐向外张开生长，不断分叉生长成为捆束状形态，最后形成球状形态。这些 AFM 实验结果证实了图 4-19 所描述的球晶生长过程。

（3）高聚物的单分子力谱

1994 年 Gaub 等发展了一种基于 AFM 的新型实验技术——单分子力谱，可在分子水平上研究高分子单链的力学性质。图 11-39(a) 是 AFM 测试高聚物单分子力谱的实验。通过化学或物理吸附将高聚物固定在固体基片表面，形成很薄的一个高分子吸附层，然后将 AFM 的针尖接触样品层，通过样品与针尖的特异性或非特异性的相互作用，一些高分子将吸附在针尖上。当针尖和样品分离时，由于吸附在针尖上的高分子受到拉伸，导致 AFM 微悬臂发生弯曲，通

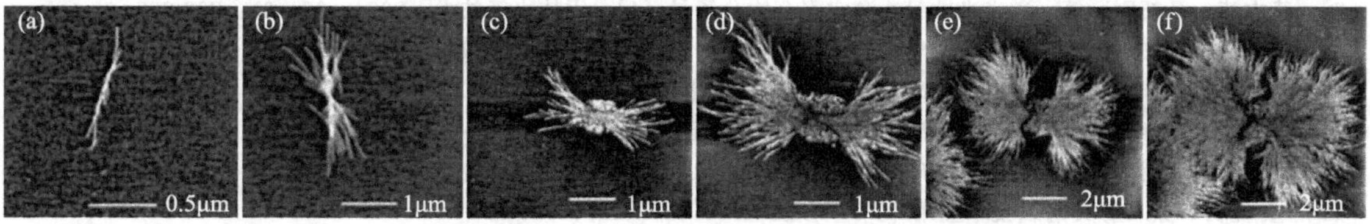

图 11-38　BA-C8 高聚物球晶的生长过程

(a) 成核初期的多层片晶；(b)～(c) 多层片晶向外张开生长；(d)～(e) 分叉生长成为捆束状；(f) 球晶

过激光检测系统检测其位移，悬臂的形变与高分子的拉伸曲线将会被记录下来，进一步转化成力-拉伸曲线［图 11-39(b)］。

基于 AFM 的高聚物单分子力谱已用于研究合成高分子（如聚丙烯酸、聚乙烯醇、聚丙烯酰胺、聚异戊二烯、聚苯乙烯、聚氧化乙烯等）、天然高分子和生物大分子（DNA、蛋白质和多糖）的单链力学性质，有助于更深层认识聚合物的纳米力学行为，包括研究高聚物单分子链的拉伸行为、弹性、构象转变、凝聚态结构、相互作用等。以黄原胶单分子力谱为例说明 AFM 在研究高聚物单分子链构象转变方面的应用。黄原胶是一种天然多糖，存在有序的多股螺旋结构（图 11-40），在其力曲线中 400pN 处出现一个平台，在变性黄原胶（无多股螺旋结构）的单分子力谱中该平台消失，推测天然类黄原胶力曲线中的平台可能是应力使其螺旋结构被打开所致。

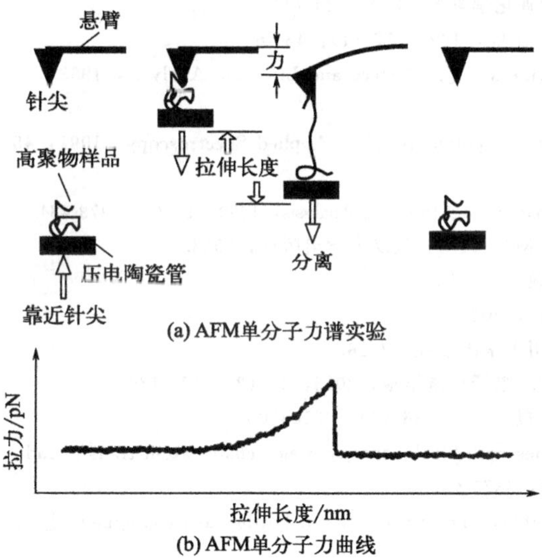

(a) AFM单分子力谱实验

(b) AFM单分子力曲线

图 11-39　AFM 单分子力谱实验与曲线

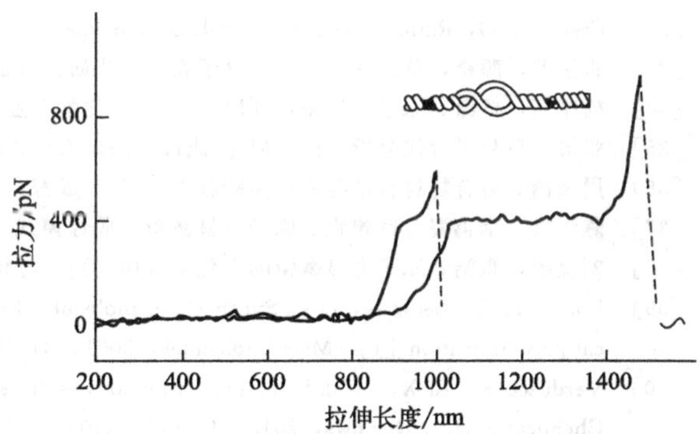

图 11-40　天然黄原胶的力曲线（缓冲液为 PBS 水溶液，两条不同力曲线反映了分子链长的不同）

参考文献

[1] 杨始堃．热分析技术在高分子材料中的应用［J］．合成技术及应用，1999，14 (1)：25-29.

[2] 梁毅，屈松生，刘义．热动力学研究进展［J］．化学通报，1998，3：13-18.

[3] 赵择卿，陆大年，杨定超．光散射技术［M］．北京：纺织工业出版社，1986.

[4] 董朝霞，等．光散射技术在高分子研究中的应用［J］．高分子通报，2001，5：25-33.

[5] 何曼君，陈维孝，董西侠．高分子物理［M］．上海：复旦大学出版社，1990.

[6] 张宝泉，楚彩云，等．高压乙醇扩散系数的测定［J］．化工学报，2004，25 (7)：1197-1202.

[7] 黄志萍，马新刚，等．激光光散射法测定聚合物分子量［J］．固体火箭技术，2004，27（3）：232-237.
[8] 何天白，胡汉杰．海外高分子科学进展［M］．北京：化学工业出版社，1997.
[9] 董炎明．高分子材料剖析技术［M］．北京：中国石化出版社，1997.
[10] 王哲明，严纯华．单晶X射线衍射技术进展［J］．现代仪器，2001，6：3-7.
[11] 顾卓明．薄膜物相的X射线分析［J］．物理测试，1996，4：30-33.
[12] 姜晓明．掠入射X射线技术应用［J］．物理，1966，25（10）：623-627.
[13] 李纲，邓文，等．X射线衍射在高分子薄膜中的应用［J］．实验室研究与探索，1998，1：31-34.
[14] 薛奇．高分子结构的光谱分析［M］．北京：高等教育出版社，1995.
[15] 王桂清，刘敏娜．红外光谱技术进展［J］．现代仪器，2002，2：1-5.
[16] 王正熙．聚合物红外光谱分析［M］．成都：四川大学出版社，1989.
[17] 张知廉．傅里叶变换红外光谱技术［J］．现代科学仪器，1995，1：40-43.
[18] 刘峥，夏之宁．光谱法在分子相互作用中的应用［J］．激光杂志，2001，22（6）：9-12.
[19] 殷敬华，莫志深．现代高分子物理学（下册）［M］．北京：科学出版社，2001.
[20] 金水君，艾延宝．核磁共振技术及应用［J］．物理与工程，2002，12（1）：47-51.
[21] 张雪芹，潘远江，等．核磁共振在高分子中的应用［J］．现代科学仪器，2001，6：29-33.
[22] 张权．聚合物显微学［M］．北京：化学工业出版社，1993.
[23] 吴人洁．现代分析技术在高聚物中的应用［M］．上海：上海科学技术出版社，1987.
[24] 刘剑霜，等．扫描电子显微镜的应用［J］．上海计量测试，2003，30（6）：37-40.
[25] 马淑波．透射电子显微镜样品制备［J］．物理测试，1995，3：6-9.
[26] 邱清华，贾德民．聚合物表面表征技术进展［J］．高分子材料科学与工程，1998，14（1）：1-5.
[27] 钟发春，等．三元IPN的光电子能谱研究［J］．工程塑料应用，2003，31（2）：43-47.
[28] 邱丽美，等．聚ε-己内酯/聚氯乙烯的XPS研究［J］．物理化学学报，2004，20（1）：47-52.
[29] 冀克俭，张银生．碳纤维表面的XPS表征［J］．合成纤维工业，1994，17（1）：43-46.
[30] Haack L P，Debolt M A，et al. Surface analysis of polymers［J］．Surface and Interface Analysis，1993，20（2）：115-120.
[31] Argo T G，Hook D J，et al. Spectroscopic characterization of polymers［J］．Applied Spectroscopy，1991，45（3）：448-453.
[32] Castner D G，Ratner B D. Surface analysis techniques［J］．Surface and Interface Analysis，1990，15（6）：479-484.
[33] 张俐娜，薛奇，莫志深，等．高分子物理近代研究方法［M］．武汉：武汉大学出版社，2003.
[34] 杨序纲，杨潇．原子力显微术［M］．北京：化学工业出版社，2012.
[35] 张倩．高分子近代分析方法［M］．成都：四川大学出版社，2020.
[36] 周天楠．聚合物材料结构表征实验教程［M］．成都：四川大学出版社，2016.
[37] 陈注里，李英姿，钱建强．原子力显微镜的成像模式［J］．电子显微学报，2013，32（2）：178-186.
[38] 刘金超，崔洁．原子力显微镜的电化学应用［J］．材料导报，2013，36（14）：21030036.
[39] Börner H G，Beers K，et al. Synthesis of molecular brushes with block copolymer side chains atom transfer radical polymerization［J］．Macromolecules，2001，34（13）：4375-4383.
[40] Verduzco R，Li X，et al. Structure，function，self-assembly，and applications of bottlebrush copolymers［J］．Chemical Society Reviews，2015，44（7）：2405-2420.
[41] 罗艳红，姜勇，雷玉国，等．原子力显微镜在高分子结晶研究中的应用［J］．科学通报，2002，47（15）：1121-1125.
[42] Li L，Chan C M，et al. Direct observation of growth of lamellae and spherulites of a semicrystalline polymer by AFM［J］．Macromolecules，2001，34（2）：316-325.
[43] 张希，张文科，李宏斌，沈家骢．聚合物单链力学性质研究［J］．自然科学进展，2000，10（5）：385-390.
[44] 张文科，王驰，张希．单分子力谱技术［J］．科学通报，2003，48（11）：1113-1126.
[45] 张薇，侯燮，李楠，张文科．单分子力谱在高分子表征中的应用［J］．高分子学报，2021，52（11）：1523-1546.
[46] 马玉洁，邹彰，Schönher H，et al. 高分子单分子力学研究［J］．功能高分子学报，2004，17（3）：503-509.

习题与思考题

第1章

1. 简单解释下列名词，并举例说明。

高分子，聚合物，高聚物。

均聚物，缩聚物，共聚物，共混高聚物。

热塑性高聚物，热固性高聚物。

塑料，纤维，橡胶。

2. 高聚物与低分子化合物相比，在结构上和性能上各有什么主要特征？

3. 高分子物理的研究内容是什么？

4. 试论高分子科学对人类文明发展的重要意义。

5. 查阅文献资料，了解在高分子学科建立和发展过程中获得诺贝尔奖的科学家及获奖内容，谈谈你的心得体会。

第2章

1. 简单解释下列名词或概念：

构造，构型，构象。

立构规整高聚物，等规度。

内旋转，静态柔顺性，动态柔顺性。

末端距，均方末端距，最可几末端距，均方回转半径，链段，高斯链。

2. 试论述线形聚异戊二烯可能有哪些不同的构型。

3. 对于由等物质的量的两种单体A和B组成的共聚物，请举例列举三种单体排列可能有的重复形式，并写出其名称。

4. 影响分子链柔顺性有什么因素？

5. 试分析纤维素的分子链为什么是刚性的。

6. 为什么用$\overline{h^2}$而不用$\overline{h}$表示高分子链末端距的大小？

7. 假定聚乙烯的聚合度为2000，键角为109.5°，C—C键长0.154nm，求伸直链的长度L_{max}与自由旋转链的根均方末端距之比值。并由分子运动观点解释某些高分子材料在外力作用下可以产生很大形变的原因。

8. 表征高分子链的柔顺性有哪些参数？

9. 若聚丙烯主链的C—C键长为0.154nm，键角为109.5°，根据表2-4得聚丙烯的空间位阻参数σ=1.76，求其等效自由结合链的链段长度l_e之值。

10. 顺-1,4-聚丁二烯和反-1,4-聚丁二烯具有相同的化学结构，为什么前者在室温下是橡胶，而后者却是塑料？

11. 自由连接链、自由旋转链、等效自由连接链模型中各做了哪些假设条件？哪种模型最接近真实高分子链？为什么？

第3章

1. 简述高聚物平均分子量的统计意义和相互关系。

2. 什么叫多分散性？简述高聚物多分散性的表示方法。

3. 用以下实例说明数均分子量对高聚物的低分子量部分敏感，而重均分子量却对高分子量部分敏感。(1) 将 1g 分子量为 1×10^3 的组分加入 100g 分子量为 1×10^5 的试样中；(2) 将 1g 分子量为 1×10^7 的组分加入 100g 分子量为 1×10^5 的试样中。根据数均和重均分子量的计算结果进行解释。

4. 假定 A 和 B 两高聚物都含有三个组分，其分子量分别为 1 万、20 万和 10 万，相应的质量分数分别为：A 是 0.3、0.4 和 0.3，B 是 0.1、0.8 和 0.1，请计算两高聚物的 $\overline{M}_n$、$\overline{M}_W$ 与 $\overline{M}_Z$，并求其分布宽度指数 σ_n^2、σ_W^2 和多分散系数 d。

5. 试比较各种高聚物分子量测定方法的特点。

6. 某缩聚聚酯样品，每个分子中有一个可分析的羧基。准确称取 2g 样品，用三氯甲烷溶解后，以酚酞为指示剂，用标准 0.1mol/L NaOH 乙醇溶液滴定至终点，消耗 NaOH 体积 1.03 mL，试计算该聚酯的数均分子量。

7. 由膜渗透计测得 25℃时聚苯乙烯四氢呋喃溶液的渗透压数据为：

$C/(\mathrm{g/mL})$	0.002247	0.002982	0.004308	0.005648	0.006448
$(\pi/C)/[(\mathrm{g\cdot cm^{-2}})/(\mathrm{g\cdot mL^{-1}})]$	104.38	105.99	125.95	146.82	159.03

试求该样品的数均分子量和第二维利系数。

8. 准确称取聚苯乙烯样品 0.200g，用环己烷溶解，在 35℃定容到 25mL，在 35℃（θ 温度）用乌氏黏度计测定该溶液及其不同稀释倍数时的流出时间，结果如下表：

浓度	C	$2/3C$	$1/2C$	$1/3C$	$1/4C$
流出时间/s	192.62	171.57	162.05	153.08	148.79

纯溶剂环己烷的流出时间为 136.7s，查文献得到聚苯乙烯-环己烷体系（35℃）的 Mark-Houwink 方程参数：$k_\theta=0.076\mathrm{mL/g}$，$\alpha_\theta=0.5$。求该样品的特性黏度和平均分子量。

9. 试讨论小角激光光散射法测定高聚物分子量的原理及特点。

10. 试论述高聚物分子量分布的表示方法。

11. 简述高聚物的相分离分级原理。

12. 用分级法将聚乙烯试样分成 10 个级分，并测得每个级分的质量和特性黏度如下：

级分编号	质量分数 W_i	$[\eta]_i$	级分编号	质量分数 W_i	$[\eta]_i$
1	0.090	0.18	6	0.164	0.96
2	0.078	0.38	7	0.106	1.31
3	0.054	0.46	8	0.184	1.75
4	0.090	0.57	9	0.034	2.14
5	0.104	0.75	10	0.096	2.51

已知 $[\eta]=1.35\times10^{-3}M^{0.63}$。试用习惯法作出该试样的累积质量分布曲线 $I(M)$-M，并用十点法求出其平均分子量 $\overline{M}_n$ 和 $\overline{M}_W$。

13. 简述 GPC 法的分离机理。

14. 什么是 GPC 校准方程？什么是 GPC 普适校准曲线？

第4章

1. 简述内聚能密度及其与高聚物性能的关系。

2. 完全非晶的聚乙烯的密度 $\rho_a=0.85\text{g/cm}^3$，如果其内聚能为 8.55kJ/mol 重复单元，请计算它的内聚能密度。

3. 为什么高聚物结晶大多数是较低级的晶系？

4. 晶态高聚物的 X 射线衍射图中经常出现弥散衍射环，为什么？

5. 聚酰胺-66、等规聚丙烯砌入晶格时，分子链的构象有何区别？为什么？

6. 什么叫结晶性高聚物？什么叫晶态高聚物？试论述影响高聚物结晶的主要因素。

7. 柔顺链高聚物易结晶还是刚性链易结晶？

8. 如何在偏光显微镜下分辨单晶和球晶？简述单晶和球晶形成的条件。

9. 为什么可以由测定高聚物的密度而计算高聚物的结晶度？还有哪些方法可以测定结晶度？

10. 用密度梯度管测得结晶涤纶 PET 的密度为 1.40g/cm^3，请计算其质量结晶度 f_c^m 和体积结晶度 f_c^V 。

11. 试分析聚三氟氯乙烯是否结晶性高聚物？但它能够形成透明的薄板制品。问在成型过程中要注意什么条件的控制？

12. 由游离基引发聚合所生成的聚醋酸乙烯酯是非晶态高聚物，但经水解后，会得到晶态的聚乙烯醇，为什么？

13. 用差示扫描量热法研究 PET 在 232.4℃的等温结晶，由结晶放热峰获得如下数据

结晶时间 t/min	7.6	11.4	17.4	21.6	25.6	27.6	31.6	35.6	36.6	38.1
$f_c(t)/f_c(\infty)$ /%	3.41	11.5	34.7	54.9	72.7	80.0	91.0	97.3	98.2	99.3

其中 $f_c(t)$ 和 $f_c(\infty)$ 分别表示 t 时间的结晶度和平衡结晶度。试以 Avrami 作图法求出 Avrami 指数 n ，结晶速率常数 K ，半结晶期 $t_{1/2}$ 和结晶总速度。

14. 外加成核剂对高聚物的结晶速率、结晶形态和物理性能有什么影响？

15. 为什么不同温度下得到的结晶高聚物，其熔点和熔限会有差异？

16. 什么叫平衡熔点？如何测定平衡熔点？

17. 实验测得聚乙烯晶片厚度和熔点的数据如下：

厚度/nm	28.2	29.2	30.9	32.3	33.9	34.5	35.1	36.5	39.8	44.3	48.3
T_m/℃	131.5	131.9	132.2	132.7	133.4	134.1	134.4	134.8	135.5	136.5	137.2

试求平衡熔点 T_m^0 。如果聚乙烯结晶的单位体积熔融热为 $\Delta h=280\text{J/cm}^3$，问表面能是多少？

18. PET 的平衡熔点 $T_m^0=280$℃，重复单元的熔融热 $\Delta H_u=26.9\times10^3\text{J/mol}$，试问分子量从 10000 增大到 20000 时，熔点 T_m 将升高多少度？

19. 聚乙烯晶体的平衡熔点 $T_m^0=146$℃，熔融热 $\Delta H_u=8.04\times10^3\text{J/mol}$ 单体单元，试问聚合度分别为 6，10，30，1000 时，由于链端引起的熔点降低分别是多少？

20. 简述非晶态高聚物的结构模型。

21. 高聚物取向是如何产生的？取向对高聚物的性能有何影响？试举例说明。

22. 液晶高分子有哪些基本化学结构特征？

23. 简述什么是溶致液晶，什么是热致液晶。试举例说明。

24. 试论述高分子液晶的性能以及在加工和使用中的意义。

25. 单链凝聚态和多链凝聚态有何区别？

第5章

1. 什么是溶度参数？如何测定聚合物的溶度参数？

2. 试论述如何选择高聚物的合适的溶剂。

3. 试述高聚物溶解过程的特点。

4. 通常，聚丙烯中含有95%等规立构体，熔点为165℃，请为其选择合适的溶剂，并指出应注意的条件。

5. 解释下列实验现象：

(1) 苯乙烯和甲基丙烯酸甲酯可以混溶，而聚苯乙烯和聚甲基丙烯酸甲酯却不能混溶。

(2) 乙酸纤维素可以分别溶于冰醋酸和苯胺，却不能溶于冰醋酸和苯胺的混合溶液。

6. 简要说明下列聚合物溶解（溶胀）过程的特征：(1) 非晶态聚合物，(2) 极性晶态聚合物，(3) 非极性晶态聚合物，(4) 低交联度聚合物。

7. 什么是理想溶液？简述高分子稀溶液的与小分子理想溶液的差别。

8. 试由高分子溶液的混合自由能推导其中溶剂的化学位变化，并说明在什么条件下高分子溶液中溶剂的化学位变化等于理想溶液中溶剂的化学位变化。

9. 简述 Huggins 参数 χ_1 的物理意义。在一定温度下，χ_1 与溶剂性质的关系如何？

10. 试举出三种热力学参数，说明它们对高聚物溶解性能的影响，讨论它们为何值时，其溶剂是良溶剂、一般溶剂、θ 溶剂或非溶剂。

11. 什么是 θ 状态和 θ 温度？试论述高分子 θ 溶液与理想溶液的同异。

12. 什么是排斥体积效应？试论述排斥体积 u 与第二维利系数 A_2 及 θ 温度的关系。

13. 什么是扩张因子，扩张因子与高分子的哪些结构参数有关？

14. 简述临界交叠浓度（接触浓度）C^* 和动态接触浓度 C_s 的意义。

15. 什么是增塑？试讨论如何选择合适的增塑剂。

16. 什么叫黏度？高分子溶液的黏度有哪些表示方式？试论述影响高分子溶液黏度的主要因素。

17. 聚电解质溶液的黏度和一般非电解质高聚物溶液的黏度有何不同？

第6章

1. 高分子运动有哪些运动单元？如何理解高分子运动单元的多重性？

2. 聚合物的分子运动有哪些特点？试从这些特点来理解高分子材料与小分子物质在力学性能上的差异。

3. 玻璃化转变能否认为是热力学上的二级相转变？为什么？

4. 玻璃化转变的实质是什么？为什么改变测试条件会影响 T_g 值？

5. 讨论影响 T_g 的结构因素及外在条件。

6. 比较次级松弛转变与玻璃化转变的异同点。研究次级松弛转变有何重要的理论意义和工程意义？

7. 试用自由体积理论解释聚合物的玻璃化转变现象。如何理解玻璃化转变的等自由体积分数状态？如何理解 T_g 高低与冷却速率有关？

8. 描述并解释超高分子量的聚乙烯及非晶态结晶性聚乙烯的温度-形变曲线特征。

9. 玻璃化转变温度与分子量有何关系？解释其中原因。

10. 解释下列聚合物 T_g 温度高低次序的原因：

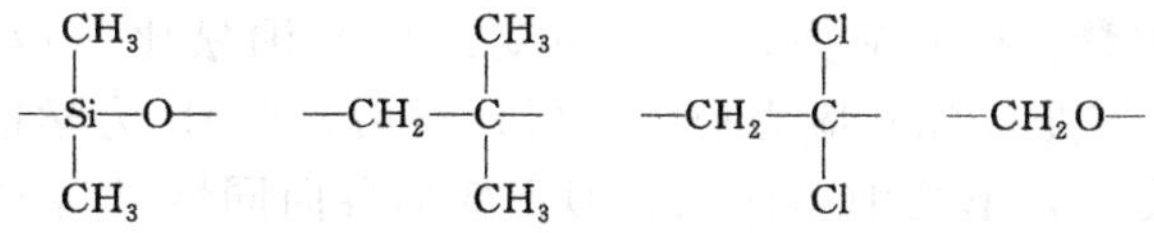

T_g：　−120℃　　−70℃　　−17℃　　−50℃

11. 预计下列高聚物的 T_g 温度高低次序：聚丙烯 PP，聚氯乙烯 PVC，聚苯乙烯 PS，双酚 A 型聚碳酸酯 PC，聚丙烯腈 PAN，聚苯醚 PPO。

12. 甲苯的玻璃化转变温度 $T_{g(s)}$ ＝113K，若用甲苯增塑聚苯乙烯，试估算含有 20% 体积分数甲苯的聚苯乙烯的玻璃化转变温度？

13. 聚甲基丙烯酸甲酯的 T_g 为 105℃，试估算它在 155℃时的应力松弛速度比 125℃时快多少倍？

14. 如何提高高聚物的耐热性？

第 7 章

1. 比较牛顿流体与非牛顿流体的区别？

2. 何谓假塑性流体？解释剪切变稀的原因？

3. 简述高分子流动的流动机理和基本特征？为何分子量大、极性大或分子链刚性高的聚合物流动较困难？

4. 若某一聚苯乙烯试样在 160 时的黏度为 8.0×10^5 Pa・ε，试推算在玻璃化转变温度（T_g＝95℃）时的黏度是多少？

5. 写出不同温度范围，熔体黏度与温度关系的经验方程式。

6. 分析高聚物熔体黏度的影响因素。

7. 已知增塑 PVC 的 T_g 为 338K，T_f 为 418K，流动活化能为 8.31kJ/mol，433K 时的黏度为 5Pa・s，求此增塑 PVC 在 338K 和 483K 时的黏度各为多少？

8. 何谓非牛顿指数 n？刚性链和柔性链聚合物的 n 值大小有何差别？n 值大小对材料加工行为有何影响？

9. 聚苯乙烯在 230℃时，经毛细管流变仪测得的流动数据如下：

切应力 σ/Pa	1.35×10^4	2.04×10^4	2.69×10^4	3.39×10^4	4.07×10^4	4.79×10^4	5.50×10^4
剪切速率/s^{-1}	17.15	29.47	47.39	64.68	112.44	189.86	235.90

（1）根据上数据，绘制双对数流动曲线，讨论 PS 熔体的流动类型。

（2）从流动曲线斜率求 PS 熔体的非牛顿指数。

10. 解释聚合物加工中的以下几个问题：

（1）聚丙烯腈只能用溶液法纺丝，不能采用熔融法纺丝；而涤纶树脂可采用熔融法纺丝。

（2）聚碳酸酯和聚甲醛的加工中，为了降低熔体黏度，增大其流动性，可采用提高温度或提高切应力的方法，请选择两种高聚物各自最有效的方法，说明原因。

11. 分析法向应力和剪切应力的差别。分析小分子液体与高分子熔体法向应力有何区别？

12. 聚合物熔体的弹性效应表现为哪些现象？解释这些弹性效应的物理本质。它们对聚合物制品的加工行为及性能各有什么影响？

第 8 章

1. 名词或概念解释：(1) 应力；(2) 应变；(3) 泊松比；(4) 冲击强度；(5) 银纹；(6) 力学松弛；(7) 蠕变；(8) 应力松弛；(9) 滞后；(10) 力学损耗。

2. 试证明小形变时，形变前后体积近似不变的各向同性材料的泊松比 $\nu=0.5$。

3. 拉伸某试样，得到如下数据：

$\varepsilon\times10^3$	5	10	20	30	40	50	60	70	80	90	100	120	150
σ/MPa	1.7	3.5	6.6	8.6	10.1	10.8	11.7	11.5	10.4	9.7	9.6	9.5	9.5(断)

试作应力-应变曲线图，并计算弹性模量，屈服应力和屈服伸长率。材料的拉伸强度是多少？

4. 试比较非晶态高聚物的强迫高弹性、结晶高聚物的冷拉行为，从结构观点加以分析，并指出其异同点。

5. 高聚物的拉伸行为与温度和试验速率有关，还受结构因素影响，试讨论下列因素对应力-应变曲线的影响：

(1) 增塑剂；(2) 分子量及分子量分布；(3) 结晶度；(4) 取向；(5) 分子间作用力；(6) 填料

6. 试从高聚物的松弛特性讨论非晶态高聚物的力学三态。

7. 分析分子量的大小、交联度的高低对聚合物蠕变的影响。

8. 试讨论以下三种不同类型高聚物在室温时的应力-应变曲线的特征和差别：

(1) T_g 低于室温的非晶态高聚物；

(2) T_g 高于室温的结晶高聚物；

(3) 高硫化度、低硫化度橡胶。

9. 指出改善高聚物材料抗冲击强度的主要途径。

10. 举例说明时温等效。

11. 写出 WLF 方程的几种表示方法。

12. 松弛时间与完成整个松弛过程的弛豫时间不同，讨论应力松弛与蠕变过程松弛时间 τ 的物理意义。

13. 高密度聚乙烯的损耗模量对温度作图，在 140℃、−40℃、−120℃有峰值，而结晶的聚丙烯的峰值在 150℃、−20℃、−150℃，结合文献说明每一峰值的意义。

14. 某高聚物可用单一 Maxwell 模型来描述，当施加外力，使试样的拉伸应力为 1.0×10^3Pa，10 秒钟时，试样长度为原始长度的 1.15 倍，移去外力后，试样的长度为原始长度的 1.1 倍，问 Maxwell 单元的松弛时间是多少？

15. 聚异丁烯在 298K 下，应力松弛到 10^5Pa 约需 10h，试用 WLF 方程估算 253K 时，应力达到同一数值所需的时间。聚异丁烯的 T_g 为 203K。

16. 为什么说橡胶的高弹性是熵弹性？内能对橡胶弹性有何影响？

17. 为什么橡皮拉伸时放热，而回缩时吸热？

18. 什么叫热弹性转变？在什么条件下发生热弹性转变？

19. 高弹形变的统计处理时，有哪些假设？分析橡皮形变时的实际情况。

20. 密度为 9.5×10^2kg/m^3 的理想橡胶，它的初始平均分子量是 10^5，交联后网链的分子量为 5000，假设没有其他网络缺陷，试估算它在 300K 时的剪切模量。

21. 根据交联橡胶的状态方程，分析橡皮弹性的影响因素有哪些？

第 9 章

1. 解释下列名词或术语：（1）介电常数；（2）介电损耗；（3）热释电流；（4）电击穿。
2. 简述外电场中，电介质的几种极化方式。它们各有哪些特点？
3. 简述介电性质与高分子结构的关系。
4. 为何掺杂能够大幅度提高聚合物的导电性？
5. 解释温度对高聚物导电性能的影响。
6. 比较力学松弛谱与介电松弛谱的特征。
7. 静电现象是如何产生的？举例说明高聚物静电的消除方法。
8. 高聚物具有哪些光学性能？请列举一些相关的应用实例。
9. 影响高聚物透明性的因素有哪些？高聚物的结晶对透明性有什么影响？
10. 什么是光的折射？高聚物结构对折射率有何影响？
11. 解释光导纤维的光信息传输原理。
12. 高聚物的生物相容性包括哪些方面？
13. 如何改善高聚物的血液相容性？
14. 生物可降解性的高聚物有哪些？举例说明它们的降解机理。
15. 说明抗菌高聚物的重要性及其实际应用价值，举例说明它们的抗菌机理。
16. 解释高分子水凝胶的概念及特点。
17. 智能响应水凝胶如何实现其药物控制释放的性能？

第 10 章

1. 叙述高分子合金相分离机理。
2. 高分子合金的形态结构有何特点？
3. 试简述复合材料的分类和组成特点。
4. 简述高分子相容性的影响因素有哪些。
5. 增容剂是如何起增容作用的？
6. 在橡胶增韧塑料的高分子合金材料研究方面，目前有关增韧理论有哪些？
7. 举例说明热塑性弹性体的相结构。
8. IPN 的性能和组成的关系有何特点？
9. 简述硅烷偶联剂和钛酸酯偶联剂的作用原理。两者对填料的适应性有何差别？
10. 何谓临界纤维长度？它对复合材料的强度有何影响？
11. 聚合物复合材料的形态结构有何特点？简述复合材料的增强机理。

第 11 章

1. 简述核磁共振谱法的基本原理。
2. 简述红外光谱和拉曼光谱的原理及两者在应用上的特点。
3. 如何利用 X 射线衍射法来测定高聚物的结晶度？
4. 从 X 射线光电子能谱可以获得哪些信息？试简述它在聚合物表面分析中的应用。
5. 如何通过动态光散实验测定聚合物在溶液中的流体力学直径？
6. 差示扫描量热法可以获得哪些信息，如何应用 DSC 来评价两组分共混聚合物的相容性？
7. 简述原子力显微镜的工作原理。原子力显微镜主要有哪些工作模式？它们的特点是什么？查阅相关文献，了解原子力显微镜在高聚物领域的应用研究。